高职专升本衔接一体化精品教材

高职高等数学

王春勇　关意寅　徐海雄　主编

厦门大学出版社 XIAMEN UNIVERSITY PRESS | 国家一级出版社 全国百佳图书出版单位

图书在版编目（CIP）数据

高职高等数学 / 王春勇，关意寅，徐海雄主编. -- 厦门 ：厦门大学出版社，2023.8

高职专升本衔接一体化精品教材

ISBN 978-7-5615-9030-0

Ⅰ. ①高… Ⅱ. ①王… ②关… ③徐… Ⅲ. ①高等数学-高等职业教育-教材 Ⅳ. ①O13

中国版本图书馆CIP数据核字(2023)第106790号

出版人 郑文礼
责任编辑 林 鸣
美术编辑 李夏凌
技术编辑 许克华

出版发行 厦门大学出版社
社 址 厦门市软件园二期望海路39号
邮政编码 361008
总 机 0592-2181111 0592-2181406(传真)
营销中心 0592-2184458 0592-2181365
网 址 http://www.xmupress.com
邮 箱 xmup@xmupress.com
印 刷 厦门集大印刷有限公司

开本 787 mm×1 092 mm 1/16
印张 26
字数 445千字
版次 2023年8月第1版
印次 2023年8月第1次印刷
定价 59.00元

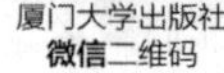

厦门大学出版社
微信二维码

厦门大学出版社
微博二维码

编 委 会

主　编　王春勇　关意寅　徐海雄

副主编　赵骏新　覃效敏　张　莹　韦　炜　黎键湧　黄　舒

参　编　覃秀勤　黄丽华　黄凌晨　刘虹江　罗雨晶　覃柳术　谢林珍
覃兰红　袁丹丹　卢秋圳　高大美　何　峰　韦兰花　王志波
陈秉钧　万　露　谭瑞红

前言

Preface

以习近平同志为核心的党中央坚定不移地实施科教兴国战略和人才强国战略，在党的二十大报告中以专章的形式对教育事业发展作出重大战略部署，提出“统筹职业教育、高等教育、继续教育协同创新，推进职普融通、产教融合、科教融汇，优化职业教育类型定位”，为职业教育的发展指明了方向，提供了根本遵循。

高等数学应用广泛，是一门非常重要的基础课，对学生的发展影响深远。为推动高等职业教育提质增效、内涵式发展，同时为了适应高职高专高等数学教育的教学改革和教材建设的需求，我们组织了一批有丰富教学经验的教师编写了本书。本书以“适度、实用”为基本原则，淡化理论并突出实践。编写过程中，我们在确保数学概念、运算及应用准确的前提下，结合高职高专的特点，适当补充初高中数学的基础知识，对比较烦琐的定理、公式的推导和证明尽可能只给出结果或简单直观地给出几何说明；对例题的选择由浅入深，讲述尽可能深入浅出，力求具有一定的启发性和应用性。此外，本书力求培养学生良好的学习习惯，教会学生正确的学习方法，训练学生科学的思维能力，为学生自主学习能力、可持续发展能力的养成打下一定的基础，也为学生继续升学深造积蓄能量。

本书由广西制造工程职业技术学院王春勇、徐海雄以及广西农业工程职业技术学院关意寅主编。本书适合各类高等专科学校、成人高等学校、高等职业学校使用。在编写过程中，我们得到了很多专家、教师的指导和协助，在此表示衷心的感谢！

教材的编写是一项细致浩繁的工作，由于水平有限，书中难免存在不足和考虑不周之处，期望得到专家、同行和读者的批评指正，以使本书在教学实践中不断得到完善。

编　者

2023 年 3 月

目录

Contents

第一章　代数与初等函数基础知识

§1-1 集　合

一、集合的概念

1. 集合

“**集合**”是最基本的数学概念之一.例如,一个班级的所有学生、某图书馆的全部藏书、自然数的全体等都是一个集合.

一般地,集合是具有某种属性的事物的全体,或是按照某种法则进行研究的对象的全体.

一般用大写字母 $A,B,C,\cdots$ 表示集合.

2. 元素

构成集合的事物或对象,称为集合的**元素**.

一般用小写字母 $a,b,c,\cdots$ 表示集合的元素.

(1) 若 a 是集合 A 的元素,用“$a\in A$”表示,读作“a 属于 A”.

(2) 若 a 不是集合 A 的元素,用“$a\notin A$”表示,读作“a 不属于 A”.

例如,$\mathbf{N}$ 表示自然数的集合,则 $5\in\mathbf{N}$,而 $-\frac{1}{2}\notin\mathbf{N}$.

3. 集合的表示法

(1) **列举法**　就是把集合中的元素一一列举出来,写在大括号内,元素之间用逗号分开.

例如,$\{a,b,f,m\}$;正整数集$\{1,2,3,\cdots\}$.

(2) **描述法**　就是把集合中元素的共同特性描述出来,写在大括号内.

例如,方程 $x^2-3x+2=0$ 的根的集合可以表示为$\{x\mid x^2-3x+2=0\}$或$\{x:x^2-3x+2=0\}$;抛物线 $y=x^2+1$ 上所有的点(x,y)组成的集合可表示为$\{(x,y)\mid y=x^2+1\}$或$\{(x,y):y=x^2+1\}$;小于 10 的自然数的集合可表示为{小于 10 的自然数}.

(3) **图示法**　有时也用封闭曲线所围成的图形(叫作**文氏图**)表示集合.

实际运用时究竟用哪种表示法,要视具体问题而定.

4. 集合的特征

(1) **确定性**　对于一个给定的集合,集合中的元素是确定的.例如,中国的直辖市是北京市、上海市、天津市和重庆市,它们是确定的元素,可以组成集合;再如,著名科学家就不能组成集合,因为判定一个科学家是否著名没有具体的标准,元素是不确定的.

(2) **互异性**　对于一个给定的集合,集合中的元素是互异的.这就是说,集合中的任何两个元素都是不同的.例如,{1,3,4,1,2}中的“1”是重复的,应去掉一个“1”.

(3) **无序性** 集合的元素之间没有顺序的限制.例如,$\{a,b,c,d\}$与$\{b,c,d,a\}$是同一个集合.

集合的上述特征是判定集合的依据.

5. 常见的几种数集

名　称	自然数集	整数集	有理数集	实数集
记　号	$\mathbf{N}$	$\mathbf{Z}$	$\mathbf{Q}$	$\mathbf{R}$

为了方便起见,有时我们还用$\mathbf{N}_+$表示非0自然数集,用$\mathbf{Z}_-$表示负整数集,用$\mathbf{Q}_-$,$\mathbf{R}_-$分别表示负有理数集、负实数集,用$\mathbf{Q}_+$,$\mathbf{R}_+$分别表示正有理数集、正实数集.

注意 自然数集由数0和全体正整数组成.

6. 集合的分类

有限集:含有有限个元素的集合.

无限集:含有无限个元素的集合.

单元素集:只含有一个元素的集合.

空集:不含有任何元素的集合,记作$\varnothing$.

为叙述方便起见,我们把至少含有一个元素的集合叫作**非空集**.

7. 点集

由点组成的集合叫作**点集**.

我们可以用数轴上的点所组成的点集来表示数集,用直角坐标平面内的点所组成的点集来表示有序实数对所组成的集合.

例 1 用图形表示下面的集合:

(1) $\{x\,|\,-1<x\leqslant 2\}$;

(2) $\{(x,y)\,|\,0\leqslant x<2,0<y\leqslant 1\}$.

解 (1) 这个点集包含了线段MN上除点M外的所有点(图1-1).

(2) 这个点集包含了长方形$OMPN$的内部、边界OM(除O外)和MP(除P外)上的点,而边界ON和NP上的点不包含在这个点集中(图1-2).

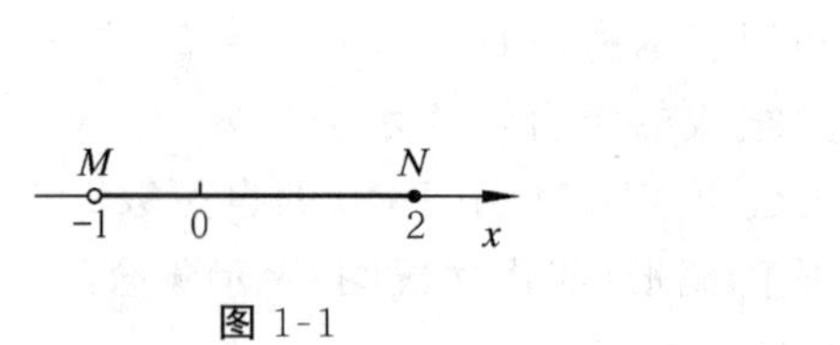

图 1-1

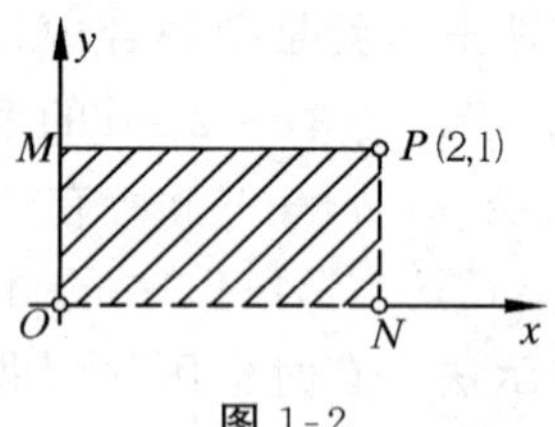

图 1-2

8. 解集

满足方程(组)或不等式(组)的所有解组成的集合叫作方程(组)或不等式(组)的**解集**.

例 2 写出以下各方程(组)和不等式组的解集:

(1) $x^2+3x+2=0$;

(2) $\begin{cases}4x^2-y^2=15,\\ x=2y;\end{cases}$

(3) $\begin{cases}2x+5>0,\\x-3\leqslant 0.\end{cases}$

解　(1) 解方程 $x^2+3x+2=0$，得 $x_1=-1$，$x_2=-2$.所以此方程的解集为$\{-1,-2\}$.

(2) 解方程组$\begin{cases}4x^2-y^2=15,\\x=2y,\end{cases}$ 得$\begin{cases}x_1=-2,\\y_1=-1,\end{cases}$ $\begin{cases}x_2=2,\\y_2=1.\end{cases}$

所以此方程组的解集为$\{(-2,-1),(2,1)\}$.

想一想　为什么这个方程组的解集不能写成$\{-2,-1,2,1\}$?

(3) 解不等式组$\begin{cases}2x+5>0,\\x-3\leqslant 0,\end{cases}$ 得$\begin{cases}x>-\dfrac{5}{2},\\x\leqslant 3,\end{cases}$即$-\dfrac{5}{2}<x\leqslant 3$.

所以此不等式组的解集为$\left\{x\,\middle|\,-\dfrac{5}{2}<x\leqslant 3\right\}$.

练习 1

1. 判断下面三句话的真假：

(1)"某校所有高个子的学生"是一个集合；

(2) 方程 $x^2-2x+1=0$ 的根的集合是$\{1,1\}$；

(3) 方程组$\begin{cases}2x-y=0,\\y-1=0\end{cases}$的解集是单元素集.

2. 将集合 $A=\{x\mid -2<x\leqslant 3,x\in \mathbf{Z}\}$用列举法表示出来.

二、集合之间的关系

1. 集合的包含关系

定义 1　对于两个集合 A 和 B，如果集合 A 的任何一个元素都是集合 B 的元素，那么集合 A 称为集合 B 的**子集**，记作

$$A\subseteq B \quad 或 \quad B\supseteq A.$$

读作"A 包含于 B"或"B 包含 A"(图 1-3).

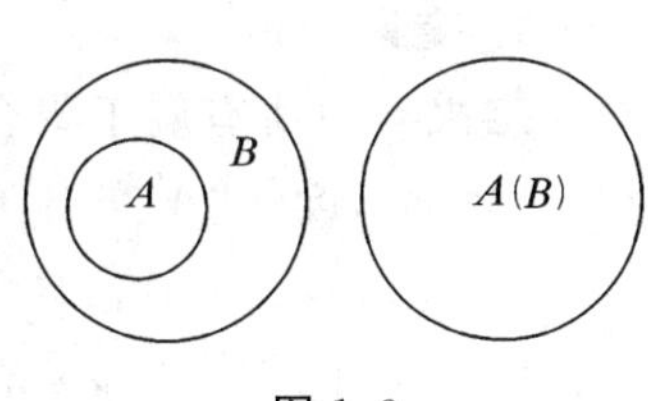

图 1-3

例如，$\mathbf{N}\subseteq\mathbf{Z}$，$\mathbf{R}\supseteq\mathbf{Q}$.

当 A 不是 B 的子集时，我们可以记作

$$A\nsubseteq B \quad 或 \quad B\nsupseteq A,$$

读作"A 不包含于 B"或"B 不包含 A".

由定义 1 可得：$A\subseteq A$，即任何一个集合是它自身的子集.

规定　$\varnothing\subseteq A$，即空集是任何集合的子集.

定义 2　如果集合 A 是集合 B 的子集，并且集合 B 中至少有一个元素不属于 A，那么集合 A 称为集合 B 的**真子集**，记作

$$A\subsetneqq B \quad 或 \quad B\supsetneqq A.$$

集合 B 同它的真子集 A 之间的关系，可用图 1-4 中 B 同 A 的关系来说明.

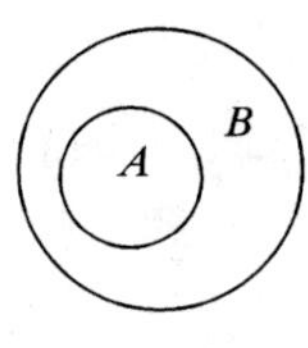

图 1-4

显然，**空集是任何非空集合的真子集**.例如，$\varnothing \subsetneqq \{2\}$.

容易知道，对于集合 A,B,C，如果 $A\subseteq B$，$B\subseteq C$，那么 $A\subseteq C$；如果 $A\subsetneqq B$，$B\subsetneqq C$，那么 $A\subsetneqq C$.

例 3 写出$\{a,b,c\}$的所有子集及真子集.

解 子集为$\varnothing$，$\{a\}$，$\{b\}$，$\{c\}$，$\{a,b\}$，$\{a,c\}$，$\{b,c\}$，$\{a,b,c\}$，共有 8 个子集，其中除$\{a,b,c\}$外，其余 7 个都是真子集.

从例 3 可以发现，如果集合中有 3 个元素，则它的子集共有 8 个，恰好是 2^3 个；真子集的个数为 2^3-1.

可以证明，如果集合有 n 个元素，则它的子集的个数为 2^n，真子集的个数为 2^n-1.

注意 求一个非空集合的子集或真子集时，不要遗漏空集.

2. 集合的相等关系

定义 对于两个集合 A 和 B，如果 $A\subseteq B$，同时 $B\subseteq A$，那么集合 A 和集合 B 相等，记作 $A=B$.

例如，$A=\{x\mid x^2-3x+2=0\}$，$B=\{1,2\}$，则 $A=B$.

注意 集合的相等也可以这样理解：如果集合 A 与集合 B 的元素完全相同，那么$A=B$.

练习 2

1. 指出下列各题中集合之间的关系：

(1) $A=\{2,4,5,7\}$，$B=\{2,5\}$；　　(2) $\mathbf{Z}=\{$整数$\}$，$D=\{$奇数$\}$；

(3) $M=\{x\mid x^2+1=0, x\in\mathbf{R}\}$，$N=\varnothing$.

2. 说出集合 $P=\{x\mid 2x<9, x\in\mathbf{N}\}$的子集的个数.

三、集合的运算

1. 交集

定义 由所有属于集合 A 且属于集合 B 的元素所组成的集合，叫作 A 与 B 的**交集**，记作 $A\cap B$，读作"A 交 B"，即

$$A\cap B=\{x\mid x\in A \text{ 且 } x\in B\}.$$

图 1-5 中的阴影部分表示集合 A 与 B 的交集 $A\cap B$.

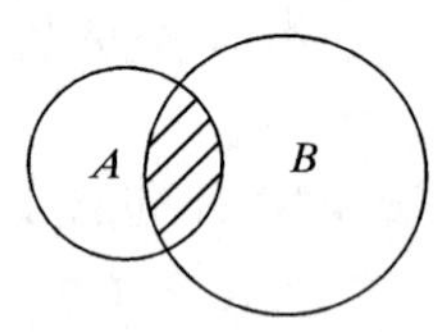

图 1-5

由交集的定义容易推出，对于任何集合 A,B，有：

$A\cap A=A$，$A\cap\varnothing=\varnothing$；

$A\cap B\subseteq A$，$A\cap B\subseteq B$，$A\cap B=B\cap A$.

求交集的运算称为**交运算**.

例 4 设 $A=\{(x,y)\mid 4x+y=6\}$，$B=\{(x,y)\mid 3x+2y=7\}$，求 $A\cap B$.

解 $A\cap B=\{(x,y)\mid 4x+y=6, 3x+2y=7\}=\{(1,2)\}$.

例 5 设 $A=\{$矩形$\}$，$B=\{$菱形$\}$，求 $A\cap B$.

解　$A\cap B=\{$正方形$\}$.

2. 并集

定义　由所有属于集合 A 或属于集合 B 的元素所组成的集合，叫作 A 与 B 的**并集**，记作 $A\cup B$，读作"A 并 B"，即

$$A\cup B=\{x\mid x\in A \text{ 或 } x\in B\}.$$

这样，方程 $(x^2-4)(x^2-1)=0$ 的解集，可以由求方程 $x^2-4=0$ 的解集与方程 $x^2-1=0$ 的解集的并集而得到，即

$$\{2,-2\}\cup\{1,-1\}=\{1,-1,2,-2\}.$$

图 1-6 中的阴影部分表示集合 A 与 B 的并集 $A\cup B$.

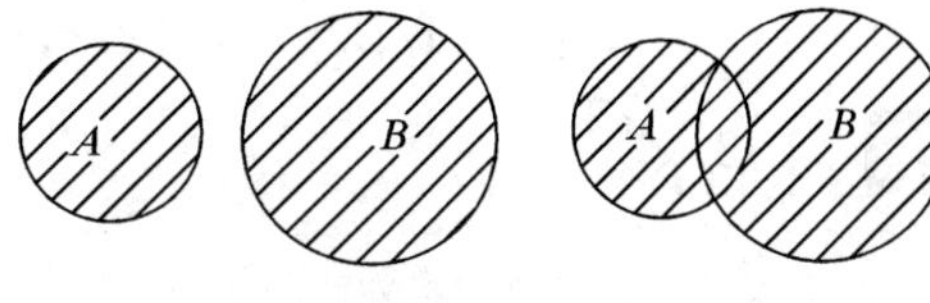

图 1-6

由并集的定义容易知道，对于任何集合 A，B，有：

$A\cup A=A$，$A\cup\varnothing=A$；

$A\subseteq A\cup B$，$B\subseteq A\cup B$，$A\cup B=B\cup A$.

求并集的运算称为**并运算**.

注意　在求两个集合的并集时，这两个集合的公共元素在并集中只能出现一次.

例 6　设 $A=\{x\mid -1<x<2\}$，$B=\{x\mid 1<x<3\}$，求 $A\cup B$，$A\cap B$.

解　$A\cup B=\{x\mid -1<x<3\}$；

$A\cap B=\{x\mid 1<x<2\}$.

例 7　设 $A=\{$锐角三角形$\}$，$B=\{$钝角三角形$\}$，求 $A\cup B$，$A\cap B$.

解　$A\cup B=\{$斜三角形$\}$；

$A\cap B=\varnothing$.

3. 补集

在研究集合与集合之间的关系时，在某些情况下，这些集合都是某一个给定集合的子集，这个给定的集合可以看成一个**全集**，用符号 Ω 表示.也就是说，全集含有我们所要研究的某些集合的全部元素.

定义　已知全集 Ω，集合 $A\subseteq\Omega$，由 Ω 中所有不属于 A 的元素组成的集合，叫作集合 A 在全集 Ω 中的**补集**，记作 $\complement_\Omega A$，读作"A 在 Ω 中的补集"，即

$$\complement_\Omega A=\{x\mid x\in\Omega \text{ 且 } x\notin A\}.$$

图 1-7 中的长方形表示全集 Ω，圆表示它的子集 A，阴影部分表示 $\complement_\Omega A$.

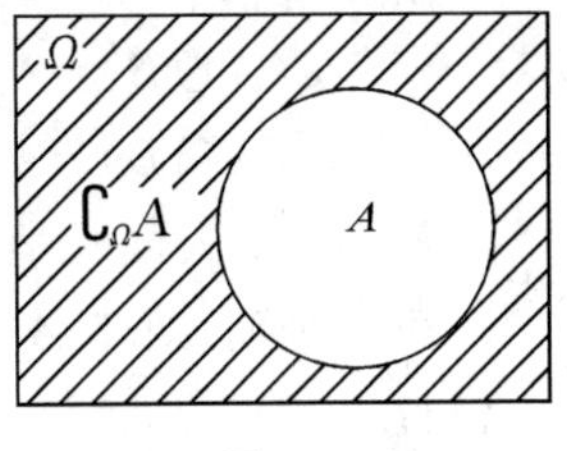

图 1-7

由补集的定义可知：

$$A\cup\complement_\Omega A=\Omega,\ A\cap\complement_\Omega A=\varnothing,\ \complement_\Omega(\complement_\Omega A)=A.$$

求补集的运算称为**补运算**.

补集是对全集而言的.因此，即使是同一个集合 A，由于所取的全集不同，它的补集是不同的.

例 8 已知 $\Omega=\mathbf{R}$，求 $\complement_{\Omega}\mathbf{Q}$.

解 $\complement_{\Omega}\mathbf{Q}=\{$无理数$\}$.

例 9 设 $\Omega=\{$小于 9 的自然数$\}$，$A=\{3,4,5\}$，$B=\{4,7,8\}$，求 $\complement_{\Omega}A$，$\complement_{\Omega}B$，$\complement_{\Omega}A\cap\complement_{\Omega}B$，$\complement_{\Omega}A\cup\complement_{\Omega}B$.

解 因为 $\Omega=\{0,1,2,3,4,5,6,7,8\}$，

所以 $\complement_{\Omega}A=\{0,1,2,6,7,8\}$，

$\complement_{\Omega}B=\{0,1,2,3,5,6\}$，

$\complement_{\Omega}A\cap\complement_{\Omega}B=\{0,1,2,6\}$，

$\complement_{\Omega}A\cup\complement_{\Omega}B=\{0,1,2,3,5,6,7,8\}$.

练习 3

1. 求方程组 $\begin{cases}x-2y=3,\\3x+y=4\end{cases}$ 的解集，是求两个方程的交集还是并集？

2. 求方程 $(2x^2-1)(x+3)=0$ 的解集，是求方程 $2x^2-1=0$ 解集与 $x+3=0$ 解集的交集还是并集？

四、集合的简单应用

计算有限集元素的个数是在一些实际应用和理论研究（如概率论）中常要解决的问题.一般地，对于集合 A，B，如果设 $n(A)$ 表示集合 A 的元素的个数，$n(B)$ 表示集合 B 的元素的个数，$n(A\cup B)$ 表示集合 $A\cup B$ 的元素的个数，$n(A\cap B)$ 表示集合 $A\cap B$ 的元素的个数，则由图 1-6 不难得到

$$n(A\cup B)=n(A)+n(B)-n(A\cap B).$$

我们把这个公式叫作**两集合的计数公式**.在这个公式中，只要知道其中三项，就可求出第四项.

当 $A\cap B=\varnothing$ 时，有

$$n(A\cup B)=n(A)+n(B).$$

例 10 某进修班有学生 40 人，开设英语和日语两门外语课，已知 30 人学习英语，15 人学习日语，有 2 人免修外语，问同时学习两门外语的有几人？

解 设 $A=\{$学习英语的学生$\}$，$B=\{$学习日语的学生$\}$，则由题意有

$n(A\cup B)=40-2=38$，$n(A)=30$，$n(B)=15$.

$n(A\cap B)=n(A)+n(B)-n(A\cup B)=30+15-38=7$.

答：有 7 人同时学习两门外语.

可以证明，对于 A，B，C 三个有限集元素的计数公式是

$$n(A\cup B\cup C)=n(A)+n(B)+n(C)-n(A\cap B)-n(A\cap C)-n(B\cap C)+n(A\cap B\cap C).$$

例 11 某小区对居民进行调查的结果是：80 人爱好跳舞，50 人爱好太极拳，30 人爱好书法；16 人既爱好跳舞又爱好太极拳，8 人既爱好跳舞又爱好书法，12 人既爱好太极拳又爱好书法；3 人这三种爱好都有.问有意愿参加该社区这三种文体活动的人数是多少？

解 设 $A=\{$爱好跳舞的居民$\}$，$B=\{$爱好太极拳的居民$\}$，$C=\{$爱好书法的居民$\}$，

则由题意有

$$n(A)=80, n(B)=50, n(C)=30, n(A\cap B)=16,$$
$$n(A\cap C)=8, n(B\cap C)=12, n(A\cap B\cap C)=3.$$

$$n(A\cup B\cup C)=n(A)+n(B)+n(C)-n(A\cap B)-n(A\cap C)-n(B\cap C)+n(A\cap B\cap C)$$
$$=80+50+30-16-8-12+3=127.$$

答：有意愿参加该社区这三种文体活动的人数是 127.

习题 1-1

A　组

1. 写出下列集合的所有元素：

(1) 一年中有 31 天的月份的集合；

(2) 英文元音字母的集合；

(3) 我国古代四大发明的集合；

(4) 我国万里长城所经过的省、直辖市、自治区的集合；

(5) 太阳系八大行星的集合.

2. 用适当的符号($\in$、$\notin$、$=$、$\supsetneqq$、$\subsetneqq$)填空：

(1) 3 ____ $\mathbf{N}$；　(2) 0 ____ $\mathbf{N}_+$；　(3) π ____ $\complement_\Omega\mathbf{Q}(\Omega=\mathbf{R})$；

(4) $\mathbf{Z}$ ____ $\mathbf{N}$；　(5) a ____ $\{a\}$；　(6) 0 ____ $\varnothing$；

(7) $\{a,b,c\}$ ____ $\{c,b,a\}$；　(8) $\varnothing$ ____ $\{a,b\}$；　(9) $\{0\}$ ____ $\varnothing$.

3. 用适当的方法表示下列集合：

(1) 组成中国国旗图案的颜色；

(2) 世界上最高的山峰；

(3) 所有正奇数；

(4) 所有偶数；

(5) 在直角坐标平面上第一象限内所有的点.

4. 写出$\{a,b,c,d\}$的所有子集，并指出其中哪些是真子集.

5. 用适当的集合填空：

$\cap$	$\varnothing$	A	B
$\varnothing$	____	____	____
A	____	____	____
B	____	____	____

$\cup$	$\varnothing$	A	B
$\varnothing$	____	____	____
A	____	____	____
B	____	____	____

6. 设$\Omega=\{1,2,3,4,5\}$，$A=\{2,5\}$，求$\complement_\Omega(\complement_\Omega A)$.

7. 已知$\Omega=\mathbf{R}$，$A=\{x\mid 2x-5\leqslant 3\}$，$B=\{x\mid 3<x<5\}$，求：

(1) $A\cup B$；(2) $A\cap B$；(3) $\complement_\Omega A$；(4) $\complement_\Omega B$.

8. 设甲商店和乙商店分别经销 250 种商品和 120 种商品，其中有 50 种商品相同，求甲、乙两个商店共有多少种商品.

B 组

1. 用列举法写出方程 $x^2+x-1=0$ 的解集.

2. 写出方程组

$$\begin{cases}x+y=3,\\y+z=4,\\z+x=5\end{cases}$$

的解集并用列举法表示.

3. 写出不等式 $3x+2<4x-1$ 的解集并用描述法表示.

4. 指出下列各集合之间的关系,并用文氏图表示出来:

$A=\{$平行四边形$\}$,$B=\{$菱形$\}$,$C=\{$矩形$\}$,$D=\{$正方形$\}$.

5. 设 Ω 为某班全体学生的集合,$A=\{$女生$\}$,$B=\{$戴眼镜的学生$\}$,试指出下列各集合的意义:

$A\cap B$,$(\complement_\Omega A)\cap B$,$(\complement_\Omega A)\cup B$,$\complement_\Omega(A\cup B)$.

6. 对 100 名学生进行调查的结果是:34 人爱好音乐,24 人爱好美术,48 人爱好舞蹈;13 人既爱好音乐又爱好舞蹈,14 人既爱好音乐又爱好美术,15 人既爱好美术又爱好舞蹈;有 25 人这三种爱好都没有.问这三种爱好都有的学生人数是多少?

§ 1-2 不等式

一、不等式的概念与性质

1. 不等式的概念

我们已经知道,用不等号“$>$”(“$<$”)或“$\neq$”连接两个代数式所成的式子,称为**不等式**.

不等号同向的两个不等式,叫作同向不等式;不等号异向的两个不等式,叫作异向不等式.

再看下面三个不等式:

(1) $a+2>a+1$,a 取任何实数均能使不等式成立.这种不等式叫作**绝对不等式**;

(2) $2x-1<2+x$,只有当 $x<3$ 时,不等式才能成立.这种不等式叫作**条件不等式**;

(3) $2+x^2<x^2$,没有什么数值能使不等式成立.这种不等式叫作**矛盾不等式**.

我们知道,实数可以比较大小.两个不同的实数 a,b 之间具有以下性质:

如果 $a-b$ 是正数,那么 $a>b$;如果 $a-b$ 是负数,那么 $a<b$;如果 $a-b$ 等于零,那么$a=b$.这三条性质反过来也对.这就是说,

$$a-b>0\Leftrightarrow a>b;$$
$$a-b<0\Leftrightarrow a<b;$$
$$a-b=0\Leftrightarrow a=b.$$

例 1 已知 x 是实数,试比较 $3x+1$ 与 $2x+1$ 的大小.

解 因为$(3x+1)-(2x+1)=x$,所以

(1) 当 $x>0$ 时,$3x+1>2x+1$;

(2) 当 $x<0$ 时,$3x+1<2x+1$;

(3) 当 $x=0$ 时,$3x+1=2x+1$.

例 2　比较$(x+1)(x+2)$与$(x-3)(x+6)$的大小.

解　因为$(x+1)(x+2)-(x-3)(x+6)=(x^2+3x+2)-(x^2+3x-18)=20>0$,所以$(x+1)(x+2)>(x-3)(x+6)$.

例 3　已知 $a>0,b>0$,求证:$\dfrac{a+b}{2}\geqslant\sqrt{ab}$.

证明　$\dfrac{a+b}{2}-\sqrt{ab}=\dfrac{a+b-2\sqrt{ab}}{2}=\dfrac{(\sqrt{a}-\sqrt{b})^2}{2}$.

因为 $a>0,b>0$,所以$(\sqrt{a}-\sqrt{b})^2\geqslant0$.则$\dfrac{(\sqrt{a}-\sqrt{b})^2}{2}\geqslant0$,所以 $\dfrac{a+b}{2}\geqslant\sqrt{ab}$.

这个不等式表明了两个正数 a,b 的算术平均值$\dfrac{a+b}{2}$不小于它们的几何平均值$\sqrt{ab}$.在这个不等式中,当且仅当 $a=b$ 时,等号成立.这是一个很有用的不等式(又称为**均值定理**),请读者注意.

例 4　用竹篱笆围苗圃,至少要用多长的竹篱笆,才能围成一个面积为 100 m^2 的矩形苗圃?

解　设矩形的长和宽分别为 a 和 b,则苗圃的面积 $ab=100$.

由均值定理可知 $a+b\geqslant2\sqrt{ab}=20$,所以篱笆长 $2(a+b)$至少要 40 m.

2. 不等式的基本性质

不等式有以下一些基本性质:

性质 1　如果 $a>b,b>c$,那么 $a>c$.

证明　因为 $a>b,b>c$,所以 $a-b>0,b-c>0$.

因为 $a-c=(a-b)+(b-c)$,所以 $a-c>0$,所以 $a>c$.

性质 2　如果 $a>b$,那么 $a+c>b+c$.

推论 1　如果 $a>b,c>d$,那么 $a+c>b+d$.

性质 3　如果 $a>b,c>0$,那么 $ac>bc$;如果 $a>b,c<0$,那么 $ac<bc$.

推论 2　如果 $a>b>0,c>d>0$,那么 $ac>bd$.

练习 1

1. 设 $a>b$,用“>”“=”“<”号填空:

(1) $a+\sqrt{2}$ ____ $b+\sqrt{2}$;(2) $3a$ ____ $3b$;(3) $-2a$ ____ $-2b$;(4) $2-a$ ____ $2-b$.

2. 比较$(x+1)(x+5)$与$(x+3)^2$的大小.

二、不等式的解法

在初中,我们已经学习过一元一次不等式、一元一次不等式组的解法.现在,我们来学习一元二次不等式、绝对值不等式的解法.

不等式(组)的解集也常用区间表示,使解集的表达更为简洁.

1. 区间

介于两个实数之间的所有实数的集合叫作**区间**.这两个实数叫作区间的**端点**.

设 a,b 为任意两个实数,且 $a<b$.各类不等式的表示如表 1-1 所示：

表 1-1 不等式的表示

不等式	集合	区间	图示
$a\leqslant x\leqslant b$	$\{x\mid a\leqslant x\leqslant b\}$	$[a,b]$(闭区间)	a b x
$a<x<b$	$\{x\mid a<x<b\}$	(a,b)(开区间)	a b x
$a<x\leqslant b$	$\{x\mid a<x\leqslant b\}$	$(a,b]$(左开区间)	a b x
$a\leqslant x<b$	$\{x\mid a\leqslant x<b\}$	$[a,b)$(右开区间)	a b x
$x\geqslant a$	$\{x\mid x\geqslant a\}$	$[a,+\infty)$	a x
$x>a$	$\{x\mid x>a\}$	$(a,+\infty)$	a x
$x\leqslant b$	$\{x\mid x\leqslant b\}$	$(-\infty,b]$	b x
$x<b$	$\{x\mid x<b\}$	$(-\infty,b)$	b x
$-\infty<x<+\infty$	**R**	$(-\infty,+\infty)$	x

例 5 用区间表示下列不等式(组)的解集：

(1) $\begin{cases}2x+3>1,\\5x-4\leqslant 6;\end{cases}$　　(2) $\dfrac{3x+1}{x-3}\geqslant 1.$

解 (1) 原不等式组可化为

$$\begin{cases}x>-1,\\x\leqslant 2,\end{cases}$$

从而

$$-1<x\leqslant 2.$$

所以,原不等式组的解集为$(-1,2]$.

(2) 移项,得$\dfrac{3x+1}{x-3}-1\geqslant 0$,(想一想：能不能先去分母?)

整理,得

$$\frac{x+2}{x-3}\geqslant 0,$$

它可化为不等式组

$$\begin{cases}x+2\geqslant 0,\\x-3>0\end{cases}\text{或}\begin{cases}x+2\leqslant 0,\\x-3<0.\end{cases}$$

解得　　　　　　　　　　$x>3$　或　$x\leqslant -2$.

所以,原不等式的解集为$(-\infty,-2]\cup(3,+\infty)$.

练习 2

用区间表示下列不等式(组)的解:

(1) $3(x+5)-\dfrac{2}{3}\geqslant 2x-\dfrac{3}{2}$;　　　　(2) $\begin{cases}10+2x\leqslant 11+3x,\\7+2x>6+3x.\end{cases}$

2. 一元二次不等式

含有一个未知数并且未知数的最高次数是二次的不等式叫作**一元二次不等式**.它的一般形式为

$$ax^2+bx+c>0 \text{ 或 } ax^2+bx+c<0\quad(a>0).$$

一元二次不等式的解集与一元二次方程的根以及二次函数的图象密切相关,如表 1-2 所示.

表 1-2　一元二次不等式的解集、一元二次方程的根及二次函数图系的关系

$\Delta=b^2-4ac$		$\Delta>0$	$\Delta=0$	$\Delta<0$
一元二次方程 $ax^2+bx+c=0(a>0)$ 的根		有两个相异实根 $x_{1,2}=\dfrac{-b\pm\sqrt{b^2-4ac}}{2a}$ (取 $x_1<x_2$)	有两个相等实根 $x_1=x_2=-\dfrac{b}{2a}$	没有实根
二次函数 $y=ax^2+bx+c(a>0)$ 的图象				
一元二次不等式的解集	$ax^2+bx+c>0$ $(a>0)$	$(-\infty,x_1)\cup(x_2,+\infty)$	$\left(-\infty,-\dfrac{b}{2a}\right)\cup\left(-\dfrac{b}{2a},+\infty\right)$	实数集 **R** 或$(-\infty,+\infty)$
	$ax^2+bx+c<0$ $(a>0)$	(x_1,x_2)	$\varnothing$	$\varnothing$

例 6　解下列不等式:

(1) $2x^2-3x+4>0$;　　　　(2) $4x^2-12x+9>0$;

(3) $2x^2-4x+3<0$;　　　　(4) $-x^2+5x>6$.

解　(1) 因为 $\Delta=9-32<0$,

所以原不等式的解集是$(-\infty,+\infty)$.

(2) 因为$\Delta=144-144=0$,$4x^2-12x+9=0$ 的根为 $x_1=x_2=\dfrac{3}{2}$,

所以原不等式的解集为$\left(-\infty,\frac{3}{2}\right)\cup\left(\frac{3}{2},+\infty\right)$.

(3) 因为$\Delta=16-24<0$,

所以原不等式的解集是$\varnothing$.

(4) 原不等式可变形为$x^2-5x+6<0$.

因为$\Delta=(-5)^2-4\times1\times6=1>0$,解方程

$$x^2-5x+6=0,$$

得
$$x_1=2,x_2=3.$$

所以原不等式的解集是$(2,3)$.

一元二次不等式的解有时也可用因式分解方法求出.

例 7 解不等式$2x^2-3x-2>0$.

解 先变形为$(2x+1)(x-2)>0$,

得
$$(1)\begin{cases}2x+1<0,\\x-2<0\end{cases}\text{或}(2)\begin{cases}2x+1>0,\\x-2>0.\end{cases}$$

由(1)得$x<-\frac{1}{2}$,由(2)得$x>2$.

所以不等式的解集是$\left(-\infty,-\frac{1}{2}\right)\cup(2,+\infty)$.

例 8 关于x的方程$x^2-(m+2)x-(m-6)=0$有两个不等的实根,求实数m的取值范围.

解 由题意得

$$[-(m+2)]^2+4(m-6)>0,$$

即
$$m^2+8m-20>0.$$

因为$\Delta=8^2-4\times1\times(-20)=144>0$,解方程$m^2+8m-20=0$,

得
$$m_1=-10,m_2=2.$$

所以,当$m<-10$或$m>2$时,原方程有两个不等的实根.

例 9 一家工厂生产某种产品x件时的总成本为$C(x)=500+10x$(万元).假设该产品都能销售完,即销售量等于生产量.若产品销售量和价格的关系是$p=160-2x$,问该厂应生产多少件这种产品才能使所获利润超过2 000万元?

解 该产品的收入函数为

$$R(x)=(160-2x)x,$$

则利润函数为

$$L(x)=R(x)-C(x)=(160-2x)x-(500+10x).$$

由题意得

$$(160-2x)x-(500+10x)>2\,000.$$

化简,得

$$x^2-75x+1\,250<0.$$

解方程
$$x^2-75x+1\,250=0,$$

得
$$x_1=25,x_2=50.$$

从而有 $$25<x<50, x\in \mathbf{Z}.$$

答：该厂这种产品产量在 26 件至 49 件时，利润可超过 2 000 万元.

练习 3

1. 解下列不等式：

(1) $x^2+4x+7<0$；　　(2) $x^2-2x+3>0$.

2. 用因式分解法解不等式：

(1) $x^2-x-2>0$；　　(2) $x^2+x-56\leqslant 0$.

3. 绝对值不等式

含有未知数绝对值的不等式叫作绝对值不等式.

如果 a 是一个正数，那么

$$|x|<a\Leftrightarrow x^2<a^2\Leftrightarrow -a<x<a;$$

$$|x|>a\Leftrightarrow x^2>a^2\Leftrightarrow x>a \text{ 或 } x<-a.$$

即在 $a>0$ 时，

$$|x|<a\Leftrightarrow -a<x<a,(\textbf{注意}：不是\ x<\pm a)$$

$$|x|>a\Leftrightarrow x>a \text{ 或 } x<-a.(\textbf{注意}：不是\ x>\pm a)$$

这个结果从图 1-8 也可以看出.

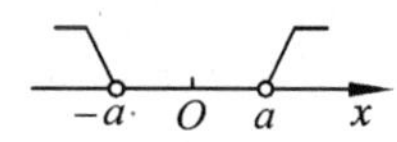

图 1-8

例 10　解不等式 $|2x-3|<5$.

解　这个不等式等价于

$$-5<2x-3<5,$$

解得 $$-1<x<4.$$

故原不等式的解集是 $(-1,4)$.

例 11　解不等式 $|2x+1|\geqslant 3$.

解　这个不等式等价于

$$2x+1\leqslant -3 \text{ 或 } 2x+1\geqslant 3,$$

解得 $$x\leqslant -2 \text{ 或 } x\geqslant 1.$$

故原不等式的解集是 $(-\infty,-2]\cup[1,+\infty)$.

例 12　解不等式 $|x^2-5x|>6$.

解　这个不等式等价于

$$x^2-5x>6 \tag{1}$$

或 $$x^2-5x<-6. \tag{2}$$

解不等式(1)，得 $$x<-1 \text{ 或 } x>6;$$

解不等式(2)，得 $$2<x<3.$$

因此，原不等式的解集是 $(-\infty,-1)\cup(2,3)\cup(6,+\infty)$.

练习 4

1. 填空：

(1) 不等式 $\left|\frac{1}{2}x\right|\geqslant 2$ 的解集是________；

(2) 不等式 $|5x|<\frac{1}{2}$ 的解集是________;

(3) 不等式 $|x-5|<3$ 的解集是________;

(4) 不等式 $|1-x|\geqslant 3$ 的解集是________.

2. 解不等式 $3|x-2|-2>0$.

习题 1-2

A 组

1. 比较 $\dfrac{1}{2+\dfrac{1}{3+\dfrac{1}{x}}}$ 与 $\dfrac{3x+1}{7x+2}$ 的大小.

2. 证明:如果 $a>b,c>d$,则 $a-d>b-c$.

3. 解下列不等式:

(1) $\frac{1}{2}x^2-4x+6<0$;　　(2) $x^2-x>x(2x-3)+2$;

(3) $x^2+x-12>0$;　　(4) $x^2+4x+5>0$.

4. 若 $x>0,y>0$,且 $xy=4$,求证:$x+y\geqslant 4$.

5. 用区间表示下列不等式(组)的解集:

(1) $|x-2|<5$;　　(2) $|2x-3|\geqslant 1$;

(3) $\begin{cases}7+3x\leqslant 9+5x,\\6+x>4x-3;\end{cases}$　　(4) $\frac{4-2x}{1+3x}\geqslant 2$;

(5) $\left|x-\frac{1}{3}\right|\leqslant\frac{2}{3}$;　　(6) $|6-x|\geqslant 2$.

6. 用一根长 10 m 的绳子,能围成面积大于 6 m^2 的矩形吗?能围成面积大于 7 m^2 的矩形吗?

B 组

1. 比较 $(x+1)\left(x^2+\frac{x}{2}+1\right)$ 与 $\left(x+\frac{1}{2}\right)(x^2+x+1)$ 的大小.

2. 画出 $y=x^2-5x+6$ 的图象,根据图象求满足下列各式的未知数 x 的值的集合:

(1) $x^2-5x+6=0$;　　(2) $x^2-5x+6>0$;　　(3) $x^2-5x+6<0$.

3. 解下列不等式:

(1) $|x^2-3x-1|>3$;　　(2) $1<|3x+4|\leqslant 6$.

4. 已知 $|x-a|<b\ (b>0)$ 的解集是 $\{x|-3<x<9\}$,求 a 与 b.

5. m 取何值时,方程 $x^2-(m+2)x+4=0$ 有实数根?

6. 如果工厂总成本为 $C(x)=3\,000+20x-0.1x^2$(元),其中 x 表示产量,产品售价为25 元,求工厂不亏本的最低产量.

7. 已知 a,b,c 都是正数，求证：$(a+b)(b+c)(c+a)\geqslant 8abc$.

§1-3 简易逻辑

在这一节里，我们将向读者介绍逻辑学中一些最基本的内容，以满足进一步学习的需要.

一、命题

1. 命题的意义

判断是一种思维形式，是借助于句子来表达的，人们通常把表达判断的句子叫作**命题**.一个命题是由题设和结论两部分组成的.命题有真有假，正确的命题是真命题，错误的命题是假命题.

例如：

(1) $a+2a=3a$；

(2) $a^2+b^2\geqslant 2ab$；

(3) 等腰三角形都相似；

(4) 0 不是自然数.

以上都是命题，其中(1)和(2)是真命题，(3)和(4)是假命题.

又如：

(1) 祝你身体健康！

(2) 你去上学吗？

(3) 你赶快走！

以上均不是命题，因为它们不是表示判断的句子.

一般来说，感叹句、疑问句、祈使句等都不能成为命题.

像 $x+1=0$ 这种等式，因不知 x 代表什么数，也无法判断真假，所以也不是命题.

含有变量的语句，一般称为**条件命题**，在条件命题前加上某种量词，就可使之变为可判断真假的命题.

例如，“存在一个数使 $x+1=0$”，就是一个真命题；“对任意实数 x，都有 $x+1=0$”，就是一个假命题.“一个”和“任意”就是两个常用的量词.

命题的“真”和“假”，称为命题的**真值**，我们分别用大写英文字母 T 和 F 表示.

一个简单句的命题称为**简单命题**.由若干个简单句通过联结词构成复合句的命题称为**复合命题**.

例如，$4>3$ 且 4 是整数，就是一个复合命题.它由两个简单命题 P：$4>3$ 和 Q：4 是整数，用联结词“且”连接而成.

2. 命题联结词

(1) 否定(非)

对于每个命题，都有一个与它意义相反的命题，这个命题称为原来命题的**否定**.如果命题用 P 表示，它的否定可表示为“$\neg P$”，读作“非 P”.

如下所示的真值表，表示 P 与 $\neg P$ 的关系：

P	$\neg P$
T	F
F	T

例如：

P：今天下雨.

$\neg P$：今天不下雨.

(2) 合取(且)

设 P 和 Q 是两个命题，由“P 且 Q”构成的复合命题称作命题 P 和命题 Q 的**合取命题**，记为“$P \wedge Q$”，读作“P 且 Q”.

它的真值表为：

P	Q	$P \wedge Q$
T	T	T
F	F	F
T	F	F
F	T	F

例如：

P：今天有数学课.

Q：今天有语文课.

$P \wedge Q$：今天既有数学课又有语文课.

(3) 析取(或)

设 P 和 Q 是两个命题，由“P 或 Q”构成的复合命题为命题 P 和 Q 的**析取命题**，记为“$P \vee Q$”，读作“P 或 Q”.它的真值表为：

P	Q	$P \vee Q$
T	T	T
T	F	T
F	T	T
F	F	F

例如：

P：$2+2=4$.

Q：$2+3=5$.

$P \vee Q$：$2+2=4$ 或 $2+3=5$.

注意　命题联结词“或”与日常生活用语中的“或”的意义不完全一样.

练习 1

1. 判断下列句子或式子是不是命题：

(1) 月亮是太阳系的行星.

(2) 请你去开会！

(3) $30-5\times 6=0$.

(4) $3x+2>0$.

2. 已知命题 P,Q，试说出命题$\neg P$，$\neg Q$，$P\wedge Q$，$P\vee Q$，并判断它们的真假：

(1) P：$4>3$，Q：4 是偶数；

(2) P：菱形的两条对角线相等，Q：菱形的两条对角线垂直.

3. 四种命题

设 A,B 是两个命题，由联结词“如果……，那么……”和“非”可构成下列四种复合命题：

原命题： $A\Rightarrow B$（如果 A，那么 B）；

逆命题： $B\Rightarrow A$（如果 B，那么 A）；

否命题： $\neg A\Rightarrow\neg B$（如果非 A，那么非 B）；

逆否命题： $\neg B\Rightarrow\neg A$（如果非 B，那么非 A）.

例 1 写出“对顶角相等”的逆命题、否命题、逆否命题，并判断真假.

解 原命题可改写成“如果两个角是对顶角，那么这两个角相等”.

逆命题：如果两个角相等，那么这两个角是对顶角.

否命题：如果两个角不是对顶角，那么这两个角不相等.

逆否命题：如果两个角不相等，那么这两个角不是对顶角.

以上原命题和逆否命题都是真命题，逆命题和否命题都是假命题.

注意

(1) 原命题和它的逆命题不一定同时正确.

(2) 原命题和它的否命题不一定同时正确.

(3) 原命题和它的逆否命题同真、同假.逆命题和否命题同真、同假.也就是说，**原命题与逆否命题等价，逆命题与否命题等价.**

这些结论，可从例题和习题的练习中分析得出.

练习 2

设命题 A：如果两个三角形全等，那么这两个三角形的面积相等.试说出 A 的逆命题、否命题和逆否命题，并判断其真假.

二、充要条件

1. 充分条件

先看下面的真命题：

如果 $a=b$，则 $a^2=b^2$.这个命题表明，有了“$a=b$”，就足以保证“$a^2=b^2$”.这时，我们称“$a=b$”是“$a^2=b^2$”的充分条件.

一般地，**如果 P 成立，则 Q 成立，即 $P\Rightarrow Q$，我们就称 P 是 Q 的充分条件.**

例如，$b^2-4ac>0$ 是一元二次方程 $ax^2+bx+c=0(a\neq 0)$ 有实根的充分条件.

2. 必要条件

先看下面的真命题：

如果两个三角形全等，则这两个三角形的面积相等.这个命题表明，如果“两个三角形面积不相等”，则“两个三角形一定不全等”，要使“两个三角形全等”，就必须“两个三角形的面积相等”.这时,我们称“两个三角形面积相等”是“两个三角形全等”的必要条件.

一般地,**如果 P 成立,则 Q 成立,即 $P\Rightarrow Q$,我们就称 Q 是 P 的必要条件**.也就是说,要使 P 为真,Q 必须为真.

例如,$ab>0$ 是 $a>0,b>0$ 的必要条件.

因此,如果 $P\Rightarrow Q$,我们说 P 蕴含 Q.或者说 Q 的充分条件是 P,P 的必要条件是 Q.

3. 充分必要条件

先看下面的真命题:

如果一个圆的两条弦等长,则这两条弦的弦心距相等.其逆命题也为真.可以看出,“一个圆的两条弦等长”既是“两条弦的弦心距相等”的充分条件,又是必要条件.这时,我们称“一个圆的两条弦等长”是“两条弦的弦心距相等”的充分必要条件.

一般地,**如果既有 $P\Rightarrow Q$,又有 $Q\Rightarrow P$,则我们称 P 是 Q 的充分必要条件(简称充要条件),记作 $P\Leftrightarrow Q$.此时也可以说 P 与 Q 等价,或者说 P 当且仅当 Q.**

例如,$b^2-4ac=0$ 是一元二次方程 $ax^2+bx+c=0(a\neq0)$ 有两个相等实根的充要条件.

注意 有些条件是充分条件但不是必要条件,也有些条件是必要条件但不是充分条件.比如,$a=-b$ 是 $a^2=b^2$ 的充分条件,但不是必要条件;$a^2=b^2$ 是 $a=-b$ 的必要条件,但不是充分条件.

练习 3

1. 在下列各题中,判断 P 是 Q 的什么条件:

(1) P:$x^2=4$,Q: $x=-2$;

(2) P:$x>4$,Q: $x>2$;

(3) P:两个三角形的三条边对应相等,Q:两个三角形全等.

2. 用充分条件、必要条件或充要条件填空:

(1) $a>0$ 且 $b>0$ 是 $ab>0$ 的________;

(2) $|a|=1$ 是 $a=-1$ 的________;

(3) $x=0$ 或 $x=1$ 是 $x(x-1)=0$ 的________.

习题 1-3

A 组

1. 用联结词“且”和“或”,分别联结下列所给命题 P,Q,构成一个新命题,并判断其真假:

(1) P:$5<7$,Q:$5=7$;

(2) P:等腰三角形两边相等,Q:等腰三角形底角相等.

2. 写出下列命题的否定,并判断它们的真假:

(1) P:$\sqrt{2}$是有理数;

(2) Q:四边形不都是平行四边形;

(3) R:存在一个实数 x,使 $x+5=0$.

3. 将下列各命题看作原命题时,它的逆命题、否命题、逆否命题各是什么? 哪些正确? 哪些不正确?

(1) 末位是 0 的整数,可以被 5 整除;

(2) 当 $x=2$ 时,$x^2-3x+2=0$;

(3) 线段的垂直平分线上的点和这条线段的两个端点的距离相等;

(4) 圆心到直线的距离不等于半径的直线不是圆的切线.

4. 在下列各题中填上适当的条件(充分条件、必要条件、充要条件):

(1) 四边相等是四边形是菱形的____________;

(2) 四边相等是四边形是正方形的____________;

(3) $b^2-4ac>0$ 是一元二次方程 $ax^2+bx+c=0(a\neq 0)$ 具有不等实根的____________;

(4) $x-1=0$ 是 $x^2-1=0$ 的____________;

(5) $ab>0$ 是 $a<0,b<0$ 的____________;

(6) 三角形的两个底角相等是三角形是等边三角形的____________;

(7) $x^2-4=0$ 是 $x+2=0$ 的____________;

(8) $a=b$ 是 $|a|=|b|$ 的____________.

5. 分别用充分条件、必要条件或充要条件的表达形式叙述下列真命题:

(1) 如果整数的末位数是 2,那么这个整数是偶数;

(2) 如果四边形的一组对边平行且相等,那么这个四边形是平行四边形;

(3) 如果 $a>b$,那么 $a+c>b+c$.

B　组

1. 写出下列命题的否命题:

(1) 他既会唱歌又会跳舞;

(2) 存在一个实数 x,使 $x^2+1=0$.

2. 在下列各题中,判断 P 是 Q 的充分条件、必要条件还是充要条件:

(1) P:$\angle A=\angle B$,Q:$\angle A$ 与 $\angle B$ 是对顶角;

(2) P:$A\cap B=\varnothing$,Q:$A=\varnothing$;

(3) P:$A\cup B=\varnothing$,Q:$A=\varnothing$ 且 $B=\varnothing$.

3. 已知 P 是 Q 的充分条件,K 是 Q 的必要条件,S 是 K 的充要条件,问:

(1) S 是 P 的什么条件?

(2) Q 是 S 的什么条件?

§1-4 指数与对数

一、指数

1. 基本概念

(1) 正整数指数幂：$\underbrace{a\cdot a\cdot\cdots\cdot a}_{n\text{个}}=a^n(n\in\mathbf{N}_+)$，$a^1=a$.

(2) 零指数幂：$a^0=1(a\neq0)$.

(3) 负整数指数幂：$a^{-n}=\dfrac{1}{a^n}(a\neq0,n\in\mathbf{N}_+)$.

(4) 分数指数幂：

若 $m,n\in\mathbf{N}_+$，当$\sqrt[n]{a}$有意义时：

① $a^{\frac{1}{n}}=\sqrt[n]{a}$；

② $a^{\frac{m}{n}}=(a^{\frac{1}{n}})^m=(\sqrt[n]{a})^m=\sqrt[n]{a^m}$；

③ $a^{-\frac{m}{n}}=\dfrac{1}{a^{\frac{m}{n}}}=\dfrac{1}{\sqrt[n]{a^m}}(a\neq0)$.

指数还可以推广到实数范围.

例 1 计算：

(1) $8^{\frac{4}{3}}$；　(2) $4^{-\frac{3}{2}}$；　(3) $\left(-\dfrac{1}{2}\right)^2+\left(\dfrac{4}{9}\right)^{-\frac{1}{2}}-\left(\dfrac{1}{8}\right)^{\frac{2}{3}}+\left(\dfrac{2}{3}\right)^0$.

解 (1) $8^{\frac{4}{3}}=(\sqrt[3]{8})^4=2^4=16$；

(2) $4^{-\frac{3}{2}}=\dfrac{1}{4^{\frac{3}{2}}}=\dfrac{1}{(\sqrt{4})^3}=\dfrac{1}{8}$；

(3) 原式$=\dfrac{1}{4}+\sqrt{\dfrac{9}{4}}-\left(\sqrt[3]{\dfrac{1}{8}}\right)^2+1=\dfrac{1}{4}+\dfrac{3}{2}-\dfrac{1}{4}+1=\dfrac{5}{2}$.

2. 运算法则(当下列实数指数幂有意义时)

(1) $a^m\cdot a^n=a^{m+n}$；　(2) $a^m\div a^n=a^{m-n}(a\neq0)$；

(3) $(a^m)^n=a^{mn}$；　(4) $(ab)^m=a^mb^m$；

(5) $\left(\dfrac{a}{b}\right)^m=\dfrac{a^m}{b^m}(b\neq0)$.

注意 法则(1)和(4)可以推广到有限个因数的情形.

例 2 计算：

(1) $a^{\frac{2}{3}}\cdot a^{\frac{3}{4}}\cdot a^{\frac{5}{6}}$；　(2) $\sqrt[6]{\left(\dfrac{8m^3}{27n^3}\right)^2}$；

(3) $[2a^{-4}b^3\div(2^{-1}a^2b^{-3})]^{-2}\cdot(-4a^{-6})^2$；

(4) $(a^{\frac{3}{2}}-b^{\frac{3}{2}})\div(a+a^{\frac{1}{2}}b^{\frac{1}{2}}+b)$.

解 (1) 原式$=a^{\frac{2}{3}+\frac{3}{4}+\frac{5}{6}}=a^{\frac{9}{4}}$；

(2) 原式 $=\left(\frac{8m^3}{27n^3}\right)^{\frac{2}{6}}=\left[\left(\frac{2m}{3n}\right)^3\right]^{\frac{1}{3}}=\frac{2m}{3n}$；

(3) 原式 $=(4a^{-6}b^6)^{-2}\cdot 16a^{-12}=\frac{1}{16}a^{12}b^{-12}\cdot 16a^{-12}=b^{-12}=\frac{1}{b^{12}}$；

(4) 原式 $=[(a^{\frac{1}{2}})^3-(b^{\frac{1}{2}})^3]\div(a+a^{\frac{1}{2}}b^{\frac{1}{2}}+b)$

$=(a^{\frac{1}{2}}-b^{\frac{1}{2}})(a+a^{\frac{1}{2}}b^{\frac{1}{2}}+b)\div(a+a^{\frac{1}{2}}b^{\frac{1}{2}}+b)=a^{\frac{1}{2}}-b^{\frac{1}{2}}$.

例 3　应用科学计算器求下列各幂的值(结果保留四位有效数字)：

(1) 8.5^3；　(2) $112^{\frac{1}{3}}$；　(3) $10^{-1.5}$；　(4) $e^{-1.1}$.

解　按下表过程进行计算：

题　　号	按　键　顺　序	显　　示	答　　案
(1)	8.5 [y^x] 3 [=]	614.125	$8.5^3\approx 614.1$
(2)	112 [2ndF] [$\sqrt[x]{y}$] 3 [=]	4.820 284 528	$112^{\frac{1}{3}}\approx 4.820$
(3)	1.5 [+/−] [2ndF] [10^x]	0.031 622 776	$10^{-1.5}\approx 0.031\ 62$
(4)	1.1 [+/−] [2ndF] [e^x]	0.332 871 083	$e^{-1.1}\approx 0.332\ 9$

练习 1

1. 填空：

(1) $(a^{\frac{1}{2}}+b^{\frac{1}{2}})(a^{\frac{1}{2}}-b^{\frac{1}{2}})=$__________；

(2) $(a^{\frac{1}{3}}+b^{\frac{1}{3}})(a^{\frac{2}{3}}-a^{\frac{1}{3}}b^{\frac{1}{3}}+b^{\frac{2}{3}})=$__________；

(3) $(a^{\frac{1}{3}}-b^{\frac{1}{3}})(a^{\frac{2}{3}}+a^{\frac{1}{3}}b^{\frac{1}{3}}+b^{\frac{2}{3}})=$__________.

2. 用运算法则计算：

(1) $\sqrt{21\times 14\times 6}$；　　　　(2) $a^{\frac{1}{3}}\cdot a^{\frac{5}{6}}\div a^{-\frac{1}{2}}$.

二、对数

1. 定义

　　　　指数式　　　　　　　　　　对数式

$a^b=N(a>0,a\neq 1)\Longleftrightarrow b=\log_a N(a>0,a\neq 1,N>0)$

底数　指数　幂　　　　对数　底数　真数

例 4　把下列指数式写成对数式：

(1) $5^4=625$；　　(2) $3^{-2}=\frac{1}{9}$；　　(3) $2^1=2$.

解　(1) $\log_5 625=4$；

(2) $\log_3\frac{1}{9}=-2$；

(3) $\log_2 2=1$.

例 5 把下列对数式写成指数式：

(1) $\log_2 8=3$；　　　　(2) $\log_{10} 1=0$.

解 (1) $2^3=8$；

(2) $10^0=1$.

根据对数的定义，对数具有下列性质.

2. 性质

(1) 零与负数没有对数；

(2) 1 的对数等于 0，即 $\log_a 1=0(a>0,a\neq 1)$；

(3) 底的对数等于 1，即 $\log_a a=1(a>0,a\neq 1)$；

(4) $\log_a a^n=n(a>0,a\neq 1)$.

3. 对数恒等式

根据对数的定义，可以得到对数恒等式：

$a^{\log_a N}=N(a>0,a\neq 1,N>0)$.

例 6 求下列各式的值：

(1) $\log_9 81$；　　(2) $\log_3 \dfrac{1}{27}$；　　(3) $6^{1+\log_6 7}$.

解 (1) 原式$=\log_9 9^2=2$；

(2) 原式$=\log_3 3^{-3}=-3$；

(3) 原式$=6\cdot 6^{\log_6 7}=6\times 7=42$.

练习 2

1. 把下列指数式写成对数式：

(1) $0.3^2=0.09$；　　　　(2) $\left(\dfrac{1}{2}\right)^0=1$.

2. 把下列对数式写成指数式：

(1) $\log_2 \dfrac{1}{4}=-2$；　　　　(2) $\log_{\frac{1}{3}} \dfrac{1}{3}=1$.

4. 运算法则

当 $a>0,a\neq 1,M>0,N>0$ 时：

(1) $\log_a(MN)=\log_a M+\log_a N$；

(2) $\log_a \dfrac{M}{N}=\log_a M-\log_a N$；

(3) $\log_a M^n=n\log_a M$.

现对法则(1)加以推导.

设 $\log_a M=p,\log_a N=q$，则 $M=a^p,N=a^q$.

所以 $MN=a^{p+q},\log_a(MN)=p+q=\log_a M+\log_a N$.

即 $\log_a(MN)=\log_a M+\log_a N$.

其中法则(1)可推广到有限个正数的积的情形，即

$$\log_a(N_1\cdot N_2\cdot\cdots\cdot N_k)=\log_a N_1+\log_a N_2+\cdots+\log_a N_k(k\in\mathbf{N}_+).$$

例 7　用 $\log_a M, \log_a N, \log_a K$ 表示下列各式：

(1) $\log_a M^2N^3$；　　(2) $\log_a \frac{\sqrt{M}}{NK}$.

解　(1) $\log_a M^2N^3 = \log_a M^2 + \log_a N^3 = 2\log_a M + 3\log_a N$；

(2) $\log_a \frac{\sqrt{M}}{NK} = \log_a M^{\frac{1}{2}} - \log_a (NK) = \frac{1}{2}\log_a M - \log_a N - \log_a K$.

例 8　计算：

(1) $\log_2(16\times 4^3)$；　　(2) $\log_{10}50 + \log_{10}20$；

(3) $\log_a 2 + \log_a \frac{1}{8} + \frac{2}{5}\log_a 32 (a>0, a\neq 1)$；

(4) $\log_3 24 - \log_2 12 + \log_3 4.5 + \log_2 6 - \frac{2}{3}\log_3 8$.

解　(1) 原式 $= \log_2 16 + \log_2 4^3 = \log_2 2^4 + \log_2 2^6 = 4 + 6 = 10$.

(2) 原式 $= \log_{10}(50\times 20) = \log_{10}10^3 = 3$.

(3) 原式 $= \log_a 2 + \log_a \frac{1}{8} + \log_a 4 = \log_a (2\times\frac{1}{8}\times 4) = \log_a 1 = 0$.

(4) 原式 $= \log_3 24 + \log_3 4.5 - \log_3 4 - \log_2 12 + \log_2 6$

$= \log_3 \frac{24\times 4.5}{4} + \log_2 \frac{6}{12} = \log_3 27 + \log_2 \frac{1}{2} = 3 - 1 = 2$.

5. 换底公式

当 $a>0, b>0, a\neq 1, b\neq 1, N>0$ 时，

$$\log_a N = \frac{\log_b N}{\log_b a}.$$

推导　设 $x = \log_a N \Rightarrow a^x = N \Rightarrow \log_b a^x = \log_b N \Rightarrow x\log_b a = \log_b N \Rightarrow x = \frac{\log_b N}{\log_b a}$.

例 9　化简：$a^{\frac{\log_c a - \log_c b}{\log_c a}} (a\neq 1)$.

解　因为　$\frac{\log_c a - \log_c b}{\log_c a} = \frac{\log_c \frac{a}{b}}{\log_c a} = \log_a \frac{a}{b}$，

所以　原式 $= a^{\log_a \frac{a}{b}} = \frac{a}{b}$.

例 10　计算：$\log_3 8 \cdot \log_{16} 81$.

解　将 $\log_3 8$ 和 $\log_{16} 81$ 都换成 10 为底的对数，得

原式 $= \frac{\log_{10} 8}{\log_{10} 3} \cdot \frac{\log_{10} 81}{\log_{10} 16} = \frac{\log_{10} 2^3}{\log_{10} 3} \cdot \frac{\log_{10} 3^4}{\log_{10} 2^4}$

$= \frac{3\log_{10} 2}{\log_{10} 3} \cdot \frac{4\log_{10} 3}{4\log_{10} 2} = 3$.

6. 常用对数和自然对数

常用对数：$\log_{10} N$ 记作 $\lg N$.

自然对数：$\log_e N$ 记作 $\ln N$ ($e = 2.718\ 28\cdots$).

利用科学计算器,可以求出常用对数和自然对数的值.

例 11 应用计算器求下列对数的值(结果保留四位有效数字):

(1) $\lg 32$; (2) $\ln 10$; (3) $\log_3 4$.

解 按下表过程进行计算:

题号	按键顺序	显示	答案
(1)	32 [log]	1.505 149 978	$\lg 32 \approx 1.505$
(2)	10 [ln]	2.302 585 093	$\ln 10 \approx 2.303$
(3)	4 [log] [÷] 3 [log] [=]	1.261 859 507	$\log_3 4 \approx 1.262$

练习 3

1. 不用计算器计算 $\log_3 2 \cdot \log_{16} 27$.

2. 用科学计算器求下列对数的值(结果保留四位有效数字):

(1) $\lg 1.23$; (2) $\ln 90$; (3) $\log_4 5$.

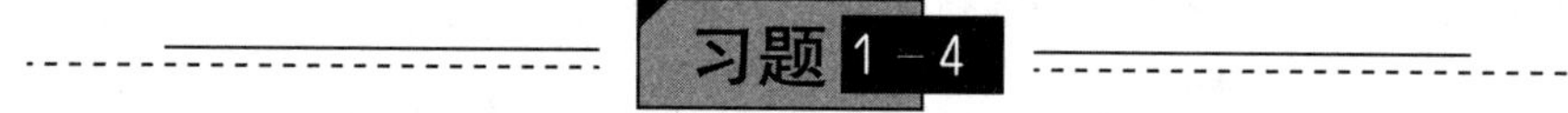

习题 1-4

A 组

1. 判断对错,对的画"√",错的画"×":

(1) $(-1)^{-1}=-1$; ( )

(2) $(-5)^{-2}=\frac{1}{25}$; ( )

(3) $\sqrt[6]{(-64)^2}=\sqrt[3]{64}$; ( )

(4) $\left(\frac{1}{2}\right)^{-2}+\left(\frac{1}{2}\right)^{0}=4$; ( )

(5) $\sqrt[3]{x^2+y^2}=x^{\frac{2}{3}}+y^{\frac{2}{3}}$; ( )

(6) $\log_3(12+4)=\log_3 12+\log_3 4$; ( )

(7) $\log_2 5+\log_3 4=\log_6 20$; ( )

(8) $\frac{\log_3 5}{\log_3 10}=\log_3 \frac{1}{2}$. ( )

2. 写出以下各式的结果:

(1) $0.81^{-\frac{1}{2}}=$________; (2) $(65^2-16^2)^{-\frac{1}{2}}=$________;

(3) $(81\times 0.000\,1)^{-\frac{1}{4}}=$________; (4) $\log_{0.1} 1\,000=$________;

(5) $\log_4 \frac{1}{8}=$________; (6) $\log_8 9 \cdot \log_{27} 32=$________.

3. 求下列各式中的 x：

(1) $\lg x=\lg a-\lg b$；　　(2) $\log_{\sqrt{3}} x=-\dfrac{2}{3}$；

(3) $\ln x=3\ln n+\ln m$；　　(4) $10^x=0.1$.

4. 用对数性质和法则计算：

(1) $\log_{10}0.1$；　　(2) $\log_{\frac{1}{2}}4$；

(3) $9^{\log_3\sqrt{5}}$；　　(4) $\log_3 12-\log_3 4$；

(5) $4\lg2+3\lg5-\lg\dfrac{1}{5}$；　　(6) $2\log_5 25+3\log_2 64-8\log_7 1$.

5. 用换底公式证明：$\log_a b\cdot\log_b a=1$.

6. x 取什么实数时，对数式 $\log_x(2-3x)$ 有意义？

B　组

1. 计算：

(1) $\left[-\dfrac{4}{9}+\left(\dfrac{3}{2}\right)^{-1}\right]^{-2}$；　　(2) $25^{\frac{1}{2}}\times\left(6\dfrac{1}{4}\right)^{\frac{3}{2}}$；

(3) $\dfrac{a^2\cdot\sqrt[5]{a^3}}{\sqrt{a}\cdot\sqrt[10]{a^7}}$；　　(4) $\dfrac{15a^{\frac{1}{2}}b^{\frac{1}{3}}c^{-\frac{3}{4}}}{25a^{-\frac{1}{2}}b^{-\frac{2}{3}}c^{\frac{5}{4}}}$；

(5) $(\sqrt{x}-1)(x+\sqrt{x}+1)$；　　(6) $\left(1+\dfrac{1}{x}\right)^{-2}\left(1+\dfrac{1}{x}\right)^{2}$.

2. 用对数性质和公式计算：

(1) $\log_2 3\cdot\log_3 4\cdot\log_4 5\cdot\log_5 6\cdot\log_6 7\cdot\log_7 8$；

(2) $\lg2\cdot\lg2\,500+2(\lg5)^2$；

(3) $(\log_4 3+\log_8 3)(\log_3 2+\log_9 2)$.

3. 利用换底公式证明：$(\log_a b)\cdot(\log_b c)\cdot(\log_c a)=1$.

4. 用计算器计算下列各式的值(结果保留四位有效数字)：

(1) $\lg456\div\ln456$；　　(2) $3^{12}\times e^{10}$.

5. 用计算器求下列各式中的 x 值(结果保留四位有效数字)：

(1) $10^x=5$；　(2) $e^x=40$；　(3) $\lg x=1.107\,2$；　(4) $\ln x=-0.98$.

§1-5　函　数

一、函数的概念

1. 函数的定义

定义　设 D 是实数的集合，如果对于每一个 $x\in D$，按照某个对应法则 f，都有唯一确定的实数 y 和它对应，那么 y 就称为定义在数集 D 上 x 的函数，记作

$$y=f(x).$$

其中 x 称为**自变量**，数集 D 称为函数的**定义域**，对应的函数值 y 的全体组成的集合称为

函数的**值域**,值域一般用 M 表示[注].

例如,初中学过的反比例函数 $y=\dfrac{1}{x}$,当 x 取定某值时($x\neq 0$),y 的值也随之确定,该函数的定义域为$\{x\mid x\neq 0\}$,值域为$\{y\mid y\neq 0\}$.

当自变量 x 在其定义域 D 内取一个确定的值 x_0 时,对应的 $f(x_0)$ 称为**函数值**.

例 1 已知 $f(x)=2x^2+1$,求 $f(0)$,$f(2)$,$f(a)$,$f[f(x)]$.

解 $f(0)=2\times 0^2+1=1$,

$f(2)=2\times 2^2+1=9$,

$f(a)=2a^2+1$,

$f[f(x)]=2\times[f(x)]^2+1=2\times(2x^2+1)^2+1=8x^4+8x^2+3$

例 2 设 $\varphi(x)=\dfrac{|x-1|}{x^2-1}$,求 $\varphi(0)$,$\varphi(a)$.

解 $\varphi(0)=\dfrac{|0-1|}{0^2-1}=-1$.

$\varphi(a)=\dfrac{|a-1|}{a^2-1}$,

当 $a>1$ 时,$\varphi(a)=\dfrac{a-1}{a^2-1}=\dfrac{1}{a+1}$;

当 $a<1$ 且 $a\neq -1$ 时,$\varphi(a)=\dfrac{-(a-1)}{a^2-1}=-\dfrac{1}{a+1}$.

2. 函数的表示法

函数通常有三种表示法:列表法、图象法和解析法(公式法).

用表格的形式表示两个变量之间函数关系的方法,称为**列表法**.列表法是列举法的一种,它可以直观、明了地表示变量之间的对应关系,在设计、统计工作中常用.如三角函数表、数控机床 ISO 编码表和各类统计表等,其优点是使用方便.

用图象的形式表示两个变量之间函数关系的方法,称为**图象法**.图象法可以直观地表示函数的变化过程和变化趋势,在实际生活、工程技术中常用,如心、脑电图及股票曲线等.

用等式来表示两个变量之间函数关系的方法,称为**解析法**.这个等式叫作函数的**解析表达式**(简称解析式).解析法可以精确地表示两个变量之间的对应关系,便于数学上的分析和计算.本书主要讨论用解析式表示的函数.

一般地,根据函数的解析表达式的形式不同,函数也可分为**显函数**、**隐函数**和**分段函数**三种.

(1) 显函数　函数 y 由 x 的解析表达式直接表示.例如,$y=ax^2+bx+c(a\neq 0)$.

(2) 隐函数　函数的自变量 x 与因变量 y 的对应关系由方程 $F(x,y)=0$ 来确定.例如,$x^2-y-2=0$.

(3) 分段函数　函数在其定义域的不同范围内,具有不同的解析表达式.例如,$y=$

[注] 对应法则 f 也称为集合 D 到集合 M 的**映射**,记作“$f:D\to M$”.这时 y 称为 x 在 f 下的**象**,x 称为 y 在 f 下的**原象**.有时我们也将 D 到 M 的映射记作“$f:x\to y$”.

$|x|=\begin{cases}x, & x\geqslant 0,\\ -x, & x<0.\end{cases}$ 再如，单位阶跃函数(图 1-9)是控制理论中最常用的典型输入信号之一，其解析式为 $u(t)=\begin{cases}0, & t<0,\\ 1, & t\geqslant 0.\end{cases}$

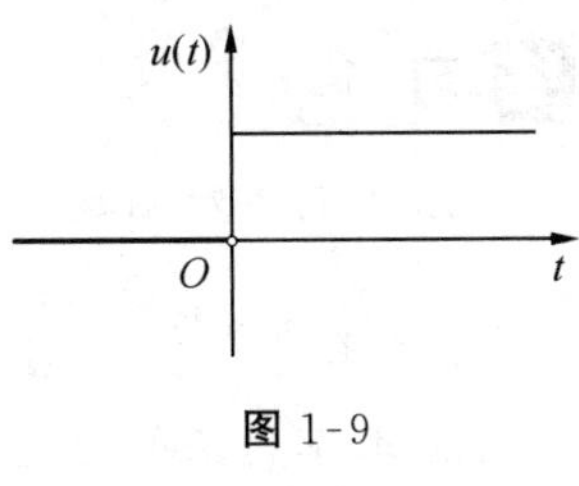

图 1-9

例 3　设 $f(x)=\begin{cases}-x+1, & x<0,\\ 1, & x=0,\\ x^2, & x>0.\end{cases}$ 求 $f(-1)$，$f(0)$，$f\left(\frac{1}{2}\right)$，并指出函数的定义域.

解　$f(-1)=-(-1)+1=2, f(0)=1, f\left(\frac{1}{2}\right)=\left(\frac{1}{2}\right)^2=\frac{1}{4}$.

$f(x)$的定义域为$(-\infty,+\infty)$.

3. 确定函数的两个要素

由函数的定义可以知道：当函数的定义域和对应法则确定以后，这个函数就完全确定了，这是确定函数的两个要素.有相同的对应法则，但定义域不同，还不能说两个函数相同.例如，$f(x)=2x$ 和 $g(x)=2x(x\in\mathbf{R}_+)$，$f(x)=1$ 和 $g(x)=\frac{x}{x}$ 都是不同的两个函数.两个相同的函数，其对应法则的表达形式可能不同.例如 $f(x)=|x|$ 和 $g(x)=\begin{cases}x, & x\geqslant 0,\\ -x, & x<0\end{cases}$ 表达形式不同，但实际是相同的.

4. 函数定义域的求法

我们研究函数，只有在其定义域内进行才有意义，因而研究函数首先要确定其定义域.

在实际问题中，函数的定义域是由实际意义确定的.例如，圆的面积 S 和半径 r 之间的函数关系是 $S=\pi r^2$，此函数的定义域是$(0,+\infty)$.又如，物体由高 h 处自由落下，下落距离 s 与时间 t 的函数关系为 $s=\frac{1}{2}gt^2$(g 为常数).此函数的定义域是$\left[0,\sqrt{\frac{2h}{g}}\right]$.

如果所讨论的函数是由一个解析式确定的，那么函数的定义域是使解析式有意义的所有实数组成的集合.

例 4　求函数 $y=\frac{1}{x^2+5x+6}$ 的定义域.

解　由 $x^2+5x+6\neq 0$，解得 $x\neq -3$ 且 $x\neq -2$.

所以此函数的定义域是$(-\infty,-3)\cup(-3,-2)\cup(-2,+\infty)$.

例 5　求函数 $y=\sqrt{|x|-3}$ 的定义域.

解　由 $|x|-3\geqslant 0$，解得 $x\leqslant -3$ 或 $x\geqslant 3$.

所以此函数的定义域是$(-\infty,-3]\cup[3,+\infty)$.

练习 1

1. 下列各对函数是否表示同一个函数？

(1) $y=x$ 与 $y=\dfrac{x^2}{x}$；(2) $y=x+1$ 与 $y=\sqrt{(x+1)^2}$.

2. 求下列函数的定义域：

(1) $y=2x^3-x+2$；(2) $y=\sqrt{-x}+\sqrt{x}$；(3) $y=\dfrac{\sqrt{4-x^2}}{x-1}$.

二、函数的图象

函数的图象不仅是函数的一种几何表达形式，而且也是研究函数性质的工具.

在初中已经学过，一次函数的图象是直线，二次函数的图象是抛物线，反比例函数的图象是双曲线.不仅如此，函数的图象也可以由一些点或线段等组成.函数图象的作法，一般采用**描点法**，就是在函数的定义域内，自变量 x 取一些值，求出对应的函数值 y，再以每一对 x,y 的值为坐标，在直角坐标平面内画出对应的点 $M(x,y)$，连接这些点所成的光滑曲线就是函数的图象.

例 6 作出下列函数的图象：

(1) $y=x^3$；

(2) $y=\begin{cases} x^2, & x>0, \\ \dfrac{1}{2}, & x=0, \\ -x+1, & x<0. \end{cases}$

解 (1) $y=x^3$ 的定义域是 $(-\infty,+\infty)$，在 $(-\infty,+\infty)$ 内取 x 的一些值，求出对应的 y 值，列表如下：

x	…	-1.5	-1	-0.5	0	0.5	1	1.5	…
$y=x^3$	…	-3.38	-1	-0.13	0	0.13	1	3.38	…

描出各点并用平滑的曲线连接，它是一条关于原点对称的曲线，如图 1-10 所示.

(2) 这是一个分段函数，它的定义域是 **R**，如图 1-11 所示.

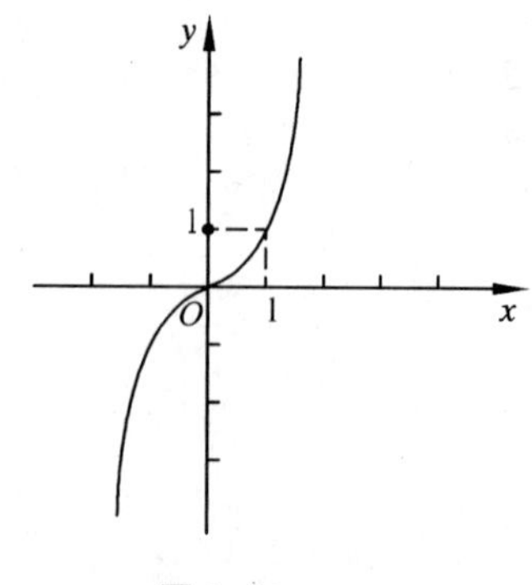

图 1-10

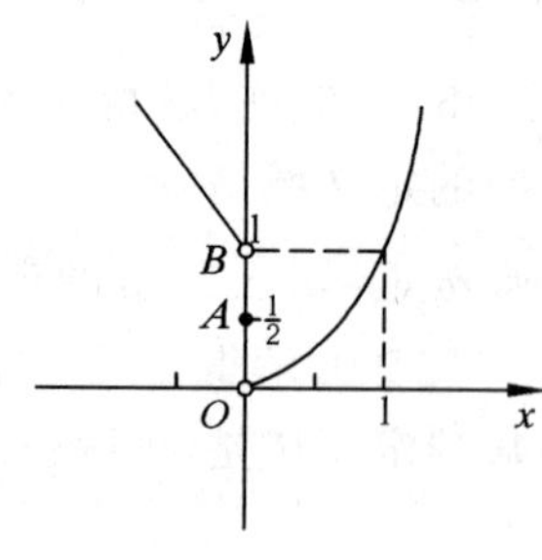

图 1-11

当 $x>0$ 时，表达式为 $y=x^2$，它的图象是抛物线的一部分，不包括端点 $O(0,0)$.

当 $x=0$ 时，$y=\frac{1}{2}$，它的图象是一个孤立的点 $A\left(0,\frac{1}{2}\right)$.

当 $x<0$ 时，表达式为 $y=-x+1$，它的图象是直线的一部分，不包括端点 $B(0,1)$.

由此可见，这个函数在整个定义域上的图象由三部分组成.

练习 2

作出下列函数的图象：

(1) $y=2x,|x|<1$；　　　　(2) $y=|x|$.

三、函数的单调性和奇偶性

1. 函数的单调性

从图 1-12 函数 $y=x^2$ 的图象可以看到：在区间 $(-\infty,0)$ 上，函数值 y 随着自变量 x 的增大而减小；在区间 $(0,+\infty)$ 上，函数值 y 随着自变量 x 的增大而增大.这时称函数 $y=x^2$ 在 $(-\infty,0)$ 上是减函数，在 $(0,+\infty)$ 上是增函数.对于函数的这种单调性，给出下面的定义.

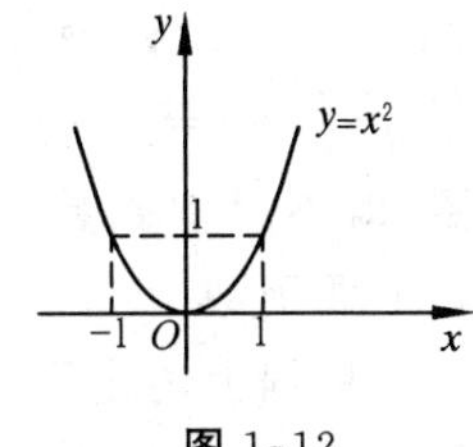

图 1-12

定义　设函数 $y=f(x)$ 在 (a,b) 内有定义，如果对于 (a,b) 上任意两点 x_1,x_2，当 $x_1<x_2$ 时，都有 $f(x_1)<f(x_2)$，那么称函数 $y=f(x)$ 在区间 (a,b) 上是**单调增函数**，区间 (a,b) 称为 $y=f(x)$ 的**单调递增区间**.它的图象沿 x 轴正向上升，如图 1-13(1)所示.

类似地定义**单调减函数**，如图 1-13(2)所示.

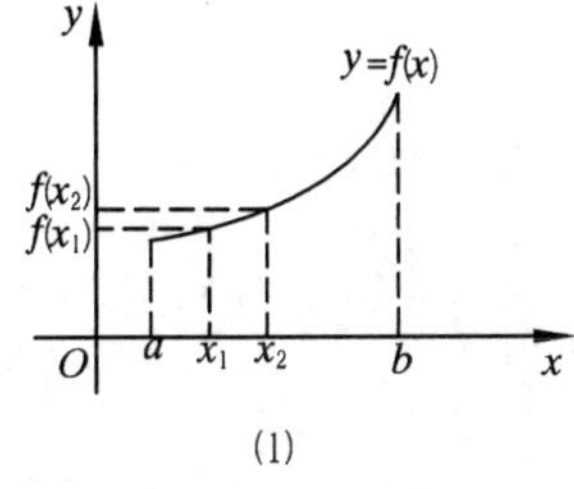

(1)

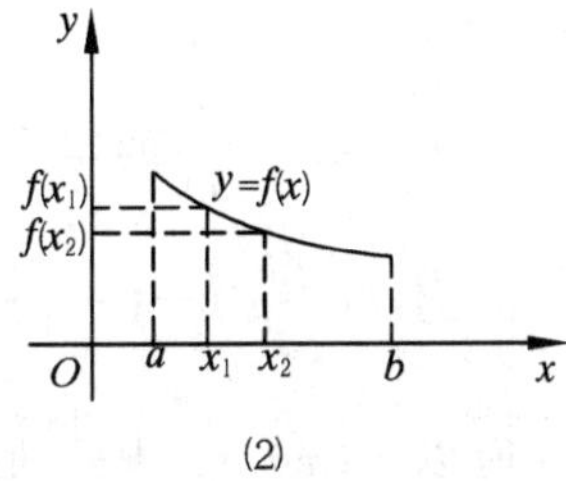

(2)

图 1-13

例 7　判定下列函数在指定区间内的单调性：

(1) $y=x^2,(0,+\infty)$；

(2) $f(x)=\frac{1}{x},(-\infty,0)$.

解　(1) 在 $(0,+\infty)$ 上任取两点 x_1,x_2，假设 $x_1<x_2$.

$y_1=x_1^2,y_2=x_2^2,y_1-y_2=x_1^2-x_2^2=(x_1+x_2)(x_1-x_2)$.

因为 $x_1>0,x_2>0,x_1<x_2$，所以 $y_1-y_2<0$.即 $y_1<y_2$.

根据单调性的定义，可知 $y=x^2$ 在 $(0,+\infty)$ 上单调递增.

(2) 在 $(-\infty,0)$ 上任取两点 x_1,x_2，假设 $x_1<x_2$.

$$f(x_1)-f(x_2)=\frac{1}{x_1}-\frac{1}{x_2}=\frac{x_2-x_1}{x_1x_2}.$$

因为 $x_1<0,x_2<0,x_1<x_2$，所以 $f(x_1)-f(x_2)>0$.即 $f(x_1)>f(x_2)$.

根据单调性的定义，可知 $f(x)=\dfrac{1}{x}$在$(-\infty,0)$上单调递减.

2. 函数的奇偶性

函数 $y=x^2$ 的图象是关于 y 轴对称的抛物线；函数 $y=x^3$ 的图象是关于原点对称的一条曲线；函数 $y=x^{\frac{1}{2}}$ 的图象既不关于原点对称，也不关于 y 轴对称.对于函数图象的这种对称性质，给出下面的定义.

定义 设函数 $y=f(x)$的定义域是关于坐标原点的对称区间 I，对于任意 $x\in I$，如果 $f(-x)=f(x)$成立，则称 $f(x)$为**偶函数**；如果 $f(-x)=-f(x)$成立，则称 $f(x)$为**奇函数**；既不是偶函数也不是奇函数的函数称为**非奇非偶函数**.

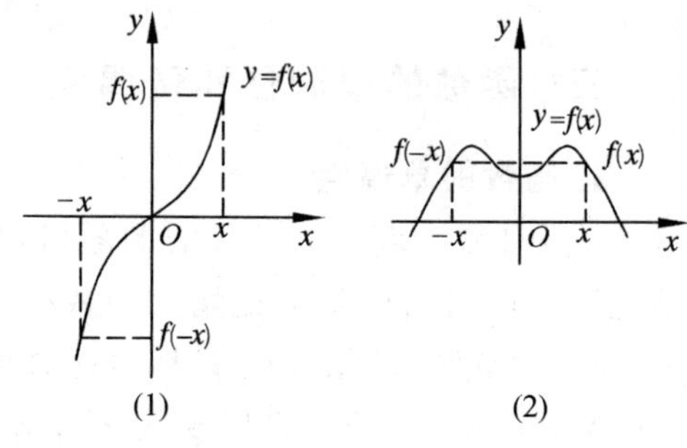

图 1-14

根据上述定义可知，**偶函数的图象关于 y 轴对称；奇函数的图象关于原点对称；非奇非偶函数的图象既不关于原点对称，也不关于 y 轴对称.反之亦然.**图 1-14(1)、图 1-14(2)分别是奇、偶函数的图象.

例 8 判断下列函数的奇偶性：

(1) $f(x)=x+\dfrac{1}{3x}$； (2) $f(x)=x^2-|x|+1$；

(3) $f(x)=x^2-x+1$.

解 (1) $f(x)=x+\dfrac{1}{3x}$的定义域是$(-\infty,0)\cup(0,+\infty)$.

因为 $f(-x)=(-x)+\dfrac{1}{3(-x)}=-\left(x+\dfrac{1}{3x}\right)=-f(x)$，

所以 $f(x)=x+\dfrac{1}{3x}$是奇函数.

(2) $f(x)=x^2-|x|+1$ 的定义域是$(-\infty,+\infty)$.

因为 $f(-x)=(-x)^2-|-x|+1=x^2-|x|+1=f(x)$，

所以 $f(x)=x^2-|x|+1$ 是偶函数.

(3) $f(x)=x^2-x+1$ 的定义域是$(-\infty,+\infty)$.

因为 $f(-x)=(-x)^2-(-x)+1=x^2+x+1$，

所以 $f(x)=x^2-x+1$ 是非奇非偶函数.

练习 3

1. 判断函数 $f(x)=x^2-1$ 在$(-\infty,0)$上的单调性.

2. 判断下列函数的奇偶性：

(1) $f(x)=x^{-\frac{1}{3}}$； (2) $f(x)=x^4+1$； (3) $f(x)=\sqrt{x}+x$.

四、函数关系的建立

在解决具体问题时，我们往往需要根据问题所给的条件，建立函数关系，并由变量的实际意义写出它的取值范围.

例 9　把一个直径 $d=50$ cm 的圆木截成横截面为长方形的方木，若此长方形截面的一条边长为 x cm，截面的面积为 y cm²，求以 x 为自变量时，面积 y 的函数表达式，并写出它的定义域.

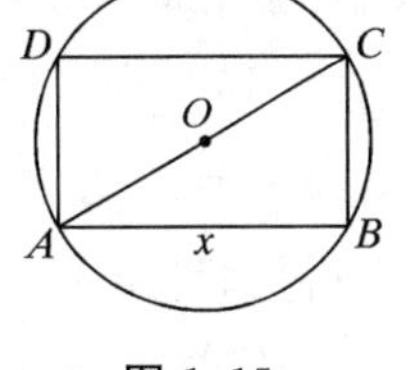

图 1-15

解　如图 1-15 所示为圆木截面，四边形 $ABCD$ 为截得的长方形截面，其一边 AB 长为 x cm，连接对角线 AC，则 $AC=50$ cm.

在直角三角形 ABC 中，可得

$$BC=\sqrt{50^2-x^2},$$

故

$$y=x\sqrt{50^2-x^2}=x\sqrt{2\,500-x^2}.$$

所求的面积函数表达式为 $y=x\sqrt{2\,500^2-x^2}$，其定义域为 $\{x\,|\,0<x<50\}$.

例 10　按供电部门规定，当每月用电不超过 2 000 kW·h 时，每度电(1 度电即为 1 kW·h)按 0.5 元收费；当用电超过 2 000 kW·h 但不足 4 000 kW·h 时，超过部分每度电按 0.7 元收费；当用电达到 4 000 kW·h 时就停止供电.

(1) 求电费的函数表达式；

(2) 求此函数的定义域和值域；

(3) 求 $f(1\,000)$ 和 $f(3\,000)$ 的值.

解　(1) 由题意，电费 G(单位:元)随用电量 W(单位:kW·h)的变化规律在用电量 W 的各个范围内是各不相同的，所以需要分段进行考察.

当 $0\leqslant W\leqslant 2\,000$ 时，$G=0.5W$；

当 $2\,000<W<4\,000$ 时，$G=1\,000+0.7(W-2\,000)=0.7W-400$；

当 $W=4\,000$ 时，$G=1\,000+2\,000\times 0.7=2\,400$.

所以该函数关系可表示为

$$G=\begin{cases}0.5W, & 0\leqslant W\leqslant 2\,000,\\ 0.7W-400, & 2\,000<W<4\,000,\\ 2\,400, & W=4\,000.\end{cases}$$

(2) 此函数的定义域为 $\{W\,|\,0\leqslant W\leqslant 4\,000\}$，值域为 $\{G\,|\,0\leqslant G\leqslant 2\,400\}$.

(3) $f(1\,000)=0.5\times 1\,000=500$(元)，

$f(3\,000)=0.7\times 3\,000-400=1\,700$(元).

练习 4

在市场上购买某种商品，若一次购买数量在 50 kg 以下，售价是每千克 0.3 元；若一次购买 50 kg 以上(包括 50 kg)，售价是每千克 0.25 元.若最多购 100 kg，写出购买数量 x(kg)和所付款 y(元)之间的函数关系式.

五、反函数

1. 反函数的概念

在函数的定义中有两个变量，一个是自变量，一个是自变量的函数.但在一些具体问题中，哪个是自变量，哪个是自变量的函数，并不是绝对的，要根据所研究的具体问题来决定.

对于函数 $y=x^3$，当 x 每取一个确定的值 x_0 时，y 都有唯一确定的值 x_0^3 与之对应；反之，若由 $y=x^3$ 求出 $x=\sqrt[3]{y}$ 时，同样每当 y 取一个确定的值 y_0 时，变量 x 也都有唯一确定的值 $\sqrt[3]{y_0}$ 与之对应，从而得到一个以 y 为自变量的新的函数 $x=\sqrt[3]{y}$，称之为 $y=x^3$ 的反函数.

定义　设函数 $y=f(x)$的定义域是 D，值域为 M，如果对于 M 中的任一个 y 值，通过关系式 $y=f(x)$，都有唯一确定的 D 中的 x 与之对应，这样就确定了一个以 y 为自变量的新的函数，称为函数 $y=f(x)$的**反函数**，记作 $x=f^{-1}(y)$，它的定义域为 M，值域为 D.

习惯上把 $x=f^{-1}(y)$写成 $y=f^{-1}(x)$的形式.

例 11　求函数 $y=3x+2$ 的反函数.

解　由 $y=3x+2$ 得 $x=\frac{1}{3}(y-2)$.

所以 $y=3x+2$ 的反函数为 $y=\frac{1}{3}(x-2)$.

例 12　求函数 $y=\frac{x-1}{x+1}$的反函数以及原函数的值域.

解　因为 $y=\frac{x-1}{x+1}$，　所以 $x=\frac{1+y}{1-y}(y\neq 1)$，

所以 $y=\frac{x-1}{x+1}$的反函数为 $y=\frac{1+x}{1-x}$.

而 $y=\frac{1+x}{1-x}$的定义域是$(-\infty,1)\cup(1,+\infty)$，

原函数 $y=\frac{x-1}{x+1}$的值域为$(-\infty,1)\cup(1,+\infty)$.

例 13　判断 $y=x^2$ 在其定义域内是否有反函数.

解　$y=x^2$ 的定义域是$(-\infty,+\infty)$，值域为$[0,+\infty)$，对于任意一个 $y\in[0,+\infty)$，通过 $y=x^2$，不能唯一确定 $x\in(-\infty,+\infty)$，所以 $y=x^2$ 在其定义域内没有反函数.但如果将函数的定义域限制为 $x\geqslant 0$，那么 $y=x^2$ 就有反函数 $y=\sqrt{x}$；同样如果将函数的定义域限制为 $x\leqslant 0$，那么 $y=x^2$ 就有反函数 $y=-\sqrt{x}$.

2. 互为反函数的函数图象间的关系

例 14　在同一直角坐标平面内作出函数 $y=x^2(x\geqslant 0)$及其反函数 $y=\sqrt{x}$的图象.

解　用描点法在同一直角坐标平面内作出 $y=x^2(x\geqslant 0)$和 $y=\sqrt{x}$的图象，如图 1-16 所示.

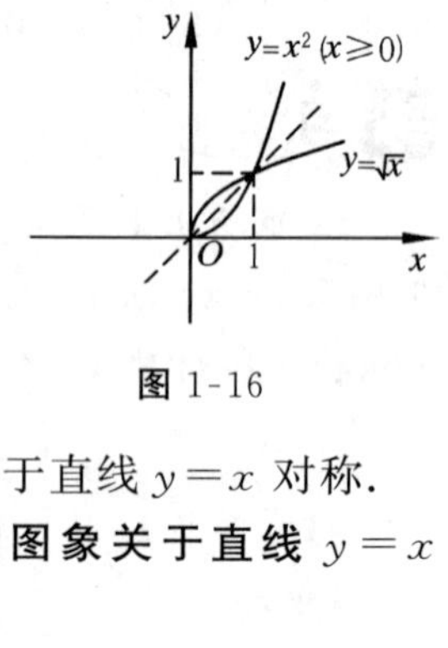

图 1-16

不难看出 $y=x^2(x\geqslant 0)$的图象与它的反函数 $y=\sqrt{x}$的图象关于直线 $y=x$ 对称.

一般地，**函数** $y=f(x)$**的图象和它的反函数** $y=f^{-1}(x)$**的图象关于直线** $y=x$

对称.

利用这条性质，今后我们可以由 $y=f(x)$ 的图象作出反函数 $y=f^{-1}(x)$ 的图象.

想一想　$y=f(x)$ 的图象和 $x=f^{-1}(y)$ 的图象有什么关系？

例 15　作出 $y=\sqrt[3]{x}$ 的图象.

解　显然 $y=\sqrt[3]{x}$ 是 $y=x^3$ 的反函数，前面我们已用描点法作出了 $y=x^3$ 的图象，它关于直线 $y=x$ 对称的图象即为 $y=\sqrt[3]{x}$ 的图象，如图 1-17 所示.

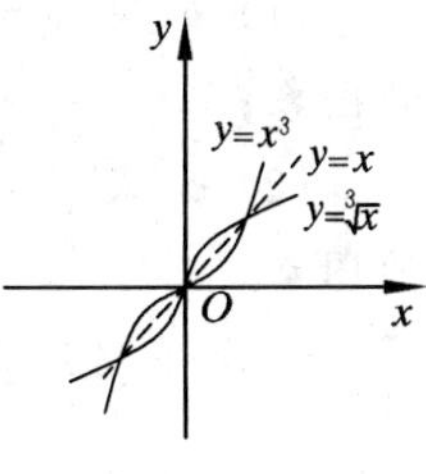

图 1-17

练习 5

求下列函数的反函数，并写出反函数的定义域和值域：

(1) $y=5-x$；　　(2) $y=2x^3$.

习题 1-5

A　组

1. 已知函数 $F(x)=\dfrac{x^2-4}{|x-2|}$，求 $F(3)$，$F\left(\dfrac{1}{2}\right)$，$F(a)$.

2. 已知 $f(x)=\begin{cases}x^2-1, & x<-1,\\ 1-x^2, & -1\leqslant x<1,\\ -x+1, & x\geqslant 1.\end{cases}$

求：$f(-2)$，$f\left(\dfrac{\sqrt{2}}{2}\right)$，$f(2)$ 的值；$f(x)$ 的定义域是多少？

3. 下列各组 $f(x)$ 与 $\varphi(x)$ 是否表示同一个函数？

(1) $f(x)=|x|$ 与 $\varphi(x)=(\sqrt{x})^2$；

(2) $f(x)=|x|^3$ 与 $\varphi(x)=x^3$.

4. 求下列函数的定义域：

(1) $y=2x^3+3x^2-x+1$；　　(2) $y=\dfrac{1}{x^2-2x+1}$；

(3) $y=\sqrt{5x+3}$；　　(4) $y=\sqrt[3]{x-2}$；

(5) $y=\dfrac{1}{x}+\sqrt{1-x^2}$；　　(6) $y=\dfrac{1}{\sqrt{16-x^2}}$；

(7) $f(x)=\dfrac{\sqrt{x+1}}{x}$；　　(8) $f(x)=\begin{cases}2x+1, & -1\leqslant x<2,\\ x, & 2\leqslant x\leqslant 4.\end{cases}$

5. 判断下列函数的奇偶性：

(1) $f(x)=3x$；　　(2) $f(x)=x^2+1$；

(3) $f(x)=x^2+|x|+1$；　　(4) $f(x)=x^2+2x-1$；

(5) $f(x)=\sqrt{2x}$；　　(6) $f(x)=\sqrt[3]{x}$.

6. (1) 证明函数 $y=-\dfrac{1}{x^2}$ 在 $(-\infty,0)$ 上是减函数；

(2) 判断函数 $y=x^3$ 在 $(0,+\infty)$ 上的单调性.

7. 右图是函数 $y=f(x)$ 的一部分图象.

(1) 如果 $y=f(x)$ 是奇函数，试画出它在 y 轴左边的图象；

(2) 如果 $y=f(x)$ 是偶函数，试画出它在 y 轴左边的图象.

第 7 题

8. 求下列函数的反函数，并写出反函数的定义域和值域：

(1) $y=(x-1)^2, x\in[1,+\infty)$；　　(2) $f(x)=\dfrac{1+x}{1-x}$.

9. 某地出租车计价标准如下：行驶路程在 3 km 以内(含 3 km)收费 9 元，以后每行驶 1 km 增加收费 1.6 元；若行驶总路程超过 10 km，则超过部分按每千米 2.4 元计费.

(1) 求乘客乘坐出租车行驶路程与打车费之间的函数关系.

(2) 若小华只有 20 元，他最多可以乘坐多少千米？

B　组

1. (1) 已知 $f(x)=2x^2+1$，求 $f(2x+1)$；

(2) 已知 $f(x)$ 是二次函数，$f(0)=0$，且 $f(x+1)=f(x)+x+1$，求 $f(x)$ 的解析式.

2. 下列各组 $f(x)$ 与 $\varphi(x)$ 是否表示同一个函数：

(1) $f(x)=\sqrt{x-5}\cdot\sqrt{x+2}$ 与 $\varphi(x)=\sqrt{(x-5)(x+2)}$；

(2) $f(x)=|x+1|$ 与 $\varphi(x)=\begin{cases}x+1, & x\geqslant -1,\\ -x-1, & x<-1.\end{cases}$

3. 作出下列函数的图象：

(1) $y=2x, x\in\{-2,-1,0,1,2\}$；　　(2) $y=|x+1|$；

(3) $y=\dfrac{2}{x}, x\in\{x\mid 1<x<4\}$；　　(4) $y=2x^2-3x-2$；

(5) $f(x)=\begin{cases}x+2, & x\leqslant -1,\\ x^2, & -1<x\leqslant 2,\\ 2x, & x>2;\end{cases}$　　(6) $y=|x^2-2x|+3$.

4. 如图是奇函数 $y=f(x)$ 的局部图象，求 $f(-4)$.

5. 如图是偶函数 $y=f(x)$ 的局部图象，试比较 $f(1)$ 与 $f(3)$ 的大小.

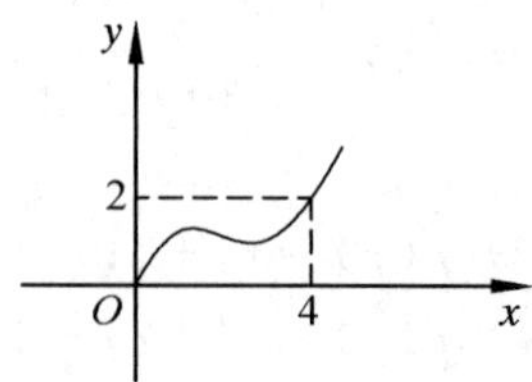

第 4 题

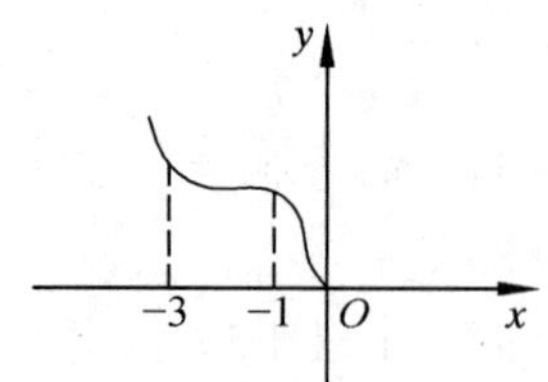

第 5 题

§1-6　幂函数

一、幂函数的定义

我们已经学过了函数 $y=x$，$y=x^{-1}$，$y=x^2$ 和 $y=x^3$.对于这种底数是变量，指数是常量的函数，给出下面的定义.

定义　函数 $y=x^{\alpha}$ 称为**幂函数**，其中指数 α 为常数且 $\alpha\in\mathbf{R}$.

二、幂函数的定义域

幂函数的定义域是使 $y=x^{\alpha}$ 有意义的实数集合.幂函数的定义域随着 α 取值不同而变化.当 α 为负数或分数时，应把函数的负指数式变为分式、把分数指数式变成根式后再求定义域.

例 1　求下列函数的定义域：

(1) $y=x^3$；　　(2) $y=x^{\frac{1}{3}}$；

(3) $y=x^{\frac{1}{2}}$；　　(4) $y=x^{-2}$；

(5) $y=x^{-\frac{1}{2}}$；　　(6) $y=x^{-\frac{1}{3}}$.

解　(1) $y=x^3$ 的定义域是$(-\infty,+\infty)$；

(2) $y=x^{\frac{1}{3}}$改写成 $y=\sqrt[3]{x}$，其定义域是$(-\infty,+\infty)$；

(3) $y=x^{\frac{1}{2}}$改写成 $y=\sqrt{x}$，其定义域是$[0,+\infty)$；

(4) $y=x^{-2}$改写成 $y=\dfrac{1}{x^2}$，其定义域是$(-\infty,0)\cup(0,+\infty)$；

(5) $y=x^{-\frac{1}{2}}$改写成 $y=\dfrac{1}{\sqrt{x}}$，其定义域是$(0,+\infty)$；

(6) $y=x^{-\frac{1}{3}}$改写成 $y=\dfrac{1}{\sqrt[3]{x}}$，其定义域是$(-\infty,0)\cup(0,+\infty)$.

例 2　求下列函数的定义域：

(1) $y=(3x-2)^{\frac{1}{2}}+(2-3x)^{-\frac{1}{3}}$；　　(2) $y=\left(-\dfrac{x+1}{2}\right)^{-\frac{1}{2}}$.

解　(1) 把 $y=(3x-2)^{\frac{1}{2}}+(2-3x)^{-\frac{1}{3}}$改写成 $y=\sqrt{3x-2}+\dfrac{1}{\sqrt[3]{2-3x}}$.

由 $\begin{cases}3x-2\geqslant 0,\\ 2-3x\neq 0,\end{cases}$ 得$\begin{cases}x\geqslant\dfrac{2}{3},\\ x\neq\dfrac{2}{3}.\end{cases}$

所以函数 $y=(3x-2)^{\frac{1}{2}}+(2-3x)^{-\frac{1}{3}}$ 的定义域是$\left(\dfrac{2}{3},+\infty\right)$.

(2) 把 $y=\left(-\dfrac{x+1}{2}\right)^{-\frac{1}{2}}$改写成 $y=\dfrac{1}{\sqrt{-\dfrac{x+1}{2}}}$.

由$-\frac{x+1}{2}>0$，得$x<-1$.

所以函数$y=\left(-\frac{x+1}{2}\right)^{-\frac{1}{2}}$的定义域是$(-\infty,-1)$.

练习1

求下列函数的定义域：

(1) $y=x^{\frac{2}{3}}$；　　　　(2) $y=x^{-\frac{2}{3}}$.

三、幂函数的图象和性质

幂函数$y=x^{\alpha}$的图象和性质与指数α的值有密切的关系.下面分别就$\alpha>0$和$\alpha<0$两种情形，通过对几个常见的幂函数的图象的讨论，得出幂函数的共同性质.

1. $\alpha>0$时的情形

我们已经学过了$y=x$，$y=x^2$，$y=x^3$和$y=x^{\frac{1}{2}}$的图象，如图1-18所示.

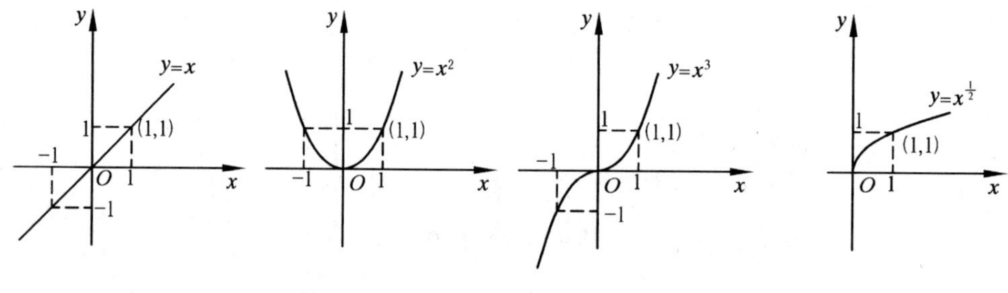

图1-18

由图1-18可以看出这四个幂函数的图象有下列特点：

(1) 图象都通过原点和点(1,1).

(2) 在区间$(0,+\infty)$内，曲线从左向右都是沿着x轴正向而逐渐上升.

(3) $y=x$和$y=x^3$的图象关于原点对称；$y=x^2$的图象关于y轴对称；$y=x^{\frac{1}{2}}$的图象既不关于原点对称，也不关于y轴对称.

一般地，当$\alpha>0$时，幂函数$y=x^{\alpha}$有下列共同性质：

(1) 图象都过原点和点(1,1)；

(2) 在区间$(0,+\infty)$内，$y=x^{\alpha}$单调递增.

例3　比较下列各组数的大小：

(1) $1.5^{\frac{3}{5}}$和$1.6^{\frac{3}{5}}$；　　　　(2) $0.6^{1.3}$和$0.7^{1.3}$.

解　(1) 因为$y=x^{\frac{3}{5}}$在$(0,+\infty)$内单调递增，$1.5^{\frac{3}{5}}$和$1.6^{\frac{3}{5}}$可以看作$y=x^{\frac{3}{5}}$当$x=1.5$和$x=1.6$时的两个函数值，而$1.5<1.6$，所以$1.5^{\frac{3}{5}}<1.6^{\frac{3}{5}}$.

(2) 因为$y=x^{1.3}$在$(0,+\infty)$内单调递增，$0.6^{1.3}$和$0.7^{1.3}$可以看作$y=x^{1.3}$当$x=0.6$和$x=0.7$时的两个函数值，而$0.6<0.7$，所以$0.6^{1.3}<0.7^{1.3}$.

例 4　解不等式$(x-1)^{\frac{1}{2}}>(2-x)^{\frac{1}{2}}$.

解　原不等式中变量 x 的取值范围是:

$$\begin{cases}x-1\geqslant 0,\\2-x\geqslant 0,\end{cases}$$

即 $1\leqslant x\leqslant 2$.

因为 $y=x^{\frac{1}{2}}$在$[0,+\infty)$内单调递增,

所以 $x-1>2-x$,即得 $x>\dfrac{3}{2}$.

所以原不等式的解集为$\left(\dfrac{3}{2},2\right]$.

练习 2

比较大小:(1) $1.9^{\frac{2}{3}}$和 $1.91^{\frac{2}{3}}$;(2) $\left(\dfrac{5}{4}\right)^{1.1}$和$\left(\dfrac{4}{5}\right)^{1.1}$.

2. $\alpha<0$ 时的情形

我们知道,函数 $y=x^{-1}$的图象是通过点(1,1)的双曲线,如图 1-19(1)所示.

现在我们用描点法作出函数 $y=x^{-2}$的图象.

函数 $y=x^{-2}$的定义域是$(-\infty,0)\cup(0,+\infty)$,在定义域内给出 x 的一些值,求出 y 的对应值,列成下表:

x	…	-2	-1	$-\frac{1}{2}$	…	…	$\frac{1}{2}$	1	2	…
$y=x^{-2}$	…	0.25	1	4	…	…	4	1	0.25	…

根据表中 x 和 y 的对应值在直角坐标平面内描出对应的点(x,y),并用光滑曲线连接,这就是函数 $y=x^{-2}$的图象,如图 1-19(2)所示.

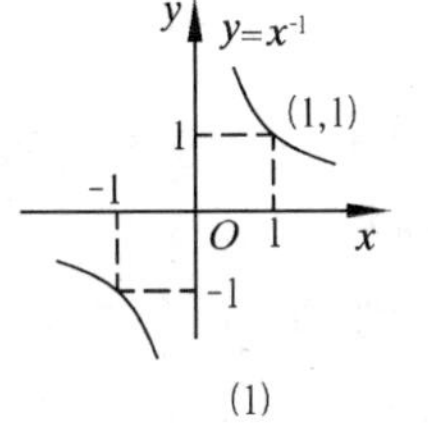

(1)

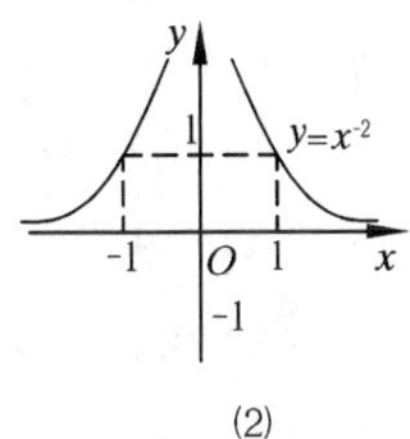

(2)

图 1-19

由图 1-19 可以看出这两个幂函数的图象有下列特点:

(1) 图象都过点(1,1);

(2) 在区间$(0,+\infty)$内,曲线从左到右都是沿 x 轴正向逐渐下降;

(3) $y=x^{-1}$的图象关于原点对称,$y=x^{-2}$的图象关于 y 轴对称.

一般地,当 $\alpha<0$ 时,幂函数 $y=x^{\alpha}$ 有下列共同性质:

(1) 图象都过点(1,1);

(2) 在区间$(0,+\infty)$内,$y=x^{\alpha}$ 单调递减.

例 5　比较下列各组数的大小:

(1) $3.5^{-\frac{2}{3}}$和 $5.3^{-\frac{2}{3}}$;　　　　(2) $0.18^{-1.3}$和 $0.15^{-1.3}$.

解　(1) 因为 $y=x^{-\frac{2}{3}}$在区间$(0,+\infty)$内单调递减,$3.5^{-\frac{2}{3}}$和 $5.3^{-\frac{2}{3}}$可看作是 $y=$

$x^{-\frac{2}{3}}$当$x=3.5$和$x=5.3$时的两个函数值，而$3.5<5.3$，所以$3.5^{-\frac{2}{3}}>5.3^{-\frac{2}{3}}$.

(2) 因为$y=x^{-1.3}$在$(0,+\infty)$内单调递减，$0.18^{-1.3}$和$0.15^{-1.3}$可看作$y=x^{-1.3}$当$x=0.18$和$x=0.15$时的两个函数值，而$0.18>0.15$，所以$0.18^{-1.3}<0.15^{-1.3}$.

例 6 解不等式$(x-1)^{-\frac{1}{2}}>(2-x)^{-\frac{1}{2}}$.

解 原不等式变量x的取值范围是：

$$\begin{cases}x-1>0,\\2-x>0,\end{cases}$$

即$1<x<2$.

因为$y=x^{-\frac{1}{2}}$在$(0,+\infty)$内单调递减，

所以$x-1<2-x$，即$x<\frac{3}{2}$.

所以原不等式的解集为$\left(1,\frac{3}{2}\right)$.

练习 3

1. 作出函数$y=x^{-\frac{1}{2}}$的图象.
2. 思考：具有什么特征的两个指数幂，可用幂函数的性质来比较大小？

习题 1-6

A 组

1. 作函数$y=(x+1)^3$的图象，并观察所作图象与函数$y=x^3$的图象之间的位置关系.

2. 比较下列各组数的大小：

(1) $3.2^{\frac{3}{2}}$和$3.21^{\frac{3}{2}}$；

(2) $0.19^{0.4}$和$0.18^{0.4}$；

(3) $0.12^{-\frac{3}{2}}$和$0.21^{-\frac{3}{2}}$；

(4) $2.3^{-1.1}$和$2.5^{-1.1}$.

3. 填表：

函　　数	定 义 域	图　　象	主要性质
$y=x^3$	$(-\infty,+\infty)$	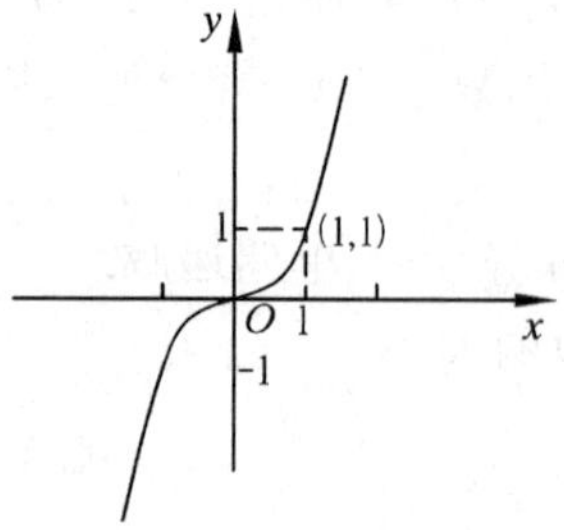 y, x, O, 1, -1, (1,1)	(1) 图象过原点和点(1,1)； (2) 函数在区间$(-\infty,+\infty)$内单调增加； (3) 函数是奇函数

续表

函　　数	定 义 域	图　　象	主要性质
(1) $y=x^{\frac{2}{3}}$			
(2) $y=x^{\frac{3}{2}}$			
(3) $y=x^{-3}$			

4. 求下列函数的定义域：

(1) $y=(1-3x)^{-\frac{1}{4}}$；　　(2) $y=(2x+5)^{\frac{1}{2}}+(x-3)^{-\frac{1}{5}}$.

B　组

1. 在以下四个函数：(1) $y=|x|$，(2) $y=\frac{|x|}{x}$，(3) $y=-\frac{x^2}{|x|}$，(4) $y=x+\frac{x}{|x|}$中，在区间$(-\infty,0)$内有哪几个函数是增函数？

2. 已知$(m+4)^{-\frac{1}{4}}<(3-2m)^{-\frac{1}{4}}$，求 m 的取值范围.

3. 求下列函数的定义域：

(1) $y=x^{\frac{1}{2}}+x^{-2}$；　　(2) $y=(4x-1)^{-\frac{1}{3}}$；

(3) $y=(2x-1)^{\frac{1}{2}}+(1-2x)^{\frac{1}{2}}$；　　(4) $y=(x^2-3x+2)^{-\frac{1}{2}}$；

(5) $y=\frac{(x+3)^{\frac{1}{2}}}{(x+2)^2}$.

4. 摆往复一次所需要的时间与摆长的算术平方根成正比.设长为 1 m 的摆往复一次需 2 s，现做一个往复一次需 3 s 的摆，摆长应该是多少？

§1-7　指数函数

一、指数函数的定义

我们先看两个实例：

(1) 在研究细胞分裂时，若一个细胞一次分裂成 2 个，两次分裂成 4 个……如此进行下去，当一个细胞分裂 x 次后，那么细胞个数 y 与分裂次数 x 的函数关系式为 $y=2^x$.

(2) 某产品原来的年产量是 1 万吨，计划从今年开始，年产量平均每年增加 15%，那么 x 年后的年产量 y(单位：万吨)为

$$y=(1+15\%)^x,$$

即

$$y=1.15^x.$$

以上两例中的函数，它们的指数都是变量，底数都是常量，对于这样的函数，给出下面的定义.

定义　函数 $y=a^x\,(a>0$，且 $a\neq1)$称为**指数函数**，它的定义域是 $x\in\mathbf{R}$.

函数 $y=2^x$，$y=\left(\frac{1}{2}\right)^x$，$y=10^x$ 都是指数函数，它们的定义域都是实数集 $\mathbf{R}$.

上面两例中自变量都有具体的意义，前一例中 x 代表分裂次数，后一例中 x 代表年限，因而它们只能在自然数集 **N** 中取值，其定义域为自然数集 **N**.

二、指数函数的图象和性质

我们用描点法在同一直角坐标系内作出函数 $y=2^x$，$y=\left(\frac{1}{2}\right)^x$，$y=10^x$ 的图象.

函数 $y=2^x$，$y=\left(\frac{1}{2}\right)^x$，$y=10^x$ 的定义域都为 $(-\infty,+\infty)$，在定义域内给出 x 的一些值，分别求出各函数 y 的对应值，列成下表：

x	…	-3	-2	-1	0	1	2	3	…
(1) $y=2^x$	…	$\frac{1}{8}$	$\frac{1}{4}$	$\frac{1}{2}$	1	2	4	8	…
(2) $y=\left(\frac{1}{2}\right)^x$	…	8	4	2	1	$\frac{1}{2}$	$\frac{1}{4}$	$\frac{1}{8}$	…

x	…	-1	$-\frac{1}{2}$	0	$\frac{1}{4}$	$\frac{1}{2}$	$\frac{3}{4}$	1	…
(3) $y=10^x$	…	0.1	0.32	1	1.8	3.2	5.6	10	…

根据表中 x 和 y 的对应值在同一直角坐标平面内分别描出各函数对应的点 (x,y)，并画出它们的图象，如图 1-20 所示.

由图 1-20 可以看出这三个函数的图象有下列特点：

(1) 图象都在 x 轴上方.

(2) 图象都通过点 $(0,1)$.

(3) $y=2^x$ 和 $y=10^x$ 的图象沿 x 轴正向而逐渐上升，$y=\left(\frac{1}{2}\right)^x$ 的图象沿 x 轴正向而逐渐下降.

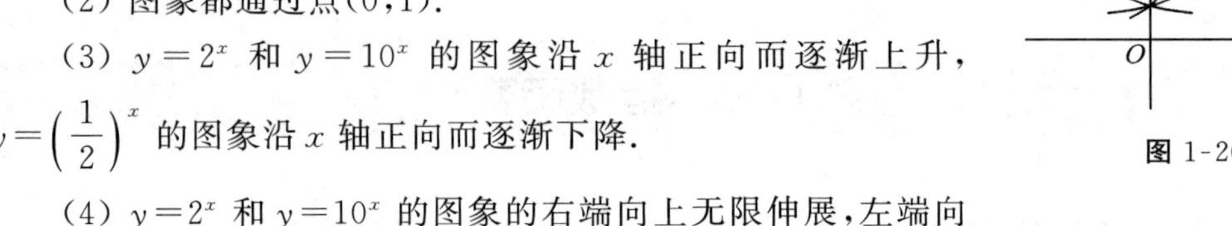

图 1-20

(4) $y=2^x$ 和 $y=10^x$ 的图象的右端向上无限伸展，左端向下无限接近 x 轴，但始终不与 x 轴相交；$y=\left(\frac{1}{2}\right)^x$ 的图象的左端向上无限伸展，右端向下无限接近 x 轴，但始终不与 x 轴相交.

一般地，指数函数 $y=a^x(a>0$，且 $a\neq1)$ 的图象和性质如表 1-3 所示.

表 1-3 指数函数 $y=a^x(a>0$，且 $a\neq1)$ 的图象和性质

函数 $y=a^x(a>0,a\neq1)$	
$a>1$	$0<a<1$
$y=a^x(a>1)$；$(0,1)$；O；x；y	$y=a^x(0<a<1)$；$(0,1)$；O；x；y

续表

图象特点	函数性质	图象特点	函数性质
(1) 图象在 x 轴上方	(1) $y>0$	(1) 图象在 x 轴上方	(1) $y>0$
(2) 图象过点$(0,1)$	(2) 当 $x=0$ 时，$y=1$； 当 $x>0$ 时，$y>1$； 当 $x<0$ 时，$0<y<1$	(2) 图象过点$(0,1)$	(2) 当 $x=0$ 时，$y=1$； 当 $x>0$ 时，$0<y<1$； 当 $x<0$ 时，$y>1$
(3) 沿 x 轴正向曲线上升	(3) 单调增加	(3) 沿 x 轴正向曲线下降	(3) 单调减少
(4) 曲线右端向上无限伸展，左端向下无限接近 x 轴，但不与 x 轴相交	(4) 当 $x\to+\infty$ 时，$y\to+\infty$；当 $x\to-\infty$ 时，$y\to0$	(4) 曲线左端向上无限伸展，右端向下无限接近 x 轴，但不与 x 轴相交	(4) 当 $x\to+\infty$ 时，$y\to0$；当 $x\to-\infty$ 时，$y\to+\infty$

（表中箭头“→”表示无限接近的意思）

练习 1

画出下列函数的图象，并由图象说出它们的性质：

(1) $y=3^x$；　　(2) $y-\left(\frac{1}{3}\right)^x$.

例 1　比较下列各组数的大小：

(1) $5^{\frac{1}{2}}$和$5^{\frac{1}{3}}$；　　(2) $(0.3)^{\frac{1}{2}}$和$(0.3)^{\frac{1}{3}}$.

解　(1) 函数 $y=5^x$ 单调递增，取 $x_1=\frac{1}{2}$，$x_2=\frac{1}{3}$.

因为 $x_1>x_2$，所以 $5^{x_1}>5^{x_2}$，即 $5^{\frac{1}{2}}>5^{\frac{1}{3}}$.

(2) 函数 $y=0.3^x$ 是单调减函数，取 $x_1=\frac{1}{2}$，$x_2=\frac{1}{3}$.

因为 $x_1>x_2$，所以$(0.3)^{\frac{1}{2}}<(0.3)^{\frac{1}{3}}$.

例 2　确定下列各式中 x 的正负：

(1) $1.7^x=2.1$；　　(2) $0.7^x=1.2$.

解　(1) $1.7^x=2.1>1=1.7^0$，由于 $y=a^x$ 当 $a>1$ 时是增函数，故 $x>0$.

(2) $0.7^x=1.2>1=0.7^0$，由于 $y=a^x$ 当 $0<a<1$ 时是减函数，故 $x<0$.

例 3　求下列函数的定义域：

(1) $y=\sqrt{3^x-1}$；　　(2) $y=\sqrt{\left(\frac{1}{2}\right)^{2x-1}-\frac{1}{16}}$.

解　(1) 因为 $3^x-1\geqslant0$，所以 $3^x\geqslant1$，所以 $x\geqslant0$.

所以函数 $y=\sqrt{3^x-1}$ 的定义域是$[0,+\infty)$.

(2) 因为$\left(\frac{1}{2}\right)^{2x-1}-\frac{1}{16}\geqslant0$，所以$\left(\frac{1}{2}\right)^{2x-1}\geqslant\frac{1}{16}=\left(\frac{1}{2}\right)^4$.

因为 $2x-1\leqslant4$，所以 $x\leqslant\frac{5}{2}$.

所以函数 $y=\sqrt{\left(\frac{1}{2}\right)^{2x-1}-\frac{1}{16}}$ 的定义域是 $\left(-\infty,\frac{5}{2}\right]$.

例 4 设 $y_1=a^{x^2+2}$ 和 $y_2=a^{2x^2+1}$，求使 $y_1<y_2$ 的 x 的值.

解 $y_1<y_2$，即 $a^{x^2+2}<a^{2x^2+1}$.

(1) 当 $a>1$ 时，有 $x^2+2<2x^2+1$，解得 $x>1$ 或 $x<-1$.

当 $a>1$ 时，使 $y_1<y_2$ 的 x 的值满足 $x\in(-\infty,-1)\cup(1,+\infty)$.

(2) 当 $0<a<1$ 时，有 $x^2+2>2x^2+1$，解得 $-1<x<1$.

当 $0<a<1$ 时，使 $y_1<y_2$ 的 x 的值满足 $x\in(-1,1)$.

练习 2

1. 不求值，比较下列各组中两个幂的大小：

(1) $1.03^{1.1}$ 与 $1.03^{1.3}$；　　(2) $\left(\frac{3}{4}\right)^{-0.6}$ 与 $\left(\frac{3}{4}\right)^{0.6}$；

(3) $0.95^{-1.3}$ 与 1.

2. 思考：比较两个指数幂的大小，什么情况下可利用指数函数的性质？

例 5 解下列方程：

(1) $2^x=3$；　　(2) $a^x=b(a>0,a\neq1)$；

(3) $5^{1+|x|}=125$；　　(4) $\left(\frac{3}{7}\right)^{3x-7}=\left(\frac{7}{3}\right)^{7x-3}$；

(5) $4^x+2^{x+1}-3=0$；　　(6) $7^{2x}-6\cdot7^x+5=0$.

解 (1) 在 $2^x=3$ 两边同时取 2 为底的对数，得 $x=\log_2 3$.

方程 $2^x=3$ 的解为 $x=\log_2 3$.

(2) 解方程 $a^x=b(a>0,a\neq1)$，分两种情况：

① 当 $b>0$ 时，方程有唯一解 $x=\log_a b$；

② 当 $b\leqslant0$ 时，方程无解.

(3) 把方程 $5^{1+|x|}=125$ 化为 $5^{1+|x|}=5^3$.

$1+|x|=3$，即 $|x|=2$，从而 $x=\pm2$.

方程 $5^{1+|x|}=125$ 的解为 $x=\pm2$.

(4) 把方程 $\left(\frac{3}{7}\right)^{3x-7}=\left(\frac{7}{3}\right)^{7x-3}$ 变形为 $\left(\frac{3}{7}\right)^{3x-7}=\left(\frac{3}{7}\right)^{3-7x}$.

因为 $3x-7=3-7x$，所以 $x=1$.

方程 $\left(\frac{3}{7}\right)^{3x-7}=\left(\frac{7}{3}\right)^{7x-3}$ 的解为 $x=1$.

(5) 方程 $4^x+2^{x+1}-3=0$ 可化为

$$(2^x)^2+2\cdot2^x-3=0,$$

$$(2^x+3)(2^x-1)=0.$$

因为 $2^x+3\neq0$，所以 $2^x-1=0$，$x=0$.

方程 $4^x+2^{x+1}-3=0$ 的解为 $x=0$.

(6) 把方程 $7^{2x}-6\cdot7^x+5=0$ 变形为

$$(7^x)^2-6\cdot 7^x+5=0,$$
$$(7^x-5)(7^x-1)=0,$$

得　$7^x=5$ 或 $7^x=1$，　$x=\log_7 5$ 或 $x=0$.

即方程 $7^{2x}-6\cdot 7^x+5=0$ 的解为 $x_1=\log_7 5$ 和 $x_2=0$.

例 6　某种放射性物质每经过一年剩余质量约是原来的 84%.假设这种物质初始质量为 1,求经过多少年后剩余质量是原来的 $\frac{1}{2}$?

解　设经过 x 年后剩余质量为 y,于是有 $y=0.84^x$.

由题意,得

$$0.84^x=\frac{1}{2},$$

两边取常用对数,得

$$x\lg 0.84=\lg 0.5,$$
$$x=\frac{\lg 0.5}{\lg 0.84}\approx 4.$$

答：约 4 年后,剩余质量是原来的 $\frac{1}{2}$.

练习 3

解下列方程：

(1) $49^x=\frac{1}{7}$;　　　　(2) $3^x=5$.

习题 1－7

A　组

1. 下列各数中,哪些大于 1? 哪些小于 1?

(1) $\left(\frac{5}{4}\right)^{\frac{2}{3}}$;　(2) $\left(\frac{1}{3}\right)^{-0.25}$;　(3) $\left(\frac{3}{2}\right)^{-\frac{5}{6}}$;　(4) $(0.001)^{-0.01}$.

2. 判定下列各式中 x 值的正负：

(1) $2^x=1.41$;　(2) $2^x=0.24$;　(3) $0.3^x=2.9$;　(4) $(0.3)^x=0.87$.

3. 求下列函数的定义域：

(1) $y=\frac{1}{3^x-1}$;　　　　(2) $y=\sqrt{3^x-\frac{1}{9}}$;

(3) $y=\sqrt{3^{x+1}}$;　　　　(4) $y=\frac{1}{4^x-4^{-x}}$;

(5) $y=a^{\sqrt{-x}}(a>0,a\neq 1)$.

4. 比较下列各式中 m,n 的大小：

(1) $1.5^m<1.5^n$;　　　　(2) $(0.5)^m<(0.5)^n$.

5. 解下列方程：

(1) $7^{1+|x|}=49$；　　(2) $3^{x}\cdot\left(\frac{1}{3}\right)^{x-3}=\left(\frac{1}{27}\right)^{x}$.

6. 一辆轿车价值 40 万元，若每年的折旧率是 18%，使用多少年后价值为 10 万元(精确到 1 年)？

B 组

1. 设 $y_1=5^{2x^2+3x-1}$，$y_2=5^{x^2+2x-1}$，求使 $y_1>y_2$ 的 x 的值.

2. 设函数 $y_1=\left(\frac{1}{2}\right)^{2x+1}$ 和 $y_2=\left(\frac{1}{2}\right)^{5-x}$，求使 $y_1<y_2$ 的 x 的值.

3. 解下列方程：

(1) $2^x-2^{x-2}=3$；　　(2) $10^x+10^{x-1}=0.11$；

(3) $4^x-9\cdot 2^x+8=0$；　　(4) $8^{x+1}-8^{2x-1}=30$.

4. 某种产品的年产量今年是 m 件，在以后若干年内，年产量每年都增长 $p\%$，写出年产量 y 与经过的年数 x 的函数关系式.

§1-8 对数函数

一、对数函数的定义

由反函数的求法及对数的定义可得 $y=a^x(a>0$ 且 $a\neq1)$ 的反函数为 $y=\log_a x(a>0$ 且 $a\neq1)$.对这样的函数 $y=\log_a x(a>0$ 且 $a\neq1)$，给出下面的定义.

定义　函数 $y=\log_a x(a>0$ 且 $a\neq1)$ 称为**对数函数**，它的定义域为 $\mathbf{R}_+$.

例如，$y=\log_2 x$，$y=\log_{\frac{1}{2}} x$，$y=\lg x$，$y=\ln x$ 都是对数函数，它们分别是 $y=2^x$，$y=\left(\frac{1}{2}\right)^x$，$y=10^x$，$y=\mathrm{e}^x$ 的反函数.

二、对数函数的图象和性质

我们先作出函数 $y=\log_2 x$，$y=\lg x$，$y=\log_{\frac{1}{2}} x$ 的图象，这些函数的图象可以用描点法作出，也可以根据互为反函数的函数图象之间的关系作出，如图 2-21 所示.

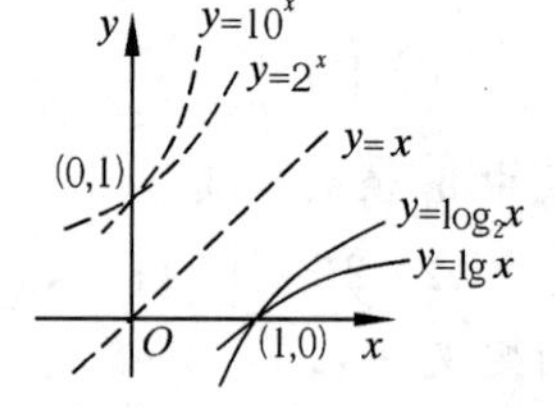

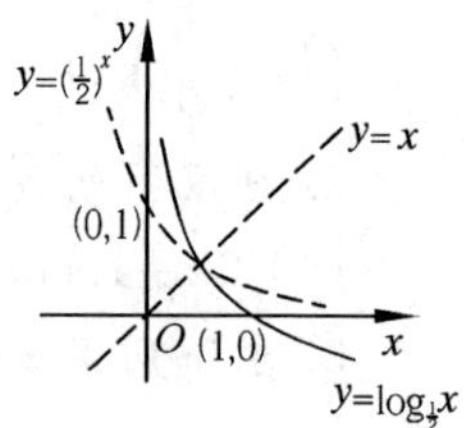

图 2-21

由图 2-21 可以看出这三个对数函数的图象有以下特点：

(1) 图象都在 y 轴右方.

(2) 图象都通过点(1,0).

(3) $y=\log_2 x$ 和 $y=\lg x$ 的图象沿 x 轴正向上升，$y=\log_{\frac{1}{2}} x$ 的图象沿 x 轴正向下降.

(4) $y=\log_2 x$ 和 $y=\lg x$ 的图象右端向上无限伸展，左端向下无限接近 y 轴，但不与 y 轴相交；$y=\log_{\frac{1}{2}} x$ 的图象右端向下无限伸展而左端向上无限接近 y 轴，但也不与 y 轴相交.

一般地，函数 $y=\log_a x(a>0$，且 $a\neq1)$ 的图象和性质如表 1-4 所示.

表 1-4　函数 $y=\log_a x(a>0$，且 $a\neq1)$ 的图象和性质

函数 $y=\log_a x(a>0,a\neq1)$			
$a>1$		$0<a<1$	
y, $y=\log_a x(a>1)$, O, (1,0), x		y, (1,0), O, x, $y=\log_a x(0<a<1)$	
(1) 图象在 y 轴右方	(1) $x>0$	(1) 图象在 y 轴右方	(1) $x>0$
(2) 图象过点(1,0)	(2) 当 $x=1$ 时 $y=0$； 当 $x>1$ 时 $y>0$； 当 $0<x<1$ 时，$y<0$	(2) 图象过点(1,0)	(2) 当 $x=1$ 时，$y=0$； 当 $x>1$ 时，$y<0$； 当 $0<x<1$ 时，$y>0$
(3) 沿 x 轴正向曲线上升	(3) 单调递增	(3) 沿 x 轴正向曲线下降	(3) 单调递减
(4) 曲线右端向上无限伸展，左端向下无限接近 y 轴，但不与 y 轴相交	(4) 当 $x\to+\infty$ 时，$y\to+\infty$；当 $x\to0$ 时，$y\to-\infty$	(4) 曲线右端向下无限伸展，左端向上无限接近 y 轴，但不与 y 轴相交	(4) 当 $x\to+\infty$ 时，$y\to-\infty$；当 $x\to0$ 时，$y\to+\infty$

练习 1

1. 对数函数 $y=\log_{3.8}x$，$y=\log_{0.38}x$ 的定义域均为________，值域均为________；图象都位于________，都经过点________；其中在定义域内为减函数的是________________.

2. 对数函数 $y=\lg x$，$y=\log_{\frac{2}{\pi}}x$ 的定义域均为________，值域均为________；图象都位于________，都经过点________；其中在定义域内为增函数的是________________.

例 1　已知对数函数 $y=\log_a x(a>0$，且 $a\neq1)$ 的图象经过点(9,2).

(1) 求函数的解析式；(2) 求当 $x=3,1,\dfrac{1}{27}$ 时的函数值.

解　(1) 将 $x=9$，$y=2$ 代入 $y=\log_a x$，得

$$2=\log_a 9,$$

于是 $a^2=9$，又 $a>0$，知 $a=3$.所以函数的解析式为

$$y=\log_3 x.$$

(2) 因为 $\log_3 3=1$，$\log_3 1=0$，$\log_3\dfrac{1}{27}=\log_3 3^{-3}=-3$，

所以当 $x=3,1,\dfrac{1}{27}$ 时的函数值分别是 $1,0,-3$.

例 2　比较下列各组数的大小：

(1) $\log_2 3$ 和 $\log_2 5$；　　(2) $\log_{\frac{1}{3}}4$ 和 $\log_{\frac{1}{3}}5$；

(3) $\log_3 2$ 和 $\log_{\frac{1}{2}}3$；　　(4) $\log_5 6$ 和 $\log_6 5$.

解 (1) $\log_2 3$ 和 $\log_2 5$ 可看作单调递增函数 $y=\log_2 x$ 在 $x=3$ 和 $x=5$ 处的函数值.

因为 $3<5$,所以 $\log_2 3<\log_2 5$.

(2) $\log_{\frac{1}{3}} 4$ 和 $\log_{\frac{1}{3}} 5$ 可看作单调递减函数 $y=\log_{\frac{1}{3}} x$ 在 $x=4$ 和 $x=5$ 处的函数值.

因为 $4<5$,所以 $\log_{\frac{1}{3}} 4>\log_{\frac{1}{3}} 5$.

(3) 由 $y=\log_3 x$ 和 $y=\log_{\frac{1}{2}} x$ 的性质可知:$\log_3 2>0$,$\log_{\frac{1}{2}} 3<0$,故 $\log_3 2>\log_{\frac{1}{2}} 3$.

(4) 因为 $\log_5 6>\log_5 5=1$,而 $\log_6 5<\log_6 6=1$,所以 $\log_5 6>\log_6 5$.

例 3 求下列函数的定义域:

(1) $y=\log_a(2x-1)(a>0,a\neq 1)$; (2) $y=\sqrt{\log_{0.4} x}$.

解 (1) 由 $2x-1>0$,得 $x>\dfrac{1}{2}$.

所以函数 $y=\log_a(2x-1)$ 的定义域是$\left(\dfrac{1}{2},+\infty\right)$.

(2) 解不等式组

$$\begin{cases}\log_{0.4} x\geqslant 0,\\ x>0,\end{cases}$$

得

$$0<x\leqslant 1.$$

所以函数 $y=\sqrt{\log_{0.4} x}$ 的定义域是$(0,1]$.

练习 2

1. 比较下列各组数的大小:

(1) lg6 与 lg7;

(2) $\log_{\frac{2}{3}} 0.2$ 与 $\log_{\frac{2}{3}} 0.3$;

(3) $\log_5 1$ 与 $\log_{0.5} 1$;

(4) $\log_{\frac{1}{2}} 0.6$ 与 $\log_{\frac{1}{3}} 6$.

2. 求函数 $y=\log_2 x^2$ 的定义域.

例 4 解不等式:$\lg(2x+1)>\lg(5-x)$.

解 解不等式组 $\begin{cases}2x+1>0,\\ 5-x>0,\\ 2x+1>5-x,\end{cases}$ 得$\dfrac{4}{3}<x<5$.

所以原不等式的解为$\dfrac{4}{3}<x<5$.

例 5 解下列方程:

(1) $\log_a x=b\ (a>0,a\neq 1)$;

(2) $\lg(x^2-x-2)=\lg(2x+2)$;

(3) $2\lg^2 x-3\lg x+1=0$.

解 (1) 把方程 $\log_a x=b(a>0,a\neq 1)$ 改写成指数形式 $x=a^b$,所以方程 $\log_a x=b(a>0,a\neq 1)$ 总有唯一解 $x=a^b$.

(2) 方程 $\lg(x^2-x-2)=\lg(2x+2)$ 中的 x 应满足

$$\begin{cases}2x+2>0,\\x^2-x-2>0,\\x^2-x-2=2x+2,\end{cases}$$

解得 $x=4$.

所以方程 $\lg(x^2-x-2)=\lg(2x+2)$ 的解为 $x=4$.

(3) 方程 $2\lg^2x-3\lg x+1=0$ 中 x 的取值范围是 $(0,+\infty)$，把方程化为

$$(\lg x-1)(2\lg x-1)=0,$$

得 $\lg x=1$ 或 $2\lg x=1$，得 $x=10$ 或 $x=\sqrt{10}$.

所以该方程的解为 $x=10$ 或 $x=\sqrt{10}$.

例 6　设函数 $y_1=\log_a(x^2-2x-15)$ 和 $y_2=\log_a(x+3)$，求使 $y_1>y_2$ 的 x 的值.

解　要使 $y_1>y_2$，即 $\log_a(x^2-2x-15)>\log_a(x+3)$，这时有两种情形：

(1) 当 $a>1$ 时，x 应满足

$$\begin{cases}x^2-2x-15>0,\\x+3>0,\\x^2-2x-15>x+3.\end{cases}$$

解得 $x>6$. 当 $a>1$ 时，使 $y_1>y_2$ 的 x 的集合为 $\{x|x>6\}$.

(2) 当 $0<a<1$ 时，x 应满足

$$\begin{cases}x^2-2x-15>0,\\x+3>0,\\x^2-2x-15<x+3.\end{cases}$$

解得 $5<x<6$. 当 $0<a<1$ 时，使 $y_1>y_2$ 的 x 的集合为 $\{x|5<x<6\}$.

练习 3

1. 解不等式 $\log_{\frac{1}{5}}x>1$.
2. 解方程 $\lg x^2=4$.

例 7　将 9 000 元款项存入银行，定期一年，年利率为 2.25%. 如果不考虑利息税，到期时将利息纳入本金，年年如此，试建立本利和 y 与存款年数 x 之间的函数关系，并问存款几年，本利和能达到 10 000 元？

解　按题意建立函数关系

$$y=9\,000(1+2.25\%)^x.$$

当 $y=10\,000$ 时，有

$$10\,000=9\,000(1+2.25\%)^x,$$

即 $1.022\,5^x=1.111$.

两端取常用对数，得　　$x\cdot\lg1.022\,5=\lg1.111$，

故 $x=\dfrac{\lg1.111}{\lg1.022\,5}\approx\dfrac{0.045\,7}{0.009\,66}\approx4.731\approx5$.

答：约经 5 年后，本利和可达 10 000 元.

习题 1-8

A 组

1. 比较下列各组数的大小.

(1) $\log_7 8$ 与 $\log_8 7$；　　(2) $\log_2 \frac{2}{3}$ 与 $\log_4 \frac{4}{3}$.

2. 下列各数中，哪些是正的？哪些是负的？哪些为零？

(1) $\lg 5$；　　(2) $\lg \frac{1}{5}$；

(3) $\log_2 3$；　　(4) $\log_{\frac{1}{2}} \frac{1}{3}$；

(5) $\log_3 \frac{1}{4}$；　　(6) $\log_{\frac{1}{2}} 5$；

(7) $\log_6 1$；　　(8) $\ln 0.5$.

3. 求下列函数的定义域：

(1) $y=\log_a(-x)$；　　(2) $y=\log_2(x^2-1)$；

(3) $y=\sqrt{\log_3(5-4x)}$；　　(4) $y=\sqrt{\log_4 x}$.

4. 化简：$\sqrt{5^{2\log_5(\lg x)}-2\lg x+1}$.

5. 解不等式 $\log_3 x>\log_3(3x-2)$.

6. 解方程 $\lg(x-2)+\lg(x-3)=1$.

B 组

1. 根据下列各式，确定 a 的取值范围：

(1) $\log_a 0.8>\log_a 1.2$；　　(2) $\log_a \sqrt{10}>\log_a \pi$；

(3) $\log_{0.2} a>\log_{0.2} 3$；　　(4) $\log_2 a>0$.

2. 解下列不等式：

(1) $0<\log_{\frac{1}{2}} x<2$；　　(2) $\log_{\frac{1}{3}}(3x-4)>\log_{\frac{1}{3}}(x^2-x-4)$.

3. 解下列方程：

(1) $\lg^2 x+\lg x^2-3=0$；　　(2) $\lg(x-2)^2=2$；

(3) $0.11(\lg^4 x)-\lg^2 x+0.09=0$；　　(4) $\frac{\lg 2x}{\lg(4x-15)}=2$.

4. 某企业原来每月营业额 1 万元，由于改变经营方法，营业额以平均每月增长 10% 的速度增加，试建立营业额 y 与月数 x 之间的函数关系，并问三个月后此企业的月营业额能达到多少？(精确到 0.1 万元).

5. 求下列函数的定义域：

(1) $y=\frac{1}{\sqrt{\lg(1-3x)}}$；　　(2) $y=\frac{1}{\lg\lg x}$.

本章内容小结

1. 知识结构

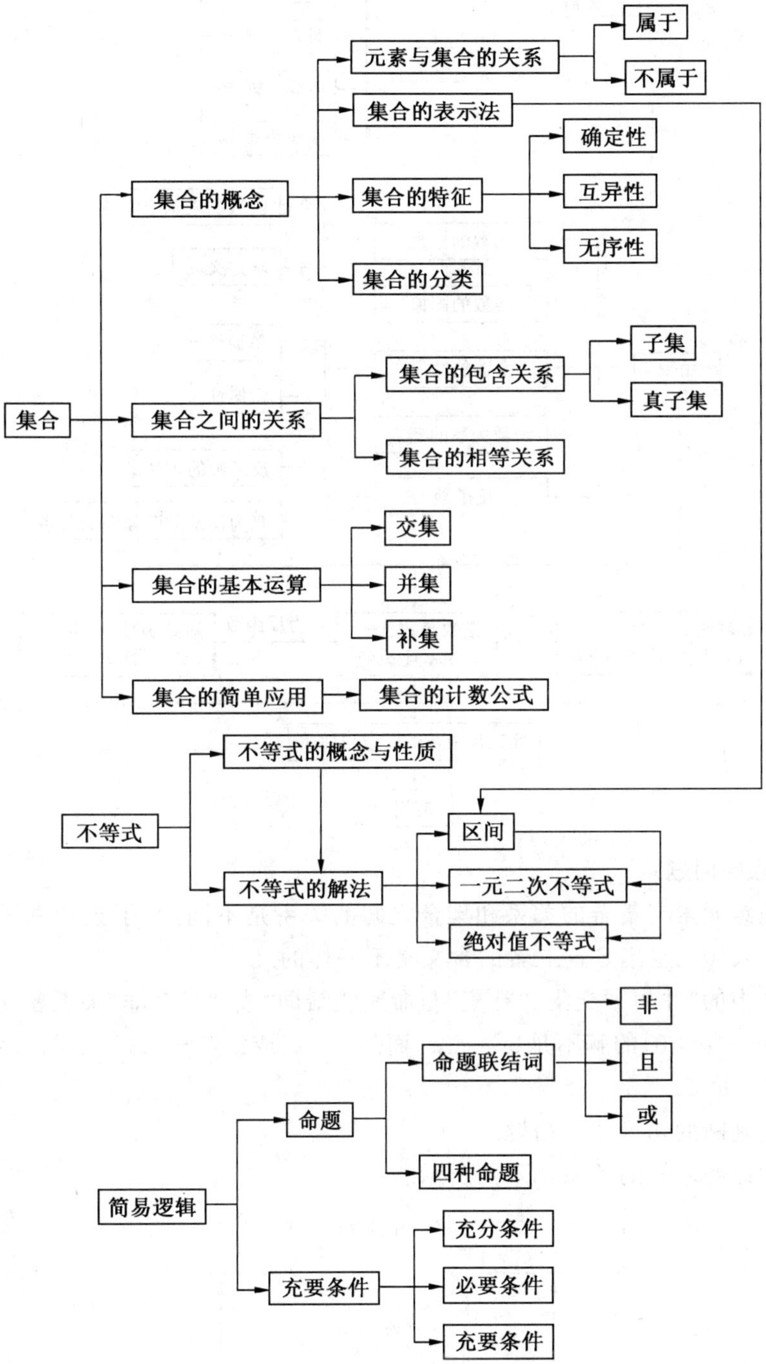

- 集合
  - 集合的概念
    - 元素与集合的关系
      - 属于
      - 不属于
    - 集合的表示法
    - 集合的特征
      - 确定性
      - 互异性
      - 无序性
    - 集合的分类
  - 集合之间的关系
    - 集合的包含关系
      - 子集
      - 真子集
    - 集合的相等关系
  - 集合的基本运算
    - 交集
    - 并集
    - 补集
  - 集合的简单应用
    - 集合的计数公式
- 不等式
  - 不等式的概念与性质
  - 不等式的解法
    - 区间
    - 一元二次不等式
    - 绝对值不等式
- 简易逻辑
  - 命题
    - 命题联结词
      - 非
      - 且
      - 或
    - 四种命题
  - 充要条件
    - 充分条件
    - 必要条件
    - 充要条件

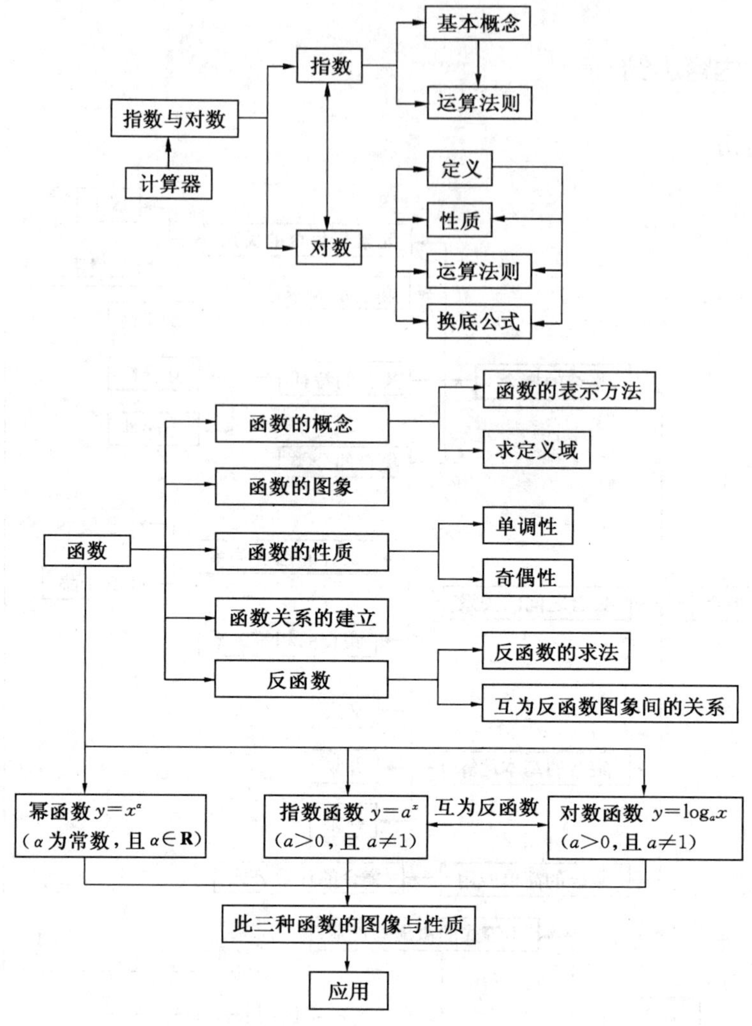

2. 应注意的问题

(1) 要注意元素与集合的关系和集合之间的关系是不同的，子集和真子集的定义是有区别的，数 0、{0}、空集 $\varnothing$ 这三者的含义是不一样的.

(2) 集合中的“并集”“交集”“补集”与命题联结词“或”“且”“非”关系密切.

(3) $x^{2}>a^{2}(a>0)$ 的解不是 $x>\pm a$，而是 $x>a$ 或 $x<-a$；$x^{2}<a^{2}(a>0)$ 的解不是 $x<\pm a$，而是 $-a<x<a$.

(4) 表达判断的句子才是命题.

(5) 四种命题之间的关系如下图所示.

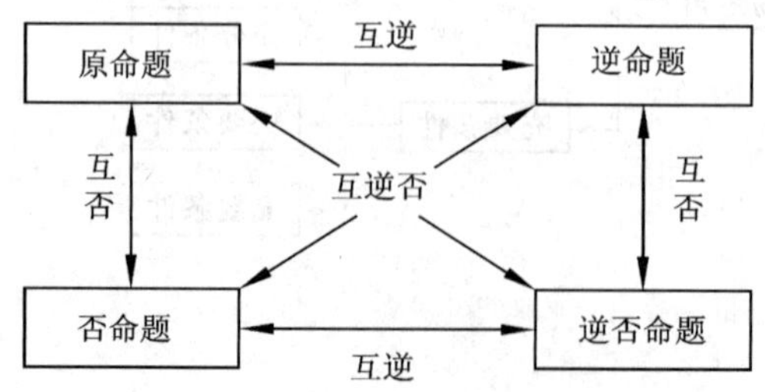

这四种命题中，原命题与逆否命题等价，逆命题与否命题等价.

(6) 如果 $P\Rightarrow Q$，就称 P 是 Q 的充分条件，Q 是 P 的必要条件；如果 $P\Leftrightarrow Q$，就称 P 是 Q 的充要条件(当然 Q 也是 P 的充要条件).

(7) 注意 a,b,N 三个数分别在指数式 $a^b=N$ 和对数式 $b=\log_a N$ 中各自的名称和取值范围；积、商、幂的对数运算法则适用于任何 $a>0$ 且 $a\neq 1$ 为底数的对数运算，利用这些运算法则可以把较复杂的积、商、幂(包括方根)的运算化为简单的和、差、积(包括商)的运算.

(8) 定义域和对应法则是函数定义的两个要素.两个函数为同一个函数的充要条件是这两个要素完全相同.

(9) 求分段函数的函数值和作出分段函数的图象，都要分段进行.

(10) 求定义域往往与解不等式(组)相联系，最后要写成区间或集合形式.求定义域时应注意以下几点：

① 在分式中分母不能为零；

② 在偶次根式内根底数非负；

③ 在对数中真数大于零；

④ 由多个函数经过四则运算构成的函数，其定义域是各个函数定义域的公共部分；

⑤ 分段函数的定义域是各段定义域的并集.

(11) 判断函数的单调性和奇偶性一般用定义去判断.

(12) 求 $y=f(x)$ 的反函数的步骤是：反解→改写(x,y 互换)→写出反函数的定义域.

(13) 学习幂函数时要注意三点：

① 为防止出错，最好先将负指数转变为分式，分数指数转变为根式后再求定义域；

② 性质要分 $\alpha>0$ 与 $\alpha<0$ 两种情形来对比；

③ 比较两个幂的大小，注意是"同指异底".

(14) 在解指数不等式或对数不等式时，要注意利用指数、对数函数的单调性转化为整式不等式.

(15) 在解对数方程或对数不等式时应注意变量的取值范围，注意在方程变形时是否同解，是否有增(失)根的可能.

(16) 学习各种函数很重要的一点，就是抓住图象的特点，把握各类函数的大致图象，从而理解函数的各种性质，"数形结合，相得益彰".

复习题一

1. 填空题：

(1) 用适当的符号($\in$、$\notin$、$\subsetneqq$、$=$、$\supsetneqq$)填空：

① 0 ____ $\mathbf{N}$；② $-\frac{1}{3}$ ____ $\mathbf{Z}$；③ $\varnothing$ ____ $\{a,b\}$；④ $\{1,3,5\}$ ____ $\{5\}$；⑤ $\{0,1\}$ ____ $\{x\mid x^2-x=0\}$.

(2) 设 $A=\{x\mid x^2-16<0\}$，$B=\{x\mid x\leqslant 1$ 或 $x\geqslant 3\}$，$\Omega=\mathbf{R}$.求：

① $A\cap B=$______；② $A\cup B=$______；③ $\complement_{\Omega}(A\cap B)=$______；④ $\complement_{\Omega}A=$______.

(3) 设 P 表示平面内的点，属于下列集合的点组成的图形是：①______；②______.

① $\{P\mid PA=PB\}$（A,B 是定点）；

② $\{P\mid PO=4\text{ cm}\}$（O 是定点）.

(4) 写出下列不等式的解：

① $2x^2-5x-3\geqslant 0$ 的解为________；　② $4x^2-4x+1<0$ 的解为________；

③ $x^2-2x+3>0$ 的解为________；　④ $-x^2+5x>0$ 的解为________；

⑤ $|x^2-1|<3$ 的解为________.

(5) 如果 $5^x=3,\log_5\dfrac{5}{3}=y$，那么 $x+y=$________.

(6) 若 $\log_2 5=h$，则 $\lg 2=$________.

(7) 设 $f(x)=\dfrac{|x-2|}{x+1}$，则 $f(-2)=$____________.

(8) 设 $f(x)=\begin{cases}-1, x\in\mathbf{N}_+,\\ 0, \quad x\in\mathbf{Z}_-,\\ 1, \quad x\in\{0\},\end{cases}$ 则其定义域为__________________，值域为__________，$f\{f[f(-4)]\}=$__________.

(9) 函数 $y=\dfrac{1}{x}-\sqrt{1-x^2}$ 的定义域是____________.

(10) 函数 $y=\dfrac{2x}{x-3}$ 的反函数是____________.

(11) 函数 $y=\log_2\dfrac{x}{3}-1$ 的反函数是____________.

(12) 比较大小：$1.01^{-\frac{3}{4}}$____$0.99^{-\frac{3}{4}}$，$0.2^{\frac{2}{3}}$____$0.2^{0.67}$，$\ln\dfrac{1}{10}$____$\lg e$.

(13) 若 $f(x)=2^{x-2}$，$f(\log_4 x)=\dfrac{1}{5}$，则 $x=$____________.

2. 选择题：

(1) 设 $M=\{x\mid x\leqslant\sqrt{13}\}$，$b=\sqrt{11}$，则下面关系正确的是　（　）

(A) $b\subsetneqq M$　(B) $b\notin M$　(C) $\{b\}\in M$　(D) $\{b\}\subsetneqq M$

(2) 设 $\Omega=\mathbf{R}$，则下面结论正确的是　（　）

(A) $\mathbf{Q}_+\cup\mathbf{Q}_-=\mathbf{R}$　(B) $\mathbf{Q}\cup\complement_{\Omega}\mathbf{Q}=\mathbf{R}$　(C) $\mathbf{Z}\cup\mathbf{Q}=\mathbf{R}$　(D) $\mathbf{Z}\cap\mathbf{Q}=\varnothing$

(3) 如果 $A=\{x\mid x^2-2x-3=0\}$，$B=\{x\mid |x|=3\}$，那么 $A\cap B$ 等于　（　）

(A) 3　(B) -3　(C) $\{3\}$　(D) $\{-3,-1,3\}$

(4) 不等式 $|x|>x$ 的解集为　（　）

(A) $(-\infty,+\infty)$　(B) $\{0\}$　(C) $(-\infty,0)$　(D) $(0,+\infty)$

(5) 函数 $y=\sqrt{1-x^2}+\dfrac{1}{2x+1}$ 的定义域是　（　）

(A) $(-1,1)$　(B) $\left[-1,\dfrac{1}{2}\right)$

(C) $\left[-1,-\frac{1}{2}\right)\cup\left(-\frac{1}{2},1\right]$　　(D) $\left(-\infty,-\frac{1}{2}\right)\cup\left(-\frac{1}{2},+\infty\right)$

(6) 设 $f(x)=\frac{1-x^2}{1+x^2}$,则下列各式正确的是　(　　)

(A) $f(x)+f\left(\frac{1}{x}\right)=0$　　(B) $f(x)-f\left(\frac{1}{x}\right)=0$

(C) $f(x)-x^2f\left(\frac{1}{x}\right)=0$　　(D) $f(x)-xf\left(\frac{1}{x}\right)=0$

(7) 函数 $f(x)=\sqrt{4-x}$ 的反函数 $f^{-1}(x)$的值域是　(　　)

(A) $[-2,2]$　　(B) $(-\infty,4]$

(C) $(-\infty,+\infty)$　　(D) $[0,+\infty)$

(8) 下列四个函数是奇函数的是　(　　)

(A) $y=x+3$　(B) $y=-2x^2$　(C) $y=\lg 3^x$　(D) $y=\frac{1}{x-1}$

(9) 下列各组函数中的两个函数相同的是　(　　)

(A) $y=\frac{x}{x}$ 与 $y=1$　　(B) $y=\frac{|x|}{x}$ 与 $y=\sqrt{x^2}$

(C) $y=x$ 与 $y=(\sqrt{x})^2$　　(D) $y=|x|$ 与 $y=\begin{cases}x, & x\geqslant 0,\\ -x, & x<0\end{cases}$

(10) 0.3^2,$\log_2 0.3$,$2^{0.3}$ 三数之间的大小顺序是　(　　)

(A) $0.3^2<2^{0.3}<\log_2 0.3$　　(B) $0.3^2<\log_2 0.3<2^{0.3}$

(C) $\log_2 0.3<0.3^2<2^{0.3}$　　(D) $\log_2 0.3<2^{0.3}<0.3^2$

(11) 如果函数 $f(x)=x^2-ax+3$ 的单调减区间为$(-\infty,1]$,则 a 的值为　(　　)

(A) 2　(B) -2　(C) 1　(D) -1

(12) 设 $y=\ln x$,则下列判断错误的是　(　　)

(A) 若 $x=1$,则 $y=0$　　(B) 若 $x>1$,则 $y>0$

(C) 若 $0<x<\mathrm{e}$,则 $0<y<1$　　(D) 若 $x=\mathrm{e}$,则 $y=1$

3. 计算:

(1) $(3a^2b)(-2a^{-3}b^{-1})(-5a^4b^{-2})^3$;

(2) $\left\{\frac{1}{4}\left[(0.027)^{\frac{2}{3}}+15\times(0.001\,6)^{\frac{3}{4}}+\left(\frac{2}{3}\right)^0\right]\right\}^{-\frac{1}{2}}$.

4. 设 $f(x)=\frac{|x-4|}{x^2-16}$,求 $f(a)$的值.

5. 已知 $\log_{\sqrt{3}}2=\frac{1-a}{a}$,求 $\log_{12}3$ 的值.

6. 当 m 是何实数时,方程 $2x^2+2(3-2m)x+2m+1=0$:(1) 有两个不相等的实根?(2) 有两个相等的实根?(3) 没有实根?

7. 做一个高为 20 m 的长方体容器,要求底面矩形的长比宽多10 m,并且容积不小于4 000 m^3,问底面矩形的宽至少应为多少米?

8. 某班级有 40 名学生,其中有 20 人爱好文艺,有 25 人爱好体育,有 5 人既不爱好文艺又不爱好体育，问该班既爱好文艺又爱好体育的人有多少？

9. 在一元二次不等式 $ax^2-2ax+2a-3<0(a>0)$ 中，

(1) 若不等式的解集为 $-1<x<3$，a 应取什么值？

(2) 若不等式无解，a 应取什么范围内的值？

10. 用对数的性质和法则计算 $\dfrac{2\lg 2+\dfrac{1}{2}\lg 9}{1+\dfrac{1}{2}\lg 0.36+\dfrac{1}{3}\lg 8}$.

11. 下列说法是否正确？为什么？

(1) $a^2=b^2\Rightarrow a=b$；

(2) $a^2\neq b^2\Leftrightarrow a\neq b$ 或 $a\neq -b$.

12. 求下列函数的定义域：

(1) $y=3^{\sqrt{-x}}+3^{\sqrt{x^2+1}}$；　　(2) $y=\log_a\dfrac{x+2}{x-1}$.

13. 作函数 $y=\ln|x|$ 的图象.

14. 火车站收取行李费有如下规定：当行李不超过 50 kg 时，每千克按 0.3 元收费，当超过 50 kg 时，超重部分按每千克 0.45 元收费，试写出运费 y(元)与重量 x(kg)之间的函数关系式，并写出其定义域.

15. 设某机械厂今年的生产总值是 574.8 万元.

(1) 若计划平均每年增长率为 27%，问 5 年后(不包括今年)的产值可达多少万元(精确到 1 万元)？

(2) 如果该厂计划 5 年后(不包括今年)的产值要达到 2 000 万元，平均每年的增长率应是多少(精确到 0.1%)？

(3) 如果平均每年的增长率为 27%，问多少年后该厂的年产值可达 3 000 万元？

三角函数

§2-1　角的概念的推广　弧度制

一、角的概念的推广

1. 任意角

在平面内,角可以看作是由一条射线绕着它的端点旋转而成的.如图 2-1 所示,射线的端点 O 称为角 α 的**顶点**,起始位置 OA 称为角 α 的**始边**,终止位置 OB 称为角 α 的**终边**.

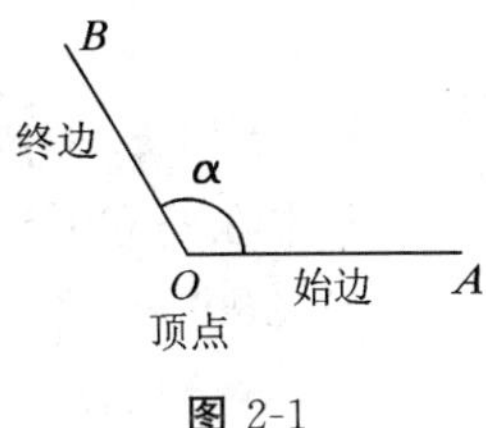

图 2-1

一条射线绕着它的端点在平面内旋转有两个相反的转向.习惯上,按逆时针方向旋转形成的角称为**正角**;按顺时针方向旋转形成的角称为**负角**;当射线没有旋转时,也把它看成一个角,称为**零角**.

角的概念经这样推广以后,它包括任意大小的正角、负角和零角,统称为**任意角**.

例 1　时钟的分针经过下列时间所转成的角是多少度:(1) 10 min;(2) 2 h 25 min.

解　时钟的分针每经过 1 min 所转成的角是 $-\dfrac{360^\circ}{60}=-6^\circ$.

(1) 分针走 10 min 所转的角是 $-6^\circ\times10=-60^\circ$;

(2) 分针走 2 h 25 min 所转的角是 $-6^\circ\times145=-870^\circ$.

2. 象限角

我们常在直角坐标系内研究角.使角的顶点与坐标原点重合,角的始边与 x 轴的正半轴重合,角的终边在第几象限,就称这个角是**第几象限角**.如果角的终边在坐标轴上,就认为这个角不属于任何象限,称为**界限角**.

例 2　下列每两个角都在第二象限的是　(　　)

(A) -120°, -240°　　(B) -120°, 180°

(C) -240°, 180°　　(D) -240°, 495°

解　在直角坐标系中,作出各已知角(图 2-2).由图可知,-240°和 495°是第二象限的角,所以选(D).

图 2-2

3. 终边相同的角

具有共同的始边和终边的角,称为**终边相同的角**.角 α 的终边绕其顶点按逆时针方向旋转 n 圈时,就形成 $n\cdot360^\circ+\alpha$ 的角;按顺时针方向旋转 n 圈时,就形成 $-n\cdot360^\circ+\alpha$ 的角.这些角与角 α 都有相同的终边.因此,所有与 α 角终边相同的角,连同 α 角在内,有无穷多个,它们可用下式来表示:

$$k \cdot 360° + \alpha, k \in \mathbf{Z}.$$

用集合可记作

$$\{\beta | \beta = k \cdot 360° + \alpha, k \in \mathbf{Z}\}.$$

例 3 在 0°～360°范围内，找出与下列各角终边相同的角，并判定是哪个象限的角：

(1) −150°；　　(2) 640°；　　(3) −1 650°.

解 (1) 因为−150°＝−360°＋210°，

所以角−150°与角 210°的终边相同，它是第三象限的角.

(2) 因为 640°＝360°＋280°，

所以角 640°与角 280°的终边相同，它是第四象限的角.

(3) 因为−1 650°＝(−5)·360°＋150°，

所以角−1 650°与角 150°的终边相同，它是第二象限的角.

例 4 写出与下列各角终边相同的角的集合 S，及 S 中在−360°～720°范围内的角：

(1) −25°；　　(2) 363°14′.

解 (1) $S=\{\beta | \beta = k \cdot 360° - 25°, k \in \mathbf{Z}\}$.

S 中在−360°～720°范围内的角是

$0\times360°-25°=-25°$；　$1\times360°-25°=335°$；　$2\times360°-25°=695°$.

(2) $S=\{\beta | \beta = k \cdot 360° + 363°14', k \in \mathbf{Z}\}$.

S 中在−360°～720°范围内的角是

$-2\times360°+363°14'=-356°46'$；

$-1\times360°+363°14'=3°14'$；

$0\times360°+363°14'=363°14'$.

由终边相同的角和象限角的意义可以得出各象限角的范围(图 2-3).

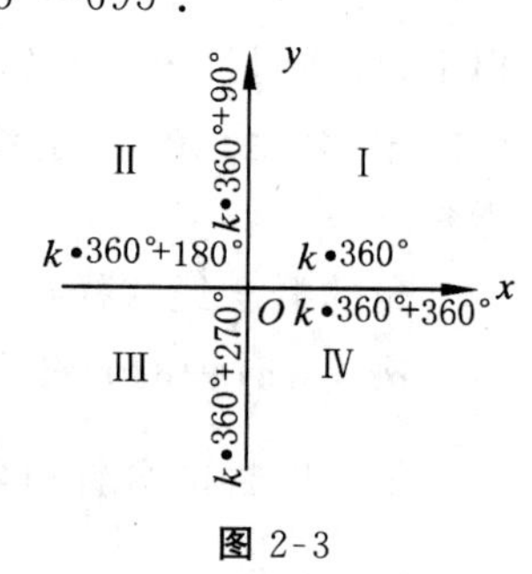

图 2-3

练习 1

1. 回答下列问题：

(1) 锐角是第几象限的角？

(2) 第一象限的角是否都是锐角？

2. 在 0°～360°范围内，找出与下列各角终边相同的角，并指出它们是哪个象限的角：

(1) 550°；　　(2) −1 998°.

二、弧度制

1. 角度制与弧度制

用一个圆周角的$\frac{1}{360}$——“1 度的角”作为单位来度量角的制度称为**角度制**.在科学研究与实际应用中，还常用到另一种以弧度为单位的度量制——**弧度制**.它是这样规定的：把等于半径长的圆弧所对的圆心角称为 1 弧度的角，记作 1 rad.

如图 2-4，设圆半径为 r.

如果$\overset{\frown}{AB}$的长度等于 r，那么$\angle AOB=1$ rad；

如果$\overset{\frown}{AC}$的长度等于 $2r$，那么$\angle AOC=2$ rad；

如果$\overset{\frown}{AD}$的长度等于$\frac{1}{2}r$，那么$\angle AOD=\frac{1}{2}$rad；

如果 l 的弧长等于 $2\pi r$，那么周角 $\alpha=2\pi$ rad.

一般地，如果圆半径为 r，圆弧长为 l，那么该弧所对的圆心角 α 的弧度数的绝对值为

$$|\alpha|=\frac{l}{r}. \qquad (2\text{-}1)$$

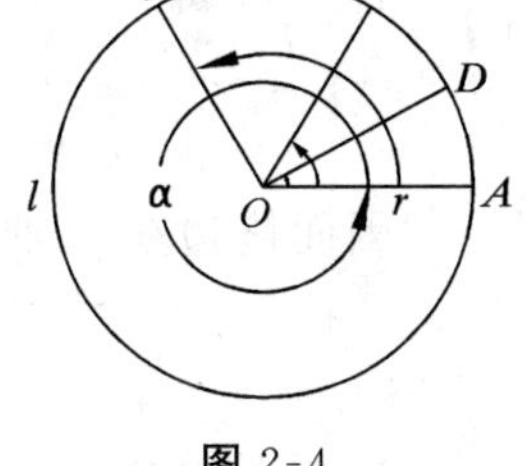

图 2-4

2. 度与弧度的相互换算

上面指出，周角的弧度数是 2π，而在角度制里它是 $360°$，因此 $360°=2\pi$ rad，从而有

$$180°=\pi \text{ rad}. \qquad (2\text{-}2)$$

由此还可得到

$$1°=\frac{\pi}{180}\text{rad}\approx 0.017\ 45 \text{ rad};$$

$$1 \text{ rad}=\frac{180°}{\pi}\approx 57.3°=57°18'.$$

用弧度为单位表示角时，弧度或 rad 通常省略不写，如$\angle AOB=2$ 弧度就写成$\angle AOB=2$.

一些常用的特殊角的度数与弧度数的换算如下：

$n°$	$0°$	$30°$	$45°$	$60°$	$90°$	$180°$	$270°$	$360°$
rad	0	$\frac{\pi}{6}$	$\frac{\pi}{4}$	$\frac{\pi}{3}$	$\frac{\pi}{2}$	π	$\frac{3\pi}{2}$	2π

度数与弧度数的换算，可用上述公式进行换算，也可以直接查表，还可使用计数器换算.

例 5　用科学计算器换算：

(1) 把 $80°$化为弧度；(2) 把 2.1 弧度化为度.

解　首先用 DRG 键把角的度量制调到“DEG”(角度制)或“RAD”(弧度制)状态，解答过程如下：

题　序	状　态	按键顺序	显　示	结　果
1	DEG	80 2ndF DRG>	1.396 263 402	$80°\approx 1.396\ 3$(rad)
2	RAD	2.1 2ndF DRG> 2ndF DRG>	120.321 137	2.1(rad)$\approx 120.32°$

例 6　用弧度表示终边在 y 轴上的角的集合.

解　终边在 y 轴的正半轴上的所有角是

$$k\cdot 2\pi+\frac{\pi}{2}=2k\pi+\frac{\pi}{2}(k\in\mathbf{Z}),$$

终边在 y 轴的负半轴上的所有角是

$$k\cdot 2\pi+\frac{3\pi}{2}=(2k+1)\pi+\frac{\pi}{2}(k\in\mathbf{Z}).$$

合并写成：

$$k\pi+\frac{\pi}{2}(k\in\mathbf{Z}).$$

因而终边在 y 轴上的角的集合是

$$\left\{\beta\,\middle|\,\beta=k\pi+\frac{\pi}{2},k\in\mathbf{Z}\right\}.$$

3. 弧长公式

根据公式(2-1)，弧长公式为

$$l=|\alpha|\cdot r, \tag{2-3}$$

其中 α 的单位必须用弧度.

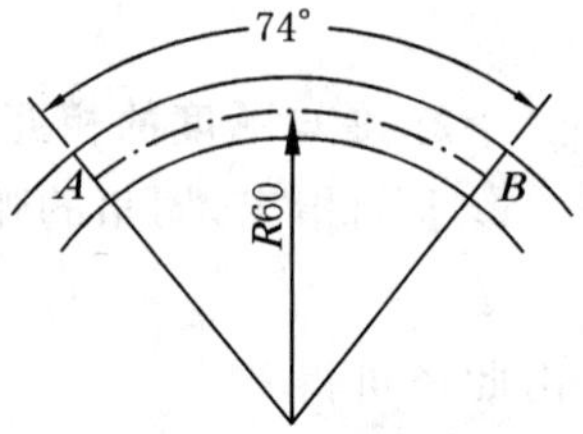

例 7 如图 2-5 所示，求公路弯道部分$\overset{\frown}{AB}$的长 l(精确到 1 m，图中长度单位：m).

图 2-5

解 因为 74°≈74×0.017 45≈1.29，所以由公式(2-3)得

$$l=1.29\times60\approx77(\text{m}).$$

答：弯道部分$\overset{\frown}{AB}$的长约为 77 m.

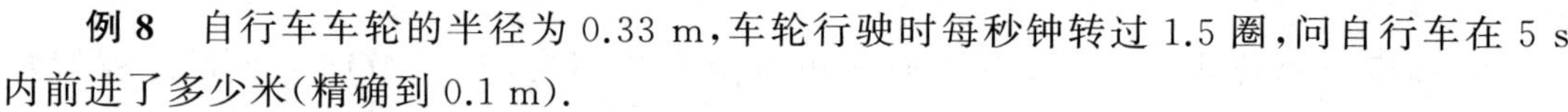

例 8 自行车车轮的半径为 0.33 m，车轮行驶时每秒钟转过 1.5 圈，问自行车在 5 s 内前进了多少米(精确到 0.1 m).

解 车轮上任一点在 5 秒钟内转过的角为

$$|\alpha|=5\times1.5\times2\pi=15\pi,$$

由公式(2-3)得

$$l=15\pi\times0.33\approx15.5(\text{m}).$$

答：自行车在 5 s 内前进了 15.5 m.

练习 2

1. 填空：

(1) $22°31'=$________弧度，$18°=$________弧度；

(2) $\frac{3\pi}{5}=$________度，$-\frac{\pi}{15}=$________度.

2. 思考：采用弧度制后，所有角组成的集合与实数集合之间存在什么对应关系？

习题 2-1

A 组

1. 填空：

(1) 分针每分钟转过________度；时针每小时转过________度；时针每分钟转过________度.

(2)

$n°$				120°	135°	150°	210°	240°	315°
rad	$-\frac{5\pi}{12}$	$-\frac{\pi}{4}$	$-\frac{\pi}{12}$						

2. 在 0°～360°范围内，找出与下列各角终边相同的角，并指出它们是哪个象限的角：

(1) $-54°18'$；(2) 845°；(3) $-510°$；(4) $395°12'$.

3. 写出与下列各角终边相同的角的集合，以及在$-360°$～360°范围内的角：

(1) 45°；(2) $-75°$；(3) $-225°$；(4) $752°25'$.

4. 使用计算器换算：

(1) 把 13°化为弧度；(2) 把 0.7 弧度化为度.

5. 已知圆心角 200°所对的圆弧长是 50 cm，求圆的半径(精确到 0.1 cm).

6. 直径是 40 cm 的滑轮，以 45 rad/s 的角速度旋转，求轮周上一质点在 5 s 内所转过的圆弧长.

7. 用弧度表示终边在 x 轴上的角的集合.

8. 在半径为 120 cm 的圆周上，有一段长为 144 cm 的弧，求这段弧所对的圆心角的度数.

B 组

1. 把下列各个角化成 $2k\pi+\alpha(0\leqslant\alpha<2\pi, k\in\mathbf{Z})$ 的形式，并指出它们是第几象限的角：

(1) $\frac{7\pi}{2}$；(2) $-\frac{23}{3}\pi$；(3) $\frac{41}{6}\pi$；(4) $-\frac{25}{4}\pi$；(5) $-\frac{7\pi}{6}$；(6) $-1\,500°$.

2. 分别写出第一、二、三、四象限角的集合(用弧度表示).

3. 若 α 是第二象限的角，问 $\frac{\alpha}{2}$ 是第几象限的角？

4. 要在半径为 100 cm 的圆形板上，截取一块弧长为 115 cm 的扇形板，求截取的圆心角的度数(精确到 $1'$)？

5. 已知扇形的半径是 40 cm，圆心角是 120°，求扇形的面积.

6. 设飞轮直径为 1.2 m，每分钟按逆时针方向旋转 300 转，求：

(1) 轮周上一质点每秒钟转过的弧度数；

(2) 轮周上一质点每秒钟经过的圆弧长.

7. 计算图中管子(中心线)的长(单位：mm).

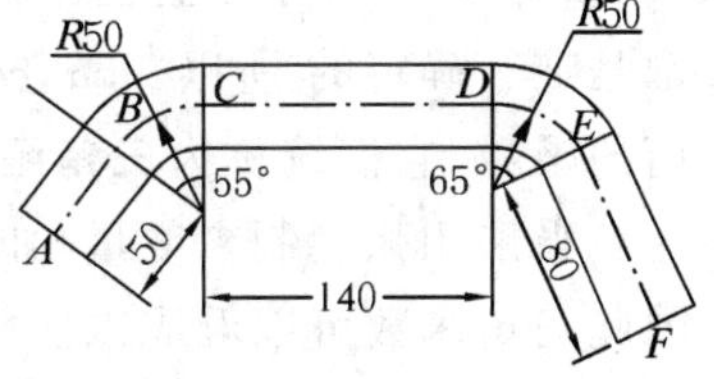

第 7 题

§ 2-2　任意角的三角函数

一、任意角三角函数的定义

在初中，我们已学过锐角三角函数，即如果 α 是直角三角形的一个锐角(图 2-6)，则

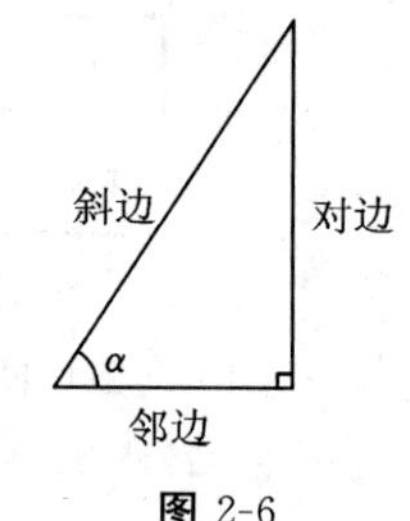

图 2-6

$$\sin\alpha=\frac{\alpha\text{ 的对边}}{\text{斜边}},$$

$$\cos\alpha=\frac{\alpha\text{ 的邻边}}{\text{斜边}},$$

$$\tan\alpha=\frac{\alpha\text{ 的对边}}{\alpha\text{ 的邻边}},$$

$$\cot\alpha=\frac{\alpha\text{ 的邻边}}{\alpha\text{ 的对边}}.$$

下面我们来定义任意角的三角函数.

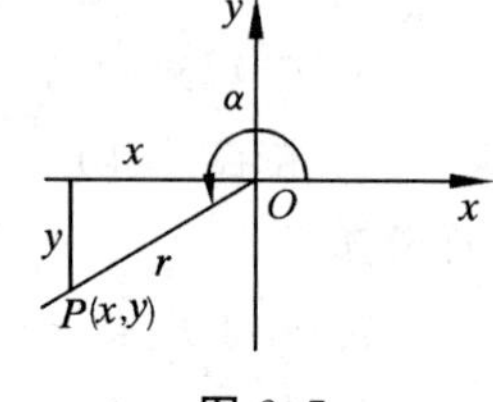

图 2-7

如图 2-7 所示,设 α 是从 Ox 到 OP 的任意角,$P(x,y)$是 α 终边上不与原点重合的任意一点,它与原点的距离 $|OP|=r=\sqrt{x^2+y^2}>0$,则三个量 x,y,r 中每两者之比 $\frac{y}{r},\frac{x}{r},\frac{y}{x},\frac{x}{y},\frac{r}{x},\frac{r}{y}$ 分别称为角 α 的正弦、余弦、正切、余切、正割、余割,即

$$\sin\alpha=\frac{y}{r},\quad \cos\alpha=\frac{x}{r},$$

$$\tan\alpha=\frac{y}{x},\quad \cot\alpha=\frac{x}{y},$$

$$\sec\alpha=\frac{r}{x},\quad \csc\alpha=\frac{r}{y}.$$

根据相似三角形的性质可知:这六个比值只与角 α 的终边位置有关,而与点 P 在 α 终边上的位置无关.

当角 α 的终边落在 x 轴上,即 $\alpha=k\pi(k\in\mathbf{Z})$时,$\cot\alpha=\frac{x}{y}$ 和 $\csc\alpha=\frac{r}{y}$ 没有意义(因为 $y=0$);当角 α 的终边落在 y 轴上,即 $\alpha=k\pi+\frac{\pi}{2}(k\in\mathbf{Z})$时,$\tan\alpha=\frac{y}{x}$ 和 $\sec\alpha=\frac{r}{x}$ 没有意义(因为 $x=0$).除去上述无意义的情况外,对于角 α 的每一个确定的值,上面的六个比值都是唯一确定的.所以 $\sin\alpha,\cos\alpha,\tan\alpha,\cot\alpha,\sec\alpha,\csc\alpha$ 都是以角为自变量,以比值为函数值的函数,它们统称为**三角函数**.

当采用弧度制来度量角时,由于角的集合与实数集之间可以建立一一对应的关系,因此三角函数可以看成以实数为自变量的函数,其定义域归纳如表 2-1.

表 2-1　三角函数及其定义域

三　角　函　数	定　义　域
$\sin\alpha$ $\cos\alpha$	$\{\alpha\mid\alpha\in\mathbf{R}\}$
$\tan\alpha$ $\sec\alpha$	$\left\{\alpha\,\middle\|\,\alpha\in\mathbf{R},\alpha\neq k\pi+\frac{\pi}{2},k\in\mathbf{Z}\right\}$
$\cot\alpha$ $\csc\alpha$	$\{\alpha\mid\alpha\in\mathbf{R},\alpha\neq k\pi,k\in\mathbf{Z}\}$

例 1　已知角 α 终边上的一点 $P(4,-3)$，求 α 的六个三角函数值（图 2-8）.

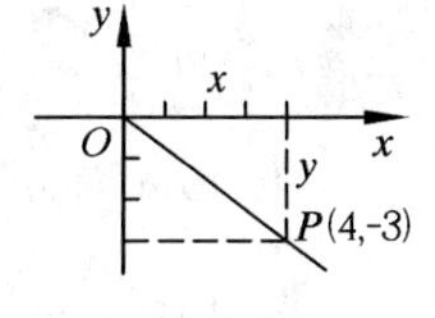

图 2-8

解　因为 $x=4, y=-3$，所以 $r=\sqrt{4^2+(-3)^2}=5$，得

$$\sin\alpha=\frac{y}{r}=-\frac{3}{5},\qquad \cos\alpha=\frac{x}{r}=\frac{4}{5},$$

$$\tan\alpha=\frac{y}{x}=-\frac{3}{4},\qquad \cot\alpha=\frac{x}{y}=-\frac{4}{3},$$

$$\sec\alpha=\frac{r}{x}=\frac{5}{4},\qquad \csc\alpha=\frac{r}{y}=-\frac{5}{3}.$$

例 2　求下列各角的三角函数值：

(1) $\frac{\pi}{2}$;　　　(2) π.

解　(1) 当 $\alpha=\frac{\pi}{2}$ 时，$x=0, y=r$，得

$\sin\frac{\pi}{2}=1$，$\cos\frac{\pi}{2}=0$，$\tan\frac{\pi}{2}$ 不存在，$\cot\frac{\pi}{2}=0$，$\sec\frac{\pi}{2}$ 不存在，$\csc\frac{\pi}{2}=1$.

(2) 当 $\alpha=\pi$ 时，$x=-r, y=0$，得

$\sin\pi=0$，$\cos\pi=-1$，$\tan\pi=0$，$\cot\pi$ 不存在，$\sec\pi=-1$，$\csc\pi$ 不存在.

当角 α 等于 0 和 $\frac{3\pi}{2}$ 时，请读者求出对应的三角函数值.

一些常用特殊角的三角函数值列表如下（表 2-2）.

表 2-2　常用特殊角的三角函数值

角 α	$0°$	$30°$	$45°$	$60°$	$90°$	$180°$	$270°$	$360°$
α 的弧度数	0	$\frac{\pi}{6}$	$\frac{\pi}{4}$	$\frac{\pi}{3}$	$\frac{\pi}{2}$	π	$\frac{3\pi}{2}$	2π
$\sin\alpha$	0	$\frac{1}{2}$	$\frac{\sqrt{2}}{2}$	$\frac{\sqrt{3}}{2}$	1	0	-1	0
$\cos\alpha$	1	$\frac{\sqrt{3}}{2}$	$\frac{\sqrt{2}}{2}$	$\frac{1}{2}$	0	-1	0	1
$\tan\alpha$	0	$\frac{\sqrt{3}}{3}$	1	$\sqrt{3}$	不存在	0	不存在	0
$\cot\alpha$	不存在	$\sqrt{3}$	1	$\frac{\sqrt{3}}{3}$	0	不存在	0	不存在

例 3　计算：

(1) $5\sin 90°+4\cos 0°-3\sin 270°+2\cos 180°-\tan 180°$;

(2) $2\cos\frac{\pi}{2}-10\sin\frac{\pi}{2}+5\sin\frac{3\pi}{2}+4\tan 0+10\csc\frac{\pi}{2}$.

解　(1) 原式 $=5\times 1+4\times 1-3\times(-1)+2\times(-1)-0=10$.

(2) 原式 $=2\times 0-10\times 1+5\times(-1)+4\times 0+10\times 1=-5$.

练习 1

1. 已知角 α 终边上的一点 $P(-2,1)$，求 α 的六个三角函数值.

2. 化简：$m^2\sin\frac{\pi}{2}-n^2\cos\pi+2mn\cos0+m\cot\frac{3\pi}{2}$.

二、象限角的三角函数值的符号

根据三角函数的定义可知，三角函数值的符号由各象限内点的坐标符号（图 2-9）唯一确定.由此得到三角函数值在各象限的符号，如图 2-10 所示.

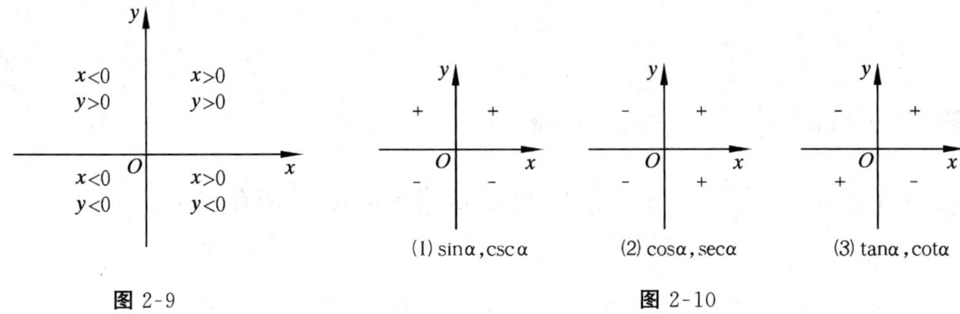

图 2-9　　图 2-10

概括为：**正弦、余割一二正，余弦、正割一四正，正切、余切一三正.**

例 4　确定下列三角函数值的符号：

(1) $\sin850°$；　(2) $\tan\frac{11}{3}\pi$.

解　(1) 因为 $850°=2\times360°+130°$，是第二象限的角，所以 $\sin850°>0$.

(2) 因为 $\frac{11}{3}\pi=2\pi+\frac{5}{3}\pi$，是第四象限的角，所以 $\tan\frac{11}{3}\pi<0$.

例 5　根据下列条件，确定角 α 所在的象限：

(1) $\sin\alpha<0$ 且 $\tan\alpha>0$；　(2) $\tan\alpha\cdot\cos\alpha<0$.

解　(1) 由 $\sin\alpha<0$ 可知 α 是第三或第四象限的角，或终边在 y 轴的负半轴上.由 $\tan\alpha>0$ 可知 α 是第一或第三象限的角.

因此，同时符合上述条件的角 α 是第三象限的角.

(2) 若 $\begin{cases}\tan\alpha>0,\\ \cos\alpha<0,\end{cases}$ 则 α 是第三象限的角；

若 $\begin{cases}\tan\alpha<0,\\ \cos\alpha>0,\end{cases}$ 则 α 是第四象限的角.

所以，符合条件的角 α 是第三或第四象限的角.

练习 2

1. 确定下列三角函数值的符号：

(1) $\cos\frac{3}{5}\pi$；(2) $\tan\left(-\frac{11}{4}\pi\right)$；(3) $\sin\left(-\frac{6}{5}\pi\right)$.

2. 根据下列条件，确定角 α 所在的象限：

(1) $\sin\alpha<0$ 且 $\tan\alpha<0$；　　(2) $\sin\alpha\cdot\cos\alpha>0$.

习题 2-2

A　组

1. 填空：

(1) 如果 $\sin\alpha>0$，则 α 是______或______象限的角或是____________；如果 $\sin\alpha<0$，则 α 是______或______象限的角或是____________.

(2) 如果 $\cos\alpha>0$，则 α 是______或______象限的角或是____________；如果 $\cos\alpha<0$，则 α 是______或______象限的角或是____________.

(3) 如果 $\tan\alpha>0$，则 α 是______或______象限的角；如果 $\tan\alpha<0$，则 α 是______或______象限的角.

2. 已知角 α 的终边分别经过下列各点，求 α 的六个三角函数值：

(1) $(-3,4)$；　(2) $(-2,-1)$；　(3) $(\sqrt{3},-1)$；　(4) $(0,-1)$.

3. 确定下列三角函数值的符号：

(1) $\sin 1\,230°10'$；　(2) $\cos\dfrac{13\pi}{4}$；　(3) $\tan\left(-\dfrac{23\pi}{6}\right)$；　(4) $\cot\left(-\dfrac{19\pi}{8}\right)$.

4. 根据下列条件，确定角 α 所在的象限：

(1) $\sin\alpha>0$ 且 $\cot\alpha<0$；　　(2) $\tan\alpha>0$ 且 $\cos\alpha>0$；

(3) $\sin\alpha\cdot\cos\alpha<0$；　　(4) $\sin\alpha\cdot\tan\alpha>0$.

5. 求下列各式的值：

(1) $6\sin\dfrac{\pi}{2}+\cos\pi+5\tan\pi-3\cot\dfrac{\pi}{2}$；

(2) $3\cos\dfrac{\pi}{2}+2\tan\dfrac{\pi}{4}-\sin\dfrac{\pi}{4}\cos\dfrac{\pi}{4}-\cos\dfrac{\pi}{6}+\sin\dfrac{\pi}{3}$；

(3) $\sin 180°+2\cos 360°-6\sin 270°+5\sin 0°+3\cos 0°$；

(4) $\dfrac{6\sin 90°-2\cos 180°+5\cot 270°-\tan 180°}{5\cos 270°-5\sin 270°-3\tan 0°+5\cot 90°}$.

B　组

1. 判定下列各式的符号：

(1) $\tan 125°\cdot\sin 273°$；　　(2) $\sin 1\cdot\cos 2\cdot\tan(-2)$；

(3) $\dfrac{\sin\left(-\dfrac{5\pi}{6}\right)\cdot\cos\left(-\dfrac{4\pi}{7}\right)}{\tan\dfrac{7\pi}{4}}$；　　(4) $\dfrac{\cot\left(-\dfrac{3\pi}{4}\right)\cdot\tan\dfrac{11\pi}{6}}{\csc\dfrac{2\pi}{3}}$.

2. 已知 P 为第四象限角 α 终边上的一点，其横坐标 $x=15$，$|OP|=17$，求角 α 的六个三角函数值.

3. 已知角 α 是第二象限的角，并且终边在直线 $y=-x$ 上，求角 α 的正弦、余弦、正切和余切函数值.

4. 根据下列条件,确定角 θ 所在的象限:

(1) $\csc\theta \cdot \tan\theta < 0$; (2) $\sec\theta \cdot \cot\theta > 0$.

5. 根据下列条件求函数

$$f(x)=\sin\left(x+\frac{3\pi}{4}\right)-3\sin\left(x-\frac{\pi}{4}\right)+4\cos 2x+2\cos\left(x-\frac{\pi}{4}\right)$$

的值:

(1) $x=\frac{\pi}{4}$; (2) $x=\frac{3\pi}{4}$.

§2-3 同角三角函数间的关系

根据三角函数的定义,同角三角函数间有如下关系式:

一、倒数关系

$$\begin{aligned}&\sin\alpha \cdot \csc\alpha=1;\\&\cos\alpha \cdot \sec\alpha=1;\\&\tan\alpha \cdot \cot\alpha=1.\end{aligned} \tag{2-4}$$

二、商数关系

$$\begin{aligned}&\frac{\sin\alpha}{\cos\alpha}=\tan\alpha;\\&\frac{\cos\alpha}{\sin\alpha}=\cot\alpha.\end{aligned} \tag{2-5}$$

三、平方关系

$$\begin{aligned}&\sin^2\alpha+\cos^2\alpha=1;\\&1+\tan^2\alpha=\sec^2\alpha;\\&1+\cot^2\alpha=\csc^2\alpha.\end{aligned} \tag{2-6}$$

下面只证明公式(2-6)中第一个等式,其余公式请读者证明.

证 由任意角的三角函数的定义,得

$$左边=\sin^2\alpha+\cos^2\alpha=\left(\frac{y}{r}\right)^2+\left(\frac{x}{r}\right)^2=\frac{x^2+y^2}{r^2}=\frac{r^2}{r^2}=1=右边.$$

所以等式成立.

公式(2-4)~(2-6)称为三角函数的**基本恒等式**.

注意 只有当角 α 的值使等式两边都有意义时,上述基本恒等式才成立.

利用三角函数的基本恒等式,可以由一个角的某一个三角函数值,求出这个角的其他三角函数值,还可化简三角函数式,证明其他一些三角恒等式,等等.

例 1 已知 $\sin\alpha=-\frac{5}{13}$,且 $\pi<\alpha<\frac{3\pi}{2}$,求角 α 的其他三角函数值.

解　因为 $\pi<\alpha<\dfrac{3\pi}{2}$，$\cos\alpha<0$，

所以 $\cos\alpha=-\sqrt{1-\sin^2\alpha}=-\sqrt{1-\left(-\dfrac{5}{13}\right)^2}=-\dfrac{12}{13}$，

$\tan\alpha=\dfrac{\sin\alpha}{\cos\alpha}=\dfrac{5}{12}$，

$\cot\alpha=\dfrac{1}{\tan\alpha}=\dfrac{12}{5}$，

$\sec\alpha=\dfrac{1}{\cos\alpha}=-\dfrac{13}{12}$，

$\csc\alpha=\dfrac{1}{\sin\alpha}=-\dfrac{13}{5}$.

例 2　已知 $\sin\alpha\cdot\cos\alpha=-\dfrac{12}{25}$，求 $\tan\alpha$.

解　将 $\sin\alpha\cdot\cos\alpha=-\dfrac{12}{25}$ 化为

$$\frac{\sin\alpha\cdot\cos\alpha}{\sin^2\alpha+\cos^2\alpha}=-\frac{12}{25}.$$

因为 $\cos\alpha\neq0$，所以有

$$\frac{\tan\alpha}{\tan^2\alpha+1}=-\frac{12}{25},$$

整理得

$$12\tan^2\alpha+25\tan\alpha+12=0,$$

解得

$$\tan\alpha=-\frac{4}{3}\text{或}\tan\alpha=-\frac{3}{4}.$$

例 3　已知 $\tan\alpha=2$，求 $\dfrac{1}{2\sin^2\alpha-\sqrt{3}\sin\alpha\cdot\cos\alpha}$ 的值.

解
$$\frac{1}{2\sin^2\alpha-\sqrt{3}\sin\alpha\cdot\cos\alpha}=\frac{\dfrac{1}{\cos^2\alpha}}{\dfrac{2\sin^2\alpha-\sqrt{3}\sin\alpha\cdot\cos\alpha}{\cos^2\alpha}}$$
$$=\frac{1+\tan^2\alpha}{2\tan^2\alpha-\sqrt{3}\tan\alpha}=\frac{1+2^2}{2\times2^2-\sqrt{3}\times2}$$
$$=\frac{5}{8-2\sqrt{3}}=\frac{5}{26}(4+\sqrt{3}).$$

练习 1

1. 已知 $\cos\alpha=-\dfrac{3}{5}$，$90°<\alpha<180°$，求角 α 的其他三角函数值.

2. 已知 $\tan\alpha=2$，求 $\dfrac{3\sin\alpha-\cos\alpha}{2\sin\alpha+3\cos\alpha}$ 的值.

例 4 化简 $\sin^2\alpha \cdot \tan\alpha + \cos^2\alpha \cdot \cot\alpha + 2\sin\alpha \cdot \cos\alpha$.

解 原式 $= \dfrac{\sin^2\alpha \cdot \sin\alpha}{\cos\alpha} + \dfrac{\cos^2\alpha \cdot \cos\alpha}{\sin\alpha} + 2\sin\alpha \cdot \cos\alpha$

$$= \frac{\sin^4\alpha + \cos^4\alpha + 2\sin^2\alpha \cdot \cos^2\alpha}{\sin\alpha \cdot \cos\alpha}$$

$$= \frac{(\sin^2\alpha + \cos^2\alpha)^2}{\sin\alpha \cdot \cos\alpha} = \sec\alpha \cdot \csc\alpha.$$

例 5 已知 $90° < \alpha < 180°$，化简 $\csc\alpha \cdot \sqrt{1+\cot^2\alpha} + \cot\alpha \cdot \sqrt{\csc^2\alpha - 1}$.

解 原式 $= \csc\alpha \cdot |\csc\alpha| + \cot\alpha \cdot |\cot\alpha|$.

因为当 $90° < \alpha < 180°$ 时，$\csc\alpha > 0$，$\cot\alpha < 0$，

所以原式 $= \csc^2\alpha - \cot^2\alpha = 1$.

例 6 证明恒等式：$\dfrac{\sin\alpha + \cot\alpha}{\tan\alpha + \csc\alpha} = \cos\alpha$.

证 左边 $= \dfrac{\sin\alpha + \dfrac{\cos\alpha}{\sin\alpha}}{\dfrac{\sin\alpha}{\cos\alpha} + \dfrac{1}{\sin\alpha}} = \dfrac{\dfrac{\sin^2\alpha + \cos\alpha}{\sin\alpha}}{\dfrac{\sin^2\alpha + \cos\alpha}{\cos\alpha \cdot \sin\alpha}} = \cos\alpha =$ 右边.

例 7 证明恒等式：$\dfrac{\cos x}{1-\sin x} = \dfrac{1+\sin x}{\cos x}$.

证法 1 左边 $= \dfrac{\cos^2 x}{(1-\sin x)\cos x} = \dfrac{1-\sin^2 x}{(1-\sin x)\cos x} = \dfrac{1+\sin x}{\cos x} =$ 右边.

证法 2 因为左边 − 右边 $= \dfrac{\cos x \cdot \cos x - (1+\sin x)(1-\sin x)}{(1-\sin x)\cos x} = \dfrac{\cos^2 x - (1-\sin^2 x)}{(1-\sin x)\cos x}$

$$= \frac{\cos^2 x - \cos^2 x}{(1-\sin x)\cos x} = 0,$$

所以左边 = 右边.

证法 3 因为 $(1-\sin x)(1+\sin x) = 1 - \sin^2 x = \cos^2 x$，

所以 $\dfrac{\cos x}{1-\sin x} = \dfrac{1+\sin x}{\cos x}$.

练习 2

1. 化简：

(1) $\sin^4\alpha + \sin^2\alpha\cos^2\alpha + \cos^2\alpha$； (2) $\cos\alpha \cdot \tan\alpha$.

2. 求证：

(1) $\tan^2\alpha - \sin^2\alpha = \tan^2\alpha\sin^2\alpha$；

(2) $\sin^2\alpha\sec^2\alpha + \tan^2\alpha\cos^2\alpha + \cot^2\alpha\sin^2\alpha = \sec^2\alpha$.

习题2-3

A　组

1. 化简：

(1) $1-\sin^2\alpha-\cos^2\alpha$；

(2) $\sec^2\beta-\tan^2\beta-\sin^2\beta$；

(3) $\dfrac{\sin\alpha\cdot\cos\beta}{\cos\alpha\cdot\sin\beta}$；

(4) $\dfrac{1}{\csc^2\dfrac{\alpha}{2}}+\dfrac{1}{\sec^2\dfrac{\alpha}{2}}$；

(5) $\sin\alpha\cos\alpha(\tan\alpha+\cot\alpha)$；

(6) $\csc^2\alpha-\cot^2\alpha-1$；

(7) $\dfrac{2\cos^2\alpha-1}{1-2\sin^2\alpha}$；

(8) $\dfrac{1}{1+\sin\theta}+\dfrac{1}{1-\sin\theta}$；

(9) $\dfrac{1-\cos^2\alpha}{\cos\alpha}\cdot\cot\alpha$；

(10) $\tan^3\alpha\cdot\cot^2\alpha\cdot\dfrac{\csc\alpha}{\sec\alpha}$.

2. 根据下列条件，求角 α 的其他三角函数值：

(1) 已知 $\sin\alpha=-\dfrac{\sqrt{3}}{2}$，$\dfrac{3\pi}{2}<\alpha<2\pi$；

(2) $\tan\alpha=-\dfrac{3}{4}$，且 α 是第二象限的角.

3. 证明下列恒等式：

(1) $(1-\sin^2\theta)(\sec^2\theta-1)=\sin^2\theta(\csc^2\theta-\cot^2\theta)$；

(2) $\sin^4\alpha-\cos^4\alpha=2\sin^2\alpha-1$；

(3) $\dfrac{\sin x}{1-\cos x}=\dfrac{1+\cos x}{\sin x}$；

(4) $\dfrac{\sin\alpha+\tan\alpha}{\cot\alpha+\csc\alpha}=\sin\alpha\cdot\tan\alpha$.

4. 已知 $\tan\alpha=2$，求 $\sin\alpha\cdot\cos\alpha$ 的值.

5. 已知 $\sin x-\cos x=\dfrac{1}{2}$，求 $(\sin x+\cos x)^2$ 的值.

B　组

1. 化简：

(1) $\cot^2\alpha(\tan^2\alpha-\sin^2\alpha)$；

(2) $\dfrac{1-\cos^2\alpha}{1-\sin^2\alpha}+\cos\alpha\sec\alpha$；

(3) $\sec^2\alpha+\dfrac{\sin^2\alpha}{1+\tan^2\alpha}-\dfrac{\cos^2\alpha}{1+\cot^2\alpha}-\tan^2\alpha$；

(4) $\sqrt{\csc^2x-1}\cdot\sec x\cdot\sqrt{1-\cos^2x}$ $(180^\circ<x<270^\circ)$.

2. 已知 $\sec\alpha=-\dfrac{5}{4}$，$\pi<\alpha<\dfrac{3\pi}{2}$，求角 α 的其他三角函数值.

3. (1) 已知 $\cos\alpha=\frac{4}{5}$，求 $\sec^2\alpha+\csc^2\alpha$；

(2) 已知 $\tan\theta=-3$，求 $\sin^2\theta-2\cos^2\theta$.

4. 证明下列恒等式：

(1) $\sin^2\theta\cdot\cos^2\theta=\frac{1}{\sec^2\theta+\csc^2\theta}$；

(2) $\frac{1-2\cos^2\alpha}{\sin\alpha\cdot\cos\alpha}=\tan\alpha-\cot\alpha$；

(3) $\frac{\sin^2 x}{\sec^2 x-1}+\frac{\cos^2 x}{\csc^2 x-1}=1$；

(4) $\frac{1+\sin x}{1-\sin x}=(\tan x+\sec x)^2$；

(5) $\frac{\tan\alpha+\tan\beta}{\cot\alpha+\cot\beta}=\tan\alpha\cdot\tan\beta$；

(6) $\frac{1+2\sin x\cos x}{\cos^2 x-\sin^2 x}=\frac{1+\tan x}{1-\tan x}$.

§ 2-4 诱导公式

本节将学习如何把任意角的三角函数值化为锐角的三角函数值，以及如何利用计算器求任意角的三角函数值.

一、单位圆

在直角坐标系中，以原点为圆心、1 个单位长度为半径的圆称为**单位圆**.

如图 2-11 所示，设 $M(x,y)$ 是任意角 α 的终边 OP 与单位圆的交点，由任意角的三角函数的定义，可得

$$\sin\alpha=\frac{y}{r}=\frac{y}{1}=y,$$

$$\cos\alpha=\frac{x}{r}=\frac{x}{1}=x.$$

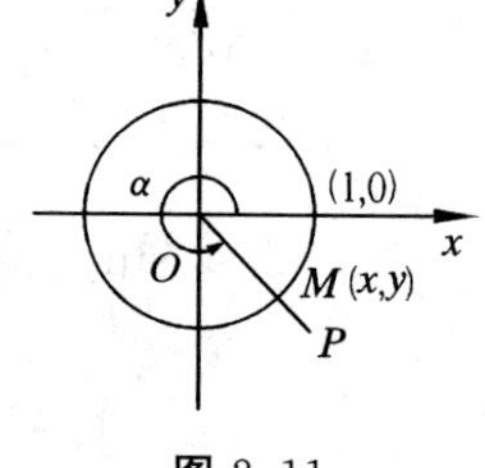

图 2-11

练习 1

1. 当角 α 由 $-\pi$ 逐渐增大到 π 时，试利用单位圆讨论 $\sin\alpha$ 和 $\cos\alpha$ 值的增减情况，并将结果填入下表（箭头↗表示逐渐增加，↘表示逐渐减少）：

α	$-\pi$	↗	$-\frac{\pi}{2}$	↗	0	↗	$\frac{\pi}{2}$	↗	π
$\sin\alpha$									
$\cos\alpha$									

2. 由上述讨论，可得出 $\sin\alpha$ 和 $\cos\alpha$ 的值域是怎样的集合？

二、诱导公式

1. 角 $k\cdot 2\pi+\alpha(k\in\mathbf{Z})$ 与 α 的三角函数值之间的关系

因为 $k\cdot 2\pi+\alpha$ 与角 α 的终边相同，根据任意角的三角函数的定义，它们的三角函数值相等，即当 k 为整数时，有

$$\begin{aligned}&\sin(2k\pi+\alpha)=\sin\alpha;\\&\cos(2k\pi+\alpha)=\cos\alpha;\\&\tan(2k\pi+\alpha)=\tan\alpha;\\&\cot(2k\pi+\alpha)=\cot\alpha.\end{aligned}\tag{2-7}$$

例 1　求下列三角函数的值：

(1) $\sin780^\circ$；　(2) $\cos(-330^\circ)$；　(3) $\tan\left(-\frac{15}{4}\pi\right)$.

解　(1) $\sin780^\circ=\sin(2\times360^\circ+60^\circ)=\sin60^\circ=\frac{\sqrt{3}}{2}$；

(2) $\cos(-330^\circ)=\cos(-360^\circ+30^\circ)=\cos30^\circ=\frac{\sqrt{3}}{2}$；

(3) $\tan\left(-\frac{15}{4}\pi\right)=\tan\left(-4\pi+\frac{\pi}{4}\right)=\tan\frac{\pi}{4}=1$.

2. 角 $-\alpha$ 与 α 的三角函数值之间的关系

如图 2-12 所示，设 α 为一任意角，它的终边与单位圆相交于点 $M(x,y)$，角 $-\alpha$ 的终边与单位圆相交于点 M_1，由图可知，不论角 α 的终边落在哪个象限内，点 M 和点 M_1 都关于 x 轴对称.所以点 M_1 的坐标是 $(x,-y)$.

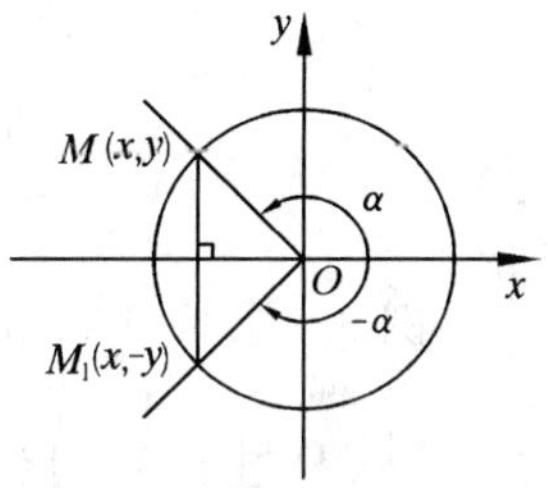

图 2-12

根据正弦、余弦在单位圆上的表示法，可得

$\sin(-\alpha)=-y=-\sin\alpha$，$\cos(-\alpha)=x=\cos\alpha$.

于是　$\tan(-\alpha)=\frac{\sin(-\alpha)}{\cos(-\alpha)}=\frac{-\sin\alpha}{\cos\alpha}=-\tan\alpha$，

$$\cot(-\alpha)=\frac{\cos(-\alpha)}{\sin(-\alpha)}=\frac{\cos\alpha}{-\sin\alpha}=-\cot\alpha.$$

这样，得到 $-\alpha$ 与 α 的三角函数关系式：

$$\begin{aligned}&\sin(-\alpha)=-\sin\alpha;\\&\cos(-\alpha)=\cos\alpha;\\&\tan(-\alpha)=-\tan\alpha;\\&\cot(-\alpha)=-\cot\alpha.\end{aligned}\tag{2-8}$$

由公式(2-8)还可得到，余弦函数是偶函数，而正弦、正切与余切函数是奇函数.

例 2　求下列三角函数值：

(1) $\sin\left(-\frac{\pi}{3}\right)$；　　(2) $\cos\left(-\frac{7}{3}\pi\right)$；

(3) $\tan(-780^\circ)$；　　(4) $\cot(-420^\circ)$.

解 (1) $\sin\left(-\frac{\pi}{3}\right)=-\sin\frac{\pi}{3}=-\frac{\sqrt{3}}{2}$；

(2) $\cos\left(-\frac{7}{3}\pi\right)=\cos\frac{7}{3}\pi=\cos\left(2\pi+\frac{\pi}{3}\right)=\cos\frac{\pi}{3}=\frac{1}{2}$；

(3) $\tan(-780^\circ)=-\tan780^\circ=-\tan(2\times360^\circ+60^\circ)=-\tan60^\circ=-\sqrt{3}$；

(4) $\cot(-420^\circ)=-\cot420^\circ=-\cot(360^\circ+60^\circ)$

$$=-\cot60^\circ=-\frac{\sqrt{3}}{3}.$$

3. 角 $\pi+\alpha$ 与 α 的三角函数值之间的关系

如图 2-13 所示，设 α 为一任意角，它的终边与单位圆相交于点 $M(x,y)$，角 $\pi+\alpha$ 的终边与单位圆相交于点 M_1，容易看出，点 M 与 M_1 关于原点对称，所以点 M_1 的坐标是$(-x,-y)$.

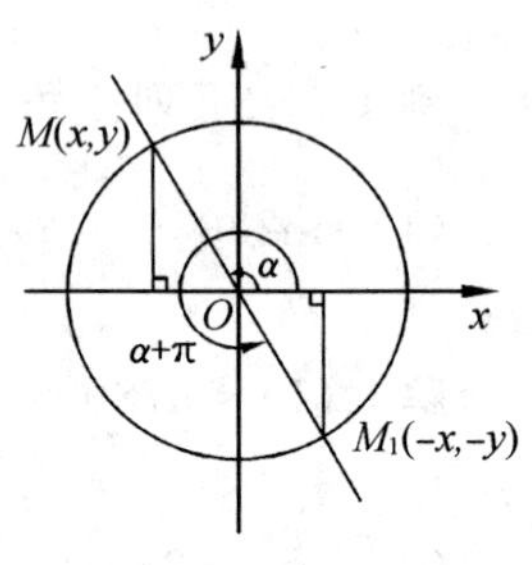

图 2-13

根据正弦、余弦在单位圆上的表示，可得

$$\sin(\pi+\alpha)=-y=-\sin\alpha,$$
$$\cos(\pi+\alpha)=-x=-\cos\alpha.$$

于是
$$\tan(\pi+\alpha)=\tan\alpha,$$
$$\cot(\pi+\alpha)=\cot\alpha.$$

这样，得到 $\pi+\alpha$ 与 α 的三角函数关系式：

$$\begin{aligned}&\sin(\pi+\alpha)=-\sin\alpha;\\&\cos(\pi+\alpha)=-\cos\alpha;\\&\tan(\pi+\alpha)=\tan\alpha;\\&\cot(\pi+\alpha)=\cot\alpha.\end{aligned}\qquad(2\text{-}9)$$

例 3 求下列三角函数值：

(1) $\cos\left(-\frac{10}{3}\pi\right)$； (2) $\tan(-210^\circ)$.

解 (1) $\cos\left(-\frac{10}{3}\pi\right)=\cos\frac{10}{3}\pi=\cos\left(\frac{4}{3}\pi+2\pi\right)=\cos\frac{4}{3}\pi$

$$=\cos\left(\pi+\frac{\pi}{3}\right)=-\cos\frac{\pi}{3}=-\frac{1}{2};$$

(2) $\tan(-210^\circ)=-\tan210^\circ=-\tan(180^\circ+30^\circ)=-\tan30^\circ=-\frac{\sqrt{3}}{3}$.

例 4 化简 $\frac{\sin(180^\circ+\alpha)\cdot\cos(360^\circ+\alpha)}{\cot(-\alpha-180^\circ)\cdot\sin(-180^\circ-\alpha)}$.

解 原式$=\frac{(-\sin\alpha)\cdot\cos\alpha}{-\cot(180^\circ+\alpha)\cdot[-\sin(180^\circ+\alpha)]}=\frac{-\sin\alpha\cdot\cos\alpha}{-\cot\alpha\cdot\sin\alpha}=\frac{\cos\alpha}{\cot\alpha}=\sin\alpha$.

练习 2

1. 求下列三角函数值：

(1) $\sin\left(-\frac{7\pi}{6}\right)$； (2) $\cos(-420^\circ)$； (3) $\tan(-945^\circ)$； (4) $\cot\left(-\frac{4}{3}\pi\right)$.

2. 化简：

(1) $\sin(-\alpha)\cdot\cos(2\pi+\alpha)\cdot\tan(-\alpha-\pi)$；

(2) $\dfrac{\cos(180^\circ+\alpha)\cdot\sin(\alpha+360^\circ)}{\sin(-\alpha-180^\circ)\cdot\cos(-180^\circ-\alpha)}$.

4. 角 $\pi-\alpha$，$2\pi-\alpha$ 与 α 的三角函数值之间的关系

因为 $\pi-\alpha=\pi+(-\alpha)$，所以利用公式(2-9)和(2-8)可推得 $\pi-\alpha$ 与 α 的三角函数关系式：

$$\begin{aligned}&\sin(\pi-\alpha)=\sin\alpha;\\&\cos(\pi-\alpha)=-\cos\alpha;\\&\tan(\pi-\alpha)=-\tan\alpha;\\&\cot(\pi-\alpha)=-\cot\alpha.\end{aligned}\qquad(2\text{-}10)$$

由于 $2\pi-\alpha$ 与 $-\alpha$ 角的终边相同，由公式(2-8)可得 $2\pi-\alpha$ 与 α 的三角函数关系式：

$$\begin{aligned}&\sin(2\pi-\alpha)=-\sin\alpha;\\&\cos(2\pi-\alpha)=\cos\alpha;\\&\tan(2\pi-\alpha)=-\tan\alpha;\\&\cot(2\pi-\alpha)=-\cot\alpha.\end{aligned}\qquad(2\text{-}11)$$

例 5 求下列三角函数值：

(1) $\cos(-150^\circ)$； (2) $\tan\dfrac{3}{4}\pi$； (3) $\sin\dfrac{11}{6}\pi$； (4) $\cot315^\circ$.

解 (1) $\cos(-150^\circ)=\cos150^\circ=\cos(180^\circ-30^\circ)=-\cos30^\circ=-\dfrac{\sqrt{3}}{2}$；

(2) $\tan\dfrac{3}{4}\pi=\tan\left(\pi-\dfrac{\pi}{4}\right)=-\tan\dfrac{\pi}{4}=-1$；

(3) $\sin\dfrac{11}{6}\pi=\sin\left(2\pi-\dfrac{\pi}{6}\right)=-\sin\dfrac{\pi}{6}=-\dfrac{1}{2}$；

(4) $\cot315^\circ=\cot(360^\circ-45^\circ)=-\cot45^\circ=-1$.

练习 3

1. 求下列三角函数值：

(1) $\sin315^\circ$； (2) $\cos\left(-\dfrac{26}{3}\pi\right)$.

2. 化简：

(1) $\dfrac{\cos(\alpha-\pi)}{\sin(\pi-\alpha)}\cdot\sin(2\pi-\alpha)\cdot\cos(2\pi-\alpha)$；

(2) $\dfrac{\sin(\alpha-2\pi)\cdot\cos(\pi-\alpha)\cdot\tan(\alpha-\pi)}{\sin(3\pi+\alpha)\cdot\sin(2\pi-\alpha)}$.

我们把公式(2-7)～(2 11)都称为**诱导公式**，其中角 α 是使公式有意义的任意角.它们的共同特点是：

(1) 公式右端三角函数前的符号与左端的角(把 α 看成锐角)所在象限的三角函数值

的符号相同；

(2) 公式左、右两端的三角函数的名称相同.

上述两个特点，可以概括为：**符号看象限，函数名不变.**

利用诱导公式求任意角的三角函数值，一般可按下面步骤进行：

任意负角的三角函数 → 任意正角的三角函数 → 0°～360°范围内角的三角函数 → 0°～90°范围内角的三角函数 → 求值

例 6 求下列三角函数值：

(1) $\sin\left(-\frac{17}{3}\pi\right)$； (2) $\cos(-1\,200°)$； (3) $\tan\left(-\frac{53}{6}\pi\right)$； (4) $\cot(-1\,665°)$.

解 (1) $\sin\left(-\frac{17}{3}\pi\right)=\sin\left(-3\times2\pi+\frac{\pi}{3}\right)=\sin\frac{\pi}{3}=\frac{\sqrt{3}}{2}$；

(2) $\cos(-1\,200°)=\cos1\,200°=\cos(3\times360°+120°)=\cos120°$

$$=\cos(180°-60°)=-\cos60°=-\frac{1}{2};$$

(3) $\tan\left(-\frac{53}{6}\pi\right)=-\tan\frac{53}{6}\pi=-\tan\left(8\times\pi+\frac{5}{6}\pi\right)=-\tan\frac{5}{6}\pi=-\tan\left(\pi-\frac{\pi}{6}\right)$

$$=\tan\frac{\pi}{6}=\frac{\sqrt{3}}{3};$$

(4) $\cot(-1\,665°)=-\cot1\,665°=-\cot(9\times180°+45°)=-\cot45°=-1$.

例 7 求证：$\frac{\sin(2\pi-\alpha)\cdot\tan(\pi+\alpha)\cdot\cot(-\alpha-\pi)}{\cos(\pi-\alpha)\tan(3\pi-\alpha)}=1$.

证明 左边$=\frac{(-\sin\alpha)\cdot\tan\alpha\cdot[-\cot(\pi+\alpha)]}{(-\cos\alpha)\cdot\tan[2\pi+(\pi-\alpha)]}=\frac{(-\sin\alpha)\cdot\tan\alpha\cdot(-\cot\alpha)}{(-\cos\alpha)\cdot(-\tan\alpha)}$

$=\tan\alpha\cdot\cot\alpha=1=$右边.

需要说明的是，若纯粹是计算任意角的三角函数值，特别是求非特殊角的三角函数值，可利用计算器，其操作步骤为：

先用"DRG"键把角的度量制调到相应的状态，然后键入角(角度或弧度)，再按相应的三角函数键.

例 8 利用科学计算器，求下列三角函数值(结果保留 4 位有效数字)：

(1) $\sin\left(-\frac{5\pi}{7}\right)$； (2) $\cos680°32'$； (3) $\tan227.6°$； (4) $\cot2.3\cdot\sin2$.

解 解答过程列于下表：

题序	状态	按键顺序	显示	结果
1	RAD	5 [÷] 7 [×] [2ndF] [π] [=] [+/−] [sin]	−0.781 831 482	$\sin\left(-\frac{5\pi}{7}\right)\approx-0.781\,8$
2	DEG	680.53 [→DEG] [cos]	0.771 994 508	$\cos680°32'\approx0.772\,0$

续表

题序	状态	按键顺序	显示	结果
3	DEG	227.6 [tan]	1.095 139 739	tan227.6°≈1.095
4	RAD	2.3 [cos] [÷] 2.3 [sin] [×] 2 [sin] [=]	−0.812 443 123	cot2.3 · sin2≈−0.812 4

练习 4

1. 利用计算器求下列三角函数值(结果保留 4 位有效数字):

(1) $\sin75°52'$; (2) $\cos(-326°)$; (3) $\tan\left(-\frac{\pi}{7}\right)$; (4) $\sin(-5)$.

2. 计算: $\frac{\sin(-60°)\cdot\cos330°}{\tan135°\cdot\cot(-210°)}$.

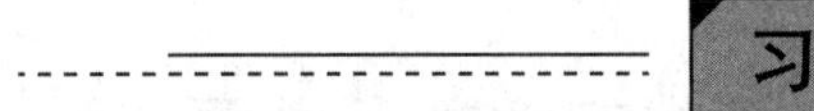

习题 2-4

A 组

1. 求下列三角函数值:

(1) $\sin(-810°)$; (2) $\cos\left(-\frac{9}{2}\pi\right)$; (3) $\tan\left(-\frac{11}{3}\pi\right)$; (4) $\cot\left(-\frac{7}{6}\pi\right)$.

2. 化简下列各式:

(1) $\frac{\sin(180°+\alpha)\cdot\cos(360°+\alpha)}{\cot(\alpha-180°)\cdot\sin(-\alpha-360°)}$;

(2) $\frac{\cos(\alpha-\pi)\cdot\tan(\alpha-2\pi)}{\sin(\pi-\alpha)\cdot\cot(2\pi-\alpha)}$;

(3) $\frac{\tan(360°-\alpha)\cdot\sin(\alpha-540°)}{\sin(720°+\alpha)\cdot\tan(-\alpha-\pi)}$;

(4) $1+\sin(\alpha-2\pi)\cdot\sin(\pi+\alpha)-\tan(\pi-\alpha)\cdot\cot(\alpha-\pi)-\cos^2(-\alpha)$.

3. 计算下列各式:

(1) $2\sin120°\tan300°$;

(2) $3\cos240°-2\tan240°$;

(3) $2\sin\frac{9\pi}{4}+\cos\left(-\frac{23\pi}{6}\right)-\tan\left(-\frac{2\pi}{3}\right)$;

(4) $8\sin\frac{\pi}{6}\cdot\cos\frac{\pi}{3}\cdot\tan\frac{4\pi}{3}\cdot\cot\frac{7\pi}{6}$;

(5) $\cot\frac{5\pi}{3}\cdot\tan\left(-\frac{11\pi}{3}\right)-2\cos\left(-\frac{17\pi}{4}\right)\cdot\sin\left(-\frac{11\pi}{4}\right)$.

B 组

1. 利用计算器,求下列三角函数值(结果保留 4 位有效数字):

(1) $\sin(-1\,574°28')$; (2) $\cos(-2)$.

2. 计算下列各式：

(1) $\dfrac{2\cos660°+\sin630°}{3\cos1\,020°+2\cos(-660°)}$；

(2) $\dfrac{\tan960°\cdot\cot(-60°)}{\tan(-1\,110°)\cot750°}$；

(3) $2\sin^2\dfrac{17}{4}\pi+\tan^2\dfrac{33}{4}\pi\cdot\cot\dfrac{3}{4}\pi$；

(4) $\log_{\sqrt{2}}\sin855°+\log_3\tan(-480°)$.

3. 证明下列恒等式：

(1) $\dfrac{\sin^2(\alpha-\pi)\cdot\cos(\pi+\alpha)\cdot\cot(\pi+\alpha)}{\tan(\pi-\alpha)\cdot\cos^3(\alpha-\pi)}=-1$；

(2) $\dfrac{\cos(\alpha-\pi)\cdot\cot(5\pi-\alpha)}{\tan(2\pi-\alpha)\cdot\sin(-2\pi-\alpha)}=\cot^3\alpha$；

(3) $\sin(-\alpha)\cdot\sin(\pi-\alpha)-\tan(-\alpha)\cdot\cot(\alpha-\pi)-2\cos^2(-\alpha)+1=\sin^2\alpha$.

§ 2-5　正弦函数、余弦函数的图象和性质

一、正弦函数 $y=\sin x$ 的图象和性质

1. 图象

利用描点法作出 $y=\sin x$ 在区间$[0,2\pi]$上的图象.

自变量 x 从 0 到 2π 取一些值，求出函数 y 的对应值，并列表如下：

x	0	$\frac{\pi}{6}$	$\frac{\pi}{3}$	$\frac{\pi}{2}$	$\frac{2\pi}{3}$	$\frac{5\pi}{6}$	π	$\frac{7\pi}{6}$	$\frac{4\pi}{3}$	$\frac{3\pi}{2}$	$\frac{5\pi}{3}$	$\frac{11\pi}{6}$	2π
y	0	0.5	0.87	1	0.87	0.5	0	-0.5	-0.87	-1	-0.87	-0.5	0

把表内 x,y 的每一组对应值作为点的坐标，在直角坐标系内作出对应的点，然后用光滑曲线把这些点连接起来，就得到 $y=\sin x$，$x\in[0,2\pi]$ 的图象(图 2-14).

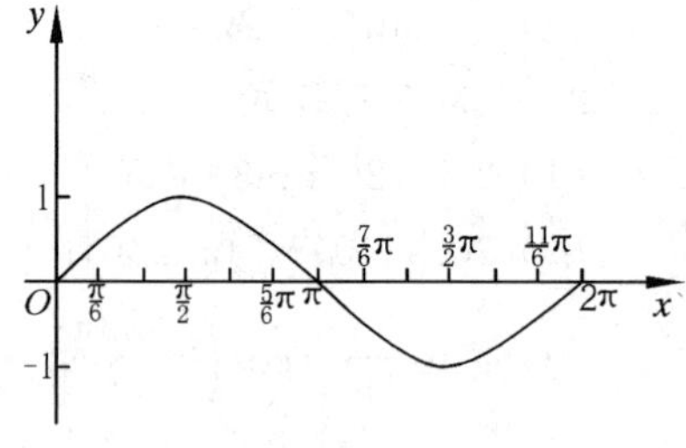

图 2-14

因为终边相同的角的三角函数值相等，即 $\sin(2k\pi+x)=\sin x$，$k\in\mathbf{Z}$，所以把 $y=\sin x$ 在区间$[0,2\pi]$上的图象分别向左、向右平移 $2\pi,4\pi,6\pi,\cdots$ 就得到 $y=\sin x$，$x\in\mathbf{R}$ 的图象(图 2-15).

正弦函数 $y=\sin x$，$x\in\mathbf{R}$ 的图象称为**正弦曲线**.

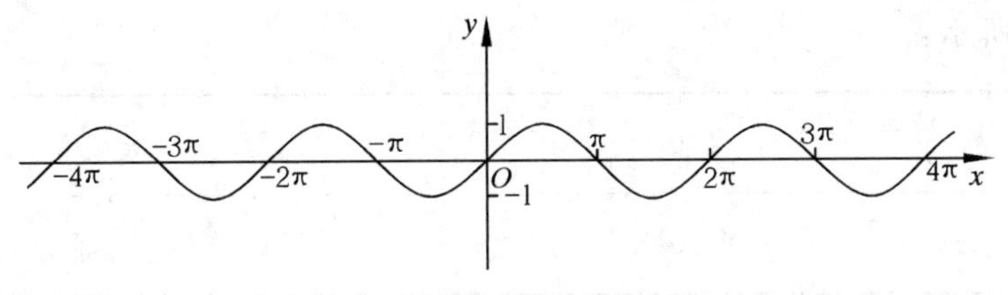

图 2-15

由图 2-15 可以看出，函数 $y=\sin x$ 在 $[0,2\pi]$ 上的图象有下面五个关键点，它们是：

$(0,0)$，$\left(\frac{\pi}{2},1\right)$，$(\pi,0)$，$\left(\frac{3\pi}{2},-1\right)$，$(2\pi,0)$.

在精度要求不高时，可以采用"**五点法**"作图，即先作出五个关键点，然后依次连结成光滑的曲线，就是函数 $y=\sin x$ 在 $[0,2\pi]$ 上的图象.

例 1　用"五点法"作出函数 $y=1-\sin x$ 在 $[0,2\pi]$ 上的图象.

解　列表：

x	0	$\frac{\pi}{2}$	π	$\frac{3\pi}{2}$	2π
$y=\sin x$	0	1	0	-1	0
$y=1-\sin x$	1	0	1	2	1

描点作图(图 2-16).

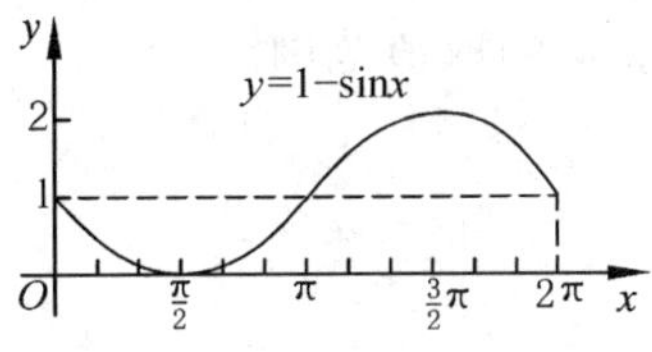

图 2-16

2. 主要性质

(1) **周期性**：由诱导公式 $\sin(x+2k\pi)=\sin x\ (k=\mathbf{Z})$ 可知，正弦函数的值是按照一定的规律不断重复出现的，这是正弦函数的一个重要性质，称为周期性.

一般地，对于函数 $y=f(x)$，如果存在一个不为零的常数 T，使得当 x 取定义域 D 内的任一个值时，都有 $x+T\in D$，并且

$$f(x+T)=f(x)$$

成立，那么就把函数 $y=f(x)$ 称为**周期函数**，常数 T 称为这个函数的**周期**.因此，对于正弦函数 $y=\sin x$，$x\in\mathbf{R}$ 来说，2π，4π，…，-2π，-4π，…都是它的周期，而 2π 是这个函数的最小正周期.

今后我们研究函数的周期，一般都是指**最小正周期**.因此，正弦函数 $y=\sin x$ 的周期是 2π.

(2) **奇偶性**：正弦曲线是关于原点对称的，所以 $y=\sin x$ 是奇函数.

(3) **单调性**：由正弦曲线(图 2-15)可以看出，函数在 $\left[-\frac{\pi}{2},\frac{3\pi}{2}\right]$ 的一个周期内的变

化情况如下表所示：

x	$-\frac{\pi}{2}$	↗	0	↗	$\frac{\pi}{2}$	↗	π	↗	$\frac{3\pi}{2}$
$\sin x$	-1	↗	0	↗	1	↘	0	↘	-1

根据正弦函数的周期性可知，$y=\sin x$ 在区间$\left[-\frac{\pi}{2}+2k\pi,\frac{\pi}{2}+2k\pi\right]$上单调递增，在区间$\left[\frac{\pi}{2}+2k\pi,\frac{3\pi}{2}+2k\pi\right]$上单调递减，其中 $k\in\mathbf{Z}$.

(4) **有界性**：一般地，对于函数 $y=f(x)$，如果存在一个正数 M，使得对于函数定义域中所有 x 的值都有$|f(x)|\leqslant M$，那么称 $y=f(x)$是**有界**的.反之，称为**无界**的.

因为$|\sin x|\leqslant 1$，所以函数 $y=\sin x$ 是有界的.

当 $x=\frac{\pi}{2}+2k\pi(k\in\mathbf{Z})$时，$y_{\max}=1$；当 $x=-\frac{\pi}{2}+2k\pi(k\in\mathbf{Z})$时，$y_{\min}=-1$.

例 2 x 取何值时，函数 $y=5\sin x+2$ 取得最大值和最小值？最大值和最小值各是多少？

解 当 $x=2k\pi+\frac{\pi}{2}(k\in\mathbf{Z})$时，$\sin x$ 取得最大值 1，从而有 $y_{\max}=5\times1+2=7$；

当 $x=2k\pi-\frac{\pi}{2}(k\in\mathbf{Z})$时，$\sin x$ 取得最小值-1，从而有 $y_{\min}=5\times(-1)+2=-3$.

例 3 已知 $2\sin x=4-a$，求 a 的取值范围.

解 因为$|\sin x|\leqslant 1$，所以

$$\left|\frac{4-a}{2}\right|\leqslant 1.$$

解不等式，得 $2\leqslant a\leqslant 6$.

即 a 的取值范围是$[2,6]$.

例 4 不通过求值，比较 $\sin\left(-\frac{\pi}{18}\right)$与 $\sin\left(-\frac{\pi}{10}\right)$的大小.

解 因为$-\frac{\pi}{2}<-\frac{\pi}{10}<-\frac{\pi}{18}<\frac{\pi}{2}$，且 $y=\sin x$ 在$\left[-\frac{\pi}{2},\frac{\pi}{2}\right]$上是单调递增的，所以

$$\sin\left(-\frac{\pi}{18}\right)>\sin\left(-\frac{\pi}{10}\right).$$

例 5 求函数 $f(x)=\sin 2x$ 的周期.

解 问题是要找到一个最小正数 T，对于 x 的一切值能使

$$\sin 2(x+T)=\sin 2x$$

成立.因为正弦函数的周期是 2π，于是有

$$f(x)=\sin 2x=\sin(2x+2\pi)=\sin[2(x+\pi)]=f(x+\pi).$$

所以，当自变量由 x 增加到 $x+\pi$ 时，函数值重复出现.因此，$y=\sin 2x$ 的周期是 π.

可以证明，函数 $y=A\sin(\omega x+\varphi)$或 $y=A\cos(\omega x+\varphi)$(其中 A,ω,φ 为常数，且 $A\neq 0,\omega\neq 0,x\in\mathbf{R}$)的周期是

$$T=\frac{2\pi}{|\omega|}.$$

这说明，影响三角函数周期的要素是自变量 x 的系数，如例 5 中函数 $f(x)=\sin 2x$ 的周期 $T=\frac{2\pi}{2}=\pi$.

练习 1

1. x 取何值时，函数 $y=1-2\sin x$ 取得最大值和最小值？最大值和最小值各是多少？

2. 不通过求值，比较 $\sin\left(-\frac{3}{5}\pi\right)$ 与 $\sin\left(-\frac{4}{7}\pi\right)$ 的大小.

二、余弦函数 $y=\cos x$ 的图象和性质

1. 图象

用描点法先作出 $y=\cos x$ 在区间$[0,2\pi]$上的图象.

列表：

x	0	$\frac{\pi}{6}$	$\frac{\pi}{3}$	$\frac{\pi}{2}$	$\frac{2\pi}{3}$	$\frac{5\pi}{6}$	π	$\frac{7\pi}{6}$	$\frac{4\pi}{3}$	$\frac{3\pi}{2}$	$\frac{5\pi}{3}$	$\frac{11\pi}{6}$	2π
y	1	0.87	0.5	0	-0.5	-0.87	-1	-0.87	-0.5	0	0.5	0.87	1

描点作图，得函数 $y=\cos x, x\in[0,2\pi]$的图象(图 2-17).

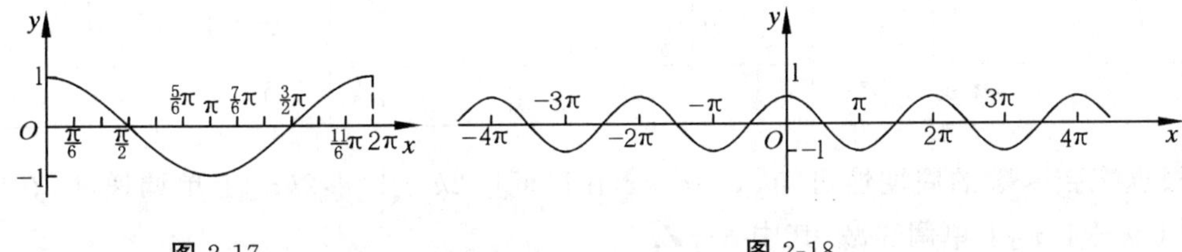

图 2-17　　图 2-18

与正弦函数类似，因为 $\cos(2k\pi+x)=\cos x\ (k\in\mathbf{Z})$，从而可以把 $y=\cos x$ 在区间$[0,2\pi]$上的图象分别向左、向右平移 $2\pi, 4\pi, 6\pi, \cdots$ 就可得到 $y=\cos x, x\in\mathbf{R}$ 的图象(图 2-18).

余弦函数 $y=\cos x, x\in\mathbf{R}$ 的图象称为**余弦曲线**.

余弦函数在$[0,2\pi]$上的图象也可采用“五点法”作出，即先作出五个关键的点$(0,1)$，$\left(\frac{\pi}{2},0\right)$，$(\pi,-1)$，$\left(\frac{3\pi}{2},0\right)$，$(2\pi,1)$，再依次连结成光滑的曲线.

例 6　用“五点法”作出函数 $y=-\cos x$ 在$[0,2\pi]$上的图象.

解 列表：

x	0	$\frac{\pi}{2}$	π	$\frac{3\pi}{2}$	2π
$y=\cos x$	1	0	-1	0	1
$y=-\cos x$	-1	0	1	0	-1

描点作图(图 2-19).

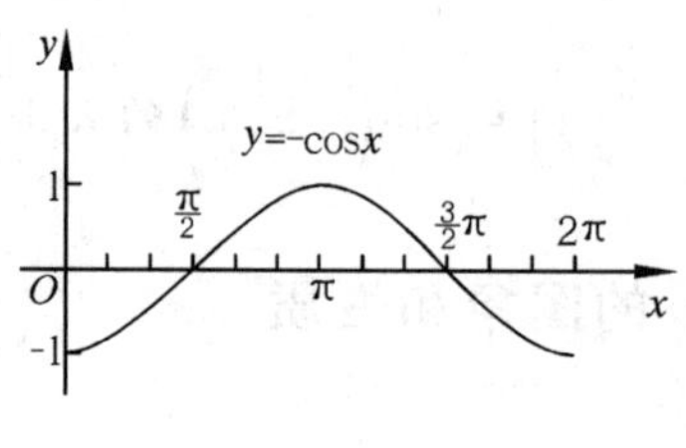

图 2-19

2. 主要性质

(1) **周期性**：由 $\cos(x+2k\pi)=\cos x$ 表明，余弦函数是周期函数，且它的最小正周期是 2π.因此，余弦函数的周期是 2π.

(2) **奇偶性**：余弦曲线是关于 y 轴对称的，所以 $y=\cos x$ 是偶函数.

(3) **单调性**：由余弦曲线(图 2-18)可以看出，函数在$[-\pi,\pi]$的一个周期内的变化情况如下表所示：

x	$-\pi$	↗	$-\frac{\pi}{2}$	↗	0	↗	$\frac{\pi}{2}$	↗	π
$\cos x$	-1	↗	0	↗	1	↘	0	↘	-1

根据余弦函数的周期性可知，$y=\cos x$ 在区间$[(2k-1)\pi,2k\pi]$上单调递增，在区间$[2k\pi,(2k+1)\pi]$上单调递减，其中 $k\in\mathbf{Z}$.

(4) **有界性**：因为$|\cos x|\leqslant 1$，所以函数 $y=\cos x$ 也是有界的.

当 $x=2k\pi(k\in\mathbf{Z})$时，$y_{\max}=1$；当 $x=(2k+1)\pi(k\in\mathbf{Z})$时，$y_{\min}=-1$.

例 7 x 取何值时，$y=3-\frac{1}{2}\cos x$ 分别取得最大值和最小值？最大值和最小值各是多少？

解 当 $x=2k\pi+\pi(k\in\mathbf{Z})$时，$\cos x$ 取得最小值-1，从而 $y_{\max}=3-\frac{1}{2}\times(-1)=\frac{7}{2}$；当 $x=2k\pi(k\in\mathbf{Z})$时，$\cos x$ 取得最大值 1，从而 $y_{\min}=3-\frac{1}{2}\times 1=\frac{5}{2}$.

例 8 不通过求值，比较 $\cos\left(-\frac{23}{5}\pi\right)$ 与 $\cos\left(-\frac{17}{4}\pi\right)$ 的大小.

解 $\cos\left(-\frac{23}{5}\pi\right)=\cos\frac{23}{5}\pi=\cos\frac{3}{5}\pi$，$\cos\left(-\frac{17}{4}\pi\right)=\cos\frac{17}{4}\pi=\cos\frac{1}{4}\pi$.

因为 $0<\frac{\pi}{4}<\frac{3\pi}{5}<\pi$，且 $y=\cos x$ 在 $[0,\pi]$ 上是单调递减的，所以 $\cos\frac{3}{5}\pi<\cos\frac{1}{4}\pi$，即

$$\cos\left(-\frac{23}{5}\pi\right)<\cos\left(-\frac{17}{4}\pi\right).$$

例 9　化简：$\sqrt{\frac{1-\cos x}{1+\cos x}}-\sqrt{\frac{1+\cos x}{1-\cos x}}\left(\pi<x<\frac{3\pi}{2}\right)$.

解　$\sqrt{\frac{1-\cos x}{1+\cos x}}-\sqrt{\frac{1+\cos x}{1-\cos x}}=\sqrt{\frac{(1-\cos x)^2}{\sin^2 x}}-\sqrt{\frac{(1+\cos x)^2}{\sin^2 x}}=\frac{1-\cos x}{|\sin x|}-\frac{1+\cos x}{|\sin x|}$.

因为 $\pi<x<\frac{3\pi}{2}$，所以 $\sin x<0$，

所以原式 $=-\frac{1-\cos x}{\sin x}+\frac{1+\cos x}{\sin x}=2\frac{\cos x}{\sin x}=2\cot x$.

练习 2

1. x 取何值时，$y=3\cos x-1$ 分别取得最大值和最小值？最大值和最小值各是多少？

2. 不通过求值，比较 $\cos\frac{15}{8}\pi$ 与 $\cos\frac{14}{9}\pi$ 的大小.

三、正弦型函数的图象及应用

在物理学、电工学中，常会遇到形如 $y=A\sin(\omega x+\varphi)$ 的函数，其中 A,ω,φ 都是常量，例如，物体做简谐振动时，位移 s 与时间 t 有函数关系：

$$s=A\sin(\omega t+\varphi).$$

又如，正弦交流电的电流 i 与时间 t 有函数关系：

$$i=I_m\sin(\omega t+\varphi).$$

通常把形如上式的三角函数称为**正弦型函数**，它的图象称为**正弦型曲线**.下面将讨论这类函数的变化特征和简图的作法.

1. 函数 $y=A\sin x(A>0$ 且 $A\neq 1)$ 的图象

例 1　作函数 $y=2\sin x$ 及 $y=\frac{1}{2}\sin x$ 的图象.

解　函数 $y=2\sin x$ 及 $y=\frac{1}{2}\sin x$ 的周期 $T=2\pi$.先用"五点法"作出函数在一个周期内的图象.

列表：

x	0	$\frac{\pi}{2}$	π	$\frac{3\pi}{2}$	2π
$y=\sin x$	0	1	0	-1	0
$y=2\sin x$	0	2	0	-2	0
$y=\frac{1}{2}\sin x$	0	$\frac{1}{2}$	0	$-\frac{1}{2}$	0

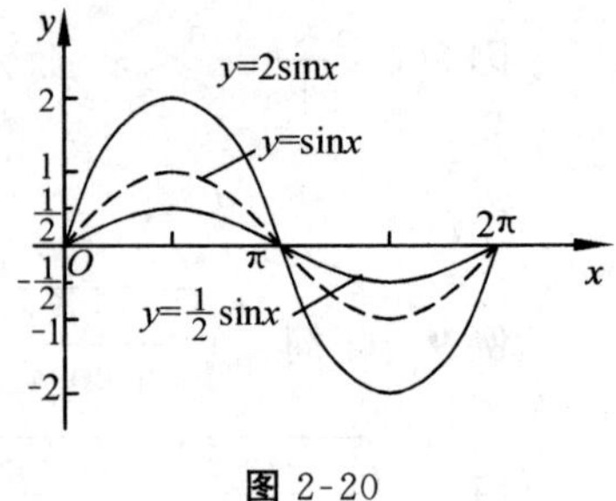

图 2-20

描点作图(图 2-20).

利用函数的周期性,把上述图象向左、向右每次平移 2π 个单位,就得到 $y=2\sin x$ 及 $y=\frac{1}{2}\sin x$ 在定义域 $(-\infty,+\infty)$ 内的图象(从略).

一般地,函数 $y=A\sin x\,(A>0$ 且 $A\neq 1)$ 的图象可以看作是把 $y=\sin x$ 的图象上所有点的纵坐标扩大(当 $A>1$ 时)或缩小(当 $0<A<1$ 时)到原来的 A 倍(横坐标不变)而得到的.正值 A 称为函数的**振幅**,它决定了函数的值域是 $[-A,A]$,最大值是 A,最小值是 $-A$.

2. 函数 $y=\sin\omega x\,(\omega>0$ 且 $\omega\neq 1)$ 的图象

例 2 作函数 $y=\sin 2x$ 及 $y=\sin\frac{1}{2}x$ 的图象.

解 函数 $y=\sin 2x$ 的周期 $T=\frac{2\pi}{2}=\pi$,先用"五点法"作出函数在一个周期 $[0,\pi]$ 内的图象.

列表:

$2x$	0	$\frac{\pi}{2}$	π	$\frac{3\pi}{2}$	2π
x	0	$\frac{\pi}{4}$	$\frac{\pi}{2}$	$\frac{3\pi}{4}$	π
$y=\sin 2x$	0	1	0	-1	0

描点作图(图 2-21).

类似地,可作 $y=\sin\frac{1}{2}x$ 在一个周期 $[0,4\pi]$ 内的函数图象.

列表:

$\frac{1}{2}x$	0	$\frac{\pi}{2}$	π	$\frac{3\pi}{2}$	2π
x	0	π	2π	3π	4π
$y=\sin\frac{1}{2}x$	0	1	0	-1	0

描点作图(图 2-21).

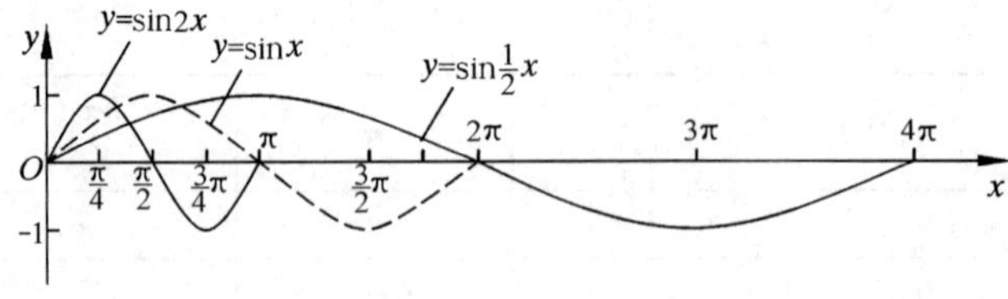

图 2-21

利用函数的周期性，把上面的图象向左、向右分别逐次平移 π 和 4π 个单位，就得到 $y=\sin 2x$ 和 $y=\sin\frac{1}{2}x$ 在 $(-\infty,+\infty)$ 内的图象（从略）.

一般地，函数 $y=\sin\omega x$（$\omega>0$ 且 $\omega\neq1$）的图象可以看作是把 $y=\sin x$ 的图象上所有点的横坐标缩小（当 $\omega>1$ 时）或扩大（当 $0<\omega<1$ 时）到原来的 $\frac{1}{\omega}$ 倍（纵坐标不变）而得到的. 常量 ω（$\omega>0$）决定了函数的周期为 $T=\frac{2\pi}{\omega}$.

3. 函数 $y=\sin(x+\varphi)$ 的图象

例 3　作函数 $y=\sin\left(x+\frac{\pi}{3}\right)$ 和 $y=\sin\left(x-\frac{\pi}{6}\right)$ 的图象.

解　函数 $y=\sin\left(x+\frac{\pi}{3}\right)$ 和 $y=\sin\left(x-\frac{\pi}{6}\right)$ 的周期 $T=2\pi$，先用“五点法”作出一个周期内的图象.

列表：

$x+\frac{\pi}{3}$	0	$\frac{\pi}{2}$	π	$\frac{3\pi}{2}$	2π
x	$-\frac{\pi}{3}$	$\frac{\pi}{6}$	$\frac{2\pi}{3}$	$\frac{7\pi}{6}$	$\frac{5\pi}{3}$
$y=\sin\left(x+\frac{\pi}{3}\right)$	0	1	0	-1	0
$x-\frac{\pi}{6}$	0	$\frac{\pi}{2}$	π	$\frac{3\pi}{2}$	2π
x	$\frac{\pi}{6}$	$\frac{2\pi}{3}$	$\frac{7\pi}{6}$	$\frac{5\pi}{3}$	$\frac{13\pi}{6}$
$y=\sin\left(x-\frac{\pi}{6}\right)$	0	1	0	-1	0

描点作图（图 2-22）.

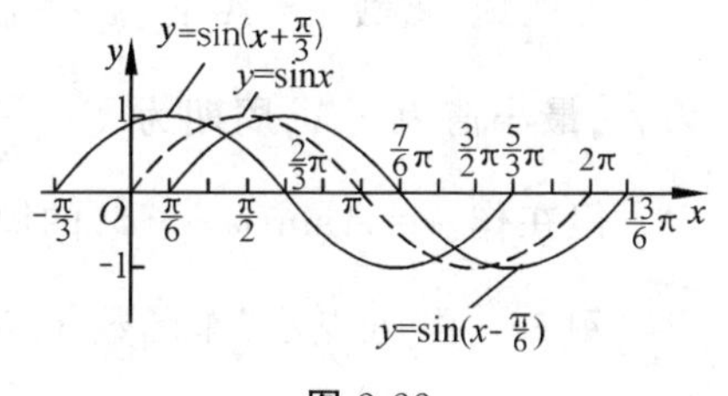

图 2-22

利用函数的周期性，把上面的图象向左、向右逐次平移 2π 个单位，就得到 $y=\sin\left(x+\frac{\pi}{3}\right)$ 及 $y=\sin\left(x-\frac{\pi}{6}\right)$ 在 $(-\infty,+\infty)$ 内的图象（从略）.

一般地，函数 $y=\sin(x+\varphi)$（$\varphi\neq0$）的图象可以看作是把 $y=\sin x$ 的图象上所有的点向左（当 $\varphi>0$ 时）或向右（当 $\varphi<0$ 时）平移 $|\varphi|$ 个单位而得到的. 常量 φ 称为函数的**初相**，它决定了图象在区间 $[-\varphi,-\varphi+2\pi]$ 上的起点是 $(-\varphi,0)$.

练习 1

用“五点法”作出下列函数在一个周期内的简图，并指出最大值、最小值和周期：

(1) $y=\frac{1}{3}\sin x$；　(2) $y=\sin\frac{1}{3}x$；　(3) $y=\sin\left(x-\frac{\pi}{8}\right)$.

4. 函数 $y=A\sin(\omega x+\varphi)(A>0,\omega>0)$ 的图象

综上所述，可知函数 $y=A\sin x$，$y=\sin\omega x$ 和 $y=\sin(x+\varphi)$ 的图象可以由正弦曲线 $y=\sin x$ 分别经过振幅、周期的变换以及起点的平移而得到. 如果把这些步骤综合起来，就能得到函数 $y=A\sin(\omega x+\varphi)$ 的图象.

例 4 作函数 $y=3\sin\left(2x-\frac{\pi}{4}\right)$ 在一个周期内的图象.

解 (1) 函数 $y=3\sin\left(2x-\frac{\pi}{4}\right)$ 的周期 $T=\frac{2\pi}{2}=\pi$. 先把 $y=\sin x$ 图象上所有点的横坐标缩小到原来的 $\frac{1}{2}$（纵坐标不变），得到 $y=\sin 2x$，$x\in[0,\pi]$ 的图象.

(2) 因为 $2x-\frac{\pi}{4}=0$ 时，$x=\frac{\pi}{8}$，所以起点为 $\left(\frac{\pi}{8},0\right)$，再把 $y=\sin 2x$ 图象上所有点向右平移 $\frac{\pi}{8}$ 个单位，得到 $y=\sin\left(2x-\frac{\pi}{4}\right)$，$x\in\left[\frac{\pi}{8},\frac{9\pi}{8}\right]$ 的图象.

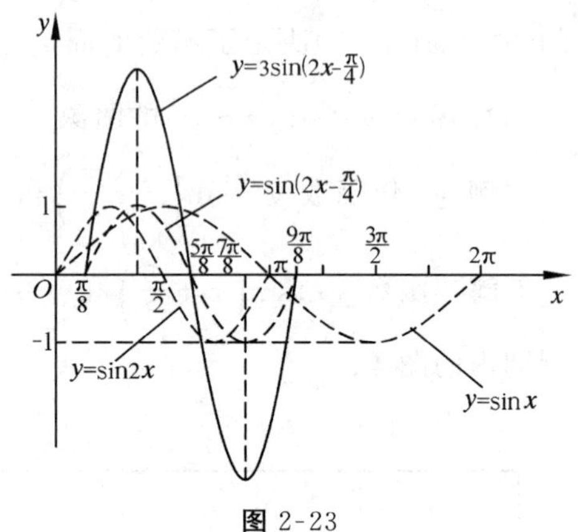

图 2-23

(3) 函数 $y=3\sin\left(2x-\frac{\pi}{4}\right)$ 的振幅为 3，再把 $y=\sin\left(2x-\frac{\pi}{4}\right)$ 图象上所有点的纵坐标扩大到原来的 3 倍（横坐标不变）. 从而得到函数 $y=3\sin\left(2x-\frac{\pi}{4}\right)$，$x\in\left[\frac{\pi}{8},\frac{9\pi}{8}\right]$ 的图象（图 2-23）.

一般地，**函数 $y=A\sin(\omega x+\varphi)(A>0,\omega>0)$ 的振幅为 A，值域为 $[-A,A]$，最大值为 A，最小值为 $-A$，周期为 $T=\frac{2\pi}{\omega}$，曲线的起点坐标为 $\left(-\frac{\varphi}{\omega},0\right)$.**

但在作 $y=A\sin(\omega x+\varphi)$ 的简图时，仍常用"五点法".

例 5 用"五点法"作函数 $y=\frac{3}{2}\sin\left(3x+\frac{\pi}{6}\right)$ 在一个周期内的简图，并指出它的周期、振幅和起点坐标.

解 列表：

$3x+\frac{\pi}{6}$	0	$\frac{\pi}{2}$	π	$\frac{3\pi}{2}$	2π
x	$-\frac{\pi}{18}$	$\frac{\pi}{9}$	$\frac{5\pi}{18}$	$\frac{4\pi}{9}$	$\frac{11\pi}{18}$
$y=\frac{3}{2}\sin\left(3x+\frac{\pi}{6}\right)$	0	$\frac{3}{2}$	0	$-\frac{3}{2}$	0

描点作图(图 2-24).

函数 $y=\frac{3}{2}\sin\left(3x+\frac{\pi}{6}\right)$ 的周期为 $T=\frac{2\pi}{3}$，振幅为 $A=\frac{3}{2}$，起点坐标为 $\left(-\frac{\pi}{18},0\right)$.

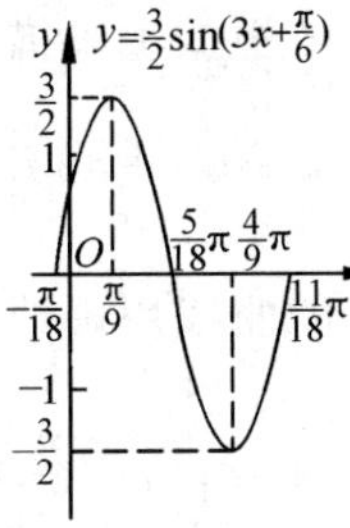

图 2-24

例 6　已知正弦交流电 i(A)在一个周期中的图象如图 2-25 所示，求 i 与 t 的函数关系式和电流的频率 f(Hz).

解　设所求函数关系式为 $i=A\sin(\omega t+\varphi)$.

由图 2-25 可知，振幅 $A=30$，周期 $T=2.25\times10^{-2}-0.25\times10^{-2}=2\times10^{-2}$.

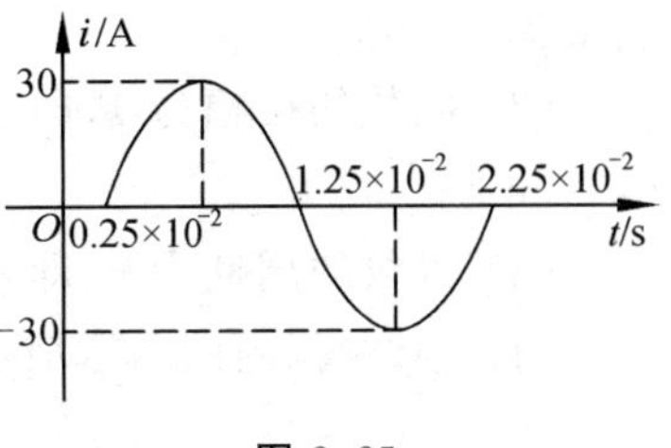

图 2-25

所以 $\omega=\frac{2\pi}{T}=\frac{2\pi}{2\times10^{-2}}=100\pi$.

又因为起点为 $(0.25\times10^{-2},0)$，所以 $-\frac{\varphi}{\omega}=0.25\times10^{-2}$，即

$\varphi=-0.25\times10^{-2}\omega=-0.25\times10^{-2}\times100\pi=-0.25\pi=-\frac{\pi}{4}$.

因此，所求函数关系式为

$$i=30\sin\left(100\pi t-\frac{\pi}{4}\right),t\in[0,+\infty)，其频率\ f=\frac{1}{T}=\frac{\omega}{2\pi}=\frac{100\pi}{2\pi}=50(\text{Hz}).$$

例 7　已知弹簧挂着的小球做上下自由振动(图 2-26)，它在时间 t(s)内，离开平衡位置的位移 s(cm)为

$$s=4\sin\left(2t+\frac{\pi}{3}\right).$$

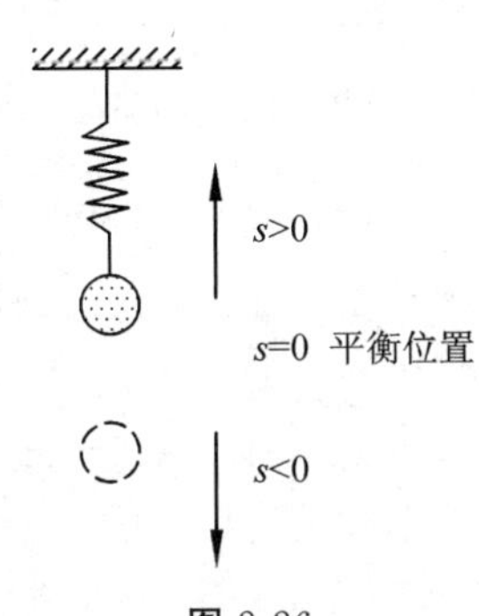

图 2-26

试作出这个函数在一个周期内的图象，并回答以下问题：

(1) 小球在开始振动($t=0$)时，离开平衡位置的位移有多大？

(2) 小球上升到最高点和下降到最低点时，离开平衡位置的位移有多大？

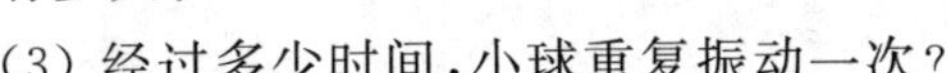

(3) 经过多少时间，小球重复振动一次？

(4) 小球每秒往复振动多少次(单位时间内物体往复振动的次数，称为振动的频率)？

解　列表：

$2t+\frac{\pi}{3}$	0	$\frac{\pi}{2}$	π	$\frac{3\pi}{2}$	2π
t	$-\frac{\pi}{6}$	$\frac{\pi}{12}$	$\frac{\pi}{3}$	$\frac{7\pi}{12}$	$\frac{5\pi}{6}$
$s=4\sin\left(2t+\frac{\pi}{3}\right)$	0	4	0	-4	0

根据上表描点作图，但由于函数的定义域是$[0,+\infty)$，曲线应从$t=0$，$s=4\sin\dfrac{\pi}{3}=2\sqrt{3}$，即点$(0,2\sqrt{3})$开始，故把区间$\left[-\dfrac{\pi}{6},0\right]$上的曲线用虚线表示，并画出区间$\left[\dfrac{5\pi}{6},\pi\right]$上的曲线，就得到函数$s=4\sin\left(2t+\dfrac{\pi}{3}\right)$在一个周期$[0,\pi]$内的图象（图 2-27）.

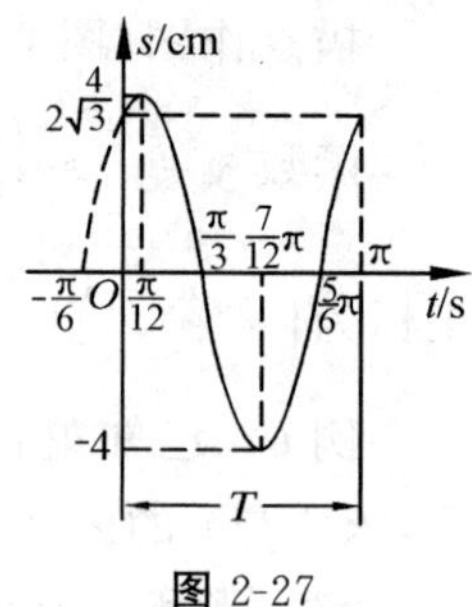

图 2-27

（1）当$t=0$，$s=2\sqrt{3}$，即小球开始振动时，离开平衡位置的位移是$2\sqrt{3}$ cm.

（2）函数的振幅为 4，即小球上升到最高点和下降到最低点时，离开平衡位置的位移是 4 cm.

（3）函数的周期为π，即每经过π s，小球重复振动一次.

（4）小球每秒往复振动的次数为

$$f=\frac{1}{T}=\frac{\omega}{2\pi}=\frac{2}{2\pi}=\frac{1}{\pi}.$$

练习 2

填空：

（1）把$y=\sin x$的图象上所有点的纵坐标缩小到原来的$\dfrac{1}{3}$（横坐标不变），可得到函数__________的图象；

（2）把$y=\sin x$的图象上所有点向左平移$\dfrac{\pi}{6}$个单位，可得到函数__________的图象；

（3）把$y=2\sin x$的图象上所有点的横坐标扩大到原来的 2 倍（纵坐标不变），可得到函数__________的图象.

A 组

1. 观察正弦曲线，回答下列问题：

（1）正弦函数的定义域和值域是什么？

（2）正弦函数的周期是什么？

（3）正弦函数是奇函数，还是偶函数？

（4）当x从 0 变到2π时，正弦函数的增减变化情况如何？

（5）对应于$x=\dfrac{\pi}{6}$，$\sin x$的对应值是什么？对应于$\sin x=\dfrac{1}{2}$，在$(-2\pi,2\pi)$内有哪些x值与它对应？

2. 观察余弦曲线，回答下列问题：

（1）余弦函数的定义域和值域是什么？

（2）余弦函数的周期是什么？

(3) 余弦函数是奇函数，还是偶函数？

(4) 当 x 从 0 变到 2π 时，余弦函数的增减变化情况如何？

(5) 对于 $x=\frac{\pi}{6}$，$\cos x$ 的对应值是什么？对于 $\cos x=\frac{1}{2}$，在 $(-2\pi, 2\pi)$ 内有哪些 x 值与它对应？

3. 利用正弦函数、余弦函数的性质，比较下列各组三角函数值的大小：

(1) $\sin 250°$ 与 $\sin 260°$；　(2) $\cos 515°$ 与 $\cos 530°$.

4. x 取何值时，下列函数取得最大值和最小值？最大值和最小值各是多少？

(1) $y=2\sin x+3$；　　(2) $y=4-\frac{1}{3}\sin x$；

(3) $y=2+3\cos x$；　　(4) $y=2-\cos 2x$.

5. 求下列函数的周期：

(1) $y=2\sin 3x$；　　(2) $y=\frac{1}{2}\cos\frac{x}{3}$；

(3) $y=3\sin\left(\frac{3}{2}x-\frac{\pi}{6}\right)$；　　(4) $y=\cos\left(2x+\frac{\pi}{5}\right)$.

6. 已知 $\cos x=\frac{a-2}{3}$，求 a 的取值范围.

7. 用"五点法"作出下列函数在 $[0, 2\pi]$ 上的图象.

(1) $y=1+\sin x$；　(2) $y=-\sin x$；　(3) $y=1-\cos x$；　(4) $y=2\cos x$.

8. 填空：

(1) 把函数 $y=4\sin x$ 的图象上所有点的横坐标缩小到原来的 $\frac{1}{4}$（纵坐标不变），可得到函数________的图象；

(2) 函数 $y=3\sin\left(2x-\frac{\pi}{6}\right)$ 的图象可由函数 $y=3\sin 2x$ 的图象向______平移______个单位而得到.

9. 用"五点法"作出下列函数在一个周期内的简图，并指出最大值、最小值和周期：

(1) $y=\frac{2}{3}\sin x$；　(2) $y=\sin 3x$；　(3) $y=2\sin\frac{x}{4}$；　(4) $y=\sin\left(x+\frac{\pi}{6}\right)$.

10. 用"五点法"作出下列函数在一个周期内的简图，并指出它们的振幅、周期和起点坐标：

(1) $y=\sin\left(2x-\frac{\pi}{6}\right)$；

(2) $y=5\sin\left(\frac{1}{2}x+\frac{\pi}{4}\right)$；

(3) $y=\frac{1}{2}\sin\left(3x-\frac{\pi}{4}\right)$.

11. 如图，已知正弦交流电的电流强度 i(A) 在一个周期内的图象，求 i 与 t 的函数关系式和电流的频率.

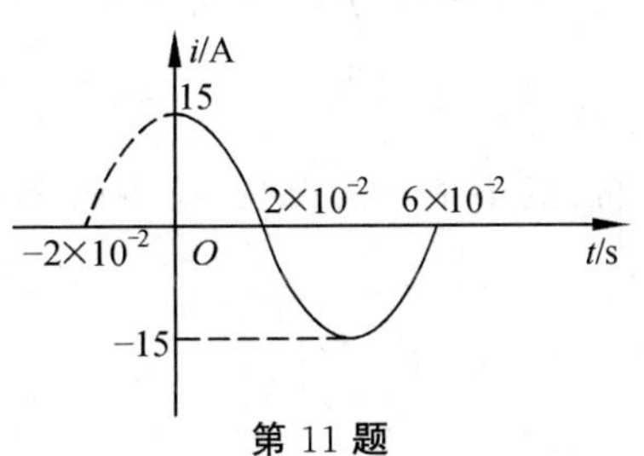

第 11 题

B 组

1. 观察正弦曲线,写出满足下列条件的 x 的集合或区间:

(1) $\sin x>0$; (2) $\sin x=0$; (3) $\sin x<0$; (4) $\sin x>\frac{1}{2}$.

2. 观察余弦曲线,写出满足下列条件的 x 的集合或区间:

(1) $\cos x>0$; (2) $\cos x=0$; (3) $\cos x<0$.

3. 等式 $\sin(30°+120°)=\sin 30°$是否成立?如果这个等式成立,能不能说 $120°$是正弦函数 $y=\sin x$ 的周期?为什么?

4. 求下列函数的定义域和值域:

(1) $y=3-2\sin x$; (2) $y=\lg\sin x$; (3) $y=2\sqrt{\cos x}$.

5. x 取何值时,函数 $y=2-\sin\left(x-\frac{\pi}{4}\right)$分别取得最大值和最小值?最大值与最小值各是多少?

6. 化简:$\sqrt{\frac{1-\sin x}{1+\sin x}}-\sqrt{\frac{1+\sin x}{1-\sin x}}$ $(\frac{\pi}{2}<x<\pi)$.

7. 作函数 $y=2\sin\left(2x+\frac{\pi}{4}\right)-1$ 在一个周期内的图象.

8. 如图,已知函数 $s=s(t)$的图象是正弦型曲线,试求 s 与 t 的函数关系.

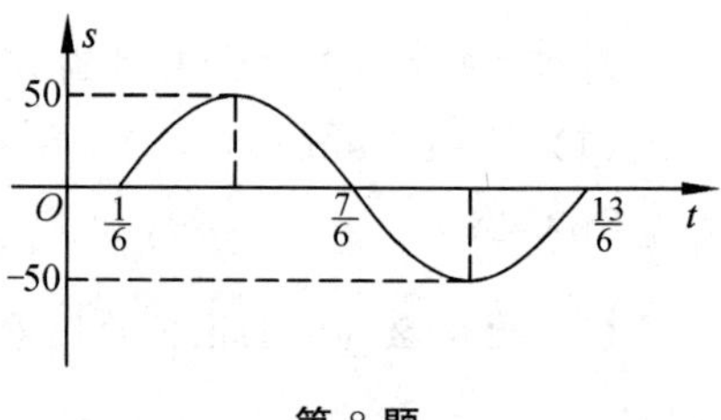

第 8 题

9. 已知正弦交流电的电压 u(V)与时间 t(s)之间的函数关系为 $u=310\sin 200\pi t$,作出这个函数在一个周期内的图象,并在前半个周期内讨论电压的增减情况.

10. 弹簧挂着的小球做上下自由振动(前面图 2-26),它在时间 t(s)内离开平衡位置的位移 s(cm)由下式决定:

$$s=2\sin\left(t+\frac{\pi}{4}\right).$$

(1) 作出这个函数在一个周期内的图象.

(2) 回答下列问题:

① 小球开始振动($t=0$)时,离开平衡位置的位移有多大?

② 小球上升到最高点和下降到最低点时,离开平衡位置的位移有多大?

③ 经过多少时间,小球重复振动一次?

④ 小球每秒往复振动多少次?

11. 求函数 $y=-4\sin\left(\frac{1}{2}x+\frac{\pi}{3}\right)$的振幅、周期、起点坐标.当 x 取何值时,y 有最大值、最小值?最大值、最小值各是多少?

§2-6　正切函数、余切函数的图象和性质

一、正切函数 $y=\tan x$ 的图象和性质

正切函数 $y=\tan x$ 的定义域是$\left\{x \middle| x\in\mathbf{R}, x\neq k\pi+\frac{\pi}{2}, k\in\mathbf{Z}\right\}$，用描点法先作出它在区间$\left(-\frac{\pi}{2},\frac{\pi}{2}\right)$内的图象.

列表：

x	$-\frac{5\pi}{12}$	$-\frac{\pi}{3}$	$-\frac{\pi}{4}$	$-\frac{\pi}{6}$	$-\frac{\pi}{12}$	0	$\frac{\pi}{12}$	$\frac{\pi}{6}$	$\frac{\pi}{4}$	$\frac{\pi}{3}$	$\frac{5\pi}{12}$
y	-3.7	-1.7	-1	-0.58	-0.27	0	0.27	0.58	1	1.7	3.7

描点作图(图 2-28).

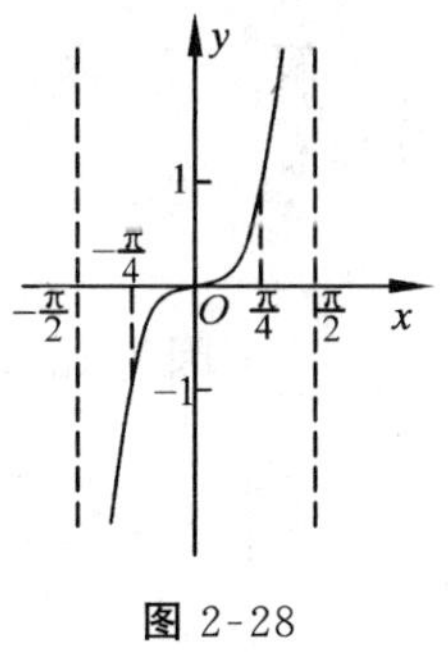

图 2-28

由诱导公式 $\tan(x+\pi)=\tan x$ 知道，正切函数是周期函数，它的周期是 π.

根据正切函数的周期性，就可得到 $y=\tan x$ 在定义域$\left\{x \middle| x\in\mathbf{R}, x\neq k\pi+\frac{\pi}{2}, k\in\mathbf{Z}\right\}$内的图象——**正切曲线**(图 2-29).可以看出，正切曲线是由互相平行的直线 $x=k\pi+\frac{\pi}{2}(k\in\mathbf{Z})$隔开的无穷多支且形状相同的曲线所组成的.

正切函数 $y=\tan x$ 有以下**主要性质**：

(1) **周期性**：正切函数 $y=\tan x$ 的周期是 π.

(2) **奇偶性**：正切函数 $y=\tan x$ 是奇函数，它的图象关于原点对称.

(3) **单调性**：由图 2-29 可以看出，函数 $y=\tan x$ 在每一个开区间$\left(k\pi-\frac{\pi}{2}, k\pi+\frac{\pi}{2}\right)$ $(k\in\mathbf{Z})$内都是单调递增的.

(4) **有界性**：从图 2-29 可以看出，在区间$\left(k\pi-\frac{\pi}{2}, k\pi+\frac{\pi}{2}\right)(k\in\mathbf{Z})$内，正切函数可取得一切实数值，即 $\tan x$ 的值域为实数集 $\mathbf{R}$.当 $x<\frac{\pi}{2}+k\pi(k\in\mathbf{Z})$而无限接近于$\frac{\pi}{2}+k\pi$ 时，$\tan x\to+\infty$；当 $x>-\frac{\pi}{2}+k\pi(k\in\mathbf{Z})$而无限接近于$-\frac{\pi}{2}+k\pi$ 时，$\tan x\to-\infty$.因此，$y=\tan x$ 是无界的.

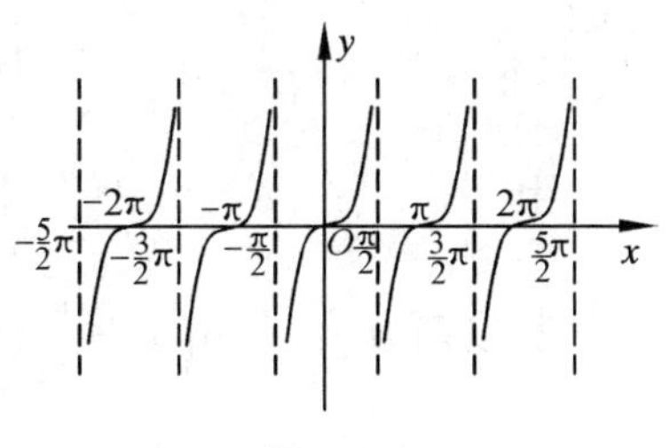

图 2-29

二、余切函数 $y=\cot x$ 的图象和性质

用类似方法，可以作出余切函数 $y=\cot x$ 在定义域 $\{x \mid x\in\mathbf{R}, x\neq k\pi, k\in\mathbf{Z}\}$ 内的图象——**余切曲线**(图 2-30).

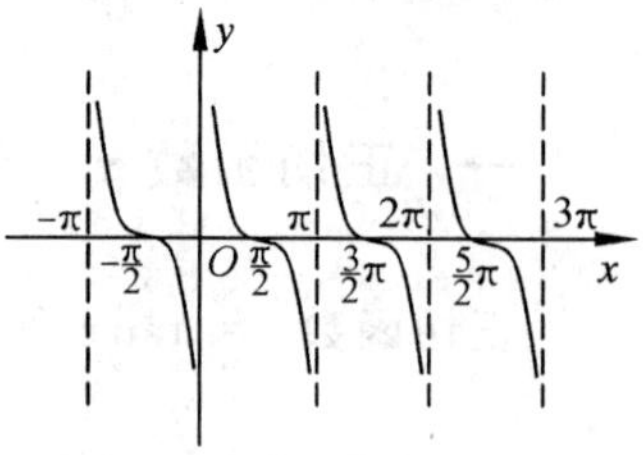

余切函数 $y=\cot x$ 有以下**主要性质**：

(1) **周期性**：余切函数 $y=\cot x$ 的周期是 π.

(2) **奇偶性**：余切函数 $y=\cot x$ 是奇函数，它的图象关于原点对称.

图 2-30

(3) **单调性**：余切函数 $y=\cot x$ 在每一个开区间 $(k\pi,(k+1)\pi)(k\in\mathbf{Z})$ 内都是单调递减的.

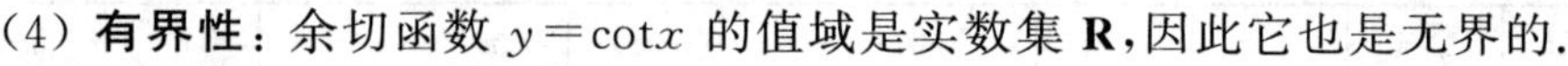

(4) **有界性**：余切函数 $y=\cot x$ 的值域是实数集 $\mathbf{R}$，因此它也是无界的.

例 1 利用正切函数、余切函数的性质，比较下列各组三角函数值的大小：

(1) $\cot 112°$ 与 $\cot 121°$；　　(2) $\tan\left(-\frac{13}{4}\pi\right)$ 与 $\tan\left(-\frac{17}{5}\pi\right)$.

解 (1) 因为 $0°<112°<121°<180°$，而 $y=\cot x$ 在 $(0°,180°)$ 内是单调递减的，所以有

$$\cot 112°>\cot 121°.$$

(2) 因为 $\tan\left(-\frac{13}{4}\pi\right)=-\tan\frac{13}{4}\pi=-\tan\frac{1}{4}\pi$，$\tan\left(-\frac{17}{5}\pi\right)=-\tan\frac{17}{5}\pi=-\tan\frac{2}{5}\pi$，

又 $0<\frac{\pi}{4}<\frac{2\pi}{5}<\frac{\pi}{2}$，而 $y=\tan x$ 在 $\left(0,\frac{\pi}{2}\right)$ 内是单调递增的，所以

$$\tan\frac{\pi}{4}<\tan\frac{2\pi}{5},\qquad -\tan\frac{\pi}{4}>-\tan\frac{2\pi}{5},$$

即
$$\tan\left(-\frac{13}{4}\pi\right)>\tan\left(-\frac{17}{5}\pi\right).$$

例 2 求函数 $y=\tan\left(x+\frac{\pi}{3}\right)$ 的定义域.

解 令 $x+\frac{\pi}{3}=z$，则函数 $y=\tan z$ 的定义域是

$$\left\{z \,\middle|\, z\in\mathbf{R}, z\neq k\pi+\frac{\pi}{2}, k\in\mathbf{Z}\right\}.$$

由 $x+\frac{\pi}{3}=z\neq k\pi+\frac{\pi}{2}$，得 $x\neq k\pi+\frac{\pi}{6}$.

所以函数 $y=\tan\left(x+\frac{\pi}{3}\right)$ 的定义域是

$$\left\{x \,\middle|\, x\in\mathbf{R}, x\neq k\pi+\frac{\pi}{6}, k\in\mathbf{Z}\right\}.$$

练习 1

1. 利用正切函数、余切函数的性质，比较下列各组函数值的大小：

(1) $\tan(-65°)$ 与 $\tan(-18°)$；　(2) $\cot 402°$ 与 $\cot 430°$.

2. 求函数 $y=\tan\left(2x+\frac{\pi}{4}\right)$ 的定义域.

习题 2-6

A　组

1. 观察正切曲线,回答下列问题:

(1) 正切函数的定义域和值域是什么?

(2) 正切函数的周期是什么? 区间 $[-\pi,0]$ 是不是它的一个周期?

(3) 正切函数是奇函数,还是偶函数?

(4) 正切函数在 $\left(k\pi-\frac{\pi}{2},k\pi+\frac{\pi}{2}\right)(k\in\mathbf{Z})$ 内增减变化情况如何? 在整个定义域内是单调递增的吗?

(5) x 取哪些值时,$\tan x$ 不存在?

2. 利用正切函数、余切函数的性质,比较下列各组函数值的大小:

(1) $\tan\left(-\frac{\pi}{5}\right)$ 与 $\tan\left(-\frac{3\pi}{7}\right)$;　　(2) $\cot 1\,992°$ 与 $\cot 1\,280°$.

3. 求函数 $y=\tan\left(x-\frac{\pi}{3}\right)$ 的定义域.

B　组

1. 观察正切曲线,写出满足下列条件的自变量 x 的集合或区间:

(1) $\tan x=1$;　(2) $\tan x>0$;　(3) $\tan x=0$;　(4) $\tan x<0$.

2. 根据余切函数 $y=\cot x$ 的图象,回答下列问题:

(1) x 取哪些值时,$\cot x$ 不存在?

(2) 在定义域内,x 取怎样的值时,函数 y 的值大于零? 小于零? 等于零?

(3) 余切函数在 $(k\pi,(k+1)\pi)(k\in\mathbf{Z})$ 内增减变化情况如何?

(4) 等式 $\cot(x+2\pi)=\cot x$ 是不是对于 x 在定义域内的一切值都成立? 如果能成立,能不能说 2π 是 $\cot x$ 的周期? 是最小正周期吗?

3. 求函数 $y=\tan\frac{2}{3}x$ 的周期.

§ 2-7　加法定理

下面先看一例:

$$\cos(60°+30°)=\cos 90°=0,$$

而
$$\cos 60°+\cos 30°=\frac{1}{2}+\frac{\sqrt{3}}{2},$$

所以
$$\cos(60°+30°)\neq\cos 60°+\cos 30°.$$

这表明,两角和或两角差的三角函数一般不等于两角三角函数的和或差.

事实上,对任意角 α,β,我们不难证得正弦的**加法定理**为

$$\begin{aligned}\sin(\alpha+\beta)&=\sin\alpha\cos\beta+\cos\alpha\sin\beta;\\ \sin(\alpha-\beta)&=\sin\alpha\cos\beta-\cos\alpha\sin\beta.\end{aligned}\tag{2-12}$$

余弦的**加法定理**为

$$\begin{aligned}\cos(\alpha+\beta)&=\cos\alpha\cos\beta-\sin\alpha\sin\beta;\\ \cos(\alpha-\beta)&=\cos\alpha\cos\beta+\sin\alpha\sin\beta.\end{aligned}\tag{2-13}$$

下面证明 $\sin(\alpha+\beta)$ 的公式.

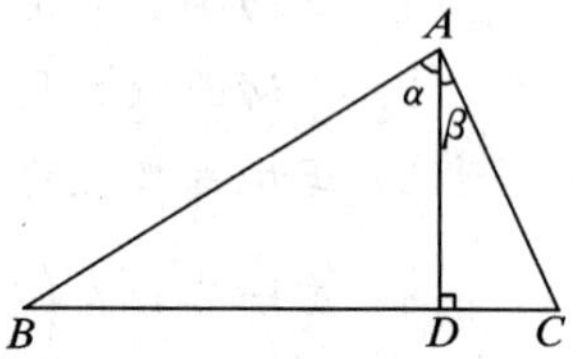

证明 如图 2-31 所示,作 $AD\perp BC$,使 $\angle BAD=\alpha$,$\angle CAD=\beta$ (α,β 都是锐角).

图 2-31

由三角形的面积公式,得

$$S_{\triangle ABC}=\frac{1}{2}AC\cdot AB\sin(\alpha+\beta),$$

$$S_{\triangle ABD}=\frac{1}{2}AB\cdot AD\sin\alpha,$$

$$S_{\triangle ADC}=\frac{1}{2}AC\cdot AD\sin\beta.$$

因为 $S_{\triangle ABC}=S_{\triangle ABD}+S_{\triangle ADC}$,

所以 $\frac{1}{2}AC\cdot AB\sin(\alpha+\beta)=\frac{1}{2}AB\cdot AD\sin\alpha+\frac{1}{2}AC\cdot AD\sin\beta$.

两边同除以 $\frac{1}{2}AC\cdot AB$,得

$$\sin(\alpha+\beta)=\frac{AD}{AC}\sin\alpha+\frac{AD}{AB}\sin\beta.$$

又因为 $\frac{AD}{AC}=\cos\beta,\frac{AD}{AB}=\cos\alpha$,

所以 $\sin(\alpha+\beta)=\sin\alpha\cos\beta+\cos\alpha\sin\beta$.

说明 这个公式对任意的角 α 和 β 都成立,其余公式均可由此公式推得.

当角 $\alpha,\beta,\alpha+\beta$ 或 $\alpha-\beta$ 都不等于 $k\pi+\frac{\pi}{2}(k\in\mathbf{Z})$ 时,可进一步推出正切的**加法定理**为

$$\begin{aligned}\tan(\alpha+\beta)&=\frac{\tan\alpha+\tan\beta}{1-\tan\alpha\cdot\tan\beta};\\ \tan(\alpha-\beta)&=\frac{\tan\alpha-\tan\beta}{1+\tan\alpha\cdot\tan\beta}.\end{aligned}\tag{2-14}$$

例 1 用加法定理求 $\sin75°$ 和 $\tan15°$ 的值(不取近似值).

解 $\sin75°=\sin(30°+45°)$

$=\sin30°\cos45°+\cos30°\sin45°$

$=\frac{1}{2}\times\frac{\sqrt{2}}{2}+\frac{\sqrt{3}}{2}\times\frac{\sqrt{2}}{2}=\frac{\sqrt{2}+\sqrt{6}}{4}$;

$$\tan 15^\circ=\tan(45^\circ-30^\circ)=\frac{\tan 45^\circ-\tan 30^\circ}{1+\tan 45^\circ\tan 30^\circ}$$

$$=\frac{1-\frac{\sqrt{3}}{3}}{1+\frac{\sqrt{3}}{3}}=\frac{3-\sqrt{3}}{3+\sqrt{3}}=2-\sqrt{3}.$$

例 2　化简：

(1) $\dfrac{\cos(2\alpha+\beta)\cos(\alpha+\beta)+\sin(2\alpha+\beta)\sin(\alpha+\beta)}{\sin(60^\circ-\alpha)\cos(30^\circ+\alpha)+\cos(60^\circ-\alpha)\sin(30^\circ+\alpha)}$；

(2) $\dfrac{1+\tan 75^\circ}{1-\tan 75^\circ}$.

解　(1) 原式$=\dfrac{\cos[(2\alpha+\beta)-(\alpha+\beta)]}{\sin[(60^\circ-\alpha)+(30^\circ+\alpha)]}$

$$=\frac{\cos\alpha}{\sin 90^\circ}=\cos\alpha;$$

(2) 原式$=\dfrac{\tan 45^\circ+\tan 75^\circ}{1-\tan 45^\circ\tan 75^\circ}=\tan(45^\circ+75^\circ)$

$$=\tan 120^\circ=-\sqrt{3}.$$

例 3　已知 $\sin\alpha=\dfrac{3}{4}$，$\cos\beta=-\dfrac{1}{3}$，并且 α 是第二象限角，β 是第三象限角，求 $\sin\left(\alpha+\dfrac{\pi}{6}\right)$ 和 $\cos(\alpha-\beta)$ 的值.

解　因为 α 是第二象限角，

所以 $\cos\alpha=-\sqrt{1-\sin^2\alpha}=-\sqrt{1-\left(\dfrac{3}{4}\right)^2}=-\dfrac{\sqrt{7}}{4}$；

因为 β 是第三象限角，

所以 $\sin\beta=-\sqrt{1-\cos^2\beta}=-\sqrt{1-\left(-\dfrac{1}{3}\right)^2}=-\dfrac{2\sqrt{2}}{3}$.

因此　$\sin\left(\alpha+\dfrac{\pi}{6}\right)=\sin\alpha\cos\dfrac{\pi}{6}+\cos\alpha\sin\dfrac{\pi}{6}$

$$=\frac{3}{4}\times\frac{\sqrt{3}}{2}+\left(-\frac{\sqrt{7}}{4}\right)\times\frac{1}{2}=\frac{3\sqrt{3}-\sqrt{7}}{8};$$

$\cos(\alpha-\beta)=\cos\alpha\cos\beta+\sin\alpha\sin\beta$

$$=\left(-\frac{\sqrt{7}}{4}\right)\times\left(-\frac{1}{3}\right)+\frac{3}{4}\times\left(-\frac{2\sqrt{2}}{3}\right)=\frac{\sqrt{7}-6\sqrt{2}}{12}.$$

例 4　已知 $\sin\alpha=\dfrac{\sqrt{5}}{5}$，$\sin\beta=\dfrac{\sqrt{10}}{10}$，且 α,β 均为锐角，求 $\alpha+\beta$ 之值.

解　因为 α,β 均为锐角，

所以 $\cos\alpha=\sqrt{1-\sin^2\alpha}=\sqrt{1-\left(\dfrac{\sqrt{5}}{5}\right)^2}=\dfrac{2\sqrt{5}}{5}$，

$$\cos\beta=\sqrt{1-\sin^2\beta}=\sqrt{1-\left(\frac{\sqrt{10}}{10}\right)^2}=\frac{3\sqrt{10}}{10}.$$

于是 $\cos(\alpha+\beta)=\cos\alpha\cos\beta-\sin\alpha\sin\beta$

$$=\frac{2\sqrt{5}}{5}\times\frac{3\sqrt{10}}{10}-\frac{\sqrt{5}}{5}\times\frac{\sqrt{10}}{10}=\frac{5\sqrt{50}}{50}=\frac{\sqrt{2}}{2}.$$

因为 $0<\alpha+\beta<\pi$，且 $\cos(\alpha+\beta)>0$，

所以 $\alpha+\beta=\frac{\pi}{4}$.

例 5 已知 $\tan\alpha=\frac{1}{3}$，$\tan\beta=-2$，求 $\cot(\alpha-\beta)$ 的值.

解 因为 $\tan(\alpha-\beta)=\dfrac{\tan\alpha-\tan\beta}{1+\tan\alpha\tan\beta}=\dfrac{\frac{1}{3}-(-2)}{1+\frac{1}{3}\times(-2)}=7$，

所以 $\cot(\alpha-\beta)=\dfrac{1}{\tan(\alpha-\beta)}=\dfrac{1}{7}$.

例 6 $\triangle ABC$ 的三个内角分别为 A,B,C，且 $\tan A,\tan B$ 是方程 $3x^2-25x+28=0$ 的两个实根，求角 C.

解 因为 A,B,C 为 $\triangle ABC$ 的三个内角，

所以 $A+B+C=\pi$，即 $C=\pi-(A+B)$.

由题意知 $\tan A+\tan B=\frac{25}{3}$，$\tan A\tan B=\frac{28}{3}$，

所以

$$\tan C=\tan[\pi-(A+B)]=-\tan(A+B)$$

$$=-\frac{\tan A+\tan B}{1-\tan A\tan B}=1,$$

即 $C=\frac{\pi}{4}$.

例 7 求证：$\dfrac{\sin(\alpha+\beta)\sin(\alpha-\beta)}{\sin^2\alpha\cos^2\beta}=1-\cot^2\alpha\ \tan^2\beta$.

证明 左边 $=\dfrac{(\sin\alpha\cos\beta+\cos\alpha\sin\beta)(\sin\alpha\cos\beta-\cos\alpha\sin\beta)}{\sin^2\alpha\cos^2\beta}$

$$=\frac{\sin^2\alpha\cos^2\beta-\cos^2\alpha\sin^2\beta}{\sin^2\alpha\cos^2\beta}$$

$=1-\cot^2\alpha\ \tan^2\beta=$ 右边.

例 8 试用加法定理，证明 $\sin\left(\frac{\pi}{2}\pm\alpha\right)$，$\cos\left(\frac{\pi}{2}\pm\alpha\right)$ 的诱导公式.

证明 $\sin\left(\frac{\pi}{2}+\alpha\right)=\sin\frac{\pi}{2}\cos\alpha+\cos\frac{\pi}{2}\sin\alpha=\cos\alpha$；

$\sin\left(\frac{\pi}{2}-\alpha\right)=\sin\frac{\pi}{2}\cos\alpha-\cos\frac{\pi}{2}\sin\alpha=\cos\alpha$；

$\cos\left(\frac{\pi}{2}+\alpha\right)=\cos\frac{\pi}{2}\cos\alpha-\sin\frac{\pi}{2}\sin\alpha=-\sin\alpha$；

$$\cos\left(\frac{\pi}{2}-\alpha\right)=\cos\frac{\pi}{2}\cos\alpha+\sin\frac{\pi}{2}\sin\alpha=\sin\alpha.$$

练 习 1

1. 利用加法定理求下列各三角函数值：

(1) $\cos15°$；　(2) $\sin105°$；　(3) $\tan\frac{\pi}{12}$.

2. 已知 $\sin x=-\frac{4}{5}$，$x\in\left(\pi,\frac{3\pi}{2}\right)$，求 $\cos\left(x+\frac{\pi}{6}\right)$ 的值.

在三角函数的运算中，还常常需要把 $a\sin x+b\cos x$ 化为 $A\sin(x+\varphi)$ 的形式.例如，

$$\frac{1}{2}\sin x+\frac{\sqrt{3}}{2}\cos x=\sin x\cos\frac{\pi}{3}+\cos x\sin\frac{\pi}{3}=\sin\left(x+\frac{\pi}{3}\right);$$

$$\sin x-\cos x=\sqrt{2}\left(\sin x\cos\frac{\pi}{4}-\cos x\sin\frac{\pi}{4}\right)=\sqrt{2}\sin\left(x-\frac{\pi}{4}\right).$$

一般地，假定 a，b 是不为 0 的常数，则

$$a\sin x+b\cos x=\sqrt{a^2+b^2}\left(\frac{a}{\sqrt{a^2+b^2}}\sin x+\frac{b}{\sqrt{a^2+b^2}}\cos x\right).$$

令　$\cos\varphi=\frac{a}{\sqrt{a^2+b^2}}$，$\sin\varphi=\frac{b}{\sqrt{a^2+b^2}}$，$A=\sqrt{a^2+b^2}$，

则有

$$\begin{aligned}a\sin x+b\cos x&=A(\sin x\cos\varphi+\cos x\sin\varphi)\\&=A\sin(x+\varphi).\end{aligned}$$

其中角 φ 由 $\tan\varphi=\frac{b}{a}$ 及点 (a,b) 所在的象限来确定（图 2-32）.

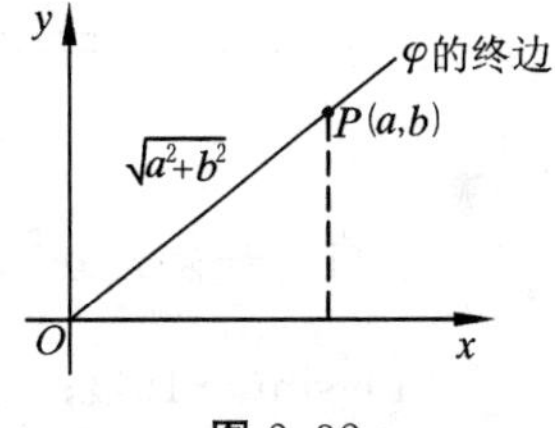

图 2-32

例 9　将下列各式化为 $A\sin(x+\varphi)$ 的形式：

(1) $3\sin x-4\cos x$；　　(2) $5\cos x-12\sin x$.

解　(1) 由 $a=3$，$b=-4$ 可知角 φ 是第四象限的角（图 2-33，见下页）.

$$A=\sqrt{3^2+(-4)^2}=5,$$

$$\tan\varphi=\frac{b}{a}=-\frac{4}{3}.$$

利用科学计算器求得 φ，过程如下：

状态	按 键 顺 序	显 示	结 果
DEG	4 [÷] 3 [=] [+/−] [2ndF] [$\tan^{-1}$] [2ndF] [→DMS]	−53.074 836 85	$\varphi\approx-53°8'$

所以 $3\sin x-4\cos x=5\sin(x-53°8')$.

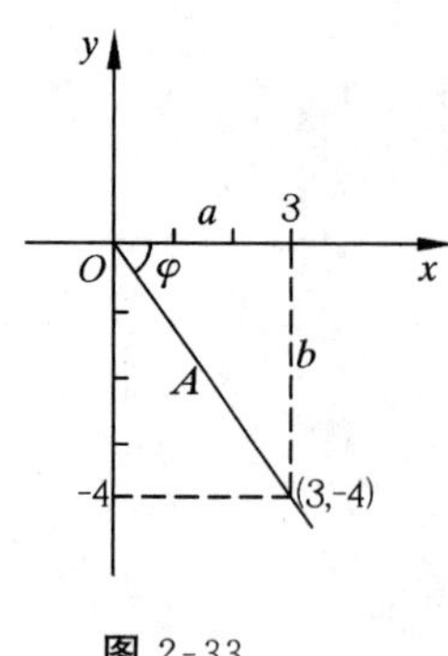

图 2-33

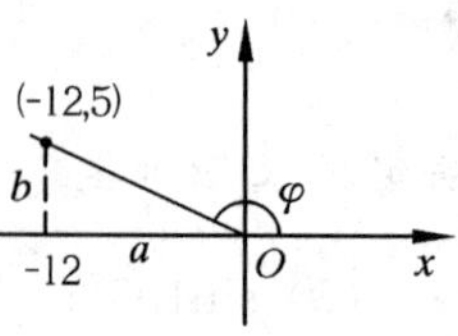

图 2-34

(2) 由 $a=-12, b=5$，可知角 φ 是第二象限的角(图 2-34).

$$A=\sqrt{(-12)^2+5^2}=13,$$

$$\tan\varphi=\frac{b}{a}=-\frac{5}{12}.$$

利用计算器求出 $\tan\varphi=\frac{5}{12}$所对应的一个锐角 $\varphi_1\approx 22°37'$，

所以 $\varphi=180°-22°37'=157°23'$.

即 $5\cos x-12\sin x=13\sin(x+157°23')$.

练习 2

将下列各式化为 $A\sin(x+\varphi)$的形式：

(1) $\cos x-\sqrt{3}\sin x$；　　(2) $3\cos x-4\sin x$.

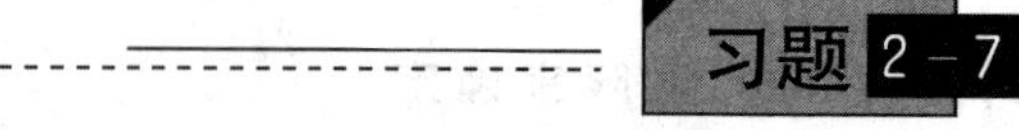

习题 2-7

A 组

1. 利用加法定理，求下列三角函数值：

(1) $\sin(-15°)$；　(2) $\cos\left(-\frac{5\pi}{12}\right)$；　(3) $\tan 105°$.

2. 求下列各式的值：

(1) $\frac{1+\tan 15°}{1-\tan 15°}$；　　(2) $\frac{\tan 83°-\tan 38°}{1+\tan 83°\tan 38°}$；

(3) $\cos 80°\cos 20°+\sin 80°\sin 20°$；　　(4) $\sin 13°\cos 17°+\cos 13°\sin 17°$.

3. 化简：

(1) $\cos(36°+2x)\cos(54°-x)-\sin(36°+2x)\sin(54°-x)$；

(2) $\frac{\cos(\alpha+\beta)+\cos(\alpha-\beta)}{\sin(\alpha+\beta)+\sin(\alpha-\beta)}$；

(3) $\cos x+\cos(120°-x)+\cos(120°+x)$；

(4) $\frac{\tan(65°+\alpha)-\tan(20°+\alpha)}{1+\tan(65°+\alpha)\tan(20°+\alpha)}$.

4. 已知 $\sin\alpha=\frac{5}{13}$，$\cos\beta=-\frac{3}{5}$，且 $0<\alpha<\frac{\pi}{2}$，$\frac{\pi}{2}<\beta<\pi$，求 $\sin(\alpha+\beta)$和 $\cos(\alpha-\beta)$

的值.

5. 试用加法定理证明：

(1) $\sin\left(\frac{3\pi}{2}\pm\alpha\right)=-\cos\alpha$；　　(2) $\cos\left(\frac{3\pi}{2}\pm\alpha\right)=\pm\sin\alpha$.

6. 已知 $\tan\alpha=-2$，$\tan\beta=\frac{1}{3}$，且 $90°<\alpha<180°$，$0°<\beta<90°$，求 $\alpha+\beta$ 的值.

7. 求证：

(1) $\cos(\alpha+\beta)\cos(\alpha-\beta)=\cos^2\alpha-\sin^2\beta$；

(2) $\sin(\alpha+\beta)\cos\alpha-\cos(\alpha+\beta)\sin\alpha=\sin\beta$.

8. 将下列各式化为 $A\sin(x+\varphi)$ 的形式：

(1) $\sin x+\sqrt{3}\cos x$；　　(2) $-\sqrt{2}(\sin x+\cos x)$.

B　组

1. 求下列各式的值：

(1) $\cos103°\cos43°+\sin103°\cos47°$；

(2) $\sin(70°+\alpha)\cos(10°+\alpha)-\cos(70°+\alpha)\sin(170°-\alpha)$；

(3) $\frac{\tan50°+\cot20°}{1-\cot40°\ \tan70°}$；

(4) $\sin68°\cos22°-\cos112°\sin518°$.

2. 在$\triangle ABC$ 中，已知 $\cos A=\frac{4}{5}$，$\cos B=\frac{15}{17}$，求 $\cos C$.

3. 已知 $\cos\theta=-\frac{12}{13}$，$\pi<\theta<\frac{3\pi}{2}$，求 $\tan\left(\theta\pm\frac{\pi}{4}\right)$ 的值.

4. 已知 $\tan\alpha=2$，$\sin\beta=\frac{3}{\sqrt{10}}$，$\alpha$，$\beta$ 都是锐角，求证：$\alpha+\beta=\frac{3\pi}{4}$.

5. 求证：

(1) $\sin(\alpha+\beta)\sin(\alpha-\beta)=\sin^2\alpha-\sin^2\beta$；

(2) $\frac{\sin(2\alpha+\beta)}{\sin\alpha}-2\cos(\alpha+\beta)=\frac{\sin\beta}{\sin\alpha}$.

§ 2-8　二倍角公式、半角公式

一、二倍角公式

在正弦、余弦和正切的加法定理中，令 $\beta=\alpha$，可得出二倍角的三角函数公式为

$$\sin2\alpha=2\sin\alpha\cos\alpha；$$

$$\cos2\alpha=\cos^2\alpha-\sin^2\alpha；\qquad(2\text{-}15)$$

$$\tan2\alpha=\frac{2\tan\alpha}{1-\tan^2\alpha}.$$

因为 $\sin^2\alpha+\cos^2\alpha=1$，所以又有

$$\cos2\alpha=2\cos^2\alpha-1=1-2\sin^2\alpha.\qquad(2\text{-}16)$$

例 1 已知 $\sin\alpha=-\dfrac{4}{5}$，α 是第三象限角，求 $\sin2\alpha$，$\cos2\alpha$，$\tan2\alpha$ 的值.

解 因为 α 是第三象限角，$\sin\alpha=-\dfrac{4}{5}$，

所以 $\cos\alpha=-\sqrt{1-\sin^2\alpha}=-\sqrt{1-\left(-\dfrac{4}{5}\right)^2}=-\dfrac{3}{5}$，

于是 $\sin2\alpha=2\sin\alpha\cos\alpha=2\times\left(-\dfrac{4}{5}\right)\times\left(-\dfrac{3}{5}\right)=\dfrac{24}{25}$，

$\cos2\alpha=\cos^2\alpha-\sin^2\alpha=\left(-\dfrac{3}{5}\right)^2-\left(-\dfrac{4}{5}\right)^2=-\dfrac{7}{25}$，

$\tan2\alpha=\dfrac{\sin2\alpha}{\cos2\alpha}=-\dfrac{24}{7}$.

例 2 用二倍角公式求下列各式的值：

（1）$\sin\dfrac{\pi}{12}\cos\dfrac{\pi}{12}$；　　（2）$\cos^2\dfrac{\pi}{8}-\sin^2\dfrac{\pi}{8}$；

（3）$\dfrac{1}{2}-\sin^2\dfrac{19\pi}{12}$；　　（4）$\dfrac{\tan22.5^\circ}{1-\tan^2 22.5^\circ}$.

解 （1）$\sin\dfrac{\pi}{12}\cos\dfrac{\pi}{12}=\dfrac{1}{2}\left(2\sin\dfrac{\pi}{12}\cos\dfrac{\pi}{12}\right)=\dfrac{1}{2}\sin\dfrac{\pi}{6}=\dfrac{1}{4}$；

（2）$\cos^2\dfrac{\pi}{8}-\sin^2\dfrac{\pi}{8}=\cos\left(2\times\dfrac{\pi}{8}\right)=\cos\dfrac{\pi}{4}=\dfrac{\sqrt{2}}{2}$；

（3）$\dfrac{1}{2}-\sin^2\dfrac{19\pi}{12}=\dfrac{1}{2}\left(1-2\sin^2\dfrac{19\pi}{12}\right)=\dfrac{1}{2}\cos\dfrac{19\pi}{6}$

$$=\frac{1}{2}\cos\frac{7\pi}{6}=\frac{1}{2}\times\left(-\cos\frac{\pi}{6}\right)=-\frac{\sqrt{3}}{4}；$$

（4）$\dfrac{\tan22.5^\circ}{1-\tan^2 22.5^\circ}=\dfrac{1}{2}\left(\dfrac{2\tan22.5^\circ}{1-\tan^2 22.5^\circ}\right)=\dfrac{1}{2}\times\tan45^\circ=\dfrac{1}{2}$.

例 3 用 $\sin\alpha$ 表示 $\sin3\alpha$.

解
$$\begin{aligned}\sin3\alpha&=\sin(2\alpha+\alpha)\\&=\sin2\alpha\cos\alpha+\cos2\alpha\sin\alpha\\&=2\sin\alpha\cos^2\alpha+(1-2\sin^2\alpha)\sin\alpha\\&=2\sin\alpha(1-\sin^2\alpha)+\sin\alpha-2\sin^3\alpha\\&=3\sin\alpha-4\sin^3\alpha.\end{aligned}$$

注意 二倍角公式的实质是用一个角的三角函数来表示它的二倍角的三角函数.根据公式，当然也可以用角 $\dfrac{\alpha}{4}$，$\dfrac{\alpha}{2}$，2α 的三角函数分别表示它们的二倍角 $\dfrac{\alpha}{2}$，α，4α 的三角函数.

例如：

$$\sin\frac{\alpha}{2}=2\sin\frac{\alpha}{4}\cos\frac{\alpha}{4};$$

$$\cos\alpha=\cos^2\frac{\alpha}{2}-\sin^2\frac{\alpha}{2};$$

$$\tan4\alpha=\frac{2\tan2\alpha}{1-\tan^2 2\alpha}.$$

因此，在解题时要具体分析，灵活运用.

例 4　化简：$\dfrac{\cos^2 2A-\sin^2 2A}{\sin2A\cdot\cos2A}$.

解　原式$=\dfrac{2\cos4A}{2\sin2A\cos2A}=\dfrac{2\cos4A}{\sin4A}=2\cot4A$.

例 5　求证：

$$\frac{\sin4\alpha\cot2\alpha}{\cos2\alpha+2\sin^2\alpha}-\frac{\cos^4\frac{\alpha}{2}-\sin^4\frac{\alpha}{2}}{\cos\alpha}=\cos4\alpha.$$

证明　左边$=\dfrac{2\sin2\alpha\cos2\alpha\cdot\dfrac{\cos2\alpha}{\sin2\alpha}}{1-2\sin^2\alpha+2\sin^2\alpha}-\dfrac{\left(\cos^2\frac{\alpha}{2}+\sin^2\frac{\alpha}{2}\right)\left(\cos^2\frac{\alpha}{2}-\sin^2\frac{\alpha}{2}\right)}{\cos\alpha}$

$=2\cos^2 2\alpha-\dfrac{\cos\alpha}{\cos\alpha}=2\cos^2 2\alpha-1$

$=\cos4\alpha=$右边.

例 6　把一段半径为 R 的圆木锯成截面为矩形的木料，怎样锯才能使横截面的面积最大？

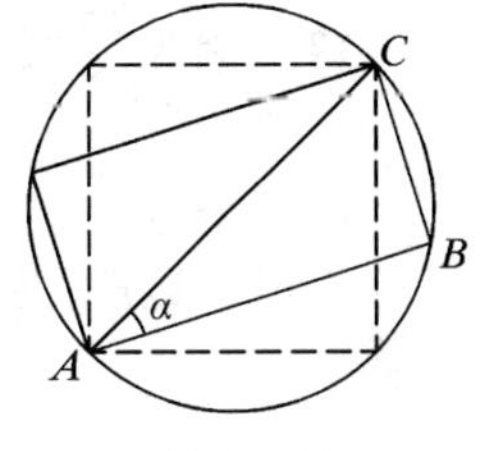

图 2-35

解　因为锯得的矩形横截面是圆内接矩形，其对角线为圆的直径，长为 $2R$.设对角线与矩形一条边的夹角为 α（图 2-35），则矩形的两边 $AB=2R\cos\alpha$，$BC=2R\sin\alpha$.因此，矩形的面积为

$$\begin{aligned}S&=2R\cos\alpha\cdot2R\sin\alpha\\&=2R^2\cdot2\sin\alpha\cos\alpha\\&=2R^2\sin2\alpha.\end{aligned}$$

因为 $\sin2\alpha\leqslant1$，所以 $S\leqslant2R^2$.当 $\sin2\alpha=1$，即 $2\alpha=90^\circ$，$\alpha=45^\circ$时，圆内接矩形的面积最大，最大面积为 $2R^2$.这时，圆内接矩形为内接正方形.

答：以圆木的直径为对角线，锯成横截面为正方形时，横截面的面积最大.

练习 1

用二倍角公式求下列各式的值：

(1) $\sin\dfrac{\pi}{8}\cos\dfrac{\pi}{8}$；　　(2) $2\cos^2\dfrac{\pi}{12}-1$；

(3) $1-2\sin^2 75^\circ$；　　(4) $\dfrac{2\tan75^\circ}{1-\tan^2 75^\circ}$.

二、半角公式

用角 α 的三角函数表示角$\frac{\alpha}{2}$(即半角)的三角函数的公式,称为三角函数的半角公式.

由二倍角公式

$$\cos\alpha=1-2\sin^2\frac{\alpha}{2}=2\cos^2\frac{\alpha}{2}-1,$$

可得正弦和余弦的半角公式为

$$\sin\frac{\alpha}{2}=\pm\sqrt{\frac{1-\cos\alpha}{2}}; \tag{2-17}$$

$$\cos\frac{\alpha}{2}=\pm\sqrt{\frac{1+\cos\alpha}{2}}. \tag{2-18}$$

上面两式相除,得正切的半角公式为

$$\tan\frac{\alpha}{2}=\pm\sqrt{\frac{1-\cos\alpha}{1+\cos\alpha}}. \tag{2-19}$$

这三个公式中根号前的符号,由角$\frac{\alpha}{2}$所在的象限来确定.如果没有给出角$\frac{\alpha}{2}$所在的象限,根号前面应同时保留正、负两个符号.

例 1 已知 $\cos\alpha=\frac{1}{2}$,$\frac{3\pi}{2}<\alpha<2\pi$,求 $\sin\frac{\alpha}{2}$,$\cos\frac{\alpha}{2}$和 $\tan\frac{\alpha}{2}$的值.

解 因为$\frac{3\pi}{2}<\alpha<2\pi$,$\frac{3\pi}{4}<\frac{\alpha}{2}<\pi$,

所以$\sin\frac{\alpha}{2}=\sqrt{\frac{1-\cos\alpha}{2}}=\sqrt{\frac{1-\frac{1}{2}}{2}}=\frac{1}{2}$,

$$\cos\frac{\alpha}{2}=-\sqrt{\frac{1+\cos\alpha}{2}}=-\sqrt{\frac{1+\frac{1}{2}}{2}}=-\frac{\sqrt{3}}{2},$$

$$\tan\frac{\alpha}{2}=\frac{\sin\frac{\alpha}{2}}{\cos\frac{\alpha}{2}}=\frac{\frac{1}{2}}{-\frac{\sqrt{3}}{2}}=-\frac{\sqrt{3}}{3}.$$

例 2 求证:$\tan\frac{\alpha}{2}=\frac{1-\cos\alpha}{\sin\alpha}=\frac{\sin\alpha}{1+\cos\alpha}$.

证明 $\tan\frac{\alpha}{2}=\frac{\sin\frac{\alpha}{2}}{\cos\frac{\alpha}{2}}=\frac{2\sin\frac{\alpha}{2}\cos\frac{\alpha}{2}}{2\cos^2\frac{\alpha}{2}}=\frac{\sin\alpha}{1+\cos\alpha}$.

又有 $\tan\frac{\alpha}{2}=\frac{\sin\frac{\alpha}{2}}{\cos\frac{\alpha}{2}}=\frac{2\sin^2\frac{\alpha}{2}}{2\sin\frac{\alpha}{2}\cos\frac{\alpha}{2}}=\frac{1-\cos\alpha}{\sin\alpha}$.

即 $$\tan\frac{\alpha}{2}=\frac{1-\cos\alpha}{\sin\alpha}=\frac{\sin\alpha}{1+\cos\alpha}.$$

上式常称为**半角正切的有理式**，可直接作为公式应用.

例 3 已知 $\cos\alpha=-\frac{5}{13}$，且 $180°<\alpha<270°$，求 $\tan\frac{\alpha}{2}$的值.

解法 1 因为 $180°<\alpha<270°$，$90°<\frac{\alpha}{2}<135°$，

$$所以\ \tan\frac{\alpha}{2}=-\sqrt{\frac{1-\cos\alpha}{1+\cos\alpha}}=-\sqrt{\frac{1-\left(-\frac{5}{13}\right)}{1+\left(-\frac{5}{13}\right)}}=-\frac{3}{2}.$$

解法 2 因为 $180°<\alpha<270°$，

$$所以\ \sin\alpha=-\sqrt{1-\cos^2\alpha}=-\sqrt{1-\left(-\frac{5}{13}\right)^2}=-\frac{12}{13},$$

$$所以\ \tan\frac{\alpha}{2}=\frac{1-\cos\alpha}{\sin\alpha}=\frac{1-\left(-\frac{5}{13}\right)}{-\frac{12}{13}}=-\frac{3}{2}$$

或 $$\tan\frac{\alpha}{2}=\frac{\sin\alpha}{1+\cos\alpha}=\frac{-\frac{12}{13}}{1+\left(-\frac{5}{13}\right)}=-\frac{3}{2}.$$

在三角函数的运算中，常常会用到以下的两个等式：

$$2\sin^2\frac{\alpha}{2}=1-\cos\alpha;$$

$$2\cos^2\frac{\alpha}{2}=1+\cos\alpha.$$

需要读者熟记，并能灵活运用.

例 4 化简：

(1) $\sqrt{\frac{1}{2}+\frac{1}{2}\cos\theta}\ (\pi<\theta<2\pi)$； (2) $\frac{\sin2\alpha}{1+\cos\alpha}\cdot\frac{\cos\alpha}{1+\cos2\alpha}$.

解 (1) 因为 $\pi<\theta<2\pi$，所以$\frac{\pi}{2}<\frac{\theta}{2}<\pi$，所以 $\cos\frac{\theta}{2}<0$，

$$所以原式=\sqrt{\frac{1}{2}(1+\cos\theta)}=-\cos\frac{\theta}{2};$$

(2) 原式$=\frac{2\sin\alpha\cos\alpha}{1+\cos\alpha}\cdot\frac{\cos\alpha}{2\cos^2\alpha}=\frac{\sin\alpha}{1+\cos\alpha}=\tan\frac{\alpha}{2}$.

练习 1

1. 已知 $\cos\alpha=-\frac{3}{5}$，且 $\pi<\alpha<\frac{3\pi}{2}$，求 $\sin\frac{\alpha}{2}$，$\cos\frac{\alpha}{2}$和 $\tan\frac{\alpha}{2}$的值.

2. 化简：(1) $\dfrac{1-\cos\alpha}{2\sin\dfrac{\alpha}{2}}$； (2) $\dfrac{\cos\dfrac{\alpha}{2}}{1+\cos\alpha}$.

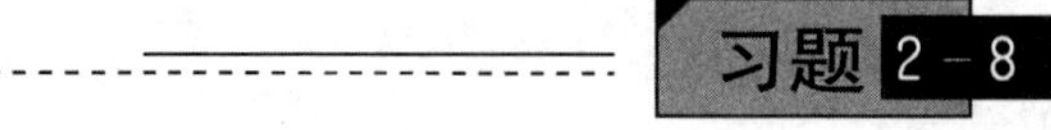

习题 2-8

A 组

1. 利用二倍角公式求下列各式的值：

(1) $2\sin67°30'\cos67°30'$；

(2) $2\cos^2\dfrac{7\pi}{12}-1$；

(3) $\sqrt{1-2\sin105°\cos75°}$；

(4) $\dfrac{\tan150°}{1-\tan^2150°}$.

2. 化简下列各式：

(1) $\cos^2\left(\dfrac{\pi}{4}-x\right)-\sin^2\left(\dfrac{\pi}{4}-x\right)$；

(2) $\dfrac{\cos\alpha}{\sin\dfrac{\alpha}{2}\cos\dfrac{\alpha}{2}}$；

(3) $\sin4\alpha\cot2\alpha-1$；

(4) $\dfrac{1}{1-\tan\alpha}-\dfrac{1}{1+\tan\alpha}$；

(5) $\cos^4\dfrac{x}{2}-\sin^4\dfrac{x}{2}$；

(6) $(1+\cos2x)\tan x$.

3. 已知 $\cos\alpha=\dfrac{1}{3}$，且 $-\dfrac{\pi}{2}<\alpha<0$，求 $\sin2\alpha$，$\cos2\alpha$ 和 $\tan2\alpha$ 的值.

4. 证明下列恒等式：

(1) $\dfrac{\sin2\theta}{1-\cos2\theta}=\cot\theta$；

(2) $1+2\cos^2\theta-\cos2\theta=2$；

(3) $\tan\left(\alpha+\dfrac{\pi}{4}\right)+\tan\left(\alpha-\dfrac{\pi}{4}\right)=2\tan2\alpha$；

(4) $\dfrac{1+\cos2\alpha}{\cot\dfrac{\alpha}{2}-\tan\dfrac{\alpha}{2}}=\dfrac{1}{2}\sin2\alpha$.

5. 已知 $\cos2\alpha=\dfrac{4}{5}$，且 $2\alpha\in[\pi,2\pi]$，求 $\sin\alpha$.

6. 不查表，不使用计算器求 $\sin^2 67°30'$ 的值.

7. 已知 $\sin\theta=-\dfrac{4}{5}$，且 $270°<\theta<360°$，求 $\sin\dfrac{\theta}{2}$，$\cos\dfrac{\theta}{2}$ 和 $\tan\dfrac{\theta}{2}$ 的值.

8. 已知 $\sin\theta=\dfrac{7}{25}$，且 $\dfrac{\pi}{2}<\theta<\pi$，求 $\tan\dfrac{\theta}{2}$ 的值.

9. 化简：

(1) $\dfrac{1+\cos4\alpha}{\cos2\alpha}$；

(2) $\dfrac{1-\cos4\alpha}{2\sin2\alpha}$；

(3) $\dfrac{1+\cos6A}{\cos3A}$；

(4) $\csc2\alpha-\cot2\alpha$.

B　组

1. 化简：

（1）$\cos 36^\circ \cos 72^\circ$；　　（2）$\dfrac{\sin\alpha \sec^2\left(45^\circ-\dfrac{\alpha}{2}\right)}{\tan\left(45^\circ-\dfrac{\alpha}{2}\right)}$.

2. 已知 $\sin\dfrac{\theta}{2}=0.8$，且 $\dfrac{\pi}{2}<\theta<\pi$，求 $\sin\theta$ 和 $\cos\theta$ 的值.

3. 证明下列恒等式：

（1）$\dfrac{\sin A+\sin 2A}{1+\cos A+\cos 2A}=\tan A$；

（2）$\dfrac{\sin 4\alpha \cot 2\alpha}{2\cos\alpha\left(\sin^4\dfrac{\alpha}{2}-\cos^4\dfrac{\alpha}{2}\right)+1}=-2\cos 2\alpha$.

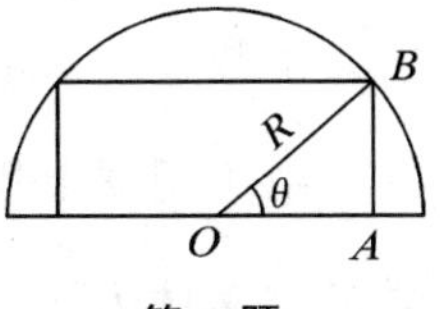

第 4 题

4. 半径为 R 的半圆形铁板，要截出一块面积最大的矩形，应该怎样截取？求出这个矩形的面积.

5. 不查表，不使用计算器计算 $\tan 67^\circ 30'-\tan 22^\circ 30'$.

6. 证明下列恒等式：

（1）$2\sin\theta+\sin 2\theta=4\sin\theta\cos^2\dfrac{\theta}{2}$；　　（2）$\dfrac{2\sin\theta-\sin 2\theta}{2\sin\theta+\sin 2\theta}=\tan^2\dfrac{\theta}{2}$；

（3）$\cos\alpha(\cos\alpha-\cos\beta)+\sin\alpha(\sin\alpha-\sin\beta)=2\sin^2\dfrac{\alpha-\beta}{2}$.

7. 已知一个等腰三角形顶角的余弦值为 $\dfrac{7}{25}$，求底角的正弦、余弦和正切值.

8. 已知单相正弦交流电路中，电流 $i=I\sin\left(\omega t+\dfrac{\pi}{4}\right)$(A)，电阻为 $R(\Omega)$，求证：该纯电阻电路中电阻元件消耗的瞬时电功率为

$$p=\frac{I^2R}{2}+\frac{I^2R}{2}\sin 2\omega t.（提示：p=i^2R）$$

§ 2-9　反三角函数

一、反正弦函数

我们知道，正弦函数 $y=\sin x$ 的定义域是 $(-\infty,+\infty)$，值域是 $[-1,1]$. 由图 2-36 可以看出，对于 $(-\infty,+\infty)$ 内的每一个确定的 x 值，y 在 $[-1,1]$ 上有唯一确定的值和它对应. 例如，对于 $x=\dfrac{\pi}{6}$，有

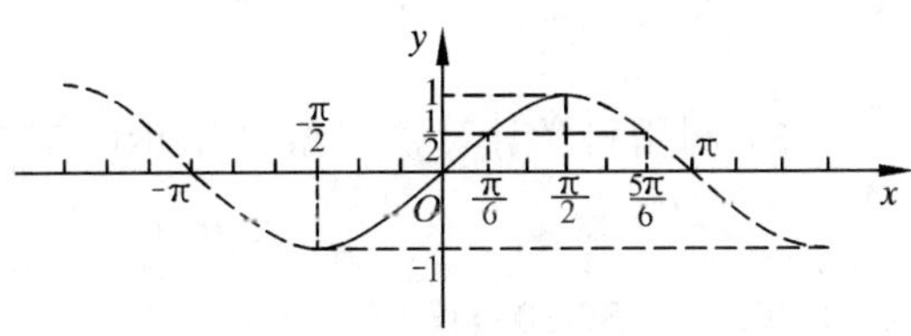

图 2-36

$y=\frac{1}{2}$和它对应.反过来,对于 y 在$[-1,1]$上的每一个值,x 却有无穷多个值和它对应.例如,对于 $y=\frac{1}{2}$,有无穷多个值 $x=2k\pi+\frac{\pi}{6}$,$x=2k\pi+\frac{5\pi}{6}(k\in\mathbf{Z})$和它对应.由此可见,$y=\sin x$ 在$(-\infty,+\infty)$内没有反函数.但在 $y=\sin x$ 的单调区间$\left[-\frac{\pi}{2},\frac{\pi}{2}\right]$上,对于 y 在$[-1,1]$上的每一个值,x 在$\left[-\frac{\pi}{2},\frac{\pi}{2}\right]$上有唯一确定的值和它对应,则 $y=\sin x$ 在$\left[-\frac{\pi}{2},\frac{\pi}{2}\right]$上有反函数.

函数 $y=\sin x$ 在$\left[-\frac{\pi}{2},\frac{\pi}{2}\right]$上的反函数称为**反正弦函数**,记作 $x=\arcsin y$.

由于习惯上用字母 x 表示自变量,y 表示函数,所以,反正弦函数写成 $y=\arcsin x$,它的定义域为$[-1,1]$,值域为$\left[-\frac{\pi}{2},\frac{\pi}{2}\right]$.

这样,对于$[-1,1]$内的每一个 x 值,y(即 $\arcsin x$)表示$\left[-\frac{\pi}{2},\frac{\pi}{2}\right]$内唯一确定的一个角,该角的正弦值恰好等于 x.例如,对于 $x=\frac{1}{2}$,因为在$\left[-\frac{\pi}{2},\frac{\pi}{2}\right]$内有 $\sin\frac{\pi}{6}=\frac{1}{2}$,所以 $\arcsin\frac{1}{2}=\frac{\pi}{6}$.由此还知道:$\sin\left(\arcsin\frac{1}{2}\right)=\frac{1}{2}$.

一般地,如果 $x\in[-1,1]$,则有

$$\sin(\arcsin x)=x. \tag{2-20}$$

例 1 求下列各反正弦函数值:

(1) $\arcsin\frac{\sqrt{3}}{2}$; (2) $\arcsin(-1)$;

(3) $\arcsin 0.267\,2$; (4) $\arcsin\left(-\frac{\sqrt{3}}{2}\right)$.

解 (1) 因为在$\left[-\frac{\pi}{2},\frac{\pi}{2}\right]$上,$\sin\frac{\pi}{3}=\frac{\sqrt{3}}{2}$,

所以 $\arcsin\frac{\sqrt{3}}{2}=\frac{\pi}{3}$.

(2) 因为在$\left[-\frac{\pi}{2},\frac{\pi}{2}\right]$上,$\sin\left(-\frac{\pi}{2}\right)=-1$,

所以 $\arcsin(-1)=-\frac{\pi}{2}$.

(3) 利用科学计算器求角,用 DRG 键把角的度量制调到“RAD”状态,按键顺序为

0.267 2 | 2ndF | $\sin^{-1}$ |

显示:0.270 486 209,所以

$\arcsin 0.267\,2\approx 0.270\,5(\text{rad})$.

(4) 因为在$\left[-\frac{\pi}{2},\frac{\pi}{2}\right]$上，$\sin\left(-\frac{\pi}{3}\right)=-\frac{\sqrt{3}}{2}$，

所以 $\arcsin\left(-\frac{\sqrt{3}}{2}\right)=-\frac{\pi}{3}$.

比较例 1 中的(1)和(4)，可以看出

$$\arcsin\left(-\frac{\sqrt{3}}{2}\right)=-\arcsin\frac{\sqrt{3}}{2}.$$

一般地，如果 $x\in[-1,1]$，则有

$$\arcsin(-x)=-\arcsin x. \tag{2-21}$$

例 2　求下列各式的值：

(1) $\tan\left(\arcsin\frac{\sqrt{3}}{2}\right)$；　　(2) $\sin\left(2\arcsin\frac{4}{5}\right)$.

解　(1) $\tan\left(\arcsin\frac{\sqrt{3}}{2}\right)=\tan\frac{\pi}{3}=\sqrt{3}$.

(2) 设 $\alpha=\arcsin\frac{4}{5}$，则 $\sin\alpha=\frac{4}{5}$.

由 $\alpha\in\left[-\frac{\pi}{2},\frac{\pi}{2}\right]$ 得 $\cos\alpha\geqslant0$，且

$$\cos\alpha=\sqrt{1-\sin^2\alpha}=\sqrt{1-\left(\frac{4}{5}\right)^2}=\frac{3}{5}.$$

所以原式$=\sin2\alpha=2\sin\alpha\cos\alpha=2\times\frac{4}{5}\times\frac{3}{5}=\frac{24}{25}$.

例 3　求下列各式的值：

(1) $\arcsin\left(\sin\frac{\pi}{6}\right)$；　　(2) $\arcsin\left(\sin\frac{7\pi}{6}\right)$.

解　(1) $\arcsin\left(\sin\frac{\pi}{6}\right)=\arcsin\frac{1}{2}=\frac{\pi}{6}$.

(2)
$$\begin{aligned}\arcsin\left(\sin\frac{7\pi}{6}\right)&=\arcsin\left(-\sin\frac{\pi}{6}\right)\\&=\arcsin\left(-\frac{1}{2}\right)=-\frac{\pi}{6}.\end{aligned}$$

由例 3 可见，$\arcsin(\sin\alpha)$不一定等于 α，而是等于$\left[-\frac{\pi}{2},\frac{\pi}{2}\right]$上与 α 有相同正弦值的一个角.

根据互为反函数的图象间的关系，反正弦函数 $y=\arcsin x$ 的图象与正弦函数 $y=\sin x$ 在区间$\left[-\frac{\pi}{2},\frac{\pi}{2}\right]$上的图象关于直线 $y=x$ 对称(图 2-37).

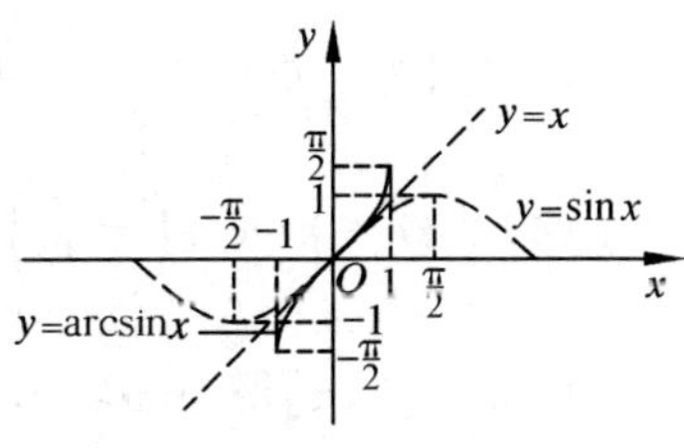

图 2-37

从图 2-37 中可看出，反正弦函数 $y=\arcsin x$ 具有如下性质：

(1) 定义域为$[-1,1]$,值域为$\left[-\frac{\pi}{2},\frac{\pi}{2}\right]$;

(2) 在区间$[-1,1]$上是单调递增函数;

(3) 图象关于原点对称,是奇函数,也就是 $\arcsin(-x)=-\arcsin x$.

练习 1

1. 求下列各式的值:

(1) $\arcsin\left(-\frac{1}{2}\right)$;

(2) $\sin\left(\arcsin\frac{2}{3}\right)$;

(3) $\arcsin 0.6959$;

(4) $\tan\left[\arcsin\left(-\frac{\sqrt{2}}{2}\right)\right]$.

2. 以下各式是否成立?为什么?

(1) $\sin\left(\arcsin\frac{\sqrt{5}}{2}\right)=\frac{\sqrt{5}}{2}$;

(2) $\arcsin\left(\sin\frac{2\pi}{3}\right)=\frac{2\pi}{3}$.

二、反余弦函数

从余弦函数的图象(图 2-38)上同样可以看到,$y=\cos x$ 在$(-\infty,+\infty)$内没有反函数.但 $y=\cos x$ 在单调区间$[0,\pi]$上有反函数.

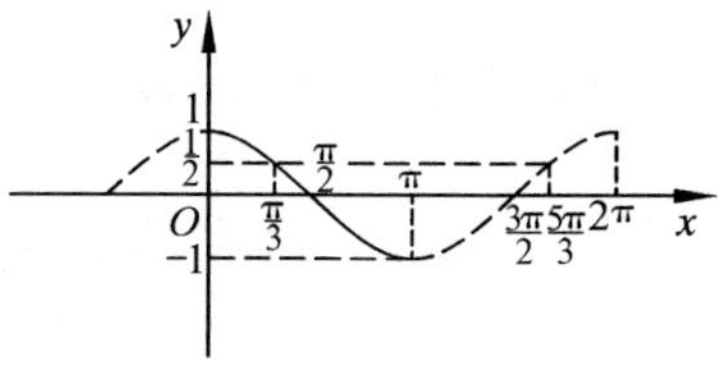

图 2-38

函数 $y=\cos x$ 在$[0,\pi]$上的反函数称为**反余弦函数**,记作 $y=\arccos x$,它的定义域是$[-1,1]$,值域是$[0,\pi]$.

对于$[-1,1]$内的每一个 x 值,$\arccos x$ 表示$[0,\pi]$内唯一确定的一个角,该角的余弦值恰好等于 x,即当 $x\in[-1,1]$时,

$$\cos(\arccos x)=x. \tag{2-22}$$

例 4 求下列各式的值:

(1) $\arccos\frac{\sqrt{3}}{2}$;

(2) $\arccos\left(-\frac{\sqrt{3}}{2}\right)$;

(3) $\cos\left(\arccos\frac{1}{2}\right)$;

(4) $\sin\left[\arccos\left(-\frac{4}{5}\right)\right]$.

解 (1) 因为$\frac{\pi}{6}\in[0,\pi]$,且 $\cos\frac{\pi}{6}=\frac{\sqrt{3}}{2}$,所以 $\arccos\frac{\sqrt{3}}{2}=\frac{\pi}{6}$.

(2) 因为$\frac{5\pi}{6}\in[0,\pi]$,且 $\cos\frac{5\pi}{6}=-\cos\frac{\pi}{6}=-\frac{\sqrt{3}}{2}$,所以 $\arccos\left(-\frac{\sqrt{3}}{2}\right)=\frac{5\pi}{6}$.

(3) 因为$\frac{1}{2}\in[-1,1]$,所以 $\cos\left(\arccos\frac{1}{2}\right)=\frac{1}{2}$.

(4) 设 $\alpha=\arccos\left(-\frac{4}{5}\right)$,则 $\cos\alpha=-\frac{4}{5}$.

由 $\alpha\in[0,\pi]$得 $\sin\alpha\geqslant 0$,所以原式$=\sin\alpha=\sqrt{1-\left(-\frac{4}{5}\right)^2}=\frac{3}{5}$.

比较例 4 中(1)和(2)可以看出

$$\arccos\left(-\frac{\sqrt{3}}{2}\right)=\pi-\arccos\frac{\sqrt{3}}{2}.$$

一般地，当 $x\in[-1,1]$ 时，则有

$$\arccos(-x)=\pi-\arccos x. \tag{2-23}$$

例如，$\arccos\left(-\frac{1}{2}\right)=\pi-\arccos\frac{1}{2}=\pi-\frac{\pi}{3}=\frac{2\pi}{3}$.

例 5　求下列各式的值：

(1) $\arccos\left(\cos\frac{5\pi}{6}\right)$；　　(2) $\arccos\left(\cos\frac{7\pi}{6}\right)$.

解　(1) $\arccos\left(\cos\frac{5\pi}{6}\right)=\arccos\left(-\frac{\sqrt{3}}{2}\right)=\pi-\arccos\frac{\sqrt{3}}{2}=\pi-\frac{\pi}{6}=\frac{5\pi}{6}$.

(2) $\arccos\left(\cos\frac{7\pi}{6}\right)=\arccos\left(\cos\frac{5\pi}{6}\right)=\frac{5\pi}{6}$.

例 6　求下列函数的定义域和值域：

(1) $y=2\arccos\frac{x}{3}$；　　(2) $y=3\sqrt{\arcsin 2x}$.

解　(1) 因为 $-1\leqslant\frac{x}{3}\leqslant 1$，所以 $-3\leqslant x\leqslant 3$.

因为 $0\leqslant\arccos\frac{x}{3}\leqslant\pi$，所以 $0\leqslant 2\arccos\frac{x}{3}\leqslant 2\pi$.

即 $0\leqslant y\leqslant 2\pi$.

故函数 $y=2\arccos\frac{x}{3}$ 的定义域是 $[-3,3]$，值域是 $[0,2\pi]$.

(2) 因为 $-1\leqslant 2x\leqslant 1$，又要使 $\arcsin 2x\geqslant 0$，

所以 $0\leqslant 2x\leqslant 1$，得 $0\leqslant x\leqslant\frac{1}{2}$.

因为 $0\leqslant\arcsin 2x\leqslant\frac{\pi}{2}$，

所以 $0\leqslant 3\sqrt{\arcsin 2x}\leqslant\frac{3}{2}\sqrt{2\pi}$.

即 $0\leqslant y\leqslant\frac{3}{2}\sqrt{2\pi}$.

故函数 $y=3\sqrt{\arcsin 2x}$ 的定义域是 $\left[0,\frac{1}{2}\right]$，值域是 $\left[0,\frac{3}{2}\sqrt{2\pi}\right]$.

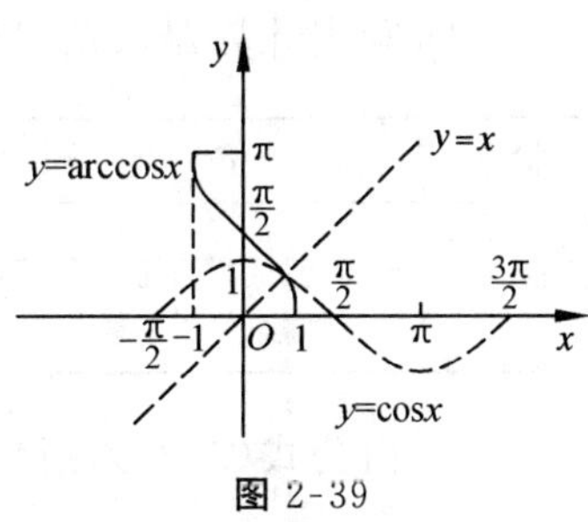

图 2-39

反余弦函数 $y=\arccos x$ 的图象（图 2-39）与余弦函数 $y=\cos x$ 在 $[0,\pi]$ 上的一段图象关于直线 $y=x$ 对称.

从图 2-39 中可以看出，反余弦函数具有如下**性质**：

(1) 在区间 $[-1,1]$ 上是单调递减函数，值域是 $[0,\pi]$；

(2) 既不是偶函数，也不是奇函数.

练习 2

1. 求下列各式的值：

(1) $\arccos(-1)$；　　(2) $\cos\left[\arccos\left(-\frac{2}{3}\right)\right]$；

(3) $\sin\left[\arccos\left(-\frac{1}{2}\right)\right]$；　　(4) $\arccos\left(\cos\frac{2\pi}{3}\right)$.

2. arccos1.2 有意义吗？为什么？

三、反正切函数和反余切函数

正切函数 $y=\tan x$ 在 $\left(-\frac{\pi}{2},\frac{\pi}{2}\right)$ 内的反函数称为**反正切函数**，记作 $y=\arctan x$，它的定义域是 $(-\infty,+\infty)$，值域是 $\left(-\frac{\pi}{2},\frac{\pi}{2}\right)$.

余切函数 $y=\cot x$ 在 $(0,\pi)$ 内的反函数称为**反余切函数**，记作 $y=\operatorname{arccot}x$，它的定义域是 $(-\infty,+\infty)$，值域是 $(0,\pi)$.

由反正切函数、反余切函数的定义可知，当 $x\in(-\infty,+\infty)$ 时，有

$$\tan(\arctan x)=x; \tag{2-24}$$

$$\cot(\operatorname{arccot}x)=x. \tag{2-25}$$

与反正弦函数和反余弦函数相仿，当 $x\in(-\infty,+\infty)$ 时，则有

$$\arctan(-x)=-\arctan x; \tag{2-26}$$

$$\operatorname{arccot}(-x)=\pi-\operatorname{arccot}x. \tag{2-27}$$

例 7 求下列各式的值：

(1) $\arctan\sqrt{3}$；　　(2) $\arctan\left(-\frac{1}{2}\right)$；

(3) $\operatorname{arccot}(-\sqrt{3})$；　　(4) $\tan[\arctan(-1)]$.

解 (1) 因为 $\frac{\pi}{3}\in\left(-\frac{\pi}{2},\frac{\pi}{2}\right)$，且 $\tan\frac{\pi}{3}=\sqrt{3}$，

所以 $\arctan\sqrt{3}=\frac{\pi}{3}$.

(2) 利用计算器求角，过程如下：

状态	按键顺序	显示	结果
RAD	1 [÷] 2 [=] [+/−] [2ndF] [$\tan^{-1}$]	−0.463 647 609	$\arctan\left(-\frac{1}{2}\right)\approx-0.4636(\text{rad})$

(3) 由公式(2-27)可得

$$\operatorname{arccot}(-\sqrt{3})=\pi-\operatorname{arccot}\sqrt{3}=\pi-\frac{\pi}{6}=\frac{5\pi}{6}.$$

(4) 由公式(2-24)可得

$\tan[\arctan(-1)]=-1$.

例 8　求下列各式的值：

(1) $\arctan\left(\tan\dfrac{5\pi}{4}\right)$；　　(2) $\operatorname{arccot}\left[\cot\left(-\dfrac{\pi}{4}\right)\right]$.

解　(1) $\arctan\left(\tan\dfrac{5\pi}{4}\right)=\arctan\left(\tan\dfrac{\pi}{4}\right)=\arctan1=\dfrac{\pi}{4}$.

(2) $\operatorname{arccot}\left[\cot\left(-\dfrac{\pi}{4}\right)\right]=\operatorname{arccot}\left(-\cot\dfrac{\pi}{4}\right)=\operatorname{arccot}(-1)$

$$=\pi-\operatorname{arccot}1=\pi-\frac{\pi}{4}=\frac{3\pi}{4}.$$

反正切函数和反余切函数的图象分别如图 2-40 和图 2-41 所示，请读者讨论它们的性质.

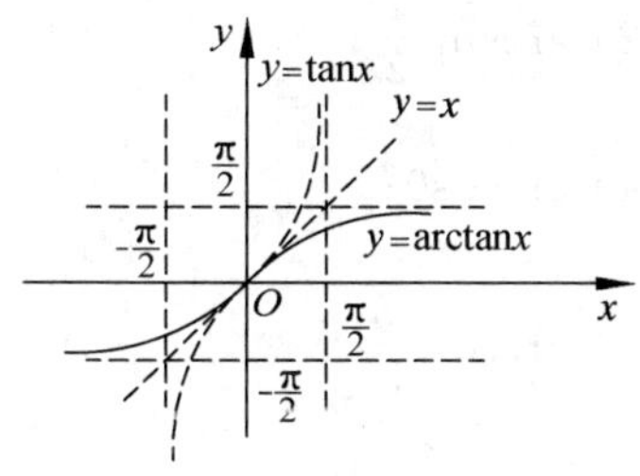

图 2-40

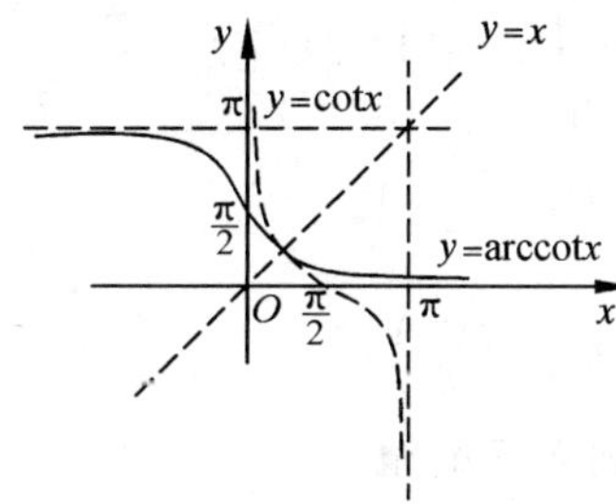

图 2-41

反正弦函数、反余弦函数、反正切函数、反余切函数统称为**反三角函数**.

例 9　如图 2-42 所示，锥体冲头的斜长为 l，直径为 d.

(1) 试用反三角函数表示锥顶角 α；

(2) 若 $l=19\text{mm}$，$d=21\text{mm}$ 时，α 为多少度(精确到 $1'$)？

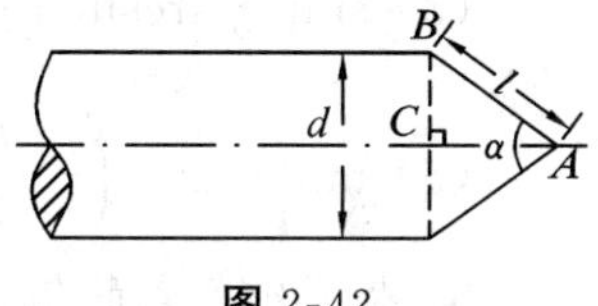

图 2-42

解　(1) $\sin\dfrac{\alpha}{2}=\dfrac{BC}{AB}=\dfrac{\frac{d}{2}}{l}=\dfrac{d}{2l}$.

因为 $\dfrac{\alpha}{2}$ 为锐角，所以 $\dfrac{\alpha}{2}=\arcsin\dfrac{d}{2l}$，

即　　$\alpha=2\arcsin\dfrac{d}{2l}$.

(2) 将 $l=19$，$d=21$ 代入上式，得

$$\alpha=2\arcsin\frac{21}{38}.$$

利用计算器求角，过程如下：

状态	按　键　顺　序	显　　示
DEG	21 [÷] 38 [=] [2ndF] [sin⁻¹] [×] 2 [=] [2ndF] [→DMS]	67.054 371 55

所以 $\alpha\approx67°5'43''\approx67°6'$.

练习 3

求下列各式的值：

(1) $\arctan\dfrac{\sqrt{3}}{3}$；　　(2) $\arctan(-1)$；

(3) $\tan(\arctan 2.75)$；　　(4) $\text{arccot}\left(-\dfrac{\sqrt{3}}{3}\right)$.

习题 2-9

A 组

1. 求下列各式的值：

(1) $\arcsin\left(-\dfrac{\sqrt{2}}{2}\right)$；　　(2) $\arcsin\dfrac{1}{2}$；

(3) $\arccos\left(-\dfrac{1}{2}\right)$；　　(4) $\arccos 0$；

(5) $\arctan\left(-\dfrac{\sqrt{3}}{3}\right)$；　　(6) $\text{arccot}\dfrac{\sqrt{3}}{3}$.

2. 求下列各式的值：

(1) $\sin\left[\arcsin\left(-\dfrac{\sqrt{3}}{2}\right)\right]$；　　(2) $\cos\left[\arccos\left(-\dfrac{\sqrt{2}}{2}\right)\right]$；

(3) $\sin\left(\dfrac{1}{2}\arcsin\dfrac{\sqrt{3}}{2}\right)$；　　(4) $\cos\left(\arcsin\dfrac{\sqrt{5}}{4}\right)$；

(5) $\tan\left[\arctan\left(-\dfrac{\sqrt{3}}{3}\right)\right]$；　　(6) $\tan\left[\text{arccot}\left(-\dfrac{1}{2}\right)\right]$.

3. 求下列各式的值：

(1) $\arcsin\left(\sin\dfrac{5\pi}{4}\right)$；　　(2) $\arccos\left[\cos\left(-\dfrac{\pi}{6}\right)\right]$；

(3) $\arctan\left(\tan\dfrac{3\pi}{4}\right)$；　　(4) $\text{arccot}\left(\cot\dfrac{5\pi}{4}\right)$.

4. 求下列各函数的定义域和值域：

(1) $y=3\arcsin\dfrac{x}{2}$；　　(2) $y=2\arcsin(1-x)$；

(3) $y=-\arccos x$；　　(4) $y=\arctan\dfrac{x}{2}$.

5. 已知等腰三角形 ABC 的两腰 $AB=AC=13\text{cm}$，高 $AD=12\text{cm}$，试用反三角函数表示各内角.

6. 矩形的面积等于 S，它的长边等于 a，求两条对角线所成的锐角.

B　组

1. 利用计算器，求下列各式的值：

(1) $\arccos\left(-\frac{1}{4}\right)$；　　(2) $\arctan(-2.743)$；

(3) $\arcsin\frac{4}{5}$；　　(4) $\text{arccot}(-57.29)$.

2. 求下列各式的值：

(1) $\cos\left[\arcsin\left(-\frac{\sqrt{2}}{2}\right)\right]$；　　(2) $\sin\left(\frac{\pi}{3}+\arccos\frac{1}{4}\right)$；

(3) $\cos\left[2\arccos\left(-\frac{5}{13}\right)\right]$；　　(4) $\tan\left(\frac{\pi}{3}+\arctan 2\right)$.

3. 求下列各函数的定义域和值域：

(1) $y=\sqrt{\arccos x}$；　　(2) $y=3\arcsin\sqrt{x-1}$；

(3) $y=\arctan\sqrt{x-3}$.

4. 已知等腰三角形的高和底边之比为 2∶3，试用反三角函数表示它的三个内角.

5. 已知菱形的两条对角线长分别为 10 cm 和 24 cm，试用反三角函数表示菱形的内角.

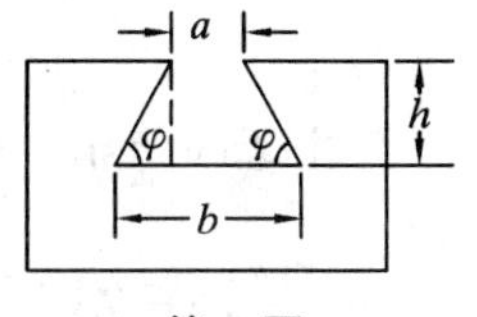

第 6 题

6. 如图，在一个零件上要铣出一条燕尾槽，要使槽的高度为 h，槽底宽度为 b，开口处宽度为 a，槽两侧的斜角相等，试用反三角函数表示该斜角.

§ 2－10　最简三角方程

我们先看一个实际问题：

某车间要利用宽为 4 cm 和 8 cm 的钢板，焊接一批如图 2-43 所示的角铁，问下料时角 x 应取多少度？

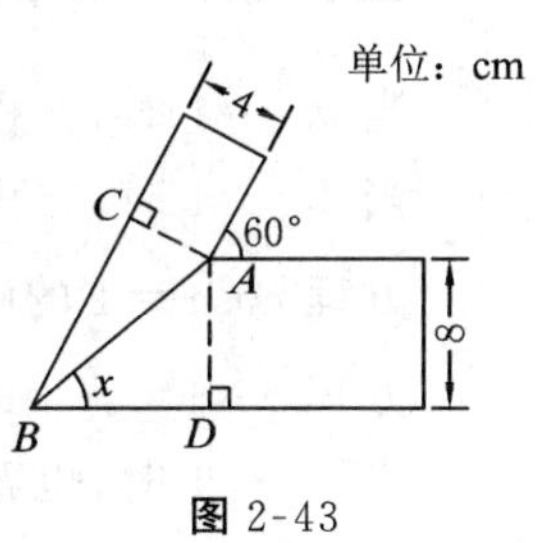

图 2-43

因为$\angle CBD=60°$，过点 A 作$\angle CBD$ 两边的垂线 AC，AD，垂足分别为 C，D.

由于 $$AB\cdot\sin x=8,$$
$$AB\cdot\sin(60°-x)=4,$$
所以 $$\sin x=2\sin(60°-x).$$

这种含有未知角的三角函数的方程称为**三角方程**.

又如 $2\sin x=-\sqrt{3}$，$2\sin^2 x+3\cos x=0$ 等，都是三角方程.

形如 $\sin x=a$，$\cos x=a$，$\tan x=a$ 和 $\cot x=a$ 的三角方程，称为**最简三角方程**.下面讨论这四种三角方程的解集.

一、$\sin x=a$ 的解集

因为$|\sin x|\leqslant 1$，所以当$|a|>1$ 时，方程 $\sin x=a$ 的解集是$\varnothing$.

当$|a|=1$时，方程为$\sin x=1$或$\sin x=-1$.由于$y=\sin x$的周期为2π，所以可得：

方程$\sin x=1$的解集为$\left\{x\,\middle|\,x=2k\pi+\frac{\pi}{2},k\in\mathbf{Z}\right\}$；

方程$\sin x=-1$的解集为$\left\{x\,\middle|\,x=2k\pi-\frac{\pi}{2},k\in\mathbf{Z}\right\}$.

当$|a|<1$时，先看一个例子.

例 1 求方程$\sin x=\frac{1}{2}$的解集.

解 利用单位圆可以作出适合方程$\sin x=\frac{1}{2}$的在区间$\left[-\frac{\pi}{2},\frac{3\pi}{2}\right]$上的角(图 2-44).由图可以看出：

$$x_1=\arcsin\frac{1}{2}=\frac{\pi}{6},$$

$$x_2=\pi-\arcsin\frac{1}{2}=\frac{5\pi}{6}.$$

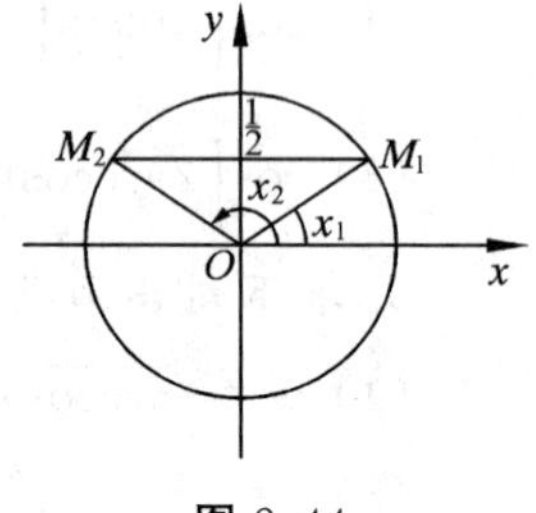

图 2-44

由于$y=\sin x$的周期为2π，所以方程的解集为$\left\{x\,\middle|\,x=2k\pi+\frac{\pi}{6},k\in\mathbf{Z}\right\}\cup\left\{x\,\middle|\,x=2k\pi+\frac{5\pi}{6},k\in\mathbf{Z}\right\}$.

一般地，当$|a|<1$时，方程$\sin x=a$在区间$\left[-\frac{\pi}{2},\frac{\pi}{2}\right]$上有一个解$x_1=\arcsin a$，在$\left[\frac{\pi}{2},\frac{3\pi}{2}\right]$上有另一个解$x_2=\pi-\arcsin a$，所以此时方程$\sin x=a$的解集为

$$\{x\,|\,x=2k\pi+\arcsin a,k\in\mathbf{Z}\}\cup\{x\,|\,x=(2k+1)\pi-\arcsin a,k\in\mathbf{Z}\}.$$

二、$\cos x=a$ 的解集

当$|a|>1$时，方程$\cos x=a$的解集是$\varnothing$.

当$|a|=1$时，方程为$\cos x=1$或$\cos x=-1$.

方程$\cos x=1$的解集为$\left\{x\,\middle|\,x=2k\pi,k\in\mathbf{Z}\right\}$；

方程$\cos x=-1$的解集为$\{x\,|\,x=(2k+1)\pi,k\in\mathbf{Z}\}$.

当$|a|<1$时，也看一个例子.

例 2 求方程$\cos x=-\frac{1}{2}$的解集.

解 利用单位圆可以作出适合方程$\cos x=-\frac{1}{2}$的在区间$[-\pi,\pi]$上的角(图 2-45).由图看出：

$$x_1=\arccos\left(-\frac{1}{2}\right)=\frac{2\pi}{3},$$

$$x_2=-\arccos\left(-\frac{1}{2}\right)=-\frac{2\pi}{3}.$$

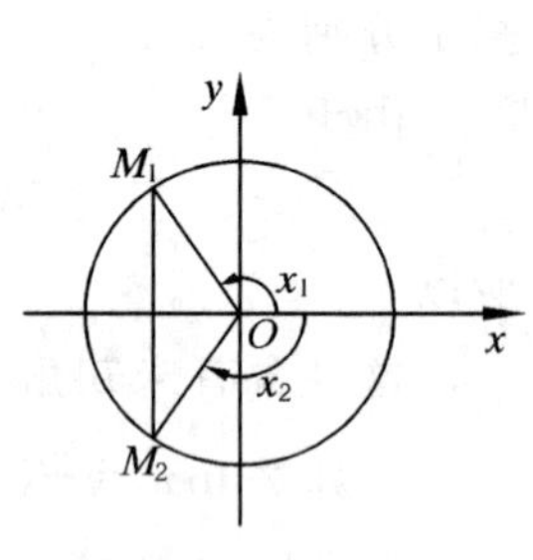

图 2-45

由于 $y=\cos x$ 的周期是 2π，所以方程的解集为 $\left\{x \,\middle|\, x=2k\pi\pm\frac{2\pi}{3},k\in\mathbf{Z}\right\}$.

一般地，当 $|a|<1$ 时，方程 $\cos x=a$ 在区间 $[0,\pi]$ 上有一个解 $x_1=\arccos a$，在 $[-\pi,0]$ 上有另一个解 $x_2=-\arccos a$，所以此时方程 $\cos x=a$ 的解集为

$$\{x \mid x=2k\pi\pm\arccos a,k\in\mathbf{Z}\}.$$

三、$\tan x=a$，$\cot x=a$ 的解集

对于任意给定的实数 a，方程 $\tan x=a$ 在区间 $\left(-\frac{\pi}{2},\frac{\pi}{2}\right)$ 内都有唯一解 $x=\arctan a$，由于 $y=\tan x$ 的周期是 π，所以方程 $\tan x=a$ 的解集为

$$\{x \mid x=k\pi+\arctan a,k\in\mathbf{Z}\}.$$

类似地，方程 $\cot x=a$ 在区间 $(0,\pi)$ 内也有唯一解 $x=\operatorname{arccot} a$，所以方程 $\cot x=a$ 的解集为

$$\{x \mid x=k\pi+\operatorname{arccot} a,k\in\mathbf{Z}\}.$$

例 3　求方程 $\tan x=-\frac{\sqrt{3}}{3}$ 的解集.

解　因为 $\arctan\left(-\frac{\sqrt{3}}{3}\right)=-\arctan\frac{\sqrt{3}}{3}=-\frac{\pi}{6}$，

所以方程 $\tan x=-\frac{\sqrt{3}}{3}$ 的解集为 $\left\{x \,\middle|\, x=k\pi-\frac{\pi}{6},k\in\mathbf{Z}\right\}$.

例 4　求适合方程 $\cot x=1$，且 $-360^\circ<x<360^\circ$ 的解.

解　因为 $\operatorname{arccot}1=45^\circ$，

所以方程的解集为 $\{x \mid x=k\cdot180^\circ+45^\circ,k\in\mathbf{Z}\}$.

令 $k=-2,-1,0,1$，就得到方程在 $-360^\circ<x<360^\circ$ 内的解为 $-315^\circ,-135^\circ,45^\circ,225^\circ$.

练习 1

1. 写出下列方程的解集：

(1) $2\sin x+1=0$；　　(2) $\cos x=0$；

(3) $\tan x=-\sqrt{3}$；　　(4) $\cot x=-\frac{\sqrt{3}}{3}$.

2. 求适合方程 $\sin x=-\frac{\sqrt{2}}{2}$，且 $-2\pi<x<2\pi$ 的解.

例 5　求下列方程的解集：

(1) $2\cos 3x+1=0$；　　(2) $\tan\left(2x+\frac{\pi}{4}\right)=\sqrt{3}$；

(3) $2\sin\left(3x+\frac{\pi}{6}\right)=-\sqrt{2}$.

解　(1) 原方程化为　　$\cos 3x=-\frac{1}{2}$，

得 $$3x=2k\pi\pm\arccos\left(-\frac{1}{2}\right)=2k\pi\pm\frac{2\pi}{3}(k\in\mathbf{Z}),$$

即 $$x=\frac{2k\pi}{3}\pm\frac{2\pi}{9}(k\in\mathbf{Z}).$$

所以原方程的解集为$\left\{x\,\middle|\,x=\frac{2k\pi}{3}\pm\frac{2\pi}{9},k\in\mathbf{Z}\right\}$.

(2) 把 $2x+\frac{\pi}{4}$看成一个角,得

$$2x+\frac{\pi}{4}=k\pi+\arctan\sqrt{3}=k\pi+\frac{\pi}{3}(k\in\mathbf{Z}),$$

即 $$x=\frac{k\pi}{2}+\frac{\pi}{24}(k\in\mathbf{Z}).$$

所以方程的解集为$\left\{x\,\middle|\,x=\frac{k\pi}{2}+\frac{\pi}{24},k\in\mathbf{Z}\right\}$.

(3) 原方程可化为 $\sin\left(3x+\frac{\pi}{6}\right)=-\frac{\sqrt{2}}{2}$.

将 $3x+\frac{\pi}{6}$看作一个角,得

$$3x+\frac{\pi}{6}=2k\pi-\frac{\pi}{4}\text{和 }3x+\frac{\pi}{6}=(2k+1)\pi-\left(-\frac{\pi}{4}\right)(k\in\mathbf{Z}).$$

即 $$x=\frac{2k\pi}{3}-\frac{5\pi}{36}\text{和 }x=\frac{2k\pi}{3}+\frac{13}{36}\pi(k\in\mathbf{Z}).$$

所以原方程的解集为

$$\left\{x\,\middle|\,x=\frac{2k\pi}{3}-\frac{5\pi}{36},k\in\mathbf{Z}\right\}\cup\left\{x\,\middle|\,x=\frac{2k\pi}{3}+\frac{13}{36}\pi,k\in\mathbf{Z}\right\}.$$

例 6 解方程 $\sin x-\sqrt{3}\cos x=1$.

解 方程两边除以 2,得

$$\frac{1}{2}\sin x-\frac{\sqrt{3}}{2}\cos x=\frac{1}{2}.$$

方程可化为 $$\sin\left(x-\frac{\pi}{3}\right)=\frac{1}{2},$$

得 $$x-\frac{\pi}{3}=2k\pi+\frac{\pi}{6}\text{和 }x-\frac{\pi}{3}=2k\pi+\frac{5\pi}{6}(k\in\mathbf{Z}).$$

所以原方程的解集为$\left\{x\,\middle|\,x=2k\pi+\frac{\pi}{2},k\in\mathbf{Z}\right\}\cup\left\{x\,\middle|\,x=2k\pi+\frac{7\pi}{6},k\in\mathbf{Z}\right\}$.

一般地,对于 $a\sin x+b\cos x=c$ 形式的方程,可以把方程的左端化为 $A\sin(x+\varphi)$的形式$\left[A=\sqrt{a^2+b^2}\right.$,角 φ 由 $\tan\varphi=\frac{b}{a}$与点(a,b)所在的象限来确定$\left.\right]$,然后求解.

例 7 解方程 $\sin x=2\sin(60^\circ-x)$.

解 因为 $$\sin x=2(\sin60^\circ\cos x-\cos60^\circ\sin x),$$

所以 $$2\sin x-\sqrt{3}\cos x=0.$$

因 $\cos x\neq 0$，方程两边同除以 $\cos x$，得 $\tan x=\frac{\sqrt{3}}{2}$.

利用计算器求角(精确到 $1'$)，过程如下：

状态	按　键　顺　序	显　　示	结　　果
DEG	3 [√] [÷] 2 [=] [2ndF] [tan⁻¹] [2ndF] [→DMS]	40.533 622 07	$\arctan\frac{\sqrt{3}}{2}\approx 40°54'$

所以原方程的解集为

$$\{x\mid x=k\cdot 180°+40°54',k\in\mathbf{Z}\}.$$

该方程就是本节开头焊接钢板问题所得的方程，由于 $0°<x<60°$，所以只有 $x=40°54'$ 时才有意义.

练习 2

写出下列方程的解集：

(1) $\sin\left(x-\frac{\pi}{8}\right)=\frac{\sqrt{2}}{2}$；

(2) $3\tan(x+15°)+\sqrt{3}=0$.

习题 2-10

A　组

1. 写出下列方程的解集：

(1) $\sin x=0$；

(2) $\cos x=\frac{1}{2}$；

(3) $\tan x=0$；

(4) $\cot x=-\sqrt{3}$.

2. 求下列方程在指定范围内的解：

(1) $\sin x=-\frac{\sqrt{3}}{2}$，且 $-2\pi<x<2\pi$；

(2) $2\cos x+\sqrt{2}=0$，且 $0°<x<720°$；

(3) $\tan x=-\frac{1}{3}$，且 $-180°<x<180°$；

(4) $\cot\left(2x+\frac{\pi}{12}\right)=-1$，且 $-2\pi<x<2\pi$.

3. 求下列方程的解集：

(1) $2\sin(2x-15°)+\sqrt{3}=0$；

(2) $\sin\left(\frac{x}{2}-\frac{\pi}{6}\right)=\frac{\sqrt{3}}{2}$；

(3) $2\cos\frac{x}{2}-\sqrt{2}=0$；

(4) $\sin\frac{x}{2}-\cos\frac{x}{2}=1$；

(5) $3\tan\frac{x}{2}-\sqrt{3}=0$；

(6) $\tan\left(3x+\frac{\pi}{12}\right)=1$.

B 组

1. 求下列方程的解集：

(1) $\sin x\cos x=\frac{1}{4}$；　　(2) $4\cos^2\left(x+\frac{\pi}{6}\right)=1$；

(3) $\tan^2 x=1$；　　(4) $2\sin\left(3x+\frac{\pi}{6}\right)=-\sqrt{3}$；

(5) $\sqrt{3}\sin x+\cos x=1$；　　(6) $\sin\frac{x}{2}-\cos\frac{x}{2}=0$.

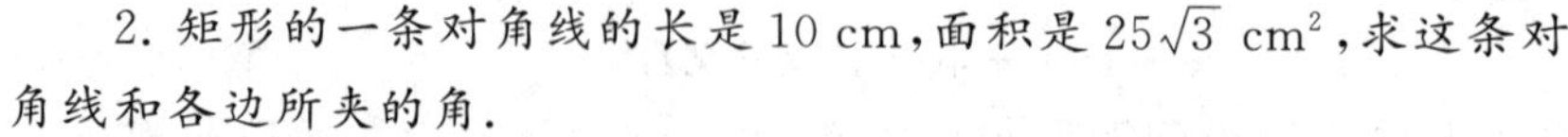

2. 矩形的一条对角线的长是 10 cm，面积是 $25\sqrt{3}\ \text{cm}^2$，求这条对角线和各边所夹的角.

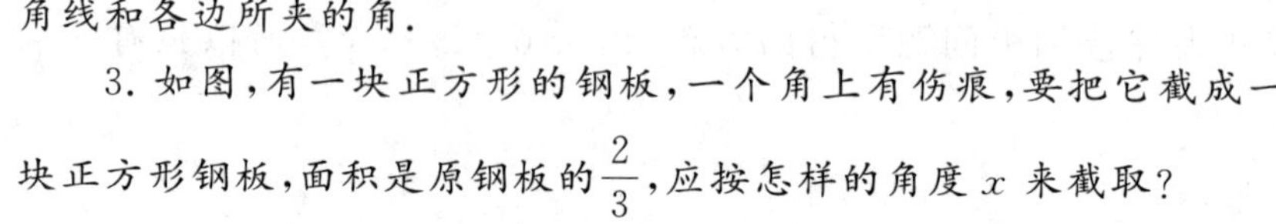

3. 如图，有一块正方形的钢板，一个角上有伤痕，要把它截成一块正方形钢板，面积是原钢板的 $\frac{2}{3}$，应按怎样的角度 x 来截取？

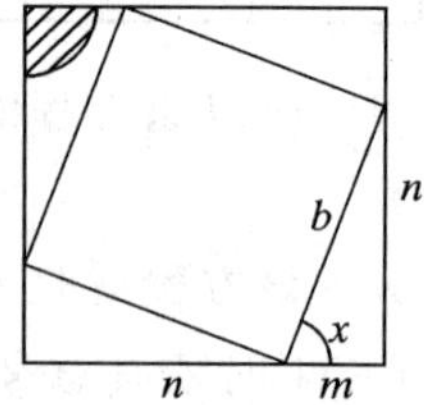

第 3 题

§ 2-11　解斜三角形

在初中，我们已会解直角三角形，本节讨论如何解斜三角形.为此，我们先介绍两个重要定理——正弦定理和余弦定理.

一、正弦定理

如图 2-46 所示，将△ABC 放置在直角坐标系中，顶点 B 的坐标是$(c\cos A, c\sin A)$，AC 边上的高 $EB=c\sin A$，于是△ABC 的面积为

$$S_\triangle=\frac{1}{2}|AC|\cdot|EB|=\frac{1}{2}b\cdot c\sin A.$$

由图 2-47 所示的两种图形同样可得

$$S_\triangle=\frac{1}{2}c\cdot a\sin B, S_\triangle=\frac{1}{2}a\cdot b\sin C.$$

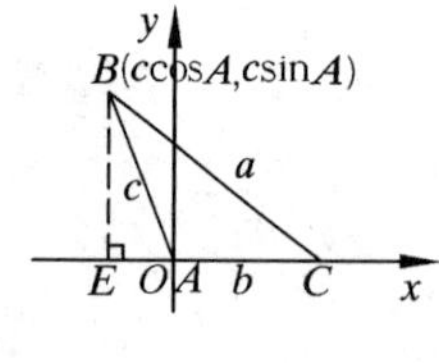

图 2-46

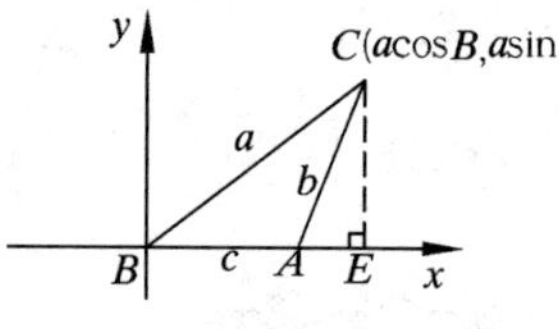

图 2-47

由此，我们得到任意三角形的**面积公式**

$$S_\triangle=\frac{1}{2}bc\sin A=\frac{1}{2}ca\sin B=\frac{1}{2}ab\sin C.$$

将等式

$$\frac{1}{2}bc\sin A=\frac{1}{2}ca\sin B=\frac{1}{2}ab\sin C$$

两边各除以$\frac{1}{2}abc$，可得

$$\frac{\sin A}{a}=\frac{\sin B}{b}=\frac{\sin C}{c}.$$

由此，我们得到关于任意三角形边与角之间关系的一个重要定理：

正弦定理　在一个三角形中，各边和它所对角的正弦的比相等，即

$$\frac{a}{\sin A}=\frac{b}{\sin B}=\frac{c}{\sin C}. \tag{2-28}$$

如果$\triangle ABC$中有一个角是直角，如$C=90^\circ$，这时$\sin C=1$，由正弦定理可得$\sin A=\frac{a}{c}$，$\sin B=\frac{b}{c}$，这和直角三角形中边与角之间的关系是一致的.

利用正弦定理与三角形内角和定理，可以解以下两类斜三角形问题：

(1) 已知两角与任一边，求其他两边与一角；

(2) 已知两边与其中一边的对角，求其他两角与一边.

例 1　在$\triangle ABC$中，已知$a=10$，$A=30^\circ$，$B=45^\circ$，求C和b，c(边长保留三位有效数字).

解　(1) $C=180^\circ-(30^\circ+45^\circ)=105^\circ$；

(2) 由$\frac{a}{\sin A}=\frac{b}{\sin B}$，得

$$b=\frac{a\sin B}{\sin A}=\frac{10\sin 45^\circ}{\sin 30^\circ}=10\sqrt{2}\approx 14.1;$$

(3) 由$\frac{a}{\sin A}=\frac{c}{\sin C}$，得

$$c=\frac{a\sin C}{\sin A}=\frac{10\sin 105^\circ}{\sin 30^\circ}\approx 19.3.$$

以上计算可用计算器完成.

例 2　在$\triangle ABC$中，已知$a=20$，$b=28$，$A=40^\circ$，求B，C和c(边长保留四位有效数字).

解　(1) 由$\frac{a}{\sin A}=\frac{b}{\sin B}$，得$\sin B=\frac{b\sin A}{a}=\frac{28\sin 40^\circ}{20}=0.899\,9$，

解得$B_1\approx 64^\circ 9'$或$B_2=180^\circ-64^\circ 9'=115^\circ 51'$；

(2) $C_1=180^\circ-(40^\circ+64^\circ 9')=75^\circ 51'$，

$C_2=180^\circ-(40^\circ+115^\circ 51')=24^\circ 9'$；

(3) 由$\frac{a}{\sin A}=\frac{c}{\sin C}$，$c=\frac{a\sin C}{\sin A}$，得

$$c_1=\frac{20\times\sin 75^\circ 51'}{\sin 40^\circ}\approx 30.17,$$

$$c_2=\frac{20\times\sin 24^\circ 9'}{\sin 40^\circ}\approx 12.73.$$

例 3　在$\triangle ABC$中，已知$a=50$，$b-40$，$A=38^\circ$，求B，C(精确到1°)和c(保留两位有效数字).

解　(1) 因为$b<a$，所以$B<A$，B也为锐角.

由 $\sin B=\dfrac{b\sin A}{a}=\dfrac{40\sin 38^\circ}{50}\approx 0.4925$，得 $B\approx 30^\circ$；

(2) $C=180^\circ-(A+B)=180^\circ-(38^\circ+30^\circ)=112^\circ$；

(3) $c=\dfrac{a\sin C}{\sin A}=\dfrac{50\sin 112^\circ}{\sin 38^\circ}\approx 75$.

由例 2 和例 3 可以知道，已知两边和其中一边的对角解三角形，在有解的情况下，有两解或一解，图 2-48(1)和图 2-48(2)说明了在$\triangle ABC$ 中，已知 a，b 和 A 时解三角形的各种情况.

(1) A 为锐角[图 2-48(1)].

(2) A 为直角或钝角[图 2-48(2)].

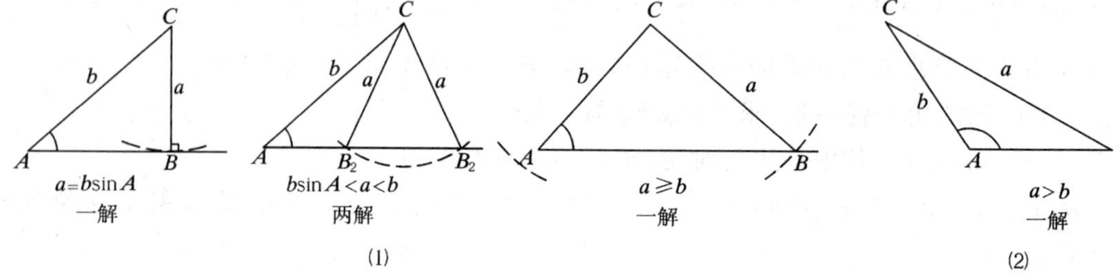

图 2-48

练习 1

在$\triangle ABC$ 中(边长保留两位有效数字)：

(1) 已知 $B=30^\circ$，$C=45^\circ$，$b=2$，求 A，a 和 c；

(2) 已知 $B=45^\circ$，$b=2\sqrt{2}$，$c=2\sqrt{3}$，求 A，C 和 a；

(3) 已知 $c=56$，$b=38$，$C=120^\circ$，求 B，A 和 a(角度精确到 1°).

二、余弦定理

如前文第 114 页图 2-46 所示，仍将$\triangle ABC$ 放置在直角坐标系中，B 点的坐标为$(c\cos A, c\sin A)$，C 点的坐标为$(b, 0)$，由两点间的距离公式可得

$$a=|BC|=\sqrt{(b-c\cos A)^2+(-c\sin A)^2},$$

即

$$\begin{aligned}a^2&=(b-c\cos A)^2+(-c\sin A)^2\\&=b^2-2bc\cos A+c^2(\cos^2 A+\sin^2 A)\\&=b^2+c^2-2bc\cos A.\end{aligned}$$

由前文第 114 页图 2-47 所示的两种图形同样可得

$$b^2=a^2+c^2-2ac\cos B,$$

$$c^2=a^2+b^2-2ab\cos C.$$

由此，我们得到关于任意三角形边与角之间关系的另一个重要定理：

余弦定理 三角形任何一边的平方，等于其他两边的平方和减去这两边与它们夹角的余弦的乘积的两倍，即

$$a^2=b^2+c^2-2bc\cos A,$$

$$b^2=a^2+c^2-2ac\cos B, \quad (2\text{-}29)$$
$$c^2=a^2+b^2-2ab\cos C.$$

当$\triangle ABC$中$C=90°$时，$\cos C=0$，这时$c^2=a^2+b^2$就是勾股定理，因此勾股定理是余弦定理的特殊情况.

余弦定理的另一种形式为

$$\cos A=\frac{b^2+c^2-a^2}{2bc},$$
$$\cos B=\frac{a^2+c^2-b^2}{2ac}, \quad (2\text{-}30)$$
$$\cos C=\frac{a^2+b^2-c^2}{2ab}.$$

利用余弦定理可以解以下两类斜三角形问题：

(1) 已知两边与它们的夹角，求其余边、角；

(2) 已知三边，求三个角.

例 4　在$\triangle ABC$中，已知三边$a=10$，$b=15$，$c=8$，求三个角(精确到$1'$).

解　用余弦定理先求两条较短边所对的角.

$$\cos C=\frac{a^2+b^2-c^2}{2ab}=\frac{10^2+15^2-8^2}{2\times10\times15}=\frac{261}{300}=0.87, C=29°33';$$

$$\cos A=\frac{b^2+c^2-a^2}{2bc}=\frac{15^2+8^2-10^2}{2\times15\times8}=\frac{189}{240}=0.787\ 5, A=38°3'.$$

故$B=180°-(29°33'+38°3')=112°24'$.

例 5　在$\triangle ABC$中，已知$b=52$，$c=45$，$A=40°$，求a(精确到四位有效数字)和B，C(精确到$1'$).

解　$a^2=b^2+c^2-2bc\cos A=52^2+45^2-2\times52\times45\times\cos40°$

$=1\ 143.912$，

$a\approx33.82$.

因为$\sin C=\dfrac{c\sin A}{a}=\dfrac{45\times\sin40°}{33.82}\approx0.855\ 3$，

所以$C=58°48'$.

故$B=180°-(40°+58°48')=81°12'$.

练习 2

根据下列条件解三角形(角度精确到$1°$)：

(1) $a=5$，$b=7$，$c=4$；　　(2) $b=3$，$c=5$，$A=120°$.

三、正弦定理和余弦定理的应用举例

在解决有关实际问题时，要先把已知条件和待求元素归结到同一个三角形中，然后灵活运用正弦定理和余弦定理.

例 6　为了在一条河上建一座桥，需要测量河两岸 A，B 两点间的距离.如图 2-49 所示，测量人员在岸边定出基线 AC，测得 $AC=80$ m，$\angle A=72^\circ16'$，$\angle C=54^\circ25'$，求 A，B 间的距离(精确到 0.01).

图 2-49

解　在$\triangle ABC$ 中，已知 $AC=80$ m，$A=72^\circ16'$，$C=54^\circ25'$，

所以 $B=180^\circ-(72^\circ16'+54^\circ25')=53^\circ19'$.

$$AB=\frac{AC\cdot\sin C}{\sin B}=\frac{80\times\sin54^{\circ\prime}25}{\sin53^\circ19'}\approx81.13(\text{m}).$$

答：A，B 间的距离约为 81.13 m.

例 7　如图 2-50 所示的曲柄连杆机构，当曲柄 CB 绕 C 点旋转时，通过连杆 AB 带动活塞做直线往复运动.当曲柄在 CB_0 位置时，曲柄和连杆在一条直线上，这时，连杆的端点 A 在 A_0 处.设连杆 AB 长 320 mm，曲柄 CB 长 82 mm，求曲柄 CB_0 按顺时针方向旋转 80°时，活塞移动的距离 A_0A(保留两位有效数字).

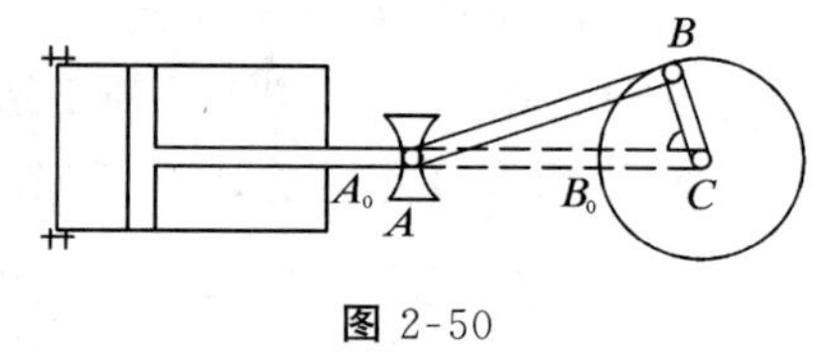

图 2-50

解　因为 $A_0A=A_0C-AC$，而 $A_0C=AB+BC=320+82=402(\text{mm})$，所以先求 AC 的长.

在$\triangle ABC$ 中，$\sin A=\dfrac{BC\sin C}{AB}=\dfrac{82\times\sin80^\circ}{320}\approx0.252\ 3$.

因为 $BC<AB$，所以 A 为锐角，得 $A=14^\circ37'$.

$$B=180^\circ-(80^\circ+14^\circ37')=85^\circ23',$$

$$AC=\frac{AB\sin B}{\sin C}=\frac{320\times\sin85^\circ23'}{\sin80^\circ}\approx323.87(\text{mm}),$$

$$A_0A=A_0C-AC=402-323.87=78.13\approx78(\text{mm}).$$

答：曲柄自 CB_0 按顺时针方向旋转 80°时，活塞移动的距离约为 78 mm.

例 8　要测量彼此不能直达且不能互相看到的两点 A，B 间的距离，常选择能直达 A，B 的 C 点，测得 $CA=213$ m，$CB=252$ m，$\angle ACB=60^\circ12'$，求 A，B 两点间的距离(图 2-51).

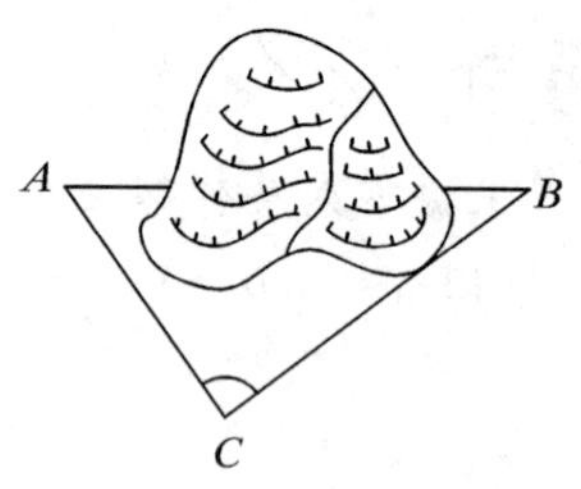

图 2-51

解

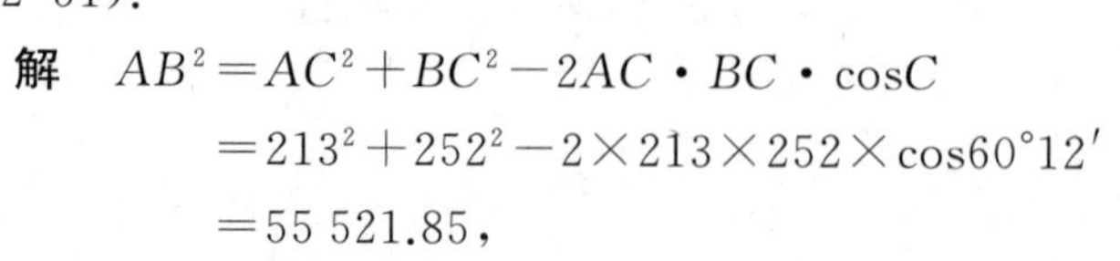

$$\begin{aligned}AB^2&=AC^2+BC^2-2AC\cdot BC\cdot\cos C\\&=213^2+252^2-2\times213\times252\times\cos60^\circ12'\\&=55\ 521.85,\end{aligned}$$

$$AB\approx235.63(\text{m}).$$

答：A，B 两点间距离约为 235.63 m.

例 9　作用于 A 点的两个力 $F=34$ N，$P=75$ N，两力的夹角为 $\alpha=78^\circ12'$，求合力 R

的大小及其与力 P 所夹的角 β(图 2-52)(R 保留两位有效数字).

解　已知两力 $F=34$ N, $P=75$ N, 夹角 $\alpha=78°12'$, 根据力的平行四边形法则可知:

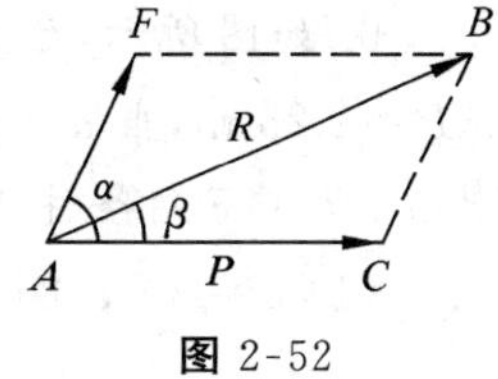

图 2-52

$$R^2=F^2+P^2-2F\cdot P\cos(180°-\alpha)$$
$$=34^2+75^2+2\times34\times75\times\cos78°12'\approx7\ 824,$$

$R\approx88.45\approx88$(N).

又由正弦定理得

$$\sin\beta=\frac{F\sin C}{R}=\frac{34\sin(180°-78°12')}{88.45}\approx0.376\ 3,$$

$\beta=22°6'$.

答: 合力约为 88 N, 与力 P 所成的角 β 为 $22°6'$.

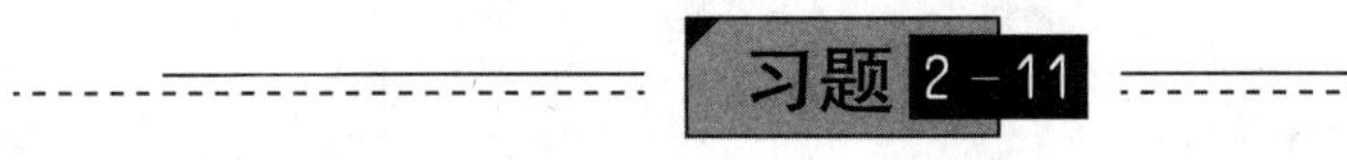

习题 2-11

A　组

1. 根据下列条件解三角形(角度精确到 1°, 边长保留四位有效数字):

(1) $A=66°, B=56°, c=68$;

(2) $B=30°, b=50\sqrt{3}, c=150$;

(3) $a=3\sqrt{3}, c=2, B=150°$;

(4) $a=80, b=56, c=72$.

2. 一艘船以 36 海里/时的速度向正北航行(如图), 起初望见一个灯塔 S 在船的北偏东 30°方向, 半小时后, 望见这灯塔在船的北偏东 45°方向, 求第二次望见灯塔时船和灯塔的距离(精确到 0.1 海里).

3. 要测量底部不能到达的一座建筑物的高 AB(如图), 可以从与建筑物底部在同一水平线上的 C', F' 两处, 测得其仰角分别是 $\alpha=49°30'$ 和 $\beta=35°12'$, C' 与 F' 间的距离是 11.12 m. 已知测角仪器高 $CC'=FF'=1.52$ m, 求建筑物的高(保留四位有效数字).

4. 两船同时由同一海港出发, 它们的速度分别是每小时 20 海里和每小时 15 海里, 如果两船的航线是相交成 30°的直线, 则 5 小时后两船相距多少海里?

5. 修筑道路需挖掘隧道, 在山的两侧是隧道口 A 和 B(如图), 在平地上选择适合测量的点 C, 如果 $\angle ACB=60°$, $AC=350$ m, $BC=450$ m, 试计算隧道口 AB 的长度(精确到 1 m).

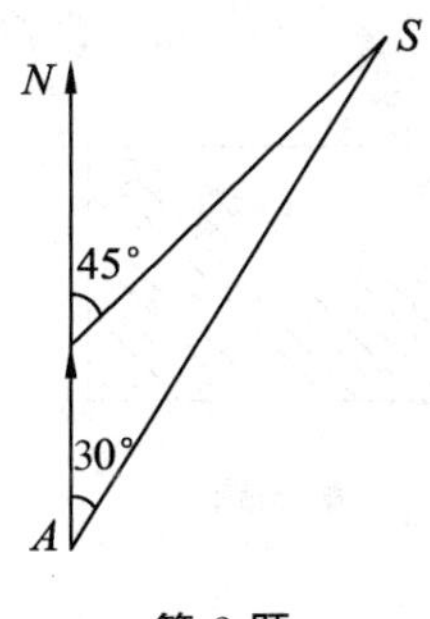

第 2 题

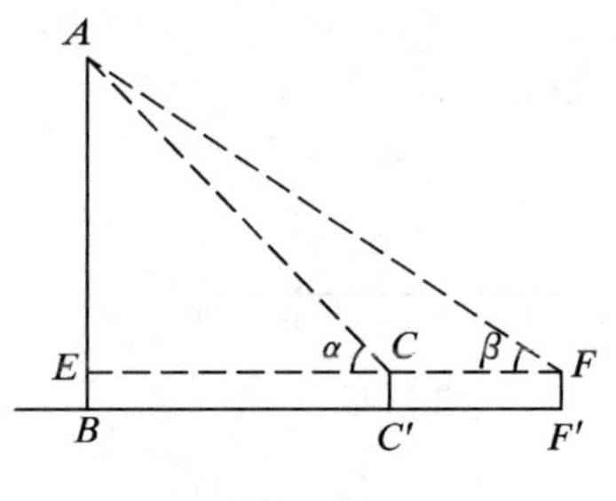

第 3 题

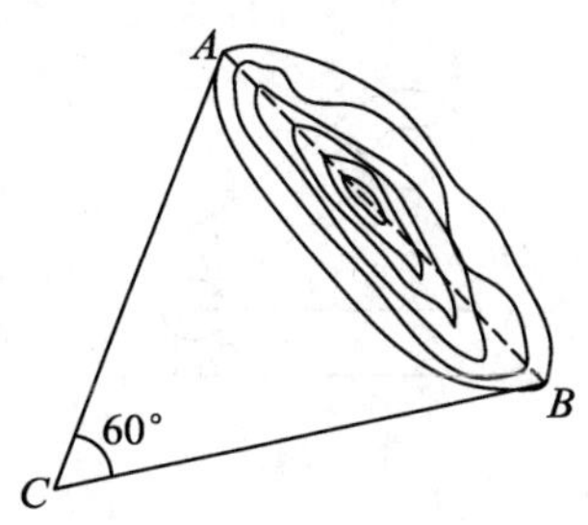

第 5 题

6. 如图所示，已知曲柄连杆机构中的 $OA=0.45$ m，$AP=2.25$ m，当 $\alpha=0°$ 时，P 和 Q 重合，设 P，Q 的距离为 x，求在下列条件下的 x 的值（精确到 0.01 m）：

(1) $\alpha=30°$；(2) $\alpha=135°$.

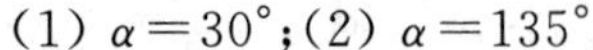

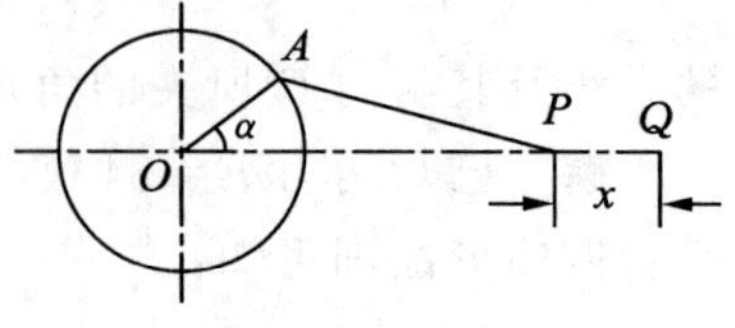

第 6 题

B　组

1. 如图，在山顶铁塔上 B 处测得地面上一点 A 的俯角 $\alpha=54°48'$，在塔底 C 处测得点 A 的俯角 $\beta=50°$，已知铁塔 BC 高 27.5 m，求山高 CD（精确到 1 m）.

2. 如图，在一块四边形的场地 $ABCD$ 内的一点 O，测得 $OA=29.7$ m，$OB=27.2$ m，$OC=33.5$ m，$OD=34.3$ m，$\angle AOB=86°10'$，$\angle BOC=77°$，$\angle COD=103°50'$，求这块场地的面积（保留四位有效数字）.

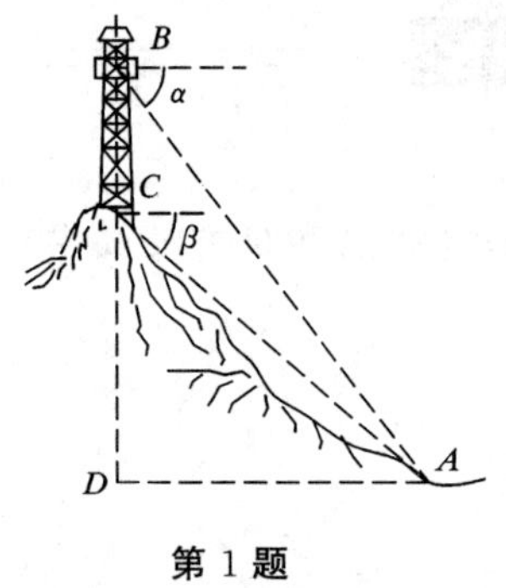

第 1 题

第 2 题

3. 有两个力 $F_1=105$ N 和 $F_2=80$ N 作用于同一质点，它们的夹角是 120°.求这两个力的合力及合力与每一个分力所成的夹角.

4. 如图，某零件要镗三个孔 A，B，C，已知孔心距 $AB=112.5$ mm，$BC=75.4$ mm，$AC=114.2$ mm.如果 A，B 两孔已加工完毕，刀杆在 B 孔处，刀杆要沿 BA 方向和垂直于 BA 的方向各移动多少距离，才能镗出 C 孔（精确到 0.1 mm）？

5. 如图，PQ 为塔身，Q 为塔基，由地上的一点 A 测得塔顶的仰角为 α，由 A 向 Q 前进距离 a 至 B，测得塔顶的仰角为 β.求证：塔高为

$$h=\frac{a\sin\alpha\sin\beta}{\sin(\beta-\alpha)}.$$

6. 如图，某刨工要加工一个三角槽 ACB，已知 $AB\perp AD$，$AB\perp BE$，测得 $AB=80$ mm，$BC=70$ mm，$AC=30$ mm，问要选择多大的角 α 和 β，才能刨出所需的三角槽？

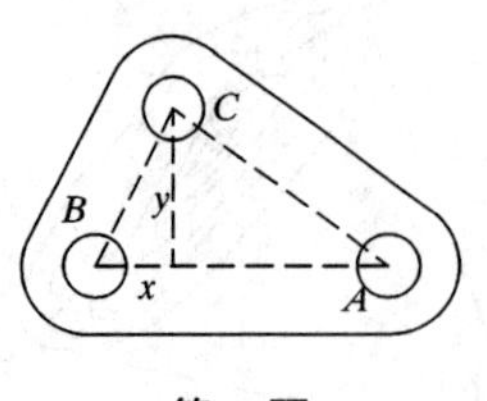

第 4 题

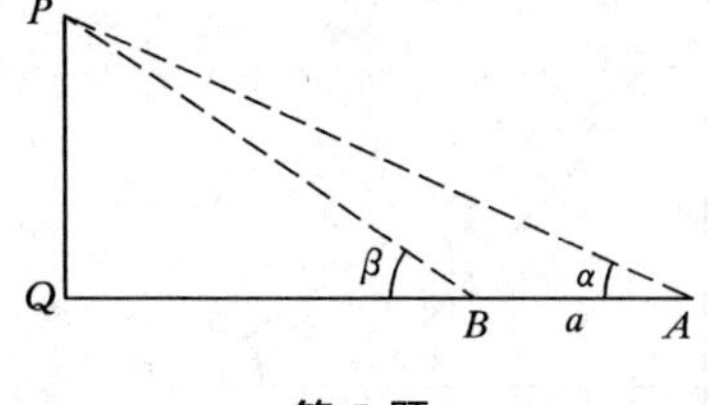

第 5 题

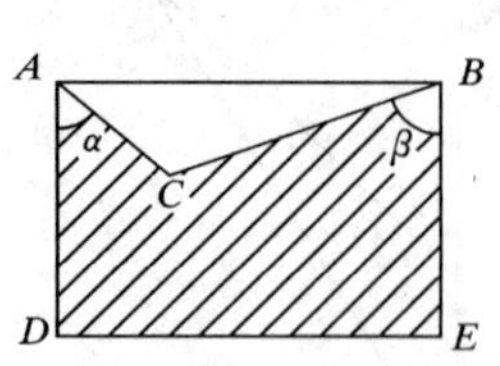

第 6 题

本章内容小结

1. 知识结构

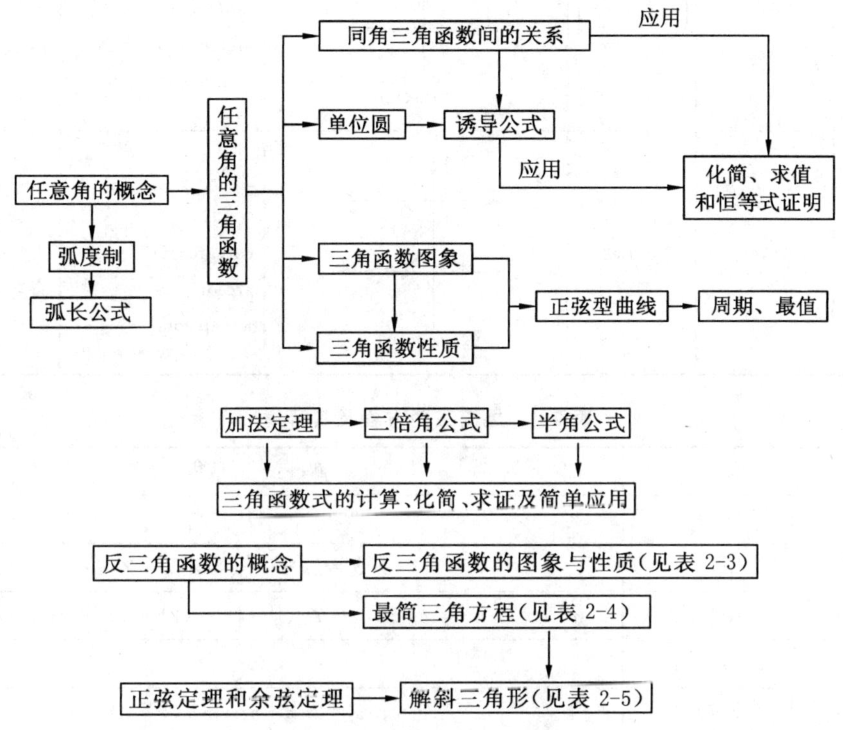

表 2-3　反三角函数的图象与性质

函数	定义域	值域	图　象	有关公式	性质
$y=\arcsin x$	$[-1,1]$	$\left[-\frac{\pi}{2},\frac{\pi}{2}\right]$	$y=\arcsin x$	当 $x\in[-1,1]$时，$\sin(\arcsin x)=x$，$\arcsin(-x)=-\arcsin x$	在$[-1,1]$上单调增加；奇函数
$y=\arccos x$	$[-1,1]$	$[0,\pi]$	$y=\arccos x$	当 $x\in[-1,1]$时，$\cos(\arccos x)=x$，$\arccos(-x)=\pi-\arccos x$	在$[-1,1]$上单调减少；非奇非偶函数

续表

函数	定义域	值域	图象	有关公式	性质
$y=\arctan x$	$(-\infty,+\infty)$	$\left(-\frac{\pi}{2},\frac{\pi}{2}\right)$	$y=\arctan x$	当 $x\in(-\infty,+\infty)$时，$\tan(\arctan x)=x$，$\arctan(-x)=-\arctan x$	在$(-\infty,+\infty)$上单调增加；奇函数
$y=\text{arccot}x$	$(-\infty,+\infty)$	$(0,\pi)$	$y=\text{arccot}x$	当 $x\in(-\infty,+\infty)$时，$\cot(\text{arccot}x)=x$，$\text{arccot}(-x)=\pi-\text{arccot}x$	在$(-\infty,+\infty)$上单调减少；非奇非偶函数

表 2-4　最简三角方程及其解集

方程		解集
$\sin x=a$	$\lvert a\rvert>1$	$\varnothing$
	$\lvert a\rvert=1$	$\{x\mid x=2k\pi+\arcsin a,k\in\mathbf{Z}\}$
	$\lvert a\rvert<1$	$\{x\mid x=2k\pi+\arcsin a,k\in\mathbf{Z}\}\cup\{x\mid x=(2k+1)\pi-\arcsin a,k\in\mathbf{Z}\}$
$\cos x=a$	$\lvert a\rvert>1$	$\varnothing$
	$\lvert a\rvert=1$	$\{x\mid x=2k\pi+\arccos a,k\in\mathbf{Z}\}$
	$\lvert a\rvert<1$	$\{x\mid x=2k\pi\pm\arccos a,k\in\mathbf{Z}\}$
$\tan x=a$	$a\in\mathbf{R}$	$\{x\mid x=k\pi+\arctan a,k\in\mathbf{Z}\}$
$\cot x=a$	$a\in\mathbf{R}$	$\{x\mid x=k\pi+\text{arccot}a,k\in\mathbf{Z}\}$

表 2-5　解斜三角形

定理内容	适用题型	解的情况
正弦定理 $\frac{a}{\sin A}=\frac{b}{\sin B}=\frac{c}{\sin C}$	(1) 已知两角与一边	只有一解
	(2) 已知两边与其中一边的对角	有两解，一解或无解三种情况
余弦定理 $a^2=b^2+c^2-2bc\cos A$ $b^2=a^2+c^2-2ac\cos B$ $c^2=a^2+b^2-2ab\cos C$	(1) 已知两边及其夹角	一解 先求第三边，再求较小角
	(2) 已知三边	一解 先求较小边所对的角

2. 应注意的问题

(1) 角的概念推广后，要注意区分相关的一些概念.例如，“0°～90°的角”、“锐角”“第一象限角”及“小于 90°的角”等概念，要数形结合予以区别.“0°～90°的角”是指集合

$\{\alpha \mid 0° \leqslant \alpha \leqslant 90°\}$中的角；“锐角”是指集合$\{\alpha \mid 0° < \alpha < 90°\}$中的角；“第一象限角”是指集合$\{\alpha \mid k \cdot 360° < \alpha < 90° + k \cdot 360°, k \in \mathbf{Z}\}$中的角；“小于 90°的角”是指集合$\{\alpha \mid \alpha < 90°\}$中的角.

(2) 弧度制与角度制是度量角的两种不同的单位制，应弄清两者之间的关系，混合使用弧度与度是不允许的，如不能写成“$2k\pi + 60°$”等.

(3) 同角三角函数的基本关系式是进行三角变换的重要基础，必须熟记，并注意以下各点：

① 同角三角函数间关系仅对“同角”而言.

② 举一反三，灵活运用，如对 $\tan\alpha = \dfrac{\sin\alpha}{\cos\alpha}$，则有 $\sin\alpha = \tan\alpha \cdot \cos\alpha$.

③ 运用平方关系时，要特别注意符号的选择，如当 α 为第二象限角时，应有 $\cos\alpha = -\sqrt{1-\sin^2\alpha}$，运用倒数和商数关系时，则不必考虑符号的选择.

(4) 要熟记三角函数图象的形状，学会由曲线的形状看出函数的性质，如定义域、值域、周期、奇偶性、有界性、一个周期内的单调区间等.

(5) 正弦型函数 $y = A\sin(\omega x + \varphi)(A > 0, \omega > 0)$中常数 A, ω, φ 对图象的影响为：

A：决定函数的值域$[-A, A]$，振幅为 A；

ω：决定函数的周期，周期 $T = \dfrac{2\pi}{\omega}$；

φ：和 ω 共同决定图象的起点，起点为$\left(-\dfrac{\varphi}{\omega}, 0\right)$.

(6) 在证明三角恒等式或化简三角式的过程中，“切割化弦”是一种重要而有效的方法，即将正切、余切、正割、余割均化为正弦、余弦来表示.同时熟练运用“1”和各种变形也是一种重要的基本技能，如 $1 = \sin^2\alpha + \cos^2\alpha$，$1 = \sec^2\alpha - \tan^2\alpha$，$1 = \tan\alpha \cdot \cot\alpha$，$1 = \tan\dfrac{\pi}{4}$等.

(7) 正确记忆并灵活应用公式，注意会变用或逆用公式.例如，对于二倍角余弦公式，不但要掌握 $\cos 2\alpha = \cos^2\alpha - \sin^2\alpha = 2\cos^2\alpha - 1 = 1 - 2\sin^2\alpha$，还要掌握其变形公式 $\sin^2\alpha = \dfrac{1-\cos 2\alpha}{2}$，$\cos^2\alpha = \dfrac{1+\cos 2\alpha}{2}$，利用这两个公式，可以进行“降幂”变换，也可进行“半角”变换.

(8) 注意角的变换，利用角的和、差、倍、半以及互补、互余等关系，变不同角为同角，恰当地“拆角”或“拼角”，如 $\alpha = (\alpha + \beta) - \beta$，$2\alpha = (\alpha + \beta) + (\alpha - \beta)$，$\dfrac{\pi}{4} + \alpha = \dfrac{\pi}{2} - \left(\dfrac{\pi}{4} - \alpha\right)$等.

(9) 注意名称变换，常用手法一是把正(余)切、正(余)割化为正(余)弦，二是变异名为同名，减少三角函数式中的不同类别，便于使用公式.

(10) 注意常数变换，根据需要将 $1, \sqrt{3}, \dfrac{\sqrt{2}}{2}$等转化为特殊角的三角函数，其中最常用的是 1 的代换，还常用到基本恒等式.例如，$1 = \tan\dfrac{\pi}{4}$，$1 = \sin^2\alpha + \cos^2\alpha$ 等.

(11) 半角公式中，根号前的符号由半角所在的象限确定.

(12) 将 $a\sin x+b\cos x$ 化为正弦型 $A\sin(x+\varphi)$ 时,$A=\sqrt{a^2+b^2}$,角 φ 由 $\tan\varphi=\frac{b}{a}$ 与点 (a,b) 所在的象限来确定.

(13) 对于反三角函数,首先要理解符号 $\arcsin x$,$\arccos x$,$\arctan x$,$\text{arccot}\, x$ 表示的是个范围角(各自的值域).例如,$\arcsin x\in\left[-\frac{\pi}{2},\frac{\pi}{2}\right]$,这个角的正弦值就等于 x,即 $\sin(\arcsin x)=x$,$x\in[-1,1]$.

(14) 反三角函数的三角运算和三角函数的反三角运算是两类基本运算.反三角函数的三角运算是把反三角函数值设成值域内的角 α,β 等,然后转化成求三角函数值的问题.例如,求 $\sin\left(2\arctan\frac{1}{2}\right)$ 的值,即设 $\alpha=\arctan\frac{1}{2}$,$\alpha\in\left(0,\frac{\pi}{2}\right)$,则就是求 $\sin 2\alpha$ 的值.三角函数的反三角运算则是利用诱导公式将角变换成属于相应反三角函数值域内的角.例如,求 $\arcsin\left(\sin\frac{5\pi}{3}\right)$ 的值,由于 $\arcsin(\sin\alpha)=\alpha$,$\alpha\in\left[-\frac{\pi}{2},\frac{\pi}{2}\right]$,而 $\frac{5\pi}{3}\notin\left[-\frac{\pi}{2},\frac{\pi}{2}\right]$,使用诱导公式化归到 $\left[-\frac{\pi}{2},\frac{\pi}{2}\right]$,即 $\arcsin\left(\sin\frac{5\pi}{3}\right)=\arcsin\left[\sin\left(2\pi-\frac{\pi}{3}\right)\right]=\arcsin\left[\sin\left(-\frac{\pi}{3}\right)\right]=-\frac{\pi}{3}$.

(15) 对于形如 $\sin(\omega x+\varphi)=a\ (\omega\neq 0)$ 的方程,可以理解为关于 $\omega x+\varphi$ 的最简单的三角方程,在求解时可把 $\omega x+\varphi$ 看成一个角.

(16) 运用正弦、余弦定理解斜三角形,常运用数形结合的方法,画出图象,分析已知和所求的关系.若已知两边和其中一边的对角解三角形,在有解的情况下,有两解或一解,解题时要注意分析.

(17) 解三角形在测量中的应用要弄清一些具有实际意义的名称,如仰角、俯角、方位角等(如图).

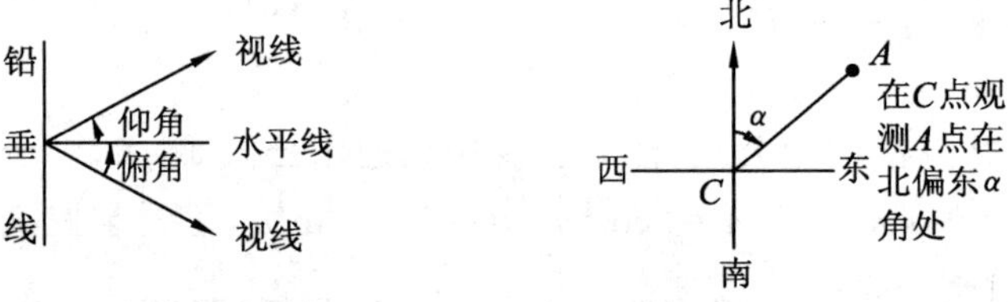

复习题二

1. 选择题:

(1) 已知 $\cos(\pi+\alpha)=-\frac{1}{2}$,$\frac{3}{2}\pi<\alpha<2\pi$,则 $\sin(2\pi-\alpha)$ 的值是 ( )

(A) $\frac{1}{2}$　(B) $\pm\frac{\sqrt{3}}{2}$　(C) $\frac{\sqrt{3}}{2}$　(D) $-\frac{\sqrt{3}}{2}$

(2) 已知 $\sin\alpha+\sin^2\alpha=1$,那么 $\cos^2\alpha+\cos^4\alpha$ 的值是 ( )

(A) 1　(B) 2　(C) $\sqrt{2}$　(D) $\sqrt{3}$

(3) $\log_{\sqrt{3}}\sin\frac{\pi}{3}-\log_{\sqrt{3}}\cos\frac{\pi}{3}$等于　(　　)

(A) $\frac{\sqrt{3}}{3}$　(B) -1　(C) 0　(D) 1

(4) 若 $\theta\in[0,2\pi)$，且$\sqrt{1-\cos^2\theta}+\sqrt{1-\sin^2\theta}=\sin\theta-\cos\theta$，则 θ 的取值范围是　(　　)

(A) $\left[0,\frac{\pi}{2}\right]$　(B) $\left[\frac{\pi}{2},\pi\right]$　(C) $\left[\pi,\frac{3\pi}{2}\right]$　(D) $\left[\frac{3\pi}{2},2\pi\right)$

(5) 当$\frac{\sin\theta+\cos\theta}{\sin\theta-\cos\theta}=2$ 时，$\sin\theta\cos\theta$ 的值是　(　　)

(A) $\frac{3}{4}$　(B) $\pm\frac{3}{10}$　(C) $\frac{3}{10}$　(D) $-\frac{3}{10}$

(6) $\sin(-1\,230°)$的值是　(　　)

(A) $-\frac{1}{2}$　(B) $\frac{1}{2}$　(C) $\frac{\sqrt{3}}{2}$　(D) $-\frac{\sqrt{3}}{2}$

(7) 函数 $y=\cos\left(\frac{\pi}{2}x+\frac{\pi}{3}\right)$的周期是　(　　)

(A) 2π　(B) π　(C) 4π　(D) 4

(8) 已知 $0<x<\pi$，且 $\sin x>\cos x$，则 x 的取值范围是　(　　)

(A) $\left(0,\frac{\pi}{4}\right)$　(B) $\left(\frac{\pi}{4},\frac{3\pi}{4}\right)$　(C) $\left(\frac{\pi}{4},\pi\right)$　(D) $\left(\frac{3\pi}{4},\pi\right)$

(9) 函数 $y=\sin|x|$是　(　　)

(A) 周期函数　(B) 偶函数　(C) 奇函数　(D) 非奇非偶函数

(10) 已知 $\sin\theta+\cos\theta=1$，则 $\tan\theta+\cot\theta$ 的值是　(　　)

(A) -1　(B) 1　(C) $\frac{1}{2}$　(D) 不存在

(11) 函数 $y=\sin2x\cos2x$ 是　(　　)

(A) 周期为$\frac{\pi}{2}$的奇函数　(B) 周期为$\frac{\pi}{2}$的偶函数

(C) 周期为$\frac{\pi}{4}$的奇函数　(D) 周期为$\frac{\pi}{4}$的偶函数

(12) 在$\triangle ABC$ 中，若 $\cos A\cos B=\sin A\sin B$，则此三角形是　(　　)

(A) 直角三角形　(B) 锐角三角形

(C) 钝角三角形　(D) 任意三角形

(13) 在$\triangle ABC$ 中，若 $\sin A=\frac{3}{5}$，$\cos B=\frac{12}{13}$，则 $\sin C$ 的值为　(　　)

(A) $\pm\frac{56}{65}$　(B) $\pm\frac{16}{65}$　(C) $\frac{56}{65}$或$\frac{16}{65}$　(D) $-\frac{16}{65}$或$\frac{56}{65}$

(14) 已知$\dfrac{1-\cos\alpha}{\sin\dfrac{\alpha}{2}}=\dfrac{6}{5}$，则 $\cos\alpha$ 的值为 ( )

(A) $\dfrac{7}{25}$ (B) $-\dfrac{7}{25}$ (C) $\dfrac{4}{5}$ (D) $-\dfrac{4}{5}$

(15) $\dfrac{1}{2}-\sin^2\dfrac{19\pi}{8}$的值等于 ( )

(A) $\dfrac{\sqrt{2}}{4}$ (B) $-\dfrac{\sqrt{2}}{4}$ (C) $\dfrac{\sqrt{2}}{2}$ (D) $-\dfrac{\sqrt{2}}{2}$

(16) $\dfrac{\sqrt{3}}{\sin20^\circ}-\dfrac{1}{\cos20^\circ}$的值等于 ( )

(A) 2 (B) 1 (C) 4 (D) $\dfrac{1}{4}$

(17) 若 $0<\alpha<\dfrac{\pi}{2}$，$0<\beta<\dfrac{\pi}{2}$，且 $\cot\alpha=\dfrac{3}{4}$，$\cot\beta=\dfrac{1}{7}$，则 $\alpha+\beta$ 的值为 ( )

(A) $\dfrac{\pi}{4}$ (B) $\dfrac{3\pi}{4}$ (C) $\pm\dfrac{\pi}{4}$ (D) $\dfrac{\pi}{4}$或$\dfrac{3\pi}{4}$

(18) 化简$\dfrac{\sin\dfrac{\theta}{4}\cos\dfrac{\theta}{4}}{\cos^4\dfrac{\theta}{4}-\sin^4\dfrac{\theta}{4}}=$ ( )

(A) $\dfrac{1}{2}\tan\dfrac{\theta}{2}$ (B) $\tan\dfrac{\theta}{2}$ (C) $-\dfrac{1}{2}\tan\dfrac{\theta}{2}$ (D) $-\tan\dfrac{\theta}{2}$

(19) 已知 $\arcsin x>1$，则 x 的取值范围是 ( )

(A) $\left(1,\dfrac{\pi}{2}\right]$ (B) $\left(\sin1,\dfrac{\pi}{2}\right]$

(C) $(\sin1,1]$ (D) $(\sin1,+\infty]$

(20) $\arcsin\left(\sin\dfrac{16\pi}{5}\right)$的值是 ( )

(A) $\dfrac{16\pi}{5}$ (B) $\dfrac{\pi}{5}$ (C) $\dfrac{4\pi}{5}$ (D) $-\dfrac{\pi}{5}$

(21) $\arccos\left(\cos\dfrac{5\pi}{3}\right)$的值是 ( )

(A) $\dfrac{5\pi}{3}$ (B) $\dfrac{\pi}{3}$ (C) $\dfrac{2\pi}{3}$ (D) $-\dfrac{\pi}{3}$

(22) 函数 $y=\arcsin\left(\lg\dfrac{x}{2}\right)$的定义域是 ( )

(A) $\left[\dfrac{1}{2},20\right]$ (B) $\left[-\dfrac{1}{5},20\right]$ (C) $[1,20]$ (D) $\left[\dfrac{1}{5},20\right]$

(23) 函数 $y=\dfrac{1}{4}\arccos\sqrt{\dfrac{3x-1}{2}}$ 的值域是 ( )

(A) $\left[0,\dfrac{\pi}{8}\right]$ (B) $\left[0,\dfrac{\pi}{4}\right]$ (C) $[0,\pi]$ (D) $\left[-\dfrac{\pi}{8},\dfrac{\pi}{8}\right]$

(24) 已知方程 $\cos x=\frac{a+1}{3}$ 的解集为 $\varnothing$，则 a 的取值范围是　　(　　)

(A) $(-\infty,-4)\cup(2,+\infty)$　　(B) $[-4,2]$

(C) $\{3,-3\}$　　(D) $\mathbf{R}$

(25) 下列各式正确的是　　(　　)

(A) $\arctan\frac{\pi}{4}=1$　　(B) $\sin\left(\arcsin\frac{\pi}{3}\right)=\frac{\pi}{3}$

(C) $\tan\left[2\arcsin\left(-\frac{1}{2}\right)\right]=-\sqrt{3}$　　(D) $\sin\left[\arccos\left(-\frac{1}{2}\right)\right]=-\frac{\sqrt{3}}{2}$

(26) 方程 $\tan 2x=\sqrt{3}$ 的解集是　　(　　)

(A) $\left\{x\left|x=k\pi+\frac{\pi}{6},k\in\mathbf{Z}\right.\right\}$　　(B) $\left\{x\left|x=k\pi\pm\frac{\pi}{6},k\in\mathbf{Z}\right.\right\}$

(C) $\left\{x\left|x=\frac{k\pi}{2}+\frac{\pi}{6},k\in\mathbf{Z}\right.\right\}$　　(D) $\left\{x\left|x=\frac{k\pi}{2}\pm\frac{\pi}{6},k\in\mathbf{Z}\right.\right\}$

2. 填空题

(1) 设 $2\cos x=\alpha$，那么 α 的取值范围是________；

(2) 已知角 α 的终边上一点的纵坐标与横坐标的比是 3 ∶ 5，那么 $\sin\alpha=$________，$\cos\alpha=$________，$\tan\alpha=$________；

(3) 已知 $\sin(\pi+\alpha)=\frac{1}{2}$，那么 $\cos\alpha$ 的值是________，$\tan\alpha$ 的值是________；

(4) 函数 $y=a+b\sin x\,(b<0)$ 的最大值为 $\frac{3}{2}$，最小值为 $-\frac{1}{2}$，则此函数的解析式为________；

(5) 函数 $y=2\sin\left(3x+\frac{\pi}{3}\right)$ 的图象可由函数 $y=2\sin 3x$ 的图象向________平移________个单位而得到；

(6) 设函数 $y=\sin\left(x+\frac{\pi}{4}\right)+1$，当 $x=$________时，$y_{\max}=$________，当 $x=$________时，$y_{\min}=$________；

(7) 已知 $0\leqslant x\leqslant 2\pi$，那么 $y=\sin x$ 和 $y=\cos x$ 都单调增加的区间是________，都单调减少的区间是________.

(8) $\frac{\sqrt{3}-\tan 15^\circ}{1+\sqrt{3}\tan 15^\circ}=$________；

(9) 已知 $\sin x=-\frac{4}{5}$，$x\in\left(\pi,\frac{3\pi}{2}\right)$，则 $\cos\left(x+\frac{\pi}{6}\right)=$________；

(10) 已知 $2\sin\alpha+\cos\alpha=0$，则 $\tan 2\alpha=$________；

(11) 已知 $\tan\alpha=\frac{1}{7}$，$\tan\beta=\frac{1}{3}$，α，β 都是锐角，则 $\alpha+2\beta=$________；

(12) 已知 $\cos(\alpha+\beta)\cos(\alpha-\beta)=\frac{1}{3}$，则 $\cos^2\alpha-\sin^2\beta=$________；

(13) 已知 $\tan\left(\alpha+\dfrac{\pi}{4}\right)=2$，则 $\dfrac{2\sin\alpha+\cos\alpha}{3\cos\alpha-2\sin\alpha}=$________.

3. 电动机上的转子 1 s 内转动的圆心角为 100π，问转子每分钟旋转多少周？

4. 计算下列各式的值：

(1) $2\cdot\sin^2 225°-\cot 330°\cdot\tan 405°$；

(2) $\tan 675°+\cot 765°-\tan(-300°)+\cot(-690°)$；

(3) $\dfrac{\cos(-120°)}{\cos 300°}-\dfrac{\tan 210°\cdot\sin 315°}{\cos 180°}$；

(4) $\left(2\tan\dfrac{\pi}{4}\right)^{\lg\cos 0}\cdot\left(\cot\dfrac{\pi}{6}\right)^{\log_2\left(8\sin\frac{\pi}{2}\right)}$.

5. 化简下列各式：

(1) $(\csc\alpha-\sin\alpha)(\sec\alpha-\cos\alpha)(\tan\alpha+\cot\alpha)$；

(2) $\dfrac{\sin^2(\alpha+\pi)\cdot\cos(\pi+\alpha)\cdot\cot(\alpha+2\pi)}{\tan(\pi+\alpha)\cdot\cos^3(-\alpha-\pi)}$.

6. 证明下列各恒等式：

(1) $\sin^2\alpha+\sin^2\beta-\sin^2\alpha\cdot\sin^2\beta+\cos^2\alpha\cdot\cos^2\beta=1$；

(2) $\dfrac{\sin(4\pi-\alpha)}{\cos(3\pi-\alpha)-1}+\dfrac{1+\cos(-\alpha)}{\sin(3\pi-\alpha)}=2\csc\alpha$.

7. 作出函数 $y=4\sin\left(2x+\dfrac{\pi}{6}\right)$在一个周期上的图象，并求：

(1) 起点坐标；(2) 终点坐标；(3) 振幅；(4) 周期；(5) 最大值；(6) 最小值.

8. 证明下列恒等式：

(1) $\dfrac{1+\sin 4\theta-\cos 4\theta}{1+\sin 4\theta+\cos 4\theta}=\tan 2\theta$；

(2) $\tan 10°\tan 20°+\tan 20°\tan 60°+\tan 60°\tan 10°=1$.

9. 推导三角万能置换公式：

(1) $\sin\alpha=\dfrac{2\tan\dfrac{\alpha}{2}}{1+\tan^2\dfrac{\alpha}{2}}$；　　(2) $\cos\alpha=\dfrac{1-\tan^2\dfrac{\alpha}{2}}{1+\tan^2\dfrac{\alpha}{2}}$；

(3) $\tan\alpha=\dfrac{2\tan\dfrac{\alpha}{2}}{1-\tan^2\dfrac{\alpha}{2}}$.

10. 已知 $\tan\theta=2$，应用上题中的公式，求 $\sin 2\theta$，$\cos 2\theta$，$\tan 2\theta$ 的值.

11. 将函数 $y=\sqrt{3}\sin\left(\dfrac{\pi}{6}-x\right)+3\cos\left(\dfrac{\pi}{6}-x\right)$化为 $y=A\sin(x+\varphi)$的形式，并用“五点法”作出其图象.

12. 设 α,β,γ 都是锐角，且 $\tan\alpha=\dfrac{1}{2}$，$\tan\beta=\dfrac{1}{5}$，$\tan\gamma=\dfrac{1}{8}$，求证：$\alpha+\beta+\gamma=45°$.

13. 已知从发电厂输出的三个导线上的电流强度分别是 $I_A=I_m\sin\omega t$，$I_B=$

$I_m\sin(\omega t+120°)$，$I_C=I_m\sin(\omega t+240°)$.求证：$I_A+I_B+I_C=0$.（这个结果表明：当三相电流对称，即幅值相等，相位互差 120°时，中线电流为 0.）

14. 求下列各式的值：

(1) $\dfrac{\sin(\arccos a)}{\tan(\arccos a)}$；　　(2) $\sin\left[2\arcsin\left(-\dfrac{3}{5}\right)\right]$.

15. 求下列方程的解集：

(1) $4\sin^2\dfrac{x}{2}=1$；　　(2) $\cos\left(\dfrac{x}{2}-\dfrac{\pi}{8}\right)=\dfrac{\sqrt{2}}{2}$；

(3) $\tan\left(3x+\dfrac{\pi}{4}\right)=\sqrt{3}$，$x\in[0,\pi]$.

16. 已知$\triangle ABC$的面积为 12 cm²，边长 $a=6$ cm，$b=8$ cm，求这两边的夹角 C.

17. 如图，利用宽为 3 cm 和 6 cm 的钢板焊接成 90°的角铁，下料时 x 应取多少度？

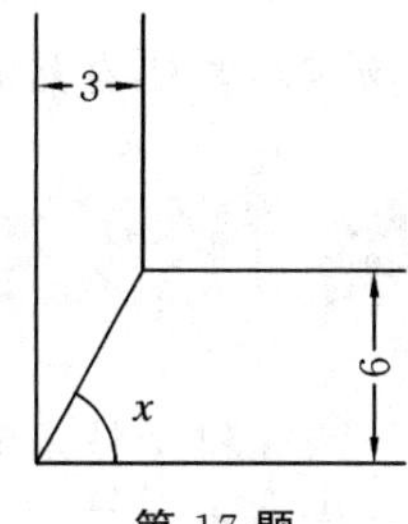

第 17 题

18. 已知一台机器零件形状如图所示，在加工时需要计算 AC 两孔中心的距离.已知$BC=60.5$ mm，$AB=25.8$ mm，$\angle ABC=80°$，求 AC 长（保留三位有效数字）.

19. 如图，A、B 两点间有小山和小河，为求 AB 长，选择一点 D 作出基线 DA，并在 DA 上选一点 C，使 D，C 都和 B 点可以互相看到，测得 $AC=149.4$ m，$CD=52.6$ m，$\angle ADB=108°$，$\angle ACB=120°25'$，求 A，B 间的距离.

20. 地面上有一旗杆 OP，为了测量它的高度，在地面上选一基线 AB，使 $AB=20$ m，在 A 点处测得 P 点仰角为 30°，在 B 点处测得 P 点仰角为 45°，又测得$\angle AOB=60°$，求旗杆的高度（结果可以保留根号）.

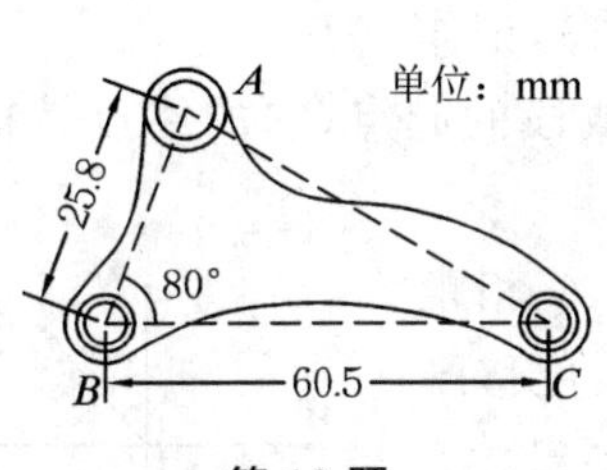

第 18 题

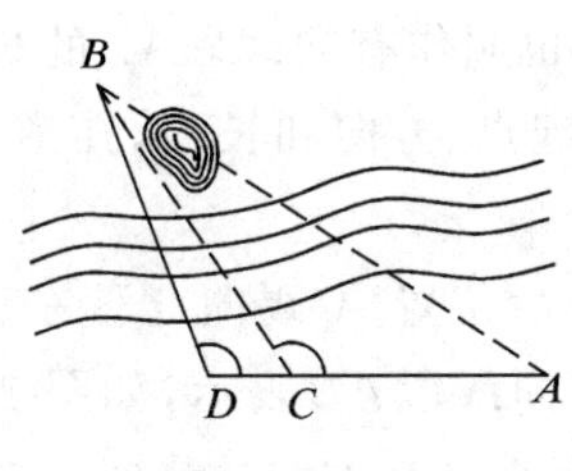

第 19 题

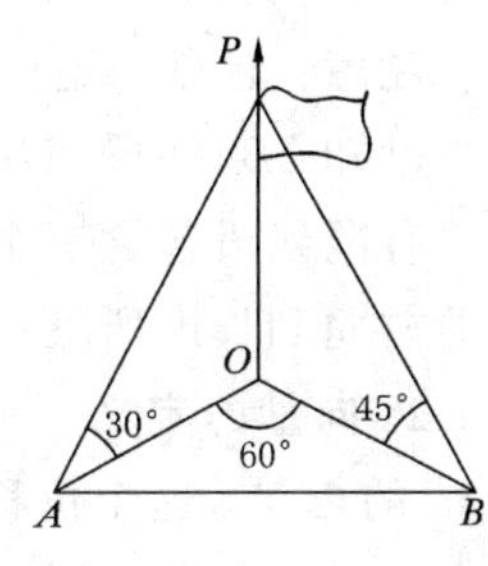

第 20 题

第三章 平面向量与复数

在日常生活中，你是否有这样的经验：两个人共提一个旅行包，夹角越大越费力；在单杠上做引体向上运动，两臂的夹角越小越省力.学完向量知识后，你就能从数学的角度来解释这种现象了.

本章主要讨论平面向量的概念及运算、复数的概念及运算.向量和复数是研究数学、物理和其他自然科学的有效工具.

§3-1 平面向量

在科学技术和现实生活中，我们会遇到很多量，其中一些量在取定单位后可以用一个实数来表示，如距离、时间、温度等.还有一些既有大小又有方向的量，如位移、力、速度等，这种量就是我们本节要讨论的平面向量.

一、向量

1. 有向线段 在线段 AB 的两个端点中，规定一个顺序，A 为起点，B 为终点，我们就说线段 AB 具有方向，具有方向的线段叫作**有向线段**(图 3-1).通常在有向线段的终点处画上箭头表示它的方向，我们把以 A 为起点，B 为终点的有向线段记作$\overrightarrow{AB}$.

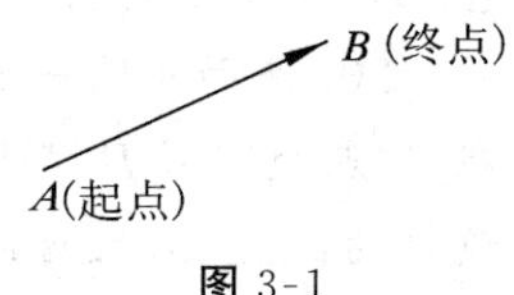

图 3-1

注意：起点一定要写在终点的前面.

已知$\overrightarrow{AB}$，线段 AB 的长度也叫作有向线段$\overrightarrow{AB}$的**长度**(或**模**)，记作$|\overrightarrow{AB}|$.

有向线段包含三个要素：起点、方向和长度，知道了有向线段的起点，它的终点就被它的方向和长度所唯一确定.

2. 向量的定义 一个足球由位置 A 踢向北偏东 45°且与 A 相距 10 m 的 B 点，这个位移可用有向线段$\overrightarrow{AB}$表示，如图 3-2 所示.位移既有大小又有方向，我们把既有大小又有方向的量叫作**向量**(或**矢量**).

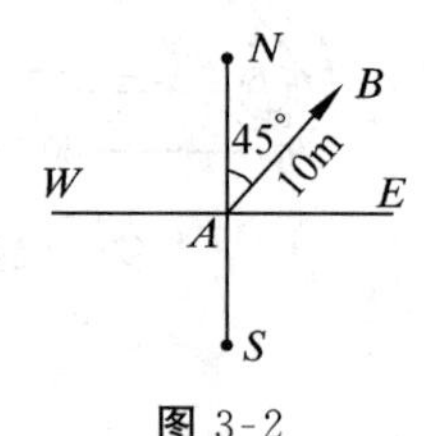

图 3-2

向量常用一条有向线段来表示，有向线段的长度表示向量的大小，有向线段的方向表示向量的方向.

向量可以用黑体小写字母 $\boldsymbol{a}$，$\boldsymbol{b}$，$\boldsymbol{c}$，… 来表示(也可写成 $\vec{a}$，$\vec{b}$，$\vec{c}$，…)，用有向线段$\overrightarrow{AB}$表示向量时，我们就说向量$\overrightarrow{AB}$.

3. 向量的长度 向量$\overrightarrow{AB}$的大小称为向量$\overrightarrow{AB}$的长度(或称模)，记作$|\overrightarrow{AB}|$.对于向量 $\boldsymbol{a}$，它的长度记作$|\boldsymbol{a}|$.

4. 零向量和单位向量 长度为 0 的向量叫作**零向量**，记作 $\boldsymbol{0}$.零向量的方向不确定.长度为 1 的向量叫作**单位向量**，与向量 $\boldsymbol{a}$ 同方向的单位向量叫作 $\boldsymbol{a}$ 的单位向量，常记作 $\boldsymbol{e}_a$，

显然，$|e_a|=1$.

5. 相等向量　长度相等且方向相同的向量叫作**相等向量**.向量 $\boldsymbol{a}$ 与 $\boldsymbol{b}$ 相等，记作 $\boldsymbol{a}=\boldsymbol{b}$.任意两个相等的非零向量，都可用同一条有向线段来表示，并且与有向线段的起点无关.

6. 相反向量　与 $\boldsymbol{a}$ 大小相等方向相反的向量，叫作 $\boldsymbol{a}$ 的**相反向量**(或**负向量**)，记作 $-\boldsymbol{a}$，特别有 $-\overrightarrow{AB}=\overrightarrow{BA}$.

7. 平行(或共线)向量　方向相同或相反的非零向量叫作**平行向量**.图 3-3 中的 $\boldsymbol{a},\boldsymbol{b},\boldsymbol{c}$ 就是一组平行向量.向量 $\boldsymbol{a},\boldsymbol{b},\boldsymbol{c}$ 平行，记作 $\boldsymbol{a}\parallel\boldsymbol{b}\parallel\boldsymbol{c}$.特别地，我们规定零向量 $\mathbf{0}$ 与任何向量平行.

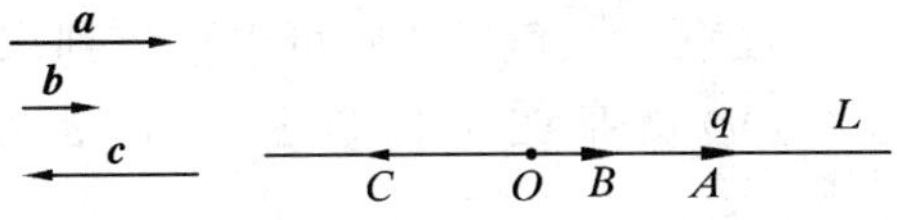

图 3-3

如图 3-3 所示，画一条与一组平行向量相平行的直线 L，在 L 上任取一点 O，作向量 $\overrightarrow{OA}=\boldsymbol{a}$，$\overrightarrow{OB}=\boldsymbol{b}$，$\overrightarrow{OC}=\boldsymbol{c}$.这就是说，任何一组平行向量均可平移到同一直线上.

8. 自由向量　有些向量只有大小和方向，与起点无关，与起点无关的向量叫作**自由向量**.若不特别说明，本节讨论的向量均为自由向量.

例 1　如图 3-4 所示，设 O 是正六边形 $ABCDEF$ 的中心，分别写出与$\overrightarrow{OA}$，$\overrightarrow{OB}$，$\overrightarrow{OC}$相等的向量，与$\overrightarrow{OA}$，$\overrightarrow{OB}$相反的向量.

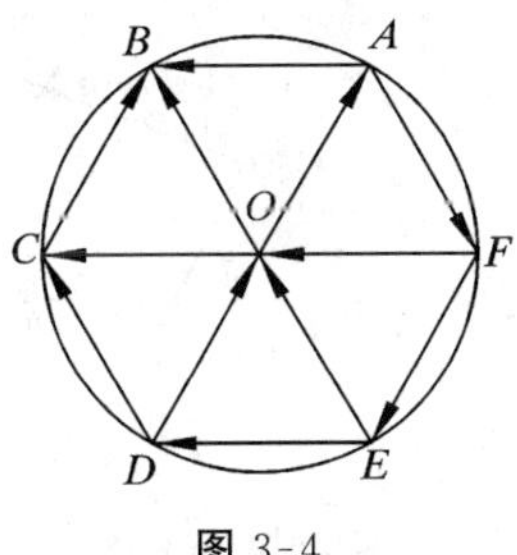

图 3-4

解　$\overrightarrow{OA}=\overrightarrow{CB}=\overrightarrow{DO}$，

$\overrightarrow{OB}=\overrightarrow{DC}=\overrightarrow{EO}$，

$\overrightarrow{OC}=\overrightarrow{AB}=\overrightarrow{FO}=\overrightarrow{ED}$，

$-\overrightarrow{OA}=\overrightarrow{FE}$，

$-\overrightarrow{OB}=\overrightarrow{AF}$.

练习 1

1. 四边形 $ABCD$ 中，$\overrightarrow{AB}=\overrightarrow{DC}$，则它一定是　(　　)

(A) 菱形　(B) 平行四边形　(C) 矩形　(D) 正方形

2. 已知$\overrightarrow{AB}$，作$\overrightarrow{AP}=\overrightarrow{AB}$，则点 P　(　　)

(A) 与端点 B 重合

(B) 在线段 AB 上

(C) 在线段 AB 的延长线上

(D) 在直线 AB 外

二、向量的加法与减法

1. 向量的加法

如果一个球由点 A 位移到点 B，又由点 B 位移到点 C(图 3-5)，我们可以认为该球的最终位移结果是$\overrightarrow{AC}$，它可以看作位移$\overrightarrow{AB}$与位移$\overrightarrow{BC}$的和，即

$$\overrightarrow{AB}+\overrightarrow{BC}=\overrightarrow{AC}.$$

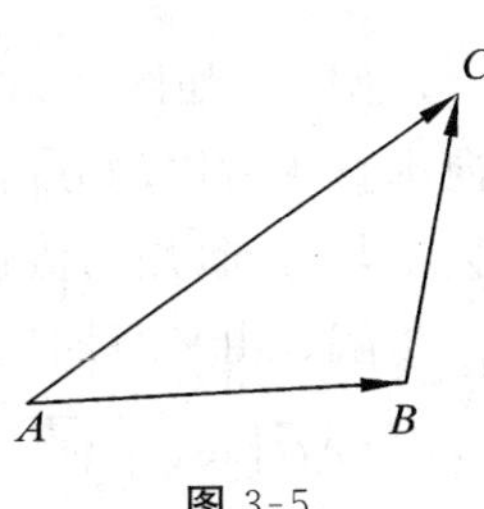

图 3-5

通过位移求和，我们可以得出下述向量的**加法法则**：

已知向量 $\boldsymbol{a}$，$\boldsymbol{b}$（图 3-6），在平面内任取一点 A，作$\overrightarrow{AB}=\boldsymbol{a}$，$\overrightarrow{BC}=\boldsymbol{b}$，则向量$\overrightarrow{AC}$叫作 $\boldsymbol{a}$ 与 $\boldsymbol{b}$ 的和，记作 $\boldsymbol{a}+\boldsymbol{b}$，即 $\boldsymbol{a}+\boldsymbol{b}=\overrightarrow{AB}+\overrightarrow{BC}=\overrightarrow{AC}$.

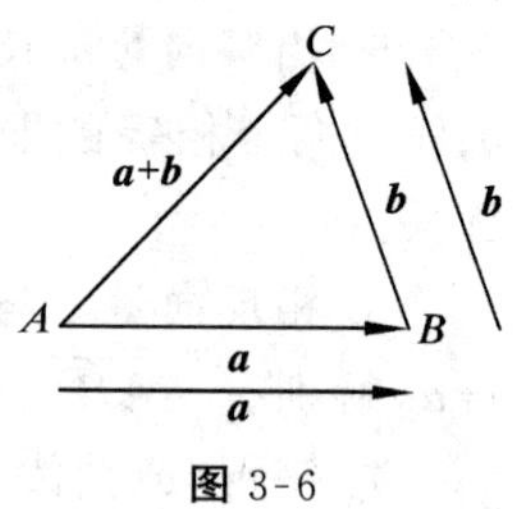

图 3-6

求两个向量和的运算，叫作向量的**加法**.上述求两个向量和的作图法则，叫作向量加法的**三角形法则**.

注意　三角形法则可以推广到求任意有限个向量的和，如图 3-7，$\overrightarrow{OD}$ 就是四个向量 $\boldsymbol{a}$，$\boldsymbol{b}$，$\boldsymbol{c}$，$\boldsymbol{d}$ 的和，即 $\overrightarrow{OD}=\overrightarrow{OA}+\overrightarrow{AB}+\overrightarrow{BC}+\overrightarrow{CD}$.

另外，根据力学中关于力的合成法则，两个向量相加的运算还可用如下方法.设 $\boldsymbol{a}$ 与 $\boldsymbol{b}$ 为两个不共线的向量，在平面上任取一点 A，作$\overrightarrow{AB}=\boldsymbol{a}$，$\overrightarrow{AD}=\boldsymbol{b}$，以$\overrightarrow{AB}$，$\overrightarrow{AD}$为邻边作平行四边形$ABCD$（图 3-8），其对角线向量$\overrightarrow{AC}$叫作向量 $\boldsymbol{a}$ 与 $\boldsymbol{b}$ 的和，这种作两个向量和的方法叫作向量加法的**平行四边形法则**.

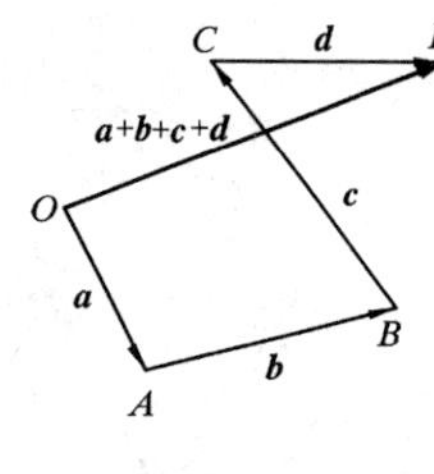

图 3-7

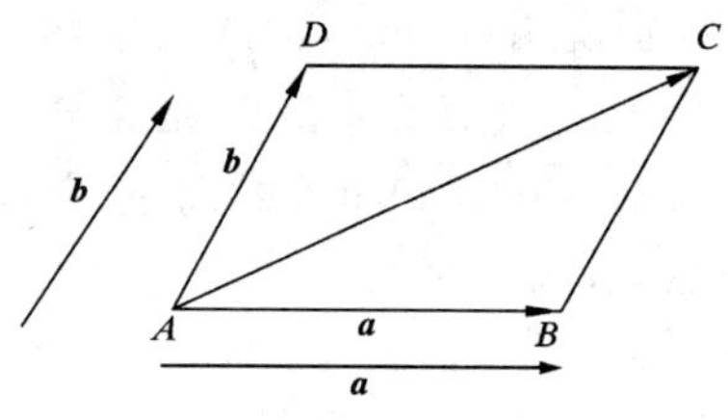

图 3-8

零向量与任一向量 $\boldsymbol{a}$ 的加法，有 $\boldsymbol{a}+\boldsymbol{0}=\boldsymbol{0}+\boldsymbol{a}=\boldsymbol{a}$.

向量加法满足如下**运算律**：

(1) **加法交换律**　$\boldsymbol{a}+\boldsymbol{b}=\boldsymbol{b}+\boldsymbol{a}$；

(2) **加法结合律**　$(\boldsymbol{a}+\boldsymbol{b})+\boldsymbol{c}=\boldsymbol{a}+(\boldsymbol{b}+\boldsymbol{c})$.

这两个规律从图 3-9 中容易得知.

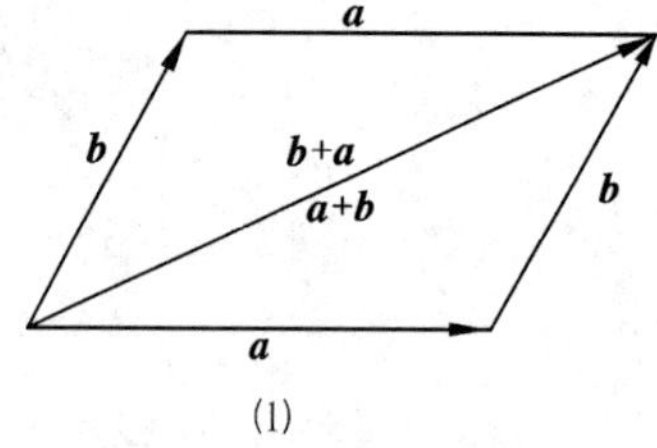

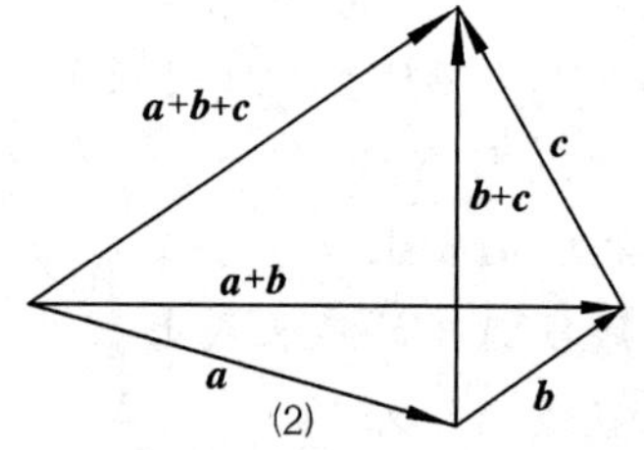

图 3-9

例 2　如图 3-10 所示，一艘渡轮从 A 点出发以 $2\sqrt{3}$ km/h 的速度向垂直于对岸的方向行驶，江水的流速为 2 km/h，求船实际航行速度的大小与方向（用与流速间的夹角表示）.

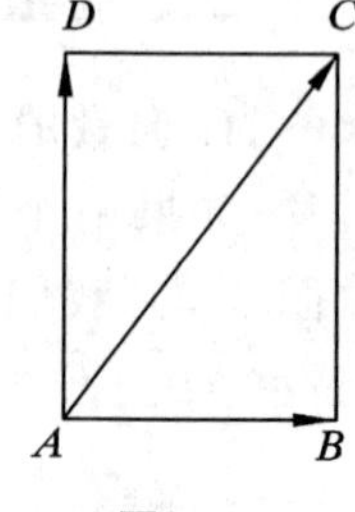

图 3-10

解　由平行四边形法则知$\overrightarrow{AC}$就是轮渡实际航行的速度.

$|\overrightarrow{AC}|=\sqrt{|\overrightarrow{AB}|^2+|\overrightarrow{BC}|^2}=\sqrt{2^2+(2\sqrt{3})^2}=4(\text{km/h})$，

$\tan\angle CAB=\frac{2\sqrt{3}}{2}=\sqrt{3}$，得$\angle CAB=60°$.

答：渡轮实际航行速度的大小为 4 km/h，方向与流速间的夹角为 60°.

2. 向量的减法

向量 $\boldsymbol{a}$ 加上 $\boldsymbol{b}$ 的相反向量，叫作 $\boldsymbol{a}$ 与 $\boldsymbol{b}$ 的**差**，记作 $\boldsymbol{a}-\boldsymbol{b}$，即 $\boldsymbol{a}-\boldsymbol{b}=\boldsymbol{a}+(-\boldsymbol{b})$.

求两个向量差的运算，叫作向量的**减法**.

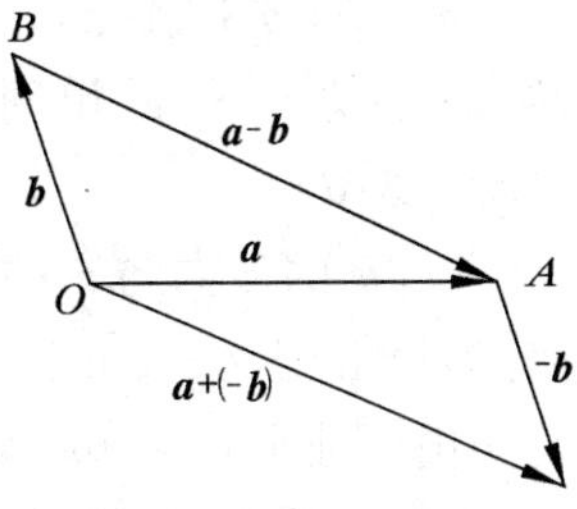

图 3-11

由三角形法则可看出，要从 $\boldsymbol{a}$ 减去 $\boldsymbol{b}$ 只要把 $-\boldsymbol{b}$ 加到 $\boldsymbol{a}$ 上去即可(图 3-11).

在平面上任取一点 O，作$\overrightarrow{OA}=\boldsymbol{a}$，$\overrightarrow{OB}=\boldsymbol{b}$，则$\overrightarrow{BA}=\overrightarrow{OA}-\overrightarrow{OB}=\boldsymbol{a}-\boldsymbol{b}$.

即 $\boldsymbol{a}-\boldsymbol{b}$ 可以表示为减向量的终点指向被减向量的终点的向量.

例 3　已知向量 $\boldsymbol{a}$，$\boldsymbol{b}$，$\boldsymbol{c}$，求作向量 $\boldsymbol{a}-\boldsymbol{b}$，$\boldsymbol{b}-\boldsymbol{c}$，$\boldsymbol{c}-\boldsymbol{a}$(图 3-12).

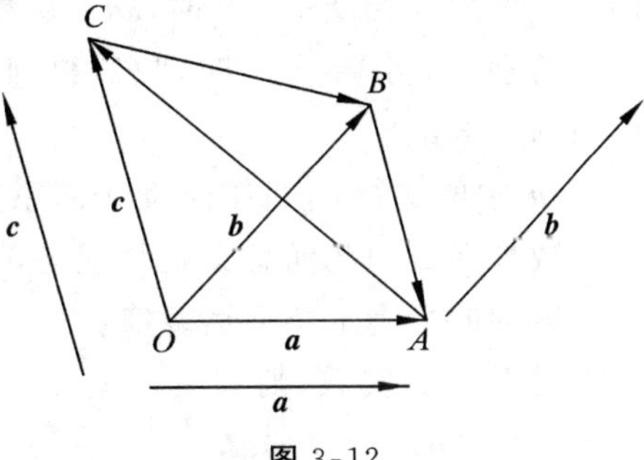

图 3-12

解　在平面内任取一点 O，作$\overrightarrow{OA}=\boldsymbol{a}$，$\overrightarrow{OB}=\boldsymbol{b}$，$\overrightarrow{OC}=\boldsymbol{c}$.

作$\overrightarrow{BA}$，$\overrightarrow{CB}$，$\overrightarrow{AC}$，则

$$\overrightarrow{BA}=\boldsymbol{a}-\boldsymbol{b},$$
$$\overrightarrow{CB}=\boldsymbol{b}-\boldsymbol{c},$$
$$\overrightarrow{AC}=\boldsymbol{c}-\boldsymbol{a}.$$

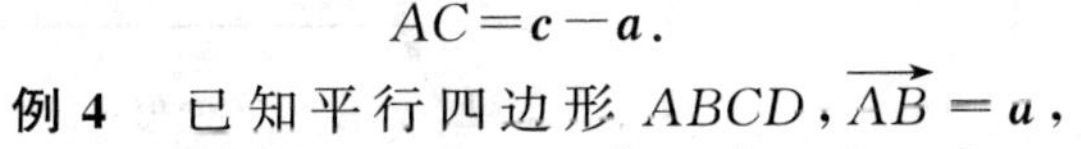

例 4　已知平行四边形 $ABCD$，$\overrightarrow{AB}=\boldsymbol{a}$，$\overrightarrow{AD}=\boldsymbol{b}$，试用 $\boldsymbol{a}$，$\boldsymbol{b}$ 表示向量$\overrightarrow{AC}$，$\overrightarrow{DB}$，$\overrightarrow{CB}$，$\overrightarrow{CD}$(图 3-13).

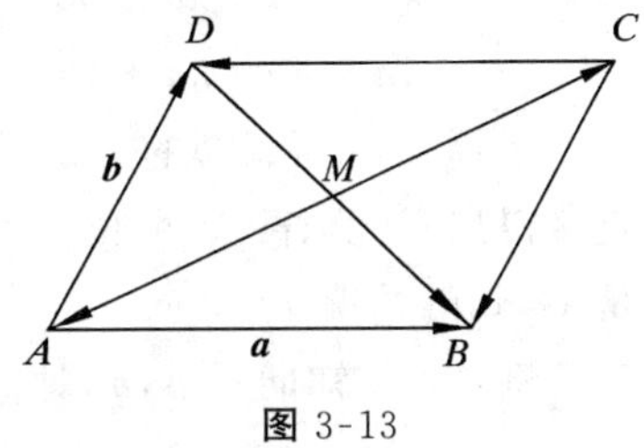

图 3-13

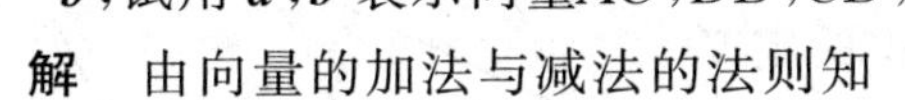

解　由向量的加法与减法的法则知

$$\overrightarrow{AC}=\boldsymbol{a}+\boldsymbol{b},$$
$$\overrightarrow{DB}=\boldsymbol{a}-\boldsymbol{b},$$
$$\overrightarrow{CB}=-\boldsymbol{b},$$
$$\overrightarrow{CD}=-\boldsymbol{a}.$$

练习 2

1. 填空：

已知四边形 $ABCD$ 为一个平行四边形，对角线 AC 与 BD 交于 O 点，则

$\overrightarrow{AB}+\overrightarrow{AD}=$________；　　$\overrightarrow{AB}-\overrightarrow{AD}=$________；

$\overrightarrow{BA}-\overrightarrow{BC}=$________；　　$\overrightarrow{BC}-\overrightarrow{BA}=$________；

$\overrightarrow{OA}-\overrightarrow{OB}=$________；　　$\overrightarrow{OD}-\overrightarrow{OA}=$________.

2. 已知任意两个向量 $\boldsymbol{a}$，$\boldsymbol{b}$，不等式$|\boldsymbol{a}+\boldsymbol{b}|\leqslant|\boldsymbol{a}|+|\boldsymbol{b}|$是否正确？为什么？

三、实数与向量的积

1. 数乘向量

已知非零向量 $\boldsymbol{a}$，可作出 $\boldsymbol{a}+\boldsymbol{a}+\boldsymbol{a}$ 和 $(-\boldsymbol{a})+(-\boldsymbol{a})+(-\boldsymbol{a})$（图 3-14）.

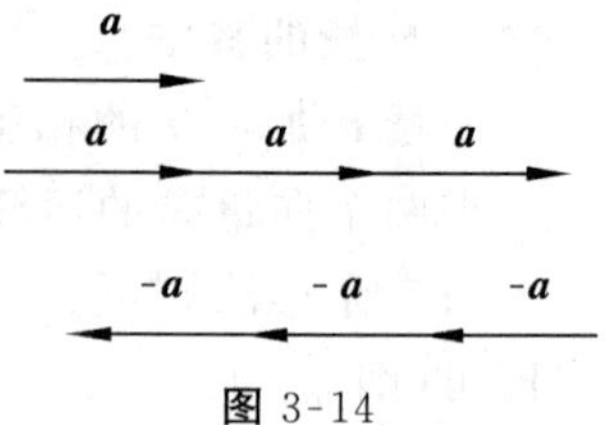

图 3-14

$\boldsymbol{a}+\boldsymbol{a}+\boldsymbol{a}$ 记作 $3\boldsymbol{a}$，$(-\boldsymbol{a})+(-\boldsymbol{a})+(-\boldsymbol{a})$ 记作 $-3\boldsymbol{a}$. 显然 $3\boldsymbol{a}$ 的方向与 $\boldsymbol{a}$ 相同，它的长度是 $\boldsymbol{a}$ 的长度的 3 倍，即 $|3\boldsymbol{a}|=3|\boldsymbol{a}|$.

$-3\boldsymbol{a}$ 的方向与 $\boldsymbol{a}$ 的方向相反，它的长度是 $\boldsymbol{a}$ 的长度的 3 倍，即 $|-3\boldsymbol{a}|=3|\boldsymbol{a}|$.

由上述分析可知，实数 λ 与向量 $\boldsymbol{a}$ 的乘积是一个向量，记作 $\lambda\boldsymbol{a}$，它的长度 $|\lambda\boldsymbol{a}|=|\lambda|\cdot|\boldsymbol{a}|$. 其方向规定如下：当 $\lambda>0$ 时，$\lambda\boldsymbol{a}$ 的方向与 $\boldsymbol{a}$ 的方向相同；当 $\lambda<0$ 时，$\lambda\boldsymbol{a}$ 的方向与 $\boldsymbol{a}$ 的方向相反；$\lambda=0$ 时，$\lambda\boldsymbol{a}=\boldsymbol{0}$. 数与向量相乘的运算叫作向量的**数乘运算**.

特别地，当 $\lambda=-1$ 时，我们得到 $(-1)\boldsymbol{a}$，它的长度与 $\boldsymbol{a}$ 相等而方向与 $\boldsymbol{a}$ 相反，则有：$(-1)\boldsymbol{a}=-\boldsymbol{a}$.

$\lambda\boldsymbol{a}$ 中的实数 λ，叫作向量 $\boldsymbol{a}$ 的系数.

数乘向量的几何意义就是把向量 $\boldsymbol{a}$ 沿着 $\boldsymbol{a}$ 的方向或 $\boldsymbol{a}$ 的反方向放大或缩小.

数乘向量满足如下**运算律**：

设 λ,μ 为实数，则

(1) $\lambda(\mu\boldsymbol{a})=(\lambda\mu)\boldsymbol{a}$；

(2) $(\lambda+\mu)\boldsymbol{a}=\lambda\boldsymbol{a}+\mu\boldsymbol{a}$；

(3) $\lambda(\boldsymbol{a}+\boldsymbol{b})=\lambda\boldsymbol{a}+\lambda\boldsymbol{b}$.

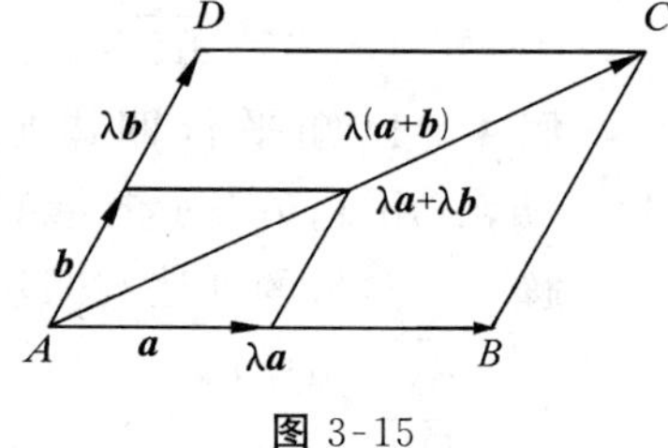

图 3-15

运算律(1)和(2)的正确性可由数与向量乘积的定义直接得出；运算律(3)可由三角形的相似比得出. 图 3-15 是 $\lambda>0$ 的情况.

例 5 已知向量 $\boldsymbol{a},\boldsymbol{b}$，计算下列各式：

(1) $(-2)\times 3\boldsymbol{a}$； (2) $2(\boldsymbol{a}+\boldsymbol{b})-3(\boldsymbol{a}-\boldsymbol{b})+\boldsymbol{a}$.

解 (1) 原式 $=(-2\times 3)\boldsymbol{a}=-6\boldsymbol{a}$；

(2) 原式 $=2\boldsymbol{a}+2\boldsymbol{b}-3\boldsymbol{a}+3\boldsymbol{b}+\boldsymbol{a}=5\boldsymbol{b}$.

例 6 $\boldsymbol{a},\boldsymbol{b}$ 为已知向量，$\boldsymbol{x}$ 是未知向量，且满足关系 $5(\boldsymbol{x}+\boldsymbol{a})+3(\boldsymbol{x}-\boldsymbol{b})=\boldsymbol{0}$，求向量 $\boldsymbol{x}$.

解 原式可变形为

$$5\boldsymbol{x}+5\boldsymbol{a}+3\boldsymbol{x}-3\boldsymbol{b}=\boldsymbol{0},$$

$$8\boldsymbol{x}=-5\boldsymbol{a}+3\boldsymbol{b},$$

$$\boldsymbol{x}=-\frac{5}{8}\boldsymbol{a}+\frac{3}{8}\boldsymbol{b}.$$

例 7 在平行四边形 $ABCD$ 中，M 是两对角线的交点，$\overrightarrow{AB}=\boldsymbol{a}$，$\overrightarrow{AD}=\boldsymbol{b}$，试用 $\boldsymbol{a},\boldsymbol{b}$ 表示向量 $\overrightarrow{MA}$，$\overrightarrow{MB}$，$\overrightarrow{MC}$ 和 $\overrightarrow{MD}$（图 3-16）.

解 由于平行四边形对角线互相平分，所以

$\boldsymbol{a}+\boldsymbol{b}=2\overrightarrow{AM}$,

$2\overrightarrow{MA}=-(\boldsymbol{a}+\boldsymbol{b})$,

$\overrightarrow{MA}=-\frac{1}{2}(\boldsymbol{a}+\boldsymbol{b})$,

$\overrightarrow{MC}=\frac{1}{2}(\boldsymbol{a}+\boldsymbol{b})$.

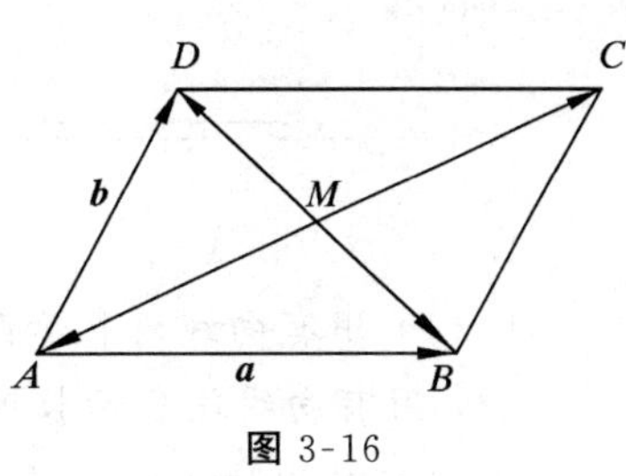

图 3-16

又因 $-\boldsymbol{a}+\boldsymbol{b}=2\overrightarrow{MD}$,

所以 $\overrightarrow{MD}=\frac{1}{2}(\boldsymbol{b}-\boldsymbol{a})$,

$\overrightarrow{MB}=-\overrightarrow{MD}=\frac{1}{2}(\boldsymbol{a}-\boldsymbol{b})$.

根据向量与数乘积的规定可以得出以下两个**结论**:

(1) 如果 $\boldsymbol{b}$ 为非零向量,则 $\boldsymbol{a}/\!/\boldsymbol{b}$ 的充分必要条件是:存在唯一实数 λ,使 $\boldsymbol{a}=\lambda\boldsymbol{b}$.

事实上,对于向量 $\boldsymbol{a}$,$\boldsymbol{b}(\boldsymbol{b}\neq\boldsymbol{0})$,如果有一个实数 λ,使 $\boldsymbol{a}=\lambda\boldsymbol{b}$,那么由实数与向量的积的定义知 $\boldsymbol{a}/\!/\boldsymbol{b}$.

反之,如果 $\boldsymbol{a}/\!/\boldsymbol{b}(\boldsymbol{b}\neq 0)$,且向量 $\boldsymbol{a}$ 的长度是向量 $\boldsymbol{b}$ 的长度的 λ 倍,即 $|\boldsymbol{a}|:|\boldsymbol{b}|=\lambda$.那么,当 $\boldsymbol{a}$ 与 $\boldsymbol{b}$ 同向时,有 $\boldsymbol{a}=\lambda\boldsymbol{b}$;当 $\boldsymbol{a}$ 与 $\boldsymbol{b}$ 反向时,有 $\boldsymbol{a}=-\lambda\boldsymbol{b}$.

也就是说,如果 $\boldsymbol{a}/\!/\boldsymbol{b}(\boldsymbol{b}\neq 0)$,那么有且仅有一个实数 λ 使 $\boldsymbol{a}=\lambda\boldsymbol{b}$.

(2) 设 $\boldsymbol{e}_a$ 表示与非零向量 $\boldsymbol{a}$ 同方向的单位向量,那么 $\boldsymbol{a}=|\boldsymbol{a}|\boldsymbol{e}_a$,$\boldsymbol{e}_a=\frac{\boldsymbol{a}}{|\boldsymbol{a}|}$.

通常说,向量 $\boldsymbol{a}$ 除以它的长度 $|\boldsymbol{a}|$ 得到与 $\boldsymbol{a}$ 同方向的单位向量 $\boldsymbol{e}_a$.

例 8 如图 3-17 所示,在△ABC 中,已知 $\overrightarrow{AB}=3\overrightarrow{AD}$,$\overrightarrow{AC}=3\overrightarrow{AE}$,证明:$\overrightarrow{DE}$ 与 $\overrightarrow{BC}$ 平行.

证明 因为 $\overrightarrow{BC}=\overrightarrow{AC}-\overrightarrow{AB}=3\overrightarrow{AE}-3\overrightarrow{AD}$

$=3(\overrightarrow{AE}-\overrightarrow{AD})=3\overrightarrow{DE}$,

所以 $\overrightarrow{DE}$ 与 $\overrightarrow{BC}$ 平行.

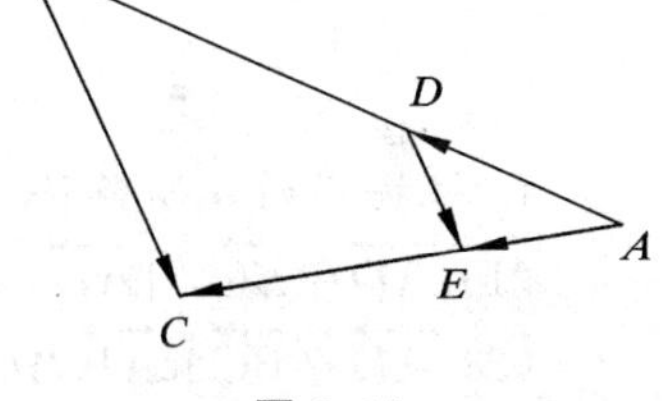

图 3-17

练习 3

1. 已知向量 $\boldsymbol{a}$,求作向量 $\boldsymbol{b}=4\boldsymbol{a}$,$\boldsymbol{c}=-4\boldsymbol{a}$.

2. 化简:

(1) $3(2\boldsymbol{a}-3\boldsymbol{b})+4(\boldsymbol{a}-2\boldsymbol{b})$;

(2) $\frac{1}{4}(\boldsymbol{a}+2\boldsymbol{b})-\frac{1}{6}(5\boldsymbol{a}-2\boldsymbol{b})+\frac{1}{4}\boldsymbol{b}$.

习题 3-1

A 组

1. (1) 用有向线段表示两个相等的向量，若起点相同，则它们的终点是否相同？

(2) 用有向线段表示长度相等的向量时，若起点相同，问终点之间有什么关系？

2. 飞机从甲地按北偏西 15° 的方向飞行 1 400 km 到达乙地，再从乙地按南偏东 75° 的方向飞行 1 400 km 到达丙地，那么丙地在甲地的什么方向？丙地距甲地多远？

3. 在矩形 $ABCD$ 中，$|\overrightarrow{AB}|=\sqrt{3}$，$|\overrightarrow{BC}|=1$，则向量 $\overrightarrow{AB}+\overrightarrow{AD}+\overrightarrow{AC}$ 的长度等于多少？

4. 化简：

(1) $\frac{1}{3}(\boldsymbol{a}+2\boldsymbol{b})+\frac{1}{4}(3\boldsymbol{a}-2\boldsymbol{b})-\frac{1}{2}(\boldsymbol{a}-\boldsymbol{b})$；

(2) $(x-y)(\boldsymbol{a}+\boldsymbol{b})-(x-y)(\boldsymbol{a}-\boldsymbol{b})$.

第 5 题

5. 如图，已知▱$ABCD$，E 为 BC 的中点，F 为 CD 的中点，试将向量 $\overrightarrow{EF}$ 用 $\overrightarrow{AB}$ 和 $\overrightarrow{AD}$ 表示.

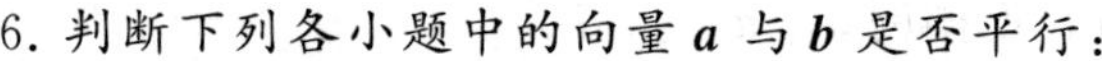

6. 判断下列各小题中的向量 $\boldsymbol{a}$ 与 $\boldsymbol{b}$ 是否平行：

(1) $\boldsymbol{a}=-3\boldsymbol{c}$，$\boldsymbol{b}=3\boldsymbol{c}$；

(2) $\boldsymbol{a}=\boldsymbol{c}_1-\boldsymbol{c}_2$，$\boldsymbol{b}=-3\boldsymbol{c}_1+3\boldsymbol{c}_2$.

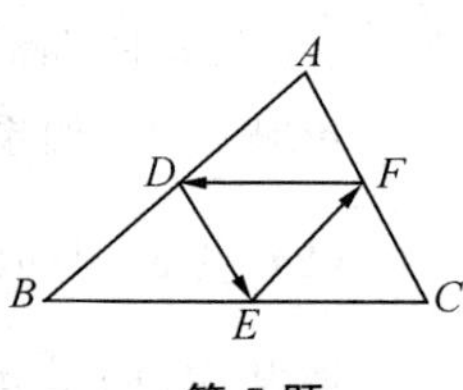

第 7 题

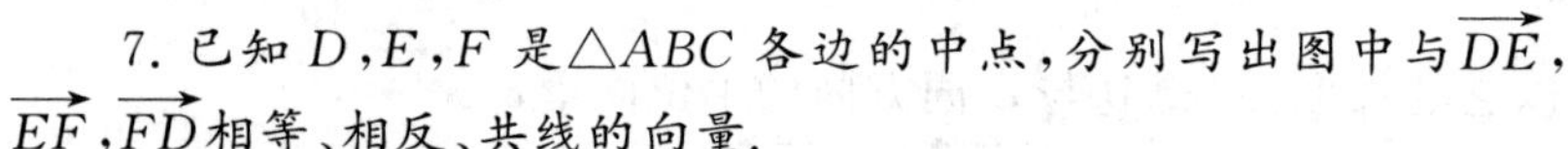

7. 已知 D,E,F 是△ABC 各边的中点，分别写出图中与 $\overrightarrow{DE}$，$\overrightarrow{EF}$，$\overrightarrow{FD}$ 相等、相反、共线的向量.

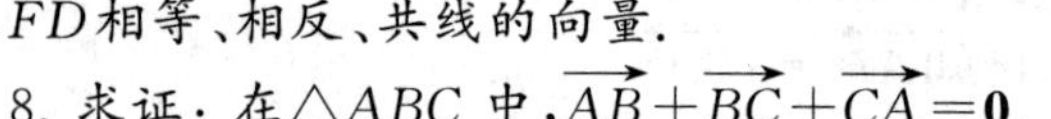

8. 求证：在△ABC 中，$\overrightarrow{AB}+\overrightarrow{BC}+\overrightarrow{CA}=\boldsymbol{0}$.

B 组

1. 根据下列各题条件，判断四边形 $ABCD$ 是哪种四边形：

(1) $\overrightarrow{AD}=\overrightarrow{BC}$，$|\overrightarrow{AD}|=|\overrightarrow{AB}|$；

(2) $\overrightarrow{AD}\,/\!/\,\overrightarrow{BC}$ 且 $\overrightarrow{AB}$ 与 $\overrightarrow{CD}$ 不平行.

2. 解关于向量 $\boldsymbol{x}$ 的方程：

(1) $\frac{1}{2}(\boldsymbol{a}-2\boldsymbol{x})=3(\boldsymbol{x}-\boldsymbol{a})$；

(2) $2(\boldsymbol{a}+\boldsymbol{x})=3(\boldsymbol{b}-\boldsymbol{x})$.

3. 已知△ABC，D 为边 BC 的中点，求证：

$$\overrightarrow{AD}=\frac{1}{2}(\overrightarrow{AB}+\overrightarrow{AC}).$$

4. 如图，$\overrightarrow{OA}$，$\overrightarrow{OB}$ 不共线，且 $\overrightarrow{AC}=\lambda\overrightarrow{AB}$，$\lambda\in\mathbf{R}$，试用 $\overrightarrow{OA}$，$\overrightarrow{OB}$ 表示 $\overrightarrow{OC}$.

5. 请你用本节所学的向量知识解释本章开头所提到的现象.

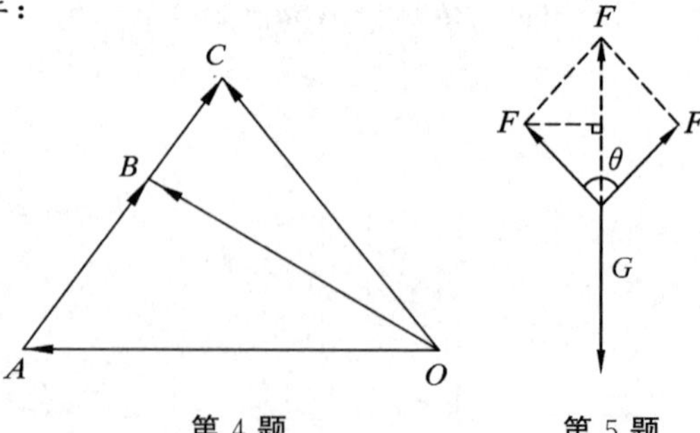

第 4 题　　第 5 题

§ 3-2　复数的概念

一、虚数单位

方程 $x^2=2$ 在有理数集 $\mathbf{Q}$ 中无解，而在实数集 $\mathbf{R}$ 中就有解：$x=\pm\sqrt{2}$.但是，即使数的范围扩充到实数集 $\mathbf{R}$ 后，像 $x^2=-1$ 这样的方程仍然无解，为了使这个方程有确定的解，我们引进一个新数 i，称之为**虚数单位**.并且**规定**：

(1) $\mathrm{i}^2=\mathbf{-1}$；

(2) **i 与实数在一起，可以按照实数的四则运算法则进行运算.**

根据上述规定，i 就是 -1 的一个平方根，$-\mathrm{i}$ 是 -1 的另一个平方根.因此，当引进虚数单位 i 后，$x=\pm\mathrm{i}$ 就是方程 $x^2=-1$ 的解.

关于虚数单位 i，显然有

$$\mathrm{i}^1=\mathrm{i},\mathrm{i}^2=-1,\mathrm{i}^3=-\mathrm{i},\mathrm{i}^4=1.$$

一般地，当 $n\in\mathbf{N}_+$，有

$$\mathrm{i}^{4n+1}=\mathrm{i},\mathrm{i}^{4n+2}=-1,\mathrm{i}^{4n+3}=-\mathrm{i},\mathrm{i}^{4n}=1.$$

另外，还规定：

$$\mathrm{i}^0=1;\mathrm{i}^{-n}=\frac{1}{\mathrm{i}^n}(n\in\mathbf{N}).$$

例 1　计算：

(1) $\mathrm{i}^{1\,998}$；　　(2) i^{-5}.

解　(1) $\mathrm{i}^{1\,998}=\mathrm{i}^{499\times4+2}=\mathrm{i}^2=-1$；

(2) $\mathrm{i}^{-5}=\dfrac{1}{\mathrm{i}^5}=\dfrac{1}{\mathrm{i}}=-\mathrm{i}$.

二、复数的概念

1. 纯虚数　虚数单位 i 和实数 $b(b\neq0)$ 相乘得到形式为 $b\mathrm{i}$ 的数.因为 $(b\mathrm{i})^2=b^2\mathrm{i}^2=-b^2$，所以当 $b\neq0$ 时，$b\mathrm{i}$ 不可能是任何实数，这时我们将 $b\mathrm{i}(b\in\mathbf{R}$，且 $b\neq0)$ 称为**纯虚数**.例如，5i，$-2\mathrm{i}$ 都为纯虚数(当 $b=0$ 时，规定 $b\mathrm{i}=0$).

2. 虚数　实数 a 和纯虚数 $b\mathrm{i}$ 相加得到数 $a+b\mathrm{i}$.形如 $a+b\mathrm{i}(a,b\in\mathbf{R}$，且 $b\neq0)$ 的数称为**虚数**.例如，$-\dfrac{1}{2}+\dfrac{\sqrt{3}}{2}\mathrm{i}$ 就是一个虚数$\left(a=-\dfrac{1}{2},b=\dfrac{\sqrt{3}}{2}\right)$.

全体虚数所构成的集合称为虚数集，通常用字母 $\mathbf{I}$ 表示.

3. 复数　在引进虚数以后，对于这种新的数和原来的实数，给出以下定义：

定义　形如 $a+b\mathrm{i}(a\in\mathbf{R},b\in\mathbf{R})$ 的数称为**复数**.a，b 分别叫作复数的**实部**和**虚部**.

复数 $a+b\mathrm{i}$ 常记为 z，即 $z=a+b\mathrm{i}$.

从复数的定义易知：(1) 当 $b=0$ 时，复数 $a+b\mathrm{i}$ 就是实数 a；(2) 当 $b\neq0$ 时，复数 $a+b\mathrm{i}$ 就是虚数，此时若 $a=0$，它就是纯虚数.所以，复数包含了所有的实数和虚数.实数和纯虚数是复数的特例.

全体复数所构成的集合——复数集通常用字母 **C** 表示，即有

$$\mathbf{C}=\{z\mid z=a+bi,a\in\mathbf{R},b\in\mathbf{R}\}.$$

不难看出，有下列关系式存在：

$$\mathbf{R}\cup\mathbf{I}=\mathbf{C},\mathbf{R}\cap\mathbf{I}=\varnothing,\mathbf{R}\subsetneqq\mathbf{C},\mathbf{I}\subsetneqq\mathbf{C}.$$

另外，若以 **C** 作为全集 Ω，则 $\complement_{\Omega}\mathbf{R}=\mathbf{I}$.

如果两个复数 $a+bi$ 与 $c+di$ 的实部与虚部分别相等，我们就说这两个复数相等，记作

$$a+bi=c+di.$$

这就是说，若 $a,b,c,d\in\mathbf{R}$，则

$$a+bi=c+di\Leftrightarrow a=c\text{ 且 }b=d,$$

特别地

$$a+bi=0\Leftrightarrow a=0\text{ 且 }b=0.$$

应当注意，两个实数可以比较大小，但两个复数，如果不全是实数，就不能比较它们的大小.例如，3i 与 0，3i 与 2i，4 与 4−i 都不能比较大小.

例 2 已知 $(x+2y)-i=6x+(x-y)i$，其中 $x,y\in\mathbf{R}$，求 x,y.

解 根据复数相等的条件，得方程组

$$\begin{cases}x+2y=6x,\\-1=x-y,\end{cases}$$

解得

$$x=\frac{2}{3},y=\frac{5}{3}.$$

练习 1

1. 说出下列各复数的实部和虚部，并指出哪些是实数？哪些是虚数？哪些是纯虚数？

$$-8,-5i,3-\sqrt{2}i,\frac{1}{2}+\frac{\sqrt{3}}{2}i,(1+\sqrt{3})i.$$

2. 计算：(1) i^{25}；(2) i^{102}.

三、复数的几何表示法

1. 用复平面内的点表示复数

从复数相等的定义我们知道，任何一个复数 $z=a+bi$，都可以由一个有序实数对 (a,b) 唯一确定.这就使我们能借用平面直角坐标系来表示复数 $z=a+bi$.如图 3-18 所示，点 M 的横坐标是 a，纵坐标是 b，复数 $z=a+bi$ 可以用点 $M(a,b)$ 来表示，这种建立了直角坐标系却用来表示复数的平面叫作**复平面**，x 轴称为**实轴**，其单位仍旧是 1，y 轴除去原点的部分称为**虚轴**（因为原点表示实数 0，原点不在虚轴上），y 轴的单位是 i.因此，表示实数的点都在实轴上，表示纯虚数的点都在虚轴上.

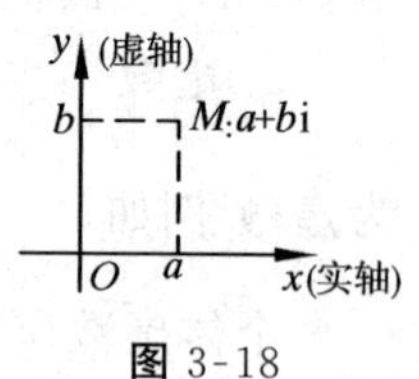

图 3-18

很明显，按照这种表示方法，每一个复数都有复平面内唯一的一个点和它对应；反过来，复平面内的每一个点都有唯一的一个复数和它对应.这样，复数集 **C** 和复平面内所有点构成的点集就建立了一一对应的关系.所以，任何复数都可用复平面内的点来表示.

例 3　用复平面内的点表示复数：$2-2i$，$-2+3i$，$3i$，-2，0.

解　如图 3-19 所示，复数 $2-2i$ 用点 $A(2,-2)$ 表示，$-2+3i$ 用点 $B(-2,3)$ 表示，$3i$ 用点 $C(0,3)$ 表示，-2 用点 $D(-2,0)$ 表示，0 用点 $O(0,0)$ 表示.

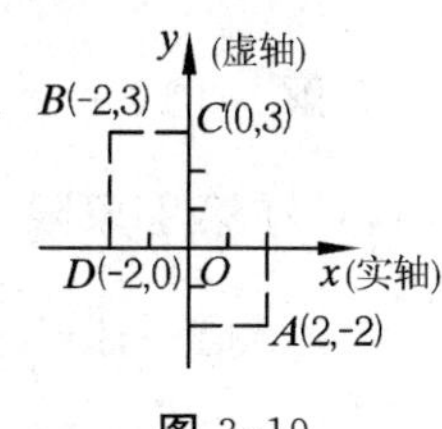

图 3-19

2. 用向量表示复数

如图 3-20 所示，如果复平面内的点 $M(a,b)$ 表示复数 $a+bi$，连结原点 O 和点 M，并把 O 点看作线段 OM 的起点，M 点看作 OM 的终点，那么有向线段 $\overrightarrow{OM}$ 就是**向量**.

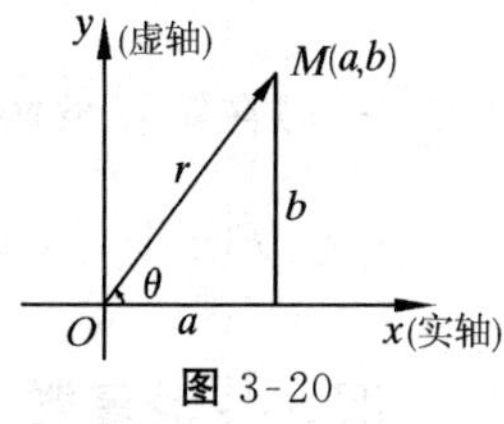

图 3-20

根据以上规定，复平面内的点 M 和向量 $\overrightarrow{OM}$ 之间可以建立一一对应的关系. 因为复平面内的点 $M(a,b)$ 和复数 $a+bi$ 一一对应，所以，复数 $a+bi$ 和向量 $\overrightarrow{OM}$ 之间也是一一对应的. 于是复数 $a+bi$ 也可以用向量 $\overrightarrow{OM}$ 来表示. 即

复数 $a+bi$ ↔ 复平面内的点 $M(a,b)$ ↔ 向量 $\overrightarrow{OM}$.

（这里"↔"表示一一对应）

表示复数 $a+bi$ 的向量 $\overrightarrow{OM}$ 的长度叫作复数 $a+bi$ 的**模**（或**绝对值**），记作 $|a+bi|$. 如图 3-20 所示，显然有

$$|a+bi|=r=\sqrt{a^2+b^2}.$$

例如，$\left|-\frac{1}{2}+\frac{\sqrt{3}}{2}i\right|=\sqrt{\left(-\frac{1}{2}\right)^2+\left(\frac{\sqrt{3}}{2}\right)^2}=1.$

如果 $b=0$，那么 $a+bi$ 是实数 a，它的模就等于 $|a|$.

由实轴的正半轴到向量 $\overrightarrow{OM}$ 的角 θ 称为复数 $a+bi$ 的**幅角**，它表示出向量 $\overrightarrow{OM}$ 的方向.

一个不等于零的复数 $a+bi$ 的幅角有无穷多个值，这些值相差 2π 的整数倍. 例如，i 的幅角为

$$\theta=2k\pi+\frac{\pi}{2}\ (k\in\mathbf{Z}).$$

我们把幅角在 $[0,2\pi)$ 内的值叫作**幅角的主值**，即取 $0\leqslant\theta<2\pi$.(注)

当点 M 与原点 O 重合时，有向线段 $\overrightarrow{OM}$ 缩成一点，这时向量 $\overrightarrow{OM}$ 称为**零向量**. 零向量的长度是零，零向量没有确定的幅角.

由图 3-20 所示，要确定复数 $a+bi(a\neq0)$ 的幅角 θ，可以用公式

$$\tan\theta=\frac{b}{a},$$

其中 θ 所在的象限就是与复数 $a+bi$ 相对应的点 $M(a,b)$ 所在的象限.

例 4　在复平面内，作出表示下列复数的点，并求出它们的模和幅角的主值：

(1) $1+i$；　　(2) $\sqrt{3}-i$.

[注]　幅角的主值 θ 在数学中取 $0\leqslant\theta<2\pi$，在电学中取 $-\pi<\theta\leqslant\pi$.

解 (1) $a=1,b=1,\tan\theta=\frac{b}{a}=1$，点$(1,1)$在第Ⅰ象限，如图 3-21 所示.

$$r=|1+\mathrm{i}|=\sqrt{1^2+1^2}=\sqrt{2},\theta=\frac{\pi}{4}.$$

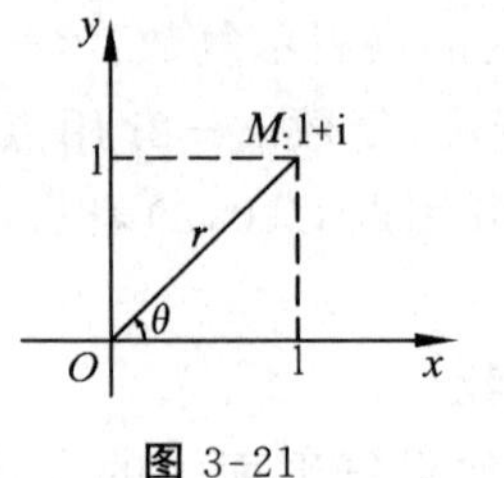

图 3-21

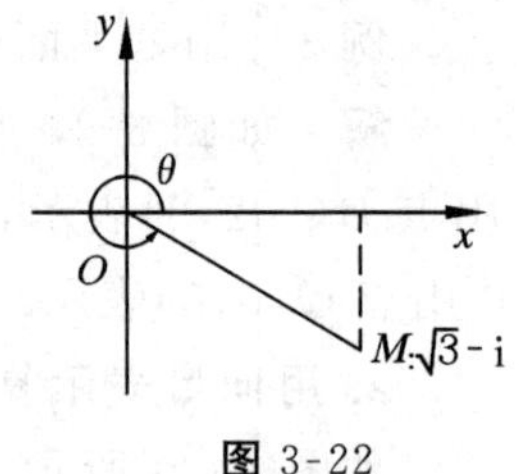

图 3-22

(2) $a=\sqrt{3},b=-1,\tan\theta=-\frac{1}{\sqrt{3}}$，点$(\sqrt{3},-1)$在第Ⅳ象限，如图 3-22 所示.

$$r=|\sqrt{3}-\mathrm{i}|=\sqrt{(\sqrt{3})^2+(-1)^2}=2.\theta=\frac{11}{6}\pi.$$

四、共轭复数

如果两个复数的实部相等，虚部互为相反数，那么这两个复数称为**共轭复数**.例如，$3+\mathrm{i}$与$3-\mathrm{i}$，$-\sqrt{5}\mathrm{i}$与$\sqrt{5}\mathrm{i}$都是共轭复数.

复数z的共轭复数用$\bar{z}$表示，即如果$z=a+b\mathrm{i}$，那么$\bar{z}=a-b\mathrm{i}$.显然，两个共轭复数的模相等；表示两个共轭复数$a+b\mathrm{i},a-b\mathrm{i}(b\neq0)$的点关于实轴对称.以后在复数的运算中容易知道两个共轭复数的和或积必为实数.

练习 2

1. 在复平面内作出表示下列复数的点：

(1) $-3+3\mathrm{i}$； (2) $-3-2\mathrm{i}$； (3) $-\mathrm{i}$； (4) $\frac{1}{2}-4\mathrm{i}$； (5) -3.

2. 已知复数$4-3\mathrm{i},-1+\mathrm{i},-5-12\mathrm{i},4\mathrm{i}$.

(1) 用向量表示这些复数；

(2) 求这些复数的模；

(3) 求这些复数的共轭复数.

习题 3-2

A 组

1. 设a,b均是实数，问在什么情况下$a+b\mathrm{i}$是实数？是纯虚数？是虚数？

2. a是什么实数时，$\frac{a^2+a-6}{a+5}+(a^2+8a+15)\mathrm{i}$是实数？是纯虚数？

3. 计算：

(1) $\mathrm{i}^{1\,997}$； (2) $\mathrm{i}^{1\,071}$； (3) i^{-7}； (4) i^{-65}.

4. 求下列各复数的模和幅角的主值θ：

(1) 3； (2) $-3\mathrm{i}$； (3) $\sqrt{2}+\sqrt{2}\mathrm{i}$； (4) $-1+\mathrm{i}$；

(5) $-\sqrt{3}-\mathrm{i}$； (6) $1-\sqrt{3}\mathrm{i}$.

5. m取何值时，复数$(m^2+3m+2)+(m^2-m-2)\mathrm{i}$是(1) 实数；(2) 虚数；(3) 纯

虚数？

6. 求适合下列方程的 x 和 $y(x,y\in\mathbf{R})$ 的值：

(1) $(x+2y)+(2x-y)\mathrm{i}=4+3\mathrm{i}$;

(2) $(x+y-3)+(x-y-1)\mathrm{i}=0$.

B　组

1. m 为何实数时，复数 $(1+\mathrm{i})m^2-(3+5\mathrm{i})m-2(2+3\mathrm{i})$ 是实数？

2. 复数 $m^2-3+(2-m-m^2)\mathrm{i}$ 在复平面上对应的点在第Ⅱ象限，求实数 m 的取值范围.

3. 复数 $a+b\mathrm{i}(a,b\in\mathbf{R})$ 的平方是一个实数的充要条件是什么？

4. 已知 $z_1=-\frac{\sqrt{3}}{2}+\frac{1}{2}\mathrm{i}$，$z_2=a+\frac{\sqrt{2}}{2}\mathrm{i}$ 且 $|z_1|=|z_2|$，求 z_1,z_2 的模和幅角的主值 θ.

5. 设 $z\in\mathbf{C}$，满足下列条件的点 z 的集合是什么图形？

(1) $|z|=2$;　　　　(2) $2\leqslant|z|\leqslant 3$.

§ 3-3　复数的四则运算

一、复数的加法和减法

复数的加法和减法可以按照类似多项式的加法和减法的法则来进行，就是实部和实部相加减，虚部和虚部相加减，即

$$(a+b\mathrm{i})\pm(c+d\mathrm{i})=(a\pm c)+(b\pm d)\mathrm{i}.$$

例 1　求 $(-6+2\mathrm{i})-(5+4\mathrm{i})$.

解　$(-6+2\mathrm{i})-(5+4\mathrm{i})$

$=(-6-5)+(2-4)\mathrm{i}=-11-2\mathrm{i}$.

例 2　计算：$(5-6\mathrm{i})+(-2-\mathrm{i})-(3+4\mathrm{i})$.

解　$(5-6\mathrm{i})+(-2-\mathrm{i})-(3+4\mathrm{i})$

$=(5-2-3)+(-6-1-4)\mathrm{i}=-11\mathrm{i}$.

根据复数的加法和减法的运算法可知，

$$(a+b\mathrm{i})+(a-b\mathrm{i})=2a,$$

$$(a+b\mathrm{i})-(a-b\mathrm{i})=2b\mathrm{i}.$$

即两个共轭复数的和是一个实数；当 $b\neq 0$ 时，它们的差是一个纯虚数.

可以证明，**复数的加法满足交换律和结合律**.

设 $z_1=a_1+b_1\mathrm{i}$，$z_2=a_2+b_2\mathrm{i}$，$z_3=a_3+b_3\mathrm{i}$，则有

交换律　$z_1+z_2=z_2+z_1$;

结合律　$(z_1+z_2)+z_3=z_1+(z_2+z_3)$.

复数 $a+b\mathrm{i}$ 与复数 $c+d\mathrm{i}$ 相加，也可以在复平面内用向量相加的方法来进行.

如图 3-23 所示，设向量$\overrightarrow{OM}$和$\overrightarrow{ON}$分别表示 $a+b\mathrm{i}$ 和 $c+d\mathrm{i}$.M 点的坐标为(a,b)，N 点的坐标为(c,d).以$\overrightarrow{OM}$和$\overrightarrow{ON}$为边，作平行四边形 $OMLN$，自 M，N，L 三点各作 x 轴的垂线 MP，NQ，LR，并作 $MS\perp LR$.可以证明，$\triangle LSM\cong\triangle NQO$，并且四边形 $MPRS$ 是矩形.于是

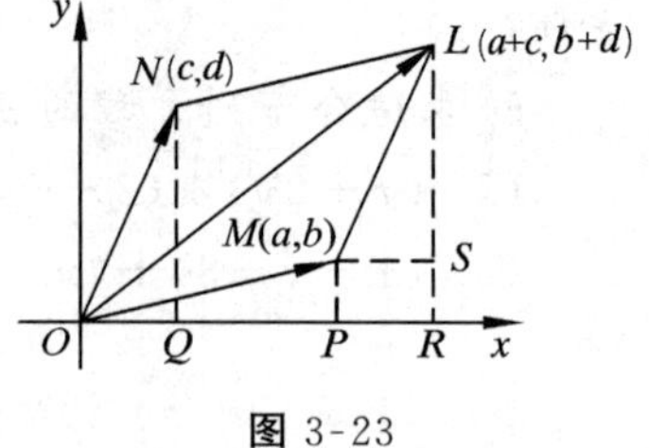

图 3-23

$$OR=OP+PR=OP+OQ=a+c,$$

$$RL=RS+SL=PM+QN=b+d.$$

因此，L 点的坐标是$(a+c,b+d)$，即向量$\overrightarrow{OL}$表示复数$(a+c)+(b+d)\mathrm{i}$.

用向量形式表示，就是$\overrightarrow{OM}+\overrightarrow{ON}=\overrightarrow{OL}$.

所以，求两个复数的和时，可先在复平面内作出表示该两个复数的向量，然后以这两个向量为边作平行四边形，这个平行四边形中以原点为起点的对角线向量所对应的复数，就是所求复数的和.

复数 $a+b\mathrm{i}$ 与 $c+d\mathrm{i}$ 相减，同样可以在复平面内用向量相减的方法来进行.

如图 3-24 所示，先在复平面内作出表示被减数 $a+b\mathrm{i}$ 的向量$\overrightarrow{OM}$与表示减数 $c+d\mathrm{i}$ 的向量$\overrightarrow{ON}$，然后以$\overrightarrow{OM}$为对角线，$\overrightarrow{ON}$为一边，作平行四边形 $OLMN$，那么这个平行四边形的另一边$\overrightarrow{OL}$就表示复数 $a+b\mathrm{i}$ 与 $c+d\mathrm{i}$ 的差，即复数$(a-c)+(b-d)\mathrm{i}$.

用向量形式表示，就是$\overrightarrow{OM}-\overrightarrow{ON}=\overrightarrow{OL}$.

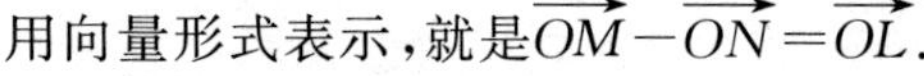

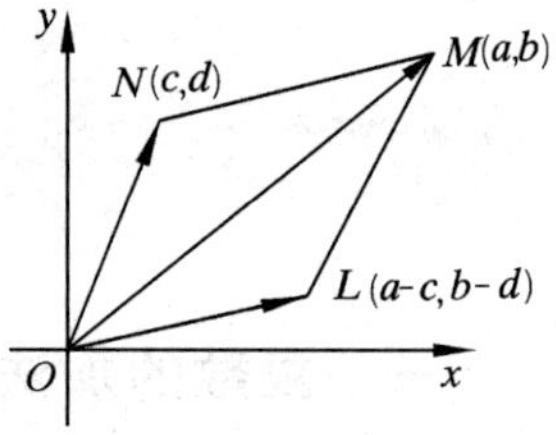

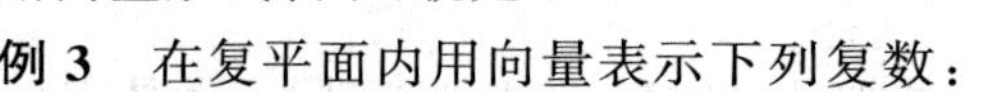

图 3-24

例 3 在复平面内用向量表示下列复数：

(1) $(1-\mathrm{i})+(2+\mathrm{i})$；

(2) $(1-\mathrm{i})-(2+\mathrm{i})$.

解 (1) 如图 3-25 所示，分别作表示复数 $1-\mathrm{i}$ 和 $2+\mathrm{i}$ 的向量$\overrightarrow{OM}$与$\overrightarrow{ON}$，再以$\overrightarrow{OM}$与$\overrightarrow{ON}$为边作▱$OMLN$，则对角线$\overrightarrow{OL}=\overrightarrow{OM}+\overrightarrow{ON}$就表示复数$(1-\mathrm{i})+(2+\mathrm{i})$.

(2) 如图 3-26 所示，分别作表示复数 $1-\mathrm{i}$ 与 $2+\mathrm{i}$ 的向量$\overrightarrow{OM}$与$\overrightarrow{ON}$，再以$\overrightarrow{OM}$为对角线，$\overrightarrow{ON}$为一边作▱$OLMN$，则$\overrightarrow{OL}=\overrightarrow{OM}-\overrightarrow{ON}$，它就表示复数$(1-\mathrm{i})-(2+\mathrm{i})$.

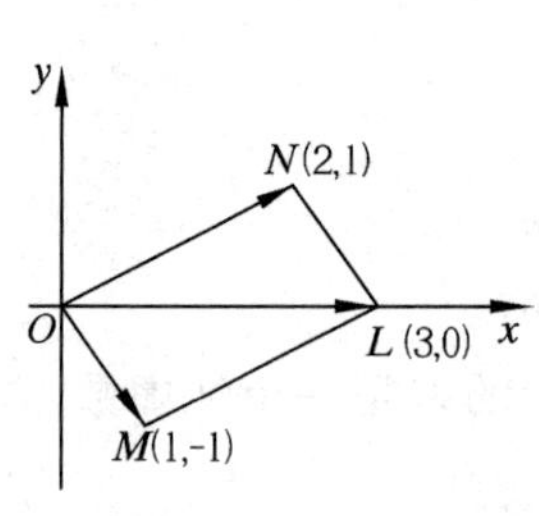

图 3-25

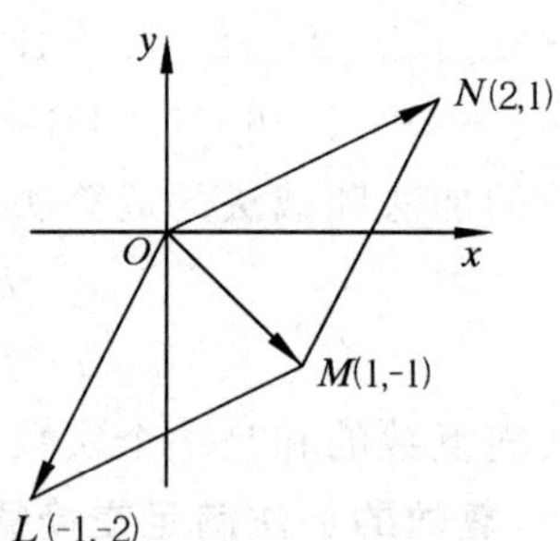

图 3-26

练习 1

1. 计算：

(1) $(3+2\mathrm{i})+(1-4\mathrm{i})$；

(2) $(5-6i)-(3+4i)$;

(3) $(1+i)-(1-i)-(5-4i)+(-3+7i)$.

2. 在复平面内用向量表示下列复数：

(1) $(2+i)+(-1+3i)$;　　　　(2) $(5+3i)-(-1+4i)$.

二、复数的乘法和除法

两个复数相乘，也按类似多项式相乘的法则进行，在所得展开式中，将实部和虚部分别合并，就得到所求的积.

设复数 $z_1=a+bi$，$z_2=c+di$，则

$$\begin{aligned} z_1 \cdot z_2 &= (a+bi)(c+di) \\ &= ac+adi+bci+bdi^2 \\ &= (ac-bd)+(ad+bc)i. \end{aligned}$$

显然，两个复数的积仍然是一个复数.

例 4　计算：共轭复数 $a+bi$ 与 $a-bi$ 的积.

解　$(a+bi)(a-bi)=a^2-(bi)^2=a^2+b^2$.

由上例可知，两个共轭复数的积是一个实数.

例 5　计算：$(1-2i)(3+4i)(-2+i)$.

解　$(1-2i)(3+4i)(-2+i)=(11-2i)(-2+i)=-20+15i$.

可以证明，复数的乘法满足交换律、结合律和乘法对加法的分配律.

设复数 $z_1=a_1+b_1i$，$z_2=a_2+b_2i$，$z_3=a_3+b_3i$，则有

交换律　$z_1 \cdot z_2=z_2 \cdot z_1$;

结合律　$(z_1 \cdot z_2) \cdot z_3=z_1 \cdot (z_2 \cdot z_3)$;

分配律　$z_1(z_2+z_3)=z_1z_2+z_1z_3$.

两个复数相除（除数不为零）时，先把它们写成分式，用分母的共轭复数同乘分子和分母，然后进行化简，写成复数的一般形式.即

$$\begin{aligned} \frac{a+bi}{c+di} &= \frac{(a+bi)(c-di)}{(c+di)(c-di)} = \frac{(ac+bd)+(bc-ad)i}{c^2+d^2} \\ &= \frac{ac+bd}{c^2+d^2}+\frac{bc-ad}{c^2+d^2}i\,(c+di \neq 0). \end{aligned}$$

例 6　使用计算器计算：$(3+4i)\div(3-4i)$.

解　按键及显示结果如下：

按键

[2ndF] [CPLX]

3 [a] 4 [b] [÷] 3 [a] 4 [+/−] [b] [=]

即　　$a=-0.28$,

$b=0.96$.

即　　$(3+4i)\div(3-4i)=-0.28+0.96i$.

例 7　已知：$z_1=\sqrt{2}+\sqrt{2}i$，$z_2=3-4i$，求证：

$$\left|\frac{z_1}{z_2}\right|=\frac{|z_1|}{|z_2|}.$$

证明 $\dfrac{z_1}{z_2}=\dfrac{\sqrt{2}+\sqrt{2}\mathrm{i}}{3-4\mathrm{i}}=\dfrac{(\sqrt{2}+\sqrt{2}\mathrm{i})(3+4\mathrm{i})}{(3-4\mathrm{i})(3+4\mathrm{i})}$

$$=\frac{-\sqrt{2}+7\sqrt{2}\mathrm{i}}{25}=-\frac{\sqrt{2}}{25}+\frac{7\sqrt{2}}{25}\mathrm{i},$$

则 $$\left|\frac{z_1}{z_2}\right|=\sqrt{\left(-\frac{\sqrt{2}}{25}\right)^2+\left(\frac{7\sqrt{2}}{25}\right)^2}=\frac{2}{5}.$$

而 $|z_1|=|\sqrt{2}+\sqrt{2}\mathrm{i}|=\sqrt{(\sqrt{2})^2+(\sqrt{2})^2}=2,$

$|z_2|=|3-4\mathrm{i}|=\sqrt{3^2+(-4)^2}=5,$

所以 $$\left|\frac{z_1}{z_2}\right|=\frac{|z_1|}{|z_2|}.$$

练 习 2

计算：

(1) $(3+2\mathrm{i})(7+\mathrm{i})$； (2) $\dfrac{1+2\mathrm{i}}{3-4\mathrm{i}}$.

三、在复数集内解实系数一元二次方程

由§3-2知道，在复数范围内，$\pm\mathrm{i}$都是-1的平方根.类似可推得，$\pm2\mathrm{i}$是-4的平方根，$\pm3\mathrm{i}$是-9的平方根等.

一般地，当$a>0$时，因为$(\sqrt{a}\,\mathrm{i})^2=-a$，$(-\sqrt{a}\,\mathrm{i})^2=-a$，所以$\pm\sqrt{a}\,\mathrm{i}$都是$-a$的平方根，记为$\sqrt{-a}=\pm\sqrt{a}\,\mathrm{i}$.

过去在实数集$\mathbf{R}$中解一元二次方程时会注意$\Delta=b^2-4ac\geqslant0$这一条件，当$\Delta<0$时，就说方程无实数解.在复数集内，对于方程$ax^2+bx+c=0(a\neq0)$，当其判别式$\Delta=b^2-4ac<0$时，$\sqrt{b^2-4ac}=\sqrt{-(4ac-b^2)}=\pm\sqrt{4ac-b^2}\,\mathrm{i}$，于是$\Delta<0$时，方程有解：

$$x_{1,2}=\frac{-b\pm\sqrt{4ac-b^2}\,\mathrm{i}}{2a}.$$

由此可见，实系数一元二次方程$ax^2+bx+c=0(a\neq0)$在复数范围内都有解，方程的解属于复数集$\mathbf{C}$.

例 8 解方程$x^2-8x+17=0$.

解 $\Delta=b^2-4ac=64-68=-4<0$，复数范围内有解：

$$x_{1,2}=\frac{8\pm\sqrt{68-64}\,\mathrm{i}}{2}=4\pm\mathrm{i}.$$

例 9 在复数范围内分解下列各式成一次因式的积：

(1) x^2+5； (2) x^2-4x+5.

解 (1) $x^2+5=x^2-(-5)=x^2-(\sqrt{5}\,\mathrm{i})^2=(x+\sqrt{5}\,\mathrm{i})(x-\sqrt{5}\,\mathrm{i})$；

(2) 设$x^2-4x+5=0$，则由求根公式得

$$x_1=2+\mathrm{i},x_2=2-\mathrm{i}.$$

故 $x^2-4x+5=[x-(2+\mathrm{i})][x-(2-\mathrm{i})]$

$=(x-2-\mathrm{i})(x-2+\mathrm{i}).$

练习 3

1. 在复数范围内解方程：$x^2+2x+4=0$.

2. 在复数范围内分解下列各式为一次因式的积：

(1) a^4-b^4；　　(2) $a^2+2ab+b^2+c^2$.

习题 3-3

A 组

1. 计算：

(1) $\left(\frac{2}{3}+\mathrm{i}\right)+\left(1-\frac{2}{3}\mathrm{i}\right)-\left(\frac{1}{2}+\frac{3}{4}\mathrm{i}\right)$；

(2) $(-\sqrt{2}+\sqrt{3}\mathrm{i})-[(\sqrt{3}-\sqrt{2})+(\sqrt{3}+\sqrt{2})\mathrm{i}]+(-\sqrt{2}\mathrm{i}+\sqrt{3})$；

(3) $[(a+b)+(a-b)\mathrm{i}]-[(a-b)-(a+b)\mathrm{i}]$.

2. 在复平面内用向量表示下列复数：

(1) $(4+5\mathrm{i})+(2-3\mathrm{i})$；

(2) $(4+5\mathrm{i})-(3+2\mathrm{i})$.

3. 计算：

(1) $(1-2\mathrm{i})(2+\mathrm{i})(3-4\mathrm{i})$；

(2) $(a+b\mathrm{i})(a-b\mathrm{i})(-a+b\mathrm{i})(-a-b\mathrm{i})$；

(3) $\left(-\frac{1}{2}+\frac{\sqrt{3}}{2}\mathrm{i}\right)^3$.

4. 计算：

(1) $\frac{1}{11-5\mathrm{i}}$；　　(2) $\frac{1-2\mathrm{i}}{3+4\mathrm{i}}$；

(3) $\frac{(1-2\mathrm{i})^2}{3-4\mathrm{i}}-\frac{(2+\mathrm{i})^2}{4-3\mathrm{i}}$；　　(4) $\frac{\sqrt{5}+\sqrt{3}\mathrm{i}}{\sqrt{5}-\sqrt{3}\mathrm{i}}-\frac{\sqrt{3}+\sqrt{5}\mathrm{i}}{\sqrt{3}-\sqrt{5}\mathrm{i}}$；

(5) $(3+4\mathrm{i})^3$；　　(6) $\frac{1}{(1+\mathrm{i})^2}+\frac{1}{(1-\mathrm{i})^2}$.

B 组

1. 选择题：

(1) 设 $z_1=m^2-3m+m^2\mathrm{i}$，$z_2=4+(5m+6)\mathrm{i}\,(m\in\mathbf{R})$，若 $z_1-z_2=0$，则 $m=$（　　）

(A) 4　　(B) -1　　(C) 6　　(D) 0

(2) 如果 z 是非零复数，则 $z+\frac{1}{z}$ 是实数的充要条件是　　（　　）

(A) z 的虚部为 0　　　　(B) $|z|=1$

(C) z 的虚部为 0 或 $|z|=1$　　　　(D) z 的虚部为 0 且 $|z|=1$

2. 求适合下列各式的实数 x 和 y：

(1) $\left(\frac{1}{y}+\frac{1}{x}\mathrm{i}\right)+\left(-\frac{1}{x}+\frac{1}{y}\mathrm{i}\right)+\left(\frac{1}{6}-\frac{5}{y}\mathrm{i}\right)=0$；

(2) $\frac{x}{1-\mathrm{i}}+\frac{y}{1-2\mathrm{i}}=\frac{5}{1-3\mathrm{i}}$.

3. 已知 $z_1=5+10\mathrm{i}, z_2=3-4\mathrm{i}, \frac{1}{z}=\frac{1}{z_1}+\frac{1}{z_2}$，求复数 z.

4. 已知实系数一元二次方程 $x^2+bx+c=0$ 的一个根是 $3-4\mathrm{i}$，求另一个根，并求 b，c 的值.

5. 计算：

(1) $(1+\mathrm{i})^{20}-(1-\mathrm{i})^{20}$；　　　　(2) $\left(\frac{\sqrt{2}}{1+\mathrm{i}}\right)^{20}$.

6. 在复数范围内解方程：

(1) $x^2+x+6=0$；　　　　(2) $x^4-16=0$.

§3-4　复数的三角形式

一、复数的三角形式

设复数 $a+b\mathrm{i}$ 的模为 r，幅角为 θ，如图 3-27 所示，则

$$\begin{cases}a=r\cdot\cos\theta,\\ b=r\cdot\sin\theta.\end{cases}$$

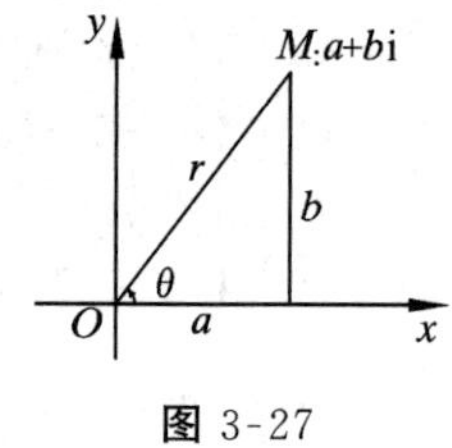

图 3-27

于是 $a+b\mathrm{i}=r(\cos\theta+\mathrm{i}\sin\theta)$. 其中，$r=\sqrt{a^2+b^2}$，$\cos\theta=\frac{a}{r}$，$\sin\theta=\frac{b}{r}$，$\tan\theta=\frac{b}{a}(a\neq0)$，$\theta$ 所在象限，就是与复数相对应的点 $M(a,b)$ 所在象限.

我们把 $r(\cos\theta+\mathrm{i}\sin\theta)$ 称为**复数的三角形式**[注]，而将 $a+b\mathrm{i}$ 称为**复数的代数形式**，以示区别.

复数三角形式中，幅角 θ 的大小可以用弧度表示，也可以用角度表示，θ 取主值.

例 1　化下列复数为三角形式：

(1) $-1+\sqrt{3}\mathrm{i}$；　(2) $1-\mathrm{i}$；　(3) $2\mathrm{i}$；　(4) -1.

解　(1) $a=-1, b=\sqrt{3}\Rightarrow r=\sqrt{(-1)^2+(\sqrt{3})^2}=2$；

$\tan\theta=\frac{b}{a}=\frac{\sqrt{3}}{-1}=-\sqrt{3}$，点 $(-1,\sqrt{3})$ 在第Ⅱ象限.

[注]　复数的三角形式 $r(\cos\theta+\mathrm{i}\sin\theta)$ 在电工学中简记为 $r\angle\theta$，其中 r 是复数的模，θ 是复数的

幅角.

于是，θ 的主值取 $\frac{2}{3}\pi$，如图 3-28 所示.

因此，$-1+\sqrt{3}\mathrm{i}=2\left(\cos\frac{2}{3}\pi+\mathrm{i}\sin\frac{2}{3}\pi\right)$.

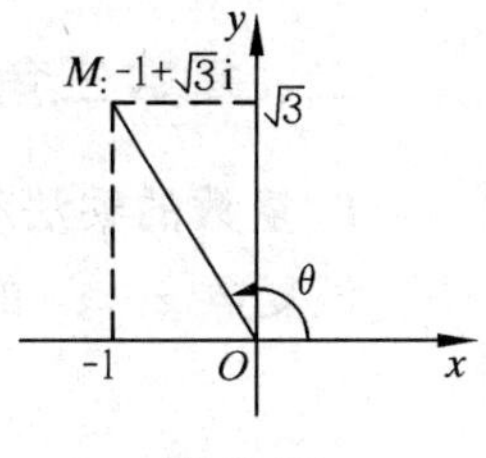

图 3-28

(2) $a=1, b=-1 \Rightarrow r=\sqrt{1^2+(-1)^2}=\sqrt{2}$；

$\tan\theta=\frac{-1}{1}=-1$，点 $(1,-1)$ 在第Ⅳ象限.

于是，θ 的主值取 $\frac{7}{4}\pi$，如图 3-29 所示.

得 $$1-\mathrm{i}=\sqrt{2}\left(\cos\frac{7}{4}\pi+\mathrm{i}\sin\frac{7}{4}\pi\right).$$

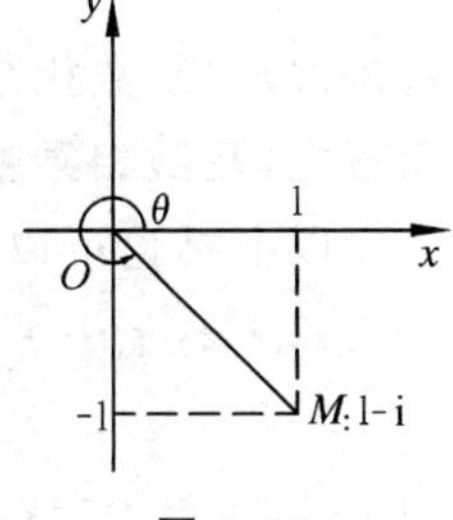

图 3-29

(3) $r=\sqrt{0^2+2^2}=2$，θ 的主值是 $\frac{\pi}{2}$，

得 $$2\mathrm{i}=2\left(\cos\frac{\pi}{2}+\mathrm{i}\sin\frac{\pi}{2}\right).$$

(4) $r=\sqrt{(-1)^2+0^2}=1$，θ 主值是 π，

得 $$-1=\cos\pi+\mathrm{i}\sin\pi.$$

例 2　使用计算器求 $8-15\mathrm{i}$ 的模数及幅角.

解　按键及显示结果如下：

按键

[2ndF] [CPLX]

8 [a] 15 [+/−] [b] [2ndF] [→rθ]

即 $$r=17,$$
$$\theta\approx-62°.$$

练 习 1

1. 将下列复数化为三角形式：

(1) $3\mathrm{i}$；　(2) -2；　(3) $-1+\sqrt{3}\mathrm{i}$；　(4) $\frac{1}{2}-\frac{\sqrt{3}}{2}\mathrm{i}$.

2. 将下列复数化为代数形式：

(1) $z_1=-2\left(\cos\frac{\pi}{6}+\mathrm{i}\sin\frac{\pi}{6}\right)$；

(2) $z_2=\cos\frac{\pi}{4}-\mathrm{i}\sin\frac{\pi}{4}$；

(3) $z_3=-\cos\frac{5\pi}{3}+\mathrm{i}\sin\frac{5\pi}{3}$；

(4) $z_4=3\left(\sin\frac{\pi}{3}+\mathrm{i}\cos\frac{\pi}{3}\right)$；

(5) $z_5=2(\cos60°+\mathrm{i}\sin30°)$.

二、复数三角形式的乘法和除法

1. 复数的乘法和乘方

设复数 z_1, z_2 的三角形式分别是

$$z_1=r_1(\cos\theta_1+\mathrm{i}\sin\theta_1),$$
$$z_2=r_2(\cos\theta_2+\mathrm{i}\sin\theta_2),$$

则

$$\begin{aligned} z_1\cdot z_2&=r_1(\cos\theta_1+\mathrm{i}\sin\theta_1)\cdot r_2(\cos\theta_2+\mathrm{i}\sin\theta_2)\\ &=r_1r_2[(\cos\theta_1\cdot\cos\theta_2-\sin\theta_1\cdot\sin\theta_2)+\\ &\quad \mathrm{i}(\sin\theta_1\cdot\cos\theta_2+\cos\theta_1\cdot\sin\theta_2)]\\ &=r_1r_2[\cos(\theta_1+\theta_2)+\mathrm{i}\sin(\theta_1+\theta_2)]. \end{aligned}$$

就是说，两复数相乘之积仍为复数，积的模是两复数模的积，积的幅角是两复数幅角的和.简言之，**复数相乘就是把模相乘，幅角相加.**

以上结论可以推广到 n 个有限复数相乘的情形，即

$$\begin{aligned} z_1\cdot z_2\cdot\cdots\cdot z_n&=r_1(\cos\theta_1+\mathrm{i}\sin\theta_1)\cdot r_2(\cos\theta_2+\mathrm{i}\sin\theta_2)\cdot\cdots\cdot r_n(\cos\theta_n+\mathrm{i}\sin\theta_n)\\ &=r_1r_2\cdots r_n[\cos(\theta_1+\theta_2+\cdots+\theta_n)+\mathrm{i}\sin(\theta_1+\theta_2+\cdots+\theta_n)]. \end{aligned}$$

当 $z_1=z_2=\cdots=z_n=z$，即 $r_1=r_2=\cdots=r_n=r, \theta_1=\theta_2=\cdots=\theta_n=\theta$ 时，就有

$$\boldsymbol{z^n=[r(\cos\theta+\mathrm{i}\sin\theta)]^n=r^n(\cos n\theta+\mathrm{i}\sin n\theta)}\ (n\in\mathbf{N}^*).$$

这就是说，**复数的 $n(n\in\mathbf{N}^*)$ 次幂的模等于这个复数的模的 n 次幂，其幅角等于这个复数的幅角的 n 倍.**这个定理称为**棣莫弗(de Moivre)定理.**

例 3 计算：$8\left(\cos\dfrac{\pi}{6}+\mathrm{i}\sin\dfrac{\pi}{6}\right)\cdot 2\left(\cos\dfrac{\pi}{4}+\mathrm{i}\sin\dfrac{\pi}{4}\right)$.

解

$$\begin{aligned} &8\left(\cos\frac{\pi}{6}+\mathrm{i}\sin\frac{\pi}{6}\right)\cdot 2\left(\cos\frac{\pi}{4}+\mathrm{i}\sin\frac{\pi}{4}\right)\\ &=16\left[\cos\left(\frac{\pi}{6}+\frac{\pi}{4}\right)+\mathrm{i}\sin\left(\frac{\pi}{6}+\frac{\pi}{4}\right)\right]\\ &=16\left(\cos\frac{5}{12}\pi+\mathrm{i}\sin\frac{5}{12}\pi\right). \end{aligned}$$

例 4 计算：

(1) $(\cos40°+\mathrm{i}\sin40°)^8$； (2) $\left(\dfrac{\sqrt{2}}{2}+\dfrac{\sqrt{2}}{2}\mathrm{i}\right)^{11}$.

解 (1) $(\cos40°+\mathrm{i}\sin40°)^8=\cos320°+\mathrm{i}\sin320°$；

(2)
$$\begin{aligned} \left(\frac{\sqrt{2}}{2}+\frac{\sqrt{2}}{2}\mathrm{i}\right)^{11}&=\left(\cos\frac{\pi}{4}+\mathrm{i}\sin\frac{\pi}{4}\right)^{11}=\cos\frac{11}{4}\pi+\mathrm{i}\sin\frac{11}{4}\pi\\ &=\cos\frac{3}{4}\pi+\mathrm{i}\sin\frac{3}{4}\pi=-\frac{\sqrt{2}}{2}+\frac{\sqrt{2}}{2}\mathrm{i}. \end{aligned}$$

练习 2

1. 计算：

(1) $3\left(\cos\dfrac{\pi}{12}+\mathrm{i}\sin\dfrac{\pi}{12}\right)\cdot 2\left(\cos\dfrac{\pi}{6}+\mathrm{i}\sin\dfrac{\pi}{6}\right)$；

(2) $\sqrt{2}\left(\cos\frac{\pi}{12}+\mathrm{i}\sin\frac{\pi}{12}\right)\left(\frac{3}{2}+\frac{\sqrt{3}}{2}\mathrm{i}\right)$.

2. 计算：

(1) $\left[\sqrt{2}\left(\cos\frac{\pi}{4}+\mathrm{i}\sin\frac{\pi}{4}\right)\right]^{8}$；　　　　(2) $(\sqrt{3}-\mathrm{i})^{9}$.

2. 复数的除法

设复数 z_1, z_2 的三角形式分别是

$$z_1=r_1(\cos\theta_1+\mathrm{i}\sin\theta_1),$$
$$z_2=r_2(\cos\theta_2+\mathrm{i}\sin\theta_2)(z_2\neq 0).$$

不难证明

$$\frac{z_1}{z_2}=\frac{r_1}{r_2}[\cos(\theta_1-\theta_2)+\mathrm{i}\sin(\theta_1-\theta_2)].$$

这就是说，两个复数相除，商仍为复数，商的模是被除数的模除以除数的模所得的商，其幅角是被除数的幅角减去除数的幅角所得的差.简言之，**复数相除就是把模相除，幅角相减.**

例 5　计算：$12\left(\cos\frac{7}{4}\pi+\mathrm{i}\sin\frac{7}{4}\pi\right)\div\left[6\left(\cos\frac{2\pi}{3}+\mathrm{i}\sin\frac{2\pi}{3}\right)\right]$.

解　$12\left(\cos\frac{7}{4}\pi+\mathrm{i}\sin\frac{7}{4}\pi\right)\div\left[6\left(\cos\frac{2\pi}{3}+\mathrm{i}\sin\frac{2\pi}{3}\right)\right]$

$=2\left[\cos\left(\frac{7}{4}\pi-\frac{2\pi}{3}\right)+\mathrm{i}\sin\left(\frac{7}{4}\pi-\frac{2\pi}{3}\right)\right]$

$=2\left(\cos\frac{13}{12}\pi+\mathrm{i}\sin\frac{13}{12}\pi\right)$.

例 6　计算：$\dfrac{-\mathrm{i}}{2(\cos 120^\circ-\mathrm{i}\sin 120^\circ)}$.

解　因为　$-\mathrm{i}=\cos 270^\circ+\mathrm{i}\sin 270^\circ$,

$2(\cos 120^\circ-\mathrm{i}\sin 120^\circ)=2(\cos 240^\circ+\mathrm{i}\sin 240^\circ)$,

所以　原式$=\dfrac{\cos 270^\circ+\mathrm{i}\sin 270^\circ}{2(\cos 240^\circ+\mathrm{i}\sin 240^\circ)}$

$=\frac{1}{2}(\cos 30^\circ+\mathrm{i}\sin 30^\circ)=\frac{\sqrt{3}}{4}+\frac{1}{4}\mathrm{i}$.

可以证明，棣莫弗定理对于负整数指数幂也成立，即有

$(\cos\theta+\mathrm{i}\sin\theta)^{-n}=\cos(-n\theta)+\mathrm{i}\sin(-n\theta)(n\in\mathbf{N})$.

例 7　计算：$\left[\cos\left(-\frac{\pi}{3}\right)+\mathrm{i}\sin\left(-\frac{\pi}{3}\right)\right]^{-9}$.

解　$\left[\cos\left(-\frac{\pi}{3}\right)+\mathrm{i}\sin\left(-\frac{\pi}{3}\right)\right]^{-9}$

$=\cos(-9)\left(-\frac{\pi}{3}\right)+\mathrm{i}\sin(-9)\left(-\frac{\pi}{3}\right)$

$=\cos 3\pi+\mathrm{i}\sin 3\pi=-1$.

三、复数的指数形式简介

我们已介绍了复数的代数形式和三角形式，在其他科技领域，特别在电工学中还需要用到复数的指数形式.

根据欧拉(Euler)公式：

$$\cos\theta+i\sin\theta=e^{i\theta}(e=2.718\ 28\cdots)$$

可知，$r(\cos\theta+i\sin\theta)=re^{i\theta}$.

$re^{i\theta}$称为复数的指数形式，其中幅角θ的单位只能是弧度.

复数指数形式的运算法则：

(1) $r_1e^{i\theta_1}\cdot r_2e^{i\theta_2}=r_1r_2e^{i(\theta_1+\theta_2)}$；

(2) $(re^{i\theta})^n=r^ne^{in\theta}$；

(3) $r_1e^{i\theta_1}\div(r_2e^{i\theta_2})=\dfrac{r_1}{r_2}e^{i(\theta_1-\theta_2)}$.

例 8 计算下列各式：

(1) $9.6e^{-i\pi}\cdot 10e^{i\frac{5}{3}\pi}$； (2) $92e^{i\frac{\pi}{2}}\div(23e^{-i\frac{7\pi}{6}})$.

解 (1) $9.6e^{-i\pi}\cdot 10e^{i\frac{5}{3}\pi}=9.6\times10e^{i(-\pi+\frac{5\pi}{3})}=96e^{i\frac{2\pi}{3}}$；

(2) $92e^{i\frac{\pi}{2}}\div(23e^{-i\frac{7\pi}{6}})=4e^{i(\frac{\pi}{2}+\frac{7\pi}{6})}=4e^{i\frac{5\pi}{3}}$.

练习 3

1. 计算：

(1) $8\left(\cos\dfrac{\pi}{3}+i\sin\dfrac{\pi}{3}\right)\div4\left(\cos\dfrac{\pi}{6}+i\sin\dfrac{\pi}{6}\right)$；

(2) $2\div\left(\cos\dfrac{\pi}{4}+i\sin\dfrac{\pi}{4}\right)$.

2. 求证：$\dfrac{1}{\cos\theta+i\sin\theta}=\cos\theta-i\sin\theta$.

习题 3－4

A 组

1. 将下列复数表示为代数形式：

(1) $4\left(\cos\dfrac{\pi}{3}+i\sin\dfrac{\pi}{3}\right)$； (2) $\sqrt{2}\left(\cos\dfrac{3\pi}{4}+i\sin\dfrac{3\pi}{4}\right)$；

(3) $6\left(\cos\dfrac{11\pi}{6}+i\sin\dfrac{11\pi}{6}\right)$； (4) $3(\cos210°+i\sin210°)$.

2. 将下列复数化为三角形式，并指出其模和幅角的主值：

(1) $2\left(\cos\dfrac{\pi}{6}-i\sin\dfrac{\pi}{6}\right)$； (2) $-3\left(\cos\dfrac{\pi}{4}+i\sin\dfrac{\pi}{4}\right)$；

(3) $\sqrt{3}(\cos15°+i\sin165°)$； (4) $-\cos\dfrac{5\pi}{3}+i\sin\dfrac{5\pi}{3}$.

3. 计算：

(1) $3\left(\cos\frac{4\pi}{3}+\mathrm{i}\sin\frac{4\pi}{3}\right)\cdot 2\left(\cos\frac{5\pi}{6}+\mathrm{i}\sin\frac{5\pi}{6}\right)$；

(2) $2(\cos12°+\mathrm{i}\sin12°)\cdot 3(\cos78°+\mathrm{i}\sin78°)\cdot\frac{1}{6}(\cos45°+\mathrm{i}\sin45°)$；

(3) $(1+\mathrm{i})\div\left[\sqrt{3}\left(\cos\frac{3\pi}{4}+\mathrm{i}\sin\frac{3\pi}{4}\right)\right]$.

4. 计算：

(1) $[2(\cos10°+\mathrm{i}\sin10°)]^6$；　　(2) $\left(-\frac{\sqrt{3}}{2}-\frac{1}{2}\mathrm{i}\right)^6$；

(3) $\left(\cos\frac{\pi}{3}+\mathrm{i}\sin\frac{\pi}{3}\right)^{-4}$；　　(4) $[3(\cos18°+\mathrm{i}\sin18°)]^5$.

5. 填表：

代数形式	模数	幅角的主值	三角形式	指数形式
	1	π		
$3-4\mathrm{i}$				
				$2.5e^{\mathrm{i}\frac{3}{4}\pi}$
			$3\sqrt{2}(\cos225°+\mathrm{i}\sin225°)$	
$-2\mathrm{i}$				
			$\sqrt{3}(\cos0°+\mathrm{i}\sin0°)$	

6. 计算：

(1) $e^{\mathrm{i}\frac{\pi}{3}}\cdot e^{\mathrm{i}\frac{\pi}{4}}$；　　(2) $e^{\mathrm{i}\frac{\pi}{2}}\cdot e^{\mathrm{i}(-\frac{\pi}{3})}$；

(3) $\sqrt{2}e^{\mathrm{i}\frac{2\pi}{3}}\div(2e^{-\mathrm{i}\frac{\pi}{4}})$；　　(4) $(2e^{-\mathrm{i}\frac{\pi}{2}})^4$.

7. 将下列复数化为指数形式：

(1) $-2+2\mathrm{i}$；　　(2) $\sqrt{3}(\cos150°+\mathrm{i}\sin150°)$.

B　组

1. 填空：

(1) 把复数 $-\mathrm{i}+1$ 对应的向量按顺时针方向旋转 $\frac{\pi}{2}$，得到的向量对应的复数是________；

(2) 将复数 $1-\sqrt{3}\mathrm{i}$ 对应的向量，按逆时针方向旋转 $\frac{\pi}{4}$，模扩大 $\sqrt{2}$ 倍，得到的向量对应的复数是________.

2. 当 $r>0$ 时，下列各式是不是复数的三角形式？若不是，那么它们相应的三角形式是什么？

(1) $-r(\cos\theta+\mathrm{i}\sin\theta)$；　　(2) $r(\sin\theta+\mathrm{i}\cos\theta)$.

3. 若 $z+|z|=3-\sqrt{3}\mathrm{i}$，求复数 z，并把它表示为三角形式.

4. 计算下列各式的值：

(1) $\dfrac{(\sqrt{3}+\mathrm{i})^5}{-1+\sqrt{3}\mathrm{i}}$；　　(2) $\left(\dfrac{2+2\mathrm{i}}{1-\sqrt{3}\mathrm{i}}\right)^8$.

5. 已知复数 $z=1+\cos200°+\mathrm{i}\sin200°$，求它的模及幅角主值.

6. 求复数 $z=-2\left(\sin\dfrac{3\pi}{4}-\mathrm{i}\cos\dfrac{3\pi}{4}\right)$ 的幅角主值.

本章内容小结

1. 知识结构

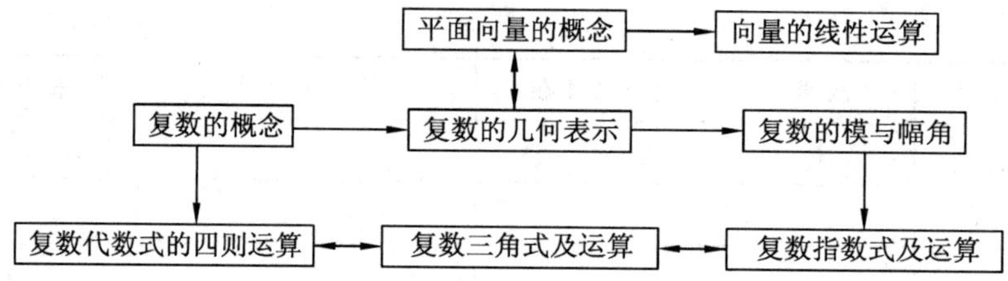

2. 应注意的问题

(1) 向量不同于数量，数量只有大小没有方向，数量之间可以比较大小.向量是既有大小，又有方向的量.向量的模可以比较大小，但向量不可以比较大小，即 $\boldsymbol{a}>\boldsymbol{b}$ 没有意义，而 $|\boldsymbol{a}|>|\boldsymbol{b}|$ 是有意义的.

(2) 平行向量与共线向量是同一个概念.

(3) 作两个向量和的方法有三角形法则和平行四边形法则，当两个向量不共线时，两个法则是一致的，而当两个向量共线时，三角形法则仍适用，平行四边形法则不适用.

(4) 向量加法的三角形法则的几何解释是“各个加向量首尾相接，和向量是首指向尾”.向量减法的三角形法则的几何解释是“减向量 $\boldsymbol{b}$ 和被减向量 $\boldsymbol{a}$ 同起点，差向量 $\boldsymbol{a}-\boldsymbol{b}$ 是由减向量 $\boldsymbol{b}$ 的终点指向被减向量 $\boldsymbol{a}$ 的终点”.

(5) 学习复数内容时，首先要注意区分复数、实数、虚数、纯虚数这几个概念，解题中，复数与虚数容易混淆，虚数与纯虚数的区别也时常被忽略.

(6) 两个实数可以比较大小，两个不全是实数的复数不能比较大小.例如，$1+\mathrm{i}$ 与 $2+3\mathrm{i}$ 不能比较大小.

(7) 解决复数的问题时，常常利用复数相等、模及共轭复数等条件，将复数问题“实数化”.例如，解含有 $\bar{z}$ 或 $|z|$ 的复数方程，可将它化归为实数方程来求解.

(8) 利用复数的三角形式作乘、除、乘方运算较为简捷，但复数的三角形式要满足三个条件：① 模 $r\geqslant0$；② 实部是 $r\cos\theta$，虚部是 $r\sin\theta$，不能颠倒；③ $\cos\theta$ 与 $\mathrm{i}\sin\theta$ 之间用加号连接，缺一不可.不能对不是三角形式的复数直接运用法则进行计算.

(9) 引进复数以后，数的范围得到了扩充.复数的分类系统如下图所示：

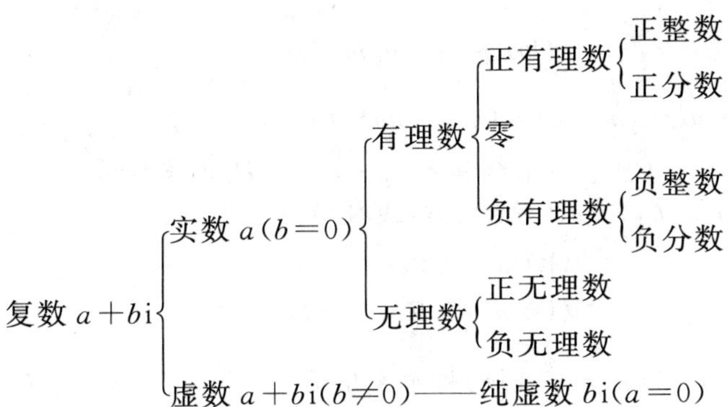

复习题三

1. 判断题：

(1) 向量包含三个要素：始点、方向和长度；（　　）

(2) $\overrightarrow{AB}+\overrightarrow{BA}=\mathbf{0}$；（　　）

(3) 向量 $\boldsymbol{a}$ 的长度加上向量 $\boldsymbol{b}$ 的长度等于 $\boldsymbol{a}+\boldsymbol{b}$ 的长度；（　　）

(4) 如果 $|\boldsymbol{a}|+|\boldsymbol{b}|=|\boldsymbol{a}+\boldsymbol{b}|$，则 $\boldsymbol{a}$ 和 $\boldsymbol{b}$ 同方向；（　　）

(5) 已知 M 是线段 AB 的中点，则对平面上的任一点 O，都有 $\overrightarrow{OM}=\frac{1}{2}(\overrightarrow{OA}+\overrightarrow{OB})$；（　　）

(6) 复数也就是虚数；（　　）

(7) 实数必为复数；（　　）

(8) 凡复数都不能比较大小；（　　）

(9) $(a-2)+(b-3)\mathrm{i}=0$ 的充要条件是 $a=2$ 且 $b=3$；（　　）

(10) 虚数集 $\mathbf{I}=\{z\,|\,z=a+b\mathrm{i},a\in\mathbf{R},b\in\mathbf{R}\}$；（　　）

(11) $(1+\sqrt{3})\mathrm{i}$ 不是纯虚数；（　　）

(12) $\left|\frac{z_1}{z_2}\right|=\frac{|z_1|}{|z_2|}$.（　　）

2. 填空题：

(1) 已知▱$ABCD$，则 $\overrightarrow{AB}+\overrightarrow{AD}=$________，$\overrightarrow{AB}-\overrightarrow{AD}=$________；

(2) 如果 $\boldsymbol{a}=-\frac{2}{3}\boldsymbol{b}$，则 $\boldsymbol{a}$ 与 $\boldsymbol{b}$ 的关系是________；

(3) 已知 $\overrightarrow{OM}=\left(1-\frac{1}{3}\right)\overrightarrow{OA}+\frac{1}{3}\overrightarrow{OB}$，则 $\overrightarrow{AM}=$________$\overrightarrow{AB}$；

(4) 复数 -2 的三角形式是________，指数形式是________.

3. 选择题：

(1) 若 m 是实数，则复数 $(2m^2-5m+2)+(m^2-3m+2)\mathrm{i}$ 为纯虚数的条件是（　　）

(A) $m=\frac{1}{2}$ 或 $m=2$　　　　(B) $m=2$

(C) $m=\frac{1}{2}$　　(D) $m=1$ 或 $m=2$

(2) 实数 $m\neq -1$ 时，复数 $(m^2-3m+2)+(m^2-5m-6)\mathrm{i}$ 为　　(　　)

(A) 实数　　(B) 虚数　　(C) 纯虚数　　(D) 不能确定

(3) 复数 $z=(a^2-b^2)+(a+|b|)\mathrm{i}(a,b\in\mathbf{R})$ 为纯虚数的条件是　　(　　)

(A) $a=\pm b$　　(B) $a<0$ 且 $a=\pm b$

(C) $a>0$ 且 $a=b$　　(D) $a>0$ 且 $a=\pm b$

(4) 复数 $z=-2\left[\cos\left(-\frac{\pi}{4}\right)+\mathrm{i}\sin\left(-\frac{\pi}{4}\right)\right]$ 的幅角主值是　　(　　)

(A) $\frac{\pi}{4}$　　(B) $\frac{3\pi}{4}$　　(C) $\frac{7\pi}{4}$　　(D) $\frac{5\pi}{4}$

(5) 复数 $z=\cos\frac{\pi}{6}-\mathrm{i}\sin\frac{\pi}{6}$ 的模是　　(　　)

(A) $\frac{3}{4}$　　(B) $\frac{\sqrt{3}}{2}$　　(C) 1　　(D) $\frac{\sqrt{6}}{2}$

(6) 当 n 为奇数时，$\left(\frac{1+\mathrm{i}}{1-\mathrm{i}}\right)^{2n}+\left(\frac{1-\mathrm{i}}{1+\mathrm{i}}\right)^{2n}=$　　(　　)

(A) 2　　(B) -2　　(C) 2 或 -2　　(D) 0

4. 求适合下列条件的 x 和 y：

(1) 已知 x,y 是实数，且 $x+y-30-xy\mathrm{i}$ 和 $60\mathrm{i}-|x+y\mathrm{i}|$ 是共轭复数；

(2) 已知 x,y 是共轭复数，且 $(x+y)^2-3xy\mathrm{i}=4-6\mathrm{i}$.

5. 计算：

(1) $\left(\frac{3+\mathrm{i}}{2}\right)^6+\left(\frac{3-\mathrm{i}}{2}\right)^6$；　　(2) $\dfrac{\left[2\left(\cos\frac{5\pi}{3}+\mathrm{i}\sin\frac{5\pi}{3}\right)\right]^4}{\left(\cos\frac{\pi}{3}+\mathrm{i}\sin\frac{\pi}{3}\right)^3}$.

6. 已知 M 是平行四边形 $ABCD$ 的中心，求证：对平面上的任一点 O，有

$$\overrightarrow{OM}=\frac{1}{4}(\overrightarrow{OA}+\overrightarrow{OB}+\overrightarrow{OC}+\overrightarrow{OD}).$$

7. 解方程：

(1) $|z|+\bar{z}=2+\mathrm{i}$；　　(2) $x^2+2\mathrm{i}x-1=0$.

8. 设 $\omega=-\frac{1}{2}+\frac{\sqrt{3}}{2}\mathrm{i}$，求证：

(1) $\omega^3=1$；　　(2) $1+\omega+\omega^2=0$.

第四章　函数的极限与连续

§4-1　函　数

【问题引入】 某移动通信运营商为吸引客户，推出了以下优惠计划：

为配合客户的不同需要，我们设有以下优惠计划，以供您选择：

收费项目	计划 A	计划 B
每月基本服务费	98 元	168 元
免费通话时间	首 60 分钟	首 500 分钟
以后每分钟收费	0.38 元	0.38 元
留言信箱服务 （选择性项目）	30 元	30 元

从表面上看，使用移动电话多的人可能会认为选择计划 B 比较优惠，但若认真思考一下，你现在需要解答下面两个问题：

（1）究竟通话时间超过多少分钟，计划 B 才较计划 A 优惠？

（2）若用户真的选择计划 B，每月比采用计划 A 最多可省多少钱？

一、函数的概念

1. 函数的定义

定义 1　设 x 和 y 是两个变量，D 是 $\mathbf{R}$ 的非空子集，对于任意的 $x\in D$，变量 y 按照某种对应法则 f，总有唯一确定的值与之相对应，则称 y 是 x 的函数，记作

$$y=f(x),x\in D.$$

其中，x 称为**自变量**，y 称为**函数（因变量）**，自变量的取值范围 D 称为函数的**定义域**.对于 x 每取一个确定的值 a，函数 y 也取得一个确定的值 $f(a)$，称为**函数值**，函数值的全体称为函数的**值域**，记作 $\{y\mid y=f(x),x\in D\}$.如果同时考察几个不同函数，就要用“f”，“g”，“h”，“φ”等不同字母来表示不同的函数关系，以示区别.

由函数的定义可知，函数的定义域和对应法则是确定函数的两个要素.若两个函数具有相同的定义域与对应法则，则称这两个函数是等同的，否则是不等同的.例如，函数 $f(x)=|x|$ 与函数 $g(x)=\sqrt{x^2}$ 是等同的；函数 $f(x)=\lg x^2$ 与函数 $g(x)=2\lg x$ 则是不等同的.

2. 函数的表示法

(1) 解析法.

用一个等式表示两个变量的函数关系的方法,如 $y=x^2$,$y=\cos 3x$ 等.

但有时也会碰到在定义域的不同范围内用不同的解析式表示的函数,如函数

$$f(x)=\begin{cases}-1, & x<0,\\ 0, & x=0,\\ 1, & x>0.\end{cases}$$

我们把此类函数称为**分段函数**.分段函数是高等数学中常见的一种函数.

说明 分段函数是用几个式子表示的一个函数,而不是几个函数.对于自变量 x 在定义域内的某个值,分段函数 y 只能确定唯一的值.

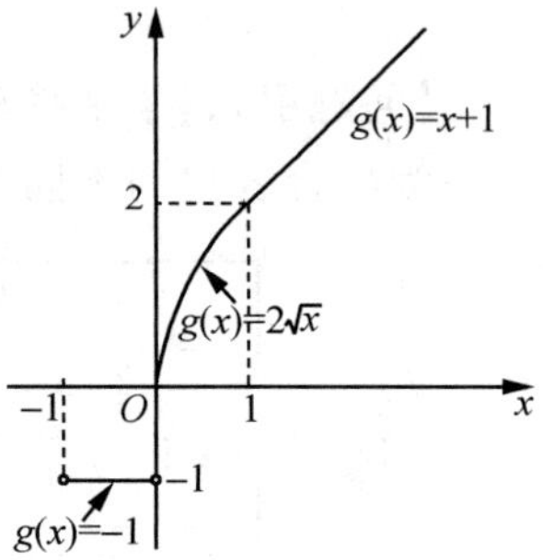

例 1 求函数 $g(x)=\begin{cases}-1, & -1<x<0,\\ 2\sqrt{x}, & 0\leqslant x\leqslant 1,\\ x+1, & x>1\end{cases}$ 的定义域.

分析 此函数是分段函数,它的图象如图 4-1 所示.

图 4-1

解 分段函数的定义域是各段定义区间的并集,$f(x)$的定义域是$(-1,0)\cup[0,1]\cup(1,+\infty)=(-1,+\infty)$.

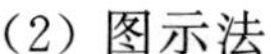

(2) 图示法.

用图象表示两个变量的函数关系的方法,如图 4-2 所示.

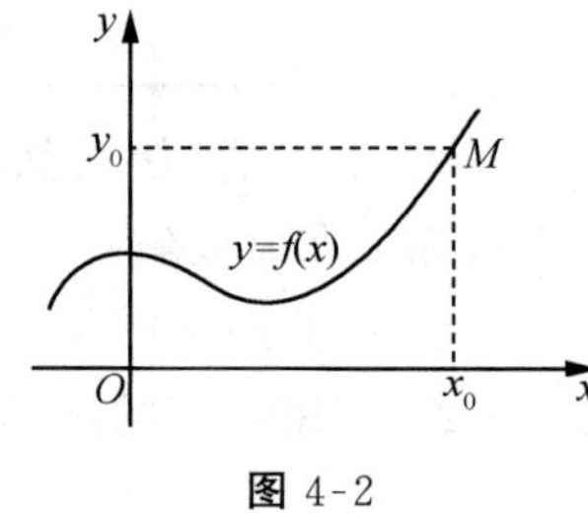

图 4-2

(3) 表格法.

将自变量的值与对应的函数值列成表格表示两个变量的函数关系的方法,如三角函数表等数学用表.

3. 函数的定义域

在实际问题中,函数的定义域要根据问题的实际意义确定.当不考虑函数的实际意义,而仅就抽象的解析式来研究函数时,定义域就取使解析式有意义的自变量的全体.要使解析式有意义,一般应考虑以下几点:

(1) 分式的分母不能为零;

(2) 偶次根式的被开放数必须大于等于零;

(3) 对数式中的真数必须大于零;

(4) 幂函数、指数函数、对数函数、三角函数、反三角函数考虑各自的定义域;

(5) 若函数表达式由几个数学式组成,则其定义域应取各部分定义域的交集;

(6) 分段函数的定义域是各个定义区间的并集.

例 2 求下列函数的定义域:

(1) $y=\sqrt{x^2+3x-4}$; (2) $y=\dfrac{1}{4-x^2}$; (3) $y=\lg\dfrac{x-1}{2}+\sqrt{x-2}$.

解 (1) 要使函数有意义,必须使 $x^2+3x-4\geqslant 0$,即$(x-1)(x+4)\geqslant 0$,即 $x\geqslant 1$ 或 $x\leqslant -4$,所以函数定义域为$(-\infty,-4]\cup[1,+\infty)$.

(2) 要使函数有意义,必须使 $4-x^2\neq 0$,即 $x\neq\pm 2$,所以函数的定义域为$(-\infty,-2)\cup(-2,2)\cup(2,+\infty)$.

(3) 要使函数有意义，必须使$\begin{cases}\frac{x-1}{2}>0,\\x-2\geqslant 0,\end{cases}$即$\begin{cases}x>1,\\x\geqslant 2,\end{cases}$所以$x\geqslant 2$，从而函数的定义域为$[2,+\infty)$.

4. 函数值的计算

例 3　设$f(x)=\frac{x-3}{x+2}$，求$f(0)$，$f(a)$，$f[f(x)]$.

解　$f(0)=\frac{0-3}{0+2}=-\frac{3}{2}$，$f(a)=\begin{cases}\frac{a-3}{a+2},& a\neq -2,\\ \text{无意义}, & a=-2,\end{cases}$

$$f[f(x)]=\frac{\frac{x-3}{x+2}-3}{\frac{x-3}{x+2}+2}=-\frac{2x+9}{3x+1}\left(x\neq -\frac{1}{3}\right).$$

例 4　已知函数$f(x)=\begin{cases}-1, & -1<x<0,\\ 2\sqrt{x}, & 0\leqslant x\leqslant 1,\\ x+1, & x>1,\end{cases}$求$f\left(-\frac{1}{3}\right)$，$f(0)$，$f(1)$，$f(2)$.

解　$f\left(-\frac{1}{3}\right)=-1$，$f(0)=2\times\sqrt{0}=0$，$f(1)=2\times\sqrt{1}=2$，$f(2)=2+1=3$.

练习 1

1. 判断下列各对函数是不是等同的函数.若不是，说明理由.

(1) $f(x)=(\sqrt{x})^2$与$g(x)=\sqrt{x^2}$；　(2) $f(x)=\frac{x^2-1}{x-1}$与$g(x)=x+1$.

2. 求函数$y=\frac{1}{x^2+3x-4}$的定义域.

3. 已知函数$f(x)=\frac{1-x}{x}$，$g(x)=2x-1$，试求$f[g(x)]$，$g[f(x)]$.

4. 已知函数$f(x)=\begin{cases}-1, & x<0,\\ 0, & x=0,\\ 1, & x>0,\end{cases}$试求$f(3)$，$f\left(-\frac{1}{2}\right)$，$f(0)$.

二、函数的性质

设函数$f(x)$在某个区间I上有定义.

1. 单调性

对任意的$x_1, x_2\in I$，当$x_1<x_2$时，

(1) 若$f(x_1)<f(x_2)$，则称$f(x)$在区间I上**单调递增**，区间I称为函数的**单调增区间**；

(2) 若$f(x_1)>f(x_2)$，则称$f(x)$在区间I上**单调递减**，区间I称为函数的**单调减区间**.

反映在几何上的特性如图 4-3、4-4 所示.

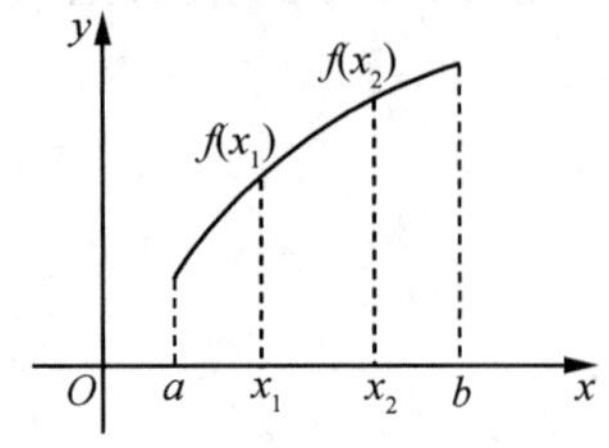

图 4-3
（单调增函数图象沿 x 轴正向上升）

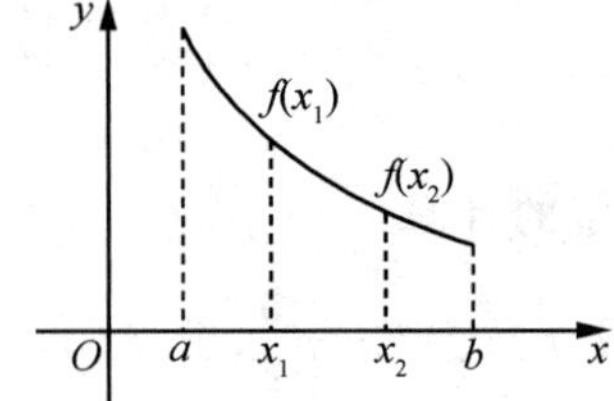

图 4-4
（单调减函数的图象沿 x 轴正向下降）

2. 奇偶性

设区间 I 是关于原点对称的区间，对于任意的 $x\in I$，

(1) 若 $f(-x)=f(x)$，则称 $f(x)$ 为**偶函数**；

(2) 若 $f(-x)=-f(x)$，则称 $f(x)$ 为**奇函数**.

反映在几何上的特性如图 4-5、4-6 所示.

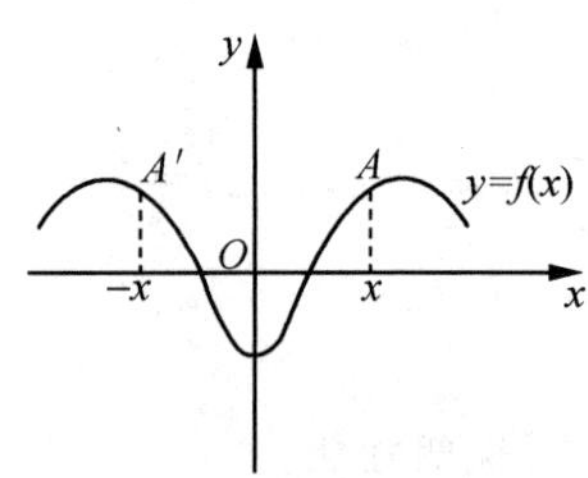

图 4-5
（偶函数的图象关于 y 轴对称）

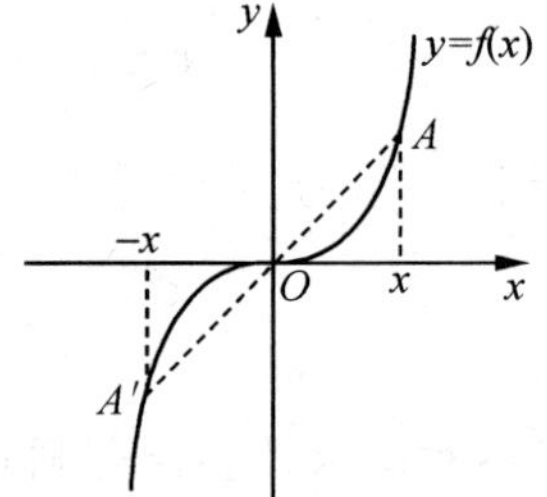

图 4-6
（奇函数的图象关于原点对称）

例 5 判断下列函数的奇偶性：

(1) $f(x)=x\cos x$；　(2) $f(x)=x^2$；　(3) $f(x)=2x^2+1(x\geqslant 1)$.

解 (1) 因为 $f(x)$ 的定义域 $D=(-\infty,+\infty)$ 是关于原点的对称区间，又因为任意取 $x\in(-\infty,+\infty)$，$f(-x)=(-x)\cos(-x)=-x\cos x=-f(x)$，即 $f(-x)=-f(x)$，所以 $f(x)$ 是奇函数.

(2) 因为 $f(x)$ 的定义域 $D=(-\infty,+\infty)$ 是关于原点的对称区间，又因为任意取 $x\in(-\infty,+\infty)$，$f(-x)=(-x)^2=x^2=f(x)$，即 $f(-x)=f(x)$，所以 $f(x)$ 是偶函数.

(3) 因为 $f(x)$ 的定义域 $D=(-\infty,+\infty)$ 不是关于原点的对称区间，所以 $f(x)$ 是非奇非偶的函数.

3. 周期性

若对于任意的 $x\in D$，存在正数 l，使 $f(x+l)=f(x)$，那么 $f(x)$ 称为 D 上的**周期函数**，l 称为函数的**周期**.通常我们所说的周期都是指**最小正周期**.

反映在几何上的特性如图 4-7 所示.

以 l 为周期的周期函数的图象在定义域内每隔长度为 l 的区间上有相同的形状.

4. 有界性

若存在正数 M，使得在区间 I 上 $|f(x)|\leqslant M$，则称 $f(x)$ 在区间 I 上**有界**，也称 $f(x)$ 为 I 上的有界函数；否则称 $f(x)$ 在区间 I 上**无界**.

反映在几何上的特性如图 4-8 所示.

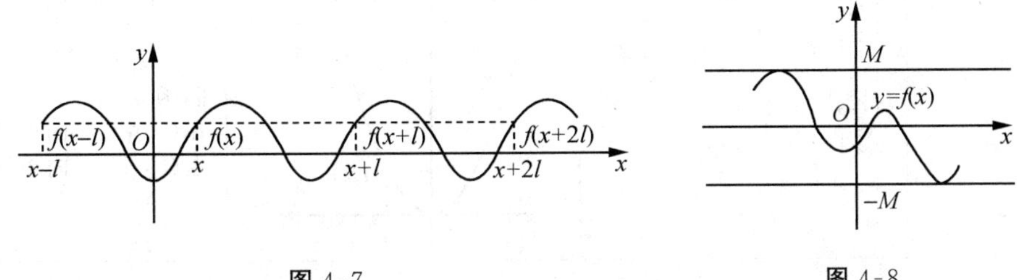

图 4-7　　　　图 4-8

有界函数的图象全部夹在直线 $y=M$ 与 $y=-M$ 之间.

例 6　指出函数 $y=\dfrac{1}{\sqrt{x}}$ 在 $(1,+\infty)$，$(0,+\infty)$，$(0,1)$ 哪个区间上有界？

解　观察图象 4-9 知：当 $x>1$ 时，有 $0<\dfrac{1}{\sqrt{x}}<1$ 成立，就有 $\left|\dfrac{1}{\sqrt{x}}\right|<1$ 成立，即函数图象都夹在直线 $y=1$ 与 $y=0$ 之间，所以当 $x\in(1,+\infty)$ 时，$y=\dfrac{1}{\sqrt{x}}$ 有界. 易见该函数在 $(0,1)$ 内无界.

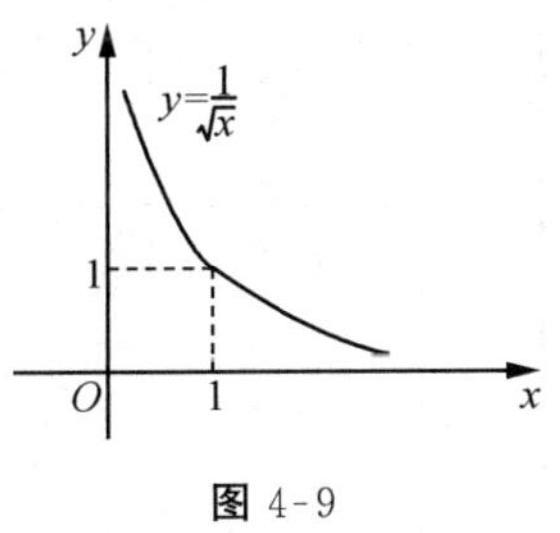

图 4-9

练习 2

1. 判断下列函数的奇偶性：

(1) $y=x\sin x$；　　　　(2) $y=\ln x$.

2. 指出函数 $y=\ln(x-1)$ 在 $(1,2)$，$(3,+\infty)$，$(2,3)$ 哪个区间上有界？

三、初等函数

1. 基本初等函数

我们把幂函数 $y=x^{\alpha}(\alpha\in\mathbf{R})$，指数函数 $y=a^{x}(a>0$ 且 $a\neq1)$，对数函数 $y=\log_a x$ $(a>0$ 且 $a\neq1)$，三角函数 $y=\sin x$、$y=\cos x$、$y=\tan x$、$y=\cot x$、$y=\sec x$、$y=\csc x$ 和反三角函数 $y=\arcsin x$、$y=\arccos x$、$y=\arctan x$、$y=\operatorname{arccot} x$ 统称为**基本初等函数**. 这些函数是我们今后研究其他各种函数的基础.

现将一些常用的基本初等函数的定义域、值域、图象和特性列表说明如下：

函数类型	函数	定义域与值域	图象	特性
幂函数	$y=x$	$x\in(-\infty,+\infty)$ $y\in(-\infty,+\infty)$	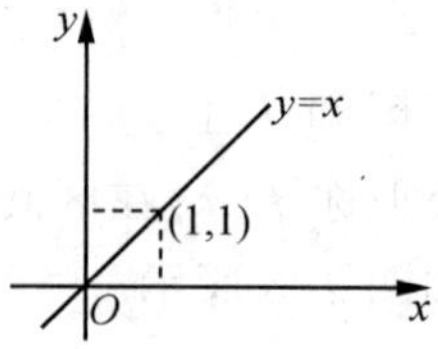 y, x, O, y=x, (1,1)	奇函数 单调递增
	$y=x^2$	$x\in(-\infty,+\infty)$ $y\in[0,+\infty)$	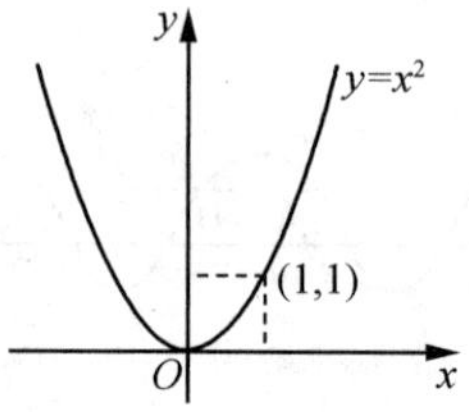 y, x, O, $y=x^2$, (1,1)	偶函数 在$(-\infty,0)$内单调递减 在$(0,+\infty)$内单调递增
	$y=x^3$	$x\in(-\infty,+\infty)$ $y\in(-\infty,+\infty)$	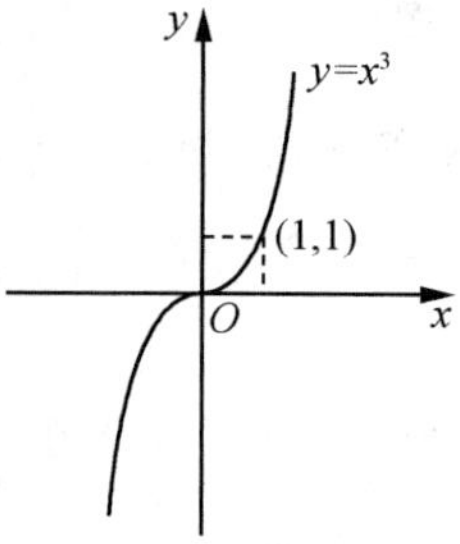 y, x, O, $y=x^3$, (1,1)	奇函数 单调递增
	$y=x^{-1}$	$x\in(-\infty,0)\cup(0,+\infty)$ $y\in(-\infty,0)\cup(0,+\infty)$	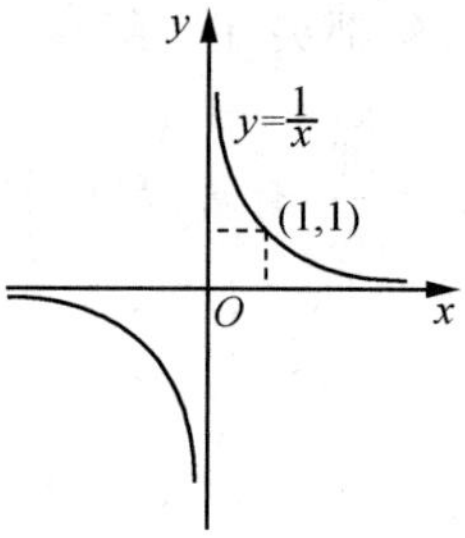 y, x, O, $y=\frac{1}{x}$, (1,1)	奇函数 单调递减
	$y=x^{\frac{1}{2}}$	$x\in[0,+\infty)$ $y\in[0,+\infty)$	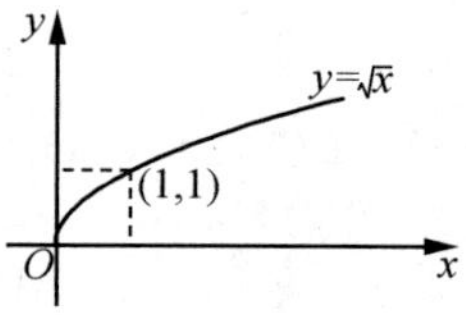 y, x, O, $y=\sqrt{x}$, (1,1)	单调递增
指数函数	$y=a^x$ $(a>1)$	$x\in(-\infty,+\infty)$ $y\in(0,+\infty)$	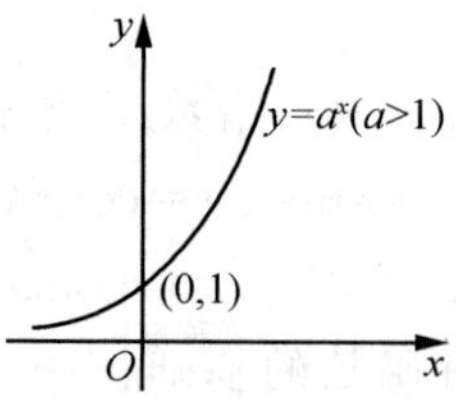 y, x, O, $y=a^x(a>1)$, (0,1)	单调递增

续表

函数类型	函数	定义域与值域	图　象	特　性
指数函数	$y=a^x$ $(0<a<1)$	$x\in(-\infty,+\infty)$ $y\in(0,+\infty)$	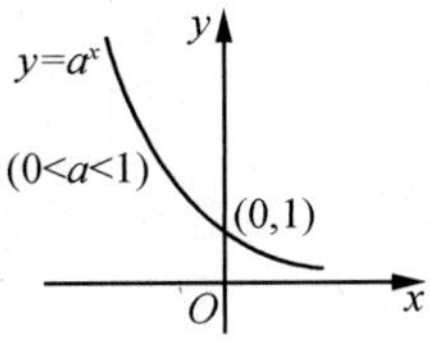	单调递减
对数函数	$y=\log_a x$ $(a>1)$	$x\in(0,+\infty)$ $y\in(-\infty,+\infty)$	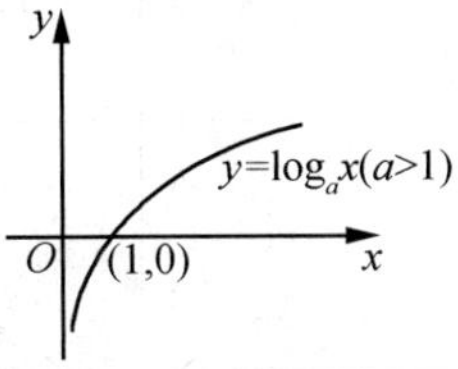	单调递增
	$y=\log_a x$ $(0<a<1)$	$x\in(0,+\infty)$ $y\in(-\infty,+\infty)$	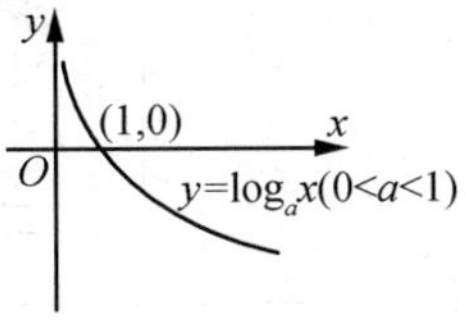	单调递减
三角函数	$y=\sin x$	$x\in(-\infty,+\infty)$ $y\in[-1,1]$	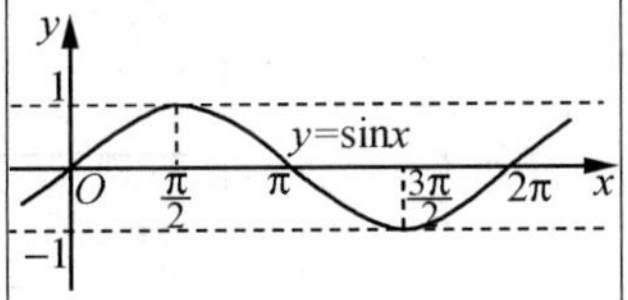	奇函数，周期 2π，有界，在 $\left(2k\pi-\frac{\pi}{2},2k\pi+\frac{\pi}{2}\right)$ 内单调递增，在 $\left(2k\pi+\frac{\pi}{2},2k\pi+\frac{3\pi}{2}\right)$ 内单调递减 $(k\in\mathbf{Z})$
	$y=\cos x$	$x\in(-\infty,+\infty)$ $y\in[-1,1]$	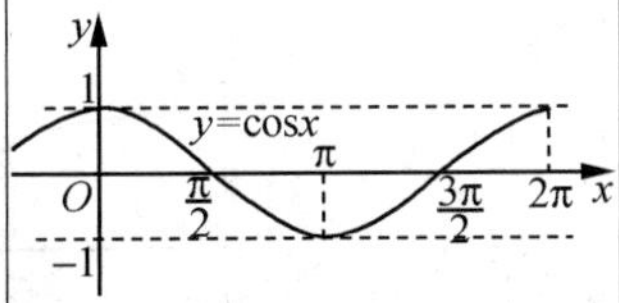	偶函数，周期 2π，有界，在 $(2k\pi,2k\pi+\pi)$ 内单调递减，在 $(2k\pi+\pi,2k\pi+2\pi)$ 内单调递增 $(k\in\mathbf{Z})$
	$y=\tan x$	$x\neq k\pi+\frac{\pi}{2}$ $y\in(-\infty,+\infty)$	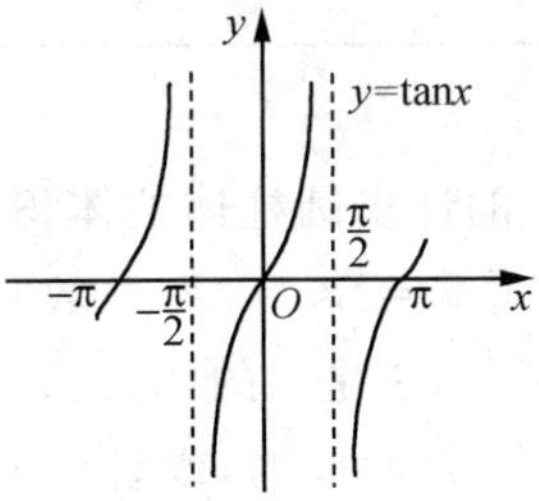	奇函数，周期 π，在 $\left(k\pi-\frac{\pi}{2},k\pi+\frac{\pi}{2}\right)$ 内单调递增 $(k\in\mathbf{Z})$
	$y=\cot x$	$x\neq k\pi$ $y\in(-\infty,+\infty)$	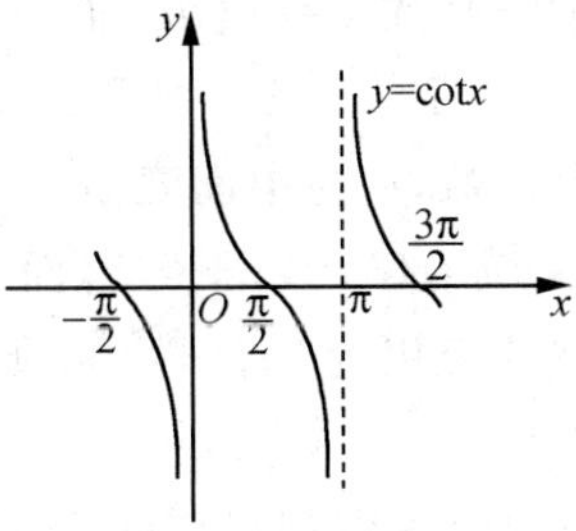	奇函数，周期 π，在 $(k\pi,k\pi+\pi)$ 内单调递减 $(k\in\mathbf{Z})$

续表

函数类型	函数	定义域与值域	图象	特性
反三角函数	$y=\arcsin x$	$x\in[-1,1]$ $y\in\left[-\frac{\pi}{2},\frac{\pi}{2}\right]$	y, $\frac{\pi}{2}$, $y=\arcsin x$, -1, O, 1, x, $-\frac{\pi}{2}$	奇函数,单调递增,有界
	$y=\arccos x$	$x\in[-1,1]$ $y\in[0,\pi]$	y, π, $\frac{\pi}{2}$, $y=\arccos x$, -1, O, 1, x	单调递减,有界
	$y=\arctan x$	$x\in(-\infty,+\infty)$ $y\in\left(-\frac{\pi}{2},\frac{\pi}{2}\right)$	y, $\frac{\pi}{2}$, $y=\arctan x$, O, x, $-\frac{\pi}{2}$	奇函数,单调递增,有界
	$y=\text{arccot}\, x$	$x\in(-\infty,+\infty)$ $y\in(0,\pi)$	y, π, $y=\text{arccot}\, x$, $\frac{\pi}{2}$, O, x	单调递减,有界

2. 复合函数

考察具有同样高度 h 的许多圆柱体的体积 V,显然体积的大小完全取决于它的底面积 S 的大小,也就是由公式 $V=Sh$(h 为常数)确定.同时,底面积 S 是由它的半径 r 确定,即 $S=\pi r^2$.V 是 S 的函数,S 是 r 的函数,V 和 r 通过 S 得到函数关系 $V=\pi r^2 h$,它是由函数 $V=Sh$ 与 $S=\pi r^2$ 复合而成的,或者说 V 是 r 的复合函数.

定义 2 如果 y 是 u 的函数 $y=f(u)$,而 u 又是 x 的函数 $u=\varphi(x)$,$\varphi(x)$的值域与 $y=f(u)$的定义域的交非空,那么,我们把函数 $y=f[\varphi(x)]$称为是由函数 $y=f(u)$与 $u=\varphi(x)$复合而成的**复合函数**,u 为**中间变量**.

例如,$y=\sin u$ 的定义域为$(-\infty,+\infty)$,而 $u=e^x$ 的值域为$(0,+\infty)$,显然 $y=\sin u$ 的定义域与 $u=e^x$ 的值域的交集为$(0,+\infty)$,所以它们可以构成复合函数 $y=\sin e^x$,其定义域为$(0,+\infty)$.

说明 (1) 不是任何两个函数都可以复合成一个复合函数的.

例如，$y=\ln u$，$u=-3-x^2$ 就不能复合成一个复合函数，因为 $u=-3-x^2$ 的定义域 $(-\infty,+\infty)$ 中任何 x 值，所对应的 u 的值都小于或等于 -3，都不可能落在 $y=\ln u$ 的定义域 $(u>0)$ 内，从而 $y=\ln u$ 无定义，因此不能复合.

(2) 复合函数也可以由两个以上的函数经过复合构成.

例如，由 $y=2^u$，$u=\sin v$，$v=\dfrac{1}{x}$ 这三个函数可复合成函数 $y=2^{\sin\frac{1}{x}}$，其中 u 和 v 都是中间变量.

学习复合函数有两个方面的要求：一方面，会由几个简单的函数复合成一个复合函数，不难看出，复合的过程实际上是利用中间变量依次代入的过程；另一方面，会把一个复合函数"拆成"(分解)为几个简单的函数，这些简单函数往往是基本初等函数或基本初等函数与常数的四则运算所得到的函数.

例 7　已知 $y=\ln u$，$u=x^2$，试把 y 表示为 x 的函数.

解　因为 $y=\ln u$，而 $u=x^2$，u 是中间变量，所以 $y=\ln u=\ln x^2$.

例 8　设 $y=u^2$，$u=\tan v$，$v=\dfrac{x}{2}$，试把 y 表示为 x 的函数.

解　不难看出，u，v 分别是两次复合的中间变量，故 $y=u^2=\tan^2 v=\tan^2\dfrac{x}{2}$.

例 9　函数 $y=e^{\sin x}$ 是由哪些基本初等函数复合而成的？

解　令 $u=\sin x$，则 $y=e^u$，故 $y=e^{\sin x}$ 是由 $y=e^u$，$u=\sin x$ 复合而成的.

例 10　函数 $y=\tan^3(2\ln x+1)$ 是由哪些简单函数复合而成的？

解　令 $u=\tan(2\ln x+1)$，则 $y=u^3$，再令 $v=2\ln x+1$，则 $u=\tan v$，故 $y=\tan^3(2\ln x+1)$ 是由 $y=u^3$，$u=\tan v$，$v=2\ln x+1$ 复合而成的.

可以看出，对一个复合函数进行分解时，外层的中间函数一般为基本初等函数，最里层的中间函数可以是简单函数.

3. 初等函数

定义 3　由常数和基本初等函数经过有限次四则运算或有限次复合而构成的并且能用一个式子表示的函数，称为**初等函数**.

例如，$y=\dfrac{\sin x}{x^2+1}$，$y=\dfrac{a^x+a^{-x}}{2}$，$y=\sqrt[3]{\tan x}$ 都是初等函数.

按初等函数定义，初等函数须用一个式子表示，如果一个函数必须用几个式子表示，那么它就不是初等函数，例如，$g(x)=\begin{cases}2^{x+1}, & x>0,\\ \cos x, & x<0\end{cases}$ 就不是初等函数，而称为非初等函数.

四、建立函数关系举例

函数的应用非常广泛，在实际生活和生产中，常遇到量与量之间的函数关系.下面举例说明通过写出函数关系式解决实际问题的一般方法.

例 11　一个快餐联营公司在某地区开设了 60 个营业点，每个营业点每天的平均营业额达 20000 元.对在该地区是否开设新营业点的研究表明，每开设一个新营业点，会使每个营业点的每天平均营业额减少 200 元.求该公司所有营业点的每日总收入和新开设营业点数目之间的函数关系.

解 设新开设 x 个营业点,每日总收入 y 元,因为有$(60+x)$个营业点正在营业,每个营业点的日平均收入为$(20000-200x)$元,所以

$$y=(60+x)(20000-200x),$$

即
$$y=-200x^2+8000x+1200000.$$

这就是要求的函数关系,其定义域为 $\mathbf{N}_+$.

例 12 漏斗形量杯上要刻上表示容积的刻度,就需要知道容积深度与相应的液体体积间的函数关系.已知漏斗的轴截面的顶角为 60°(如图 4-10 所示),漏斗高度为 H,求容积与深度间的函数关系,并求深度为 3 时液体的容积.

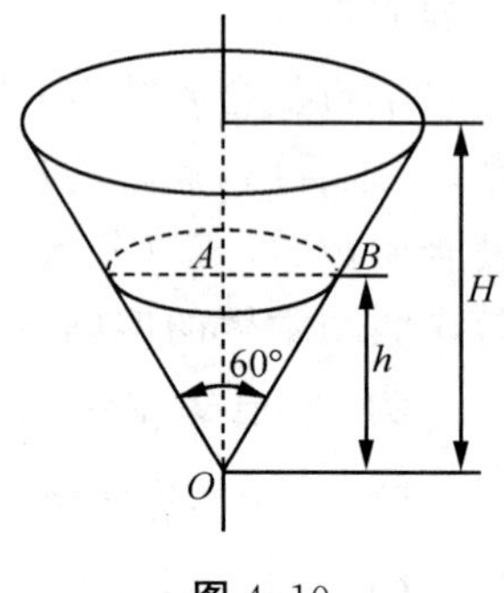

图 4-10

解 设当深度为 h 时液体容积为 V,线段 AB 为液体所在圆锥底面半径,$AB=r$,则

$$\tan\angle AOB=\tan\frac{60^\circ}{2}=\frac{r}{h},\text{即 } r=\frac{\sqrt{3}}{3}h,$$

所以
$$V=\frac{1}{3}\pi r^2h=\frac{1}{3}\pi\left(\frac{\sqrt{3}}{3}h\right)^2h,$$

即
$$V=\frac{1}{9}\pi h^3,h\in[0,H]$$

为所求的函数关系.又 $h=3$ 时 $V(3)=\frac{1}{9}\pi\times 3^3=3\pi$,故深度为 3 时液体容积为 3π.

有时在建立函数关系时,为了方便地列出等量关系,需要引进中间变量.本例中引进了中间变量 $r=\frac{\sqrt{3}}{3}h$.

例 13 某运输公司规定货物的吨千米运价为:在 a 千米以内,每千米$\frac{4}{5}k$ 元;超过 a 千米时超过部分每千米元.求运价 m 与里程 s 之间的函数关系.

解 根据题意可列出函数关系如下:

$$m=\begin{cases}ks, & 0<s\leqslant a,\\ ka+\frac{4}{5}k(s-a), & s>a.\end{cases}$$

这个分段函数就表示了运价 m 和里程 s 的函数关系,其定义域为$(0,+\infty)$.

这里我们只能介绍一些简单的建立函数关系的例子.在实际问题中建立函数关系的一般步骤如下:

(1) 先分析出问题中的常量、变量,再进一步分析出变量中的自变量和函数;

(2) 把常量、自变量和函数用适当的字母或符号表示出来;

(3) 根据有关数学、物理等社会生活的专业知识列出上述各量的等量关系;

(4) 写出满足实际问题的函数的定义域;

(5) 应用函数关系,求出实际问题的解.

【问题探究】　下面来解决我们本节在开始时“问题引入”中提出的两个问题.首先建立通话时间和费用之间的函数关系.

设通话时间为 t(分钟),而 C(元)是所要付出的费用,显然 C 是随着 t 的变化而变化的.根据运营商提供的优惠计划,我们可以建立如下关系式:

计划 A:$C=\begin{cases}98, & 0\leqslant t\leqslant 60,\\ 0.38(t-60)+98, & t>60;\end{cases}$

计划 B:$C=\begin{cases}168, & 0\leqslant t\leqslant 500,\\ 0.38(t-500)+168, & t>500.\end{cases}$

要解决问题(1),我们需要知道当客户用了多少通话时间,计划 A 与计划 B 能同时提供相同的优惠.当 $t=60$ 时,选择计划 A 的客户比选择计划 B 的客户便宜 70 元;当 $t=500$ 时,选择计划 B 比 A 便宜 $168-[0.38(500-60)+98]=97.2$(元),而这正是问题(2)所要寻找的答案.因此我们可以由此推断问题(1)的答案应在 $t=60$ 和 $t=500$ 之间.由 $0.38(t-60)+98=168$,得 $t=244.21$.

即:客户若考虑通话时间超过 244 分钟,就应该选择计划 B,如右图所示.由图可以看到,起初计划 A 比计划 B 便宜 70 元($0\leqslant t\leqslant 60$).当使用时间超过 60 分钟后,两者的差距逐渐缩小,直到 Q 点,两者已无差距,表示两种计划给客户的优惠相同.图中更可以看到,当通话时间超过 244 分钟,计划 B 便显露出其较 A 更为优越之处,而“$|RS|$”正好显示出采用计划 B 最多可以比选择计划 A 便宜的费用.

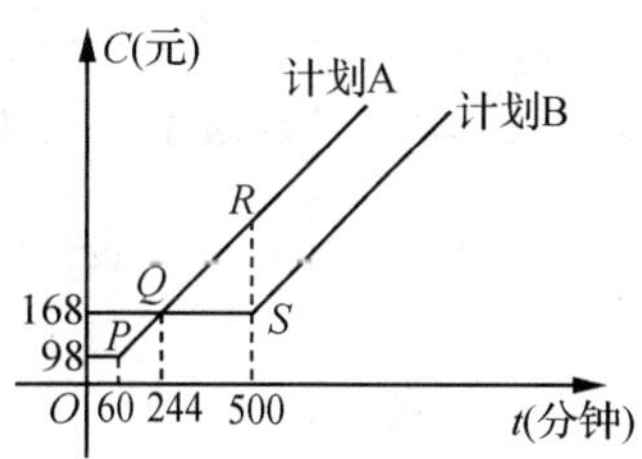

练习 3

1. 下列说法是否正确?

(1) 复合函数 $y=f[\varphi(x)]$ 的定义域即为 $u=\varphi(x)$ 的定义域.

(2) 设 $f(x)=\begin{cases}x, & x\geqslant 0,\\ x+1, & x<0.\end{cases}$ 由于 $y=x$ 和 $y=x+1$ 都是初等函数,所以 $f(x)$ 是初等函数.

(3) 设 $y=\arcsin u$,$u=x^2+2$,这两个函数可以复合成一个函数 $y=\arcsin(x^2+2)$.

2. 引进中间变量,将下列函数分解为几个简单函数:

(1) $y=\sin^2 x$;　　(2) $y=\sin x^2$;

(3) $y=\lg(\sin x)$;　　(4) $y=\arccos\sqrt{x^2-1}$.

3. 将下列函数复合成一个函数:

(1) $y=\sin u$,$u=\sqrt{v}$,$v=2x-1$;

(2) $y=\lg u$,$u=1+v$,$v=\sqrt{w}$,$w=\sin x$.

4. 如右图所示,有一个底面半径为 R,高为 H 的圆锥形量杯.为了在它的侧面刻上表示容积的刻度,需要找出溶液的容积与其对应高度之间的函数关系,试求容积与高度的函数关系,并写出其定义域.

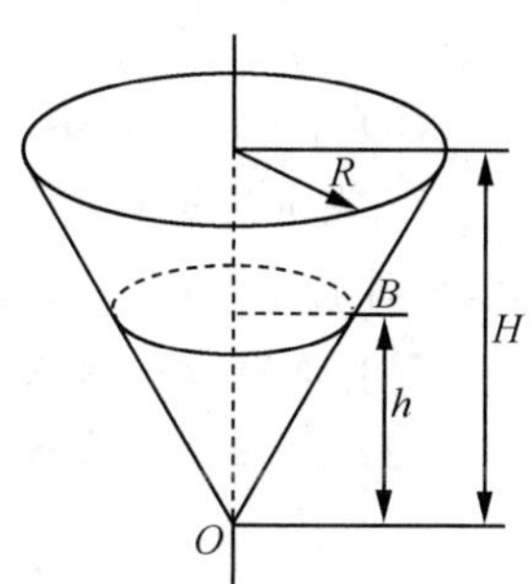

习题 4-1

1. 判断下列各对函数是不是等同的函数.若不是,说明理由.

(1) $f(x)=\sqrt{2^{2x}}$ 与 $g(x)=2^x$;

(2) $f(x)=1$ 与 $g(x)=\cos^2 x+\sin^2 x$.

2. 求下列函数的定义域:

(1) $y=\dfrac{2x}{1-|x|}$;

(2) $y=\sqrt{x^2-3x+2}$;

(3) $y=\arcsin\dfrac{7-x}{4}$;

(4) $y=\dfrac{1}{\sqrt{x^2-x-6}}+\lg(3x-8)$;

(5) $y=\ln(\ln x)$;

(6) $y=\begin{cases}2x, & -1\leqslant x<0,\\ 1+x, & x>0;\end{cases}$

(7) $y=f(x-1)+f(x+1)$,已知 $f(u)$ 的定义域为(0,3).

3. 求下列函数的函数值:

(1) 设 $f(x)=\arcsin(\lg x)$,求 $f\left(\dfrac{1}{10}\right)$,$f(1)$,$f(10)$;

(2) 设 $f(x)=\begin{cases}2x+3, & x\leqslant 0,\\ 2^x, & x>0,\end{cases}$ 求 $f(-2)$,$f(0)$,$f[f(-1)]$;

(3) 设 $f(x)=2x-3$,求 $f(a^2)$,$f[f(a)]$,$[f(a)]^2$.

4. 确定下列函数的奇偶性:

(1) $f(x)=x^4-2x^2-3$;

(2) $f(x)=\dfrac{x^8\sin x}{1+x^2}$;

(3) $f(x)=\lg\dfrac{1-x}{1+x}$;

(4) $f(x)=\log(x+\sqrt{x^2+1})_2$.

5. 把下列各题中的 y 表示为 x 的函数:

(1) $y=\sqrt{u}$,$u=x^2+1$;

(2) $y=\ln u$,$u=3^v$,$v=\sin x$.

6. 分解下列各函数:

(1) $y=\sqrt{3x-1}$;

(2) $y=(1+\lg x)^5$;

(3) $y=\sqrt{\sin\sqrt{x}}$;

(4) $y=\sin\sqrt{\dfrac{x^2+1}{x^2-1}}$;

(5) $y=\lg^2\arccos x$;

(6) $y=\arctan(x^2+1)^2$.

7. 某市的出租车的价格规定:起步费 11 元,可行 3 km;3 km 后按每千米 2.1 元计价,可再行 7 km;以后每千米都按 3.15 元计价,设每一次乘车的车费由行车里程确定.

(1) 请写出一次乘车的车费 y 元与行车的里程 x km 的函数关系;

(2) 如果一次乘车费为 32 元,那么汽车行程为多少千米?.

§ 4-2　极限的概念

【问题引入】 公元前三世纪，道家代表人物庄子的《天下篇》中有“一尺之棰，日取其半，万世不竭”的记载.这句话的意思是，一尺之杖，今天取其一半，明天取其一半的一半，后天再取其一半的一半的一半，如是“日取其半”，总有一半留下，所以“万世不竭”.你能说出这句话所蕴涵的数学原理吗？

一、数列的极限

数列是按照一定顺序排列起来的一列数，即 $a_1, a_2, a_3, \cdots, a_n, \cdots$，记作$\{a_n\}$.其中 a_n 称为数列的通项(或一般项).数列常常可根据项数的有限与无限而分为有穷数列和无穷数列.

观察下面两个无穷数列的变化趋势：

(1) $1, \frac{1}{2}, \frac{1}{3}, \frac{1}{4}, \cdots, \frac{1}{n}, \cdots$；　(2) $0, \frac{1}{2}, \frac{2}{3}, \frac{3}{4}, \cdots, \frac{n-1}{n}, \cdots$.

我们分别将这两个数列中的前几项在数轴上表示出来(图 4-11).

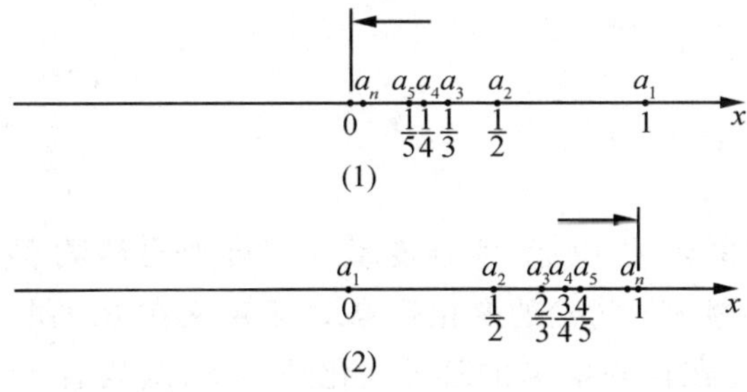

图 4-11

我们发现，当项数 n 越来越大(即 n 无限增大)时，数列(1)中的项无限趋近于 0，数列(2)中的项无限趋近于 1.对于这种变化趋势给出下面的定义：

定义 1　当数列$\{a_n\}$的项数 n 无限增大时，如果 a_n 无限地趋近于一个确定的常数 A，那么就称 A 是这个数列当 n 趋向于无穷大时的极限，记作 $\lim\limits_{n\to\infty} a_n = A$.

这个式子读作“当 n 趋向于无穷大时，a_n 的极限等于 A”.“$\to$”表示“趋向于”，“∞”表示“无穷大”，“$n\to\infty$”表示“n 无限增大”.

$\lim\limits_{n\to\infty} a_n = A$ 有时也记作：当 $n\to\infty$ 时，$a_n \to A$.

若数列$\{a_n\}$极限存在，也称数列$\{a_n\}$**收敛**；若数列$\{a_n\}$没有极限，则称数列$\{a_n\}$**发散**.

根据定义可知，数列(1)的极限是 0，可记为$\lim\limits_{n\to\infty}\frac{1}{n}=0$，此数列收敛；数列(2)的极限是 1，可记为$\lim\limits_{n\to\infty}\frac{n-1}{n}=1$，此数列收敛.

说明　(1) 一个数列有无极限，应该分析其随着项数 n 的无限增大，数列中相应的项是否无限趋近于某个确定的常数，如果这样的数存在，那么这个数就是所论数列的极限，否则数列的极限就不存在.

例如，数列 $1,-\frac{1}{2},\frac{1}{3},-\frac{1}{4},\cdots,(-1)^{n+1}\frac{1}{n},\cdots$.显然，随着 n 无限增大，其对应的项无限趋近于 0，即 $\lim\limits_{n\to\infty}(-1)^{n+1}\frac{1}{n}=0$，此数列收敛.

又如数列 $1,-1,1,-1,\cdots,(-1)^{n+1},\cdots$.当 $n\to\infty$ 时，数列各项时而为 1，时而又为 -1，它不能无限趋近于某个确定的常数，因此该数列当 $n\to\infty$ 时，极限不存在，此数列发散.

再如数列 $1,2,3,\cdots,n,\cdots$.随着项数 n 的无限增大，其对应的项也无限增大，不趋近于某个常数，故此数列的极限也不存在，是发散的.

(2) 一般地，任何一个常数数列的极限都是这个常数本身.例如，常数数列 $1,1,1,\cdots,1,\cdots$，它的极限是 1，记为 $\lim\limits_{n\to\infty}1=1$，此数列收敛.

练习 1

观察下列数列当 $n\to\infty$ 时的变化趋势，写出它们的极限：

(1) $a_n=\frac{1}{n^2}$；　　(2) $a_n=-3$；

(3) $a_n=(-1)^n\frac{1}{n}$.

二、函数的极限

数列作为一种特殊的函数 $f(n)$，其自变量 n 只能取自然数.数列极限实际上就是研究当自变量 $n\to\infty$ 时，函数值 $f(n)$ 的变化趋势.对于定义在 $\mathbf{R}$ 上的一般函数 $y=f(x)$ 而言，函数的极限也是研究在自变量 x 的某种变化趋势下，函数值 $f(x)$ 的变化趋势.

这里的自变量 x 的变化趋势分为两大类：

一是 x 的绝对值 $|x|$ 无限增大(记作 $x\to\infty$)；

二是 x 无限接近于某一点 x_0(或者说 x 趋向于 x_0，但不等于 x_0，记作 $x\to x_0$).

1. 当 $x\to\infty$ 时，函数 $f(x)$ 的极限

定义 2　如果当 $|x|$ 无限增大($x\to\infty$)时，函数 $f(x)$ 无限地趋近于一个确定的常数 A，那么常数 A 就称为当 $x\to\infty$ 时，函数 $f(x)$ 的极限，记作

$$\lim_{x\to\infty}f(x)=A \text{ 或者当 } x\to\infty \text{ 时}, f(x)\to A.$$

说明　这里“$x\to\infty$”表示 x 既取正值而无限增大(记为 $x\to+\infty$)，同时也取负值而绝对值无限增大(记为 $x\to-\infty$)，但有时 x 的变化趋势只能或只需取这两种变化中的一种情形.类似可以给出如下单向极限的定义.

定义 3　如果当 $x\to+\infty$(或 $x\to-\infty$)时，函数 $f(x)$ 无限地趋近于一个确定的常数 A，那么常数 A 就称为当 $x\to+\infty$(或 $x\to-\infty$)时，函数 $f(x)$ 的极限，记作

$$\lim_{x\to+\infty}f(x)=A\left(\lim_{x\to-\infty}f(x)=A\right).$$

例 1　利用图象考察函数 $f(x)=\frac{1}{x}$ 当 $x\to\infty$ 时的极限.

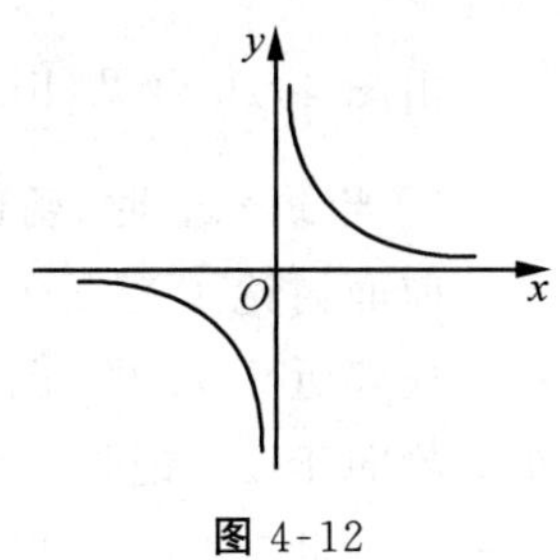

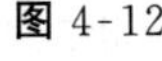
图 4-12

解　由图 4-12 可看出，当$|x|$无限增大时，$f(x)=\dfrac{1}{x}$的值无限接近于零，所以$\lim\limits_{x\to\infty}\dfrac{1}{x}=0$.显然也有$\lim\limits_{x\to+\infty}\dfrac{1}{x}=0$，$\lim\limits_{x\to-\infty}\dfrac{1}{x}=0$.

例 2　讨论当$x\to\infty$时，函数是否有极限.

解　由图 4-13 可看出

$$\lim_{x\to-\infty}\arctan x=-\frac{\pi}{2},\ \lim_{x\to+\infty}\arctan x=\frac{\pi}{2}.$$

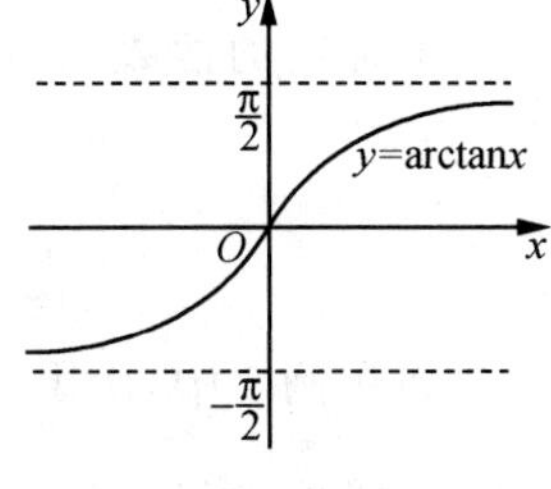

图 4-13

所以当$x\to\infty$时，$y=\arctan x$不能无限接近于一个确定的常数，故当$x\to\infty$时，$y=\arctan x$的极限不存在.

一般地，当且仅当$\lim\limits_{x\to+\infty}f(x)$和$\lim\limits_{x\to-\infty}f(x)$都存在，并且相等时，$\lim\limits_{x\to\infty}f(x)$存在.即

$$\lim_{x\to\infty}f(x)=A\Leftrightarrow\lim_{x\to+\infty}f(x)=\lim_{x\to-\infty}f(x)=A.$$

2. 当$x\to x_0$时，函数$f(x)$的极限

定义 4　如果当x无限接近于定值x_0，即$x\to x_0$(x可以不等于x_0)时，函数$f(x)$无限地趋近于一个确定的常数A，那么数A就称为当$x\to x_0$时，函数$f(x)$的极限，记作

$$\lim_{x\to x_0}f(x)=A\ 或者\ 当x\to x_0时，f(x)\to A.$$

说明　(1) 在上述定义中“$x\to x_0$”表示x以任意方式趋近于x_0；(2)定义中考虑的是$x\to x_0$时函数$f(x)$的变化趋势，并不考虑x能否等于x_0，即不考虑$f(x)$在x_0处是否有定义.

例 3　求下列极限：

(1) $\lim\limits_{x\to x_0}x$；　　(2) $\lim\limits_{x\to x_0}C$ (C为常数).

解　(1) 因为当$x\to x_0$时，$f(x)$的值无限趋近于x_0，所以有$\lim\limits_{x\to x_0}f(x)=\lim\limits_{x\to x_0}x=x_0$.

(2) 因为当$x\to x_0$时，$f(x)$的值恒等于C，所以有$\lim\limits_{x\to x_0}f(x)=\lim\limits_{x\to x_0}C=C$.

由此可见，**常数的极限是其本身.**

例 4　利用图象考察$\lim\limits_{x\to0}\sin x$和$\lim\limits_{x\to0}\cos x$的值.

解　由图 4-14、4-15 可知，当x趋近于 0 时，$\sin x$的值无限地接近于 0，而$\cos x$的值无限地接近于 1，所以，$\lim\limits_{x\to0}\sin x=0$，$\lim\limits_{x\to0}\cos x=1$.

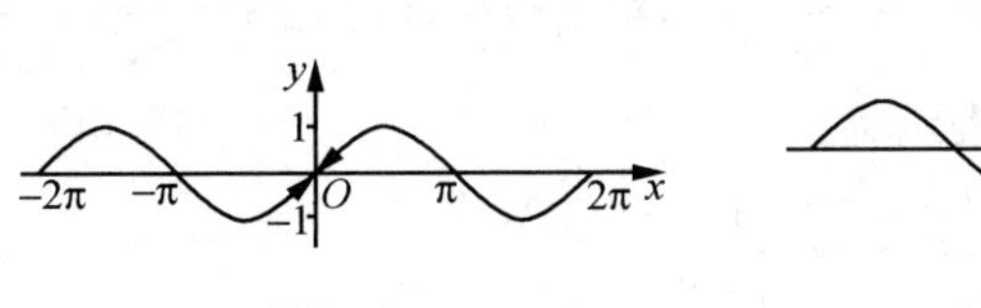

图 4-14

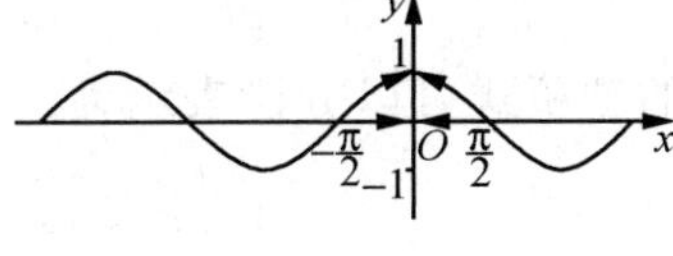

图 4-15

例 5　考察$\lim\limits_{x\to2}\dfrac{x^2-4}{x-2}$的值.

解

$$\frac{x^2-4}{x-2}=\frac{(x+2)(x-2)}{x-2}=x+2,x\neq2.$$

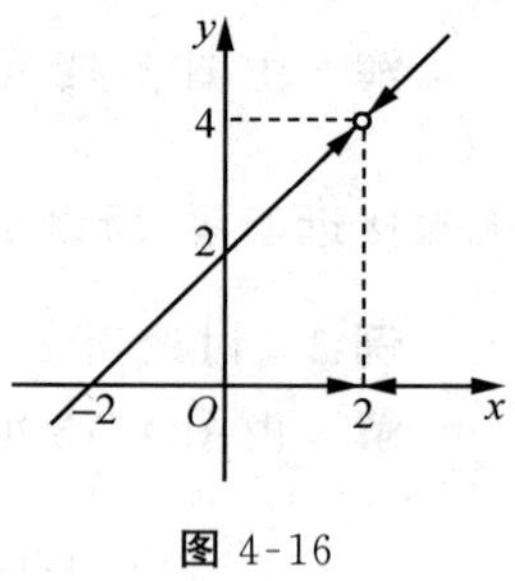

图 4-16

由图 4-16 可见，$\lim\limits_{x\to 2}\dfrac{x^2-4}{x-2}=4$.

3. 当 $x\to x_0$ 时，函数 $f(x)$ 的左极限和右极限

前面讨论了当 $x\to x_0$ 时，函数 $f(x)$ 的极限，其中 x 是以任意方式趋近于 x_0 的，但有时所讨论的 x 值，只能或只需从 x_0 的左侧趋向于 x_0（记作 $x\to x_0^-$），或从 x_0 的右侧趋向于 x_0（记作 $x\to x_0^+$），此时我们可以类似地给出左极限和右极限的定义.

定义 5 如果当 $x\to x_0^-$（或 $x\to x_0^+$）时，函数 $f(x)$ 无限接近于一个确定的常数 A，那么 A 称为函数 $f(x)$ 当 $x\to x_0$ 时的左极限（或右极限），记作

$$\lim_{x\to x_0^-}f(x)=A \text{ 或 } f(x_0-0)=A$$

$$(\lim_{x\to x_0^+}f(x)=A \text{ 或 } f(x_0+0)=A).$$

如在例 5 中，由图 4-16 可见，$\lim\limits_{x\to 2^-}\dfrac{x^2-4}{x-2}=4$，$\lim\limits_{x\to 2^+}\dfrac{x^2-4}{x-2}=4$.

一般地，当且仅当 $\lim\limits_{x\to x_0^-}f(x)$ 和 $\lim\limits_{x\to x_0^+}f(x)$ 都存在并且相等时，$\lim\limits_{x\to x_0}f(x)$ 存在.即

$$\lim_{x\to x_0}f(x)=A\Leftrightarrow\lim_{x\to x_0^-}f(x)=\lim_{x\to x_0^+}f(x)=A.$$

例 6 讨论函数 $f(x)=\begin{cases}x+2, & x<1,\\ 2x+1, & x\geqslant 1\end{cases}$ 当 $x\to 1$ 时的极限.

解 由图 4-17 可见，$\lim\limits_{x\to 1^-}f(x)=\lim\limits_{x\to 1^-}(x+2)=3$，$\lim\limits_{x\to 1^+}f(x)=\lim\limits_{x\to 1^+}(2x+1)=3$，所以 $\lim\limits_{x\to 1}f(x)=3$.

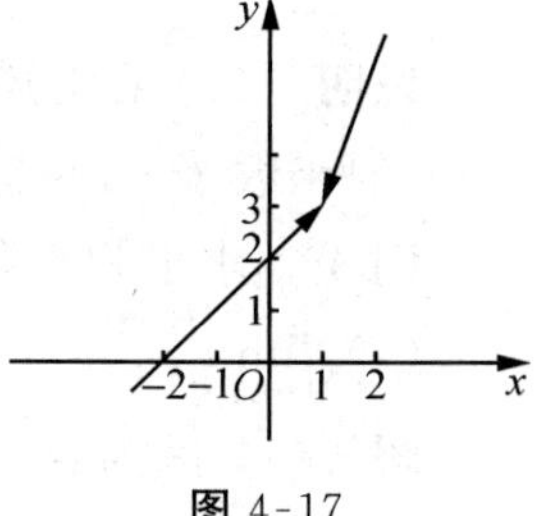

图 4-17

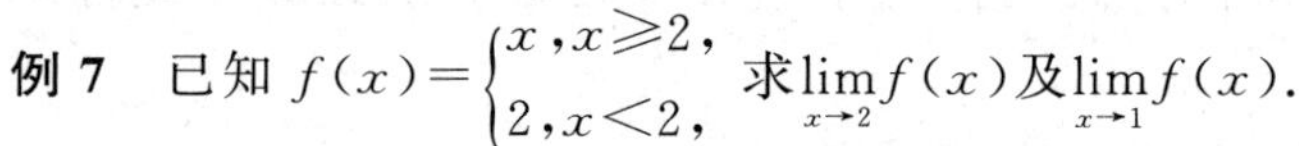

例 7 已知 $f(x)=\begin{cases}x, x\geqslant 2,\\ 2, x<2,\end{cases}$ 求 $\lim\limits_{x\to 2}f(x)$ 及 $\lim\limits_{x\to 1}f(x)$.

解 (1) 因为 $\lim\limits_{x\to 2^+}f(x)=\lim\limits_{x\to 2^+}x=2$，$\lim\limits_{x\to 2^-}f(x)=\lim\limits_{x\to 2^-}2=2$，由于 $\lim\limits_{x\to 2^+}f(x)=\lim\limits_{x\to 2^-}f(x)=2$，所以 $\lim\limits_{x\to 2}f(x)=2$.

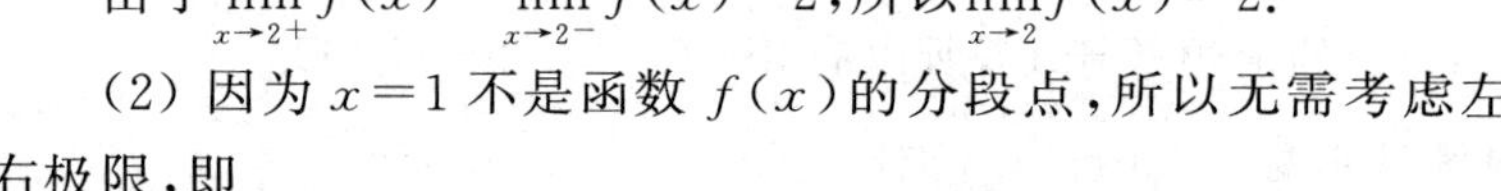

(2) 因为 $x=1$ 不是函数 $f(x)$ 的分段点，所以无需考虑左右极限，即

$$\lim_{x\to 1}f(x)=\lim_{x\to 1}2=2.$$

例 8 已知 $f(x)=\dfrac{|x|}{x}$，说明 $\lim\limits_{x\to 0}f(x)$ 不存在.

解 因为当 $x>0$ 时，$f(x)=\dfrac{|x|}{x}=\dfrac{x}{x}=1$，当 $x<0$ 时，$f(x)=\dfrac{|x|}{x}=\dfrac{-x}{x}=-1$，

所以函数的解析式可以分段表示为

$$f(x)=\begin{cases}1, & x>0,\\ -1, & x<0.\end{cases}$$

于是
$$\lim_{x\to 0^+}f(x)=1,\ \lim_{x\to 0^-}f(x)=-1.$$

由于
$$\lim_{x\to 0^+}f(x)\neq\lim_{x\to 0^-}f(x),$$

所以 $\lim\limits_{x\to 0}f(x)$ 不存在.

练习 2

1. 下列说法是否正确？

(1) 若函数 $f(x)$ 在点 x_0 处无定义，则 $f(x)$ 在 x_0 处极限不存在.

(2) 在某过程中，$f(x)$ 无限趋近于 A，就是 $f(x)$ 越来越接近于 A.

(3) 若 $\lim\limits_{x\to x_0^+} f(x)$ 与 $\lim\limits_{x\to x_0^-} f(x)$ 均存在，则极限 $\lim\limits_{x\to x_0} f(x)$ 必存在.

2. 作出图象来判断下列函数的极限：

(1) $\lim\limits_{x\to -\infty} e^x$；　　(2) $\lim\limits_{x\to +\infty} \arctan x$；　　(3) $\lim\limits_{x\to \frac{\pi}{2}} \sin x$.

(3) 设 $f(x)=\begin{cases} 2x, & x<0, \\ x+1, & x\geqslant 0. \end{cases}$ 问当 $x\to 0$ 时，$f(x)$ 的极限是否存在？

三、无穷大与无穷小

当我们研究函数的变化趋势时，经常遇到两种重要情形：一是函数的绝对值"无限变小"，二是函数的绝对值"无限变大".下面分别介绍这两种情形.

1. 无穷大

定义 6　如果当 $x\to x_0$（或 $x\to\infty$）时，函数 $f(x)$ 的绝对值无限增大，那么函数 $f(x)$ 称为当 $x\to x_0$（或 $x\to\infty$）时的无穷大，记作 $\lim\limits_{\substack{x\to x_0\\(x\to\infty)}} f(x)=\infty$.

例如，当 $x\to 1$ 时，$\left|\dfrac{1}{x-1}\right|$ 无限增大，所以 $\dfrac{1}{x-1}$ 是当 $x\to 1$ 时的无穷大，可记作

$$\lim_{x\to 1}\frac{1}{x-1}=\infty.$$

说明　(1) 说一个函数 $f(x)$ 是无穷大，必须指明自变量 x 的变化趋势.例如，函数 $\dfrac{1}{x}$ 是当 $x\to 0$ 时的无穷大，而当 x 趋向于其他数值时，它就不是无穷大.

(2) 不要把绝对值很大的常数（如 1000000000 或 -1000000000）说成是无穷大，因为这个常数无论在自变量是何种变化趋势下，其极限都为常数本身，并不是无穷大.

(3) 无穷大是极限不存在的一种情形，"$\lim\limits_{\substack{x\to x_0\\(x\to\infty)}} f(x)=\infty$"只是借用了极限记号，以便于表述"函数 $f(x)$ 的绝对值无限增大"的一种性态.此处的相等并不是"真正的"相等，因此，这里虽然用等式表示，但实际上当 $x\to x_0$（或 $x\to\infty$）时，$f(x)$ 的极限不存在.例如，$\lim\limits_{x\to\infty}\sin x$ 不存在，但不是无穷大.

2. 无穷小

定义 7　如果当 $x\to x_0$（或 $x\to\infty$）时，函数 $f(x)$ 的极限为 0，那么函数 $f(x)$ 称为 $x\to x_0$（或 $x\to\infty$）时的无穷小，记作 $\lim\limits_{\substack{x\to x_0\\(x\to\infty)}} f(x)=0$.

例如，因为 $\lim\limits_{x\to 1}(x-1)=0$，所以函数 $x-1$ 是当 $x\to 1$ 时的无穷小.

又如，因为 $\lim\limits_{x\to\infty}\dfrac{1}{x}=0$，所以函数 $\dfrac{1}{x}$ 是当 $x\to\infty$ 时的无穷小.

说明　(1) 说一个函数 $f(x)$ 是无穷小，必须指明自变量 x 的变化趋势.例如，函数

$x-1$是当 $x\to1$ 时的无穷小，而当 x 趋向于其他数值时，它就不是无穷小.

(2) 不要把绝对值很小的常数(如 0.0000000001 或 -0.0000000001)说成是无穷小，因为这个常数无论在自变量是何种变化趋势下，其极限都为常数本身，并不是零.

(3) 常数中只有"0"可以看成是无穷小，因为 $\lim\limits_{\substack{x\to x_0\\(x\to\infty)}} 0=0$.

3. 无穷小的性质

性质 1 有限个无穷小的代数和是无穷小.

性质 2 有限个无穷小的积是无穷小.

性质 3 有界函数与无穷小的积是无穷小.

例 9 求$\lim\limits_{x\to0}x\sin\dfrac{1}{x}$.

解 因为$\lim\limits_{x\to0}x=0$，所以 x 是 $x\to0$ 时的无穷小.

而$\left|\sin\dfrac{1}{x}\right|\leqslant1$，所以 $\sin\dfrac{1}{x}$是有界函数.

根据无穷小的性质 3，可知

$$\lim_{x\to0}x\sin\frac{1}{x}=0.$$

例 10 求$\lim\limits_{x\to\infty}\dfrac{\sin x}{x}$.

解 因为 $\dfrac{\sin x}{x}=\dfrac{1}{x}\cdot\sin x$，而当 $x\to\infty$时，$\dfrac{1}{x}$是无穷小，$\sin x$ 是有界函数，所以根据无穷小的性质 3，可知

$$\lim_{x\to\infty}\frac{\sin x}{x}=0.$$

4. 函数极限与无穷小的关系

定理 1 在自变量的同一变化过程 $x\to x_0$(或 $x\to\infty$)中，$\lim\limits_{\substack{x\to\infty\\(x\to x_0)}} f(x)=A$ 的充分必要条件是：$f(x)=A+\alpha$，其中 A 为常数，α 为无穷小.

下面就 $x\to x_0$ 时的情形加以证明.

证明 设$\lim\limits_{x\to x_0}f(x)=A$，令 $\alpha=f(x)-A$，则

$$\lim_{x\to x_0}\alpha=\lim_{x\to x_0}[f(x)-A]=0.$$

就是说 α 是当 $x\to x_0$ 时的无穷小.由于 $\alpha=f(x)-A$，所以 $f(x)=A+\alpha$.这就证明了具有极限的函数等于它的极限与一个无穷小之和.

反之，设 $f(x)=A+\alpha$，其中 α 是当 $x\to x_0$ 时的无穷小，则

$$\lim_{x\to x_0}f(x)=\lim_{x\to x_0}(A+\alpha)=A.$$

这就证明了如果函数可表示为常数与无穷小之和，那么该常数就是这函数的极限.

5. 无穷大与无穷小的关系

无穷大与无穷小间的密切关系，可以从以下问题中得到启示：

例如，函数 $f(x)=\dfrac{1}{x-1}$，当 $x\to1$ 时，$\dfrac{1}{x-1}$是无穷大，而 $x-1$ 是无穷小；又如函数

$f(x)=\frac{1}{x^2}$，当 $x\to\infty$ 时，$\frac{1}{x^2}$ 是无穷小，x^2 是无穷大.

定理 2　在自变量的同一变化过程中，如果 $f(x)$ 是无穷大，那么 $\frac{1}{f(x)}$ 为无穷小；反之，如果 $f(x)$ 是无穷小，且 $f(x)\neq 0$，那么 $\frac{1}{f(x)}$ 为无穷大.

下面我们利用无穷大与无穷小的关系来求一些函数的极限.

例 11　求 $\lim\limits_{x\to 1}\frac{x+4}{x-1}$.

解　因为 $\lim\limits_{x\to 1}\frac{x-1}{x+4}=0$，即 $\frac{x-1}{x+4}$ 是当 $x\to 1$ 时的无穷小，根据无穷大与无穷小的关系可知，它的倒数 $\frac{x+4}{x-1}$ 是当 $x\to 1$ 时的无穷大，即 $\lim\limits_{x\to 1}\frac{x+4}{x-1}=\infty$.

例 12　求 $\lim\limits_{x\to\infty}(x^2-3x+2)$.

解　因为 $\lim\limits_{x\to\infty}\frac{1}{x^2-3x+2}=\lim\limits_{x\to\infty}\frac{\frac{1}{x^2}}{1-\frac{3}{x}+\frac{2}{x^2}}=0$，即 $\frac{1}{x^2-3x+2}$ 是当 $x\to\infty$ 时的无穷小，所以它的倒数 x^2-3x+2 是当 $x\to\infty$ 时的无穷大，即 $\lim\limits_{x\to\infty}(x^2-3x+2)=\infty$.

6. 无穷小的比较

在无穷小的性质中，我们已经知道两个无穷小的和、差、积仍为无穷小，那么两个无穷小的商是否为无穷小呢？答案是不一定.例如，当 $x\to 0$ 时，$2x$，$3x$，x^2 都是无穷小，而 $\lim\limits_{x\to 0}\frac{3x}{2x}=\frac{3}{2}$，$\lim\limits_{x\to 0}\frac{x^2}{3x}=0$，$\lim\limits_{x\to 0}\frac{3x}{x^2}=\infty$.

两个无穷小之商的各种极限情况，反映了分子、分母趋于零的“快慢”程度的不同.就上面几个例子来说，在 $x\to 0$ 的过程中，$x^2\to 0$ 比 $3x\to 0$“快些”；反过来，$3x\to 0$ 比 $x^2\to 0$“慢些”；而 $2x\to 0$ 与 $3x\to 0$“快慢相仿”.

为了对无穷小趋于零的速度有一个定性的准确的描述，下面我们引出“无穷小的阶”的概念.

定义 8　设 α 与 β 是同一变化过程中的两个无穷小，即 $\lim\alpha=0$，$\lim\beta=0$：

(1) 如果 $\lim\frac{\alpha}{\beta}=0$，那么称 α 是比 β 高阶的无穷小；

(2) 如果 $\lim\frac{\alpha}{\beta}=\infty$，那么称 α 是比 β 低阶的无穷小；

(3) 如果 $\lim\frac{\alpha}{\beta}=c\neq 0$，那么称 α 与 β 是同阶无穷小.特别是当 $c=1$，即当 $\lim\frac{\alpha}{\beta}=1$ 时，称 α 与 β 是等价无穷小，记作 $\alpha\sim\beta$.

由此定义可知，当 $x\to 0$ 时，x^2 是比 $3x$ 高阶的无穷小，而 $3x$ 是比 x^2 低阶的无穷小，$3x$ 与 $2x$ 是同阶无穷小.

练习 3

1. 观察下列函数，并判断哪些是无穷大，哪些是无穷小：

(1) $y=x+\frac{1}{x}(x\to 0)$；　　(2) $y=2^x-1(x\to 0)$；

(3) $y=e^{-x}(x\to -\infty)$；　　(4) $y=\tan x\left(x\to\frac{\pi}{2}\right)$.

2. 利用无穷小的性质求下列极限：

(1) $\lim\limits_{x\to\infty}\frac{\cos x}{x}$；　　(2) $\lim\limits_{x\to\infty}\frac{\arctan x}{x}$.

3. 当 $x\to -3$ 时，比较无穷小 x^2+6x+9 和 $x+3$ 的阶.

4. 当 $x\to 1$ 时，比较无穷小 $1-x$ 和 $\frac{1}{2}(1-x^2)$ 的阶.

【问题探究】 现在我们回到开始提出的问题.

我们假定从某一天开始截取木棰的$\frac{1}{2}$，则剩下$\frac{1}{2}$；第二天又截取剩下的$\frac{1}{2}$的一半，则已截取木棰的$\frac{1}{2}+\frac{1}{4}$，剩下$\frac{1}{2}$；第三天又截取剩下的$\frac{1}{2}$的一半，则已截取木棰的$\frac{1}{2}+\frac{1}{4}+\frac{1}{8}$，剩下$\frac{1}{8}$……依此类推，从第一天开始，由已截取和剩下的木棰长度可得到以下两个数列：

共截取$\{x_n\}$：$\frac{1}{2},\left(\frac{1}{2}+\frac{1}{4}\right),\left(\frac{1}{2}+\frac{1}{4}+\frac{1}{8}\right),\cdots,\left(\frac{1}{2}+\frac{1}{4}+\frac{1}{8}+\cdots+\frac{1}{2^n}\right),\cdots$.

还剩下$\{y_n\}$：$\frac{1}{2},\frac{1}{4}\frac{1}{8},\cdots,\frac{1}{2^n},\cdots$.

当 $n\to\infty$ 时，$x_n=1-\frac{1}{2^n}\to 1$，但永远也不可能等于 1；$y_n\to 0$，但永远也不可能等于 0. 这就是那句话所蕴涵的数学含义，这也充分说明了我国古代早就产生了朴素的极限思想.

习题 4－2

1. 观察下列数列当 $n\to\infty$ 时的变化趋势，写出它们的极限：

(1) $x_n=(-1)^n\frac{1}{n}$；　　(2) $y_n=(-1)^n n$；

(3) $x_n=1-\frac{1}{10^n}$；　　(4) $y_n=\sin\frac{n\pi}{2}$.

2. 判断下列说法是否正确：

(1) 如果 $f(x)=\frac{1}{\sqrt{x}}$，那么 $\lim\limits_{x\to\infty}f(x)=0$；

(2) 如果 $f(x)=\frac{x^2+3x}{x+3}$，那么 $\lim\limits_{x\to -3}f(x)$ 不存在.

3. 作出图象来判断下列函数的极限：

(1) $\lim\limits_{x\to+\infty}\left(\dfrac{1}{3}\right)^{x}$；　　(2) $\lim\limits_{x\to1}\ln x$；

(3) $\lim\limits_{x\to\pi}\cos x$；　　(4) $\lim\limits_{x\to-1}\dfrac{x^2-1}{x+1}$；

(5) $\lim\limits_{x\to-\infty}\operatorname{arccot}x$；　　(6) $\lim\limits_{x\to2}(x^2-2)$.

4. 设 $f(x)=\begin{cases}x-1, x\leqslant0,\\ x+1, x>0.\end{cases}$ 画出它的图象，并求当 $x\to0$ 时 $f(x)$ 的左，右极限，从而说明在 $x\to0$ 时，$f(x)$ 的极限是否存在.

5. 设 $f(x)=\begin{cases}x, & x<3,\\ 3x-1, & x\geqslant3.\end{cases}$ 画出它的图象，并讨论在 $x\to3$ 时 $f(x)$ 的左，右极限.

6. 证明函数 $f(x)=\begin{cases}x^2+1, & x<1,\\ 1, & x=1,\\ -1, & x>1\end{cases}$ 在 $x\to1$ 时极限不存在.

7. 下列函数自变量在怎样的变化过程中为无穷大？又在怎样的变化过程中为无穷小？

(1) $y=\dfrac{1}{x-1}$；　　(2) $y=\ln x$；

(3) $y=2x+1$.

8. 利用无穷小性质，求下列极限：

(1) $\lim\limits_{x\to\infty}\dfrac{\sin x}{x^2}$；　　(2) $\lim\limits_{x\to0}x\sin\dfrac{1}{x^2}$；

(3) $\lim\limits_{x\to1}(x-1)\cos\dfrac{1}{x-1}$；　　(4) $\lim\limits_{x\to0}x^2\cos\dfrac{1}{x}$.

9. (1) 当 $x\to\infty$ 时，比较无穷小 $\dfrac{1}{x}$ 和 $\dfrac{1}{x^2}$ 的阶；

(2) 当 $x\to0$ 时，比较无穷小 $\sqrt{1+2x^2}$ 和 x^2 的阶.

§ 4－3　极限的运算

【问题引入】　前面我们已经学会了一些求函数极限的方法，但对如 $\lim\limits_{x\to0}\dfrac{\sin2x}{\sin3x}(5-2x)$ 一类的初等函数极限应该如何求呢？

一、极限的运算法则

如果 $\lim\limits_{x\to x_0}f(x)=A$，$\lim\limits_{x\to x_0}g(x)=B$，那么

(1) $\lim\limits_{x\to x_0}[f(x)\pm g(x)]=\lim\limits_{x\to x_0}f(x)\pm\lim\limits_{x\to x_0}g(x)=A\pm B$；

(2) $\lim\limits_{x\to x_0}[f(x)\cdot g(x)]=\lim\limits_{x\to x_0}f(x)\cdot\lim\limits_{x\to x_0}g(x)=A\cdot B$，

特别地，$\lim\limits_{x\to x_0}[C\cdot f(x)]=C\cdot\lim\limits_{x\to x_0}f(x)=C\cdot A$（$C$ 为常数）；

(3) $\lim\limits_{x\to x_0}\dfrac{f(x)}{g(x)}=\dfrac{\lim\limits_{x\to x_0}f(x)}{\lim\limits_{x\to x_0}g(x)}=\dfrac{A}{B}(B\neq 0)$.

这里,法则(1)和法则(2)可以推广到有限个具有极限的函数的情形.

推论 若$\lim\limits_{x\to x_0}f(x)=A$,$C$为常数,$k\in \mathbf{N}_+$,则

(1) $\lim\limits_{x\to x_0}[Cf(x)]=C\lim\limits_{x\to x_0}f(x)=CA$;

(2) $\lim\limits_{x\to x_0}[f(x)]^k=[\lim\limits_{x\to x_0}f(x)]^k=A^k$.

说明 上述运算法则对于$x\to\infty(x\to x_0)$时的情况同样成立.

上述极限四则运算法则表示:如果在自变量的某一变化过程中,函数$f(x)$的极限是A,$g(x)$的极限是B,那么,$f(x)$与$g(x)$的和、差、积、商的极限,分别等于它们极限的和、差、积、商,其中分母的极限不为零.

例 1 求$\lim\limits_{x\to 2}(x^2+2x-3)$.

解 $\lim\limits_{x\to 2}(x^2+2x-3)=\lim\limits_{x\to 2}x^2+\lim\limits_{x\to 2}2x-\lim\limits_{x\to 2}3=\lim\limits_{x\to 2}x\cdot\lim\limits_{x\to 2}x+2\lim\limits_{x\to 2}x-3$

$=2\times 2+2\times 2-3=5$.

例 2 求$\lim\limits_{x\to 1}\dfrac{x^2-2x+5}{x^2+6}$.

解 由于当$x\to 1$时,$x^2+6\to 7$,分母的极限不为0,由商的极限运算法则,得

$$\lim_{x\to 1}\frac{x^2-2x+5}{x^2+6}=\frac{\lim\limits_{x\to 1}(x^2-2x+5)}{\lim\limits_{x\to 1}(x^2+6)}=\frac{4}{7}.$$

例 3 求$\lim\limits_{x\to 1}\dfrac{x^2-1}{x-1}$.

解 $\lim\limits_{x\to 1}\dfrac{x^2-1}{x-1}=\lim\limits_{x\to 1}\dfrac{(x-1)(x+1)}{x-1}=\lim\limits_{x\to 1}(x+1)=2$.

说明 在此例中,如果不约去公因式$x-1$,则分子、分母的极限都是0,即出现$\dfrac{0}{0}$的现象,直接利用极限运算法则无法求出极限.由于$x\to 1$是指$x\neq 1$而x趋近于1,所以$x-1\neq 0$,故可先约去分子、分母的公因子$x-1$.这种先约去非零公因式再求分式函数极限的方法是典型的常用方法.

例 4 求$\lim\limits_{x\to 4}\dfrac{x-4}{\sqrt{x+5}-3}$.

解 当$x\to 4$时,$\sqrt{x+5}-3\to 0$,不能直接使用商的极限运算法则.但可采用分母有理化,消去分母中趋于零的因子.

$$\lim_{x\to 4}\frac{x-4}{\sqrt{x+5}-3}=\lim_{x\to 4}\frac{(x-4)(\sqrt{x+5}+3)}{(\sqrt{x+5}-3)(\sqrt{x+5}+3)}=\lim_{x\to 4}\frac{(x-4)(\sqrt{x+5}+3)}{x-4}$$

$$=\lim_{x\to 4}(\sqrt{x+5}+3)=\lim_{x\to 4}\sqrt{x+5}+3=3+3=6.$$

例 5 求$\lim\limits_{x\to\infty}\dfrac{2x^3-3x+4}{7x^3+5x-3}$.

解 当$x\to\infty$时,此函数的分子和分母的极限都不存在,所以不能直接应用运算法

则，先用 x^3 同除分子及分母，然后求极限得

$$\lim_{x\to\infty}\frac{2x^3-3x+4}{7x^3+5x-3}=\lim_{x\to\infty}\frac{2-\frac{3}{x^2}+\frac{4}{x^3}}{7+\frac{5}{x^2}-\frac{3}{x^3}}=\frac{2-3\times0+4\times0}{7+5\times0-3\times0}=\frac{2}{7}.$$

例 6　求 $\lim\limits_{x\to\infty}\frac{2x^2-3x+4}{7x^3+5x-3}$.

解　分子、分母同除以 x^3，然后求极限得

$$\lim_{x\to\infty}\frac{2x^2-3x+4}{7x^3+5x-3}=\lim_{x\to\infty}\frac{\frac{2}{x}-\frac{3}{x^2}+\frac{4}{x^3}}{7+\frac{5}{x^2}-\frac{3}{x^3}}=\frac{2\times0-3\times0+4\times0}{7+5\times0-3\times0}=0.$$

例 7　求 $\lim\limits_{x\to\infty}\frac{2x^3-3x+4}{7x^2+5x-3}$.

解　因为 $\lim\limits_{x\to\infty}\frac{7x^2+5x-3}{2x^3-3x+4}=\lim\limits_{x\to\infty}\frac{\frac{7}{x}+\frac{5}{x^2}-\frac{3}{x^3}}{2-\frac{3}{x^2}+\frac{4}{x^3}}=0$，所以 $\lim\limits_{x\to\infty}\frac{2x^3-3x+4}{7x^2+5x-3}=\infty$.

总结例 5、例 6、例 7 的结果可得当自变量趋向于无穷大时，有理分式函数求极限的如下法则：

(1) 若分式中分子和分母是同次的，则其极限等于分子和分母的最高次项的系数之比.

(2) 若分式中分子的次数高于分母的次数，则该分式的极限为无穷大.

(3) 若分式中分子的次数低于分母的次数，则该分式的极限为零，

即
$$\lim_{x\to\infty}\frac{a_0x^m+a_1x^{m-1}+\cdots+a_m}{b_0x^n+b_1x^{n-1}+\cdots+b_n}=\begin{cases}\frac{a_0}{b_0}, m=n,\\ \infty, m>n,\\ 0,\ \ m<n.\end{cases}$$

例 8　求 $\lim\limits_{x\to\infty}\frac{(1+x^5)+(3+x)^4}{(3+2x)^5+1}$.

解　这里 $m=n=5, a_0=1, b_0=2^5$，所以

$$\lim_{x\to\infty}\frac{(1+x^5)+(3+x)^4}{(3+2x)^5+1}=\frac{1}{2^5}=\frac{1}{32}.$$

例 9　求 $\lim\limits_{x\to1}\left(\frac{1}{1-x}-\frac{3}{1-x^3}\right)$.

解　因为当 $x\to1$ 时上式两项极限都不存在，所以不能用法则(1)，故先通分再求极限.

$$\begin{aligned}\lim_{x\to1}\left(\frac{1}{1-x}-\frac{3}{1-x^3}\right)&=\lim_{x\to1}\frac{1+x+x^2-3}{1-x^3}=\lim_{x\to1}\frac{x^2+x-2}{1-x^3}\\&=\lim_{x\to1}\frac{(x-1)(x+2)}{(1-x)(1+x+x^2)}=\lim_{x\to1}\frac{-(x+2)}{1+x+x^2}=-1.\end{aligned}$$

上述几例的解法启示我们：求极限时，首先要看清所求的极限是否满足法则中的条件，如果不满足，那么还要根据具体情况作适当的恒等变换，使之符合条件，然后再使用极限的运算法则求出结果.

练习 1

1. 求下列极限：

(1) $\lim\limits_{x\to 1}\dfrac{x^2+2x+3}{x+2}$； (2) $\lim\limits_{x\to 1}\dfrac{x^2-1}{x^2+1}$；

(3) $\lim\limits_{x\to 3}\left(1-\dfrac{2}{x-3}\right)$； (4) $\lim\limits_{x\to 2}\dfrac{x^2-4x+4}{x^2-4}$；

(5) $\lim\limits_{x\to -2}\dfrac{x^3+8}{x+2}$； (6) $\lim\limits_{x\to 4}\dfrac{\sqrt{x}-2}{x^2-5x+4}$.

2. 求下列极限：

(1) $\lim\limits_{x\to\infty}\dfrac{1-x^2}{2x^2-1}$； (2) $\lim\limits_{x\to\infty}\dfrac{2x^3+3x^2-x}{3x^4+2x^2-5}$；

(3) $\lim\limits_{x\to\infty}\dfrac{x^3+2x-2}{x^2+x-1}$； (4) $\lim\limits_{x\to\infty}\left(\dfrac{x^3}{x^2-1}-\dfrac{x^2+1}{x+1}\right)$.

二、两个重要极限

1. 第一个重要极限$\lim\limits_{x\to 0}\dfrac{\sin x}{x}=1$

其中角 x 的单位是弧度(rad)，今后若无特别说明，角的单位一律用 rad.

这个重要极限式在极限计算中有着广泛的应用，它在形式上具有以下特点：

(1) 当 $x\to 0$ 时，这个极限是"$\dfrac{0}{0}$"型；

(2) 当 $\varphi(x)\to 0$ 时，有 $\lim\limits_{\varphi(x)\to 0}\dfrac{\sin[\varphi(x)]}{\varphi(x)}=1$，例如，$\lim\limits_{3x\to 0}\dfrac{\sin 3x}{3x}=1$.

例 10 求$\lim\limits_{x\to 0}\dfrac{\tan x}{x}$.

解 $\lim\limits_{x\to 0}\dfrac{\tan x}{x}=\lim\limits_{x\to 0}\dfrac{\frac{\sin x}{\cos x}}{x}=\lim\limits_{x\to 0}\dfrac{\sin x}{x}\cdot\dfrac{1}{\cos x}=\lim\limits_{x\to 0}\dfrac{\sin x}{x}\cdot\lim\limits_{x\to 0}\dfrac{1}{\cos x}=1\cdot 1=1.$

例 11 求$\lim\limits_{x\to 0}\dfrac{\sin 3x}{x}$.

解 $\lim\limits_{x\to 0}\dfrac{\sin 3x}{x}=\lim\limits_{x\to 0}\dfrac{3\sin 3x}{3x}\xlongequal{\text{令 }3x=t}3\lim\limits_{t\to 0}\dfrac{\sin t}{t}=3.$

例 12 求$\lim\limits_{x\to 0}\dfrac{1-\cos x}{x^2}$.

解 $\lim\limits_{x\to 0}\dfrac{1-\cos x}{x^2}=\lim\limits_{x\to 0}\dfrac{2\sin^2\frac{x}{2}}{x^2}=\lim\limits_{x\to 0}\dfrac{\sin^2\frac{x}{2}}{2\left(\frac{x}{2}\right)^2}=\lim\limits_{x\to 0}\dfrac{1}{2}\cdot\dfrac{\sin\frac{x}{2}}{\frac{x}{2}}\cdot\dfrac{\sin\frac{x}{2}}{\frac{x}{2}}=\dfrac{1}{2}.$

例 13　求$\lim\limits_{x\to0}\dfrac{\arcsin x}{x}$.

解　令 $\arcsin x=t$，则 $x=\sin t$，且 $x\to0$ 时，$t\to0$，所以

$$\lim_{x\to0}\frac{\arcsin x}{x}=\lim_{t\to0}\frac{t}{\sin t}=1.$$

例 14　求$\lim\limits_{x\to0}\dfrac{\tan x-\sin x}{x^3}$.

解

$$\lim_{x\to0}\frac{\tan x-\sin x}{x^3}=\lim_{x\to0}\frac{\dfrac{\sin x}{\cos x}-\sin x}{x^3}=\lim_{x\to0}\frac{\sin x\cdot\dfrac{1-\cos x}{\cos x}}{x^3}$$

$$=\lim_{x\to0}\frac{\sin x}{x}\cdot\lim_{x\to0}\frac{1}{\cos x}\cdot\lim_{x\to0}\frac{1-\cos x}{x^2}=\frac{1}{2}.$$

2. 第二个重要极限$\lim\limits_{x\to\infty}\left(1+\dfrac{1}{x}\right)^x=\mathrm{e}$ 或$\lim\limits_{x\to0}(1+x)^{\frac{1}{x}}=\mathrm{e}$

其中 $\mathrm{e}=2.71828\cdots$是一个无理数.

这个重要极限在极限计算中也有重要应用，它在形式上具有以下特点：

(1) 当 $x\to\infty$(或 $x\to0$)时，这个极限是“1^∞”型；

(2) 当 $\varphi(x)\to\infty$(或 $\varphi(x)\to0$)时，它的形式可以写成

$$\lim_{\varphi(x)\to\infty}\left[1+\frac{1}{\varphi(x)}\right]^{\varphi(x)}=\mathrm{e}\text{ 或 }\lim_{\varphi(x)\to0}[1+\varphi(x)]^{\frac{1}{\varphi(x)}}=\mathrm{e}.$$

例 15　求$\lim\limits_{x\to\infty}\left(1+\dfrac{1}{x}\right)^{-x}$.

解　$\lim\limits_{x\to\infty}\left(1+\dfrac{1}{x}\right)^{-x}=\lim\limits_{x\to\infty}\left[\left(1+\dfrac{1}{x}\right)^x\right]^{-1}=\mathrm{e}^{-1}=\dfrac{1}{\mathrm{e}}$.

例 16　求$\lim\limits_{x\to\infty}\left(1-\dfrac{2}{x}\right)^x$.

解　(方法一)　令$-\dfrac{2}{x}=t$，则 $x=-\dfrac{2}{t}$；$x\to\infty$时，$t\to0$.于是

$$\lim_{x\to\infty}\left(1-\frac{2}{x}\right)^x=\lim_{t\to0}(1+t)^{-\frac{2}{t}}=[\lim_{t\to0}(1+t)^{\frac{1}{t}}]^{-2}=\mathrm{e}^{-2}.$$

(方法二)　做熟练后，无需变量代换，可直接求解：

$$\lim_{x\to\infty}\left(1-\frac{2}{x}\right)^x=\lim_{x\to\infty}\left[1+\left(-\frac{2}{x}\right)\right]^x=\lim_{x\to\infty}\left(1+\frac{1}{-\dfrac{x}{2}}\right)^{(-\frac{x}{2})\times(-2)}=\mathrm{e}^{-2}.$$

例 17　求$\lim\limits_{x\to\infty}\left(\dfrac{3-x}{2-x}\right)^x$.

解　(方法一)　令$\dfrac{3-x}{2-x}=1+u$，则 $x=2-\dfrac{1}{u}$；$x\to\infty$时，$u\to0$.于是

$$\lim_{x\to\infty}\left(\frac{3-x}{2-x}\right)^x=\lim_{u\to0}(1+u)^{2-\frac{1}{u}}=\lim_{u\to0}[(1+u)^{-\frac{1}{u}}(1+u)^2]$$

$$=[\lim_{u\to0}(1+u)^{\frac{1}{u}}]^{-1}\cdot[\lim_{u\to0}(1+u)^2]=\mathrm{e}^{-1}.$$

(方法二) $\lim\limits_{x\to\infty}\left(\dfrac{3-x}{2-x}\right)^{x}=\lim\limits_{x\to\infty}\left(\dfrac{2-x+1}{2-x}\right)^{x}=\lim\limits_{x\to\infty}\left(1+\dfrac{1}{2-x}\right)^{x}=\lim\limits_{x\to\infty}\left(1+\dfrac{1}{2-x}\right)^{-(2-x)+2}$

$$=\lim_{x\to\infty}\left(1+\frac{1}{2-x}\right)^{(2-x)\times(-1)}\cdot\lim_{x\to\infty}\left(1+\frac{1}{2-x}\right)^{2}=\mathrm{e}^{-1}\times1=\mathrm{e}^{-1}.$$

例 18 求$\lim\limits_{x\to0}(1+\tan x)^{\cot x}$.

解 设 $t=\tan x$,则当 $x\to0$ 时,$t\to0$,所以

$$\lim_{x\to0}(1+\tan x)^{\cot x}=\lim_{t\to0}(1+t)^{\frac{1}{t}}=\mathrm{e}.$$

练习 2

1. 判断下列各式是否正确:

(1) 两个重要极限是指$\lim\limits_{x\to\infty}\dfrac{\sin x}{x}=1$,$\lim\limits_{x\to0}\left(1+\dfrac{1}{x}\right)^{x}=\mathrm{e}$;

(2) $\lim\limits_{x\to1}\dfrac{\sin(x-1)}{x^{2}-1}=1$;

(3) $\lim\limits_{x\to\infty}\left(1-\dfrac{1}{x}\right)^{x}=\mathrm{e}$.

2. 求下列各极限:

(1) $\lim\limits_{x\to0}\dfrac{\sin2x}{x}$;　　(2) $\lim\limits_{x\to1}\dfrac{\sin(x^{2}-1)}{x-1}$;

(3) $\lim\limits_{x\to\infty}\left(1-\dfrac{k}{x}\right)^{x}$;　　(4) $\lim\limits_{x\to0}(1+3x)^{\frac{2}{x}}$.

【问题探究】 我们现在来运用前面所掌握的知识完成本节开始提出的问题.由第一个重要极限的知识可将极限作如下变换:

$$\lim_{x\to0}\frac{\sin2x}{\sin3x}(5-2x)=\lim_{x\to0}\frac{\frac{\sin2x}{2x}\cdot2x}{\frac{\sin3x}{3x}\cdot3x}(5-2x)=\frac{2}{3}\lim_{x\to0}\frac{\frac{\sin2x}{2x}}{\frac{\sin3x}{3x}}(5-2x)$$

$$=\frac{2}{3}\lim_{x\to0}\frac{\frac{\sin2x}{2x}}{\frac{\sin3x}{3x}}\cdot\lim_{x\to0}(5-2x)=\frac{2}{3}\times\frac{1}{1}\times5=\frac{10}{3}.$$

习题 4-3

1. 下列说法是否正确?

(1) 设$\lim\limits_{x\to x_0}[f(x)+g(x)]$,$\lim\limits_{x\to x_0}f(x)$都存在,则极限$\lim\limits_{x\to x_0}g(x)$一定存在.

(2) 设$\lim\limits_{x\to x_0}[f(x)+g(x)]$存在,则$\lim\limits_{x\to x_0}f(x)$,$\lim\limits_{x\to x_0}g(x)$都一定存在.

(3) 设$\lim\limits_{x\to x_0}[f(x)g(x)]$,$\lim\limits_{x\to x_0}f(x)$都存在,则$\lim\limits_{x\to x_0}g(x)$一定存在.

(4) 设$\lim\limits_{x\to x_0}[f(x)g(x)]$,$\lim\limits_{x\to x_0}f(x)$都存在,且$\lim\limits_{x\to x_0}f(x)\neq0$,则$\lim\limits_{x\to x_0}g(x)$一定存在.

2. 求下列各极限：

(1) $\lim\limits_{x\to 2}(x^2+3x-4)$；

(2) $\lim\limits_{x\to 1}\dfrac{x^2-1}{x^2-3x+2}$；

(3) $\lim\limits_{x\to 0}\dfrac{x+5}{x^2-3}$；

(4) $\lim\limits_{x\to 0}\dfrac{\sqrt{1+x^2}-1}{x}$；

(5) $\lim\limits_{x\to 0}\dfrac{1-\sqrt{x+1}}{2x}$；

(6) $\lim\limits_{h\to 0}\dfrac{(x+h)^2-x^2}{h}$；

(7) $\lim\limits_{n\to\infty}\dfrac{n^2-5n+4}{2n^2+n+1}$；

(8) $\lim\limits_{x\to\infty}\dfrac{2x^3-x^2+9}{3x^3+1}$；

(9) $\lim\limits_{x\to\infty}\dfrac{x^2+1}{x^4+1}$；

(10) $\lim\limits_{n\to\infty}\left(1+\dfrac{1}{2}+\dfrac{1}{2^2}+\cdots+\dfrac{1}{2^n}\right)$；

(11) $\lim\limits_{x\to\infty}\dfrac{(2x+1)^3(x-3)^2}{x^5+4}$；

(12) $\lim\limits_{x\to\infty}\left(\dfrac{2x^3}{x^2-2}-\dfrac{2x^2}{x+1}\right)$.

3. 已知 $\lim\limits_{x\to -1}\dfrac{x^2-2x+k}{x+1}$ 存在，试确定 k 的值，并求这个极限.

4. 指出下列计算中的错误，并给出正确做法：

(1) $\lim\limits_{x\to\infty}\dfrac{1}{x}\sin x=\lim\limits_{x\to\infty}\dfrac{\sin x}{x}=1$；

(2) $\lim\limits_{x\to 0}\dfrac{\sin x}{x}=\dfrac{\lim\limits_{x\to 0}\sin x}{\lim\limits_{x\to 0}x}=\dfrac{0}{0}=1$.

5. 求下列各极限：

(1) $\lim\limits_{x\to 0}\dfrac{\sin 3x}{x}$；

(2) $\lim\limits_{x\to 0^-}\dfrac{x}{\sqrt{1-\cos x}}$；

(3) $\lim\limits_{x\to\infty}x\cdot\sin\dfrac{2}{x}$；

(4) $\lim\limits_{x\to\pi}\dfrac{\sin x}{\pi-x}$；

(5) $\lim\limits_{x\to 0}\dfrac{\sqrt{2}-\sqrt{1+\cos x}}{\sin^2 x}$；

(6) $\lim\limits_{x\to 1}\dfrac{\sin(x^3-1)}{x^2-1}$；

(7) $\lim\limits_{x\to 0^+}(1-x)^{\frac{1}{x}}$；

(8) $\lim\limits_{x\to\infty}\left(1+\dfrac{2}{x}\right)^x$；

(9) $\lim\limits_{x\to\infty}\left(1+\dfrac{5}{x}\right)^{-x}$；

(10) $\lim\limits_{x\to 0}(1+\sin x)^{\csc 2x}$；

(11) $\lim\limits_{x\to\frac{\pi}{2}}(\sin x)^{\frac{1}{\cos 2x}}$；

(12) $\lim\limits_{x\to\infty}\left(\dfrac{2-2x}{3-2x}\right)^x$；

(13) $\lim\limits_{x\to\infty}\left(1-\dfrac{1}{m^2}\right)^m$.

§ 4－4　函数的连续性

【问题引入】　客观世界中有许多连续变化的现象，如河水的流动、气温的升降、火车的行驶、压力的变化等，它们都是随着时间的连续变化而变化的.自然界中各种物态的连续变化反映到数学上就是函数的连续性.

一、函数连续的概念

1. 函数的增量

设 x_0 是一个定点，当自变量从初值 x_0 变化到终值 x 时，我们称自变量终值与初值的差 $x-x_0$ 为自变量的改变量或增量，通常用符号 Δx（注意：Δx 是不可分割的整体记号）表示，即

$$\Delta x = x - x_0,$$

也就有

$$x = x_0 + \Delta x,$$

即 $x_0+\Delta x$ 也表示自变量的终值.

设函数 $y=f(x)$ 在点 x_0 及其近旁有定义，当自变量从 x_0 变化到 $x_0+\Delta x$ 时，即 x 在 x_0 有增量 Δx 时，函数 $y=f(x)$ 的值相应地从 $f(x_0)$ 变到 $f(x_0+\Delta x)$，也产生了一个改变量，那么将

$$\Delta y = f(x_0+\Delta x) - f(x_0)$$

称为在点 x_0 处函数 $y=f(x)$ 的增量或函数的改变量.

2. 函数在一点的连续性

我们发现，当自变量 x 在点 x_0 处的改变量 Δx 很小时，函数的改变量 $\Delta y = f(x_0+\Delta x)-f(x_0)$ 也很小，如图 4-18 所示；或者说当 $\Delta x \to 0$ 时，一定有 $\Delta y \to 0$.类似地，我们考察如图 4-19 所示的函数 $y=\varphi(x)$，它在 x_0 处断开了，这是因为在点 x_0，函数值发生了跳跃式的变化；或者说当 $\Delta x \to 0$ 时，没有使 $\Delta y \to 0$.由此给出函数在点 x_0 处连续的定义如下.

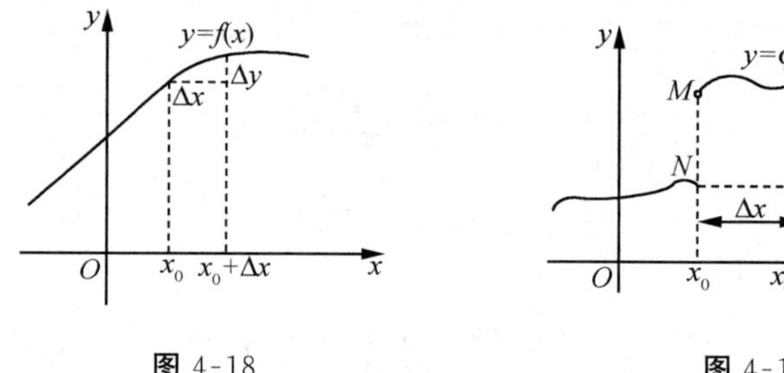

图 4-18　　图 4-19

定义 1　设函数 $y=f(x)$ 在点 x_0 及其近旁有定义，如果当自变量 x 在 x_0 处的增量 Δx 趋于零时，相应的函数增量 $\Delta y = f(x_0+\Delta x)-f(x_0)$ 也趋于零，即

$$\lim_{\Delta x \to 0} \Delta y = 0$$

或

$$\lim_{\Delta x \to 0} [f(x_0+\Delta x) - f(x_0)] = 0,$$

那么称函数 $y=f(x)$ 在点 x_0 处连续，x_0 称为函数 $f(x)$ 的连续点.

例 1　证明 $y=f(x)=2x^2+1$ 在 $x=1$ 处连续.

证明　因为函数的定义域为 $(-\infty,+\infty)$，所以函数在 $x=1$ 及其近旁有定义.当自变量 x 在 $x=1$ 处有增量 Δx 时，有

$$\Delta y = f(1+\Delta x) - f(1) = 2(1+\Delta x)^2 + 1 - (2\times 1^2+1) = 4\Delta x + 2(\Delta x)^2,$$

从而

$$\lim_{\Delta x \to 0} \Delta y = \lim_{\Delta x \to 0} [4\Delta x + 2(\Delta x)^2] = 0.$$

因此由定义 1 知 $y=f(x)=2x^2+1$ 在 $x=1$ 处连续.

由于 $x=x_0+\Delta x$，因此 $\Delta x\to 0$ 就是 $x\to x_0$；$\Delta y\to 0$ 就是 $f(x)\to f(x_0)$；$\lim\limits_{\Delta x\to 0}\Delta y=0$ 就是 $\lim\limits_{x\to x_0}f(x)=f(x_0)$.

因此，函数 $y=f(x)$ 在点 x_0 处连续的定义也可叙述如下：

定义 2　如果函数 $y=f(x)$ 在点 x_0 及其近旁有定义，$\lim\limits_{x\to x_0}f(x)$ 存在并且 $\lim\limits_{x\to x_0}f(x)=f(x_0)$，那么称函数 $y=f(x)$ 在点 x_0 处连续，x_0 称为函数 $f(x)$ 的连续点.

注意　从定义 2 可以看出，函数 $f(x)$ 在 $x=x_0$ 处连续必须同时满足以下三个条件：

(1) 函数 $f(x)$ 在 x_0 点及其近旁有定义；

(2) 极限 $\lim\limits_{x\to x_0}f(x)$ 存在；

(3) 极限值等于函数值，即 $\lim\limits_{x\to x_0}f(x)=f(x_0)$.

例 2　研究函数 $f(x)=x^2+1$ 在 $x=2$ 处的连续性.

解　因为函数 $f(x)=x^2+1$ 在 $x=2$ 及其近旁有定义，且 $\lim\limits_{x\to 2}f(x)=\lim\limits_{x\to 2}(x^2+1)=5$，而 $f(2)=5$，所以 $\lim\limits_{x\to 2}f(x)=f(2)$.

因此，函数 $f(x)=x^2+1$ 在 $x=2$ 处连续.

定义 3　如果函数 $y=f(x)$ 在 x_0 处及其左近旁有定义，且 $\lim\limits_{x\to x_0^-}f(x)=f(x_0)$，则称函数 $y=f(x)$ 在 x_0 处**左连续**.

如果函数 $y=f(x)$ 在 x_0 处及其右近旁有定义，且 $\lim\limits_{x\to x_0^+}f(x)=f(x_0)$，则称函数 $y=f(x)$ 在 x_0 处**右连续**.

由定义 2 和定义 3 可得：

$$\lim_{x\to x_0}f(x)=f(x_0)\Leftrightarrow \lim_{x\to x_0^-}f(x)=f(x_0)，且 \lim_{x\to x_0^+}f(x)=f(x_0).$$

即函数 $y=f(x)$ 在点 x_0 处连续的充要条件是：在点 x_0 既是左连续，又是右连续，即

$$\lim_{x\to x_0^+}f(x)=\lim_{x\to x_0^-}f(x)=f(x_0).$$

这个结论常用来判断分段函数在分段点的连续性

例 3　讨论函数 $f(x)=\begin{cases}1+\cos x, & x<\dfrac{\pi}{2},\\ \sin x, & x\geqslant\dfrac{\pi}{2}\end{cases}$ 在 $x=\dfrac{\pi}{2}$ 处的连续性.

解　由于 $f(x)$ 在 $x=\dfrac{\pi}{2}$ 处的左、右表达式不同，所以先讨论函数 $f(x)$ 在 $x=\dfrac{\pi}{2}$ 处的左、右连续性.

由于

$$\lim_{x\to\frac{\pi}{2}^-}f(x)=\lim_{x\to\frac{\pi}{2}^-}(1+\cos x)=1+\cos\frac{\pi}{2}=1=f\left(\frac{\pi}{2}\right),$$

$$\lim_{x\to\frac{\pi}{2}^+}f(x)=\lim_{x\to\frac{\pi}{2}^+}\sin x=\sin\frac{\pi}{2}=1=f\left(\frac{\pi}{2}\right),$$

所以 $f(x)$ 在 $x=\dfrac{\pi}{2}$ 处左连续和右连续，因此 $f(x)$ 在 $x=\dfrac{\pi}{2}$ 处连续.

例 4　适当选取 a 的值，使函数 $f(x)=\begin{cases}(1+x)^{\frac{2}{x}}, & x<0,\\ x+a, & x\geqslant 0\end{cases}$ 在 $x=0$ 处连续.

解 因为 $f(x)$ 的定义域为 $(-\infty,+\infty)$，所以 $f(x)$ 在 $x=0$ 处及其近旁有定义.

因为
$$\lim_{x\to 0^-} f(x)=\lim_{x\to 0^-}(1+x)^{\frac{2}{x}}=e^2,$$
$$\lim_{x\to 0^+} f(x)=\lim_{x\to 0^+}(x+a)=a,$$
所以要使 $f(x)$ 在 $x=0$ 处连续，必须满足 $\lim\limits_{x\to 0^-} f(x)=\lim\limits_{x\to 0^+} f(x)=f(0)$，即 $a=e^2$.因此当 $a=e^2$ 时，$f(x)$ 在 $x=0$ 处连续.

3. 函数在区间上的连续性

定义 4 如果函数 $y=f(x)$ 在开区间 (a,b) 内每一点都是连续的，则称函数 $y=f(x)$ 在开区间 (a,b) 内连续，或者说 $y=f(x)$ 是开区间 (a,b) 内的连续函数.

如果函数 $y=f(x)$ 在开区间 (a,b) 内连续，且在区间的两个端点 $x=a$ 与 $x=b$ 处分别是右连续和左连续，即 $\lim\limits_{x\to a^+} f(x)=f(a)$，$\lim\limits_{x\to b^-} f(x)=f(b)$.则称函数 $y=f(x)$ 在闭区间 $[a,b]$ 上连续，或者说 $f(x)$ 是闭区间 $[a,b]$ 上的连续函数.

函数 $f(x)$ 在它定义域内的每一点都连续，则称 $f(x)$ 为连续函数.从几何直观上看，区间上的连续函数的图象是一条不间断的曲线.

因为基本初等函数的图象在其定义域内是连续不间断的曲线，所以有以下结论：

定理 1 基本初等函数在其定义域内都是连续的.

练习 1

1. 利用定义 1 证明函数 $y=x^3-1$ 在点 $x=1$ 处连续.

2. 已知 $f(x)=\begin{cases} x^2\sin\dfrac{1}{x}, & x\neq 0, \\ 0, & x=0. \end{cases}$ 利用定义 2 证明函数 $f(x)$ 在 $x=0$ 处连续.

二、连续函数的运算

1. 连续函数的和、差、积、商的连续性

定理 2 如果函数 $f(x)$，$g(x)$ 在某一点 $x=x_0$ 处连续，那么它们的和、差、积、商（分母在 x_0 处不等于零）仍然是连续函数，即

(1) $\lim\limits_{x\to x_0}[f(x)\pm g(x)]=f(x_0)\pm g(x_0)$；

(2) $\lim\limits_{x\to x_0}[f(x)\cdot g(x)]=f(x_0)g(x_0)$；

(3) $\lim\limits_{x\to x_0}\dfrac{f(x)}{g(x)}=\dfrac{f(x_0)}{g(x_0)}\ (g(x_0)\neq 0)$.

证明 因为 $f(x)$，$g(x)$ 在点 $x=x_0$ 处连续，所以
$$\lim_{x\to x_0} f(x)=f(x_0),\ \lim_{x\to x_0} g(x)=g(x_0).$$
由极限的运算法则，得出
$$\lim_{x\to x_0}[f(x)\pm g(x)]=\lim_{x\to x_0} f(x)\pm\lim_{x\to x_0} g(x)=f(x_0)\pm g(x_0).$$
因此，函数 $f(x)\pm g(x)$ 在在点 $x=x_0$ 处连续.

同样可证明(2)和(3).其中(1)和(2)可以推广到有限个函数的情形.

2. 复合函数的连续性

定理 3　设函数 $u=\varphi(x)$ 在点 x_0 处连续，$y=f(u)$ 在 u_0 处连续，$u_0=\varphi(x_0)$，则复合函数 $y=f[\varphi(x)]$ 在点 x_0 处连续，即 $\lim\limits_{x\to x_0}f[\varphi(x)]=f[\varphi(x_0)]$.

复合函数的连续性定理，在极限计算中有着重要的用途.在计算 $\lim\limits_{x\to x_0}f[\varphi(x)]$ 时，只要满足定理 3 的条件，可通过变换 $u=\varphi(x)$ 转化为求 $\lim\limits_{u\to u_0}f(u)$，从而简化计算.

顺便指出，定理 3 中的 $x\to x_0$ 换成 $x\to\infty$ 等情形，结论也成立.

由定理 3 可得：

推论 1　若 $\lim\varphi(x)=u_0$，函数 $y=f(u)$ 在 u_0 连续，则

$$\lim f[\varphi(x)]=f[\lim\varphi(x)].$$

即极限符号"lim"与连续的函数符号"f"可交换次序.

例 5　证明：$\lim\limits_{x\to 0}\dfrac{\ln(1+x)}{x}=1$.

证明　由对数函数 $\ln u$ 的连续性知

$$\lim_{x\to 0}\frac{\ln(1+x)}{x}=\lim_{x\to 0}\ln(1+x)^{\frac{1}{x}}=\ln[\lim_{x\to 0}(1+x)^{\frac{1}{x}}]=1.$$

例 6　证明：$\lim\limits_{x\to 0}\dfrac{e^x-1}{x}=1$.

证明　令 $e^x-1=t$，则 $x=\ln(1+t)$，且 $x\to 0$ 时，$t\to 0$，于是

$$\lim_{x\to 0}\frac{e^x-1}{x}=\lim_{t\to 0}\frac{t}{\ln(1+t)}=\frac{1}{\lim\limits_{t\to 0}\dfrac{1}{t}\ln(1+t)}=1.\text{（由例 5）}$$

3. 初等函数的连续性

可以证明，五种基本初等函数以及常数函数在其定义区间内是连续的.

因为连续函数的和、差、积、商（商要除去分母为零的点）及复合仍为连续函数，所以我们可以得到这样一个重要结论：初等函数在其定义区间内是连续的.

这个结论不仅给我们提供了判断一个函数是不是连续函数的根据，而且为我们提供了计算初等函数极限问题的一种方法.这种方法是：如果函数 $f(x)$ 是初等函数，而且点 x_0 是函数定义区间内的一点，那么求 $x\to x_0$ 时函数 $f(x)$ 的极限，只要求出 $f(x)$ 在点 x_0 处的函数值 $f(x_0)$ 就可以了.

例 7　求 $\lim\limits_{x\to 1}\sin\left(\pi x-\dfrac{\pi}{2}\right)$.

解　因为 1 是初等函数 $\sin\left(\pi x-\dfrac{\pi}{2}\right)$ 定义区间内的点，所以

$$\lim_{x\to 1}\sin\left(\pi x-\frac{\pi}{2}\right)=\sin\left(\pi\cdot 1-\frac{\pi}{2}\right)=\sin\frac{\pi}{2}=1.$$

例 8　$\lim\limits_{x\to a}\sqrt{1+\arctan^2\dfrac{x}{a}}\ (a\neq 0)$.

解　因为 a 是初等函数 $\sqrt{1+\arctan^2\dfrac{x}{a}}$ 定义区间内的点，所以

$$\lim_{x\to a}\sqrt{1+\arctan^2\frac{x}{a}}=\sqrt{1+\arctan^2\frac{a}{a}}=\sqrt{1+\arctan^2 1}=\sqrt{1+\left(\frac{\pi}{4}\right)^2}=\frac{1}{4}\sqrt{16+\pi^2}.$$

三、函数的间断点

1. 间断点的概念

如果函数 $y=f(x)$ 在点 x_0 处不连续，则称 $f(x)$ 在 x_0 处间断，并称 x_0 为 $f(x)$ 的间断点.

由 $f(x)$ 在 x_0 处连续的定义可知，$f(x)$ 在 x_0 处连续必须同时满足三个条件：

(1) 函数 $f(x)$ 在 x_0 处有定义；

(2) 极限 $\lim\limits_{x\to x_0}f(x)$ 存在；

(3) $\lim\limits_{x\to x_0}f(x)=f(x_0)$.

如果这三个条件中有一个不满足，$f(x)$ 在 x_0 处就不连续.因此，$f(x)$ 在 x_0 处间断，无非有以下三种可能：

(1) 函数 $f(x)$ 在 x_0 处没有定义；

(2) $f(x)$ 在 x_0 处有定义，但极限 $\lim\limits_{x\to x_0}f(x)$ 不存在；

(3) $f(x)$ 在 x_0 处有定义，极限 $\lim\limits_{x\to x_0}f(x)$ 存在，但 $\lim\limits_{x\to x_0}f(x)\neq f(x_0)$.

例如，$f(x)=\dfrac{1}{x}$ 在 $x=0$ 处无定义，所以 $x=0$ 是 $f(x)=\dfrac{1}{x}$ 的间断点；函数 $f(x)=\begin{cases}x^2, & x\geqslant 0,\\ x+1, & x<0\end{cases}$ 在 $x=0$ 处有定义 $f(0)=0$，但 $\lim\limits_{x\to 0^+}f(x)=0$，$\lim\limits_{x\to 0^-}f(x)=1$，故 $\lim\limits_{x\to 0}f(x)$ 不存在，所以 $x=0$ 是 $f(x)$ 的间断点；而函数 $f(x)=\begin{cases}\dfrac{x^2-1}{x-1}, & x\neq 1,\\ 1, & x=1\end{cases}$ 在 $x=1$ 处有定义 $f(1)=1$，$\lim\limits_{x\to 1}f(x)=2$，极限存在，但不等于 $f(1)$，所以 $x=1$ 是 $f(x)$ 的间断点.

2. 间断点的分类

为方便起见，将间断点分为以下两种类型：

设 x_0 是 $f(x)$ 的间断点，若 $f(x)$ 在 x_0 处的左右极限都存在，则称 x_0 为 $f(x)$ 的**第一类间断点**；凡不是第一类的间断点都称为**第二类间断点**.

在第一类间断点中，如果左右极限存在但不相等，这种间断点又称为**跳跃间断点**；如果左右极限存在且相等(即极限存在)，但函数在该点没有定义，或者虽然函数在该点有定义，但函数值不等于极限值，这种间断点又称为**可去间断点**.在第二类间断点中，如果左右极限至少有一个为无穷大，这种间断点又称为**无穷间断点**.

例如，函数 $y=\dfrac{1}{x}$ 在 $x=0$ 处间断.因为 $\lim\limits_{x\to 0^+}\dfrac{1}{x}=+\infty$，$\lim\limits_{x\to 0^-}\dfrac{1}{x}=-\infty$，所以 $x=0$ 是 $y=\dfrac{1}{x}$ 的第二类的无穷型间断点(如图 4-20 所示).

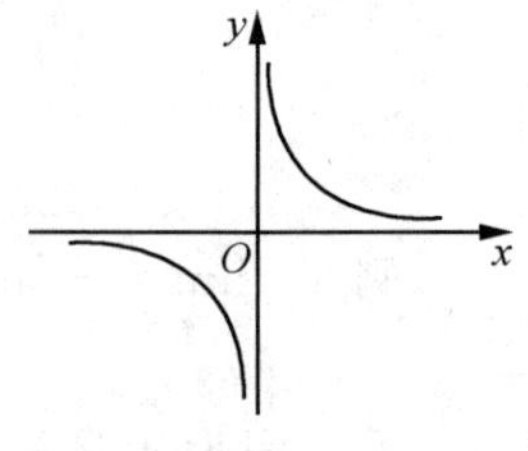

图 4-20

例 9　讨论函数 $f(x)=\begin{cases}x-4, & -2\leqslant x<0,\\ -x+1, & 0\leqslant x\leqslant 2\end{cases}$ 在 $x=1$ 与 $x=0$ 处的连续性.

讨论函数在指定点的连续性，是要说明该点是连续点还是间断点.如有必要，可进一步指出间断点的类型.

解　因为 $\lim\limits_{x\to 1}f(x)=\lim\limits_{x\to 1}(-x+1)=0$，而 $f(1)=0$，故 $\lim\limits_{x\to 1}f(x)=f(1)$，因此 $x=1$ 是 $f(x)$ 的连续点.

在 $x=0$ 处，由于 $f(x)$ 在 $x=0$ 的左右是用不同的式子来表达对应规则的，要讨论 $\lim\limits_{x\to 0}f(x)$，就要讨论左右极限.而

$$\lim_{x\to 0^+}f(x)=\lim_{x\to 0^+}(-x+1)=1,\ \lim_{x\to 0^-}f(x)=\lim_{x\to 0^-}(x-4)=-4.$$

因为左右极限不相等，所以 $\lim\limits_{x\to 0}f(x)$ 不存在，因此 $x=0$ 是 $f(x)$ 的间断点，它是第一类的跳跃间断点.

例 10　讨论函数 $f(x)=\dfrac{x^2-1}{x(x-1)}$ 的连续性，若有间断点，指出其类型.

解　$f(x)$ 是初等函数，在其定义区间内连续，因此我们只要找出 $f(x)$ 没有定义的那些点.显然，$f(x)$ 在 $x=0,1$ 处没有定义，故 $f(x)$ 在区间 $(-\infty,0)$，$(0,1)$，$(1,+\infty)$ 内连续，在 $x=0$，$x=1$ 处间断.

在 $x=0$ 处，因为 $\lim\limits_{x\to 0}f(x)=\lim\limits_{x\to 0}\dfrac{x^2-1}{x(x-1)}=\infty$，所以 $x=0$ 是 $f(x)$ 的第二类间断点.

在 $x=1$ 处，因为 $\lim\limits_{x\to 1}f(x)=\lim\limits_{x\to 1}\dfrac{x^2-1}{x(x-1)}=\lim\limits_{x\to 1}\dfrac{x+1}{x}=2$，所以 $x=1$ 是 $f(x)$ 的第一类间断点.

由以上讨论可知，研究函数 $f(x)$ 的连续性时，若 $f(x)$ 是初等函数，则由“初等函数在其定义区间内连续”的基本结论，只要找出 $f(x)$ 没有定义的点，这些点就是 $f(x)$ 的间断点.若 $f(x)$ 是分段表示的非初等函数，则在分段点处，往往从左、右极限入手，讨论极限、函数值等，按连续的定义去判断；在非分段点，则一般利用该点所在的那一段区间上函数的表达式，像初等函数那样进行讨论.

四、闭区间上连续函数的性质

定理 4（最大值最小值定理）　如果函数 $f(x)$ 在闭区间 $[a,b]$ 上连续，那么函数 $f(x)$ 在 $[a,b]$ 上一定有最大值与最小值.

如图 4-21 所示，从图上可看出，在 $[a,b]$ 上至少有一点 ξ $(a\leqslant\xi\leqslant b)$ 使得 $f(\xi)=m$ 为最小值，即 $m=f(\xi)\leqslant f(x)$ $(a\leqslant x\leqslant b)$，又至少有一点 $\eta(a\leqslant\eta\leqslant b)$ 使 $f(\eta)=M$ 为最大值，即 $M=f(\eta)\geqslant f(x)(a\leqslant x\leqslant b)$.

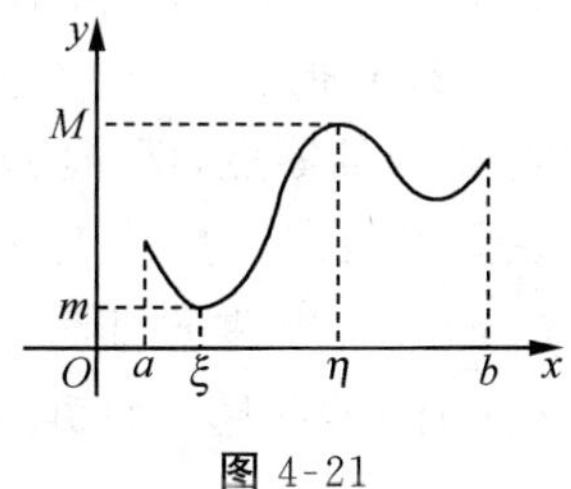

图 4-21

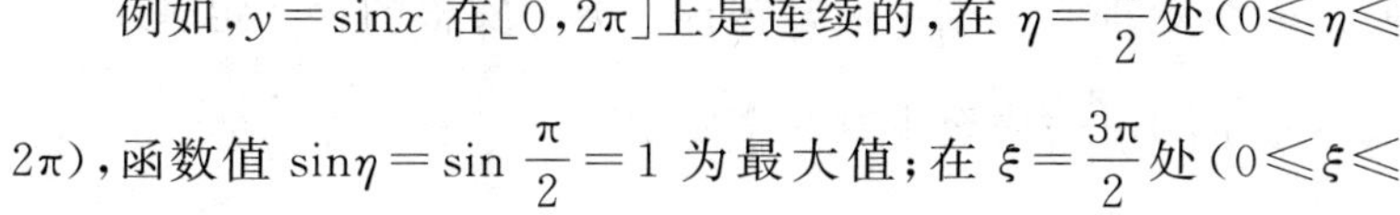

例如，$y=\sin x$ 在 $[0,2\pi]$ 上是连续的，在 $\eta=\dfrac{\pi}{2}$ 处 $(0\leqslant\eta\leqslant 2\pi)$，函数值 $\sin\eta=\sin\dfrac{\pi}{2}=1$ 为最大值；在 $\xi=\dfrac{3\pi}{2}$ 处 $(0\leqslant\xi\leqslant$

$2\pi)$，函数值 $\sin\xi=\sin\frac{3\pi}{2}=-1$ 为最小值.

应该注意的是：如果函数在开区间 (a,b) 内连续，或函数在闭区间上有间断点，那么函数在该区间上就不一定有最大值或最小值.

例如，函数 $y=x$ 在开区间 (a,b) 内是连续的，而这函数在开区间 (a,b) 内既无最大值，又无最小值（如图 4-22 所示）.

又如，函数 $f(x)=\begin{cases}-x+1, & 0\leqslant x<1,\\ 1, & x=1,\\ -x+3, & 1<x\leqslant 2\end{cases}$ 在闭区间 $[0,2]$ 上有间断点 $x=1$，这时函数在闭区间 $[0,2]$ 上既无最大值，又无最小值（如图 4-23 所示）.

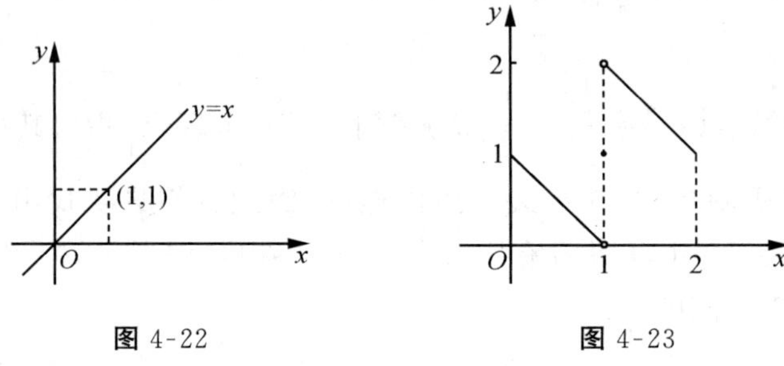

图 4-22　　图 4-23

定理 5（介值定理）　如果函数 $y=f(x)$ 在闭区间 $[a,b]$ 上连续，且在两端点取不同的函数值 $f(a)=A$ 和 $f(b)=B$，C 是 A 与 B 之间的任意一个数，那么在开区间 (a,b) 内至少有一点 ξ，使得

$$f(\xi)=C\,(a<\xi<b).$$

这个定理的几何意义是：在 $[a,b]$ 上的连续曲线 $y=f(x)$ 与直线 $y=C$（C 在 A 与 B 之间）至少有一个交点，交点坐标为 $(\xi,f(\xi))$，其中 $f(\xi)=C$（如图 4-24 所示）.

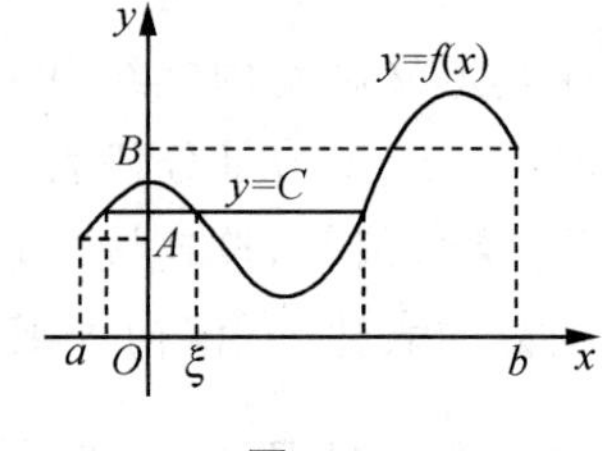

图 4-24

推论 2（方程实根的存在定理）　若 $f(x)$ 在闭区间 $[a,b]$ 上连续，且 $f(a)$ 与 $f(b)$ 异号，则在 (a,b) 内至少存在一点 ξ，使得 $f(\xi)=0$.

这个推论的几何意义是：在 $[a,b]$ 上连续的曲线 $y=f(x)$ 的两端点分别落在 x 轴的上、下两侧时，曲线与 x 轴至少有一个交点（如图 4-25 所示）.

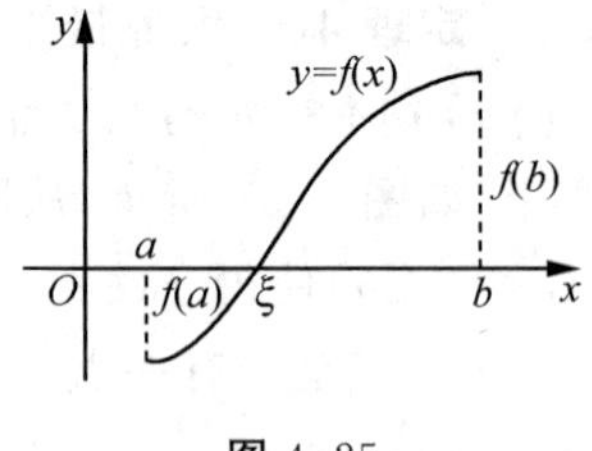

图 4-25

我们把使 $f(x)=0$ 的点称为函数的零点.如果 $x=\xi$ 是函数 $f(x)$ 的零点，即 $f(\xi)=0$，那么 $x=\xi$ 就是方程 $f(x)=0$ 的一个实根；反之，方程 $f(x)=0$ 的一个实根 $x=\xi$ 就是函数 $f(x)$ 的一个零点.因此，求方程 $f(x)=0$ 的实根与求函数 $f(x)$ 的零点是一回事.正因为如此，定理 5 的推论通常被称为方程实根的存在定理.

例 11　证明：方程 $x=\cos x$ 在 $\left(0,\frac{\pi}{2}\right)$ 内至少有一个实根.

证明　方程 $x=\cos x$ 等价于 $x-\cos x=0$.如上所说，要证明 $x-\cos x=0$ 有实根，就

是要证明函数 $f(x)=x-\cos x$ 有零点.

令 $f(x)=x-\cos x, 0\leqslant x\leqslant\frac{\pi}{2}$，则 $f(x)$ 在 $\left[0,\frac{\pi}{2}\right]$ 上连续，且 $f(0)=-1<0$，$f\left(\frac{\pi}{2}\right)=\frac{\pi}{2}>0$. 由根的存在定理，在 $\left(0,\frac{\pi}{2}\right)$ 内至少有一点 ξ，使 $f(\xi)=\xi-\cos\xi=0$，即方程 $x=\cos x$ 在 $\left(0,\frac{\pi}{2}\right)$ 内至少有一个实根.

练习 2

1. 判断下列说法是否正确：

(1) 若 $f(x)$ 在 x_0 处连续，则 $\lim\limits_{x\to x_0}f(x)$ 存在；

(2) 若 $\lim\limits_{x\to x_0}f(x)=A$，则 $f(x)$ 在 x_0 处连续；

(3) 初等函数在其定义域内连续；

(4) 设 $y=f(x)$ 在 $[a,b)$ 上连续，则 $y=f(x)$ 在 $[a,b)$ 上可取到最大值和最小值.

2. 求下列函数的间断点：

(1) $f(x)=\dfrac{1}{(x-2)^2}$；　　(2) $f(x)=\begin{cases}\dfrac{x^2-1}{x-1}, & x\neq 1,\\ 0, & x=1.\end{cases}$

3. 求下列函数的极限：

(1) $\lim\limits_{x\to\frac{\pi}{6}}\ln(2\cos 2x)$；　　(2) $\lim\limits_{x\to\infty}e^{\frac{1}{x}}$；

(3) $\lim\limits_{x\to 0}\ln\dfrac{\sin x}{x}$；　　(4) $\lim\limits_{x\to 4}\dfrac{2\quad\sqrt{x}}{3-\sqrt{2x+1}}$.

习题 4-4

1. 利用定义 1 证明函数 $y=x^2-x+1$ 在点 $x=1$ 处连续.

2. 利用定义 2 证明函数 $y=x^2-x+1$ 在点 $x=1$ 处连续.

3. 利用定义 2 证明函数 $f(x)=\begin{cases}x+1, & x\leqslant 0,\\ e^x, & x>0\end{cases}$ 在点 $x=0$ 处连续.

4. 讨论函数 $f(x)=\begin{cases}x^2-1, & x<0,\\ x, & 0\leqslant x<1,\\ 2-x, & 1\leqslant x\leqslant 2\end{cases}$ 在 $x=0, x=1$ 处的连续性.

5. 讨论函数 $f(x)=\begin{cases}x^2, & x\geqslant 0,\\ \sin x, & x<0\end{cases}$ 在 $x=0$ 处的连续性.

6. 求下列极限：

(1) $\lim\limits_{x\to 0}\sqrt{x^2-2x+3}$；　　(2) $\lim\limits_{x\to\frac{\pi}{4}}(\cos 2x)^3$；

(3) $\lim\limits_{x\to\frac{\pi}{2}}\dfrac{\sin x}{x}$；　　(4) $\lim\limits_{t\to -1}\dfrac{e^{-2t}-1}{t}$；

(5) $\lim\limits_{x\to 0}\dfrac{\sqrt{x+1}-1}{x}$；　　(6) $\lim\limits_{x\to+\infty}(\sqrt{x^2+2x}-x)$；

(7) $\lim\limits_{x\to 1}\dfrac{\sqrt{5x-4}-\sqrt{x}}{x}$；　　(8) $\lim\limits_{x\to\infty}\cos\left[\ln\left(1+\dfrac{2x-1}{x^2}\right)\right]$.

7. 求下列函数的间断点，并指出间断点的类型：

(1) $f(x)=\begin{cases}x^2, & 0\leqslant x\leqslant 1,\\ 2-x, & 1<x\leqslant 2;\end{cases}$　　(2) $f(x)=\begin{cases}x, & |x|\leqslant 1,\\ 1, & |x|>1;\end{cases}$

(3) $f(x)=\dfrac{1-2^{-\frac{1}{x^2}}}{1+2^{-\frac{1}{x^2}}}$；　　(4) $f(x)=\dfrac{1-\cos x}{\sin x}$.

8. 设函数 $f(x)=\begin{cases}e^x, & x<0,\\ x+a, & x\geqslant 0.\end{cases}$ 问：常数 a 为何值时，函数在 $(-\infty,+\infty)$ 内连续？

9. 确定常数 A 的值，使函数 $f(x)=\begin{cases}2Ax-1, & x<1,\\ A+\ln x, & x\geqslant 1\end{cases}$ 为连续函数.

10. 证明方程 $x^4-4x+2=0$ 在区间 $(1,2)$ 内至少有一个根.

11. 证明方程 $x=2\sin x+1$ 至少有一个正根小于 3.

本章内容小结

1. 极限的概念

(1) $\lim\limits_{n\to\infty}a_n=A$ 表示当数列 $\{a_n\}$ 的项数 n 无限增大时，通项 a_n 变化的总趋势——无限接近于一个确定的常数 A.

(2) $\lim\limits_{x\to\infty}f(x)=A$ 表示当自变量的绝对值无限增大时，函数值 $f(x)$ 变化的总趋势——无限接近于一个确定的常数 A.

$$\lim_{x\to\infty}f(x)=A\Leftrightarrow\lim_{x\to-\infty}f(x)=\lim_{x\to+\infty}f(x)=A.$$

(3) $\lim\limits_{x\to x_0}f(x)=A$ 表示自变量 x 无限接近于 x_0 时，函数值 $f(x)$ 变化的总趋势——无限接近于一个确定的常数 A.

$$\lim_{x\to x_0}f(x)=A\Leftrightarrow\lim_{x\to x_0^-}f(x)=\lim_{x\to x_0^+}f(x)=A.$$

以上两个充要条件不仅给出了判断极限是否存在的一个准则，而且指明了 $x\to\infty$ 的含义为 $x\to\begin{cases}+\infty\\ -\infty\end{cases}$；$x\to x_0$ 的含义为 $x\to\begin{cases}x_0^+\\ x_0^-\end{cases}$.

2. 无穷大和无穷小

无穷大和无穷小(除常数 0 外)都不是常数，而是两类具有特定变化趋势的变量.笼统地说某个量是无穷大(或无穷小)而没有指出自变量的变化趋势都是不正确的.

以下几个结论是十分有用的：

(1) $\lim\limits_{\substack{x\to x_0\\(x\to\infty)}}f(x)=A\Leftrightarrow f(x)=A+\alpha\ (\alpha\to 0)$.

(2) 在同一变化过程中，若 y 是无穷大，则 $\dfrac{1}{y}$ 是无穷小；若 y 是无穷小 $(y\neq 0)$，则 $\dfrac{1}{y}$

是无穷大.

(3) 无穷小与有界函数之积仍为无穷小.

(4) 比较两个无穷小的依据是:

若 α,β 为同一变化过程中的两个无穷小,

$$\lim\frac{\alpha}{\beta}=\begin{cases}0, & \alpha\text{ 是比 }\beta\text{ 高阶的无穷小;}\\ \infty, & \alpha\text{ 是比 }\beta\text{ 低阶的无穷小;}\\ C(C\neq 0), & \alpha\text{ 与 }\beta\text{ 是同阶无穷小.}\end{cases}$$

特别地,$C=1$ 时,α 与 β 是等价无穷小.

3. 求极限的基本方法

求极限是本章重点之一,也是微积分中的三大基本运算之一.在求极限的过程中,应当注意使用这些方法的条件,以防出错.本章介绍的求极限的主要方法有:

(1) 利用初等函数的连续性求极限.

若 $f(x)$ 在点 x_0 处连续,则 $\lim\limits_{x\to x_0}f(x)=f(x_0)$.

若 $f(u)$ 在 $u=u_0$ 处连续,$\lim\limits_{x\to x_0}u(x)=u_0$,则 $\lim\limits_{x\to x_0}f[u(x)]=f[\lim\limits_{x\to x_0}u(x)]=f(u_0)$.

(2) 利用极限的四则运算法则求极限.

(3) 对于分式的极限,若分母的极限为零,而分子的极限不为零,利用无穷小与无穷人的关系,可知所求分式的极限为∞.

(4) 对于分式的极限,若分子与分母的极限都为零,可考虑进行恒等变型,然后消去分子与分母中公因子,化为以上 2 或 3 的形式.

(5) 对于 $\lim\limits_{x\to\infty}\dfrac{P(x)}{Q(x)}$,其中 $P(x)$,$Q(x)$ 为 x 的多项式,可以利用如下结论:

$$\lim_{x\to\infty}\frac{P(x)}{Q(x)}=\lim_{x\to\infty}\frac{a_0x^n+a_1x^{n-1}+\cdots+a_n}{b_0x^m+b_1x^{m-1}+\cdots+b_m}=\begin{cases}\dfrac{a_0}{b_0}, m=n,\\ 0,\ m>n,\\ \infty, m<n.\end{cases}$$

(6) 利用两个重要极限求极限.

(7) 利用无穷小的性质.

“无穷小与有界函数的积仍为无穷小”,“无穷大的倒数为无穷小”等.

4. 函数的连续性

连续函数是高等数学的主要研究对象.在弄清函数在一点连续与在该点有极限的区别的基础上,了解初等函数在其定义区间内连续的基本结论,掌握初等函数与简单非初等函数讨论连续性与间断点的方法.会用根的存在定理讨论某些方程根的存在问题.

复习题四

一、填空题.

1. 函数 $f(x)=\sqrt{\lg\dfrac{5x-x^2}{4}}$ 的定义域是________________.

2. 设 $f(x)=\begin{cases}x+1, & x>0,\\ \pi, & x=0,\\ 0, & x<0,\end{cases}$ 则 $f\{f[f(-1)]\}=$__________.

3. $\lim\limits_{x\to 0}(e^{2x}+x^2-1)=$__________.

4. $\lim\limits_{x\to\infty}\dfrac{(2x-3)^{30}}{(3x+5)^{20}(2x-1)^{10}}=$__________.

5. 设 $\lim\limits_{n\to\infty}\left(1+\dfrac{2}{n}\right)^{kn}=e^{-3}$，则 $k=$__________.

6. $\lim\limits_{x\to 1}\dfrac{x}{1-x}=$__________.

7. 函数 $y=\ln\sin^2 x$ 的复合过程为__________.

8. 设 $f(x)=\begin{cases}x^2+2x-3, & x\leqslant 1,\\ x, & 1<x<2,\\ 2x-2, & x\geqslant 2,\end{cases}$ 则 $\lim\limits_{x\to 0}f(x)=$__________，

$\lim\limits_{x\to 1}f(x)=$__________，$\lim\limits_{x\to 2}f(x)=$__________，$\lim\limits_{x\to 4}f(x)=$__________.

9. $\lim\limits_{x\to 0}x\sin\dfrac{1}{x}=$__________，$\lim\limits_{x\to\infty}x\sin\dfrac{1}{x}=$__________，$\lim\limits_{x\to 0}\dfrac{\sin x}{x}=$__________，

$\lim\limits_{x\to\infty}\dfrac{\sin x}{x}=$__________.

10. 当 $x\to 0$ 时，函数 $x\sin\dfrac{1}{x}$，$\dfrac{1}{x^2}$，e^x，e^{-x} 中，__________是无穷小，__________是无穷大.

11. 当 $x\to$__________时，$f(x)=\dfrac{1}{(x-1)^2}$ 是无穷大.

12. 函数 $y=\dfrac{x}{\sin x}$ 的间断点为__________.

二、选择题.

1. 设函数 $f(x)$ 的定义域是 $[0,1]$，则 $f(\ln x)$ 的定义域是 （　　）

A. $[0,1]$　　B. $[1,e]$　　C. $[e,2e]$　　D. $[0,e]$

2. 函数 $y=\dfrac{1}{\sqrt{x^2-x-6}}+\ln(3x-8)$ 的定义域为 （　　）

A. $(-\infty,-2)\cup\left(\dfrac{8}{3},+\infty\right)$　　B. $(3,+\infty)$

C. $(-2,+\infty)$　　D. $(-\infty,-2)$

3. 下列函数为奇函数的是 （　　）

A. $y=x\cos x$　　B. $y=x\tan x$　　C. $y=1+\sin x$　　D. $y=x^5+1$

4. 函数 $y=[\arccos(3x+1)]^2$ 的复合过程是 （　　）

A. $y=u^2, u=\arccos(3x+1)$　　B. $y=\arccos^2 u, u=3x+1$

C. $y=u^2, u=\arccos v, v=3x+1$　　D. $y=u^2, u=\operatorname{arc}v, v=\cos(3x+1)$

5. 下列极限正确的是　(　　)

A. $\lim\limits_{x\to\infty}\frac{\sin x}{x}=1$　B. $\lim\limits_{x\to 0}\frac{\sin x}{2x}=1$　C. $\lim\limits_{x\to\infty}x\cdot\sin\frac{1}{x}=1$　D. $\lim\limits_{x\to 0}\frac{\sin\frac{1}{x}}{\frac{1}{x}}=1$

6. 在给定的变化过程中，是无穷小的是　(　　)

A. $\frac{\sin x}{x}(x\to 0)$　B. $\frac{\cos x}{x}(x\to\infty)$　C. $\frac{x}{\sin x}(x\to 0)$　D. $\frac{x}{\cos x}(x\to\infty)$

7. 当 $x\to 0$ 时，e^x-1 是 x 的　(　　)

A. 高阶无穷小　B. 低阶无穷小　C. 同阶无穷小　D. 等价无穷小

8. 函数 $f(x)$ 在 x_0 处连续是 $\lim\limits_{x\to x_0}f(x)$ 存在的　(　　)

A. 必要条件　B. 充分条件　C. 充要条件　D. 无关条件

9. 若 $\lim\limits_{x\to x_0^-}f(x)=\lim\limits_{x\to x_0^+}f(x)=A$，则下列说法中正确的是　(　　)

A. $f(x_0)=A$　B. $\lim\limits_{x\to x_0}f(x)=A$

C. $f(x)$ 在 x_0 处有定义　D. $f(x)$ 在 x_0 处连续.

10. 设 $f(x)=\frac{|x-1|}{x-1}$，则 $\lim\limits_{x\to 1}f(x)$ 的值是　(　　)

A. 1　B. -1　C. 不存在　D. 0

11. 函数 $f(x)=\frac{x-2}{x^3-x^2-2x}$ 的间断点是　(　　)

A. $x=0,x=-1$　B. $x=0,x=2$

C. $x=0,x=-1,x=2$　D. $x=-1,x=2$

12. $\lim\limits_{x\to 0}\frac{e^{-x^2}-1}{\sin^2 x}$ 的值是　(　　)

A. 0　B. 1　C. ∞　D. -1

13. $\lim\limits_{x\to -1}(x+2)^{\frac{1}{x+1}}$ 的值是　(　　)

A. 1　B. e　C. $\frac{1}{e}$　D. ∞

三、求下列极限：

1. $\lim\limits_{x\to 2}\frac{x^3-8}{x^2-4}$.　2. $\lim\limits_{x\to 0}\frac{\sqrt[3]{1+x}-1}{x}$.

3. $\lim\limits_{x\to\infty}\frac{x^k+1}{x^2+x+1}$（$k$ 是常数）.　4. $\lim\limits_{x\to 1}\left(\frac{3}{1-x^3}-\frac{1}{x-1}\right)$.

5. $\lim\limits_{x\to 0}x\left(\sin\frac{1}{x^2}-\frac{1}{\sin 2x}\right)$.　6. $\lim\limits_{x\to\infty}\left(\frac{3x-1}{3x+1}\right)^{2x}$.

7. $\lim\limits_{x\to 0^+}\frac{e^{-2x}-1}{\ln(1+\tan 2x)}$.　8. $\lim\limits_{x\to 0}\left(\frac{1}{\sin x}-\frac{1}{\tan x}\right)$.

9. $\lim\limits_{x\to 1}\frac{x^2+\ln(2-x)}{4\arctan x}$.　10. $\lim\limits_{x\to 4}\frac{\sqrt{2x+1}-3}{\sqrt{x-2}-\sqrt{2}}$.

11. $\lim\limits_{x\to\infty}\dfrac{3x^2-x\sin x}{x^2+\cos x+1}$.　　12. $\lim\limits_{x\to+\infty}(\sqrt{4x^2+3x+1}-\sqrt{4x^2-3x-2})$.

13. $\lim\limits_{x\to 0}\dfrac{\tan x-\sin x}{x^2\ln(1-x)}$.　　14. $\lim\limits_{x\to 0}\left(\dfrac{1}{x\sin x}-\dfrac{1}{x\tan x}\right)$.

15. $\lim\limits_{x\to\infty}\left(\dfrac{x+3}{x-2}\right)^x$.　　16. $\lim\limits_{x\to\infty}(x-1)\sin\dfrac{1}{x-1}$.

四、设 $f(x)=\begin{cases}x+4, & x\leqslant 0,\\ \mathrm{e}^x+x+3, & 0<x\leqslant 2,\\ (1+x)^2, & x>2,\end{cases}$ 求$\lim\limits_{x\to 0}f(x)$和$\lim\limits_{x\to 2}f(x)$.

五、讨论 $f(x)=\begin{cases}2+x, & 0<x<2,\\ 4, & \text{其他}\end{cases}$ 的连续性.

六、设 $f(x)=\begin{cases}3x+2, & x\leqslant -1,\\ \dfrac{\ln(x+2)}{x+1}+a, & -1<x<0,\\ -2+x+b, & x\geqslant 0\end{cases}$ 在$(-\infty,+\infty)$内连续，求 a,b 的值.

七、证明方程 $x^3+3x-1=0$ 至少有一个小于1的正根.

八、如图所示，已知水渠的横断面为等腰梯形，倾斜角 $\varphi=40°$，$ABCD$ 称为过水断面(即垂直于水流的断面)，$L=AB+BC+CD$ 称为水渠的湿周.当过水断面的面积为定值 S_0 时，求湿周 L 与水渠深度 h 之间的函数关系式，并指明其定义域.

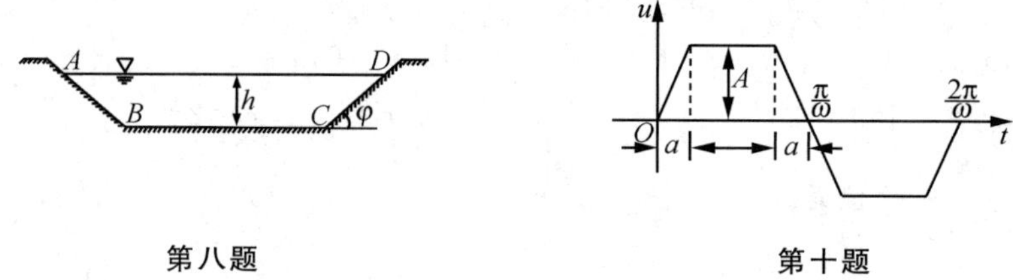

第八题　　第十题

九、一种商品进价为8元/件，卖出价为10元/件时，每天可卖出120件.今想提高售价来增加利润，已知价格每升高0.5元/件，每天少卖10件.求：(1)每天这种商品利润 y 与售价 x 之间的函数关系；(2)当售价为12元时，商家每天获得的利润.

十、梯形电压波的波形曲线如图所示，试写出在时间 $t=0$ 到 $t=\dfrac{2\pi}{\omega}$ 这一周期内电压 u 与时间 t 的函数关系.

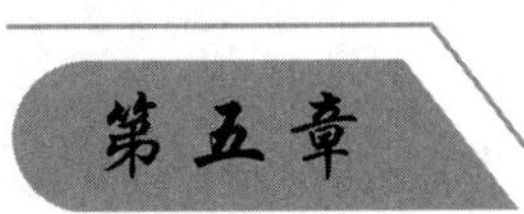

第五章　导数和微分

§5-1　导数的概念

【问题引入】 设一个质点的运动方程是 $s=t^2+2t+1$，计算：

(1) 从 $t=2$ 到 $t=2+\Delta t$ 之间的平均速度；

(2) 当 $\Delta t=0.5$ 时的平均速度；

(3) $t=2$ 时的瞬时速度.

一、两个实例

当我们观察某一个变量的变化状况时，首先总是注意这个变化是急剧地进行，还是缓慢地进行，这就提出了如何衡量变量变化的快慢问题，即如何用数量关系来描述变化的快慢问题.

有这样一类变化，当我们在不同时刻去观察时，它的快慢程度总是一致的，就是说变化是均匀的.例如，质点的匀速直线运动，它的位移与所经过的时间的比，就是质点的运动速度，即 $v=\frac{s}{t}$.这个速度在匀速直线运动过程中的任何时刻都是一样的.但是，实际问题中变量变化的快慢并不总是均匀的.试看下面的实例：

实例 1　瞬时速度

现在考察质点的自由落体运动.真空中，质点在时刻 $t=0$ 到时刻 t 这一时间段内所经过的位移 s 由公式 $s=\frac{1}{2}gt^2$ 来确定.这个运动不是匀速的，速度时刻在变化.现在来求 $t=1$秒这一时刻质点的“速度”.

当 Δt 很小时，从 1 秒到 $1+\Delta t$ 秒这段时间内，质点运动的快慢变化也不大，因此，可以用这段时间内的平均速度近似地反映质点在 1 秒时的“速度”.当 Δt 越小时，一般来讲，这种近似就越精确.现在我们列表计算如下(取 $g=9.8$ 米/秒^2)：

t_0(秒)	1					
$t_0+\Delta t$(秒)	1.1	1.01	1.001	1.0001	1.00001	$\to 1$
Δt(秒)	0.1	0.01	0.001	0.0001	0.00001	$\to 0$
Δs(米)	1.029	0.09849	0.0098049	0.000980049	0.00009800049	—
$\frac{\Delta s}{\Delta t}$(米/秒)	10.29	9.849	9.8049	9.80049	9.800049	$\to 9.8$

从上表可以看出，平均速度$\frac{\Delta s}{\Delta t}$随着 Δt 变化而变化，当 Δt 越小时，$\frac{\Delta s}{\Delta t}$越接近于一个定值 9.8 米/秒.考察下列各式：

$$\Delta s=\frac{1}{2}g(1+\Delta t)^2-\frac{1}{2}g\cdot 1^2=\frac{1}{2}g[2\Delta t+(\Delta t)^2],$$

$$\frac{\Delta s}{\Delta t}=\frac{\frac{1}{2}g[2\Delta t+(\Delta t)^2]}{\Delta t}=\frac{1}{2}g(2+\Delta t).$$

当 Δt 越来越接近于 0 时，$\frac{\Delta s}{\Delta t}$越来越接近于 1 秒时的“速度”，取极限，得

$$\lim_{\Delta t\to 0}\frac{\Delta s}{\Delta t}=\lim_{\Delta t\to 0}\frac{1}{2}g(2+\Delta t)=\frac{1}{2}g\cdot 2=9.8(\text{米/秒}).$$

这就启发我们，把$\lim\limits_{\Delta t\to 0}\frac{\Delta s}{\Delta t}$作为 1 秒时的瞬时速度.于是，我们规定这个极限值 9.8 米/秒为质点在 $t=1$ 秒时的速度，称为瞬时速度，用 v 表示.

一般地，设 $s=f(t)$是质点的运动规律，给定 t 并取改变量 Δt，则 s 相应的改变量为 $\Delta s=f(t+\Delta t)-f(t)$，在 Δt 一段时间内的平均速度为$\frac{\Delta s}{\Delta t}=\frac{f(t+\Delta t)-f(t)}{\Delta t}$，平均速度$\frac{\Delta s}{\Delta t}$在 $\Delta t\to 0$ 时的极限$\lim\limits_{\Delta t\to 0}\frac{\Delta s}{\Delta t}=\lim\limits_{\Delta t\to 0}\frac{f(t+\Delta t)-f(t)}{\Delta t}$，称为**瞬时速度**，即时刻 t 的速度.瞬时速度的大小描述了物体在某一时刻运动的快慢.

实例 2　曲线的切线

设函数 $y=f(x)$的图象为曲线 l(图 5-1).设点 A 的坐标为$(x_0,f(x_0))$，在点 A 附近，在曲线上再取一点 B，它的坐标是$(x_0+\Delta x,f(x_0+\Delta x))$，直线 AB 是曲线的割线，它的倾斜角记作 β.

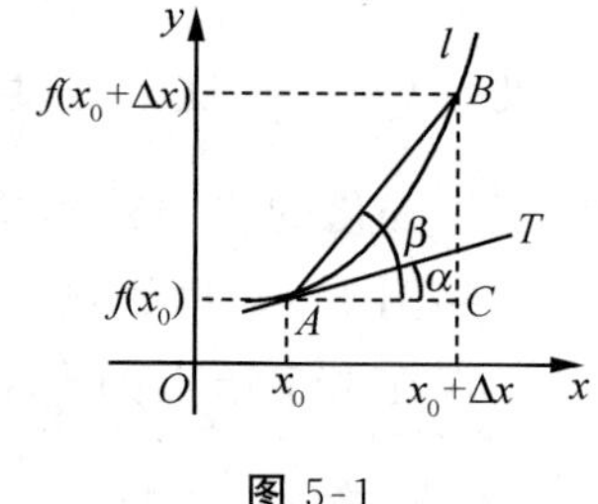

图 5-1

由图 5-1 中的 Rt△ACB 可知

$$\tan\beta=\frac{CB}{AC}=\frac{\Delta y}{\Delta x}=\frac{f(x_0+\Delta x)-f(x)}{\Delta x},$$

这便是割线 AB 的斜率.

当点 B 沿着曲线 l 趋向于点 A，即 $\Delta x\to 0$ 时，割线 AB 绕着点 A 转动，最终转化为它的极限位置——直线 AT.我们把这条直线 AT 称为曲线 l 在点 A 的**切线**，它的倾斜角记作 α.从而可以得到切线 AT 的斜率

$$\tan\alpha=\lim_{\Delta x\to 0}\frac{\Delta y}{\Delta x}=\lim_{\Delta\to 0}\frac{f(x_0+\Delta x)-f(x_0)}{\Delta x}.$$

与上述两个实例类似的问题在实践中还有许多，虽然它们的性质不同，但它们的基本分析方法却是共同的，就是：

(1) 分析量的微小变化.在小范围内近似地“以不变代变”，从而利用已学过的一些运算求得近似值$\frac{\Delta y}{\Delta x}$.

(2) 求极限.在无限的变化过程中求近似值的极限$\lim\limits_{\Delta\to 0}\dfrac{\Delta y}{\Delta x}$,从而将近似值转化为精确值.

二、导数的定义

定义　设函数 $y=f(x)$在点 x_0 处及其近旁有定义.当自变量 x 在 x_0 处有增量 Δx 时,函数 $y=f(x)$也有增量 $\Delta y=f(x_0+\Delta x)-f(x_0)$.如果极限

$$\lim_{\Delta x\to 0}\frac{\Delta y}{\Delta x}=\lim_{\Delta x\to 0}\frac{f(x_0+\Delta x)-f(x_0)}{\Delta x}$$

存在,则称此极限是函数 $y=f(x)$在点 x_0 处的导数,记作

$$y'\Big|_{x=x_0}\text{或 }f'(x_0),\frac{\mathrm{d}y}{\mathrm{d}x}\Big|_{x=x_0},\frac{\mathrm{d}f(x)}{\mathrm{d}x}\Big|_{x=x_0}.$$

即
$$y'\Big|_{x=x_0}=f'(x_0)=\lim_{\Delta x\to 0}\frac{\Delta y}{\Delta x}=\lim_{\Delta x\to 0}\frac{f(x_0+\Delta x)-f(x_0)}{\Delta x}.$$

此时也称函数 $y=f(x)$在点 x_0 处可导.如果上述极限不存在,则称函数 $y=f(x)$在点 x_0 处不可导或导数不存在.

如果函数 $y=f(x)$在区间(a,b)内每一点都可导,则对每一个 $x\in(a,b)$都有唯一确定的导数值 $f'(x)$与它对应,这样就确定一个新的函数,称它为函数 $y=f(x)$的导函数,记作 y'或 $f'(x)$,$\dfrac{\mathrm{d}y}{\mathrm{d}x}$,$\dfrac{\mathrm{d}f(x)}{\mathrm{d}x}$.即

$$f'(x)=\lim_{\Delta x\to 0}\frac{\Delta y}{\Delta x}=\lim_{\Delta x\to 0}\frac{f(x+\Delta x)-f(x)}{\Delta x}.$$

在不引起混淆时,导函数也称为导数.显然,$f'(x)$和 $f'(x_0)$既有区别又有联系:$f'(x)$是 x 的函数,$f'(x_0)$是一个函数值,在 $f'(x)$中令 $x=x_0$ 就得到 $f'(x_0)$.

根据导数的定义,求函数 $y=f(x)$的导数,可按下述三个步骤进行:

第一步　求增量:$\Delta y=f(x+\Delta x)-f(x)$;

第二步　算比值:$\dfrac{\Delta y}{\Delta x}=\dfrac{f(x+\Delta x)-f(x)}{\Delta x}$;

第三步　求极限:$f'(x)=\lim\limits_{\Delta x\to 0}\dfrac{\Delta y}{\Delta x}$.

例 1　求 $y=C$(C 为常数)的导数.

解　因为
$$\Delta y=C-C=0,$$
则
$$\frac{\Delta y}{\Delta x}=\frac{0}{\Delta x}=0,$$
从而有
$$y'=\lim_{\Delta x\to 0}\frac{\Delta y}{\Delta x}=0.$$
即
$$(C)'=0\ \text{(常数的导数恒等于零)}.$$

例 2　求 $y=f(x)=x^2$ 在点 $x=2$ 处的导数.

解　因为 $\Delta y=f(x+\Delta x)-f(x)=(x+\Delta x)^2-x^2=2x\cdot\Delta x+(\Delta x)^2$,

则
$$\frac{\Delta y}{\Delta x}=\frac{2x\cdot\Delta x+(\Delta x)^2}{\Delta x}=2x+\Delta x,$$

从而有 $$\lim_{\Delta x\to 0}\frac{\Delta y}{\Delta x}=\lim_{\Delta x\to 0}(2x+\Delta x)=2x,\text{即}(x^2)'=2x.$$

所以 $$y'\Big|_{x=2}=2x\Big|_{x=2}=4.$$

例 3 求 $y=x^n(n\in\mathbf{N}_+)$ 的导数.

解 因为 $\Delta y=(x+\Delta x)^n-x^n=nx^{n-1}\Delta x+C_n^2x^{n-2}(\Delta x)^2+\cdots+(\Delta x)^n$,

则 $$\frac{\Delta y}{\Delta x}=nx^{n-1}+C_n^2x^{n-2}\Delta x+\cdots+(\Delta x)^{n-1},$$

从而有 $$y'=\lim_{\Delta x\to 0}\frac{\Delta y}{\Delta x}=\lim_{\Delta x\to 0}[nx^{n-1}+C_n^2x^{n-2}\Delta x+\cdots+(\Delta x)^{n-1}]=nx^{n-1}.$$

即 $$(x^n)'=nx^{n-1}.$$

可以证明,一般的幂函数 $y=x^\alpha(\alpha\in\mathbf{R})$ 的导数为
$$(x^\alpha)'=\alpha x^{\alpha-1}.$$

例 4 求下列函数的导数:

(1) $y=\dfrac{1}{x}$; (2) $y=\dfrac{\sqrt[4]{x}}{\sqrt[3]{x}}$.

解 (1) 因为 $y=\dfrac{1}{x}=x^{-1}$,所以 $y'=(x^{-1})'=-\dfrac{1}{x^2}$.

(2) 因为 $y=\dfrac{\sqrt[4]{x}}{\sqrt[3]{x}}=x^{-\frac{1}{12}}$,所以 $y'=(x^{-\frac{1}{12}})'=-\dfrac{1}{12x\sqrt[12]{x}}$.

例 5 求 $y=\sin x$ 的导数.

解 因为 $$\Delta y=\sin(x+\Delta x)-\sin x=2\cos\left(x+\frac{\Delta x}{2}\right)\sin\frac{\Delta x}{2},$$

则 $$\frac{\Delta y}{\Delta x}=\frac{2\cos\left(x+\frac{\Delta x}{2}\right)\sin\frac{\Delta x}{2}}{\Delta x}=\cos\left(x+\frac{\Delta x}{2}\right)\frac{\sin\frac{\Delta x}{2}}{\frac{\Delta x}{2}},$$

从而有 $$y'=\lim_{\Delta x\to 0}\frac{\Delta y}{\Delta x}=\lim_{\Delta x\to 0}\cos\left(x+\frac{\Delta x}{2}\right)\frac{\sin\frac{\Delta x}{2}}{\frac{\Delta x}{2}}=\cos x.$$

即 $$(\sin x)'=\cos x.$$

用类似的方法可以求得 $y=\cos x$ 的导数为
$$(\cos x)'=-\sin x.$$

例 6 求 $y=\log_a x(a>0,a\neq 1)$ 的导数.

解 因为 $$\Delta y=\log_a(x+\Delta x)-\log_a x=\log_a\frac{x+\Delta x}{x},$$

则 $$\frac{\Delta y}{\Delta x}=\frac{\log_a\frac{x+\Delta x}{x}}{\Delta x}=\log_a\left(1+\frac{\Delta x}{x}\right)^{\frac{1}{\Delta x}},$$

从而有 $$y'=\lim_{\Delta x\to 0}\frac{\Delta y}{\Delta x}=\lim_{\Delta x\to 0}\log_a\left(1+\frac{\Delta x}{x}\right)^{\frac{1}{\Delta x}}=\lim_{\Delta x\to 0}\frac{1}{x}\log_a\left(1+\frac{\Delta x}{x}\right)^{\frac{x}{\Delta x}}=\frac{1}{x}\log_a e=\frac{1}{x\ln a},$$

即
$$(\log_a x)'=\frac{1}{x\ln a}.$$

当 $a=\mathrm{e}$ 时，得
$$(\ln x)'=\frac{1}{x}.$$

三、导数的几何意义

设曲线 l 是函数 $y=f(x)$ 的图象，求曲线 l 在点 $M(x_0,y_0)$ 处切线 MT 的斜率 k. 如图 5-2 所示，设自变量 x 在点 x_0 处有增量 Δx，则函数 $y=f(x)$ 的增量 $\Delta y=f(x_0+\Delta x)-f(x_0)$，在 $y=f(x)$ 的曲线上取两个点 $M(x_0,y_0)$ 和 $N(x_0+\Delta x,y_0+\Delta y)$，可以看出 $\frac{\Delta y}{\Delta x}$ 就是割线 MN 的斜率，即 $\frac{\Delta y}{\Delta x}=\tan\varphi$，其中 φ 是割线 MN 的倾斜角.当 $|\Delta x|$ 越来越小时，点 N 就沿着曲线趋近于点 M，而割线 MN 就绕着点 M 转动，并趋于 MT.所以当 $\Delta x\to 0$ 时，点 N 趋近于点 M，割线 MN 趋近于直线 MT.割线 MN 的极限位置 MT 称为曲线 $y=f(x)$ 在点 $M(x_0,y_0)$ 处的切线.于是，切线 MT 的倾斜角 α 是割线 MN 的倾斜角 α 的极限，切线 MT 的斜率 $k=\tan\alpha$ 是割线 MN 的斜率 $\tan\varphi$ 的极限.即

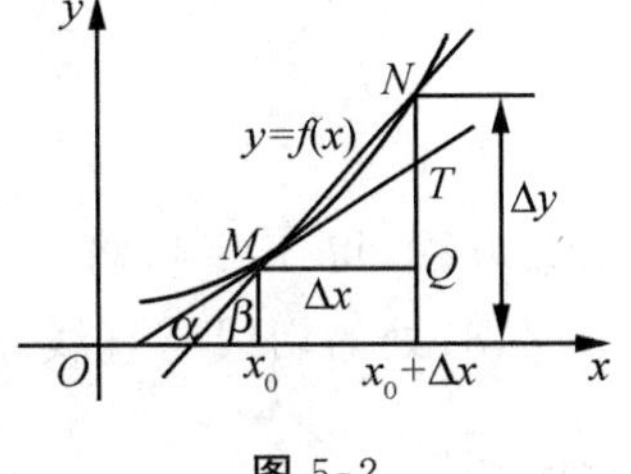

图 5-2

$$k=\tan\alpha=\lim_{\varphi\to\alpha}\tan\varphi=\lim_{\Delta x\to 0}\frac{\Delta y}{\Delta x}=\lim_{\Delta x\to 0}\frac{f(x_0+\Delta x)-f(x_0)}{\Delta x}.$$

由此可知，函数 $y=f(x)$ 在点 x_0 处的导数 $f'(x_0)$ 的**几何意义**就是曲线 $y=f(x)$ 在点 $(x_0,f(x_0))$ 处的切线的斜率.

过切点 $(x_0,f(x_0))$ 且垂直于切线的直线，称为曲线 $y=f(x)$ 在点 $(x_0,f(x_0))$ 处的**法线**.

由导数的几何意义，可分别得到曲线 $y=f(x)$ 在点 $(x_0,f(x_0))$ 处的切线方程和法线方程：

切线方程： $$y-f(x_0)=f'(x_0)(x-x_0),$$

法线方程： $$y-f(x_0)=-\frac{1}{f'(x_0)}(x-x_0)\ (f'(x_0)\neq 0).$$

例 7 求曲线 $y=\sin x$ 在点 $\left(\frac{\pi}{6},\frac{1}{2}\right)$ 处的切线和法线方程.

解 由例 5 可知，$(\sin x)'\Big|_{x=\frac{\pi}{6}}=\cos x\Big|_{x=\frac{\pi}{6}}=\cos\frac{\pi}{6}=\frac{\sqrt{3}}{2}$，

由导数的几何意义得 $$k_{切}=\frac{\sqrt{3}}{2},k_{法}=-\frac{1}{\frac{\sqrt{3}}{2}}=-\frac{2\sqrt{3}}{3}.$$

所以，曲线 $y=\sin x$ 在点 $\left(\frac{\pi}{6},\frac{1}{2}\right)$ 处的切线方程为
$$y-\frac{1}{2}=\frac{\sqrt{3}}{2}\left(x-\frac{\pi}{6}\right)，即\ \frac{\sqrt{3}}{2}x-y-\frac{\sqrt{3}}{12}\pi+\frac{1}{2}=0.$$

法线方程为 $y-\frac{1}{2}=-\frac{2\sqrt{3}}{3}\left(x-\frac{\pi}{6}\right)$，即 $\frac{2\sqrt{3}}{3}x+y-\frac{1}{2}-\frac{\sqrt{3}}{9}\pi=0$.

例 8 曲线 $y=x^{\frac{3}{2}}$ 上哪些点处的切线与直线 $y=3x-1$ 平行？

解 由导数的几何意义可知，曲线 $y=x^{\frac{3}{2}}$ 在点 $M(x,y)$ 处的切线斜率为

$$y'=(x^{\frac{3}{2}})'=\frac{3}{2}x^{\frac{1}{2}}=\frac{3}{2}\sqrt{x}.$$

而直线 $y=3x-1$ 的斜率 $k=3$.根据两直线平行的条件，有

$$\frac{3}{2}\sqrt{x}=3,$$

解此方程，得 $x=4$，将 $x=4$ 代入曲线方程 $y=x^{\frac{3}{2}}$，得 $y=8$，所以曲线 $y=x^{\frac{3}{2}}$ 在点 $M(4,8)$ 处的切线与直线 $y=3x-1$ 平行.

练习

1. 用导数的定义求函数 $y=x$ 的导数，并求 $y'\big|_{x=\sqrt{2}}$.
2. 求曲线 $y=x^3$ 在 $x=1$ 处的切线方程和法线方程.

四、可导和连续的关系

设函数 $y=f(x)$ 在点 x_0 处可导，即极限 $\lim\limits_{\Delta x\to 0}\frac{\Delta y}{\Delta x}=f'(x_0)$ 存在.由函数极限存在与无穷小的关系可知 $\frac{\Delta y}{\Delta x}=f'(x_0)+\alpha$（其中 $\lim\limits_{\Delta x\to 0}\alpha=0$），所以

$$\lim_{\Delta x\to 0}\Delta y=\lim_{\Delta x\to 0}[f'(x_0)\cdot\Delta x+\alpha\cdot\Delta x]=0,$$

可以看出，当 $\Delta x\to 0$ 时，$\Delta y\to 0$.也就是说，函数 $y=f(x)$ 在点 x_0 处是连续的.

所以，如果函数 $y=f(x)$ 在点 x_0 处可导，则函数在该点处必连续.但应注意，如果函数 $y=f(x)$ 在点 x_0 处连续，在该点处却不一定可导.

例如 $y=|x|$ 在点 $x=0$ 处连续，但在该点处不可导.这是因为在点 $x=0$ 处有

$$\frac{\Delta y}{\Delta x}=\frac{\sqrt{(0+\Delta x)^2}-\sqrt{0^2}}{\Delta x}=\frac{|\Delta x|}{\Delta x},$$

$$\lim_{\Delta x\to 0^+}\frac{\Delta y}{\Delta x}=\lim_{\Delta x\to 0^+}\frac{|\Delta x|}{\Delta x}=1,$$

$$\lim_{\Delta x\to 0^-}\frac{\Delta y}{\Delta x}=\lim_{\Delta x\to 0^-}\frac{|\Delta x|}{\Delta x}=-1,$$

因此左右极限不等，故极限 $\lim\limits_{\Delta x\to 0}\frac{\Delta y}{\Delta x}$ 不存在，即函数 $y=|x|$ 在点 $x=0$ 处不可导，这种情况表示曲线 $y=|x|$ 在原点处没有切线（图 5-3）.

又如 $y=\sqrt[3]{x}$ 在 $x=0$ 处都连续，但在 $x=0$ 处不可导.这是因为在点 $x=0$ 处有

$$\frac{\Delta y}{\Delta x}=\frac{\sqrt[3]{0+\Delta x}-\sqrt[3]{0}}{\Delta x}=\frac{1}{\sqrt[3]{(\Delta x)^2}},$$

而当 $\Delta x\to0$ 时，$\frac{\Delta y}{\Delta x}\to+\infty$，即导数为无穷大，也就是不可导.这种情况表示曲线 $y=\sqrt[3]{x}$ 在原点处具有垂直于 x 轴的切线(图 5-4).

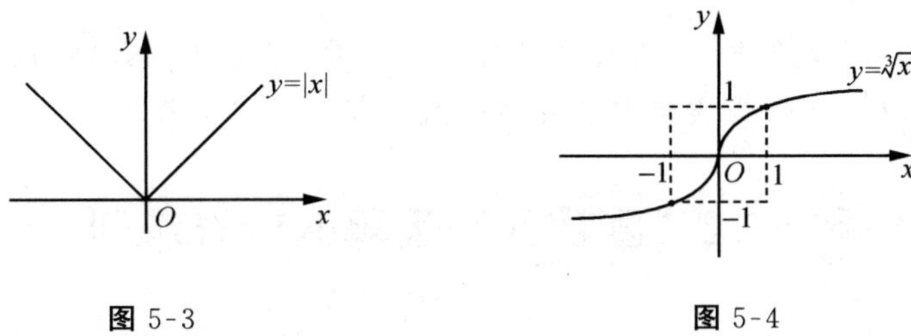

图 5-3　　图 5-4

通过以上讨论，我们得到如下结论：

定理　如果函数 $f(x)$ 在点 x_0 处可导，则函数 $f(x)$ 在 x_0 处连续.

【问题探究】　现在我们来完成本节开始提出的任务.

解　$s=s(t)=t^2+2t+1$.

(1) $\bar{v}=\frac{\Delta s}{\Delta t}=\frac{s(2+\Delta t)-s(2)}{\Delta t}=\Delta t+6$；

(2) $\bar{v}\big|_{\Delta t=0.5}=0.5+6=6.5$；

(3) $v=s'(t)=\lim\limits_{\Delta t\to0}\frac{\Delta s}{\Delta t}=\lim\limits_{\Delta t\to0}\frac{s(t+\Delta t)-s(t)}{\Delta t}$

$$=\lim_{\Delta t\to0}\frac{[(t+\Delta t)^2+2(t+\Delta t)+1]-(t^2+2t+1)}{\Delta t}$$

$$=\lim_{\Delta t\to0}(2t+\Delta t+2)=(2t+2),$$

所以 $v\big|_{t=2}=(2t+2)\big|_{t=2}=6$.

习题 5－1

1. 设一个物体的运动方程为 $s=t^3+10$，试求该物体在 $t=3$ 时的瞬时速度.

2. 根据导数的定义，求下列函数在指定点处的导数：

(1) $y=\cos x,x=\frac{\pi}{6}$；　(2) $y=\log_2 x,x=\frac{1}{2}$；　(3) $y=3^x,x=4$.

3. 求下列函数的导数：

(1) $y=\sqrt[3]{x^2}$；　(2) $y=\frac{1}{x\sqrt{x}}$；

(3) $y=x^3\sqrt[4]{x}$；　(4) $y=\frac{x\sqrt{x}}{\sqrt[5]{x^3}}$.

4. 求曲线 $y=\tan x$ 在点 $M\left(\frac{\pi}{6},1\right)$ 处的切线方程.

5. 若曲线 $y=f(x)$ 在 $x=2$ 处的切线方程为 $3x+2y-7=0$，求 $f'(2)$.

6. 求抛物线 $y=x^2$ 上平行于直线 $y=-4x+3$ 的切线方程.

7. 求过点(1,0)且与曲线 $y=\dfrac{1}{x}$ 相切的直线方程.

8. 在抛物线 $y=3x^2+1$ 上求一点,使该点的切线处于下述位置:

(1) 它与 x 轴平行; (2) 它与 x 轴相交成 $45°$ 角.

9. 讨论函数 $y=\sqrt[3]{x}$ 在点 $x=0$ 处的连续性和可导性,并举例说明当函数在某点的导数不存在时,函数所表示的曲线在该点处的切线是否也一定不存在.

§ 5-2 函数四则运算的求导法则

【问题引入】 上一节我们求出了一些基本初等函数的导数,但在实际问题中,常常会遇到求一些较复杂的函数的导数问题,如 $y=\dfrac{1+\tan x}{\tan x}+2\log_2 x+x\sqrt{x}$.本节我们将介绍一些求导数的基本法则来处理这类问题。

一、两个函数的和、差的求导法则

法则 1 两个可导函数的和(差)的导数等于这两个函数的导数的和(差).即若 u,v 都是 x 的可导函数,则有

$$(u\pm v)'=u'\pm v'.$$

注意 这个法则对于有限个可导函数也成立.例如,

$$(u\pm v\pm w)'=u'\pm v'\pm w',$$

$$(u_1\pm u_2\pm\cdots\pm u_n)'=u'_1\pm u'_2\pm\cdots\pm u'_n.$$

例 1 求函数 $y=\cos x-\dfrac{1}{\sqrt[3]{x}}+\ln e+\dfrac{1}{x}$ 的导数.

解 $y'=(\cos x)'-\left(\dfrac{1}{\sqrt[3]{x}}\right)'+(\ln e)'+\left(\dfrac{1}{x}\right)'$

$=-\sin x+\dfrac{1}{3}x^{-\frac{4}{3}}+0-\dfrac{1}{x^2}$

$=-\sin x+\dfrac{1}{3x\sqrt[3]{x}}-\dfrac{1}{x^2}.$

例 2 设 $f(x)=x^2-x+\sin\dfrac{\pi}{7}+\ln 2$,求 $f'(x),f'(1)$.

解 $f'(x)=\left(x^2-x+\sin\dfrac{\pi}{7}+\ln 2\right)'=(x^2)'-(x)'+\left(\sin\dfrac{\pi}{7}\right)'+(\ln 2)'$

$=2x-1+0+0=2x-1,$

$f'(1)=2\times1-1=1.$

二、两个函数乘积的求导法则

法则 2 两个可导函数乘积的导数等于第一个函数的导数乘以第二个函数,再加上第一个函数乘以第二个函数的导数.即若 u,v 都是 x 的可导函数,则有

$$(uv)'=u'v+uv'.$$

特别地，$$(Cu)'=Cu'\ (C\text{ 是常数}).$$

例 3　设 $y=3x^2-4\sin x+\cos\frac{\pi}{3}$，求 y'.

解　$y'=\left(3x^2-4\sin x+\cos\frac{\pi}{3}\right)'=(3x^2)'-(4\sin x)'+\left(\cos\frac{\pi}{3}\right)'$

$=3(x^2)'-4(\sin x)'+0=6x-4\cos x.$

例 4　求函数 $(x^2-2\ln x)\sin x$ 的导数.

解　$y'=(x^2-2\ln x)'\sin x+(x^2-2\ln x)(\sin x)'$

$=\left(2x-\frac{2}{x}\right)\sin x+(x^2-2\ln x)\cos x.$

例 5　设函数 $f(x)=(1+x^3)\left(5-\frac{1}{x^2}\right)$，求 $f'(1)$，$f'(-1)$.

解　$f'(x)=(1+x^3)'\left(5-\frac{1}{x^2}\right)+(1+x^3)\left(5-\frac{1}{x^2}\right)'=3x^2\left(5-\frac{1}{x^2}\right)+(1+x^3)\cdot\frac{2}{x^3}$

$=15x^2-3+\frac{2}{x^3}+2=15x^2-1+\frac{2}{x^3}$，

所以　$f'(1)=15-1+2=16$，$f'(-1)=15-1-2=12$.

练习

1. 求下列函数的导数：

(1) $y=3x^2+5x-3^x$；　(2) $y=(1-x^2)\ln x$.

2. 求下列函数在指定点处的导数值：

(1) $y=3x^2+e^x$，$x=1$；　(2) $y=\sin x\cos x$，$x=\frac{\pi}{6}$，$x=\frac{\pi}{4}$.

三、两个函数的商的求导法则

法则 3　两个可导函数之商的导数等于分子的导数乘以分母减去分子乘以分母的导数，再除以分母的平方.即若 u，v 都是 x 的可导函数，则有

$$\left(\frac{u}{v}\right)'=\frac{u'v-uv'}{v^2}\ (v\neq 0).$$

特别地，$$\left(\frac{C}{v}\right)'=-\frac{Cv'}{v^2}\ (C\text{ 是常数}).$$

例 6　设 $y=\tan x$，求 y'.

解　$y'=(\tan x)'=\left(\frac{\sin x}{\cos x}\right)'=\frac{(\sin x)'\cos x-\sin x(\cos x)'}{\cos^2 x}$

$=\frac{\cos^2 x+\sin^2 x}{\cos^2 x}=\frac{1}{\cos^2 x}=\sec^2 x$，

即 $$(\tan x)'=\sec^2 x.$$

类似可得 $$(\cot x)'=-\csc^2 x.$$

例 7　设 $y=\sec x$，求 y'.

解 $y'=(\sec x)'=\left(\dfrac{1}{\cos x}\right)'=\dfrac{0-1\cdot(\cos x)'}{\cos^2 x}=\dfrac{\sin x}{\cos^2 x}=\tan x\sec x$,

即
$$(\sec x)'=\tan x\sec x.$$

类似可得
$$(\csc x)'=-\cot x\csc x.$$

例 8 设 $f(x)=x+x^2+x^3\sec x$,求 $f'(x)$.

解 $f'(x)=1+2x+(x^3)'\sec x+x^3(\sec x)'=1+2x+3x^2\sec x+x^3\tan x\sec x$.

例 9 设 $g(x)=\dfrac{(x-1)^2}{x^2}$,求 $g'(x)$.

解 由于
$$g(x)=x^2-2+x^{-2},$$
所以
$$g'(x)=2x-2x^{-3}=\frac{2}{x^3}(x^4-1).$$

例 10 设 $f(x)=\dfrac{\arctan x}{1+\sin x}$,求 $f'(x)$.

解
$$f'(x)=\frac{(\arctan x)'(1+\sin x)-\arctan x(1+\sin x)'}{(1+\sin x)^2}$$
$$=\frac{(1+\sin x)-(1+x^2)\arctan x\cos x}{(1+x^2)(1+\sin x)^2}.$$

练习

求下列函数的导数:

(1) $y=\dfrac{x}{x+1}$; (2) $y=\dfrac{2-3x}{2+x}$; (3) $y=\dfrac{1}{x^2+1}$.

【问题探究】 已知 $y=\dfrac{1+\tan x}{\tan x}-2\log_2 x+x\sqrt{x}$,求 y'.

解 由于
$$y=1+\cot x-2\log_2 x+x^{\frac{3}{2}},$$
所以
$$y'=-\csc^2 x-\frac{2}{x\ln 2}+\frac{3}{2}\sqrt{x}.$$

习题 5-2

1. 求下列各函数的导数:

(1) $y=\ln x+3\cos x-5x$; (2) $y=4\sin x-\ln x-7\cot x$;

(3) $y=3x^2+5x-3^x$; (4) $y=(1-x^2)\arctan x$;

(5) $y=x^2(1+\sqrt[3]{x})$; (6) $y=x\tan x-2\sec x$;

(7) $y=\dfrac{\sin x}{x}$; (8) $y=\dfrac{1+\cos x}{1-\sin x}$;

(9) $y=\dfrac{e^x-1}{x^3}$; (10) $y=x\arctan x\csc x$.

2. 求下列函数在指定点处的导数值:

(1) $f(x)=x-2x^2, x=0, x=\dfrac{1}{4}$; (2) $y=x^5+3\sin x, x=0, x=\dfrac{\pi}{2}$;

(3) $f(x)=2x^2+3\operatorname{arccot}x, x=0, x=1$.

3. 求 $y=\sin x\cos x$ 在 $x=\frac{\pi}{6}$ 和 $x=\frac{\pi}{4}$ 处的导数.

§ 5-3　复合函数和隐函数的导数

【问题引入】 在前面的章节里,我们简单介绍了复合函数的有关概念以及复合过程,那么类似于$y=\ln(x+\sqrt{x^2+1})$这样的一些比较复杂的复合函数,如何求出他的导数呢? 这一节我们就来探讨此类问题.

一、复合函数的求导法

设 $y=f[\varphi(x)]$是由 $y=f(u)$及 $u=\varphi(x)$复合而成的函数.函数 $u=\varphi(x)$在点 x 处可导,$y=f(u)$在对应点 $u=\varphi(x)$也可导.下面我们求复合函数 $y=f[\varphi(x)]$的导数$\frac{dy}{dx}$.当自变量 x 有增量 Δx 时,u 相应地有增量 Δu,从而 y 相应地有增量 Δy,即

$$\Delta u=\varphi(x+\Delta x)-\varphi(x), \Delta y=f(u+\Delta u)-f(u).$$

当 $\Delta u\neq 0$ 时,有

$$\frac{\Delta y}{\Delta x}=\frac{\Delta y}{\Delta u}\cdot\frac{\Delta u}{\Delta x}.$$

因为 $u=\varphi(x)$在点 x 处可导,从而在 x 处必连续,所以当 $\Delta x\to 0$ 时,$\Delta u\to 0$.因此

$$\lim_{\Delta x\to 0}\frac{\Delta y}{\Delta x}=\lim_{\Delta x\to 0}\frac{\Delta y}{\Delta u}\cdot\lim_{\Delta x\to 0}\frac{\Delta u}{\Delta x}=\lim_{\Delta u\to 0}\frac{\Delta y}{\Delta u}\cdot\lim_{\Delta x\to 0}\frac{\Delta u}{\Delta x}.$$

于是得

$$\frac{dy}{dx}=\frac{dy}{du}\cdot\frac{du}{dx}.$$

当 $\Delta u=0$ 时,上述公式也成立(证明从略).

复合函数的求导法则　设函数 $u=\varphi(x)$在 x 处有导数 $u'_x=\varphi'(x)$,函数 $y=f(u)$在点 x 的对应点 u 处也有导数 $y'_u=f'(u)$,则复合函数 $y=f[\varphi(x)]$在点 x 处有导数,且

$$y'_x=y'_u\cdot u'_x \text{ 或 } \frac{dy}{dx}=\frac{dy}{du}\cdot\frac{du}{dx}.$$

这个法则可以推广到两个以上的中间变量的情形:

如果

$$y=y(u), u=u(v), v=v(x),$$

那么有

$$y'_x=y'_u\cdot u'_v\cdot v'_x.$$

在对复合函数求导时,关键在于选取适当的中间变量,通常是把要计算的函数与基本初等函数相比较,从而分解成基本初等函数或简单函数,化繁为简,逐层求导.

例 1　求 $y=\sin 2x$ 的导数.

解　令 $y=\sin u, u=2x$.则

$$y'_x=y'_u\cdot u'_x=\cos u\cdot 2=2\cos 2x.$$

例 2　求 $y=(3x+5)^2$ 的导数.

解　令 $y=u^2, u=3x+5$.则

$$y'_x=y'_u\cdot u'_x=2u\cdot 3=6(3x+5).$$

例 3 求 $y=\ln(\sin x)^2$ 的导数.

解 令 $y=\ln u, u=v^2, v=\sin x$.则

$$y'_x=y'_u\cdot u'_v\cdot v'_x=\frac{1}{u}\cdot 2v\cdot\cos x=\frac{1}{(\sin x)^2}\cdot 2\sin x\cdot\cos x=2\cot x.$$

上述例题的解题过程比较详细,熟练之后就不必写出中间变量,只要分析清楚函数的复合关系,心里记着而不必写出分解过程,中间变量 u 代表什么就直接写什么,具体做法是逐步、反复地利用法则.以例 2 来说,只是默想着用 u 去代替 $3x+5$ 而不必把它写出来,运用复合函数的求导法则,得

$$y'=2(3x+5)\cdot(3x+5)'=2(3x+5)\cdot 3=6(3x+5).$$

这里,y'_x 可简单地写成 y',右下角的 x 不必再写出,因为 y 本来就是 x 的函数,又没有明确写出中间变量,所以不写 x 也不会引起混淆.

例 4 求 $y=\sqrt{a^2-x^2}$ 的导数.

解 把(a^2-x^2)看作中间变量,得

$$\begin{aligned}y'&=[(a^2-x^2)^{\frac{1}{2}}]'=\frac{1}{2}(a^2-x^2)^{\frac{1}{2}-1}\cdot(a^2-x^2)'\\&=\frac{1}{2\sqrt{a^2-x^2}}\cdot(-2x)=-\frac{x}{\sqrt{a^2-x^2}}.\end{aligned}$$

例 5 求 $y=\ln(1+x^2)$的导数.

解 $y'=[\ln(1+x^2)]'=\dfrac{1}{1+x^2}\cdot(1+x^2)'=\dfrac{2x}{1+x^2}.$

例 6 求 $y=\sin^2\left(2x+\dfrac{\pi}{3}\right)$的导数.

解
$$\begin{aligned}y'&=\left[\sin^2\left(2x+\frac{\pi}{3}\right)\right]'=2\sin\left(2x+\frac{\pi}{3}\right)\left[\sin\left(2x+\frac{\pi}{3}\right)\right]'\\&=2\sin\left(2x+\frac{\pi}{3}\right)\cos\left(2x+\frac{\pi}{3}\right)\left(2x+\frac{\pi}{3}\right)'\\&=2\sin\left(2x+\frac{\pi}{3}\right)\cos\left(2x+\frac{\pi}{3}\right)\cdot 2=2\sin\left(4x+\frac{2\pi}{3}\right).\end{aligned}$$

本例中,我们设了两次中间变量.遇到这种多层复合的情形,只要按照前面的方法一步一步地做下去,每一步设一个中间变量,拆一层复合,直到求出对自变量的导数.

例 7 求 $y=\cos\sqrt{x^2+1}$ 的导数.

解
$$\begin{aligned}y'&=-\sin\sqrt{x^2+1}\cdot(\sqrt{x^2+1})'=-\sin\sqrt{x^2+1}\cdot\frac{1}{2}(x^2+1)^{\frac{1}{2}-1}\cdot(x^2+1)'\\&=-\frac{\sin\sqrt{x^2+1}}{2\sqrt{x^2+1}}\cdot 2x=-\frac{x\sin\sqrt{x^2+1}}{\sqrt{x^2+1}}.\end{aligned}$$

例 8 设 $f(x)=\sin nx\cos^n x$,求 $f'(x)$.

解　$f'(x)=(\sin nx)'\cos^n x+\sin nx(\cos^n x)'$

$=\cos nx\cdot(nx)'\cos^n x+\sin nx\cdot n\cos^{n-1}x\cdot(\cos x)'$

$=n\cos^{n-1}x(\cos nx\cos x-\sin nx\sin x)=n\cos^{n-1}x\cos(n+1)x.$

练　习

求下列函数的导数：

(1) $y=(x^2-1)^3$；　　(2) $y=\sqrt{ax^2+bx+c}$；

(3) $y=\sin\left(2x+\frac{\pi}{3}\right)$；　　(4) $y=x\sin^2 x$；

(5) $y=\ln\sqrt{\frac{x^2+1}{x^2-1}}$.

【问题探究】　求 $y=\ln(x+\sqrt{x^2+1})$ 的导数.

解　$y'=\frac{1}{x+\sqrt{x^2+1}}\cdot(x+\sqrt{x^2+1})'=\frac{1}{x+\sqrt{x^2+1}}\cdot[1+(\sqrt{x^2+1})']$

$=\frac{1}{x+\sqrt{x^2+1}}\cdot\left[1+\frac{1}{2\sqrt{x^2+1}}\cdot(x^2+1)'\right]$

$=\frac{1}{x+\sqrt{x^2+1}}\cdot\left[1+\frac{x}{\sqrt{x^2+1}}\right]=\frac{1}{\sqrt{x^2+1}}.$

二、隐函数求导法

如果变量 x,y 之间的对应规律是把 y 直接表示成 x 的函数 $y=f(x)$ 的形式，这种函数关系称为 x 的**显函数**，如 $y=x^2+1$，$y=2x-3$ 等.

但有时 x,y 之间的对应规律隐含在一个给定方程 $F(x,y)=0$ 中，如 $x^2+y^2=a^2$，在 $y\geqslant 0$ 范围内，隐含函数 $y=\sqrt{a^2-x^2}$ $(|x|\leqslant a)$；而在 $y\leqslant 0$ 范围内，隐含另一个函数 $y=-\sqrt{a^2-x^2}$ $(|x|\leqslant a)$.这样的函数称为由方程 $F(x,y)=0$ 所确定的**隐函数**.

注意　隐函数未必可从方程解出，成为显函数形式，如 $xy^5+x^4y+\sin y=0$ 等.

如果隐函数 $F(x,y)=0$ 可导，如何求出它的导数呢？可以先化成显函数再求导，但是，一般的隐函数要化成显函数，不是很麻烦就是不可能，因此有必要研究隐函数的一般求导方法.

下面我们通过例题来探讨其求导方法.

例 9　求由方程 $x^2+y^2=4$ 所确定的函数的导数.

解　在等式的两边同时对 x 求导.x^2 是 x 的函数，y^2 是 y 的函数，而 y 又看成是 x 的函数，所以，y^2 是 x 的复合函数.于是，有

$$2x+2yy'=0,y'=-\frac{x}{y}.$$

上述过程的实质是：视 $F(x,y)=0$ 为恒等式，把 y 看成是 x 的函数，利用复合函数求导法则让等式两边各项对 x 求导，最后解出 y' 即是所求的隐函数的导数.求出的隐函数的导数通常是一个含有 x,y 的表达式.

例 10 已知 $\sin y=x^2y$，求 $y'\big|_{\substack{x=0\\y=0}}$.

解 在方程的两边对自变量 x 求导时，对只含 x 的项可按通常的方法求导，对含有 y 或关于 y 函数的项求导时，应注意 y 是 x 的函数，y 的函数应看成 x 的复合函数.

两边关于 x 求导，得

$$\cos y\cdot y'=2xy+x^2y'.$$

解出 y'，得

$$y'=\frac{2xy}{\cos y-x^2}.$$

所以

$$y'\Big|_{\substack{x=0\\y=0}}=\frac{2\cdot 0\cdot 0}{\cos 0-0^2}=0.$$

例 11 求证：过椭圆 $\frac{x^2}{a^2}+\frac{y^2}{b^2}=1$ 上一点 $M(x_0,y_0)$ 的切线方程为 $\frac{x_0x}{a^2}+\frac{y_0y}{b^2}=1$.

证明 先求出椭圆上点 $M(x_0,y_0)$ 的切线斜率.

方程两边对 x 求导数，得

$$\frac{2x}{a^2}+\frac{2y}{b^2}\cdot y'=0,$$

即

$$y'=-\frac{b^2x}{a^2y}.$$

则过 $M(x_0,y_0)$ 的切线斜率为

$$k=y'\Big|_{\substack{x=x0\\y=y0}}=-\frac{b^2x_0}{a^2y_0}.$$

由点斜式可得过点 M 的切线方程为

$$y-y_0=-\frac{b^2x_0}{a^2y_0}(x-x_0),$$

即

$$\frac{x_0x}{a^2}+\frac{y_0y}{b^2}=1.$$

下面利用隐函数的求导方法来验证指数函数、反三角函数的导数公式.

例 12 $y=a^x(a>0,a\neq1)$，证明：$y'=a^x\ln a$.

证明 $y=a^x$ 的反函数为 $\quad x=\log_a y.$

两边对 x 求导，得

$$1=\frac{1}{y\ln a}\cdot y',$$

所以

$$y'=y\ln a=a^x\ln a.$$

即

$$(a^x)'=a^x\ln a.$$

当 $a=\mathrm{e}$ 时，$(\mathrm{e}^x)'=\mathrm{e}^x$.

例 13 $y=\arcsin x(|x|<1)$，证明：$y'=\frac{1}{\sqrt{1-x^2}}$.

证明 $y=\arcsin x(|x|<1)$ 的反函数为

$$\sin y=x,y\in\left(-\frac{\pi}{2},\frac{\pi}{2}\right).$$

两边对 x 求导，得

$$\cos y\cdot y'=1,$$

所以 $$y'=\frac{1}{\cos y}=\frac{1}{\sqrt{1-\sin y^2}}=\frac{1}{\sqrt{1-x^2}}\quad \left(因\ y\in\left(-\frac{\pi}{2},\frac{\pi}{2}\right),故\ \cos y>0\right),$$

即 $$(\arcsin x)'=\frac{1}{\sqrt{1-x^2}}.$$

类似地可证得

$$(\arccos x)'=-\frac{1}{\sqrt{1-x^2}},(\arctan x)'=\frac{1}{1+x^2},(\operatorname{arccot} x)'=-\frac{1}{1+x^2}.$$

练习

求下列隐函数的导数：

(1) $y+xy+x^2=1$；　　(2) $y^2=e^{(x+y)}$.

附　求导公式和求导法则

前面我们给出所有基本初等函数的导数公式，函数的和、差、积、商的求导法则，复合函数的求导法则，从而解决了初等函数的求导问题.这些公式和法则都是求导的基础，要求熟练掌握，为便于查阅，我们把已学过的求导公式和求导法则归纳如下：

1. 基本初等函数的求导公式

(1) $(C)'=0$；　　(2) $(x)'=1$；

(3) $(x^\alpha)'=\alpha x^{\alpha-1}$；　　(4) $(e^x)'=e^x$；

(5) $(\sin x)'=\cos x$；　　(6) $(\cos x)'=-\sin x$；

(7) $(\tan x)'=\sec^2 x$；　　(8) $(\cot x)'=-\csc^2 x$；

(9) $(\sec x)'=\sec x\tan x$；　　(10) $(\csc x)'=-\csc x\cot x$；

(11) $(\log_a x)'=\frac{1}{x\ln a}$；　　(12) $(\ln x)'=\frac{1}{x}$；

(13) $(\arcsin x)'=\frac{1}{\sqrt{1-x^2}}$；　　(14) $(\arccos x)'=-\frac{1}{\sqrt{1-x^2}}$；

(15) $(\arctan x)'=\frac{1}{1+x^2}$；　　(16) $(\operatorname{arccot} x)'=-\frac{1}{1+x^2}$；

(17) $(a^x)'=a^x\ln a$.

2. 求导法则

(1) $(u\pm v)'=u'\pm v'$；　　(2) $(uv)'=u'v+uv'$；

(3) $(Cu)'=Cu'$(C 为常数)；　　(4) $\left(\frac{u}{v}\right)'=\frac{u'v-uv'}{v^2}(v\neq 0)$；

(5) $\left(\frac{C}{v}\right)'=-\frac{Cv'}{v^2}$($C$ 是常数)；

(6) 设 $y=f(u)$，$u=\varphi(x)$，则复合函数 $y=f[\varphi(x)]$的求导法则为

$$y'_x=y'_u\cdot u'_x\ 或\ \frac{dy}{dx}=\frac{dy}{du}\cdot\frac{du}{dx}.$$

习题 5－3

1. 求下列函数的导数：

(1) $y=(10x-3)^4$；

(2) $y=\cos\left(2x-\dfrac{\pi}{5}\right)$；

(3) $y=\ln^3 x$；

(4) $y=\sin^2(2x-1)$；

(5) $y=\cos[\cos(\cos x)]$；

(6) $y=\sqrt[5]{(x^4-3x^2+2)^3}$；

(7) $y=\ln(\sin 2x+2^x)$；

(8) $y=3^{-x}\cos 3x$；

(9) $y=2^{\tan\frac{1}{x}}$；

(10) $y=\ln(x+\sqrt{x^2+a^2})$；

(11) $y=\dfrac{x}{\sqrt{x^2-1}}$；

(12) $y=\sqrt{1+\cos 2x}$.

2. 求下列函数在指定点处的导数值：

(1) $y=\cos 2x+x\tan 3x, x=\dfrac{\pi}{4}$；

(2) $y=\ln\tan x, x=\dfrac{\pi}{6}$；

(3) $y=\cot^2\sqrt{1+x^2}, x=0$.

3. 求下列隐函数的导数：

(1) $x^2-y^2=36$；

(2) $x^3+6xy+5y^3=3$；

(3) $y=x+\dfrac{1}{2}\ln y$；

(4) $x\cos y=\sin(x+y)$.

4. 求由下列方程确定的隐函数的导数或在指定点的导数：

(1) $x^2+2xy-y^2=2x, y'\Big|_{\substack{x=2\\y=0}}$；

(2) $2^x+2y=2^{x+y}, y'\Big|_{\substack{x=0\\y=1}}$；

(3) $e^y-xy=e, y\Big|_{\substack{x=0\\y=1}}$.

5. 求曲线 $x^3+y^5+2xy=0$ 在点$(-1,-1)$处的切线方程.

6. 求曲线 $y=x^{x^2}$ 在点$(1,1)$处的切线方程和法线方程.

§5－4 高阶导数

一、高阶导数的概念

在运动学中，不但需要了解物体运动的速度，而且需要了解物体运动速度的变化，即加速度问题.

例如，自由落体的运动方程为 $s=\dfrac{1}{2}gt^2$，

t 时刻的速度 $v=\dfrac{ds}{dt}=\left(\dfrac{1}{2}gt^2\right)'=gt$，

t 时刻的加速度 $a=\dfrac{dv}{dt}=(gt)'=g$.

以上为物理学中所熟悉的公式.在工程学中,通常需要了解曲线斜率的变化程度,以求得曲线的弯曲程度,即需要讨论斜率函数的导数问题.在进一步讨论函数的性质时,也会遇到类似的情况,也就是说,我们对一个可导函数求导之后,还需要研究其导函数的导数问题.为此给出如下定义:

定义　设函数 $y=f(x)$ 在 x 处可导,若 $f'(x)$ 的导数存在,则称该导数为 $y=f(x)$ 的二阶导数,记作 y'' 或 $f''(x)$,$\frac{d^2y}{dx^2}$,$\frac{d^2f(x)}{dx^2}$,即 $y''=(y')'=\frac{d}{dx}\left(\frac{dy}{dx}\right)=\frac{d^2y}{dx^2}$.

若 $y''=f''(x)$ 的导数存在,则称该导数为 $y=f(x)$ 的三阶导数,记作 y''' 或 $f'''(x)$.

一般地,若 $y=f(x)$ 的 $n-1$ 阶导函数存在导数,则称该导数为 $y=f(x)$ 的 n 阶导数,记作 $y^{(n)}$ 或 $f^{(n)}(x)$,$\frac{d^ny}{dx^n}$,$\frac{d^nf(x)}{dx^n}$.

函数的二阶和二阶以上的导数称为函数的高阶导数.函数 $y=f(x)$ 的 n 阶导数在 $x=x_0$ 处的导数值记作 $f^{(n)}(x_0)$.

函数 $y=f(x)$ 的 n 阶导数由 $f(x)$ 连续依次求 n 次导数得到.

例 1　求函数 $y=\cos x+\ln x+x^2$ 的二阶导数.

解　先求一阶导数
$$y'=-\sin x+\frac{1}{x}+2x,$$
再求二阶导数
$$y''=-\cos x-\frac{1}{x^2}+2.$$

例 2　已知 $f(x)=e^{2x-1}$,求 $f''(0)$.

解　因为
$$f'(x)=2e^{2x-1},$$
$$f''(x)=4e^{2x-1},$$
所以
$$f''(0)=\frac{4}{e}.$$

例 3　求函数 $y=3x^3+2x^2+x+1$ 的四阶导数 $y^{(4)}$.

解　依次求导得
$$y'=(3x^3+2x^2+x+1)'=9x^2+4x+1,$$
$$y''=(9x^2+4x+1)'=18x+4,$$
$$y'''=(18x+4)'=18,$$
$$y^{(4)}=(18)'=0.$$

例 4　求函数 $y=a^x(a>0,a\neq1)$ 的 n 阶导数.

解　$y'=(a^x)'=a^x\ln a$,$y''=\ln a(a^x)'=a^x(\ln a)^2$,$y'''=[a^x(\ln a)^2]'=a^x(\ln a)^3$,

利用数学归纳法,可以证得　$y^{(n)}=a^x(\ln a)^n$.

例 5　求函数 $y=\sin x$ 的 n 阶导数 $y^{(n)}$.

解　先求一阶导数:　$y'=(\sin x)'=\cos x$.

为了使 n 阶导数的表示式尽可能简单,我们改写
$$y'=\cos x=\sin\left(x+\frac{\pi}{2}\right).$$
从而
$$y''=(y')'=\left[\sin\left(x+\frac{\pi}{2}\right)\right]'=\cos\left(x+\frac{\pi}{2}\right)=\sin\left(x+2\cdot\frac{\pi}{2}\right),$$

$$y'''=(y'')'=\left[\sin\left(x+2\cdot\frac{\pi}{2}\right)\right]'=\cos\left(x+2\cdot\frac{\pi}{2}\right)=\sin\left(x+3\cdot\frac{\pi}{2}\right),$$

用数学归纳法,可求得 $$y^{(n)}=\sin\left(x+n\cdot\frac{\pi}{2}\right).$$

练习

1. 求函数 $y=\mathrm{e}^x\cos x$ 的二阶导数.
2. 已知函数 $y=5x^4+3x^3-4x^2+x-1$,分别求出 y',y'',y''',$y^{(4)}$.

二、二阶导数的力学意义

设物体做变速运动的方程为 $s=s(t)$,则物体运动的速度 $v(t)$是位移 $s=s(t)$对时间 t 的变化率,即位移 s 对时间 t 的一阶导数 $v(t)=s'(t)=\frac{\mathrm{d}s}{\mathrm{d}t}$;此时,若速度 v 仍是时间 t 的函数 $v(t)$,我们可以求速度 v 对时间 t 的导数 $v'(t)$,用 a 表示,就是 $a=v'(t)=s''(t)=\frac{\mathrm{d}^2s}{\mathrm{d}t^2}$.在力学中,$a$ 称为物体的加速度,也就是说,物体运动的加速度 a 是位移 s 对时间 t 的二阶导数.

例 6 设一物体做匀速直线运动,其运动规律为 $s=kt+b$(k,b 为常数),求物体运动的加速度.

解 速度 $$v=\frac{\mathrm{d}s}{\mathrm{d}t}=k,$$

加速度 $$a=\frac{\mathrm{d}v}{\mathrm{d}t}=0,$$

所以,匀速直线运动的速度是常量,加速度为零.

例 7 某物体的运动规律是 $s=t+\frac{1}{t}$(m),求该物体在 $t=3$ s时的速度与加速度.

解 速度函数为 $$v=s'(t)=\left(t+\frac{1}{t}\right)'=1-\frac{1}{t^2},$$

加速度函数为 $$a=s''(t)=\frac{2}{t^3},$$

从而当 $t=3$ s时,$v=\frac{8}{9}$(m/s),$a=\frac{2}{27}$(m/s^2).

练习

1. 已知 $y=1-x^2-x$,求 y'',y'''.
2. 已知一物体的运动规律为 $s(t)=\frac{1}{4}t^4+2t^2-2$ (m),求 $t=1$ s 时的速度和加速度.

习题 5-4

1. 求下列各函数的二阶导数：

(1) $y=e^x+x^2$；　　(2) $y=x\cos x$；

(3) $y=\dfrac{x}{\sqrt{1-x^2}}$；　　(4) $y=\dfrac{\arcsin x}{\sqrt{1-x^2}}$.

2. 如果 $f(x)=(x+10)^5$，求 $f'''(x)$.

3. 设 $y^{(n-4)}=x^3\ln x$，求 $y^{(n)}$.

4. 求函数 $y=e^{2x}$ 的 n 阶导数.

5. 某运动方程为 $s=2t^3-\dfrac{1}{2}gt^2$(m)，求 $t=2$ s 时的加速度.

6. 一质点做直线运动，其运动方程为 $s=\dfrac{2}{9}\sin\dfrac{\pi}{2}t+3$(m)，试求在第 1 秒末质点的速度与加速度.

§5-5　函数的微分

【问题引入】 已知：半径为 10 cm 的金属圆片加热后，半径伸长了 0.05 cm.

问：面积约增加了多少？（π 取 3.14）

一、微分的概念

定义　如果函数 $y=f(x)$ 在点 x_0 处可导，则称 $f'(x_0)\Delta x$ 是函数 $y=f(x)$ 在点 x_0 处的微分，记作 $dy|_{x=x_0}$，即

$$dy|_{x=x_0}=f'(x_0)\Delta x.$$

若函数 $y=f(x)$ 在某区间内每一点处都可微，则称函数 $y=f(x)$ 在该区间内是可微函数.函数在区间内任一点 x 处的微分记作 $dy=f'(x)\Delta x$.

特别地，如果 $y=f(x)=x$，则 $dy=dx$，由于 $x'=1$，所以

$$dy=f'(x)\Delta x=1\cdot\Delta x=\Delta x,$$

从而

$$dx=\Delta x.$$

即自变量的微分等于自变量的改变量（或增量）.因此，函数 $y=f(x)$ 在点 x 处的微分，也可以记作

$$dy=f'(x)dx,$$

即函数的微分等于函数的导数乘以自变量的微分.

由公式 $dy=f'(x)dx$，得 $f'(x)=\dfrac{dy}{dx}$.导数 $\dfrac{dy}{dx}$ 可以看作函数的微分 dy 与自变量的微分 dx 的商，故导数也称为**微商**.

例 1　求函数 $y=\cos x$ 在 $x=\dfrac{\pi}{6}$ 处的微分.

解 $dy|_{x=\frac{\pi}{6}}=(\cos x)'|_{x=\frac{\pi}{6}}\Delta x=-\sin\frac{\pi}{6}\Delta x=-\frac{1}{2}\Delta x.$

例 2 求函数 $y=x^2$ 在 $x=1$ 处,Δx 分别为 0.1 和 0.01 时的增量与微分.

解 $\Delta x=0.1$ 时,
$$\Delta y=(1+0.1)^2-1^2=0.21,$$
$$dy=y'(1)\Delta x=2\times 0.1=0.2.$$

$\Delta x=0.01$ 时,
$$\Delta y=(1+0.01)^2-1^2=0.0201,$$
$$dy=y'(1)\Delta x=2\times 0.01=0.02.$$

例 3 求函数 $y=x\ln x$ 的微分.

解 因为 $y'=(x\ln x)'=1+\ln x$,所以 $dy=y'dx=(1+\ln x)dx$.

二、微分的几何意义

为了直观理解函数的微分,下面说明微分的几何意义.

设函数 $y=f(x)$ 的图象如图 5-5 所示,曲线上有点 $M(x_0,y_0)$,$N(x_0+\Delta x,y_0+\Delta y)$,则有向线段 $MQ=\Delta x$,$QN=\Delta y$.

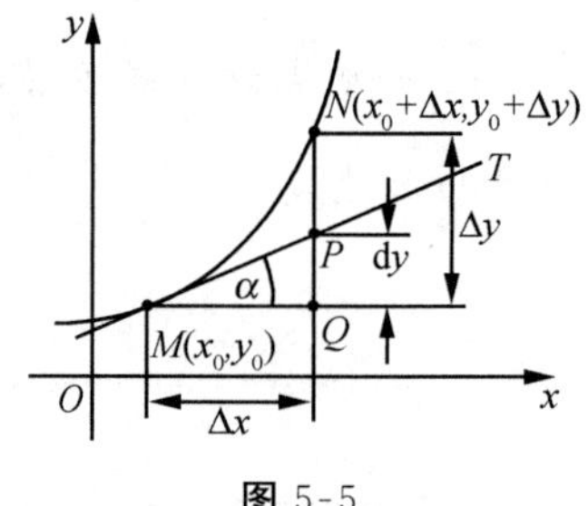

图 5-5

过点 M 作曲线的切线 MT 交 QN 于 P 点,则有向线段
$$QP=MQ\cdot\tan\alpha=\Delta x\cdot f'(x_0)=dy.$$
即微分 dy 是曲线在 M 处的切线上点的纵坐标相应于 Δx 的增量.

由图 5-5 还可以看出:

(1) 当 dx 很小时,用 dy 来近似代替 Δy 所产生的误差 $|\Delta y-dy|$,在图形上就是线段 PN 的长,它比 $|\Delta y|$ 要小得多;

(2) 曲线在一点的附近可以用“直”代“曲”.而当 dx 很小时,$Rt\triangle PMQ$ 斜边的长度 MP 近似等于曲线段 MN 的长度.这个事实以后还要用到.

【问题探究】 我们现在回到开始时提出的问题.本题当然可以用面积之差来计算,下面我们用微分这一新的数学工具来解决.

解 (1) 设圆面积为 S,半径为 r,则 $S(r)=\pi r^2$.

由题意知 $r=10$,$\Delta r=0.05$(很小).

(2) $S'(10)=2\pi r|_{r=10}=20\pi$.

(3) $\Delta S=S(10.05)-S(10)\approx dS=S'(10)\cdot\Delta r=20\pi\times 0.05\approx 3.14(\text{cm}^2)$.

答:面积约增加了 3.14 cm^2.

三、微分的基本公式与运算法则

根据微分和导数的关系式,易知求函数 $y=f(x)$ 在某一点 x 处的微分 dy,只要求出导数 $y'=f'(x)$,再乘以自变量的微分 dx 即可.因此,微分的计算法和导数的计算法在原则上就没有什么差别.由导数的基本公式和运算法则,就可以直接得到微分的基本公式与运算法则.

1. 微分的基本公式

(1) $d(C)=0$;　　(2) $d(x^\alpha)=\alpha x^{\alpha-1}dx$;

(3) $d(\sin x)=\cos x\,dx$；

(4) $d(\cos x)=-\sin x\,dx$；

(5) $d(\tan x)=\sec^2 x\,dx$；

(6) $d(\cot x)=-\csc^2 x\,dx$；

(7) $d(\sec x)=\sec x\tan x\,dx$；

(8) $d(\csc x)=-\csc x\cot x\,dx$；

(9) $d(a^x)=a^x\ln a\,dx$；

(10) $d(e^x)=e^x\,dx$；

(11) $d(\log_a x)=\dfrac{1}{x\ln a}dx$；

(12) $d(\ln x)=\dfrac{1}{x}dx$；

(13) $d(\arcsin x)=\dfrac{1}{\sqrt{1-x^2}}dx$；

(14) $d(\arccos x)=-\dfrac{1}{\sqrt{1-x^2}}dx$；

(15) $d(\arctan x)=\dfrac{1}{1+x^2}dx$；

(16) $d(\text{arccot}\,x)=-\dfrac{1}{1+x^2}dx$；

(17) $d(a^x)=a^x\ln a\,dx$.

2. 微分的四则运算法则

(1) $d(u\pm v)=du\pm dv$；

(2) $d(uv)=v\,du+u\,dv$；

特别地，$d(Cu)=C\,du$（C 为常数）；

(3) $d\left(\dfrac{u}{v}\right)=\dfrac{v\,du-u\,dv}{v^2}(v\neq 0)$.

3. 复合函数的微分法则

设 $y=f(u)$，而 $u=\varphi(x)$，且都是可导函数，则复合函数 $y=f[\varphi(x)]$ 的微分为

$$dy=y'_x\,dx=f'(u)\cdot\varphi'(x)dx=f'(u)du.$$

说明　对于函数 $y=f(u)$，不论 u 是自变量还是中间变量，y 的微分都有 $dy=f'(u)du$ 的形式，这个性质称为微分形式的不变性.利用这个性质，容易求得复合函数的微分.

例 4　求函数 $y=\cos(2x+1)$ 的微分.

解　$dy=d[\cos(2x+1)]=-\sin(2x+1)d(2x+1)=-2\sin(2x+1)dx$.

例 5　求函数 $y=e^{\sin x}$ 的微分.

解　$dy=d(e^{\sin x})=e^{\sin x}d(\sin x)=e^{\sin x}\cos x\,dx$.

例 6　已知函数 $f(x)=\sin\left(\dfrac{1-\ln x}{x}\right)$，求 $df(x)$.

解　$df(x)=d\left[\sin\left(\dfrac{1-\ln x}{x}\right)\right]=\cos\left(\dfrac{1-\ln x}{x}\right)d\left(\dfrac{1-\ln x}{x}\right)$

$$=\cos\left(\frac{1-\ln x}{x}\right)\frac{-\frac{1}{x}\cdot x-(1-\ln x)}{x^2}dx=\frac{\ln x-2}{x^2}\cos\left(\frac{1-\ln x}{x}\right)dx.$$

例 7　证明参数式函数的求导公式 $\dfrac{dy}{dx}=\dfrac{\frac{dy}{dt}}{\frac{dx}{dt}}$.

证明　设参数方程 $\begin{cases}x=\varphi(t),\\ y=\psi(t)\end{cases}$ 确定的函数 $y=y(x)$，$\varphi(t)$，$\psi(t)$ 可导且 $\varphi'(t)\neq 0$.

由导数与微分的关系和一阶微分形式的不变性，有

$$\frac{\mathrm{d}y}{\mathrm{d}x}=\frac{y'_t\,\mathrm{d}t}{x'_t\,\mathrm{d}t}=\frac{\psi'(t)}{\varphi'(t)}.$$

例 8 用微分法求由参数方程 $\begin{cases}x=a(t-\sin t),\\y=a(1-\cos t)\end{cases}$ （a 为常数，$t\neq 2n\pi$，$n\in\mathbf{Z}$）确定的函数的导数 $\frac{\mathrm{d}y}{\mathrm{d}x}$.

解 $\frac{\mathrm{d}y}{\mathrm{d}x}=\frac{\mathrm{d}[a(1-\cos t)]}{\mathrm{d}[a(t-\sin t)]}=\frac{a\sin t\,\mathrm{d}t}{a(1-\cos t)\,\mathrm{d}t}=\cot\frac{t}{2}\,(t\neq 2n\pi,n\in\mathbf{Z})$.

例 9 用微分法求由方程 $4x^2-xy-y^2=6$ 确定的隐函数 $y=y(x)$ 的微分与导数.

解 方程两端分别求微分，有 $8x\mathrm{d}x-(y\mathrm{d}x+x\mathrm{d}y)-2y\mathrm{d}y=0$，

故 $$(x+2y)\mathrm{d}y=(8x-y)\mathrm{d}x.$$

当 $x+2y\neq 0$ 时，$\mathrm{d}y=\frac{8x-y}{x+2y}\mathrm{d}x$，从而 $y'=\frac{8x-y}{x+2y}$.

练 习

1. 求下列函数的微分：

(1) $y=x^2+\frac{1}{x}$； (2) $y=\cos 3x$；

(3) $y=(x^2-3x+2)\sin x$.

2. 求由方程 $xy=\mathrm{e}^{x+y}$ 所确定的隐函数 y 的导数 $\frac{\mathrm{d}y}{\mathrm{d}x}$.

四、几个工程上常用的近似公式

工程设计和科学研究都离不开数值计算，而在计算过程中经常用到复杂的公式，或遇到繁杂的数据.为简便起见，往往需要寻求简单的近似公式或简单的计算方法.利用微分概念能使我们在这些方面得到满意的结果.下面我们讨论微分在近似计算上的应用.

我们知道，当函数 $y=f(x)$ 在点 x_0 处的导数 $f'(x_0)\neq 0$ 且 $|\Delta x|$ 很小时，可以用微分 $\mathrm{d}y$ 近似代替函数 $y=f(x)$ 的改变量 Δy.

由于在点 x_0 处，$\mathrm{d}y=f'(x_0)\Delta x$，$\Delta y=f(x_0+\Delta x)-f(x_0)$，

于是有 $$\Delta y=f(x_0+\Delta x)-f(x_0)\approx f'(x_0)\Delta x,$$

改写一下，得 $$f(x_0+\Delta x)\approx f(x_0)+f'(x_0)\Delta x. \tag{5-1}$$

如果把 $x_0+\Delta x$ 记作 x，则 $\Delta x=x-x_0$，

于是(5-1)也可写成

$$f(x)\approx f(x_0)+f'(x_0)(x-x_0). \tag{5-2}$$

如果我们要求函数 $y=f(x)$ 在某一点 x 处的值，但这一点的值不易求出，而在 x 附近的 x_0 处，$f(x_0)$ 和 $f'(x_0)$ 的值都容易求出，这时我们可以利用(5-1)式或(5-2)式来求 $y=f(x)$ 的近似值.要注意的是这里要求 $|x-x_0|=|\Delta x|$ 很小，且 $|x-x_0|=|\Delta x|$ 越小，近似程度越好.

例 10　求 $\sin 31^\circ$的近似值.

解　设 $f(x)=\sin x$，则 $f'(x)=\cos x$，

令 $x_0=30^\circ=\frac{\pi}{6}$，$\Delta x=1^\circ=\frac{\pi}{180}$. 应用公式(5-1)，有

$$f(x_0+\Delta x)=\sin 31^\circ\approx f(x_0)+f'(x_0)\Delta x$$

$$=\sin\frac{\pi}{6}+\cos\frac{\pi}{6}\cdot\frac{\pi}{180}=\frac{1}{2}+\frac{\sqrt{3}}{2}\cdot 0.01745\approx 0.5151.$$

若在(5-2)式中令 $x=x_0+\Delta x$，且 $x_0=0$，则(5-2)式变为

$$f(x)\approx f(0)+f'(0)x\quad(|x|很小). \tag{5-3}$$

应用(5-3)式可得到工程上常用的一些近似公式：

当$|x|$很小时，有

(1) $\sqrt[n]{1+x}\approx 1+\frac{1}{n}x$；

(2) $\sin x\approx x$(x 以弧度为单位)；

(3) $e^x\approx 1+x$；

(4) $\tan x\approx x$(x 以弧度为单位)；

(5) $\ln(1+x)\approx x$.

例 11　计算 $e^{-0.005}$的近似值.

解　应用近似式 $e^x\approx 1+x$，得 $e^{-0.005}\approx 1-0.005=0.995$.

例 12　计算$\sqrt{1.05}$的近似值.

解　应用近似式$\sqrt[n]{1+x}\approx 1+\frac{1}{n}x$，得$\sqrt{1.05}=\sqrt{1+0.05}\approx 1+\frac{1}{2}\times 0.05=1.025$.

习题 5-5

1. 设函数 $y=x^3$，计算在 $x=2$ 处，Δx 分别等于-0.1，0.01 时增量 Δy 及微分 dy.

2. 求函数 $y=\sqrt{x+1}$ 在 $x=0$ 处的增量和微分.

3. 求下列函数的微分 dy：

(1) $y=x^3+1$；

(2) $y=x^3\cdot a^x$；

(3) $y=\frac{x}{1-x}$；

(4) $y=\frac{\sin x}{\ln x}$；

(5) $y=(4-x^2)^2$；

(6) $y=\cos(2-x^2)$；

(7) $y=\ln\left(\sin\frac{x}{2}\right)$；

(8) $y=\sin^2(\ln(3x+1))$；

(9) $xy=a^2$；

(10) $y=1+xe^y$，并求$\frac{dy}{dx}$.

4. 已知单摆的振动周期为 $T=2\pi\sqrt{\frac{l}{g}}$，其中 $g=980\ \text{cm/s}^2$，l 为摆长(单位：cm). 设原摆长为 20 cm，为使周期 T 增大 0.05 s，摆长约需加长多少？

5. 利用微分求近似值：

(1) $\sqrt[3]{1.003}$；

(2) $\ln 1.02$；

(3) $\tan 0.01$; (4) $e^{0.05}$.

6. 求下列由参数方程所确定的函数的导数:

(1) $\begin{cases}x=t^2,\\ y=t^3;\end{cases}$ (2) $\begin{cases}x=t(1-\sin t),\\ y=t\cos t.\end{cases}$

§ 5-6 拉格朗日中值定理和函数单调性的判定

【问题引入】 在初等数学中我们已经讨论过函数 $f(x)$ 在某一区间内的增减性,当时是用定义来判定其增减的.但遇到类似 $f(x)=\frac{x^2}{3}-\sqrt[3]{x^2}$ 这样的函数,讨论起来就比较复杂.那如何运用导数来解决这类问题呢,今天我们就给出解答.

一、拉格朗日(Lagrange)中值定理

定理 1(拉格朗日中值定理) 设函数 $f(x)$ 满足下列两个条件:

(1) 在闭区间 $[a,b]$ 上连续;

(2) 在开区间 (a,b) 内可导,

则在区间 (a,b) 内至少存在一点 ξ,使得

$$f'(\xi)=\frac{f(b)-f(a)}{b-a}\quad (\text{或 } f(b)-f(a)=f'(\xi)(b-a))(a<\xi<b)$$

成立.

这个定理的几何意义也是明显的,因为已知导数 $f'(\xi)$ 的几何意义是曲线 $y=f(x)$ 在点 $(\xi,f(\xi))$ 处切线的斜率,而 $\frac{f(b)-f(a)}{b-a}$ 表示 AB 弦的斜率.这样如果函数 $f(x)$ 满足拉格朗日中值定理的条件,在闭区间 $[a,b]$ 上有一连续曲线,且过曲线 $y=f(x)$ 上每一点(端点除外)都可以作一条切线,那么在曲线上至少有一点 $P(\xi,f(\xi))$,$\xi\in(a,b)$,使得过 P 点的切线与弦 AB 平行(图 5-6).

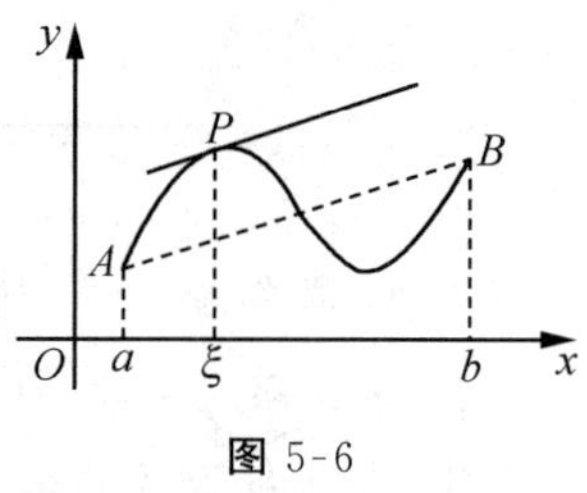

图 5-6

拉格朗日中值定理在微分学中占有重要的地位,它是由函数的局部性质来研究函数的整体性质的桥梁,通常称它为微分学基本定理.

推论 如果对于区间内 (a,b) 内每一点 x 都有 $f'(x)\equiv 0$,则 $f(x)\equiv C$(常数).

证明 在 (a,b) 内任取两点 x_1,x_2(不妨设 $x_1<x_2$).因为 $[x_1,x_2]$ 完全含于 (a,b) 的内部,所以 $f(x)$ 在 $[x_1,x_2]$ 上连续,在 (x_1,x_2) 内可导.于是由拉格朗日中值定理得

$$f(x_2)-f(x_1)=f'(\xi)(x_2-x_1)\quad (x_1<\xi<x_2).$$

又因为对 (a,b) 内一切 x 都有 $f'(x)=0$,ξ 在 x_1,x_2 之间,当然在 (a,b) 内,所以 $f'(\xi)=0$.于是得

$$f(x_2)-f(x_1)=0,$$

即

$$f(x_1)=f(x_2).$$

既然对于 (a,b) 内任意两点 x_1,x_2 都有 $f(x_1)=f(x_2)$,那就说明 $f(x)$ 在 (a,b) 内是一

个常数.

这个推论是"常数的导数为零"的逆定理.

例 1　验证函数 $f(x)=x^2$ 在区间$[1,2]$上拉格朗日中值定理成立,并求此时的 ξ.

解　显然函数 $f(x)=x^2$ 在$[1,2]$上连续,在$(1,2)$内可导,所以在区间$[1,2]$上拉格朗日中值定理成立.而 $f'(x)=2x$,则

$$f(2)-f(1)=f'(\xi)(2-1),$$

即

$$2^2-1^2=2\xi(2-1),$$

故得

$$\xi=\frac{3}{2}.$$

练习

对下列函数写出拉格朗日中值公式 $\frac{f(b)-f(a)}{b-a}=f'(\xi)$,并求 ξ:

(1) $f(x)=\sqrt{x}, x\in[1,4]$;　　(2) $f(x)=\arctan x, x\in[0,1]$.

二、函数单调性的判定法

在初等数学中我们已经讨论过函数 $f(x)$ 在某一区间内的增减性,当时是用定义来判定其增减的.现在,我们利用导数来研究这一问题.

设函数 $f(x)$ 是区间$[a,b]$上的连续函数,如果函数在$[a,b]$上为单调增加(图 5-7),那么曲线上任一点处的切线与 x 轴正向的夹角都是锐角,即 $f'(x)>0$;如果函数在$[a,b]$上为单调减少(图 5-8),那么曲线上任一点处的切线与 x 轴正向的夹角都是钝角,即 $f'(x)<0$.反过来是否成立呢? 我们有如下定理:

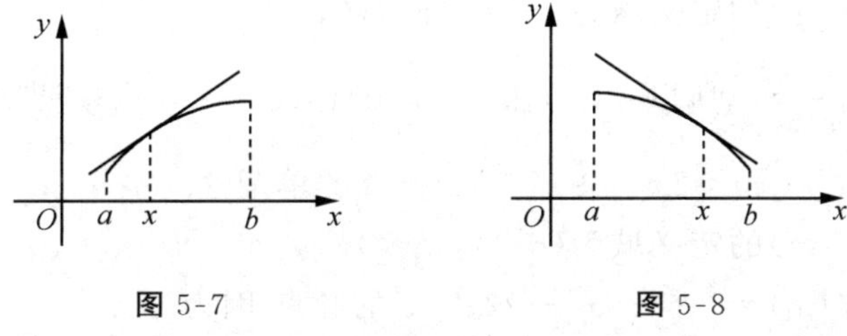

图 5-7　　图 5-8

定理 2　设函数 $f(x)$ 在闭区间$[a,b]$上连续,在开区间(a,b)内可导,则有

(1) 若在(a,b)内 $f'(x)>0$,则函数 $f(x)$ 在$[a,b]$上单调增加;

(2) 若在(a,b)内 $f'(x)<0$,则函数 $f(x)$ 在$[a,b]$上单调减少.

证明　设 x_1,x_2 是(a,b)内任意两点,不妨设 $x_1<x_2$,利用拉格朗日中值定理有

$$f(x_2)-f(x_1)=f'(\xi)(x_2-x_1)\quad(x_1<\xi<x_2).$$

若 $f'(x)>0$,必有 $f'(\xi)>0$,又 $x_2-x_1>0$,所以 $f(x_2)-f(x_1)>0$,即

$$f(x_2)>f(x_1).$$

由于 x_1,x_2 是(a,b)内的任意两点,所以函数 $f(x)$ 在$[a,b]$上单调增加.

同理可证,若 $f'(x)<0$,则函数 $f(x)$ 在$[a,b]$上单调减少.

有时,函数在其整个定义区间上并不具有单调性.所谓研究函数的单调性,就是判定

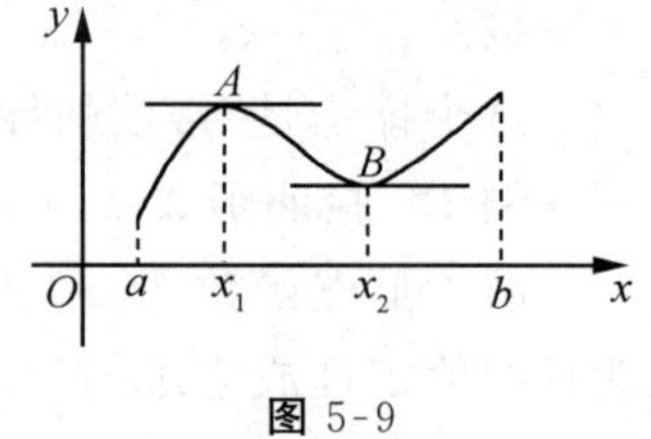

图 5-9

函数在哪些区间上是单调增加，在哪些区间上是单调减少．如图 5-9 所示，函数 $f(x)$ 在区间 $[a,x_1]$，$[x_2,b]$ 上是单调增加，而在 $[x_1,x_2]$ 上单调减少，并且从图上容易看出，可导函数 $f(x)$ 在单调区间的分界点处的导数为零，即 $f'(x_1)=f'(x_2)=0$．

导数 $f'(x)=0$ 的点称为函数 $f(x)$ 的**驻点**．

要确定可导函数 $f(x)$ 的单调区间，首先要求出函数 $f(x)$ 的驻点，然后，用这些驻点将 $f(x)$ 的定义区间分成若干个部分区间，再用列表的方法，在每个部分区间上用定理 2 判断函数 $f(x)$ 的单调性．一般地，当 $f'(x)$ 在某区间内个别点处等于零或不存在，而在其余各点处都为正(或负)时，那么在该区间上 $f(x)$ 仍然是单调增加(或单调减少)的．例如，$f(x)=x^3$ 在 $(-\infty,+\infty)$ 内除 $x=0$ 外，处处有 $f'(x)=3x^2>0$，函数 $f(x)=x^3$ 在 $(-\infty,+\infty)$ 内是单调增加的．又如 $f(x)=\sqrt[3]{x}$ 在 $(-\infty,+\infty)$ 内除 $x=0$ 处不存在外，处处有 $f'(x)=\dfrac{1}{3\sqrt[3]{x^2}}>0$，函数 $f(x)=\sqrt[3]{x}$ 在 $(-\infty,+\infty)$ 内单调增加．

我们把求函数 $f(x)$ 的单调区间的步骤归纳如下：

(1) 求出函数 $f(x)$ 的定义域；

(2) 求出函数 $f(x)$ 的导数 $f'(x)$；

(3) 求出函数 $f(x)$ 的所有驻点及不可导点，即 $f'(x)=0$ 和 $f'(x)$ 不存在的点；

(4) 用驻点和不可导点把函数的定义域划分为若干个部分区间，考察每个部分区间内的符号，符号为正的为单调增区间，反之为单调减区间．

例 2 判定函数 $y=x^3-\dfrac{1}{x}$ 的单调性．

解 (1) 函数 $f(x)$ 的定义域为 $(-\infty,0)\cup(0,+\infty)$．

(2) $y'=3x^2+\dfrac{1}{x^2}>0$，所以 $f(x)$ 在 $(-\infty,0)\cup(0,+\infty)$ 内单调增加．

例 3 讨论函数 $f(x)=2x^3-9x^2+12x-3$ 的单调性．

解 (1) 函数 $f(x)$ 的定义域为 $(-\infty,+\infty)$．

(2) 求出函数 $f(x)=2x^3-9x^2+12x-3$ 的驻点．因为

$$f'(x)=6x^2-18x+12=6(x-1)(x-2),$$

令 $f'(x)=0$，得驻点为 $x_1=1$，$x_2=2$．

(3) 写出 $f(x)$ 在 $(-\infty,+\infty)$ 内的三个子区间为 $(-\infty,1)$，$(1,2)$ 与 $(2,+\infty)$．

(4) 在每个子区间上用定理 2 判断函数的单调性．可用列表的方法，确定 $f'(x)$ 在每个子区间上的符号，从而判定出函数 $f(x)$ 在每个子区间上的单调性，其结果如下：

x	$(-\infty,1)$	1	$(1,2)$	2	$(2,+\infty)$
$f'(x)$	+	0	−	0	+
$f(x)$	↗		↘		↗

表中用“↗”表示单调增加，用“↘”表示单调减少．所以 $f(x)$ 在 $(-\infty,1)$ 和 $(2,+\infty)$

内单调增加，在(1,2)内单调减少.

【问题探究】 讨论函数 $f(x)=\frac{x^2}{3}-\sqrt[3]{x^2}$ 的单调性.

解 (1) 函数 $f(x)$ 的定义域为 $(-\infty,+\infty)$.

(2) 求出函数 $f(x)=\frac{x^2}{3}-\sqrt[3]{x^2}$ 的驻点及不可导点.有

$$f'(x)=\frac{2x}{3}-\frac{2}{3\sqrt[3]{x}},$$

令 $f'(x)=0$，得驻点为 $x_1=-1$，$x_2=1$，$f(x)$ 的不可导点为 $x_3=0$.

(3) 写出 $f(x)$ 在 $(-\infty,+\infty)$ 内的四个区间为 $(-\infty,-1)$，$(-1,0)$，$(0,1)$ 与 $(1,+\infty)$.

(4) 在每个子区间上用定理 2 判断函数的单调性.用列表的方法，确定 $f'(x)$ 在每个子区间上的符号，从而判定出函数 $f(x)$ 在每个子区间内的单调性，其结果如下：

x	$(-\infty,-1)$	-1	$(-1,0)$	0	$(0,1)$	1	$(1,+\infty)$
$f'(x)$	$-$	0	$+$	不存在	$-$	0	$+$
$f(x)$	↘		↗		↘		↗

所以 $f(x)$ 在 $(-\infty,-1)$ 和 $(0,1)$ 内是单调减少的，在 $(-1,0)$ 和 $(1,+\infty)$ 内是单调增加的.

从本题中可以看出，对于函数 $f(x)$ 在定义域内的不可导点，在判断函数的单调性时，也必须加以考虑.

练习

1. 求下列函数的单调区间：

(1) $y=x-e^x$；

(2) $f(x)=2x^3-9x^2+12x-3$.

习题 5-6

1. 求函数 $f(x)=x^3+2x$ 在下列区间内，满足拉格朗日中值定理的 ξ 值：

(1) $[0,1]$；　(2) $[1,2]$；　(3) $[-1,2]$.

2. 验证拉格朗日中值定理对下列函数在指定区间上的正确性：

(1) $f(x)=\frac{1}{x}$，$x\in[1,2]$；　(2) $f(x)=x^3$，$x\in[0,2]$.

3. 证明函数 $f(x)=px^2+qx+r$ 在区间 $[a,b]$ 上应用拉格朗日中值定理时所求得的点 $\xi=\frac{(a+b)}{2}$.

4. 确定下列函数的单调区间：

(1) $-4x+2$；　(2) $y=x^3-x^2-x$；

(3) $(x-1)^2$；　　(4) $\frac{3}{2-x}$；

(5) $y=x\ln x$；　　(6) e^x-x-1.

5. 设一质点做直线运动，运动规律为 $s=\frac{1}{4}t^4-4t^3+10t^2(t>0)$. 问：(1)何时速度为零？(2)何时做前进($s$ 增加)运动？(3)何时做后退(s 减少)运动？

§5-7　函数的极值、最值和凹凸性

【问题引入】 要做一个容积为 V 的圆柱形煤气柜，问怎样设计才能使所用材料最省？

一、函数的极值及其求法

定义 1 设函数 $f(x)$在区间(a,b)内有定义，$x\in(a,b)$. 如果对于点 x_0 近旁的任意点 $x(x\neq x_0)$均有 $f(x)<f(x_0)$，则称 $f(x_0)$是函数 $f(x)$的一个**极大值**，点 x_0 叫做函数的一个**极大值点**；如果对于点 x_0 近旁的任意点 $x(x\neq x_0)$均有 $f(x)>f(x_0)$，则称 $f(x_0)$是函数$f(x)$的一个**极小值**，点 x_0 叫做函数的一个**极小值点**；函数的极大值与极小值统称为函数的**极值**. 使函数取得极值的极大值点和极小值点统称为**极值点**.

由定义可以看出，极值是一个局部性概念. 在整个定义域内往往有多个极值，极大值未必是最大值，极小值也未必是最小值. 从图 5-10 可直观地看出，x_0，x_2，x_4 都是极大值点，x_1，x_3，x_5 都是极小值点.

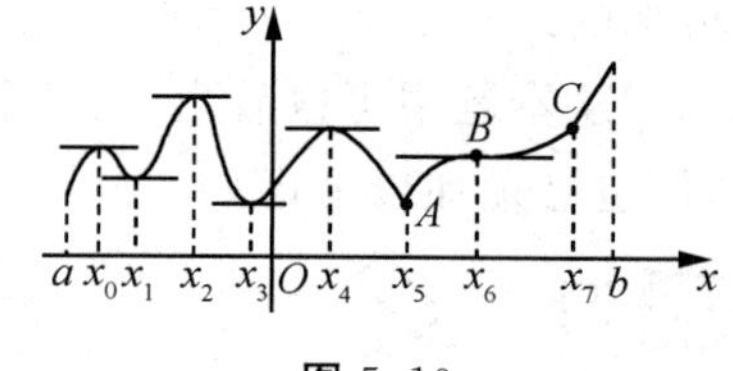

图 5-10

定理 1(极值的必要条件)　设函数 $f(x)$在点 x_0 处可导，且在点 x_0 处取得极值，则必有 $f'(x_0)=0$.

使导数为零的点(即方程 $f'(x_0)=0$ 的实根)叫做函数 $f(x)$的**驻点**(又叫稳定点).

从定理 1 可知，可导函数 $f(x)$的极值点必是 $f(x)$的驻点. 反过来，驻点不一定是 $f(x)$的极值点. 例如，$x=0$ 是函数 $f(x)=x^3$ 的驻点，但不是极值点. 对于一个连续函数，它的极值点还可能是不可导点. 例如 $f(x)=|x|$，$x=0$ 是不可导点，但 $x=0$ 是 $f(x)$的极小值点.

总而言之，连续函数 $f(x)$的可能极值点只能是驻点或是连续但不可导的点. 为了判断函数的可能极值点是否为极值点，有如下定理.

定理 2 设函数 $f(x)$在点 x_0 的某区间内连续，在点 x_0 近旁可导，且 $f'(x_0)=0$ 或者$f'(x_0)$不存在.

(1) 如果当 x 取 x_0 左侧近旁的值时，有 $f'(x)>0$；当 x 取 x_0 右侧近旁的值时，有 $f'(x)<0$，那么函数 $f(x)$在点 x_0 处取得极大值 $f(x_0)$.

(2) 如果当 x 取 x_0 左侧近旁的值时，有 $f'(x)<0$；当 x 取 x_0 右侧近旁的值时，有 $f'(x)>0$，那么函数 $f(x)$在点 x_0 处取得极小值 $f(x_0)$.

(3) 如果在 x_0 的两侧，函数的导数符号相同，那么函数 $f(x)$在点 x_0 处没有极值.

根据上述两个定理，求函数 $f(x)$的极值的步骤可归纳如下：

(1) 求出函数 $f(x)$ 的定义域;

(2) 求出函数 $f(x)$ 的导数 $f'(x)$;

(3) 求出函数 $f(x)$ 的所有驻点及不可导点,即 $f'(x)=0$ 和 $f'(x)$ 不存在的点;

(4) 用驻点和不可导点把函数的定义域划分为若干个部分区间,考察每个部分区间内的符号,以确定该点是否为极值点,并由极值点求出函数的极值.

例 1 求函数 $f(x)=\frac{1}{3}x^2-9x+4$ 的极值.

解 (1) 函数 $f(x)$ 的定义域为 $(-\infty,+\infty)$.

(2) $f'(x)=x^2-9=(x+3)(x-3)$.

(3) 令 $f'(x)=0$,得驻点为 $x_1=-3,x_2=3$;$f(x)$ 没有不可导点.

(4) 列表如下:

x	$(-\infty,-3)$	-3	$(-3,3)$	3	$(3,+\infty)$
$f'(x)$	+	0	—	0	+
$f(x)$	↗	极大值 22	↘	极小值 −14	↗

由上表可知,函数的极大值为 $f(-3)=22$,极小值为 $f(3)=-14$.

例 2 求函数 $f(x)=(x+2)^2(x-1)^3$ 的极值.

解 (1) 函数 $f(x)$ 的定义域为 $(-\infty,+\infty)$.

(2) $f'(x)=2(x+2)(x-1)^3+3(x+2)^2(x-1)^2=(x+2)(x-1)^2(5x+4)$.

(3) 令 $f'(x)=0$,得驻点为 $x_1=-2,x_2=-\frac{4}{5},x_3=1$;$f(x)$ 没有不可导点.

(4) 列表如下:

x	$(-\infty,-2)$	-2	$\left(-2,-\frac{4}{5}\right)$	$-\frac{4}{5}$	$\left(-\frac{4}{5},1\right)$	1	$(1,+\infty)$
$f'(x)$	+	0	—	0	+	0	+
$f(x)$	↗	极大值 0	↘	极小值 −8.4	↗	非极值	↘

由上表可知,函数的极大值为 $f(-2)=0$,极小值为 $f\left(-\frac{4}{5}\right)=-8.4$.

例 3 求函数 $f(x)=x^{\frac{2}{3}}-(x^2-1)^{\frac{1}{3}}$ 的极值.

解 (1) 函数的定义域为 $(-\infty,+\infty)$.

(2) $f'(x)=\frac{2}{3}x^{-\frac{1}{3}}-\frac{1}{3}(x^2-1)^{-\frac{2}{3}}\cdot 2x=\frac{2}{3}\cdot\frac{(x^2-1)^{\frac{2}{3}}-x^{\frac{4}{3}}}{x^{\frac{1}{3}}(x^2-1)^{\frac{2}{3}}}$.

(3) 求出函数 $f(x)$ 的所有驻点及不可导点.令 $f'(x)=0$,得驻点 $x_1=-\frac{\sqrt{2}}{2},x_2=\frac{\sqrt{2}}{2}$,$f(x)$ 的不可导点为 $-1,0,1$.

(4) 列表如下：

x	$(-\infty,-1)$	-1	$\left(-1,-\frac{\sqrt{2}}{2}\right)$	$-\frac{\sqrt{2}}{2}$	$\left(-\frac{\sqrt{2}}{2},0\right)$	0	$\left(0,\frac{\sqrt{2}}{2}\right)$	$\frac{\sqrt{2}}{2}$	$\left(\frac{\sqrt{2}}{2},1\right)$	1	$(1,+\infty)$
$f'(x)$	+	不存在	+	0	—	不存在	+	0	—	不存在	—
$f(x)$	↗	不是极值	↗	极大值 $\sqrt[3]{4}$	↘	极小值 1	↗	极大值 $\sqrt[3]{4}$	↘	不是极值	↘

由上表可知，函数的极大值为 $f\left(-\frac{\sqrt{2}}{2}\right)=f\left(\frac{\sqrt{2}}{2}\right)=\sqrt[3]{4}$，极小值为 $f(0)=1$.

例 4 求 $f(x)=\sqrt[3]{(2x-x^2)^2}$ 的极值：

解 (1) 函数的定义域为 $(-\infty,+\infty)$.

(2) $f'(x)=\frac{4(1-x)}{\sqrt[3]{x(2-x)}}$，由 $f'(x)=0$ 得驻点 $x=1$；当 $x=0,x=2$ 时，$f'(x)$ 不存在.

(3) 列表如下：

x	$(-\infty,0)$	0	$(0,1)$	1	$(1,2)$	2	$(2,+\infty)$
$f'(x)$	—	不存在	+	0	—	不存在	+
$f(x)$	↘	极小值 0	↗	极大值 1	↘	极小值 0	↗

由上表可知，函数的极小值为 $f(0)=f(2)=0$，极大值为 $f(1)=1$.

练习

确定下列函数的极值：

(1) $y=x^3(1-x)$； (2) $y=\frac{x}{1+x^2}$.

二、函数的最大值和最小值

在许多实际问题中，常常会遇到在一定条件下，如何使“用料最省”、“效率最高”、“成本最低”、“路程最短”等问题.用数学的方法进行描述，它们都可归结为求一个函数的最大值、最小值问题.

最大值、最小值与极大值、极小值，一般是有所不同的.极大值与极小值是就局部来说的，它只与一点附近的函数值有关；最大值与最小值是整体性的概念，是就整个考察的区间来说的.

定义 2 函数 $y=f(x)$ 在区间 $[a,b]$ 上连续，$x_1,x_2\in[a,b]$.若对任何 $x\in[a,b]$ 成立 $f(x_1)\geqslant f(x)$，则 $f(x_1)$ 称为 $f(x)$ 在 $[a,b]$ 上的**最大值**，x_1 称为**最大值点**；若对任何 $x\in[a,b]$ 成立 $f(x_2)\leqslant f(x)$，则称 $f(x_2)$ 为 $f(x)$ 在 $[a,b]$ 上的**最小值**，x_2 称为**最小值点**.函数的最大值和最小值统称为**最值**，使函数取得最值的点 x_1,x_2 称为**最值点**.

我们知道，在闭区间 $[a,b]$ 上的连续函数 $f(x)$ 一定存在着最大值和最小值.一般说来，函数 $f(x)$ 在闭区间 $[a,b]$ 上的最大值和最小值只能在区间 (a,b) 内的极值点处与闭

区间的端点处取得.因此,可以由区间端点函数值 $f(a)$,$f(b)$与区间内使 $f'(x)=0$ 及 $f'(x)$不存在的点的函数值相比较,其中最大的就是函数在$[a,b]$上的最大值,最小的就是函数在$[a,b]$上的最小值.

计算最值的步骤如下:

(1) 求出函数 $f(x)$在(a,b)内的所有驻点及不可导点;

(2) 计算函数 $f(x)$在上述驻点、不可导点和区间端点处的函数值;

(3) 比较这些函数值的大小,其中最大的即为函数的最大值,最小的即为函数的最小值.

例 5　求函数 $f(x)=x^4-2x^2+5$ 在区间$[-2,2]$上的最大值和最小值.

解　(1) $f'(x)=4x^3-4x=4x(x-1)(x+1)$,令 $f'(x)=0$,得驻点 $x_1=-1$,$x_2=0$,$x_3=1$,这三个驻点都在区间$(-2,2)$内.

(2) 计算函数 $f(x)$在驻点、区间端点处的函数值:

$f(-2)=13$,$f(-1)=4$,$f(0)=5$,$f(1)=4$,$f(2)=13$.

(3) 比较大小,函数在$[-2,2]$上的最大值为 $f(2)=f(-2)=13$,最小值为 $f(-1)=4$.

如果连续函数在区间$[a,b]$内只有一个极大值,而无极小值,则此极大值就是该函数在区间$[a,b]$上的最大值;如果只有一个极小值,而无极大值,则此极小值就是最小值;如果$f(x)$在$[a,b]$内单调,则 $f(x)$在$[a,b]$内没有极值,其最大值和最小值必在区间的端点处.

例 6　求函数 $y=x^2-2x+6$ 的最小值.

解　函数的定义域为$(-\infty,+\infty)$.因为

$$y'=2x-2=2(x-1),$$

令 $y'=0$,得驻点 $x=1$.因为当 $x<1$ 时,$y'<0$;当 $x>1$ 时,$y'>0$,所以 $x=1$ 是函数的极小值点.

由于函数在$(-\infty,+\infty)$内有唯一的极值点,所以函数的极小值就是函数的最小值,即最小值为$y\big|_{x=1}=5$.

如果由实际问题可以断定 $f(x)$在其定义区间的内部存在着最大值(或最小值),且点 x_0 是可导函数 $f(x)$在其定义区间内部的唯一驻点,那么就可断定 $f(x)$在点 x_0 取得相应的最大值(或最小值).应用这个方法解决实际问题时,还必须首先建立函数关系式(目标函数).

例 7　一房地产公司有 50 套公寓要出租,当租金每套每月定为 180 元时,公寓可全部租出;当租金每套每月增加 10 元时,租不出的公寓就多一套.而租出的房子每套每月需 20 元的整修维护费.问房租定为多少可获得最大收入?

解　设每套公寓的月租金为 P 元,为了获得最大收入,由题设 $P\geqslant180$,没有租出的公寓有$\frac{1}{10}(P-180)$套,租出的公寓有 $50-\frac{1}{10}(P-180)=68-\frac{P}{10}$套,从而总收入函数为

$$R(P)=\left(68-\frac{P}{10}\right)(P-20)=-\frac{P^2}{10}+70P-1360,$$

$$R'(P)=-\frac{P}{5}+70.$$

令 $R'(P)=0$,得 $P=350$ 元.由本题的实际意义,适当的租价必能使收入达到最大,而函数有唯一驻点,因此每套公寓的房租定为 350 元时,可使收入最大.

例 8 某租赁公司有 40 套设备要出租,当租金定为每套每月 200 元时,该设备可全部租出;当租金每套每月增加 10 元时,租出设备就会减少一套.而对于租出的设备每套每月花 20 元的维护费.问租金定为多少时,该公司可获得最大利润?最大利润是多少?

解 设租金每套每月增加 x 个 10 元,则一套设备的月租金为 $200+10x$,该公司实际租出的设备为 $40-x$ 套.公司收入是 $(200+10x)(40-x)$,维护费用为 $20(40-x)$.

因此,该公司的利润函数为

$$y=(200+10x)(40-x)-20(40-x)=7200+220x-10x^2,$$

由此求得 $y'=220-22x$.令 $y'=0$,得唯一驻点 $x=11$.

因为是实际问题,最大利润总是存在,而驻点唯一,故在租金定为每套每月 $200+110=310$ 元时,公司将获得最大利润,其最大利润是 8410 元.

【问题探究】 现在我们来解决开始时提出的问题.

解 要材料最省,就是它的表面积最小.设煤气柜的底半径为 r,高为 h,则它的侧面积为 $2\pi rh$,底面积为 πr^2,因此表面积为 $S=2\pi r^2+2\pi rh$.

由体积公式 $V=\pi r^2 h$ 有 $h=\dfrac{V}{\pi r^2}$,所以

$$S=2\pi r^2+\frac{2V}{r},r\in(0,+\infty).$$

由问题的实际意义可知,S 在 $r\in(0,+\infty)$ 必有最小值.而

$$S'=4\pi r-\frac{2V}{r^2}=\frac{2(2\pi r^3-V)}{r^2},$$

令 $S'=0$,得 $r=\sqrt[3]{\dfrac{V}{2\pi}}$,则它一定是使 S 达到最小值的点.此时对应的高为

$$h=\frac{V}{\pi r^2}=2\sqrt[3]{\frac{V}{2\pi}}=2r.$$

于是得出结论:当煤气柜的高和底直径相等时,所用材料最省.

练习

1. 求下列函数在给定区间上的最大值与最小值:

(1) $y=x^5-5x^4+5x^3+1,x\in[-1,2]$; (2) $y=x+\cos x,x\in[0,2\pi]$.

2. 欲围一个面积为 150m^2 的矩形场地,所用材料的造价其正面是 6 元/m^2,其余三面是 3 元/m^2,问:场地的长和宽各为多少时,才能使造价最低?

三、曲线的凹凸与拐点

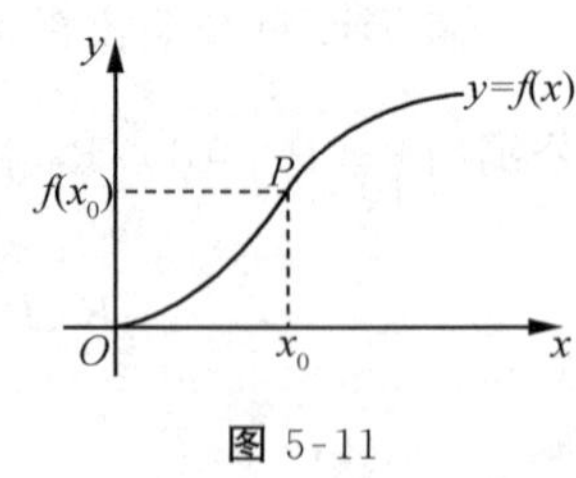

图 5-11

图 5-11 是某种耐用消费品的销售情况的曲线,纵轴 y 表示销量,横轴 x 表示时间.图象显示曲线始终是上升的,说明随着时间的推移,销售量不断上升.在区间 $(0,x_0)$ 内,对应的曲线上升的趋势由缓慢逐渐加快;而在区间 $(x_0,+\infty)$ 内,对应的曲

线上升的趋势又逐渐转向缓慢.说明在时间 x_0 以前,也就是销售量没有达到$f(x_0)$时,市场需求殷切,销售情况良好;而在时间 x_0 以后,也即销售量超过 $f(x_0)$时,市场需求趋于平缓,而渐渐进入饱和状态.其中点$(x_0,f(x_0))$是由加快转向缓和的转折点.

显然,借助曲线来分析这种商品的销售情况,对作出决策是有益的,因此,我们有必要进一步研究函数图形的弯曲情况——曲线的凹凸与拐点等特性.

1. 曲线的凹凸性及其判别法

从图 5-12 中看出,在区间(a,c)内曲线上各点的切线都位于曲线的上方,在区间(c,b)内曲线上各点的切线都位于曲线的下方,看到的这种现象在数学上称为曲线的凹凸性,下面给出曲线的凹凸的定义及其判别法.

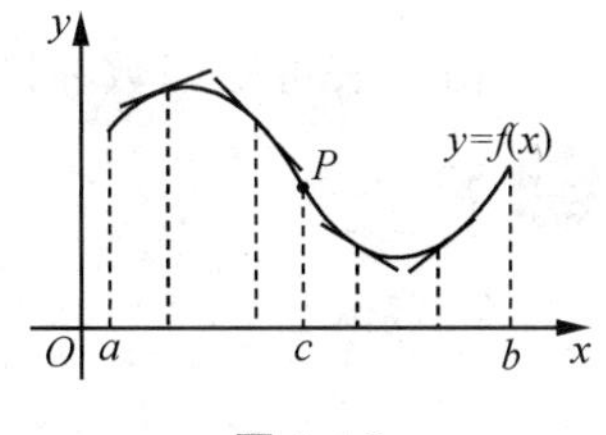

图 5-12

定义 3　若在区间(a,b)内,曲线 $y=f(x)$的各点处切线都位于曲线的下方,则称此曲线在(a,b)内是凹的;若曲线 $y=f(x)$的各点处切线都位于曲线的上方,则称此曲线在(a,b)内是凸的.

定理 3(曲线的凹凸性的判定定理)　设函数 $y=f(x)$在区间(a,b)内具有二阶导数.

(1) 如果在区间(a,b)内 $f''(x)>0$,则曲线 $y=f(x)$在(a,b)内是凹的;

(2) 如果在区间(a,b)内 $f''(x)<0$,则曲线 $f=f(x)$在(a,b)内是凸的.

这个定理告诉我们,要确定曲线的凹凸性,只要确定 $f''(x)$的同号区间以及相应的符号.而要定出 $f''(x)$的同号区间,首先要找出 $f''(x)$可能改变符号的那些转折点,即 $f''(x)$等于零以及不存在的点.

例 9　判定曲线 $f(x)=\sin x$ 在$[0,2\pi]$上的凹凸性.

解　(1) 函数 $f(x)=\sin x$ 的定义域是$[0,2\pi]$.

(2) $f'(x)=\cos x$,$f''(x)=-\sin x$,当 $x=\pi$ 时 $f''(x)=0$.

(3) 在$(0,\pi)$内 $f''(x)<0$,曲线是凸的;在$(\pi,2\pi)$内 $f''(x)>0$,曲线是凹的.

2. 拐点及其求法

例 9 中曲线 $f(x)=\sin x$ 上的点 $P(\pi,0)$是特殊的一点,它的左右两旁曲线的凹凸性正好相反,点 P 是曲线上凹弧与凸弧的分界点.

定义 4　若连续曲线 $y=f(x)$上的点 P 是曲线凹的曲线弧与凸的曲线弧的分界点,则称点 $P(x_0,f(x_0))$是曲线 $y=f(x)$的**拐点**.

由于拐点是曲线上凹弧与凸弧的分界点,所以拐点横坐标 $x=x_0$ 左右两侧近旁 $f''(x)$必然异号.于是可得拐点的求法如下:

(1) 求出 $f(x)$的定义域及 $f''(x)$;

(2) 求出使 $f''(x)=0$ 的点和 $f''(x)$不存在的点;

(3) 列表.用上述各点从小到大依次将定义域分成若干个部分区间,考察在每个部分区间的符号,若 $f''(x)$在点 x_i 两侧近旁异号,则$(x_i,f(x_i))$是曲线 $y=f(x)$的拐点,否则不是.

例 10　求曲线 $y=2+(x-4)^{\frac{1}{3}}$的凹凸区间与拐点.

解　(1) 函数的定义域为$(-\infty,+\infty)$,$y'=\dfrac{1}{3}(x-4)^{-\frac{2}{3}}$,$y''=-\dfrac{2}{9}(x-4)^{-\frac{5}{3}}$.

(2) 求出在$(-\infty,+\infty)$内使 $y''=0$ 的点和 y''不存在的点.得 y''不存在的点为 $x=4$,

而 $y''=0$ 的点没有.

(3) 列表如下：

x	$(-\infty,4)$	4	$(4,+\infty)$
y''	+	不存在	−
y	$\cup$	拐点(4,2)	$\cap$

由上表可知函数在区间$(-\infty,4)$内是凹的,在区间$(4,+\infty)$内是凸的,拐点为(4,2).

练习

求曲线 $y=x^3-3x^2$ 的凹凸区间和拐点.

习题 5-7

1. 求下列函数的极值：

(1) $y=x^3-3x^2+7$；　(2) $y=x^2e^{-x}$；

(3) $f(x)=x+\tan x$；　(4) $f(x)=x^2e^{-x}$；

(5) $y=x^{\frac{1}{3}}(1-x)^{\frac{2}{3}}$；　(6) $y=\dfrac{2x}{\ln x}$.

2. 求下列函数在给定区间上的极值：

(1) $f(x)=\sin x\cos x,(0,\pi)$；　(2) $f(x)=\dfrac{x}{1+x^2},\left(-\dfrac{3}{2},\dfrac{1}{2}\right)$.

3. 求下列函数在给定区间上的最大值与最小值：

(1) $y=3x^3-9x+5,[-2,2]$；　(2) $y=\sin 2x-x,\left[-\dfrac{\pi}{2},\dfrac{\pi}{2}\right]$.

4. 判定下列曲线的凹凸性：

(1) $y=\ln x$；　(2) $y=4x-x^2$.

5. 判定下列曲线的凹凸性并求其拐点：

(1) $y=2x^3+3x^2+x+2$；　(2) $y=\ln(x^2+1)$.

6. 一根铁丝长 72 cm,截成 12 段,搭成一个正四棱柱的模型,要使所占空间体积最大,问应该怎样截法?

7. 将数 8 分成两个数的和,使它们的立方和最小.

8. 半径为 r 的圆形铁皮,截去一个扇形后做成一个圆锥形漏斗,问截去的圆心角多大时,做成的漏斗容积最大?

§5-8 函数图象的描绘

我们知道,双曲线$\dfrac{x^2}{a^2}-\dfrac{y^2}{b^2}=1$ 有两条渐近线 $y=\pm\dfrac{b}{a}x$.由双曲线的渐近线,就容易看出双曲线在无穷远处的伸展状态.那么对一般曲线,我们如何了解其在无穷远处的变化趋

势呢？

一、水平渐近线和垂直渐近线

定义 1　若曲线 C 上的动点 P 沿着曲线无限地远离原点时，点 P 与某一固定直线 L 的距离趋于零，则称直线 L 为曲线 C 的**渐近线**.

并不是任何曲线都有渐近线，下面我们仅讨论两种特殊的渐近线.

1. 水平渐近线

定义 2　若当 $x\to\infty$ 时，有 $f(x)\to b$（b 为常数），则称曲线 $y=f(x)$ 有**水平渐近线** $y=b$.

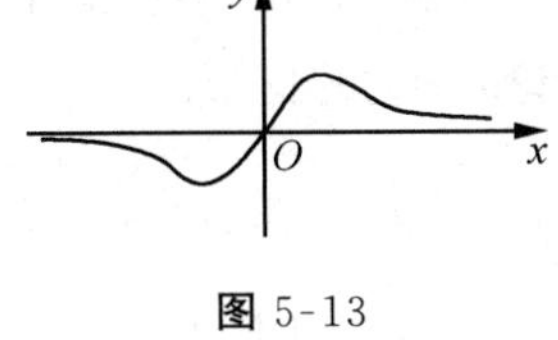

图 5-13

例 1　求曲线 $y=\dfrac{2x}{1+x^2}$ 的水平渐近线.

解　因为 $\lim\limits_{x\to\infty}\dfrac{2x}{1+x^2}=0$，所以 $y=0$ 是曲线 $y=\dfrac{2x}{1+x^2}$ 的水平渐近线（图 5-13）.

2. 垂直渐近线

定义 3　若当 $x\to a$（a 为常数）时，有 $f(x)\to\infty$，则称曲线 $y=f(x)$ 有**垂直渐近线** $x=a$.

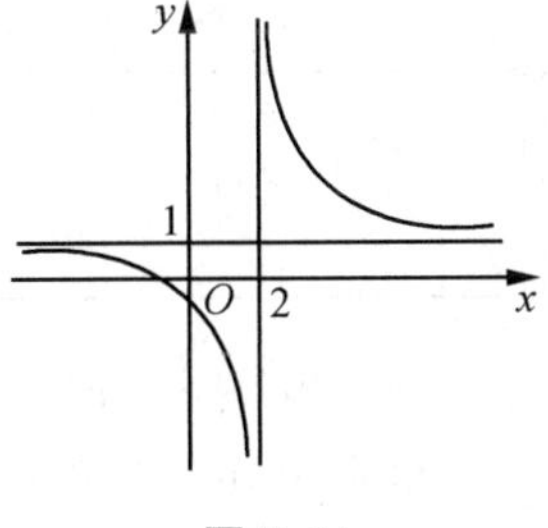

图 5-14

例 2　求曲线 $y=\dfrac{x+1}{x-2}$ 的渐近线.

解　因为 $\lim\limits_{x\to 2}\dfrac{x+1}{x-2}=\infty$，所以 $x=2$ 是 $y=\dfrac{x+1}{x-2}$ 的垂直渐近线.

又 $\lim\limits_{x\to\infty}\dfrac{x+1}{x-2}=1$，所以 $y=1$ 是 $y=\dfrac{x+1}{x-2}$ 的水平渐近线（图 5-14）.

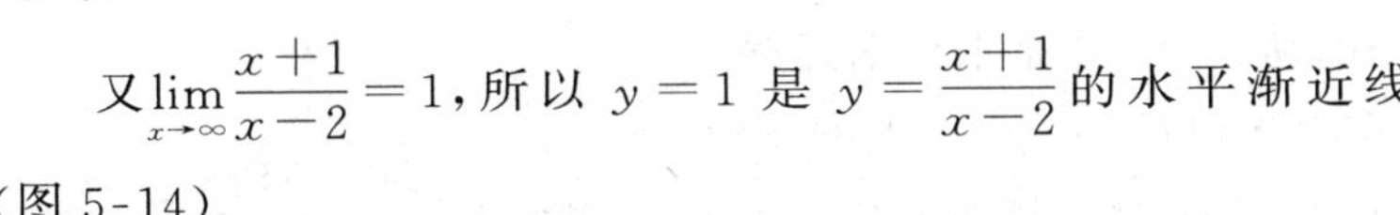
练习

求下列曲线的水平渐近线和垂直渐近线：

(1) $y=\ln x$　　　　(2) $y=\dfrac{x}{x^3-1}$.

二、函数的分析作图法

描绘函数的图形，其基本方法是描点法.但对于一些比较生疏的函数，取哪些点来做描图的基础，盲目性很大.前面我们利用导数这一重要工具，研究了函数的单调性与极值、曲线的凹凸与拐点和曲线的渐近线，从而对函数变化性态有了一个整体的了解.现在我们可以取极值点、拐点等关键点，同时也可以把函数的单调性、曲线的凹凸性讨论清楚，结合过去讨论过的定义域、奇偶性等基本性质，就能把图形描绘得比较准确.

函数的分析作图法是利用导数这一工具，分析函数整体的性态，再结合描点法作图，其一般步骤是：

(1) 确定函数的定义域及考察函数的奇偶性；

(2) 求出 $f'(x)$ 和 $f''(x)$，并求出使 $f'(x)=0$，$f''(x)=0$ 和 $f'(x)$，$f''(x)$ 不存在的

所有点，将所得点从小到大排列，把函数的定义区间为为若干个子区间；

(3) 列出表格，考察在每个子区间内 $f'(x)$，$f''(x)$ 的符号，确定函数的单调性与极值和曲线的凹凸性与拐点；

(4) 考察函数的渐近线；

(5) 描出图形上相应的点，把它们连成光滑的曲线.有时为了把图形描绘得准确一些，还需要补充一些辅助点.

例 3 描绘函数 $y=e^{-x^2}$ 的图象.

解 (1) 函数的定义域是$(-\infty,+\infty)$.函数是偶函数，关于 y 轴对称，所以只需讨论$x\geqslant 0$ 的情形.

(2) $y'=-2xe^{-x^2}$，$y''=2e^{-x^2}(2x^2-1)$.令 $y'=0$，得 $x=0$；令 $y''=0$，得 $x=\pm\dfrac{\sqrt{2}}{2}$.

(3) 列表如下：

x	$\left(-\infty,-\frac{\sqrt{2}}{2}\right)$	$-\frac{\sqrt{2}}{2}$	$\left(-\frac{\sqrt{2}}{2},0\right)$	0	$\left(0,\frac{\sqrt{2}}{2}\right)$	$\frac{\sqrt{2}}{2}$	$\left(\frac{\sqrt{2}}{2},+\infty\right)$
y'	+		+	0	−		−
y''	+	0	−		−	0	+
y	↗∪	拐点 $\left(-\frac{\sqrt{2}}{2},\frac{\sqrt{e}}{e}\right)$	↗∩	极大值	↘∩	拐点$\left(\frac{\sqrt{2}}{2},\frac{\sqrt{e}}{e}\right)$	↘∪

(4) 当 $x\to\infty$时，有 $y\to 0$，所以 $y=0$ 是水平渐近线.

根据上述讨论的结果，作出函数在$(0,+\infty)$上的图形，再利用图形关于 y 轴的对称性，画出全部图形(图 5-15)，这个曲线称为**概率曲线**.

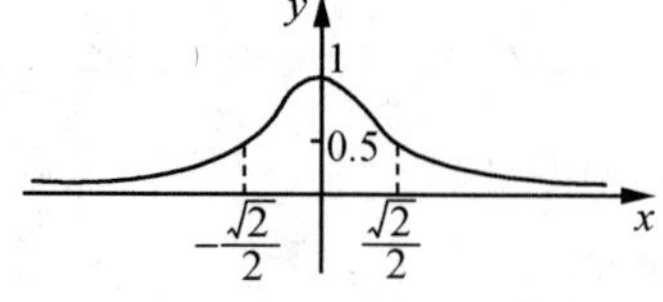

图 5-15

例 4 描绘函数 $y=\dfrac{x^2}{x^2-1}$的图象.

解 (1) 函数的定义域是$(-\infty,-1)\cup(-1,1)\cup(1,+\infty)$，是偶函数.

(2) $y=1+\dfrac{1}{x^2-1}$，$y'=\dfrac{-2x}{(x^2-1)^2}$，当 $x=0$ 时 $y'=0$，$x=\pm 1$ 时 y'不存在；

$y''=\dfrac{-2(x^2-1)^2+2x\cdot 2(x^2-1)2x}{(x^2-1)^4}=\dfrac{2+6x^2}{(x^2-1)^3}$，$x=\pm 1$ 时 y''不存在.

(3) 列表如下：

x	$(-\infty,-1)$	$(-1,0)$	0	$(0,1)$	$(1,+\infty)$
y'	+	+	0	−	−
y''	+	−		−	+
y	↗∪	↗∩	极大值 0	↘∩	↘∪

(4) 因为$\lim\limits_{x\to\infty}\dfrac{x^2}{x^2-1}=1$，所以 $y=1$ 是水平渐近线；

因为$\lim\limits_{x\to-1}\dfrac{x^2}{x^2-1}=\infty$，$\lim\limits_{x\to1}\dfrac{x^2}{x^2-1}=\infty$，

所以 $x=\pm1$ 是垂直渐近线.

(5) 根据上述讨论的结果，描绘出函数的图形(图 5-16).

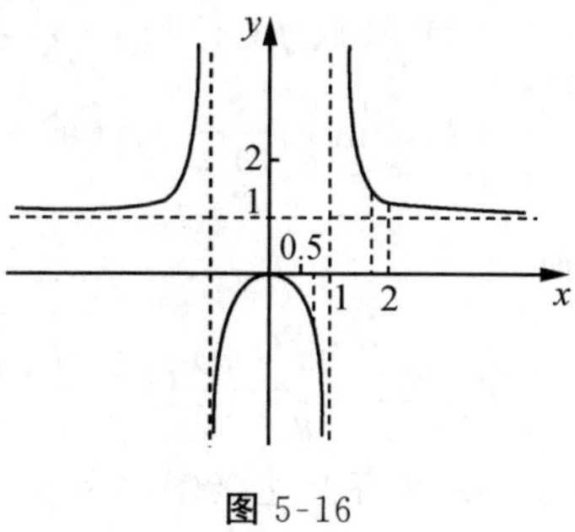

图 5-16

练 习

作出函数 $y=e^x-x-1$ 的图象.

习题 5-8

1. 求下列曲线的水平渐近线和垂直渐近线：

(1) $y=\dfrac{1}{1-x}$；　　(2) $y=\ln(x-1)$；

(3) $y=\dfrac{4(x+1)}{x^2}-2$；　　(4) $y=x^2+\dfrac{1}{x}$.

2. 绘制下列函数的图形：

(1) $y=\dfrac{1}{x}+4x^2$；　　(2) $y=\dfrac{8a^3}{x^2+a^2}(a>0)$；

(3) $y=\dfrac{2x-1}{(x-1)^2}$；　　(4) $y=e^{-\frac{1}{x^2}}$.

§ 5-9　洛必达法则

【问题引入】 前面的章节我们学习了极限的概念和求法，那对于诸如$\lim\limits_{x\to1^+}\left(\dfrac{x}{x-1}-\dfrac{1}{\ln x}\right)$这样的一类极限能够处理吗？

在极限的讨论中，已经看到：当 $x\to x_0$(或 $x\to\infty$)时，两个函数 $f(x)$，$g(x)$都是无穷小或无穷大，则极限$\lim\limits_{x\to x_0}\dfrac{f(x)}{g(x)}$可能存在，也可能不存在，这种极限称为未定式，分别记作"$\dfrac{0}{0}$"或"$\dfrac{\infty}{\infty}$".我们也曾通过适当的恒等变形解决某些未定式的求极限问题.现在介绍计算未定式极限的一种简便而有效的方法——洛必达法则(L'Hospital).

一、$\dfrac{0}{0}$型未定式

定理 1(洛必达法则Ⅰ)　设函数 $f(x)$和 $g(x)$满足：

(1) $\lim\limits_{x\to x_0}f(x)=0$，$\lim\limits_{x\to x_0}g(x)=0$；

(2) 函数 $f(x)$ 与 $g(x)$ 在 x_0 及其近旁(点 x_0 可除外)可导,且 $g'(x)\neq 0$;

(3) $\lim\limits_{x\to x_0}\dfrac{f'(x)}{g'(x)}=A$(或$\infty$).

则
$$\lim_{x\to x_0}\frac{f(x)}{g(x)}=\lim_{x\to x_0}\frac{f'(x)}{g'(x)}=A.$$

如果 $\lim\limits_{x\to x_0}\dfrac{f'(x)}{g'(x)}$ 仍是 $\dfrac{0}{0}$ 型,且满足定理的条件,则可继续使用洛必达法则.

如果将上述极限过程 $x\to x_0$ 改为 $x\to\infty$,定理的结论仍然成立.

例 1　求 $\lim\limits_{x\to 0}\dfrac{1-\cos x}{x^2}$.

解　$\lim\limits_{x\to 0}\dfrac{1-\cos x}{x^2}\overset{\frac{0}{0}}{=}\lim\limits_{x\to 0}\dfrac{\sin x}{2x}=\dfrac{1}{2}$.

例 2　求 $\lim\limits_{x\to a}\dfrac{\ln x-\ln a}{x-a}(a>0)$.

解　$\lim\limits_{x\to a}\dfrac{\ln x-\ln a}{x-a}\overset{\frac{0}{0}}{=}\lim\limits_{x\to a}\dfrac{\frac{1}{x}}{1}=\dfrac{1}{a}$.

例 3　求 $\lim\limits_{x\to 0}\dfrac{e^x-\cos x}{x\sin x}$.

解　$\lim\limits_{x\to 0}\dfrac{e^x-\cos x}{x\sin x}\overset{\frac{0}{0}}{=}\lim\limits_{x\to 0}\dfrac{e^x+\sin x}{\sin x+x\cos x}=\infty$.

例 4　求 $\lim\limits_{x\to 0}\dfrac{x-\sin x}{\sin^3 x}$.

解　
$$\lim_{x\to 0}\frac{x-\sin x}{\sin^3 x}\overset{\frac{0}{0}}{=}\lim_{x\to 0}\frac{1-\cos x}{3\sin^2 x\cos x}\overset{\frac{0}{0}}{=}\lim_{x\to 0}\frac{\sin x}{6\sin x\cos x-3\sin^3 x}$$
$$=\lim_{x\to 0}\frac{1}{6\cos x-3\sin^2 x}=\frac{1}{6}.$$

二、$\dfrac{\infty}{\infty}$型未定式

定理 2(洛必达法则Ⅱ)　设函数 $f(x)$ 和 $g(x)$ 满足:

(1) $\lim\limits_{x\to x_0}f(x)=\infty$, $\lim\limits_{x\to x_0}g(x)=\infty$;

(2) 函数 $f(x)$ 与 $g(x)$ 在 x_0 及其近旁(点 x_0 可除外)可导,且 $g'(x)\neq 0$;

(3) $\lim\limits_{x\to x_0}\dfrac{f'(x)}{g'(x)}=A$(或$\infty$).

则
$$\lim_{x\to x_0}\frac{f(x)}{g(x)}=\lim_{x\to x_0}\frac{f'(x)}{g'(x)}=A.$$

如果 $\lim\limits_{x\to x_0}\dfrac{f'(x)}{g'(x)}$ 仍是 $\dfrac{\infty}{\infty}$ 型,且满足定理的条件,则可继续使用洛必达法则.

如果将上述极限过程 $x\to x_0$ 改为 $x\to\infty$,定理的结论仍成立.

例 5　求 $\lim\limits_{x\to\frac{\pi}{2}}\dfrac{\tan 3x}{\tan x}$.

解　$\lim\limits_{x\to\frac{\pi}{2}}\dfrac{\tan3x}{\tan x}\overset{\frac{\infty}{\infty}}{=}\lim\limits_{x\to\frac{\pi}{2}}\dfrac{3\sec^2 3x}{\sec^2 x}=\lim\limits_{x\to\frac{\pi}{2}}\dfrac{3\cos^2 x}{\cos^2 3x}\overset{\frac{0}{0}}{=}\lim\limits_{x\to\frac{\pi}{2}}\dfrac{6\cos x(-\sin x)}{2\cos3x(-3\sin3x)}$

$=\lim\limits_{x\to\frac{\pi}{2}}\dfrac{\sin2x}{\sin6x}\overset{\frac{0}{0}}{=}\lim\limits_{x\to\frac{\pi}{2}}\dfrac{2\cos2x}{6\cos6x}=\dfrac{1}{3}.$

例 6　求 $\lim\limits_{x\to+\infty}\dfrac{x^n}{\ln x}$（$n$ 为自然数）.

解　$\lim\limits_{x\to+\infty}\dfrac{x^n}{\ln x}\overset{\frac{\infty}{\infty}}{=}\lim\limits_{x\to+\infty}\dfrac{nx^{n-1}}{\dfrac{1}{x}}=\lim\limits_{x\to+\infty}nx^n=\infty.$

例 7　求 $\lim\limits_{x\to+\infty}\dfrac{x^n}{e^x}$（$n$ 为自然数）.

解　$\lim\limits_{x\to+\infty}\dfrac{x^n}{e^x}\overset{\frac{\infty}{\infty}}{=}\lim\limits_{x\to+\infty}\dfrac{nx^{n-1}}{e^x}\overset{\frac{\infty}{\infty}}{=}\lim\limits_{x\to+\infty}\dfrac{n(n-1)x^{n-2}}{e^x}\overset{\frac{\infty}{\infty}}{=}\lim\limits_{x\to+\infty}\dfrac{n(n-1)(n-2)x^{n-3}}{e^x}=\cdots=\lim\limits_{x\to+\infty}\dfrac{n!}{e^x}=0.$

上述两例告诉我们，当 $x\to+\infty$ 时，e^x，x^n，$\ln x$ 都是无穷大量，其中以 e^x 增加得最快，x^n 其次，$\ln x$ 最慢.

三、其他类型的未定式

除$\dfrac{0}{0}$型与$\dfrac{\infty}{\infty}$型未定式之外，还有 $0\cdot\infty$，$\infty-\infty$，1^∞，0^0，∞^0 等类型的未定式.对于 $0\cdot\infty$，$\infty-\infty$这两种类型，可进行适当变换将它们化为$\dfrac{0}{0}$型与$\dfrac{\infty}{\infty}$型未定式，再用洛必达法则求极限.而 1^∞，0^0，∞^0 这三种类型未定式都是在求 $\lim f(x)^{g(x)}$ 的极限时出现的.因为

$$f(x)^{g(x)}=e^{\ln f(x)g(x)}=e^{g(x)\ln f(x)},$$

又由指数函数的连续性有

$$\lim f(x)^{g(x)}=\lim e^{g(x)\ln f(x)}=e^{\lim g(x)\ln f(x)},$$

所以只要求出 $\lim g(x)\ln f(x)$，问题就解决了.而后者是一个 $0\cdot\infty$型的未定式，可将其化为$\dfrac{0}{0}$型或$\dfrac{\infty}{\infty}$型后应用洛必达法则来解决.

例 8　求 $\lim\limits_{x\to0+}x^n\ln x$（$n>0$）.

解　这是 $0\cdot\infty$型未定式，把 x^{-n}放到分母上，可将其化为$\dfrac{\infty}{\infty}$型未定式.

$$\lim_{x\to0+}x^n\ln x=\lim_{x\to0+}\frac{\ln x}{x^{-n}}=\lim_{x\to0+}\frac{\dfrac{1}{x}}{-nx^{-n-1}}=\lim_{x\to0+}\frac{x^n}{-n}=0.$$

例 9　求 $\lim\limits_{x\to+\infty}x^{\frac{1}{x}}$.

解　这是∞^0 型未定式，利用恒等式将其化为$\dfrac{\infty}{\infty}$型未定式.

$$\lim_{x\to+\infty} x^{\frac{1}{x}}=\lim_{x\to+\infty} e^{\frac{\ln x}{x}}=e^{\lim_{x\to+\infty}\frac{\ln x}{x}}=e^{\lim_{x\to+\infty}\frac{\frac{1}{x}}{1}}=e^0=1.$$

例 10 求$\lim\limits_{x\to 0}\dfrac{x^2\sin\dfrac{1}{x}}{\sin x}$.

解 这个极限属$\dfrac{0}{0}$型未定式.由洛必达法则得

$$\lim_{x\to 0}\frac{x^2\sin\dfrac{1}{x}}{\sin x}=\lim_{x\to 0}\frac{2x\sin\dfrac{1}{x}-\cos\dfrac{1}{x}}{\cos x},$$

因为$\lim\limits_{x\to 0}\dfrac{2x\sin\dfrac{1}{x}-\cos\dfrac{1}{x}}{\cos x}$不存在,利用洛必达法则失效,所以所给极限无法使用洛必达法则来计算.

事实上,

$$\lim_{x\to 0}\frac{x^2\sin\dfrac{1}{x}}{\sin x}=\lim_{x\to 0}\frac{x}{\sin x}x\sin\frac{1}{x}=\lim_{x\to 0}\frac{x}{\sin x}\cdot\lim_{x\to 0}x\sin\frac{1}{x}=0.$$

从以上例题可以看出,洛必达法则的确是解决$\dfrac{0}{0}$型或$\dfrac{\infty}{\infty}$型未定式的极限的一种简便而有效的方法,但它不是万能的.有的极限虽是未定式,但使用洛必达法则无法求出极限,这时应考虑用其他方法进行计算.

【问题探究】 求$\lim\limits_{x\to 1^+}\left(\dfrac{x}{x-1}-\dfrac{1}{\ln x}\right)$.

解 这是$\infty-\infty$型未定式,通过“通分”将其化为$\dfrac{0}{0}$型未定式.

$$\lim_{x\to 1^+}\left(\frac{x}{x-1}-\frac{1}{\ln x}\right)=\lim_{x\to 1^+}\frac{x\ln x-x+1}{(x-1)\ln x}=\lim_{x\to 1^+}\frac{\ln x+1-1}{\ln x+\dfrac{x-1}{x}}$$

$$=\lim_{x\to 1^+}\frac{\ln x}{\ln x+1-\dfrac{1}{x}}=\lim_{x\to 1^+}\frac{\dfrac{1}{x}}{\dfrac{1}{x}+\dfrac{1}{x^2}}=\frac{1}{2}.$$

练习

用洛必达法则求下列极限:

(1) $\lim\limits_{x\to 0}\dfrac{x-\sin x}{x^2}$;　　(2) $\lim\limits_{x\to+\infty}\dfrac{\log_3 x}{x^2}$.

习题 5-9

1. 求下列极限：

(1) $\lim\limits_{x\to 1}\dfrac{x^2-3x+2}{x^3-1}$；

(2) $\lim\limits_{x\to 0}\dfrac{(1+x)^a-1}{x}$（$a$ 为实数）；

(3) $\lim\limits_{x\to 0}\dfrac{\sin ax}{\sin bx}(b\neq 0)$；

(4) $\lim\limits_{x\to 0}\dfrac{e^x-e^{-x}}{\sin x}$；

(5) $\lim\limits_{x\to a}\dfrac{\sin x-\sin a}{x-a}$；

(6) $\lim\limits_{x\to \pi}\dfrac{\sin 3x}{\tan 5x}$；

(7) $\lim\limits_{x\to +\infty}\dfrac{x^2+\ln x}{x\ln x}$.

2. 求下列极限：

(1) $\lim\limits_{x\to \infty}\dfrac{x+\sin x}{x}$；

(2) $\lim\limits_{x\to +\infty}\dfrac{\sqrt{1+x^2}}{x}$.

本章内容小结

本章主要内容有：导数和微分的概念、求导数和求微分的运算、洛必达法则求未定式的极限、函数的单调性和极值的判定、函数最值的求法及应用、曲线凹凸性和拐点的判定.

1. 导数的概念和运算

导数概念极为重要，应准确理解.运用导数概念，前提是领会导数的基本思想，掌握它的基本分析方法.学习本章的内容，重点和大量的工作是熟练掌握求导运算，提高运算能力.由于初等函数是由基本初等函数和常数经过有限次四则运算与复合运算所得到的一个函数，因此求初等函数的导数必须熟记基本初等函数的导数公式及求导法则；遇到隐函数求导，首先是方程两边同时对自变量求导，然后解出所求的导数.这里复合函数的求导法则特别重要，应切实掌握.

2. 导数的实际意义

(1) 导数的几何意义.

$f'(x_0)$在几何上表示曲线 $y=f(x)$过点$(x_0,f(x_0))$的切线的斜率.

(2) 导数的物理意义.

$s'(t_0)$在物理上表示变速直线运动的物体在时刻 t_0 的瞬时速度，$v'(t_0)=s''(t_0)$表示在时刻 t_0 物体的加速度；$q'(t_0)$表示在时刻 t_0 通过某截面的电流强度.

3. 微分的概念与运算

函数 $y=f(x)$的微分 dy 就是函数的导数 $f'(x)$与自变量的微分 dx（$dx=\Delta x\neq 0$）的积，即 $dy=f'(x)dx$.

求函数 $y=f(x)$的导数 $f'(x)$与求函数的微分 $f'(x)dx$ 是互通的，即

$$\frac{dy}{dx}=f'(x)\Leftrightarrow dy=f'(x)dx.$$

微分的计算可直接利用 $dy=f'(x)dx$ 计算，即先求函数的导数，然后乘以 dx；也可

以利用微分公式与微分的法则进行计算.

微分是"以直代曲",当$|\Delta x|$较小时,$dy \approx \Delta y$,这是微分的基本作用.

4. 可导、可微与连续的关系

(1) 可导与可微是等价的;

(2) 若$f(x)$在x_0处可导,则在x_0处必连续;反之不真.

若$f(x)$在x_0处不连续,则$f(x)$在x_0处不可导,即连续是可导(可微)的必要条件,但不是充分条件.

5. 拉格朗日中值定理

设函数$f(x)$满足下列两个条件:

(1) 在闭区间$[a,b]$上连续;

(2) 在开区间(a,b)内可导.

则在区间(a,b)内至少存在一点ξ,使得

$$f'(\xi)=\frac{f(b)-f(a)}{b-a}\text{(或 } f(b)-f(a)=f'(\xi)(b-a)\text{)}(a<\xi<b)$$

成立.

6. 用洛必达法则求极限的注意事项

洛必达法则是求未定式极限的一种有效方法,在使用过程中,应注意以下几点:

(1) 使用洛必达法则之前,应该先检验其条件是否满足;

(2) 如果使用洛必达法则之后,仍是$\frac{0}{0}$或$\frac{\infty}{\infty}$型未定式,可以再次使用;

(3) 如果能进行等价无穷小代换或恒等变形配合使用洛必达法则,也可以简化运算.

7. 函数的单调性与极值和曲线的凹凸性与拐点

判定函数的单调性与极值和曲线的凹凸性与拐点的思想方法是类似的,只是所使用的工具(y'或y'')有所不同.现列表对比如下:

	函数的单调性与极值的判定				曲线的凹凸性与拐点的判定			
	x	$(x_0-\Delta x,x_0)$	x_0	$(x_0,x_0+\Delta x)$	x	$(x_0-\Delta x,x_0)$	x_0	$(x_0,x_0+\Delta x)$
(1)	y'	+	0	−	y''	+	0	−
	y		极大值		y		拐点纵标	
(2)	y'	−	0	+	y''	−	0	+
	y		极小值		y		拐点纵标	
(3)	y'	+(−)	0	+(−)	y''	+(−)	0	+(−)
	y		非极值		y		非拐点纵标	

确定函数单调区间与极值和曲线凹凸区间与拐点的基本步骤也是类似的,请注意对比.

8. 函数的最值及应用问题

函数的最值与极值是两个既有区别又有联系的概念,应注意对比.求函数在给定区间

上的最值是通过比较驻点、不可导点及区间端点处的函数值的大小而得到的，并不需要使用判定定理.而对于实际问题的应用题，则首先列出函数关系式(目标函数)，确定其定义域，求出驻点，然后根据唯一的极值即实际问题的最值来解决.

复习题五

一、选择题.

1. 设在区间(a,b)内，函数$f(x)$的一阶导数$f'(x)>0$，二阶导数$f''(x)>0$，则曲线$y=f(x)$在此区间内 (　　)

A. $y=x\arctan x$ 单调下降且是凸的　　B. $y=x\arctan x$ 单调下降且是凹的

C. $y=x\arctan x$ 单调上升且是凹的　　D. $y=x\arctan x$ 单调上升且是凸的

2. e^2 的导数是 (　　)

A. e^2　　B. $e^2\ln 2$　　C. $2e$　　D. 0

3. 设 $y=\cos x$，则 $y''=$ (　　)

A. $\sin x$　　B. $-\sin x$　　C. $\cos x$　　D. $-\cos x$

4. 函数 $y=x-\sin x$ 在$(-2\pi,2\pi)$内的拐点个数是 (　　)

A. 1　　B. 2　　C. 3　　D. 4

5. 设 $y=x^2\sin x$，则 $y'=$ (　　)

A. $2x\cos x+x^2\sin x$　　B. x^2

C. $x^2\cos x+2x\sin x$　　D. $2x\sin x$

6. 已知 $y=\cos\left(2x-\frac{\pi}{2}\right)$，那么 $y'(0)=$ (　　)

A. 0　　B. 2　　C. 1　　D. -2

7. 设 $f(x)=\sin^2 x$，则 $2f'\left(\frac{\pi}{12}\right)=$ (　　)

A. 0　　B. $\frac{1}{2}$　　C. 1　　D. -1

8. 曲线 $y=\ln x$ 上某点的切线平行于直线 $y=2x-3$，则该点坐标是 (　　)

A. $\left(2,\ln\frac{1}{2}\right)$　　B. $\left(2,-\ln\frac{1}{2}\right)$　　C. $\left(\frac{1}{2},-\ln 2\right)$　　D. $\left(\frac{1}{2},\ln 2\right)$

9. 导数等于$\frac{1}{2}\sin 2x$ 的函数是 (　　)

A. $\frac{1}{2}\sin^2 x$　　B. $\frac{1}{4}\cos 2x$　　C. $\frac{1}{2}\cos^2 x$　　D. $1-\frac{1}{2}\cos 2x$

10. 若 $f(x)=e^x+\ln x$，则 $f'(2)=$ (　　)

A. $e^x+\frac{1}{x}$　　B. $e^2+\frac{1}{2}$　　C. $e^2+\frac{1}{x}$　　D. $e^2+\ln 2$

11. 设 $y=x\arctan x$，则 $dy=$ (　　)

A. $\arctan x+\frac{x}{1+x^2}$　　B. $\left(\arctan x+\frac{x}{1+x^2}\right)dx$

C. $\arctan x+\frac{1}{1+x^2}$　　D. $\left(\arctan x+\frac{1}{1+x^2}\right)dx$

12. 设函数 $y=3^{10}x^5$，则 $y^{(5)}=$　　(　　)

A. 0　　B. $3^{10}5!$　　C. 3^{10-5}　　D. 3^{10}

13. 设 $y=xe^x$，则 $y^{(3)}=$　　(　　)

A. $x^{-2}e^x$　　B. $(-1)^{n-1}2!x^{-2}ex$

C. $2e^x$　　D. $3e^x+xe^x$

14. 曲线 $y=\sin 2x$ 在 $x=\frac{\pi}{8}$ 处的切线的斜率为　　(　　)

A. 0　　B. $\sqrt{2}$　　C. 1　　D. $\frac{\pi}{4}$

15. 曲线 $y=xe^x$ 在(1,e)处的切线方程是　　(　　)

A. $y=2ex-e$　　B. $y=2ex$　　C. $y=2ex+e$　　D. $y=ex-e$

16. 函数 $y=x^3-x^2-3$ 在区间[1,2]上符合拉格朗日中值定理的 ξ 是　　(　　)

A. $\frac{3}{2}$　　B. $\frac{1+\sqrt{13}}{3}$　　C. $\frac{1-\sqrt{13}}{3}$　　D. $\frac{1+\sqrt{11}}{2}$

17. 函数 $y=x^2$ 在[0,1]上满足拉格朗日中值定理的条件，则使该定理成立 $f'(\xi)=1$ 的 $\xi=$　　(　　)

A. 0　　B. 1　　C. $\frac{1}{2}$　　D. $\frac{2}{3}$

18. 下列结论正确的是　　(　　)

A. x_0 是 $f(x)$的极值点，则 $f'(x_0)$存在，必有 $f'(x_0)=0$

B. x_0 是 $f(x)$的极值点，则 x_0 必为 $f(x)$的驻点

C. 若 $f'(x_0)=0$，则 x_0 必为 $f(x)$的极值点

D. $f(x)$在(a,b)内的极大值必大于极小值

19. 已知曲线 $y=\frac{a}{6}x^3-\frac{b}{2}x^2$ 的拐点是(−1,1)，则 a,b 的值分别为　　(　　)

A. 1,3　　B. 3,1　　C. 3,3　　D. 3,−3

20. 下列极限不能使用洛必达法则来求的是　　(　　)

A. $\lim\limits_{x\to\frac{\pi}{2}}\frac{\tan x}{\tan 3x}$　　B. $\lim\limits_{x\to 0}\frac{\sin x}{x}$

C. $\lim\limits_{x\to\infty}\frac{x+\cos x}{x}$　　D. $\lim\limits_{x\to 2}\frac{x^4-16}{x^3+5x^2-6x-16}$

二、填空题

1. 已知曲线 $y=f(x)$在 $x=2$ 处的切线的倾斜角为 $\frac{5}{6}\pi$，则 $f'(2)=$________.

2. 设 $y=\arctan(x^2)$，则 $dy=$________.

3. 设 $y=\cos(e^x)$，则 $y'=$________.

4. 设 $y=x^2\ln 2x$，则 $y'=$________.

5. 设物体的运动方程为 $s(t)=at^2+bt+c$（其中 a,b,c 为常数，且 $a\neq 0$），当 $t=-\dfrac{b}{2a}$时，物体的速度为____________，物体的加速度为____________.

6. 函数 $f(x)=x^3+x$ 在$[0,1]$上满足拉格朗日中值定理的条件和结论，这时 $\xi=$____________.

7. 曲线 $y=2x-x^3$ 在点$(1,-1)$处的切线方程为____________.

8. 曲线 $y=\dfrac{1}{x}$在点$(1,1)$处的法线方程为____________.

9. 函数 $y=x^3-3x^2-9x+14$ 的单调增加区间为____________.

10. 已知点$(0,1)$是曲线 $y=x^3+ax^2+b$ 的拐点，则 $a=$______，$b=$______.

三、求下列函数的导数 y'：

1. $y=3x^3-\dfrac{1}{x^3}+\dfrac{1}{3}$.　　2. $y=\dfrac{1+x}{2-x^2}$.

3. $y=(x^2-x+1)^9$.　　4. $y=\sin(x^2)$.

5. $y=\ln(1-x^2)$.　　6. $y=\lg\sin x^2$.

7. $y=(1+\cos x)(x-\ln x)$.　　8. $y=\left(\dfrac{x}{1+x}\right)^x$.

四、求下列各函数的二阶导数 y''：

1. $y=x\mathrm{e}^{x^2}$.　　2. $y=(1+x^2)\arctan x$.

五、求隐函数的导数：

1. $y^2=\mathrm{e}^{(x+y)}$.　　2. $y=x+\dfrac{1}{2}\ln y$.

3. $x\cos y=\sin(x+y)$.

六、求下列各函数的微分 $\mathrm{d}y$：

1. $x\sqrt{y}-y\sqrt{x}=1$.　　2. $x=\sin(xy)$.

七、研究下列函数的极值或最值：

1. 求函数 $f(x)=\sin x+\cos x$ 在$[0,2\pi]$上的极值.

2. 求函数 $y=\dfrac{\ln x^2}{x}$的极值.

3. 求曲线 $y=x^3-3x^2-9x+5$ 在$[-2,6]$上的最大值和最小值.

八、求下列极限：

1. $\lim\limits_{x\to 0}\dfrac{x-\arctan x}{x^3}$.　　2. $\lim\limits_{x\to 0^+}\dfrac{\ln\tan 7x}{\ln\tan 2x}$.

3. $\lim\limits_{x\to\frac{\pi}{4}}\left[\dfrac{\tan x-1}{\sin 4x}\right]$.　　4. $\lim\limits_{x\to+\infty}\dfrac{x}{x+\sqrt{x}}$.

5. $\lim\limits_{x\to+\infty}\dfrac{\ln\left(1+\dfrac{1}{x}\right)^x}{\arctan x}$.

九、作下列函数的图象：

1. $y=10+x+10x^2-x^3$.　　2. $y=x\mathrm{e}^x$.

十、应用题.

1. 设曲线 $y=ax^3+bx^2+cx$ 有拐点(1,2),且拐点处的切线斜率为-1,求常数 a,b,c.

2. 已知函数 $f(x)=x^3+ax^2+bx$ 在 $x=1$ 处有极值-2,试确定常数 a,b 的值,并确定-2是极大值还是极小值.

3. 试求内接于椭圆$\frac{x^2}{a^2}+\frac{y^2}{b^2}=1$而面积最大的矩形各边的长.

4. 要造一圆柱形的油罐,体积为 V,问底半径 r 和高 h 等于多少时,才能使面积最小? 这时底直径与高的比是多少?

5. 某车间靠墙壁要盖一间长方形小屋,现有存砖只够砌 20 m 长的墙壁,问应围成怎样的长方形,才能使这间小屋的面积最大?

6. 欲用围墙围成面积为 216 m^2 的一块矩形土地,并在长向正中用一堵墙将其隔成两块,问这块土地的长与宽选取多大尺寸时,才能使所用建筑材料最省?

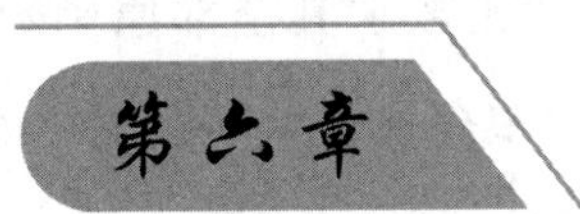

第六章　积　分

§6－1　不定积分的概念

【问题引入】 微分学的中心问题是对于一个给定的函数，如何去求它的导数或微分. 例如，已知函数$f(x)=x^3$，要求它的导数，由导数定义，$f'(x)=3x^2$.但在许多实际问题中，常常会遇到相反的问题，即已知函数的导数或微分，要求出这个函数.于是，我们引入原函数的概念.

一、原函数

1. 原函数定义

设在某区间上，$F'(x)=f(x)$或$\mathrm{d}F(x)=f(x)\mathrm{d}x$，则在该区间上的函数$F(x)$称为$f(x)$的原函数.

例如，已知$F'(x)=3x^2$，而$(x^3)'=3x^2$，所以x^3是$3x^2$的原函数.

我们知道$(x^3+1)'=3x^2$，所以x^3+1也是$3x^2$的原函数.实际上还有很多，所以我们有如下定理：

2. 原函数族定理

定理 1　如果$F(x)$是$f(x)$的一个原函数，那么$F(x)+C$（C为任意常数）也是$f(x)$的原函数，所以$f(x)$的原函数有无穷多个.而且$F(x)+C$包含了$f(x)$的全部原函数.（该定理也称之为原函数族定理）

怎样的函数才具有原函数？下面的结论给出了回答：

3. 原函数存在定理

定理 2　如果函数$f(x)$在某区间上连续，那么在这个区间上$f(x)$的原函数必定存在.

例如，$2x$在$(-\infty,+\infty)$上连续，所以在这个区间内存在原函数x^2+C.

二、不定积分

1. 不定积分的概念

定义　设在某区间上，函数$F(x)$是函数$f(x)$的一个原函数，则$f(x)$的全部原函数称为$f(x)$的**不定积分**，记作$\int f(x)\mathrm{d}x$.即

$$\int f(x)\mathrm{d}x=F(x)+C.$$

其中$f(x)$称为**被积函数**，$f(x)\mathrm{d}x$称为**积分表达式**，x称为**积分变量**，“$\int$”称为**积分号**，C

为积分常数.

应当注意，积分号“$\int$”是一种运算符号，它表示对已知函数求其全部原函数.而已知函数的全部原函数是用任意常数 C 来体现的，所以在不定积分计算中不能漏写 C.

例 1 由导数的基本公式，写出下列函数的不定积分：

(1) $\int \cos x\,dx$；　　(2) $\int e^x\,dx$.

解 (1) 因为 $(\sin x)' = \cos x$，所以

$$\int \cos x\,dx = \sin x + C.$$

(2) 因为 $(e^x)' = e^x$，所以

$$\int e^x\,dx = e^x + C.$$

例 2 根据不定积分的定义验证：$\int \frac{2x}{1+x^2}dx = \ln(x^2+1)+C$.

解 由于

$$[\ln(x^2+1)+C]' = \frac{2x}{1+x^2},$$

所以 $\int \frac{2x}{1+x^2}\,dx = \ln(x^2+1)+C$ 成立.

为了叙述简便，以后在不致混淆的情况下，不定积分简称积分，求不定积分的方法和运算简称积分法和积分运算.

由不定积分的定义还可知道，积分和微分互为逆运算，所以它们有如下关系：

(1) $\left[\int f(x)dx\right]' = [F(x)+C]' = f(x)$ 或 $d\left[\int f(x)dx\right] = d[F(x)+C] = f(x)dx$；

(2) $\int F'(x)dx = \int f(x)dx = F(x)+C$ 或 $\int dF(x) = \int f(x)dx = F(x)+C$.

例 3 求下列各式：

(1) $\left[\int e^x \sin(\ln x)dx\right]'$；　　(2) $\int\left[e^{-\frac{x2}{2}}\right]'dx$；　　(3) $d\left[\int \arctan^2 x\,dx\right]$.

解 (1) 因为积分和微分是互逆运算，所以 $\left[\int e^x \sin(\ln x)dx\right]' = e^x \sin(\ln x)$.

(2) $\int[e^{-\frac{x2}{2}}]'dx = e^{-\frac{x2}{2}} + C$.　　(3) $d\left[\int \arctan^2 x\,dx\right] = \arctan^2 x\,dx$.

练习

1. 判断下列函数 $F(x)$ 是否是 $f(x)$ 的原函数，并说明你的理由：

(1) $F(x) = -\frac{1}{x}, f(x) = \frac{1}{x^2}$；　　(　　)

(2) $F(x) = 2x, f(x) = x^2$；　　(　　)

(3) $F(x) = x^4, f(x) = x^5$；　　(　　)

(4) $F(x) = \sin x, f(x) = \cos x$.　　(　　)

2. 判断下列式子是否正确：

(1) $\int 3x^2\,dx = x^3+1$；　　(2) $\int \sin x\,dx = \cos x + C$；

(3) $\int e^x\,dx = e^x$；　　(4) $\int \frac{1}{\cos^2 x}\,dx = \tan x + C$.

3. 求下列各式：

(1) $\int d\left(\frac{1}{3}\cos 2x\right)$；　　(2) $\int(\sqrt{9+3x^2})'\,dx$；

(3) $\int d\left(\frac{a+\sqrt{a^2-x^2}}{x}\right)$；　　(4) $\left[\int x^2\sin x\,dx\right]'$.

2. 不定积分的几何意义

一般地，在直角坐标系 xOy 中，$f(x)$ 的任意一个原函数 $F(x)$ 的图形称为 $f(x)$ 的一条积分曲线，则 $f(x)$ 的全部原函数 $F(x)+C$ 的图形就构成了一个积分曲线族.因此，不定积分的几何意义是一族积分曲线，或称为积分曲线族.观察积分曲线族可以发现：积分曲线族中任两条积分曲线，在横坐标相同的点处，它们的纵坐标只相差一个常数，且对应点处的导数相等，切线彼此平行.

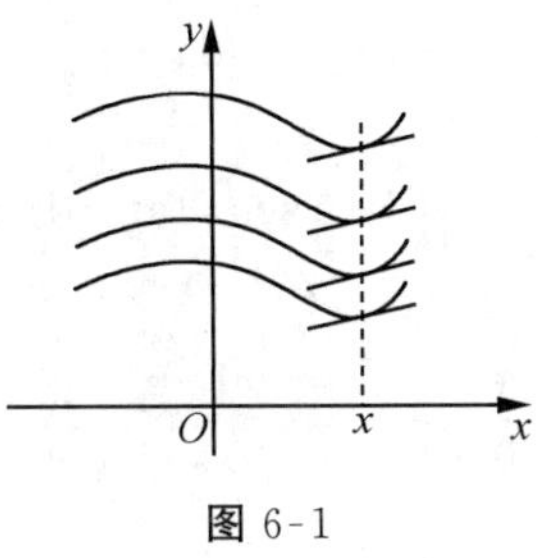

图 6-1

在一些实际问题中，常常需要知道符合一定条件的某个原函数，这时可以先求出不定积分，然后根据已知的特定条件来确定出积分常数 C_0，从而得到所要求的那个原函数 $y=F(x)+C_0$.

例 4　设曲线上任一点的切线斜率都等于该点处横坐标的两倍，且曲线经过点(1，2).求该曲线方程.

解　设所求曲线方程为 $y=F(x)$.由导数的几何意义得 $y'=2x$，故

$$y=\int 2x\,dx = x^2+C.$$

将 $x=1$，$y=2$ 代入，得 $C=1$，所求曲线方程为 $y=x^2+1$.

【问题探究】　已知函数 $f'(x)=3x^2$，那么符合 $f(x)$ 的就只有 x^3 一个吗？有没有其他的函数呢？

解　不止一个，我们知道 $(x^3+1)'=3x^2$，所以 x^3+1 也是 $3x^2$ 的原函数.

实际上还有很多，所有的这些函数可以表示为 $f(x)=\int 3x^2\,dx = x^3+C$.

习题 6-1

1. 写出下列各式的结果：

(1) $\int d\left(\frac{1}{3}\sin 3x\right)$；　　(2) $d\left(\int \frac{1}{\cos x}dx\right)$；

(3) $\int(\sqrt{4+x^2})'\,dx$；　　(4) $\left[\int e^x(\sin x+\cos x)\,dx\right]'$；

(5) $\int d\left(\ln\left|\frac{a+\sqrt{a^2-x^2}}{x}\right|\right)$; (6) $\left[\int \frac{x+1}{\sqrt{x}(1+x^2)}dx\right]'$.

2. 判断下列函数 $F(x)$ 是否是 $f(x)$ 的原函数：

(1) $F(x)=\frac{1}{x}, f(x)=-\frac{1}{x^2}$; ( )

(2) $F(x)=2x^3, f(x)=6x^2$; ( )

(3) $F(x)=\frac{1}{2}e^{2x}+\pi, f(x)=e^{2x}$; ( )

(4) $F(x)=\sin 5x, f(x)=\cos 5x$. ( )

3. 试求下列函数的一个原函数：

(1) $\int x^5 dx$; (2) $\int \frac{1}{1+x^2}dx$; (3) $\int x^{-3}dx$;

(4) $\int \sec x\tan x dx$; (5) $\int \frac{1}{\sqrt{1-x^2}}dx$; (6) $\int e dx$.

§6-2 积分的基本公式和运算法则

【问题引入】 上节课我们已经知道$\int 3x^2 dx=x^3+C$，那类似$\int x^\alpha dx(\alpha\neq -1)$等的积分是什么呢？现在我们来学习积分的基本公式.

一、基本积分公式

根据积分和微分的互逆关系，可以由基本初等函数的求导公式推得积分的基本公式.

(1) $\int dx=x+C$; (2) $\int x^\alpha dx=\frac{1}{\alpha+1}x^{\alpha+1}+C(\alpha\neq -1)$;

(3) $\int \frac{1}{x}dx=\ln|x|+C$; (4) $\int a^x dx=\frac{a^x}{\ln a}+C$;

(5) $\int e^x dx=e^x+C$; (6) $\int \sin x dx=-\cos x+C$;

(7) $\int \cos x dx=\sin x+C$; (8) $\int \sec^2 x dx=\int \frac{1}{\cos^2 x}dx=\tan x+C$;

(9) $\int \csc^2 x dx=\int \frac{1}{\sin^2 x dx}=-\cot x+C$; (10) $\int \sec x\tan x dx=\sec x+C$;

(11) $\int \csc x\cot x dx=-\csc x+C$; (12) $\int \frac{1}{\sqrt{1-x^2}}dx=\arcsin x+C$;

(13) $\int \frac{1}{1+x^2}dx=\arctan x+C$.

这些公式是求不定积分的基础，大家要熟记.

例 1　求下列不定积分：

(1) $\int \frac{1}{x^2}\mathrm{d}x$；　　(2) $\int 2^x \mathrm{d}x$.

解　(1) $\int \frac{1}{x^2}\mathrm{d}x = \int x^{-2}\mathrm{d}x = \frac{x^{-2+1}}{-2+1} + C = -\frac{1}{x} + C$.

(2) $\int 2^x \mathrm{d}x = \frac{2^x}{\ln 2} + C$.

练习 1

求下列不定积分：

(1) $\int \sqrt{x}\,\mathrm{d}x$；　　(2) $\int 3^x \mathrm{d}x$；　　(3) $\int \left(\frac{1}{3}\right)^x \mathrm{d}x$.

二、积分的基本运算法则

法则 1　两个函数的代数和的不定积分等于每个函数的不定积分的代数和.即

$$\int [f_1(x) \pm f_2(x)]\mathrm{d}x = \int f_1(x)\mathrm{d}x \pm \int f_2(x)\mathrm{d}x.$$

该性质可推广至有限个函数,即对有限个函数的代数和也成立.

法则 2　被积函数中的不为零的常数因子可以提到积分号之外.即

$$\int kf(x)\mathrm{d}x = k\int f(x)\mathrm{d}x\ (k \neq 0).$$

例 2　求 $\int (\mathrm{e}^x - \cos x)\mathrm{d}x$.

解　$\int (\mathrm{e}^x - \cos x)\mathrm{d}x = \int \mathrm{e}^x \mathrm{d}x - \int \cos x\,\mathrm{d}x = \int \mathrm{e}^x \mathrm{d}x - \int \cos x\,\mathrm{d}x = \mathrm{e}^x - \sin x + C$.

该积分在利用积分性质化成两个不定积分的代数和时,虽然每个不定积分都含一个任意常数,但由于任意常数的代数和仍为任意常数,因此结果中只要写一个任意常数就可以了.

例 3　求 $\int x^2(3 + x^3)\mathrm{d}x$.

解　$\int x^2(3 + x^3)\mathrm{d}x = \int (3x^2 + x^5)\mathrm{d}x = x^3 + \frac{x^6}{6} + C$.

例 4　求 $\int \frac{(x-1)^2}{x^2}\mathrm{d}x$.

解　$\int \frac{(x-1)^2}{x^2}\mathrm{d}x = \int \frac{x^2 - 2x + 1}{x^2}\mathrm{d}x = \int \left(1 - \frac{2}{x} + \frac{1}{x^2}\right)\mathrm{d}x = x - 2\ln|x| - \frac{1}{x} + C$.

例 5　求 $\int \frac{x^2}{1+x^2}\mathrm{d}x$.

解　$\int \frac{x^2}{1+x^2}\mathrm{d}x = \int \frac{x^2 + 1 - 1}{1+x^2}\mathrm{d}x = \int \left(1 - \frac{1}{1+x^2}\right)\mathrm{d}x = x - \arctan x + C$.

(注意:分子中加 1 减 1 或加上一个式子再减去同一个式子是积分中常见的基本技巧)

例 6　求 $\int \tan^2 x\,\mathrm{d}x$.

解 $\int \tan^2 x \mathrm{d}x = \int (\sec^2 x - 1)\mathrm{d}x = \tan x - x + C.$

从以上各例中，我们看到：有许多积分无法直接利用积分基本公式和法则来计算，必须对被积函数先进行代数或三角的恒等变换，使其朝着积分基本公式类型转化，最终化归为用公式和法则来解决.因此，初学者要熟记积分基本公式，牢记积分的法则.

练习 2

求下列不定积分：

(1) $\int (\mathrm{e}^x - 3\sin x)\mathrm{d}x$； (2) $\int \frac{(3x-1)^2}{x^2}\mathrm{d}x$； (3) $\int \frac{3x^2}{1+x^2}\mathrm{d}x$.

习题 6-2

1. 求下列不定积分：

(1) $\int x^8 \mathrm{d}x$； (2) $\int 5^x \mathrm{d}x$；

(3) $\int 2^x 3^x \mathrm{d}x$； (4) $\int \frac{1}{\sqrt{x}}\mathrm{d}x$；

(5) $\int \left(\mathrm{e}^x - \frac{1}{x}\right)\mathrm{d}x$； (6) $\int \left(\frac{1}{x} + x^2 + 3\cos x\right)\mathrm{d}x$；

(7) $\int \left(\frac{x-1}{x}\right)^2 \mathrm{d}x$； (8) $\int \frac{x^4 - 2x^2 + 4x - 1}{x^2}\mathrm{d}x$；

(9) $\int \left(2\sin x + \frac{1}{\sin^2 x}\right)\mathrm{d}x$； (10) $\int \frac{3x^4 + 3x^2 + 1}{x^2 + 1}\mathrm{d}x$.

2. 已知某函数的导数为 $x-3$，又知当 $x=2$ 时该函数的值为 9，求此函数.

§ 6-3 不定积分的换元积分法

【问题引入】 上一节我们学习了不定积分的基本公式，会求一些简单的积分，但是可以利用积分公式来计算的不定积分是有限的，譬如 $\int \tan x \mathrm{d}x$ 该如何去求它的值呢？我们需要进一步地研究其他一些不定积分的求法.

一、第一类换元积分法

有一些不定积分，虽然不能直接应用积分的基本公式和性质，但是通过适当的变量代换，就能用基本公式和性质进行相应的积分计算.例如，对于 $\int \mathrm{e}^{2x}\mathrm{d}x$，积分基本公式中只有 $\int \mathrm{e}^x \mathrm{d}x = \mathrm{e}^x + C$，为了应用这个公式，可进行如下变换：

$$\int \mathrm{e}^{2x}\mathrm{d}x = \int \mathrm{e}^{2x} \cdot \frac{1}{2}\mathrm{d}(2x) \xlongequal{\text{令 } 2x = u} \frac{1}{2}\int \mathrm{e}^u \mathrm{d}u = \frac{1}{2}\mathrm{e}^u + C \xlongequal{\text{回代 } u = 2x} \frac{1}{2}\mathrm{e}^{2x} + C.$$

可以验证

$$\left(\frac{1}{2}\mathrm{e}^{2x}+C\right)'=\mathrm{e}^{2x},$$

所以$\int \mathrm{e}^{2x}\mathrm{d}x=\frac{1}{2}\mathrm{e}^{2x}+C$是正确的.

实际上,这是采用了一种与微分学中的复合函数的求导法则相对应的积分方法.

一般地,如果$F'(u)=f(u)$,即$F(u)$是$f(u)$的原函数,$u=\varphi(x)$可导,则

$$\int f[\varphi(x)]\varphi'(x)\mathrm{d}x=\int f[\varphi(x)]\mathrm{d}\varphi(x)=F[\varphi(x)]+C.$$

通常把这种方法称之为第一类换元积分法(又称**凑微分法**).

例 1 求$\int \cos 2x\,\mathrm{d}x$.

解 $\int \cos 2x\,\mathrm{d}x=\frac{1}{2}\int \cos x\cdot 2x\,\mathrm{d}x=\frac{1}{2}\int \cos 2x\,\mathrm{d}(2x)$

$$\xlongequal{令 2x=u}\frac{1}{2}\int \cos u\,\mathrm{d}u=\frac{1}{2}\sin u+C\xlongequal{回代 u=2x}\frac{1}{2}\sin 2x+C.$$

例 2 求$\int \frac{1}{3+2x}\mathrm{d}x$.

解 利用已知积分公式$\int \frac{1}{x}\mathrm{d}x=\ln|x|+C$,又$\mathrm{d}(3+2x)=2\mathrm{d}x$.故

原式$=\frac{1}{2}\int \frac{1}{3+2x}\mathrm{d}(3+2x)=\frac{1}{2}\ln|3+2x|+C$.

第一类换元积分法的关键在于凑微分,除了熟练运用微分公式外,还应注意运用常见的积分公式,看它与哪个积分公式类似,进而通过凑微分,化难为易.等大家熟练以后可以省掉变量的代换过程,从而简化积分的计算步骤.

练习 1

求下列不定积分:

(1) $\int \frac{1}{3x-1}\mathrm{d}x$; (2) $\int \cos(2x+1)\mathrm{d}x$.

例 3 求$\int \frac{1}{a^2+x^2}\mathrm{d}x$.

解 $\int \frac{1}{a^2+x^2}\mathrm{d}x=\frac{1}{a^2}\int \frac{1}{1+\left(\frac{x}{a}\right)^2}\mathrm{d}x=\frac{1}{a}\int \frac{1}{1+\left(\frac{x}{a}\right)^2}\mathrm{d}\left(\frac{x}{a}\right)=\frac{1}{a}\arctan\frac{x}{a}+C$.

例 4 求$\int \frac{\mathrm{d}x}{\sqrt{4-x^2}}$.

解 $\int \frac{\mathrm{d}x}{\sqrt{4-x^2}}=\frac{1}{2}\int \frac{\mathrm{d}x}{\sqrt{1-\left(\frac{x}{2}\right)^2}}=\int \frac{\mathrm{d}\left(\frac{x}{2}\right)}{\sqrt{1-\left(\frac{x}{2}\right)^2}}=\arcsin\frac{x}{2}+C$.

例 5 求$\int \frac{\ln x}{x}\mathrm{d}x$.

解 原式$=\int \ln x \cdot \frac{1}{x}\mathrm{d}x=\int \ln x\,\mathrm{d}(\ln x)=\frac{1}{2}\ln^2 x+C$.

例 6 求$\int \sin x\cos x\,\mathrm{d}x$.

解 第一种方法:$\int \sin x\cos x\,\mathrm{d}x=\int \sin x\,\mathrm{d}(\sin x)=\frac{1}{2}\sin^2 x+C_1$.

第二种方法:$\int \sin x\cos x\,\mathrm{d}x=-\int \cos x\,\mathrm{d}(\cos x)=-\frac{1}{2}\cos^2 x+C_2$.

第三种方法:$\int \sin x\cos x\,\mathrm{d}x=\frac{1}{2}\int \sin 2x\,\mathrm{d}x=\frac{1}{4}\int \sin 2x\,\mathrm{d}(2x)=-\frac{1}{4}\cos 2x+C_3$.

这三种方法得到形式上不同的结果,但所表示的函数集合是相同的.

注意 求同一个不定积分,因使用的方法不同,其结果可能具有不同的形式,但实质是相同的.

【问题探究】 现在我们来解决一开始提出的问题:

求$\int \tan x\,\mathrm{d}x$.

解 $\int \tan x\,\mathrm{d}x=\int \frac{\sin x}{\cos x}\mathrm{d}x=-\int \frac{1}{\cos x}\mathrm{d}(\cos x)=-\ln|\cos x|+C$.

小结 通过刚才的几个例子,我们可以归纳出常见的凑微分法有以下几种:

(1) 关于自变量是线性形式,例如:

$$\int f(ax+b)\mathrm{d}x=\frac{1}{a}\int f(ax+b)\mathrm{d}(ax+b)\quad (a\neq 0).$$

(2) 被积表达式可以写成$\frac{g'(x)}{g(x)}$的形式,如例 5、例 6.

(3) 被积函数可写成 $f(\sin x)\cos x$ 或 $f(\cos x)\sin x$ 的形式,例如:

$$\int f(\sin x)\cos x\,\mathrm{d}x=\int f(\sin x)\mathrm{d}\sin x,$$

$$\int f(\cos x)\sin x\,\mathrm{d}x=-\int f(\cos x)\mathrm{d}\cos x.$$

练习 2

求下列不定积分:

(1) $\int \frac{\mathrm{d}x}{\sqrt{9-x^2}}$; (2) $\int \cot x\,\mathrm{d}x$.

前面我们学习了第一类换元积分法,其最显著特点是作变量代换 $u=\varphi(x)$(x 作为自变量),利用该法大大地扩大了积分的范围,但对于某些积分,运用该法仍然很难甚至不能奏效,如$\int \sqrt{a^2-x^2}\,\mathrm{d}x$,$\int \frac{\mathrm{d}x}{\sqrt{a^2+x^2}}$等.如果作另一种换元 $x=\psi(t)$(x 作为因变量)却又能比较容易求出这些积分,这就是我们将要介绍的第二类换元积分法.

二、第二类换元积分法

定理 设 $x=\psi(t)$ 是单调、可导的函数，并且 $\psi'(t)\neq 0$，又设 $f[\psi(t)]\psi'(t)$ 具有原函数，则有换元公式

$$\int f(x)\mathrm{d}x=\left[\int f[\psi(t)]\psi'(t)\mathrm{d}t\right]_{t=\varphi(x)},$$

其中 $t=\varphi(x)$ 表示 $x=\psi(t)$ 的反函数.

证明 设 $f[\psi(t)]\psi'(t)$ 的原函数为 $\Phi(t)$，记 $\Phi[\varphi(x)]=F(x)$，利用复合函数求导法则及反函数求导公式，得到

$$F'(x)=\frac{\mathrm{d}\Phi}{\mathrm{d}t}\cdot\frac{\mathrm{d}t}{\mathrm{d}x}=f[\psi(t)]\psi'(t)\cdot\frac{1}{\psi'(t)}=f[\psi(t)]=f(x),$$

即表明 $F(x)$ 是 $f(x)$ 的原函数，所以有

$$\int f(x)\mathrm{d}x=F(x)+C=\Phi[\varphi(x)]+C=\left[\int f[\psi(t)]\psi'(t)\mathrm{d}t\right]_{t=\varphi(x)}.$$

利用第二类换元积分公式来计算积分的方法叫第二类换元积分法.

第二类换元积分法的一般步骤归纳如下：

(1) **换元** 选择适当的变量代换 $x=\psi(t)$ 将积分 $\int f(x)\mathrm{d}x$ 变为积分 $\int f[\psi(t)]\psi'(t)\mathrm{d}t$；

(2) **整理** 将转化后的积分整理化简；

(3) **积分** 求出上面积分的结果；

(4) **回代** 根据 $x=\psi(t)$ 将结果中的变量 t 转化为 x，得到原积分的结果.

方法关键:选择适当的变量代换 $x=\psi(t)$.

例 7 求 $\int\frac{\sqrt{x-1}}{x}\mathrm{d}x$.

解 为去掉根号，令 $\sqrt{x-1}=u$，即 $x=u^2+1$，于是

$$\int\frac{\sqrt{x-1}}{x}\mathrm{d}x=\int\frac{u}{u^2+1}\mathrm{d}(u^2+1)=2\int\frac{u^2}{u^2+1}\mathrm{d}u=2\int\left(1-\frac{1}{u^2+1}\right)\mathrm{d}u$$

$$=2(u-\arctan u)+C\xlongequal{\text{回代 } u=\sqrt{x-1}}2(\sqrt{x-1}-\arctan\sqrt{x-1})+C.$$

例 8 求 $\int\sqrt{a^2-x^2}\,\mathrm{d}x\,(a>0)$.

解 求解该积分的困难在于有根式 $\sqrt{a^2-x^2}$，但根据 $1-\sin^2 t=\cos^2 t$ 可化去根式.

设 $x=a\sin t$，$-\frac{\pi}{2}<t<\frac{\pi}{2}$，那么 $\sqrt{a^2-x^2}=a\cos t$，$\mathrm{d}x=a\cos t\,\mathrm{d}t$，于是

$$\int\sqrt{a^2-x^2}\,\mathrm{d}x=\int a\cos t\cdot a\cos t\,\mathrm{d}t=a^2\left(\frac{t}{2}+\frac{\sin 2t}{4}\right)+C=\frac{a^2}{2}t+\frac{a^2}{2}\sin t\cos t+C.$$

由 $x=a\sin t$，$-\frac{\pi}{2}<t<\frac{\pi}{2}$，可得 $t=\arcsin\frac{x}{a}$，且

$$\cos t=\sqrt{1-\sin^2 t}=\sqrt{1-\left(\frac{x}{a}\right)^2}=\frac{\sqrt{a^2-x^2}}{a},$$

于是

$$\int \sqrt{a^2 - x^2}\,dx = \frac{a^2}{2}\arcsin\frac{x}{a} + \frac{1}{2}x\sqrt{a^2 - x^2} + C.$$

注 上面确定 $\cos t$ 的过程采用如下方法更简便：

由 $x = a\sin t$ 即 $\sin t = \frac{x}{a}$ 作一个辅助直角三角形(图 6-2)，由图即可得 $\cos t = \frac{\sqrt{a^2 - x^2}}{a}$.

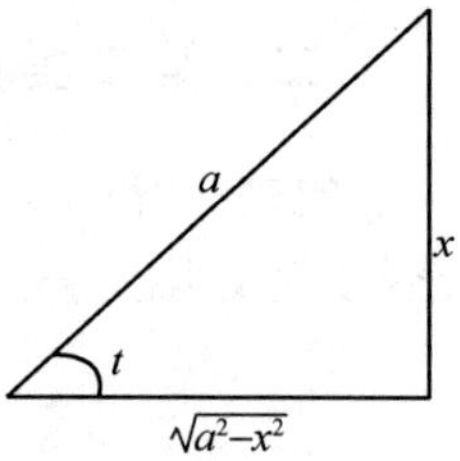

图 6-2

例 9 求$\int \frac{dx}{\sqrt{a^2 + x^2}}(a > 0)$.

解 可利用公式 $1 + \tan^2 t = \sec^2 t$ 消去积分中的根式.

令 $x = a\tan t\left(-\frac{\pi}{2} < t < \frac{\pi}{2}\right)$，那么

$$\sqrt{a^2 + x^2} = a\sqrt{1 + \tan^2 x} = a\sec t, dx = a\sec^2 t\,dt,$$

于是

$$\int \frac{dx}{\sqrt{a^2 + x^2}} = \int \frac{a\sec^2}{a\sec t}dt = \int \sec t\,dt = \ln|\sec t + \tan t| + C.$$

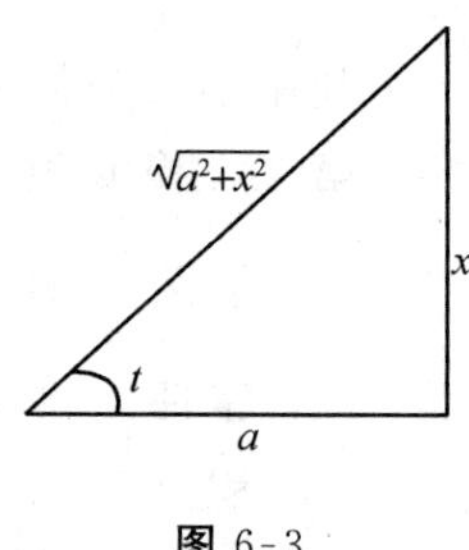

图 6-3

由 $\tan t = \frac{x}{a}$ 作一辅助直角三角形(图 6-3)，便有

$$\sec t = \frac{\sqrt{a^2 + x^2}}{a} \text{ 且 } \sec t + \tan t > 0,$$

因此

$$\int \frac{dx}{\sqrt{a^2 + x^2}} = \ln\left(\frac{x}{a} + \frac{\sqrt{a^2 + x^2}}{a}\right) + C_1 = \ln(x + \sqrt{a^2 + x^2}) + C(\text{其中 } C = C_1 - \ln a).$$

例 10 求$\int \frac{dx}{\sqrt{x^2 - a^2}}(a > 0)$.

解 被积函数的定义域为 $x > a$ 或 $x < -a$，故分两种情况讨论.

被积函数中的根式可根据 $\sec^2 t - 1 = \tan^2 t$ 消去.

当 $x > a$ 时，设 $x = a\sec t\left(0 < t < \frac{\pi}{2}\right)$，那么

$$\sqrt{x^2 - a^2} = \sqrt{a^2\sec^2 t - a^2} = a\sqrt{\sec^2 t - 1} = a\tan t,$$
$$dx = a\sec t\tan t\,dt,$$

于是

$$\int \frac{dx}{\sqrt{x^2 - a^2}} = \int \frac{a\sec t\tan t}{a\tan t}dt = \int \sec t\,dt = \ln(\sec t + \tan t) + C.$$

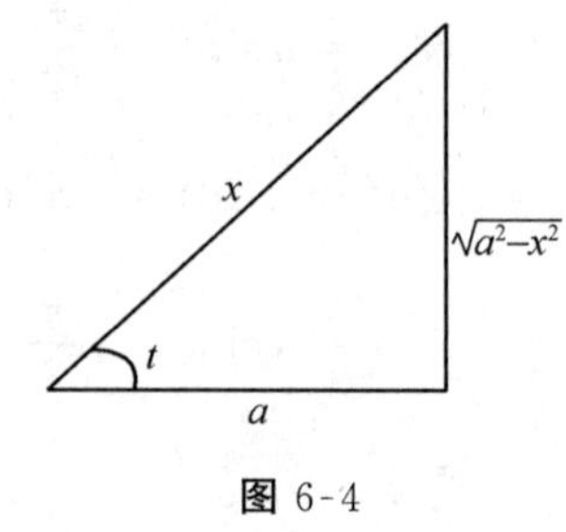

图 6-4

由 $\sec t = \frac{x}{a}$ 作辅助三角形(图 6-4)，可得

$$\tan t = \frac{\sqrt{x^2 - a^2}}{a},$$

因此

$$\int \frac{\mathrm{d}x}{\sqrt{x^2-a^2}}=\ln\left(\frac{x}{a}+\frac{\sqrt{x^2-a^2}}{a}\right)+C_1$$

$$=\ln(x+\sqrt{x^2-a^2})+C \text{ (其中 } C=C_1-\ln a\text{)}.$$

当 $x<-a$ 时,只需令 $x=-a\sec t\left(0<t<\frac{\pi}{2}\right)$,类似可得

$$\int \frac{\mathrm{d}x}{\sqrt{x^2-a^2}}=\ln(-x-\sqrt{x^2-a^2})+C.$$

上面结果合并起来,可写作

$$\int \frac{\mathrm{d}x}{\sqrt{x^2-a^2}}=\ln|x+\sqrt{x^2-a^2}|+C_1.$$

练 习 3

求下列不定积分:

(1) $\int \frac{1}{1+\sqrt{x+1}}\mathrm{d}x$;　　(2) $\int \frac{1}{\sqrt{4-x^2}}\mathrm{d}x$;　　(3) $\int \frac{1}{\sqrt{x^2-9}}\mathrm{d}x$.

利用第二类换元法积分时,选择恰当的变量代换是关键,主要考察被积函数,如果含有根式,一般从去掉根式入手确定换元.

(1) 若含有根式 $\sqrt[m]{ax+b}$,可令 $\sqrt[m]{ax+b}=t$,即作代换 $x=\frac{1}{a}(t^m-b)$;

(2) 若含有根式 $\sqrt{a^2-x^2}$、$\sqrt{a^2+x^2}$ 或 $\sqrt{x^2-a^2}$,常常依次作三角代换 $x=a\sin t$、$x=a\tan t$ 或 $x=\pm a\sec t$.

具体解题时不要拘泥于上述代换,要具体问题具体分析,选取尽可能简捷的代换.

作变量代换时,"倒代换"也是一种很有用的代换,利用它常可消去在被积函数分母中的变量因子 x.

在上一节和本节的举例中,有的积分是今后常要用到的,它们也常作为积分基本公式运用,现归纳如下,要求也能熟记(其中常数 $a>0$):

$$\int \tan x\,\mathrm{d}x=-\ln|\cos x|+C,$$

$$\int \cos x\,\mathrm{d}x=\ln|\sin x|+C,$$

$$\int \sec x\,\mathrm{d}x=\ln|\sec x+\tan x|+C.$$

利用上述补充的公式有时可使积分过程更加简捷.

习题 6-3

1. 填空:

(1) $\mathrm{d}(3x)=(\quad)\mathrm{d}x$;　　(2) $\mathrm{d}x=(\quad)\mathrm{d}(3x+2)$;

(3) $\mathrm{d}(x^3)=(\quad)\mathrm{d}x$;　　(4) $x\mathrm{d}x=(\quad)\mathrm{d}(ax^2+b)$;

(5) $\frac{1}{\sqrt{x}}dx=(\quad)d\sqrt{x}$;

(6) $x^2dx=(\quad)dx^3$;

(7) $e^x dx=(\quad)de^x$;

(8) $\frac{1}{x}dx=(\quad)d(2\ln|x|)$;

(9) $\sin x dx=(\quad)d(\cos x)$;

(10) $\frac{1}{x^2}dx=(\quad)d\left(\frac{1}{x}+1\right)$;

(11) $d(\arctan x)=(\quad)dx$;

(12) $\frac{1}{\sqrt{1-x^2}}dx=d(\quad)$.

2. 求下列不定积分：

(1) $\int(1+3x)^4dx$;

(2) $\int\sqrt[3]{5-2x}\,dx$;

(3) $\int\frac{\sqrt{\ln x}}{x}dx$;

(4) $\int\frac{1}{x^2}e^{\frac{1}{x}}dx$;

(5) $\int e^{\sin x}\cos x dx$;

(6) $\int\frac{\sin\sqrt{x}}{\sqrt{x}}dx$;

(7) $\int\frac{1}{\sqrt{9-x^2}}dx$;

(8) $\int\frac{1}{\sqrt{3+2x-x^2}}dx$;

(9) $\int\frac{1}{4+3x^2}dx$;

(10) $\int\frac{1}{5+4x+4x^2}dx$;

(11) $\int\frac{2x-5}{x^2-5x+7}dx$;

(12) $\int\frac{\sin(\ln x)}{x}dx$.

3. 求下列不定积分：

(1) $\int\frac{1}{1+\sqrt{2x}}dx$;

(2) $\int\frac{1}{1+\sqrt[3]{2x+1}}dx$;

(3) $\int\frac{dx}{\sqrt{x^2-1}}$;

(4) $\int\frac{dx}{(x^2+1)^{\frac{3}{2}}}$;

(5) $\int\sqrt{9-x^2}\,dx$;

(6) $\int\frac{1}{x\sqrt{x^2-1}}dx$.

§ 6-4　不定积分的分部积分法

换元积分法是一种基本且重要的积分方法，它是根据复合函数的微分法则推导得来的.该法使用广泛，但应用也有一定的局限性，对于如$\int x\ln^2x\,dx$、$\int e^x\sin x\,dx$ 等类型的积分，往往不能奏效.下面讨论另一种基本的积分方法 —— 分部积分法，它是在函数的乘积微分法则基础上推导出来的.

分部积分法则

设函数 $u=u(x)$，$v=v(x)$ 均具有连续导数，则由两个函数乘法的微分法则可得

$$d(uv)=udv+vdu \text{ 或 } udv=d(uv)-vdu.$$

两边积分得

$$\int u\mathrm{d}v=\int\mathrm{d}(uv)-\int v\mathrm{d}u=uv-\int v\mathrm{d}u.$$

上式称为**分部积分公式**.公式的意义在于:把求左边的不定积分$\int u\mathrm{d}v$转化为求右边的不定积分$\int v\mathrm{d}u$.如果求$\int u\mathrm{d}v$比较困难,而求$\int v\mathrm{d}u$比较容易,那么,这个公式就起到了化难为易的作用.当然,使用分部积分公式时,恰当地选择u和$\mathrm{d}v$很重要.

例 1 求$\int x\sin x\mathrm{d}x$.

解 令$u=x$,$\mathrm{d}v=\sin x\mathrm{d}x=-d(\cos x)$.则

$$\int x\sin x\mathrm{d}x=-\int x\mathrm{d}(\cos x)=-\left(x\cos x-\int\cos x\mathrm{d}x\right)$$
$$=-x\cos x+\int\cos x\mathrm{d}x=-x\cos x+\sin x+C.$$

注意 如果令$u=\sin x$,$\mathrm{d}v=x\mathrm{d}x=\frac{1}{2}\mathrm{d}(x^2)$,则

$$\int x\sin x\mathrm{d}x=\frac{1}{2}\int\sin x\mathrm{d}(x^2)=\frac{1}{2}\left[x^2\sin x-\int x^2\mathrm{d}(\sin x)\right]=\frac{1}{2}x^2\sin x-\frac{1}{2}\int x^2\mathrm{d}(\sin x)$$
$$=\frac{1}{2}x^2\sin x-\frac{1}{2}\int x^2\cos x\mathrm{d}x.$$

此时,右式的积分$\frac{1}{2}\int x^2\cos x\mathrm{d}x$反而比左式$\int x\sin x\mathrm{d}x$更复杂,说明这样选取$u$,$\mathrm{d}v$是不合适的.由此可见,应用分部积分法是否有效,选择u和$\mathrm{d}v$十分关键.

选择u和$\mathrm{d}v$一般可依据以下两个原则:

(1) 由$\varphi(x)\mathrm{d}x=\mathrm{d}v$求$v$比较容易;

(2) $\int v\mathrm{d}u$比$\int u\mathrm{d}v$更容易计算.

例 2 求$\int x\mathrm{e}^x\mathrm{d}x$.

解 令$u=x$,$\mathrm{e}^x\mathrm{d}x=\mathrm{d}v=\mathrm{d}(\mathrm{e}^x)$,则

$$\int x\mathrm{e}^x\mathrm{d}x=\int x\mathrm{d}\mathrm{e}^x=x\mathrm{e}^x-\int\mathrm{e}^x\mathrm{d}x=x\mathrm{e}^x-\mathrm{e}^x+C.$$

例 3 求$\int\ln x\mathrm{d}x$.

解 $\int\ln x\mathrm{d}x=x\ln x-\int x\mathrm{d}(\ln x)=x\ln x-\int\mathrm{d}x=x\ln x-x+C.$

练习 1

求下列不定积分:

(1) $\int x\mathrm{d}\mathrm{e}^{2x}$;　　(2) $\int x\cos x\mathrm{d}x$.

例 4 求$\int x\ln x\mathrm{d}x$.

解 令$u=\ln x$,$x\mathrm{d}x=\mathrm{d}v=\frac{1}{2}\mathrm{d}(x^2)$.则

$$\int x\ln x\mathrm{d}x=\frac{1}{2}\int \ln x\mathrm{d}(x^2)=\frac{1}{2}\left[x^2\ln x-\int x^2\mathrm{d}(\ln x)\right]=\frac{1}{2}x^2\ln x-\frac{1}{2}\int x^2\cdot\frac{1}{x}\mathrm{d}x$$
$$=\frac{1}{2}x^2\ln x-\frac{1}{4}x^2+C.$$

例 5 求$\int \arctan x\mathrm{d}x$.

解 令 $u=\arctan x,\mathrm{d}x=\mathrm{d}v$.则

$$\int \arctan x\mathrm{d}x=x\arctan x-\int x\mathrm{d}(\arctan x)=x\arctan x-\int\frac{x}{1+x^2}\mathrm{d}x$$
$$=x\arctan x-\frac{1}{2}\int\frac{1}{1+x^2}\mathrm{d}(1+x^2)=x\arctan x-\frac{1}{2}\ln(1+x^2)+C.$$

例 6 求$\int \arcsin x\mathrm{d}x$.

解 令 $u=\arcsin x,\mathrm{d}x=\mathrm{d}v$.则

$$\int \arcsin x\mathrm{d}x=x\arcsin x-\int x\mathrm{d}(\arcsin x)=x\arcsin x-\int\frac{x}{\sqrt{1-x^2}}\mathrm{d}x$$
$$=x\arcsin x+\frac{1}{2}\int\frac{\mathrm{d}(1-x^2)}{\sqrt{1-x^2}}=x\arcsin x+\sqrt{1-x^2}+C.$$

例 7 求$\int x^2\cos x\mathrm{d}x$.

解 令 $u=x^2,\cos x\mathrm{d}x=\mathrm{d}v=\mathrm{d}(\sin x)$.则

$$\int x^2\cos x\mathrm{d}x=\int x^2\mathrm{d}(\sin x)=x^2\sin x-\int\sin x\mathrm{d}(x^2)=x^2\sin x-2\int x\sin x\mathrm{d}x.$$

对于$\int x\sin x\mathrm{d}x$,可以利用上题结论$\int x\sin x\mathrm{d}x=-x\cos x+\sin x+C$.所以

$$\int x^2\cos x\mathrm{d}x=x^2\sin x+2x\cos x-2\sin x+C_1(C_1=-2C).$$

例 8 求$\int \mathrm{e}^x\cos x\mathrm{d}x$.

解 令 $u=\mathrm{e}^x,\cos x\mathrm{d}x=\mathrm{d}v=\mathrm{d}(\sin x)$.则

$$\int \mathrm{e}^x\cos x\mathrm{d}x=\int \mathrm{e}^x\mathrm{d}(\sin x)=\mathrm{e}^x\sin x-\int\sin x\mathrm{d}\mathrm{e}^x=\mathrm{e}^x\sin x-\int \mathrm{e}^x\sin x\mathrm{d}x.$$

对于等式右端的积分$\int \mathrm{e}^x\sin x\mathrm{d}x$,再一次使用分部积分法.

仍令 $u=\mathrm{e}^x,\sin x\mathrm{d}x=\mathrm{d}v=-\mathrm{d}(\cos x)$.则

$$\int \mathrm{e}^x\cos x\mathrm{d}x=\mathrm{e}^x\sin x+\int \mathrm{e}^x\mathrm{d}(\cos x)=\mathrm{e}^x\sin x+\mathrm{e}^x\cos x-\int\cos x\mathrm{d}(\mathrm{e}^x).$$

上式移项可化简得

$$2\int \mathrm{e}^x\cos\mathrm{d}x=\mathrm{e}^x(\sin x+\cos x)+C_1,$$

因为等式左端是不定积分,所以右端要添加任意积分常数 C_1,故

$$\int \mathrm{e}^x\cos x\mathrm{d}x=\frac{1}{2}\mathrm{e}^x(\sin x+\cos x)+C\quad\left(令 C=\frac{C_1}{2}\right).$$

思考：如果令 $u=\cos x$，$e^x dx=dv=d(e^x)$，是否可行？

从上述这些例题看出，对于下列类型的被积函数：$p_n(x)\sin ax$、$p_n(x)\cos ax$、$p_n(x)e^{ax}$、$p_n(x)\ln x$、$p_n(x)\arcsin x$、$p_n(x)\arctan x$、$e^{ax}\sin bx$、$e^{ax}\cos bx$（其中 $p_n(x)$ 为 x 的多项式）可用分部积分法计算积分，而且 u、dv 的选择有如下规律（图 6-5）．图中箭头的起点处的函数做 u，终点处的函数与 dx 的乘积做 dv．另外，图中在 e^{ax} 与 $\sin bx$、$\cos bx$ 之间用一条双向箭头连接，表示两者中任意一个函数都可选做 u．

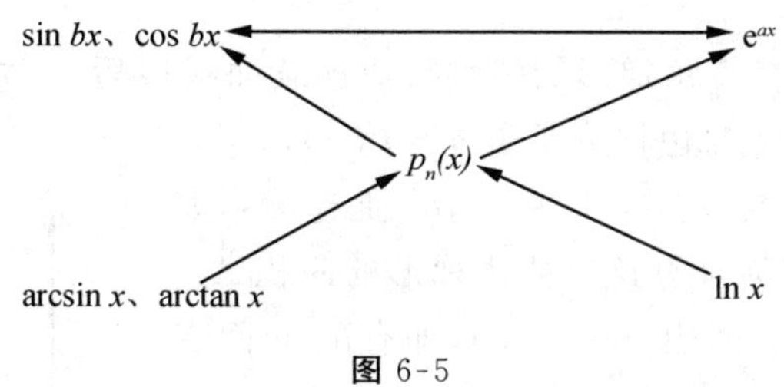

图 6-5

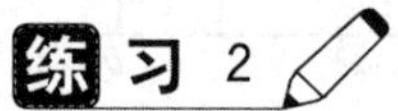

求下列不定积分：

(1) $\int x^2\ln x\,dx$；　　(2) $\int x\arctan x\,dx$．

习题 6-4

求下列不定积分：

(1) $\int x\sin 2x\,dx$；　　(2) $\int \frac{x}{e^x}dx$；

(3) $\int (x^2+1)\ln x\,dx$；　　(4) $\int \arccos x\,dx$；

(5) $\int x e^{-x}dx$；　　(6) $\int \frac{\ln x}{x^2}dx$；

(7) $\int \frac{\ln x}{\sqrt{x}}dx$；　　(8) $\int e^x\cos x\,dx$；

(9) $\int x^2 e^x dx$；　　(10) $\int x^2\sin x\,dx$．

§ 6-5　定积分的概念与性质

【问题引入】　以前我们会求平面图形的面积，仅限于由直线段及圆弧所围成的平面图形，至于任意曲线所围成的平面图形的面积应该怎么求呢？譬如在直角坐标系中，由抛物线 $y=x^2$，x 轴以及直线 $x=1$ 所围成的图形面积怎么求？

一、两个实例

1. 曲边梯形的面积

我们先讨论这类图形中比较简单而有代表性的一种——曲边梯形的面积如何计算.因为任意曲线围成的图形总能被两组互相垂直的平行线分割成若干个矩形与曲边梯形之和(图 6-6).

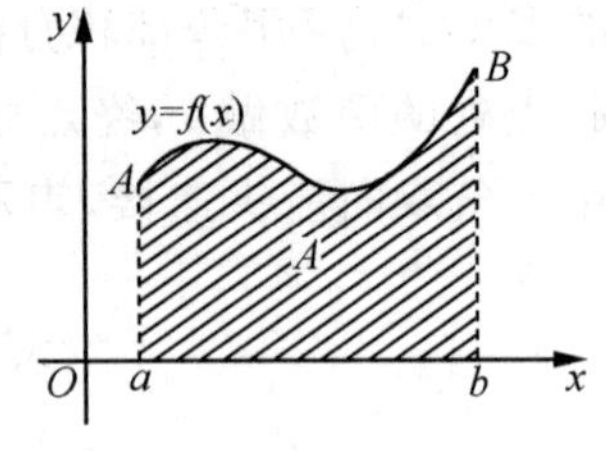

图 6-6

所谓曲边梯形是指将直角梯形的斜腰换成连续曲线段后的图形.在直角坐标系中,曲边梯形是由 $y=f(x)$,$x=a$,$x=b$,$y=0$ 所围成(设 $y=f(x)\geqslant 0$,且在$[a,b]$上连续),如图 6-7 所示.下面讨论如何计算这个曲边梯形的面积 A.

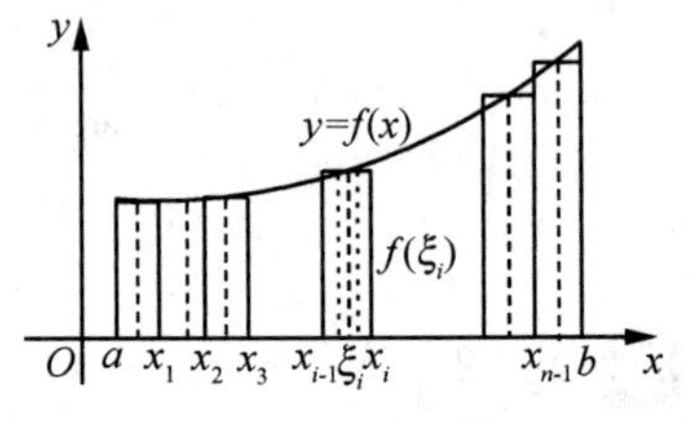

图 6-7

由于曲边梯形有一条曲边 $y=f(x)$,即有随 x 而变化的“变高” $y=f(x)$,所以不能简单地利用梯形或矩形的面积公式来计算 A.

为了使近似值接近准确值 A,应当使底边变短一些,为此,我们把原来的曲边梯形分割成 n 个小曲边梯形,虽然每一个小曲边梯形的面积仍然不会计算,但当小曲边梯形的底边很小时,用来作近似值的小矩形面积就和小曲边梯形面积相差不大.这样,将 n 个小矩形面积加起来,就得到原来曲边梯形面积 A 的近似值.当分割小曲边梯形的个数越来越多,且每个小曲边梯形的底边长越来越小时,近似值就越来越接近于准确值 A.很自然地,A 应当是这 n 个矩形面积之和的极限.

将上面的分析用比较准确的数学语言表达如下:

(1) **分割** 任取一组分点 $a=x_0<x_1<x_2<\cdots<x_{i-1}<x_i<\cdots<x_{n-1}<x_n=b$ 将区间$[a,b]$分成 n 个小区间$[x_0,x_1]$,$[x_1,x_2]$,$\cdots$,$[x_{i-1},x_i]$,$\cdots$,$[x_{n-1},x_n]$.小区间的长度为 $\Delta x_i=x_i-x_{i-1}(i=1,2,\cdots,n)$.过各分点作 x 轴的垂线,将原来的曲边梯形分成 n 个小曲边梯形(图 6-7).

(2) **取近似** 在每一个小区间$[x_{i-1},x_i](i=1,2,\cdots,n)$上任取一点 ξ_i,以这些小区间为底,ξ_i 处的函数值 $f(\xi_i)$ 为高的小矩形面积作为第 i 个小曲边梯形面积 ΔA_i 的近似值:

$$\Delta A_i\approx f(\xi_i)\Delta x_i(i=1,2,\cdots,n).$$

(3) **求和** 将 n 个小矩形面积相加,得原曲边梯形面积的近似值:

$$A=\sum_{i=1}^{n}\Delta A_i\approx\sum_{i=1}^{n}f(\xi_i)\Delta x_i.$$

(4) **取极限** 以 $\|\Delta x_i\|$ 表示所有小区间长度的最大者,即 $\|\Delta x_i\|=\max\{\Delta x_1,\cdots,\Delta x_n\}$,当 $\|\Delta x_i\|\to 0$ 时,上述和式的极限就是原曲边梯形的面积 A,即

$$A=\lim_{\|\Delta x_i\|\to 0}\sum_{i=1}^{n}f(\xi_i)\Delta x_i.$$

2. 变速直线运动的路程

设一物体沿一直线运动,已知速度 $v=v(t)$ 是时间区间$[a,b]$上 t 的连续函数,且

$v(t)\geqslant 0$,求这物体在这段时间内所经过的路程 s.

我们知道,对于匀速直线运动,有公式:路程 = 速度 × 时间.

现在速度是变量,因此,所求路程 s 不能直接按匀速直线运动的路程公式计算.因为在很短的一段时间内速度的变化很小,近似于等速,所以可以用匀速直线运动的路程作为这段很短时间里路程的近似值.由此,我们也可采用下面的四个步骤来计算路程 s.

(1) **分割** 任取分点 $a=t_0<t_1<t_2<\cdots<t_{n-1}<t_n=b$,把时间区间 $[a,b]$ 分成 n 个小区间 $[t_0,t_1]$,$[t_1,t_2]$,$\cdots$,$[t_{i-1},t_i]$,$\cdots$,$[t_{n-1},t_n]$.小区间 $[t_{i-1},t_i]$ 的长度记为

$$\Delta t_i=t_i-t_{i-1}(n=1,2,\cdots,n).$$

物体在第 i 段时间 $[t_{i-1},t_i]$ 内所走的路程为 $\Delta s_i(i=1,2,\cdots,n)$.

(2) **取近似** 在小区间 $[t_{i-1},t_i]$ 上,用其中任一时刻 ξ_i 的速度 $v(\xi_i)(t_{i-1}\leqslant\xi_i\leqslant t_i)$ 来近似代替变化的速度 $v(t)$,从而得到 Δs_i 的近似值:$\Delta s_i\approx v(\xi_i)\Delta t_i$.

(3) **求和** 把 n 段时间上的路程近似值相加,和式 $\sum\limits_{i=1}^{n}v(\xi_i)\Delta t_i$ 就是时间区间 $[a,b]$ 上的路程 s 的近似值:$s\approx\sum\limits_{i=1}^{n}v(\xi_i)\Delta t_i$.

(4) **取极限** 当最大的小区间长度趋近于零,即 $\|\Delta t\|\to 0$ 时,和式 $\sum\limits_{i=1}^{n}v(\xi_i)\Delta t_i$ 的极限就是路程 s 的精确值,即 $s=\lim\limits_{\|\Delta x\|\to 0}\sum\limits_{i=1}^{n}v(\xi_i)\Delta t_i$.

可见,变速直线运动的路程也是一个和式的极限.

二、定积分的定义

上面两个问题,一个是几何问题,一个是物理问题,其具体意义虽然不同,但解决问题的方法都是一样的(分割取近似,求和取极限).从数量关系上看,这两个问题最后都归结为计算同一类的和式极限.在科学技术领域内,还有许多实际问题的计算也都可归结为求这种类型的极限,因此,从数学上对这种类型的极限问题进行一般性的研究,具有重要意义.抓住它们共同的本质的东西,进行科学的抽象,便引出了定积分的概念.

定义 设函数 $f(x)$ 在区间 $[a,b]$ 上有界,任取一组分点 $a=x_0<x_1<\cdots<x_n=b$,把 $[a,b]$ 分成 n 个小区间 $[x_{i-1},x_i](i=1,2,\cdots,n)$,其长度记为 $\Delta x_i=x_i-x_{i-1}$.在每个小区间 $[x_{i-1},x_i]$ 上任取一点 $\xi_i(i=1,2,\cdots,n)$,作和式 $\sum\limits_{i=1}^{n}f(\xi_i)\Delta x_i$,称此和式为 $f(x)$ 在 $[a,b]$ 上的积分和.

记 $\|\Delta x\|=\max\limits_{1\leqslant i\leqslant n}\Delta x_i$.如果当 $\|\Delta x\|\to 0$ 时,上述积分和的极限存在,则称函数 $f(x)$ 在区间 $[a,b]$ 上可积,并称此极限为函数 $f(x)$ 在区间 $[a,b]$ 上的定积分,记作 $\int_a^b f(x)\mathrm{d}x$,即

$$\int_a^b f(x)\mathrm{d}x=\lim_{\|\Delta x\|\to 0}\sum_{i=1}^{n}f(\xi_i)\Delta x_i.$$

其中"$\int$"称为**积分号**,积分号右下方的 a 称为**积分下限**,右上方的 b 称为**积分上限**,$f(x)$

称为**被积函数**，$f(x)\mathrm{d}x$ 称为**被积表达式**，x 称为**积分变量**，$[a,b]$ 称为**积分区间**.

由定积分的定义，前面两个实例可分别表述为：

由曲线 $y=f(x)(f(x)\geqslant 0)$、直线 $x=a$、$x=b$ 和 x 轴围成的曲边梯形面积为

$$A=\int_a^b f(x)\mathrm{d}x\ ;$$

以速度 $v(t)(v(t)\geqslant 0)$ 作变速直线运动的物体，从时刻 a 到 b 通过的路程为

$$s=\int_a^b v(t)\mathrm{d}t.$$

关于定积分的定义，作以下四点说明：

(1) 函数 $f(x)$ 在$[a,b]$上可积必须满足 $f(x)$ 在$[a,b]$上连续或者 $f(x)$ 在$[a,b]$上除有限个第一类间断点外处处连续.

(2) 极限 $\lim\limits_{\|\Delta x\|\to 0}\sum\limits_{i=1}^{n}f(\xi_i)\Delta x_i$ 存在是指对区间$[a,b]$的任意分法，以及 ξ_i 在$[x_{i-1},x_i]$中的任意取法，只要 $\|\Delta x\|\to 0$，积分和 $\sum\limits_{i=1}^{n}f(\xi_i)\Delta x_i$ 都趋向于同一个值.因此，如果已知 $f(x)$ 在$[a,b]$上可积，用定积分的定义求$\int_a^b f(x)\mathrm{d}x$ 时，为了简化计算，对$[a,b]$可采用特殊的分法以及 ξ_i 的特殊取法.

(3) 定积分$\int_a^b f(x)\mathrm{d}x$ 是乘积和式的极限，它是一个数，与函数 $f(x)$ 和区间$[a,b]$有关，而与积分变量的选择无关.即

$$\int_a^b f(x)\mathrm{d}x=\int_a^b f(t)\mathrm{d}t=\int_a^b f(u)\mathrm{d}u.$$

(4) 为了讨论方便，补充规定如下：

$$\int_a^a f(x)\mathrm{d}x=0,$$

$$\int_a^b f(x)\mathrm{d}x=-\int_b^a f(x)\mathrm{d}x.$$

练习 1

填空：

(1) 由曲线 $y=x^2+1$ 与直线 $x=1$，$x=3$ 及 x 轴所围成的曲边梯形的面积，用定积分表示为________________.

(2) 已知变速直线运动的速度为 $v(t)=3+gt$，其中 g 表示重力加速度.当物体从第 1 秒开始，经过 2 秒后所经过的路程，用定积分表示为________________.

(3) 定积分$\int_{-3}^{4}\sin 2t\,\mathrm{d}t$ 中，积分上限是________，积分下限是________，积分区间是________.

三、定积分的几何意义

当 $f(x)\geqslant 0$ 时，上面已经指出，定积分$\int_a^b f(x)\mathrm{d}x$ 表示曲边所对应函数为 $y=f(x)$

的曲边梯形的面积 $A=\int_a^b f(x)\mathrm{d}x=\lim\limits_{\|\Delta x\|\to 0}\sum\limits_{i=1}^{n}f(\xi_i)\Delta x_i$.

在区间$[a,b]$上若 $f(x)\leqslant 0$(图 6-8),则$-f(x)\geqslant 0$,因而曲边对应函数为 $y=f(x)$ 的曲边梯形的面积应该是

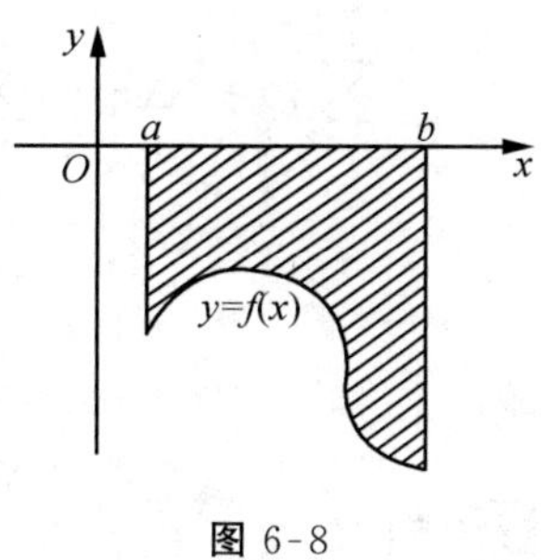

图 6-8

$$A=\lim_{\|\Delta x\|\to 0}\sum_{i=1}^{n}[-f(\xi_i)]\Delta x_i$$

$$=-\lim_{\|\Delta x\|\to 0}\sum_{i=1}^{n}f(\xi_i)\Delta x_i=-\int_a^b f(x)\mathrm{d}x.$$

从而有
$$\int_a^b f(x)\mathrm{d}x=-A.$$

也就是说,当 $f(x)\leqslant 0$ 时,定积分$\int_a^b f(x)\mathrm{d}x$ 是曲边梯形面积的相反数.

当 $f(x)$ 在$[a,b]$ 上有正有负时(图 6-9),定积分$\int_a^b f(x)\mathrm{d}x$ 应该是由曲线 $y=f(x)$ 及直线 $x=a$,$x=b$,$y=0$ 所围成的几个曲边梯形面积的代数和.例如,对于图 6-9,有

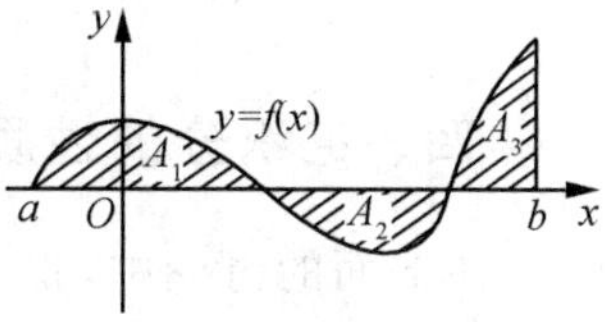

$$\int_a^b f(x)\mathrm{d}x=A_1-A_2+A_3.$$

图 6-9

根据定积分的几何意义,我们可以知道:

(1) $\int_a^b \mathrm{d}x$ 是高为 1,底为 $b-a$ 的矩形面积;

(2) $\int_0^a x\mathrm{d}x$ 是高为 a,底为 a 的直角三角形面积;

(3) $\int_{-R}^{R}\sqrt{R^2-x^2}\mathrm{d}x$ 是半径为 R 的上半圆的面积;

(4) $\int^{2\pi}\sin x\mathrm{d}x$ 是正弦曲线与 x 轴所围成的两块面积的代数和.于是

$$\int_a^b \mathrm{d}x=b-a,\quad \int_0^a x\mathrm{d}x=\frac{1}{2}a^2,\quad \int_{-R}^{R}\sqrt{R^2-x^2}\mathrm{d}x=\frac{1}{2}\pi R^2,\quad \int^{2\pi}\sin x\mathrm{d}x=0.$$

定理(定积分存在定理)　如果函数 $y=f(x)$ 在闭区间$[a,b]$上连续,则函数 $y=f(x)$ 在$[a,b]$上可积,即$\int_a^b f(x)\mathrm{d}x=\lim\limits_{\|\Delta x\|\to 0}\sum\limits_{i=1}^{n}f(\xi_i)\Delta x_i$.

【问题探究】　现在来解决我们在开始提出的问题:在直角坐标系中,由抛物线 $y=x^2$,x 轴以及 $x=1$ 所围成的图形面积.

解　所围成的图形面积 $A=\int_0^1 x^2\mathrm{d}x$.因为被积函数 $f(x)=\int_0^1 x^2\mathrm{d}x$ 在积分区间$[0,1]$上连续,由定积分存在定理可知$\int_0^1 x^2\mathrm{d}x=\lim\limits_{\|\Delta x\|\to 0}\sum\limits_{i=1}^{n}f(\xi_i)\Delta x_i$ 一定存在.所以,不论区间$[0,1]$采取何种分法及 ξ_i 如何选取,$\int_0^1 x^2\mathrm{d}x$ 都有相同的值.

为了便于计算,把区间$[0,1]$分成 n 等份,分点为

$$x_i=\frac{i}{n}(i=0,1,2,\cdots,n),$$

这样每个小区间$[x_{i-1},x_i]$的长为$\Delta x_i=\dfrac{1}{n}$，取$\xi_i=x_i(i=0,1,2,\cdots,n)$，于是得和式

$$\begin{aligned}\sum_{i=1}^{n}f(\xi_i)\Delta x_i&=\sum_{i=1}^{n}\xi_i^2\Delta x_i=\sum_{i=1}^{n}x_i^2\Delta x_i=\sum_{i=1}^{n}\left(\frac{i}{n}\right)^2\frac{1}{n}\\&=\frac{1}{n^3}\sum_{i=1}^{n}i^2=\frac{1}{n^3}\frac{1}{6}n(n+1)(2n+1)=\frac{1}{6}\left(1+\frac{1}{n}\right)\left(2+\frac{1}{n}\right).\end{aligned}$$

故 $$\int_0^1 x^2\mathrm{d}x=\lim_{\|\Delta x\|\to 0}\sum_{i=1}^{n}x_i^2\Delta x_i=\lim_{n\to\infty}\frac{1}{6}\left(1+\frac{1}{n}\right)\left(2+\frac{1}{n}\right)=\frac{1}{3}.$$

练习 2

利用定积分的几何意义，判断下列定积分的值是正的还是负的(不必计算)：

(1) $\int_{-2}^{1}x^2\mathrm{d}x$；　　(2) $\int_0^5 2x\mathrm{d}x$.

四、定积分的性质

在下面的讨论中，我们总假定函数在积分区间上是连续的.

性质 1 $\int_a^b \mathrm{d}x=b-a$.

性质 2 $\int_a^b[f(x)\pm g(x)]\mathrm{d}x=\int_a^b f(x)\mathrm{d}x\pm\int_a^b g(x)\mathrm{d}x$.

性质 3 任意$k\in\mathbf{R}$，$\int_a^b kf(x)\mathrm{d}x=k\int_a^b f(x)\mathrm{d}x$.

例 1 计算定积分：

(1) $\int_0^1(x^2+1)\mathrm{d}x$；　　(2) $\int_0^1 3(x^2+1)\mathrm{d}x$.

解 (1) 原式$=\int_0^1 x^2\mathrm{d}x+\int_0^1\mathrm{d}x$.

由前面我们知道$\int_0^1 x^2\mathrm{d}x=\dfrac{1}{3}$，$\int_0^1\mathrm{d}x=1$，所以

$$\int_0^1(x^2+1)\mathrm{d}x=\frac{1}{3}+1=\frac{4}{3}.$$

(2) $\int_0^1 3(x^2+1)\mathrm{d}x=3\int_0^1(x^2+1)\mathrm{d}x=3\times\dfrac{4}{3}=4$.

性质 4 a,b,c为常数，则$\int_a^b f(x)\mathrm{d}x=\int_a^c f(x)\mathrm{d}x+\int_c^b f(x)\mathrm{d}x$.

这就是说，如果将积分区间分成两部分，则在整个区间上的定积分等于这两部分区间上定积分之和.

不论c点在区间内还是在区间外，只要上述两个积分存在，性质 4 总是正确的.(如图 6-10)

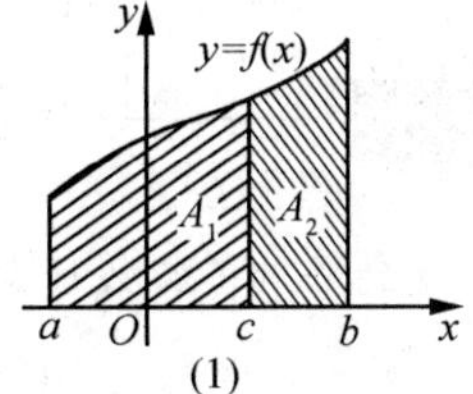

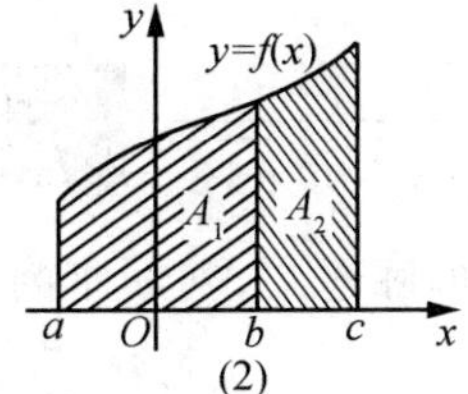

图 6-10

性质 4 称为定积分对积分区间的可加性.

例 2 已知$\int_0^2 x^2 \mathrm{d}x = \frac{8}{3}$,$\int_0^3 x^2 \mathrm{d}x = 9$,计算$\int_2^3 x^2 \mathrm{d}x$.

解 由性质 4,

$$\int_0^3 x^2 \mathrm{d}x = \int_0^2 x^2 \mathrm{d}x + \int_2^3 x^2 \mathrm{d}x,$$

所以

$$\int_2^3 x^2 \mathrm{d}x = \int_0^3 x^2 \mathrm{d}x - \int_0^2 x^2 \mathrm{d}x = 9 - \frac{8}{3} = \frac{19}{3}.$$

由性质 4 可得:

设函数 $f(x)$ 在闭区间$[-a,a]$上连续,那么

(1) 当 $f(x)$ 为奇函数时,$\int_{-a}^{a} f(x)\mathrm{d}x = 0$;

(2) 当 $f(x)$ 为偶函数时,$\int_{-a}^{a} f(x)\mathrm{d}x = 2\int_0^a f(x)\mathrm{d}x$.

例 3 化简下列积分:

(1) $\int_{-\frac{\pi}{4}}^{\frac{\pi}{4}} \frac{1+x^3}{\cos^2 x}\mathrm{d}x$; (2) $\int_{-1}^{1} x^2 |x| \mathrm{d}x$.

解 (1) 由于$\frac{1}{\cos^2 x}$,$\frac{x^3}{\cos^2 x}$ 分别是$\left[-\frac{\pi}{4},\frac{\pi}{4}\right]$上的偶函数、奇函数,于是由上例的

结论

可得

$$\int_{-\frac{\pi}{4}}^{\frac{\pi}{4}} \frac{1+x^3}{\cos^2 x}\mathrm{d}x = \int_{-\frac{\pi}{4}}^{\frac{\pi}{4}} \frac{1}{\cos^2 x}\mathrm{d}x + \int_{-\frac{\pi}{4}}^{\frac{\pi}{4}} \frac{x^3}{\cos^2 x}\mathrm{d}x = 2\int_0^{\frac{\pi}{4}} \frac{1}{\cos^2 x}\mathrm{d}x.$$

(2) 由于 $x^2|x|$ 是$[-1,1]$上的偶函数,所以有

$$\int_{-1}^{1} x^2 |x| \mathrm{d}x = 2\int_0^1 x^2 |x| \mathrm{d}x = 2\int_0^1 x^3 \mathrm{d}x.$$

性质 5(积分中值定理) 设函数 $f(x)$ 在区间$[a,b]$上连续,则存在 $\xi \in [a,b]$,使

$$\int_a^b f(x)\mathrm{d}x = f(\xi)(b-a).$$

练习 3

计算下列定积分:

(1) $\int_0^1 (x^2-2)\mathrm{d}x$; (2) $\int_{-1}^{1} x^3 \mathrm{d}x$; (3) $\int_{-1}^{1} x^2 \mathrm{d}x$.

习题 6-5

1. 利用定积分的几何意义，判断下列定积分值的正负(不必计算)：

(1) $\int_0^{\frac{\pi}{2}} \sin x \, dx$；　(2) $\int_{-\frac{\pi}{2}}^{0} \sin x \cos x \, dx$；　(3) $\int_{-1}^{2} x^2 dx$.

2. 求定积分的值：

(1) $\int_2^2 \sin x \, dx$；　(2) $\int_{-1}^{-1} (x^3+1) dx$.

3. 利用定积分表示下列各图中阴影部分的面积：

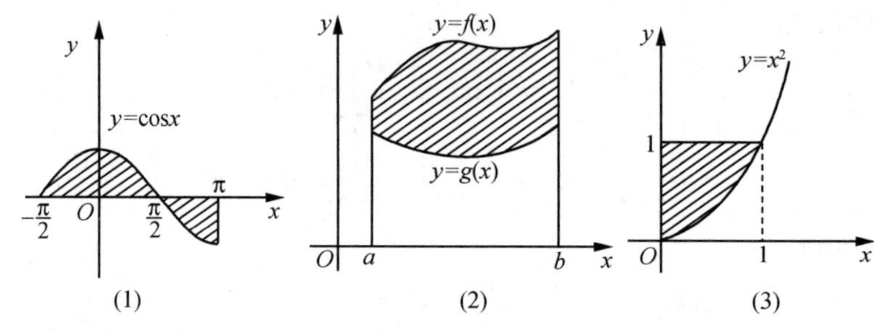

第 3 题图

4. 利用定积分的几何意义，求下列各定积分：

(1) $\int_1^3 (2x+1) dx$；　(2) $\int_0^2 4 dx$.

§ 6-6　牛顿-莱布尼茨公式

【问题引入】　之前我们介绍过定积分的概念，但如何计算定积分的值呢？通过定积分的定义来计算它的值是比较复杂的，往往也比较困难.譬如，计算定积分$\int_0^2 x e^{x^2} dx$，直接用定积分的定义计算就比较复杂.那么有什么更好的方法呢？本节将介绍一种定积分计算的有力工具——牛顿-莱布尼茨公式.

一、积分上限函数

定义　设函数 $f(t)$ 在$[a,b]$上连续，x 是区间$[a,b]$上任意一点，则变动上限的积分$\int_a^x f(t) dt$ 是 x 的函数，称为定义在区间$[a,b]$上的积分上限函数，记作 $\Phi(x)$，即

$$\Phi(x) = \int_a^x f(t) dt \quad (a \leqslant x \leqslant b).$$

定理 1　设函数 $f(x)$ 在$[a,b]$上连续，则积分上限函数 $\Phi(x) = \int_a^x f(t) dt$ 在$[a,b]$上可导，且 $\Phi'(x) = \left[\int_a^x f(t) dt\right]' = f(x) (a \leqslant x \leqslant b)$.

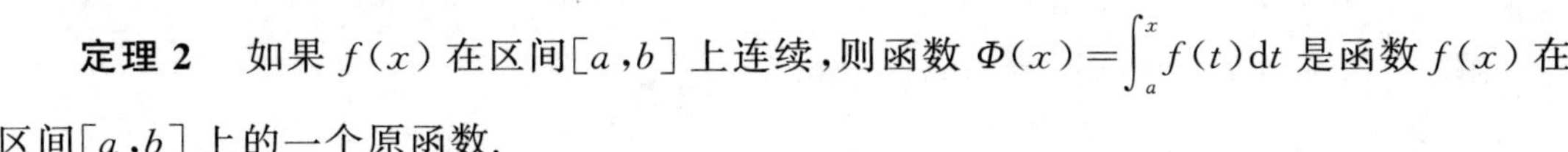

定理 2 如果 $f(x)$ 在区间 $[a,b]$ 上连续,则函数 $\Phi(x)=\int_a^x f(t)\mathrm{d}t$ 是函数 $f(x)$ 在区间 $[a,b]$ 上的一个原函数.

例 1 求 $\dfrac{\mathrm{d}}{\mathrm{d}x}\left(\int_0^x \mathrm{e}^t\cos t\,\mathrm{d}t\right)$.

解 $\dfrac{\mathrm{d}}{\mathrm{d}x}\left(\int_0^x \mathrm{e}^t\cos t\,\mathrm{d}t\right)=\mathrm{e}^x\cos x$.

例 2 求 $\dfrac{\mathrm{d}}{\mathrm{d}x}\left(\int_0^{x^2} \sin t\,\mathrm{d}t\right)$.

解 $\dfrac{\mathrm{d}}{\mathrm{d}x}\left(\int_0^{x^2} \sin t\,\mathrm{d}t\right)=\dfrac{\mathrm{d}}{\mathrm{d}x^2}\left(\int_0^{x^2} \sin t\,\mathrm{d}t\right)\dfrac{\mathrm{d}x^2}{\mathrm{d}x}=\sin x^2\cdot 2x=2x\sin x^2$.

练习 1

求下列各式:

(1) $\dfrac{\mathrm{d}}{\mathrm{d}x}\left(\int_0^x \mathrm{e}^t\sin t\,\mathrm{d}t\right)$; (2) $\dfrac{\mathrm{d}}{\mathrm{d}x}\left(\int_0^{x^2} \cos t\,\mathrm{d}t\right)$.

二、牛顿-莱布尼茨公式

定理 3 设 $f(x)$ 在区间 $[a,b]$ 上连续,$F(x)$ 是 $f(x)$ 在 $[a,b]$ 上的一个原函数,则

$$\int_a^b f(x)\mathrm{d}x=F(b)-F(a). \tag{6-1}$$

证明 由定理 1,$\Phi(x)=\int_a^x f(t)\mathrm{d}t$ 是 $f(x)$ 在 $[a,b]$ 上的一个原函数,而 $F(x)$ 也是 $f(x)$ 在 $[a,b]$ 上的原函数,由原函数的性质,得

$$\Phi(x)=F(x)+C(a\leqslant x\leqslant b,C\text{ 为常数}).$$

在上式中,分别令 $x=b,x=a$,可求得

$$\Phi(b)-\Phi(a)=F(b)-F(a).$$

又 $\Phi(b)=\int_a^b f(x)\mathrm{d}x,\Phi(a)=0$,所以 $\int_a^b f(x)\mathrm{d}x=F(b)-F(a)$.

为了书写方便,以后把 $F(b)-F(a)$ 写成 $[F(x)]_a^b$ 或 $F(x)\big|_a^b$.于是(6-1)式可记为

$$\int_a^b f(x)\mathrm{d}x=[F(x)]_a^b \text{ 或} \int_a^b f(x)\mathrm{d}x=F(x)\big|_a^b. \tag{6-2}$$

公式(6-2)揭示了定积分与被积函数的原函数之间的内在联系,因此它被称为微积分基本公式,又称为牛顿-莱布尼茨(Newton-Leibniz)公式,简称 N-L 公式.它为定积分的运算提供了一种有效而简便的方法.

例 3 计算 $\int_0^1 x^4\mathrm{d}x$.

解 $\int_0^1 x^4\mathrm{d}x=\dfrac{x^5}{5}\Big|_0^1=\dfrac{1}{5}-0=\dfrac{1}{5}$.

例 4 计算 $\int_0^{\frac{\pi}{4}}\cos x\,\mathrm{d}x$.

解 $\int_0^{\frac{\pi}{4}}\cos x\,dx=\sin x\Big|_0^{\frac{\pi}{4}}=\sin\frac{\pi}{4}-\sin 0=\frac{\sqrt{2}}{2}$.

例 5 求$\int_0^2|1-x|\,dx$ 的值.

解 被积函数是$|1-x|$,不能直接用牛顿-莱布尼茨公式,由于$0\leqslant x\leqslant 2$时,$1-x$可正可负,因此由定积分对积分区间的可加性,有

$$\int_0^2|1-x|\,dx=\int_0^1(1-x)dx+\int_1^2(x-1)dx=\left[x-\frac{x^2}{2}\right]_0^1-\left[\frac{x^2}{2}-x\right]_1^2=1.$$

例 6 设$f(x)=\begin{cases}2+x, & 0<x\leqslant 3,\\ 2, & x\leqslant 0.\end{cases}$求$\int_{-1}^1 f(x)dx$.

解 $\int_{-1}^1 f(x)dx=\int_{-1}^0 f(x)dx+\int_0^1 f(x)dx$

$$=\int_{-1}^0 2dx+\int_0^1(2+x)dx=[2x]_{-1}^0+\left[2x+\frac{x^2}{2}\right]_0^1=2+\frac{5}{2}=\frac{9}{2}.$$

例 7 火车以 72 km/h 的速度行驶,在到达某车站前以等加速度 $a=-2.5\ \mathrm{m/s^2}$ 刹车,问火车需要在到站前多少距离开始刹车,可使火车到站时停稳?

解 首先计算开始刹车到停车所需的时间,即匀减速运动从 $v_0=72$ km/h 到 $v(t)=0$ 所需的时间:

$$v_0=\frac{72\times 1000}{3600}=20(\mathrm{m/s}),$$

由匀减速运动的速度 $v(t)=v_0+at=20-2.5t=0$,得 $t=8(\mathrm{s})$.

从而火车从开始刹车到车站的距离为

$$\int_0^8 v(t)dt=\int_0^8(20-2.5t)dt=\left[20t-\frac{5}{4}t^2\right]_0^8=80(\mathrm{m}).$$

【问题探究】 现在我们来解决本节开始时提出的问题:求$\int_0^2 xe^{x^2}dx$.

解 根据牛顿-莱布尼茨公式我们先求出原函数:

$$\int xe^{x^2}dx=\frac{1}{2}\int e^{x^2}d(x^2)=\frac{1}{2}e^{x^2}+C,$$

从而得 $f(x)=xe^{x^2}$ 的一个原函数

$$F(x)=\frac{1}{2}e^{x^2},$$

所以

$$\int_0^2 xe^{x^2}dx=\frac{1}{2}e^{x^2}\Big|_0^2=\frac{1}{2}e^4-\frac{1}{2}.$$

练习 2

计算下列积分:

(1) $\int_{-2}^{-4}\frac{1}{x}dx$;　　　(2) $\int_0^{\frac{\pi}{2}}\sin x\,dx$.

习题 6－6

1. 计算下列导数：

(1) $\dfrac{d}{dx}\int_0^x \sqrt{1+t}\,dt$；　　(2) $\dfrac{d}{dx}\int_0^{\cos x} \cos(\pi t^2)\,dt$.

2. 求下列定积分：

(1) $\int_1^3 x^3\,dx$；　　(2) $\int_0^{\frac{1}{2}} \dfrac{1}{\sqrt{1-x^2}}\,dx$；

(3) $\int_4^9 \sqrt{x}(1+\sqrt{x})\,dx$；　　(4) $\int_0^{2\pi} |\sin x|\,dx$.

3. 计算下列定积分：

(1) $\int_{-1}^0 \dfrac{3x^4+3x^2+1}{x^2+1}\,dx$；　　(2) $\int_0^3 |2-x|\,dx$；

(3) $\int_0^2 f(x)\,dx$，其中 $f(x)=\begin{cases} x+1, & x\leqslant 1, \\ \dfrac{1}{2}x^2, & x>1. \end{cases}$

4. 一质点做直线运动，其速度 $v(t)=2t+3$(单位：m/s)，求在前 10 s 内该质点所经过的路程.

§ 6－7　定积分的换元法与分部积分法

【问题引入】　前面我们学习了牛顿-莱布尼茨公式，知道了利用先求原函数的方法再去计算定积分.譬如计算 $\int_0^{\pi} x\cos x\,dx$，我们分 2 步：

(1) 先求 $\int x\cos x\,dx$：$\int x\cos x\,dx = x\cdot\sin x - \int \sin x\,dx = x\sin x+\cos x+C$；

(2) 由牛顿-莱布尼茨公式，$\int_0^{\pi} x\cos x\,dx = [x\sin x+\cos x]_0^{\pi} = -1-1=-2$.

但这样做显然不方便，那我们可不可以把它们整合起来呢？

一、定积分的换元法

定理 1　设 $f(x)$ 在 $[a,b]$ 上连续，变换 $x=\varphi(t)$ 满足下列条件：

(1) $\varphi(\alpha)=a$，$\varphi(\beta)=b$；

(2) 当 t 在 $[\alpha,\beta]$ 上变化时，$x=\varphi(t)$ 的值在 $[a,b]$ 上变化；

(3) $\varphi'(t)$ 在 $[\alpha,\beta]$ 上连续.

则有定积分换元积分公式

$$\int_a^b f(x)\,dx = \int_\alpha^\beta f[\varphi(t)]\varphi'(t)\,dt.$$

例 1　求下列积分：

(1) $\int_1^4 \frac{1}{x+\sqrt{x}}dx$； (2) $\int_0^2 \sqrt{4-x^2}dx$.

解 (1) 设$\sqrt{x}=t$，即$x=t^2$，则$dx=2tdt$，且当$x=1$时，$t=1$；$x=4$时，$t=2$.即原来的积分变量x从1变4时，新积分变量t相应从1变到2.于是

$$\int_1^4 \frac{1}{x+\sqrt{x}}dx=\int_1^2 \frac{2tdt}{t^2+t}dt=2\int_1^2 \frac{dt}{t+1}=2[\ln(t+1)]_1^2=2\ln3-2\ln2=\ln\frac{9}{4}.$$

(2) 设$x=2\sin t$，则$dx=2\cos t dt$.且当$x=0$时，$t=0$；$x=2$时，$t=\frac{\pi}{2}$.于是

$$\int_0^2 \sqrt{4-x^2}dx=\int_0^{\frac{\pi}{2}} 2\cos t\cdot 2\cos t dt=4\int_0^{\frac{\pi}{2}} \frac{1+\cos2t}{2}dt=\pi.$$

例 2 求定积分$\int_0^{\frac{\pi}{4}} \sin^3 x\cos x dx$.

解 设$\sin x=t$，则$\cos x dx=dt$.当$x=0$时，$t=0$；当$x=\frac{\pi}{4}$时，$t=\frac{\sqrt{2}}{2}$.于是

$$\int_0^{\frac{\pi}{4}} \sin^3 x\cos x dx=\int_0^{\frac{\sqrt{2}}{2}} t^3 dt=\frac{t^4}{4}\Big|_0^{\frac{\sqrt{2}}{2}}=\frac{1}{16}$$

此题也可以直接用凑微分法计算：

$$\int_0^{\frac{\pi}{4}} \sin^3 x\cos x dx=\int_0^{\frac{\pi}{4}} \sin^3 x d(\sin x)=\frac{\sin^4 x}{4}\Big|_0^{\frac{\pi}{4}}=\frac{1}{16}.$$

可以看出，由于没有进行变量代换，积分区间不变，所以计算更为简便.

练习 1

求下列定积分：

(1) $\int_0^3 \frac{x}{\sqrt{1+x}}dx$； (2) $\int_0^{\frac{\pi}{2}} \cos^5 x\sin x dx$.

二、定积分的分部积分法

定理 2 设$u=u(x)$和$v=v(x)$在区间$[a,b]$上有连续的导数$u'(x)$和$v'(x)$，则

$$\int_a^b u(x)v'(x)dx=[u(x)v(x)]_a^b-\int_a^b v(x)u'(x)dx$$

或

$$\int_a^b u dv=[uv]_a^b-\int_a^b v du.$$

例 3 计算$\int_1^2 \ln x dx$.

解 $\int_1^2 \ln x dx=[x\ln x]_1^2-\int_1^2 x d(\ln x)=2\ln2-\int_1^2 dx=2\ln2-1.$

例 4 计算$\int_0^2 xe^x dx$.

解 $\int_0^2 xe^x dx=[xe^x]\Big|_0^2-\int_0^2 e^x dx=2e^2-[e^x]\Big|_0^2=e^2+1.$

例 5 计算$\int_0^{\frac{\pi}{2}} x^2\sin x dx$.

解 $\int_0^{\frac{\pi}{2}} x^2 \sin x\,dx = -\int_0^{\frac{\pi}{2}} x^2 d(\cos x) = -[x^2\cos x]_0^{\frac{\pi}{2}} + 2\int_0^{\frac{\pi}{2}} x\cos x\,dx$

$$= 0 + 2\int_0^{\frac{\pi}{2}} x\,d(\sin x) = 2\left[[x\sin x]_0^{\frac{\pi}{2}} - \int_0^{\frac{\pi}{2}} \sin x\,dx\right]$$

$$= 2\left[\frac{\pi}{2} + [\cos x]_0^{\frac{\pi}{2}}\right] = 2\left(\frac{\pi}{2} - 1\right) = \pi.$$

【问题探究】 现在来解决我们在开始提出的问题：计算$\int_0^{\pi} x\cos x\,dx$.

解 $\int_0^{\pi} x\cos x\,dx = [x\sin x]_0^{\pi} - \int_0^{\pi} \sin x\,dx = [\cos x]_0^{\pi} = -1-1 = -2.$

练习 2

求下列定积分：

(1) $\int_1^2 x\ln x\,dx$；　　(2) $\int_0^1 x e^{-x}\,dx$.

习题 6－7

1. 计算下列定积分：

(1) $\int_0^1 \frac{x^2}{1+x^6}dx$；　　(2) $\int_1^e \frac{\ln^4 x}{x}dx$；

(3) $\int_{-\frac{\pi}{2}}^{\frac{\pi}{2}} \cos x\cos 2x\,dx$；　　(4) $\int_0^3 \frac{1}{\sqrt{1+x}+1}dx$；

(5) $\int_0^1 x(1-2x^2)^7\,dx$；　　(6) $\int_0^1 \frac{e^x}{1+e^x}dx$；

(7) $\int_0^1 \frac{x}{1+x^2}dx$；　　(8) $\int_0^3 \frac{x}{\sqrt{1+x}}dx$；

(9) $\int_1^e \frac{1+\ln x}{x}dx$.

2. 计算下列定积分：

(1) $\int_0^{\frac{1}{2}} \arcsin x\,dx$；　　(2) $\int_0^1 x e^{-2x}\,dx$；

(3) $\int_{\frac{1}{2}}^1 x\ln x\,dx$；　　(4) $\int_1^{\sqrt{3}} \arctan x\,dx$.

§ 6－8　积分区间为无限的广义积分

【问题引入】 前面讨论的定积分是以积分区间为有限区间、被积函数有界为前提的，但有些实际问题需要突破这两条限制，需要在这两个方面推广定积分的概念，譬如，如何求积分$\int_{-\infty}^{+\infty} \frac{1}{1+x^2}dx$ 呢？ 这就是本节要讨论的广义积分.

一、无穷区间上的广义积分

定义 设函数 $f(x)$ 在区间 $[a,+\infty)$ 内连续，b 是区间 $[a,+\infty)$ 内的任意数值.如果极限 $\lim\limits_{b\to+\infty}\int_a^b f(x)\mathrm{d}x$ 存在，则称这个极限为函数 $f(x)$ 在无穷区间 $[a,+\infty)$ 内的广义积分，记作 $\int_a^{+\infty} f(x)\mathrm{d}x$，即

$$\int_a^{+\infty} f(x)\mathrm{d}x=\lim_{b\to+\infty}\int_a^b f(x)\mathrm{d}x.$$

这时也称广义积分 $\int_a^{+\infty} f(x)\mathrm{d}x$ 收敛；如果极限不存在，则称广义积分 $\int_a^{+\infty} f(x)\mathrm{d}x$ 发散.

同样地，可以定义下限为负无穷大或上下限都是无穷大的广义积分：

$$\int_{-\infty}^{b} f(x)\mathrm{d}x=\lim_{a\to-\infty}\int_a^b f(x)\mathrm{d}x;$$

$$\int_{-\infty}^{+\infty} f(x)\mathrm{d}x=\int_{-\infty}^{0} f(x)\mathrm{d}x+\int_0^{+\infty} f(x)\mathrm{d}x=\lim_{a\to-\infty}\int_a^0 f(x)\mathrm{d}x+\lim_{b\to+\infty}\int_0^b f(x)\mathrm{d}x.$$

例 1 计算广义积分 $\int_0^{+\infty} x\mathrm{e}^{-x^2}\mathrm{d}x$.

解
$$\int_0^{+\infty} x\mathrm{e}^{-x^2}\mathrm{d}x=\lim_{b\to+\infty}\int_0^b x\mathrm{e}^{-x^2}\mathrm{d}x=\lim_{b\to+\infty}\left[-\frac{1}{2}\int_0^b \mathrm{e}^{-x^2}\mathrm{d}(-x^2)\right]$$
$$=-\frac{1}{2}\lim_{b\to+\infty}\left[\mathrm{e}^{-x^2}\right]_0^b=-\frac{1}{2}\lim_{b\to+\infty}(\mathrm{e}^{-b^2}-\mathrm{e}^0)=-\frac{1}{2}(0-1)=\frac{1}{2}.$$

例 2 计算广义积分 $\int_{-\infty}^{-1}\frac{1}{x^3}\mathrm{d}x$.

解
$$\int_{-\infty}^{-1}\frac{1}{x^3}\mathrm{d}x=\lim_{a\to-\infty}\int_a^{-1}\frac{1}{x^3}\mathrm{d}x=\lim_{a\to-\infty}\left[-\frac{1}{2x^2}\right]_a^{-1}=\lim_{a\to-\infty}\left(-\frac{1}{2}+\frac{1}{2a^2}\right)=-\frac{1}{2}.$$

例 3 证明：广义积分 $\int_1^{+\infty}\frac{\mathrm{d}x}{x^p}(p>0)$ 当 $p>1$ 时收敛，当 $0<p\leqslant 1$ 时发散.

证明 当 $p=1$ 时，$\int_1^{+\infty}\frac{1}{x}\mathrm{d}x=\lim\limits_{b\to+\infty}(\ln b-\ln 1)=+\infty$；

当 $p\neq 1$ 时，
$$\int_1^{+\infty}\frac{\mathrm{d}x}{x^p}=\lim_{b\to+\infty}\left[\frac{x^{1-p}}{1-p}\right]_1^b=\lim_{b\to+\infty}\left(\frac{b^{1-p}}{1-p}-\frac{1}{1-p}\right)=\begin{cases}+\infty, & 0<p<1,\\ \dfrac{1}{p-1}, & p>1.\end{cases}$$

因此，这个广义积分当 $p>1$ 时收敛，其值为 $\frac{1}{p-1}$，当 $0<p\leqslant 1$ 时发散.

【问题探究】 计算广义积分 $\int_{-\infty}^{+\infty}\frac{1}{1+x^2}\mathrm{d}x$.

解
$$\int_{-\infty}^{+\infty}\frac{1}{1+x^2}\mathrm{d}x=\lim_{a\to-\infty}\int_a^0\frac{1}{1+x^2}\mathrm{d}x+\lim_{b\to+\infty}\int_0^{+\infty}\frac{1}{1+x^2}\mathrm{d}x$$
$$=\lim_{a\to-\infty}(\arctan 0-\arctan a)+\lim_{b\to+\infty}(\arctan b-\arctan 0)$$
$$=-\left(-\frac{\pi}{2}\right)+\frac{\pi}{2}=\pi.$$

为简便起见，上面的计算过程可写成

$$\int_{-\infty}^{+\infty}\frac{1}{1+x^2}\mathrm{d}x=[\arctan x]_{-\infty}^{+\infty}=\frac{\pi}{2}-\left(-\frac{\pi}{2}\right)=\pi.$$

练习

计算下列广义积分：

(1) $\int_1^{+\infty}\frac{1}{1+x^2}\mathrm{d}x$；　(2) $\int_0^{+\infty}\mathrm{e}^{-x}\mathrm{d}x$；　(3) $\int_1^{+\infty}\frac{1}{x^4}\mathrm{d}x$.

习题 6-8

1. 计算下列广义积分：

(1) $\int_1^{+\infty}\frac{1}{x^2}\mathrm{d}x$；　(2) $\int_{-\infty}^{0}\frac{1}{1-x}\mathrm{d}x$；　(3) $\int_{-\infty}^{+\infty}\frac{1}{x^2+2x+2}\mathrm{d}x$.

2. 下列广义积分是否收敛？若收敛，求出它的值：

(1) $\int_3^{+\infty}\frac{1}{x^4}\mathrm{d}x$；　(2) $\int_{\frac{1}{\mathrm{e}}}^{+\infty}\frac{\ln x}{x}\mathrm{d}x$；

(3) $\int_{-\infty}^{0}\frac{2x}{x^2+1}\mathrm{d}x$；　(4) $\int_{-\infty}^{+\infty}x\mathrm{e}^{-\frac{x^2}{2}}\mathrm{d}x$.

§6-9 积分的应用

一、微元法

一般地，为了求得区间$[a,b]$上的总量F，将区间$[a,b]$任意分割成n个小区间，任取一个小区间$[x,x+\mathrm{d}x]$，应用已知知识，求出F在此小区间上的改变量ΔF的近似值$f(x)\mathrm{d}x$，即$\Delta F\approx\mathrm{d}F=f(x)\mathrm{d}x$（$f(x)\mathrm{d}x$称为变量$F$的微元）.将微元$\mathrm{d}F=f(x)\mathrm{d}x$从$a$到$b$无限累加起来，就得到区间$[a,b]$上的总量$F$，从而$F=\int_a^b\mathrm{d}F=\int_a^b f(x)\mathrm{d}x$.这种方法称之为微元法.

二、平面图形的面积

通常把由两条连续曲线$y=f(x)$，$y=g(x)$（$f(x)\leqslant g(x)$）及直线$x=a$，$x=b$（$a<b$）所围成的平面图形称为X-型图形（图6-11(a)）；而把由两条连续曲线$x=\psi(y)$，$x=\varphi(y)$（$\psi(y)\leqslant\varphi(y)$）及直线$y=c$，$y=d$（$c<d$）所围成的平面图形称为$Y$-型图形（图6-11(b)）.

下面用微元法分析X-型平面图形的面积.

取横坐标x为积分变量，$x\in[a,b]$.在区间$[a,b]$上任取一小区间$[x,x+\mathrm{d}x]$，该区间上的小曲边梯形的面积可以用高为$g(x)-f(x)$、底为$\mathrm{d}x$的矩形的面积近似代替.因此

$$\mathrm{d}A=[g(x)-f(x)]\mathrm{d}x,$$

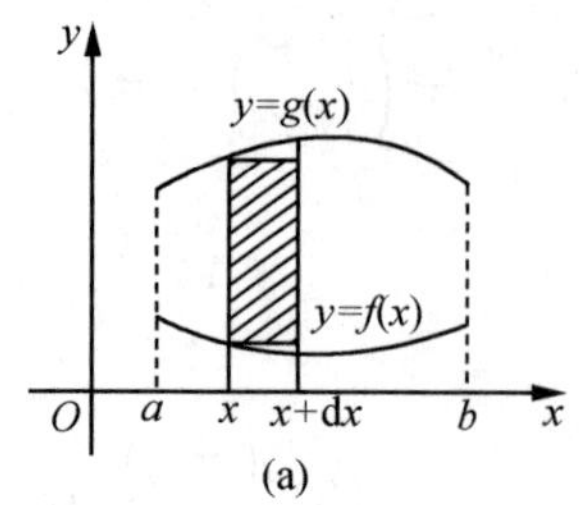

(a)

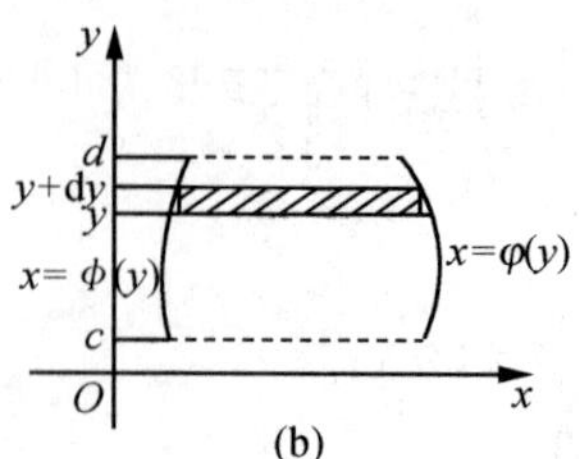

(b)

图 6-11

从而
$$A=\int_a^b \mathrm{d}A=\int_a^b [g(x)-f(x)]\mathrm{d}x. \tag{6-3}$$

类似地，利用微元法分析 Y- 型图形，可以得到它的面积为
$$A=\int_c^d \mathrm{d}A=\int_c^d [\varphi(y)-\psi(y)]\mathrm{d}y. \tag{6-4}$$

对于非 X- 型、Y- 型平面图形，我们总可以进行适当的分割，将它划分成若干个 X- 型图形或 Y- 型图形，然后利用前面介绍的方法去求面积.

例 1 求由两条抛物线 $y^2=x$，$y=x^2$ 所围成图形的面积.

解 解方程组$\begin{cases}y^2=x,\\ y=x^2,\end{cases}$得交点(0,0) 及(1,1).

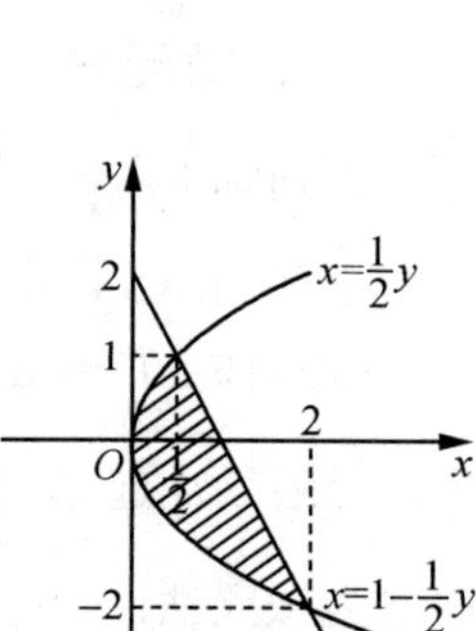

图 6-12

将该平面图形视为 X- 型图形，确定积分变量为 x，积分区间为[0,1](图 6-12).

由公式(1)，所求图形的面积为
$$A=\int_0^1[\sqrt{x}-x^2]\mathrm{d}x=\left[\frac{2}{3}x^{\frac{3}{2}}-\frac{1}{3}x^3\right]_0^1=\frac{1}{3}.$$

【问题探究】 现在我们来解决刚开始所提到的问题：

求由曲线 $y^2=2x$ 与直线 $y=-2x+2$ 所围成图形的面积.

解 解方程组$\begin{cases}y^2=2x,\\ y=-2x+2\end{cases}$得交点$\left(\frac{1}{2},1\right)$及$(2,-2)$.

将该图形视为 Y- 型图形，积分变量选择 y，积分区间为[−2,1](图 6-13).

由公式(2)，所求图形的面积为
$$A=\int_{-2}^1\left[\left(1-\frac{1}{2}y\right)-\frac{1}{2}y^2\right]\mathrm{d}y=\left[y-\frac{1}{4}y^2-\frac{1}{6}y^3\right]_{-2}^1=\frac{9}{4}.$$

图 6-13

练习 1

求平面图形的面积：

(1) 求由直线 $y=x$，$y=2x$，$y=2$ 所围成的平面图形的面积；

(2) 求抛物线 $y^2=2x$ 与直线 $y=x-4$ 所围成的平面图形的面积；

(3) 求由曲线 $y=\cos x$ 和直线 $y=\frac{3}{2}\pi-x$ 及 y 轴所围成的平面图形的面积.

三、旋转体体积

旋转体就是由一个平面图形绕这平面内的一条直线 l 旋转一周而成的空间立体，其中直线 l 称为该旋转体的旋转轴.例如，我们在中学学过的圆柱、圆锥、圆台、球体等都是旋转体.

下面我们用微元法来求曲边梯形 $0 \leqslant y \leqslant f(x)$，$x \in [a,b]$ 绕 x 轴旋转一周时所形成的旋转体(图 6-14)的体积 V_x.

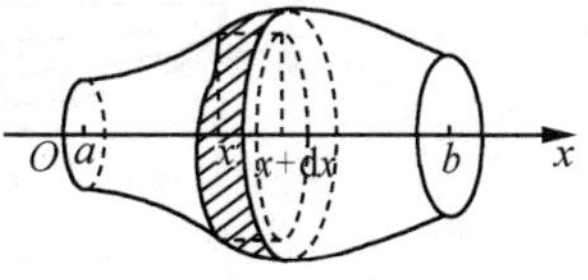

图 6-14

选择 x 为积分变量，确定积分区间为$[a,b]$；任取一小区间$[x,x+\mathrm{d}x]$.此小区间上所对应的小旋转体近似于底面半径为 $f(x)$，高为 $\mathrm{d}x$ 的小圆柱体，即薄片体积 $\Delta V \approx \pi[f(x)]^2\mathrm{d}x$，则将 $f(x)\mathrm{d}x$ 作为体积微元 $\mathrm{d}V$ 在$[a,b]$上进行积分便求得旋转体的体积

$$V_x = \int_a^b \mathrm{d}V = \pi\int_a^b [f(x)]^2\mathrm{d}x.$$

同样用微元法分析可得由曲线 $x=\varphi(y)$，直线 $y=c$，$y=d(c<d)$ 和 y 轴所围成的曲边梯形绕 y 轴旋转而成的旋转体的体积为

$$V_y = \pi\int_c^d [\varphi(y)]^2\mathrm{d}y.$$

例 2 求曲线 $y=\sin x(0 \leqslant x \leqslant \pi)$ 绕 x 轴旋转一周所得的旋转体体积.

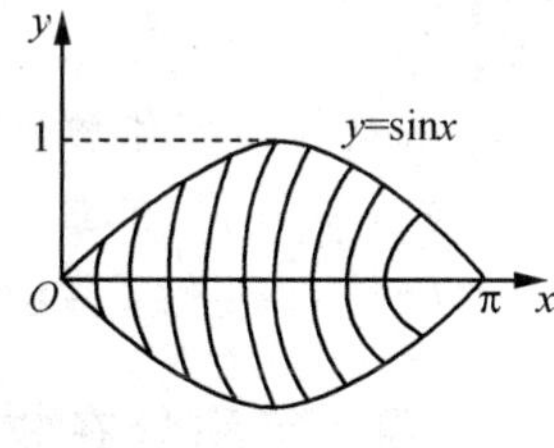

图 6-15

解 如图 6-15 所示，利用旋转体的体积公式有

$$\begin{aligned} V_x &= \pi\int_0^\pi y^2\mathrm{d}x = \pi\int_0^\pi \sin^2 x\,\mathrm{d}x \\ &= \frac{\pi}{2}\int_0^\pi (1-\cos 2x)\mathrm{d}x = \frac{\pi}{2}\left[x-\frac{1}{2}\sin 2x\right]_0^\pi = \frac{1}{2}\pi^2. \end{aligned}$$

例 3 计算椭圆$\dfrac{x^2}{a^2}+\dfrac{y^2}{b^2}=1(a>b>0)$ 绕 x 轴及 y 轴旋转而成的旋转体的体积.

解 (1) 绕 x 轴旋转.

旋转椭球体如图 6-16(a) 所示，可看作上半椭圆 $y=\dfrac{a}{b}\sqrt{a^2-x^2}$ 及 x 轴围成的图形绕 x 轴旋转而成的，由公式得

$$\begin{aligned} V_x &= \pi\int_{-a}^a \left(\frac{b}{a}\sqrt{a^2-x^2}\right)^2\mathrm{d}x = 2\pi\int_0^a \frac{b^2}{a^2}(a^2-x^2)\mathrm{d}x = 2\pi\frac{b^2}{a^2}\int_0^a (a^2-x^2)\mathrm{d}x \\ &= 2\pi\frac{b^2}{a^2}\left(a^2x-\frac{x^3}{3}\right)\Big|_0^a = 2\pi\frac{b^2}{a^2}\left(a^3-\frac{a^3}{3}\right) = \frac{4}{3}\pi ab^2. \end{aligned}$$

(2) 绕 y 轴旋转.

旋转椭球体可看作右半椭圆 $x=\dfrac{a}{b}\sqrt{b^2-y^2}$ 及 y 轴围成的图形绕 y 轴旋转而成的(图 6-16(b)).由公式得

$$V_y = \pi\int_{-b}^b \left(\frac{a}{b}\sqrt{b^2-y^2}\right)^2\mathrm{d}y = 2\pi\int_0^b \frac{a^2}{b^2}(b^2-y^2)\mathrm{d}y = \frac{4}{3}\pi a^2 b.$$

当 $a=b=R$ 时，即得球体的体积公式 $V=\frac{4}{3}\pi R^3$.

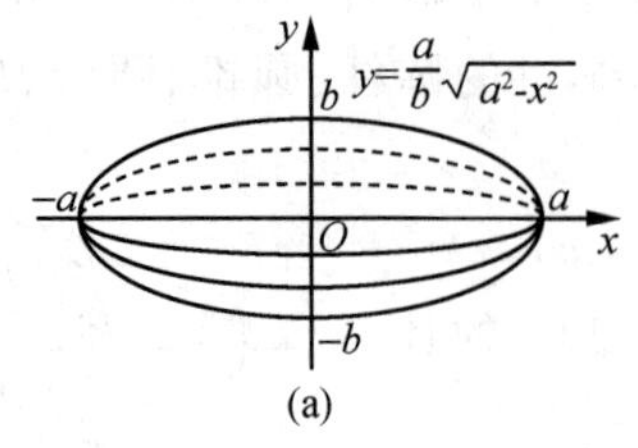

(b)

图 6-16

例 4　求由抛物线 $y=\sqrt{x}$ 与直线 $y=0$，$y=1$ 和 y 轴围成的平面图形绕 y 轴旋转而成的旋转体的体积.

解　如图 6-17 所示，由公式可得所求旋转体的体积为

$$V_y=\pi\int_0^1 y^4\,\mathrm{d}y=\frac{\pi}{5}y^5\Big|_0^1=\frac{\pi}{5}.$$

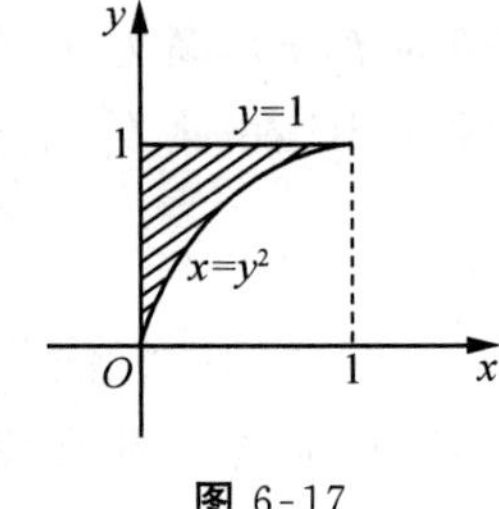

图 6-17

练习 2

求旋转体的体积：

(1) $y=x^2(0\leqslant x\leqslant 2)$ 分别绕 x 轴及 y 轴旋转；

(2) $y=x^2$，$x=y^2$ 所围成的平面图形分别绕 x 轴及 y 轴旋转.

四、定积分在物理上的应用

1. 变力做功

在物理学中，在一个常力 F 的作用下，物体沿力的方向做直线运动，当物体移动距离 s 时，F 所做的功为 $W=F\cdot s$.

但在实际问题中，我们更多遇到的是变力做功的问题，对此我们仍可以使用微元法来求解.

设一物体在变力 $F(x)$ 的作用下（$F(x)$ 的大小在变化，方向不变，且 $F(x)$ 是连续变化的），沿直线 Ox 轴运动，假定由 a 点移到 b 点（图 6-18）.

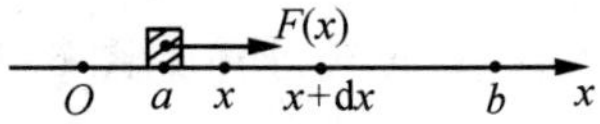

图 6-18

在区间 $[a,b]$ 上任取一小区间 $[x,x+\mathrm{d}x]$，由于 $F(x)$ 的连续性，物体在 $\mathrm{d}x$ 这一小段路径上移动时，力 $F(x)$ 的变化很小，它可以近似看成不变，那么，在 $\mathrm{d}x$ 这一小段上就可以使用常力做功的公式.于是，功的微元为 $\mathrm{d}W=F(x)\mathrm{d}x$.

将微元 $\mathrm{d}W=F(x)\mathrm{d}x$ 从 a 到 b 无限累加，就得到整个区间上所做的功

$$W=\int_a^b\mathrm{d}W=\int_a^b F(x)\mathrm{d}x.$$

例 5　已知弹簧每拉长 0.02 m 要用 9.8 N 的力，求把弹簧拉长 0.1 m 所做的功.

解　由于在弹性限度内，拉伸（或压缩）弹簧所需要的力 F 和弹簧的伸长量（或压缩量）x 成正比，即 $F=kx$.其中 k 为比例系数（图 6-19）.

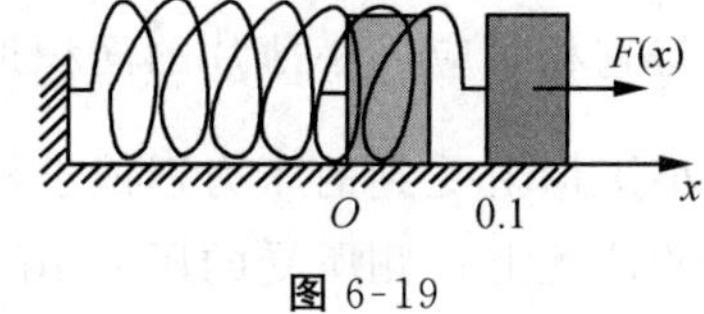

图 6-19

据题意，$x=0.02\text{ m}$ 时，$F=9.8\text{ N}$，所以

$$k=4.9\times10^2,$$

这样得到的变力函数为

$$F(x)=4.9\times10^2x.$$

所以功的微元为 $\mathrm{d}W=4.9\times10^2x\mathrm{d}x$，积分区间为 $[0,0.1]$.

故弹簧拉长所做的功为

$$W=\int_0^{0.1}4.9\times10^2x\mathrm{d}x=4.9\times10^2\left[\frac{x^2}{2}\right]_0^{0.1}=2.45\ (\mathrm{J}).$$

例 6　把一个带 $+q$ 电量的点电荷放在 r 轴上坐标原点 O 处，它产生一个电场.这个点场对周围的电荷有作用力.由物理学知道，如果有一个单位正电荷放在这个电场中距离原点 O 为 r 的地方，那么电场对它的作用力的大小为

$$F=k\frac{q}{r^2}(k\text{ 为常数}).$$

当这个单位正电荷在电场中从 $r=a$ 处沿 r 轴移动到 $r=b(a<b)$ 处时，计算电场力 F 对它所做的功(图 6-20).

图 6-20

解　取积分变量为 r，积分区间为 $[a,b]$.

因为电场对单位正电荷的作用力为

$$F=\frac{kq}{r^2},$$

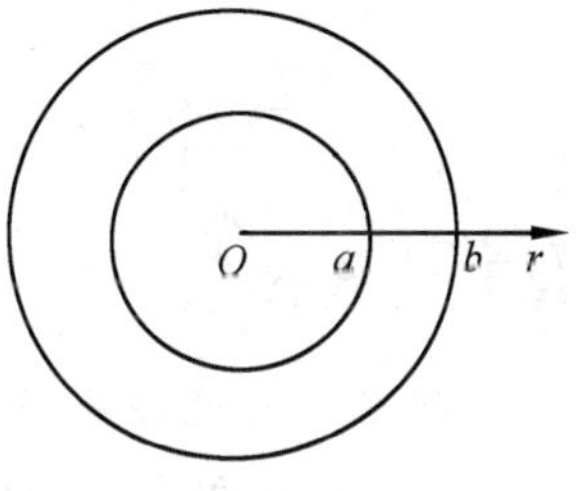

所以功的微元为

$$\mathrm{d}W=\frac{kq}{r^2}\mathrm{d}r,$$

因此所求电场力 F 所做的功为

$$W=\int_a^b\frac{kq}{r^2}\mathrm{d}r=kq\int_a^b\frac{\mathrm{d}r}{r^2}=kq\left[-\frac{1}{r}\right]_a^b=kq\left(\frac{1}{a}-\frac{1}{b}\right).$$

2. 液体的压力

由物理学可知，一水平放置在液体中的薄板，若其面积为 S，且距离液体表面的深度为 h，则该薄板一侧所受的力 F 等于底面积为 S、高为 h 的液体的重量，即 $F=\rho ghS$.其中 ρ 为液体的密度，g 为重力加速度，而 ρgh 是深度为 h 处液体的压强.如果薄板垂直放置在液体中，那么由于不同深度的液体的压强不相等，所以薄板一侧所受压力就不能用上述方法计算，而需用微元法来解决.

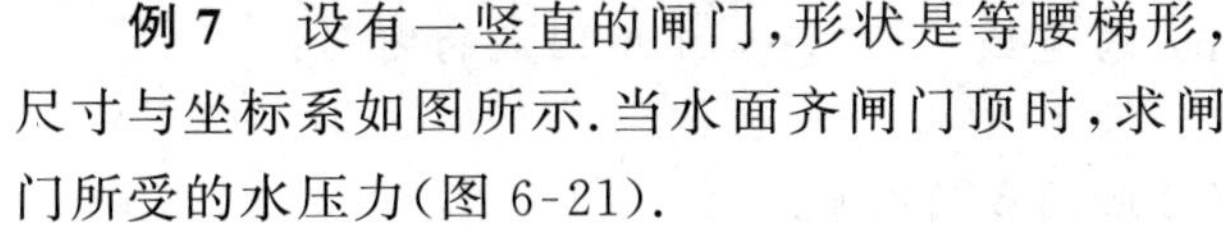

例 7　设有一竖直的闸门，形状是等腰梯形，尺寸与坐标系如图所示.当水面齐闸门顶时，求闸门所受的水压力(图 6-21).

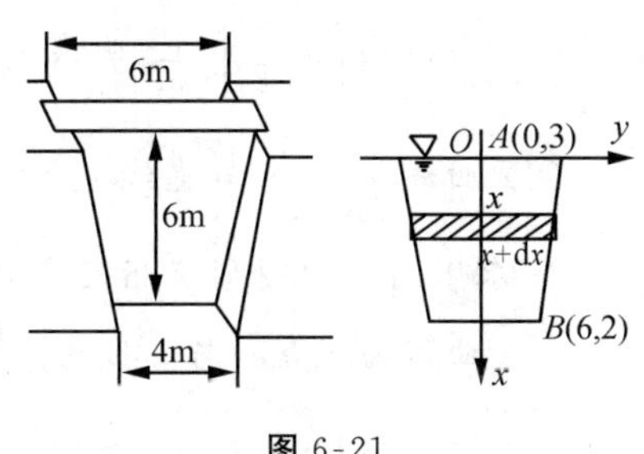

图 6-21

解　取积分变量为 x，积分区间为 $[0,6]$.

在如图所示的坐标系中，AB 的方程为

$$y=-\frac{x}{6}+3.$$

在区间 $[0,6]$ 上任意取一小区间 $[x,x+\mathrm{d}x]$，

与它相对应的小薄片的面积近似于宽为 $\mathrm{d}x$，长为 $2y=2\left(-\frac{x}{6}+3\right)$ 的小矩形的面积.这个小矩形上受到的压力近似于把这个小矩形放在平行于液体表面且距离液体表面深度为 x 的位置上一侧所受的压力.由于

$$\rho=9.8\times10^{3},\mathrm{d}A=2\left(-\frac{x}{6}+3\right)\mathrm{d}x,h=x,$$

所以压力微元为

$$\mathrm{d}F=9.8\times10^{3}\times x\times2\left(-\frac{x}{6}+3\right)\mathrm{d}x,$$

即
$$\mathrm{d}F=9.8\times10^{3}\times\left(-\frac{x^{2}}{3}+6x\right)\mathrm{d}x.$$

所以所求水压力为

$$F=\int_{0}^{6}9.8\times10^{3}\times\left(-\frac{x^{2}}{3}+6x\right)$$
$$=9.8\times10^{3}\times\left[-\frac{x^{3}}{9}+3x^{2}\right]_{0}^{6}=9.8\times10^{3}\times[-24+108]\approx8.23\times10^{5}(\mathrm{N}).$$

练习 3

判断下列说法是否正确：

(1) 在定积分的物理应用中，选择不同的坐标系，计算的结果各不相同；

(2) 横截面为 A，深为 h 的水池装满水，把水全部抽到高为 H 的水塔上，所做的功为

$$W=\int_{0}^{h}A(H+h-x)\mathrm{d}x.$$

习题 6-9

1. 求下列平面图形的面积：

(1) 曲线 $y=a-x^{2}(a>0)$ 与 x 轴所围成的图形；

(2) 曲线 $y=x^{2}+3$ 在区间$[0,1]$上的曲边梯形；

(3) 曲线 $y=x^{2}$ 与 $y=2-x^{2}$ 所围成的图形；

(4) 曲线 $y=x^{3}$ 与直线 $x=0,y=1$ 所围成的图形；

(5) 在区间$\left[0,\frac{\pi}{2}\right]$上，曲线 $y=\sin x$ 与直线 $x=0,y=1$ 所围成的图形；

(6) 曲线 $y=\frac{1}{x}$ 与直线 $y=x,x=2$ 所围成的图形.

2. 求下列平面图形绕指定坐标轴旋转所产生的旋转体的体积：

(1) 曲线 $y=\sqrt{x}$ 与直线 $x=1,x=4,y=0$ 所围成的图形，绕 x 轴旋转；

(2) 在区间$\left[0,\frac{\pi}{2}\right]$上，曲线 $y=\sin x$ 与直线 $x=\frac{\pi}{2},y=0$ 所围成的图形，绕 x 轴旋转；

(3) 曲线 $y=x^{3}$ 与直线 $x=2,y=0$，所围成的图形，绕 y 轴旋转；

(4) 曲线 $x^2+y^2=4$ 与 $y^2=3x$ 所围成的两个图形中较小的一块，分别绕 x 轴和绕 y 轴旋转.

3. (1) 设有一弹簧，一端固定，用力拉另一端，假定所需的力与弹簧拉长的长度成正比，如果 10 N 的力能使弹簧拉长 1 cm.试求把弹簧拉长 10 cm 所做的功.

(2) 两个小球中心相距 r，各带同性电荷 Q_1,Q_2，其相互推斥的力可由库仑定律 $F=k\dfrac{Q_1Q_2}{r^2}$（k 为常数）计算.设当 $r=0.50$ m 时，$F=0.196$ N，今两球之距离自 $r=0.75$ m 变为 $r=1$ m，求电场力所做的功.

(3) 边长为 a m 的正方形薄片直立地沉没在水中，它的一个顶点位于水平面，而一对角线与水面平行，求薄片一侧所受压力.

(4) 铅直的堰堤为等腰梯形，它的上、下两底分别为 200 m 和 50 m，高为 10 m，若上底与水面齐，试计算对堰堤的压力.

本章内容小结

本章的主要内容有：原函数与不定积分的概念，不定积分的基本公式和运算性质，求不定积分的方法；定积分的概念、性质，牛顿-莱布尼茨公式，定积分的换元积分法和分部积分法；简单介绍了无穷区间上的广义积分，以及在分析微元法基本思想的基础上讨论定积分在几何、物理中的应用.

1. 原函数与不定积分的概念

原函数与不定积分的概念是本章最基本的概念，它是学习本章的理论基础，同时也是学习定积分的基础.

(1) 原函数的有关概念.

(a) 若 $F'(x)=f(x)$ 或 $\mathrm{d}F(x)=f(x)\mathrm{d}x$，则 $F(x)$ 是 $f(x)$ 的原函数；

(b) 若 $f(x)$ 有一个原函数 $F(x)$，则它一定有无穷多个原函数，并可表示成 $F(x)+C$；

(c) 若 $f(x)$ 在某一区间上连续，则在该区间上 $f(x)$ 必定存在原函数.

(2) 不定积分的概念.

(a) $f(x)$ 的全部原函数 $F(x)+C$ 称为 $f(x)$ 的不定积分，记为 $\int f(x)\mathrm{d}x=F(x)+C$.

(b) 不定积分与微分互为逆运算，它们有如下关系：

$\left[\int f(x)\mathrm{d}x\right]'=f(x)$ 或 $\mathrm{d}\left[\int f(x)\mathrm{d}x\right]=f(x)\mathrm{d}x$—— 先积后导(微)，不积不导；

$\int F'(x)\mathrm{d}x=F(x)+C$ 或 $\int \mathrm{d}F(x)=F(x)+C$—— 先导后积(微)，加上常数.

2. 积分的基本公式和性质

积分的基本公式和性质是求不定积分的基础.进行任何一种积分运算，一般最终都要归结到这一基础上.因此，积分基本公式要熟记，性质要记牢.

3. 求不定积分的基本方法

积分的基本方法有直接积分法，换元积分法和分部积分法.

(1) 直接积分法是求不定积分的最基本方法,它是其他积分法的基础.

$$\int f(x)\mathrm{d}x \xlongequal{\text{代数或三角变形}} \int[f_1(x)\pm f_2(x)\pm\cdots f_n(x)]\mathrm{d}x$$

$$\xlongequal{\text{运算法则}} \int f_1(x)\mathrm{d}x \pm \int f_2(x)\mathrm{d}x \pm\cdots\pm \int f_n(x)\mathrm{d}x$$

$$\xlongequal{\text{基本积分公式}} F_1(x)\pm F_2(x)\pm\cdots\pm F_n(x)+C.$$

(2) 换元积分法包括第一类换元积分法(又称凑微分法)和第二类换元积分法.两者虽然都进行换元,但是换元的方式却是完全不同的.

(a) 第一类换元积分法(凑微分法).

$$\int f[\varphi(x)]\varphi'(x)\mathrm{d}x = \int f[\varphi(x)]\mathrm{d}[\varphi(x)]$$

$$\xlongequal{\text{令 } \varphi(x)=u} \int f(u)\mathrm{d}u = F(u)+C \xlongequal{\text{回代 } u=\varphi(x)} F[\varphi(x)]+C.$$

凑微分法的关键是把被积表达式凑成两部分,一部分为 $\mathrm{d}\varphi(x)$,另一部分为 $\varphi(x)$ 的函数 $f[\varphi(x)]$.

(b) 第二类换元积分法.

$$\int f(x)\mathrm{d}x \xlongequal{\text{令 } x=\varphi(t)} \int f[\varphi(t)]\varphi'(t)\mathrm{d}t = F(t)+C \xlongequal{\text{回代 } t=\varphi^{-1}(x)} F[\varphi^{-1}(x)]+C.$$

第二类换元积分法通常用于被积函数中含有根式的情形.常见的代换有三角代换和有理代换.

比较两种换元法可以知道:在使用凑微分法时,新变量 u 可以不引入;而进行第二类换元积分时,新变量 t 则必须引入,且对应的回代过程也不能省.所以凑微分法相对更简捷,使用也更广泛些.

(3) 分部积分法:

$$\int u\mathrm{d}v = \int \mathrm{d}(uv) - \int v\mathrm{d}u = uv - \int v\mathrm{d}u.$$

关键是恰当地选择 u 和 $\mathrm{d}v$,把不易计算的积分 $\int u\mathrm{d}v$,通过公式 $\int u\mathrm{d}v = uv - \int v\mathrm{d}u$ 转化为比较容易计算的积分 $\int v\mathrm{d}u$,起到化难为易的作用.

4. 定积分的概念

(1) 定积分的概念是从求曲边梯形的面积、变速直线运动的路程等实际问题引入的.解决这类问题都是通过“分割取近似,求和取极限”的过程完成的.最后都归结为求极限

$$\lim_{\|\Delta x\|\to 0}\sum_{i=1}^{n} f(\xi_i)\Delta x_i.$$

(2) 由定积分的定义知道,定积分是一个和式的极限,所以它是一个数.由不定积分的定义知道,不定积分是一个函数的原函数的全体.因此,定积分和不定积分是两个完全不同的概念.

(3) 定积分的几何意义是:连续函数 $y=f(x)$ 及直线 $x=a$,$x=b$,$y=0$ 围成的曲边梯形面积的代数和.

5. 定积分的计算

(1) 定积分和不定积分虽是两个不同的概念，但通过牛顿-莱布尼茨公式，建立了定积分与不定积分之间的联系，使定积分的计算可借助于不定积分来计算.

(2) 牛顿-莱布尼茨公式：　$\int_a^b f(x)\mathrm{d}x = F(b) - F(a)$.

(3) 定积分的换元法和分部积分法：

(a) 换元法：

第一类　$\int_a^b f(x)\mathrm{d}x = \int_a^b g[\varphi(x)]\mathrm{d}[\varphi(x)] \xlongequal{\text{令 } \varphi(x)=u} \int_\alpha^\beta g(u)\mathrm{d}u$.

第二类　$\int_a^b f(x)\mathrm{d}x \xlongequal{\text{令 } x=\psi(t)} \int_\alpha^\beta f[\psi(t)]\psi'(t)\mathrm{d}t$.

(b) 分部积分法：

$$\int_a^b u\mathrm{d}v = [uv]_a^b - \int_a^b v\mathrm{d}u.$$

6. 广义积分

无穷区间上的广义积分

$$\int_a^{+\infty} f(x)\mathrm{d}x = \lim_{b\to+\infty}\int_a^b f(x)\mathrm{d}x,$$

$$\int_{-\infty}^b f(x)\mathrm{d}x = \lim_{a\to-\infty}\int_a^b f(x)\mathrm{d}x,$$

$$\int_{-\infty}^{+\infty} f(x)\mathrm{d}x = \int_{-\infty}^c f(x)\mathrm{d}x + \int_c^{+\infty} f(x)\mathrm{d}x,$$

其中 $c \in (-\infty, +\infty)$.

7. 利用微元法解决实际问题时的微元及计算公式(见表 6-1)

表 6-1　实际应用问题计算公式表

所求总量	所求总量的微元	计算公式
平面图形的面积	$dA = [f_{上}(x) - f_{下}(x)]dx$ $dA = [\varphi_{右}(y) - \varphi_{左}(y)]dy$	$A = \int_a^b [f_{上}(x) - f_{下}(x)]dx$ $A = \int_c^d [\varphi_{右}(y) - \varphi_{左}(y)]dy$
旋转体积	平面截面的面积已知 $dV = A(x)dx$ 旋转体绕 x 轴　$dV_x = \pi f^2(x)dx$ 旋转体绕 y 轴　$dV_y = \pi\varphi^2(y)dy$	$V = \int_a^b A(x)dx$ $V_x = \pi\int_a^b f^2(x)dx$ $V_y = \pi\int_c^d \varphi^2(y)dy$
变力做功	$dW = F(x)dx$	$W = \int_a^b F(x)dx$
液体的压力	$dF = \rho\cdot x\cdot dA = \rho\cdot x\cdot f(x)dx$	$F = \rho\int_a^b x\cdot f(x)dx$

复习题六

一、选择题.

1. 下列各式中正确的是 ( )

A. $d[\int f(x)dx]=f(x)$　　B. $\int F(x)dx=F(x)$

C. $[\int f(x)dx]'=f(x)$　　D. $\int F''(x)dx=F(x)$

2. 在闭区间上连续的函数,它的原函数个数是 ( )

A. 1 个　　B. 有限个

C. 无限多个,但彼此只差一个常数　　D. 不一定有原函数

3. 如果$\int f(x)dx=xe^x+c$,则 $df(x)=$ ( )

A. $xe^x dx$　　B. $(xe^x+c)dx$　　C. $(xe^x+e^x)dx$　　D. $(xe^x+2e^x)dx$

4. $\int e dx=$ ( )

A. $e+C$　　B. $\frac{e^2}{2}+C$　　C. ex　　D. $ex+C$

5. $\int \frac{1}{1-5x}dx=$ ( )

A. $ln\mid 1-5x\mid+C$　　B. $-\frac{1}{5}ln\mid 1-5x\mid+C$

C. $ln\mid 1-5x\mid$　　D. $-ln\mid 1-5x\mid+C$

6. 若$\int_0^k(2x-3x^2)dx=0$,则 k 的值为 ( )

A. 0 或 −1　　B. −1　　C. 1　　D. 0 或 1

7. 设 $y=f(x)$ 在$[a,b]$上连续,则定积分$\int_a^b f(x)dx$ 的值 ( )

A. 与积分区间及被积函数有关　　B. 与积分区间无关,与被积函数有关

C. 与积分变量所用字母有关　　D. 与被积函数的 f(x) 的形式无关

8. $\int_0^\pi \mid cos x\mid dx$ 等于 ( )

A. −2　　B. 0　　C. 2　　D. 1

9. 下列积分不为零的是 ( )

A. $\int_{-\pi}^{\pi}cos xdx$　　B. $\int_{-\frac{\pi}{2}}^{\frac{\pi}{2}}sin xcos xdx$　　C. $\int_{-\frac{\pi}{4}}^{\frac{\pi}{4}}\frac{x}{1+cos x}dx$　　D. $\int_{-\frac{\pi}{4}}^{\frac{\pi}{3}}tan xdx$

10. $\int_1^{+\infty}\frac{1}{x^2}dx=$ ( )

A. 2　　B. ∞　　C. 0　　D. 1

二、填空题.

1. 设 f(x) 的原函数为 F(x),则$\int f(x)dx=$________________.

2. $\int d\left(ln\left|\frac{a+\sqrt{a^2-x^2}}{x}\right|\right)=$ ________________,

$\left[\int\frac{x+1}{\sqrt{x}(1+x^2)}dx\right]'=$ ________________.

3. $\int\frac{ln\,x}{x}dx=$ ________________.

4. 定积分$\int_2^2 x^3dx=$ ________________.

5. 定积分$\int_3^3 e^x dx=$ ________________.

6. 定积分$\int_{\frac{\pi}{2}}^0 cos\,x dx=$ ________________.

7. $\int_{-\frac{\pi}{2}}^{\frac{\pi}{2}}(x^{2004}sin12x+cos\,x)dx=$ ________________.

8. $\int_{e2}^{e3}\frac{1}{xln\,x}dx=$ ________________.

9. 已知变速直线运动的速度$v=3+gt(m/s)$，其中g表示重力加速度，当物体从时刻$t=1\ s$开始，经过$2\ s$后所经过的路程，可用定积分表示为 ________________.

10. $\int_0^3 e^{-\frac{(x-1)2}{2}}dx$经过$u=\frac{x-1}{2}$代换后，变量u的积分上限是 ________________，积分下限是 ________________.

三、计算题.

1. 求下列不定积分：

(1) $\int sin3xdx$；

(2) $\int\frac{1}{(x+1)(x+3)}dx$；

(3) $\int\frac{1}{9+x^2}dx$；

(4) $\int xsin2xdx$；

(5) $\int xe^{-x}dx$；

(6) $\int sin^3xcos\,xdx$；

(7) $\int\frac{1}{1+\sqrt{x}}dx$；

(8) $\int\frac{1}{\sqrt{4-9x^2}}dx$.

2. 求下列定积分：

(1) $\int_0^{\frac{\pi}{6}}\frac{1}{cos^2 2x}dx$；

(2) $\int_1^e\frac{1+ln\,x}{x}dx$；

(3) $\int_0^1\frac{x}{1+x^2}dx$；

(4) $\int_{-1}^1\frac{3x^4+3x^2+1}{1+x^2}dx$；

(5) $\int_{\frac{1}{\pi}}^{\frac{2}{\pi}}\frac{sin\frac{1}{y}}{y^2}dy$；

(6) $\int_{-1}^1\left(\frac{x^3}{1+x^2}+\sqrt{1-x^2}\right)dx$；

(7) $\int_1^{\sqrt{3}}arctan\,xdx$；

(8) $\int_0^3\frac{x}{\sqrt{1+x}}dx$.

3. (1) 求由曲线 $y=e^x$，$y=e^{-x}$ 及 $x=1$ 所围成图形的面积.

(2) 求抛物线 $y=\frac{1}{2}x^2$ 与直线 $y=-x+4$ 所围成的图形的面积.

(3) 求由曲线 $y=ln x$ 与直线 $x=e$，$x=e^2$ 及 $y=0$ 所围成的图形的面积.

(4) 求由 $y=x^2$，$x=1$，$y=0$ 所围成的图形绕 y 轴旋转的旋转体的体积.

(5) 求曲线 $y=x^2$，$x^2+y^2=2$ 绕 x 轴所得旋转体的体积.

(6) 已知由曲线 $y=x$ 与 $y^2=ax$ 所围成的图形绕 x 轴旋转而成的体积 $V_x=\frac{9\pi}{2}$(体积单位)，求 a 的值.

4. 由胡克定理知，弹簧伸长量 s 与受力的大小 F 成正比，即 $F=ks$(k 为比例常数)，如果把弹簧拉伸 6 单位，问力做功多少？

第七章 微分方程

§7-1 微分方程的基本概念

先考察两个实际问题：

例1 已知一曲线通过点(1,2)，且在该曲线上任意一点$M(x,y)$处切线的斜率等于$2x$，求该曲线的方程.

解 设所求曲线的方程为$y=f(x)$.根据导数的几何意义，$y=f(x)$应该满足方程

$$y'=2x, \tag{7-1}$$

及条件

$$y\big|_{x=1}=2. \tag{7-2}$$

对(7-1)式两端积分，得

$$y=x^2+C, \tag{7-3}$$

其中C为任意常数.把条件(7-2)代入(7-3)式，解得$C=1$.于是所求曲线方程为

$$y=x^2+1. \tag{7-4}$$

例2 一物体做直线运动，其运动速度v和时间t满足关系式$v=\sin t$，当$t=\frac{\pi}{4}$时，物体与原点O的距离为10，求物体在时刻t与原点O的距离$s(t)$.

解 设物体的运动规律$s=s(t)$.根据导数的物理意义，$s=s(t)$应满足方程

$$\frac{\mathrm{d}s}{\mathrm{d}t}=v=\sin t, \tag{7-5}$$

同时$s(t)$还应满足下列条件：

$$s\bigg|_{t=\frac{\pi}{4}}=10. \tag{7-6}$$

将(7-5)式两端积分，得

$$s=-\cos t+C, \tag{7-7}$$

其中C为任意常数.把条件(7-6)代入(7-7)式，解得$C=10+\frac{\sqrt{2}}{2}$.于是所求曲线方程为

$$s=-\cos t+10+\frac{\sqrt{2}}{2}. \tag{7-8}$$

上面两个例子中的方程

$$y'=2x \text{ 和 } \frac{\mathrm{d}s}{\mathrm{d}t}=\sin t$$

都含有未知函数的导数.对于这类方程，给出下面的定义.

一、微分方程的概念

定义 1 含有未知函数的导数(或微分)的方程称为**微分方程**.

如果微分方程中的未知函数只含一个自变量,那么这样的微分方程称为**常微分方程**.

例如,$y'=x^2$,$xy\mathrm{d}x+(1+x^2)\mathrm{d}y=0$,$y''+y'=0$ 都是常微分方程.

本章只讨论常微分方程,为方便起见,简称为微分方程或方程.

这里必须注意的是,在微分方程中,未知函数及自变量可以不出现,但未知函数的导数(或微分)必须出现.

定义 2 微分方程中所出现的未知函数导数的最高阶数称为**微分方程的阶**.

例如,方程 $y'=x^2$,$xy\mathrm{d}x+(1+x^2)\mathrm{d}y=0$ 是微分方程,它们的阶为 1,所以称为**一阶微分方程**;$y''+y'=0$ 是微分方程,它的阶为 2,所以称为**二阶微分方程**.又如,$x^3y'''+x^2y''-4xy'=3x^2$ 是三阶微分方程.

定义 3 如果函数 $y=f(x)$代入微分方程后,方程两端恒等,则此函数称为该微分方程的解.

在例 1 中,$y=x^2+C$ 和 $y=x^2+1$ 都是方程 $y'=2x$ 的解;

在例 2 中,$s=-\cos t+C$ 和 $s=-\cos t+10+\dfrac{\sqrt{2}}{2}$都是方程$\dfrac{\mathrm{d}s}{\mathrm{d}t}=\sin t$ 的解.

求微分方程解的过程,叫做**解微分方程**.

微分方程的解有两种形式:如果解中含任意常数,且独立(即不能合并)的任意常数的个数与方程的阶数相同,则这样的解称为微分方程的**通解**;在通解中给予任意常数以确定的值而得到的解,称为微分方程的**特解**.

如例 1 中,$y=x^2+C$(C 是任意常数)就是微分方程 $y'=2x$ 的通解,而 $y=x^2+1$ 是它的一个特解.

通常我们用未知函数及其各阶导数在某个特定点的值作为确定通解中任意常数的条件,这一条件称为**初始条件**.

如例 1 中,$y|_{x=1}=2$ 是 $y'=2x$ 的初始条件,它的通解是 $y=x^2+C$,将初始条件代入通解后,可得 $C=1$,由此可得它的一个特解 $y=x^2+1$.

一般地,一阶微分方程的初始条件为

$$f(x_0)=y_0 \text{ 或 } y|_{x=x_0}=y_0,$$

其中 x_0,y_0 为已知数;二阶微分方程的初始条件为

$$f(x_0)=y_0,f'(x_0)=y_1 \text{ 或 } y|_{x=x_0}=y_0,y'|_{x=x_0}=y_1,$$

其中,x_0,y_0,y_1 为已知数.

例 3 验证:(1) $y=\sin 2x$,(2) $y=x^2+1$,(3) $y=x^2$ 中哪些是微分方程 $y'-2x=0$ 的解,哪个是满足初始条件 $y|_{x=0}=1$ 的特解.

证明 (1) $y'=2\cos 2x$,把 $y'=2\cos 2x$ 代入 $y'-2x=0$,得

$$\text{左边}=2\cos 2x-2x\neq 0=\text{右边}.$$

所以 $y=\sin 2x$ 不是微分方程 $y'-2x=0$ 的解.

(2) $y=x^2+1$,$y'=2x$,代入 $y'-2x=0$,得

$$\text{左边}=2x-2x=0=\text{右边}.$$

又将 $x=0$ 代入 $y=x^2+1$ 中，得 $y|_{x=0}=1$.

所以 $y=x^2+1$ 是微分方程 $y'-2x=0$ 的解，并且是满足初始条件 $y|_{x=0}=1$ 的特解.

(3) $y=x^2$，$y'=2x$，代入 $y'-2x=0$，得

$$左边=2x-2x=0=右边.$$

而将 $x=0$ 代入 $y=x^2$，得 $y|_{x=0}=0$.

所以 $y=x^2$ 是微分方程 $y'-2x=0$ 的解，但不是满足初始条件 $y|_{x=0}=1$ 的特解.

练习

1. 指出下列方程中哪些是微分方程，并说明它们的阶数：

(1) $\frac{d^2y}{dx^2}-y=2x$；　(2) $y^2-3y+x=0$；　(3) $y'''-(y')^2=0$.

2. 判断下列方程右边所给函数是否为该方程的解.如果是解，是通解还是特解？

(1) $xy'=2y$，$y=x^2$；　(2) $y''+y=0$，$y=C_1\sin x+C_2\sin x$（C_1，C_2 为任意常数）.

习题 7-1

1. 单项选择题：

(1) 微分方程 $\frac{d^2y}{dx^2}+\left(\frac{dy}{dx}\right)^3+2x=0$ 的阶数是　(　　)

A. 1　B. 2　C. 3　D. 0

(2) 下列微分方程中是一阶方程的是　(　　)

A. $y'=x^2+y$　B. $y''+(y')^2+e^x=0$

C. $\frac{d^2x}{dy^2}+xy=0$　D. $\frac{d^4s}{dt^4}+s=s^4$

2. 指出下列方程中哪些是微分方程，并说明它们的阶数：

(1) $dy-y\,dx=0$；　(2) $y^2=2y+x$；

(3) $\frac{d^2y}{dt^2}+3y=e^{2t}$；　(4) $y''+y'=3x$；

(5) $dy=(4x-1)dx$；　(6) $y''=\cos x$.

3. 验证下列函数（其中 C 为任意常数）是否是相应的微分方程的解，是通解还是特解：

(1) $y''=-y$，$y=\sin x$，$y=3\sin x-4\cos x$；

(2) $\frac{dy}{dx}=2y$，$y=e^x$，$y=Ce^{2x}$.

4. 已知曲线通过点(1,2)，且在该曲线上任意点 $P(x,y)$ 处的切线斜率为 $3x^2$，求该曲线方程.

5. 一物体做直线运动，其运动速度为 $v=2\cos t$ (m/s)，当 $t=\frac{\pi}{3}$ s 时，物体与原点 O

相距 5 m，求物体在时刻 t 与原点 O 的距离 $s(t)$.

§7-2 一阶微分方程

如果微分方程中所出现的未知函数 $f(x)$ 的最高阶导数为一阶，则这样的微分方程叫做**一阶微分方程**.下面我们仅讨论几种特殊类型的一阶微分方程.

先看下面的例子：

例 1 已知曲线上任意点 $M(x,y)$ 处的切线与直线 OM 垂直，求此曲线方程.

解 设所求曲线方程为 $y=f(x)$，α 为曲线在点 M 处的切线的倾斜角，β 为直线 OM 的倾斜角(图 7-1).根据导数的几何意义，切线的斜率为 $\tan\alpha=\dfrac{\mathrm{d}y}{\mathrm{d}x}$.因直线 OM 的斜率为 $\tan\beta=\dfrac{y}{x}$，且切线与直线 OM 垂直，所以

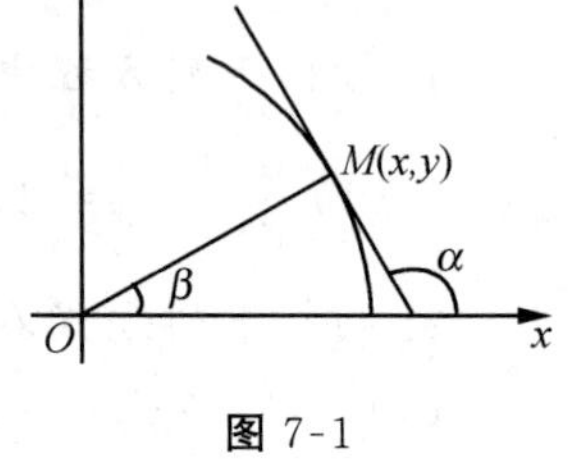

图 7-1

$$\frac{\mathrm{d}y}{\mathrm{d}x}\cdot\frac{y}{x}=-1 \text{ 或 } \frac{\mathrm{d}y}{\mathrm{d}x}=-\frac{x}{y}.$$

这就是曲线 $y=f(x)$ 应满足的微分方程.

这个方程不能像 §7-1 中的例 1、例 2 那样直接求解，但是如果将方程适当变形，写成以下形式：

$$y\,\mathrm{d}y=-x\,\mathrm{d}x,$$

这时，方程左边只含有未知函数 y 及其微分，右边只含有自变量 x 及其微分，也就是变量 y 和 x 已经分离在等式的两边.这时对上式两边积分，得

$$\int y\,\mathrm{d}y=\int -x\,\mathrm{d}x,$$

则有

$$x^2+y^2=2C_1.$$

令 $C=2C_1$，得
$$x^2+y^2=C.$$

这种求解微分方程的方法叫做**分离变量法**.

下面我们来具体讨论可分离变量微分方程.

一、可分离变量微分方程

形如

$$\frac{\mathrm{d}y}{\mathrm{d}x}=f(x)g(y)$$

的方程，可变形为 $\dfrac{\mathrm{d}y}{g(y)}=f(x)\mathrm{d}x$，称为可分离变量的微分方程.这里 $f(x)$，$g(y)$ 分别是 x，y 的连续函数.

可分离变量的微分方程的求解步骤如下：

(1) 分离变量 $\dfrac{\mathrm{d}y}{g(y)}=f(x)\mathrm{d}x\,(g(y)\neq 0)$；

(2) 两边积分$\int \frac{dy}{g(y)} = \int f(x)dx$；

(3) 求出积分得通解$G(y) = F(x) + C$，其中$G(y)$和$F(x)$分别为$\frac{1}{g(y)}$和$f(x)$的原函数；

(4) 若方程给出初始条件，则根据初始条件确定常数C，求出方程的特解.

例 2　求方程$\frac{dy}{y} = 2x\,dx\ (y \neq 0)$的通解.

解　所给方程是可分离变量的微分方程，将方程两边同时积分得

$$\int \frac{dy}{y} = \int 2x\,dx,$$

$$\ln|y| = x^2 + C_1, \tag{7-9}$$

取指数函数得

$$|y| = e^{x^2+C_1} = e^{C_1}e^{x^2}, \text{即 } y = \pm e^{C_1}e^{x^2}.$$

若令$C = \pm e^{C_1}$，它仍是任意常数，便得所给微分方程的通解$y = Ce^{x^2}\ (C \neq 0)$.

注　为了书写方便，以后在运算中可把(7-9)式中的$\ln|y|$写成$\ln y$，只要最后得到的常数C(可正可负)是任意常数.

例 3　解方程$xy^2dx + (1+x^2)dy = 0$.

解　原方程可变形为

$$(1+x^2)dy = -xy^2dx,$$

分离变量得

$$\frac{dy}{y^2} = -\frac{x}{1+x^2}dx,$$

两边积分

$$\int \frac{dy}{y^2} = -\int \frac{x}{1+x^2}dx,$$

解得

$$\frac{1}{y} = \frac{1}{2}\ln(1+x^2) + C_1,$$

即

$$\frac{1}{y} = \ln\left(C\sqrt{1+x^2}\right)\ (C_1 = \ln C) \text{ 或 } y = \frac{1}{\ln(C\sqrt{1+x^2})}.$$

显然$y = 0$也是方程的解，故原方程的通解是

$$y = \frac{1}{\ln(C\sqrt{1+x^2})} \text{ 或 } y = 0.$$

例 4　求方程$\frac{dy}{dx} = 10^{x+y}$满足初始条件$y|_{x=1} = 0$的特解.

解　原方程可变形为

$$\frac{dy}{dx} = 10^x \cdot 10^y,$$

分离变量得

$$10^{-y}dy = 10^x dx,$$

两边积分
$$\int 10^{-y}\mathrm{d}y=\int 10^{x}\mathrm{d}x,$$
解得
$$-10^{-y}\frac{1}{\ln 10}=10^{x}\frac{1}{\ln 10}+C_1,$$
即
$$10^{x}+10^{y}=-C_1\ln 10.$$
令 $C=-C_1\ln 10$,上式变为
$$10^{x}+10^{y}=C.$$

把初始条件 $y|_{x=1}=0$ 代人上式,求得 $C=11$.于是所求微分方程的特解为
$$10^{x}+10^{y}=11.$$

练习 1

1. 求微分方程$\frac{\mathrm{d}y}{\mathrm{d}x}=xy$ 的通解.

2. 求微分方程$\frac{\mathrm{d}y}{\mathrm{d}x}=\mathrm{e}^{x-y}$ 满足初始条件 $y|_{x=0}=0$ 的特解.

二、齐次微分方程

形如
$$\frac{\mathrm{d}y}{\mathrm{d}x}=f\left(\frac{y}{x}\right) \tag{7-10}$$
的微分方程,叫做**齐次微分方程**.

求解齐次微分方程时,只要作变换 $u=\frac{y}{x}$,于是有
$$y=ux,\frac{\mathrm{d}y}{\mathrm{d}x}=u+x\frac{\mathrm{d}u}{\mathrm{d}x},$$
从而原方程可化为
$$u+x\frac{\mathrm{d}u}{\mathrm{d}x}=f(u),$$
即
$$\frac{\mathrm{d}u}{\mathrm{d}x}=\frac{f(u)-u}{x}. \tag{7-11}$$

方程(7-11)是可分离变量的微分方程.按可分离变量微分方程的解法,求出方程(7-11)的通解,再将变量 u 还原为$\frac{y}{x}$,所得函数就是方程(7-10)的通解.

例 5 求微分方程$(x^2+y^2)\mathrm{d}x=2xy\mathrm{d}y$ 满足初始条件 $y|_{x=1}=0$ 的特解.

解 方程可化为
$$\frac{\mathrm{d}y}{\mathrm{d}x}=\frac{x^2+y^2}{2xy}=\frac{1+\left(\frac{y}{x}\right)^2}{2\left(\frac{y}{x}\right)},$$
它是齐次方程.令 $u=\frac{y}{x}$,代入整理得
$$\frac{\mathrm{d}u}{\mathrm{d}x}=\frac{1-u^2}{2xu},$$

分离变量,则有

$$\frac{u}{1-u^2}\mathrm{d}u=\frac{1}{2x}\mathrm{d}x,$$

两边积分,得

$$-\frac{1}{2}\ln(1-u^2)=\frac{1}{2}\ln x+C_1.$$

令 $C_1=\frac{1}{2}\ln C$,代入上式并整理得

$$\ln(1-u^2)=-\ln Cx,$$

即

$$Cx(1-u^2)=1.$$

将 $u=\frac{y}{x}$ 代入上式,得原方程的通解为

$$C(x^2-y^2)=x.$$

把初始条件 $y|_{x=1}=0$ 代入上式,求出 $C=1$,所以原方程的特解为

$$y^2=x^2-x.$$

练习 2

求微分方程 $(y^2-3x^2)\mathrm{d}y-2xy\mathrm{d}x=0$ 的通解.

三、一阶线性微分方程

形如

$$\frac{\mathrm{d}y}{\mathrm{d}x}+P(x)y=Q(x) \tag{7-12}$$

的微分方程,称为**一阶线性微分方程**,其中 $P(x)$,$Q(x)$ 都是已知的连续函数.

若 $Q(x)\equiv 0$,上式变为

$$\frac{\mathrm{d}y}{\mathrm{d}x}+P(x)y=0, \tag{7-13}$$

称之为**一阶线性齐次微分方程**.

若 $Q(x)\neq 0$,方程(7-12) 称为**一阶线性非齐次微分方程**.

从方程(7-12) 可以看出,它的特点是,方程中未知函数 y 及其导数 y' 都是一次的.所以方程(7-12) 叫做一阶线性微分方程.

例如,下列一阶微分方程

$$2y'+3y=x^3,y'+\frac{2}{x}y=\frac{\sin^2 x}{x},y'+(\cos x)y=0$$

都是一阶线性微分方程,其中最后一个是齐次的.

又如,下列一阶微分方程

$$y'-y^2=0,yy'+y=x,y'-\sin^2 y=0$$

都不是一阶线性微分方程.

方程(7-12) 既不能像可分离变量微分方程那样求解,也不能像齐次微分方程那样求解,但是注意到方程(7-13) 是可分离变量的微分方程,为此先求方程(7-13) 的通解.

分离变量后得

$$\frac{\mathrm{d}y}{y}=-P(x)\mathrm{d}x,$$

两端积分有

$$\ln y=-\int P(x)\mathrm{d}x+C_1,$$

这里的 C_1 是任意常数.由对数定义,即有

$$y=\mathrm{e}^{-\int P(x)\mathrm{d}x+C_1},$$

即

$$y=\mathrm{e}^{C_1}\cdot\mathrm{e}^{-\int P(x)\mathrm{d}x}.$$

令 $\mathrm{e}^{C_1}=C$,得到

$$y=C\mathrm{e}^{-\int P(x)\mathrm{d}x}. \tag{7-14}$$

这是方程$\frac{\mathrm{d}y}{\mathrm{d}x}+P(x)y=0$ 的通解,其中 C 为任意常数,$\int P(x)\mathrm{d}x$ 只取 $P(x)$ 的一个原函数.

不难看出,一阶线性齐次微分方程是一阶非齐次线性微分方程的特殊情形,两者既有联系又有区别.

我们设想:在 $y=C\mathrm{e}^{-\int P(x)\mathrm{d}x}$ 中,将常数 C 变易为 x 的待定函数 $c(x)$,使它满足方程 $\frac{\mathrm{d}y}{\mathrm{d}x}+P(x)y=Q(x)$.为此,令

$$y=c(x)\mathrm{e}^{-\int P(x)\mathrm{d}x}. \tag{7-15}$$

两边对 x 求导得

$$\frac{\mathrm{d}y}{\mathrm{d}x}=c'(x)\mathrm{e}^{-\int P(x)\mathrm{d}x}-P(x)c(x)\mathrm{e}^{-\int P(x)\mathrm{d}x}. \tag{7-16}$$

将(7-15)式和(7-16)式代入方程$\frac{\mathrm{d}y}{\mathrm{d}x}+P(x)y=Q(x)$,得

$$c'(x)\mathrm{e}^{-\int P(x)\mathrm{d}x}-P(x)c(x)\mathrm{e}^{-\int P(x)\mathrm{d}x}+P(x)c(x)\mathrm{e}^{-\int P(x)\mathrm{d}x}=Q(x),$$

所以

$$c'(x)\mathrm{e}^{-\int P(x)\mathrm{d}x}=Q(x),$$

即

$$c'(x)=Q(x)\mathrm{e}^{\int P(x)\mathrm{d}x},$$

再两边积分得

$$c(x)=\int Q(x)\mathrm{e}^{\int P(x)\mathrm{d}x}\mathrm{d}x+C,$$

这里的 C 是任意常数.从而得一阶线性非齐次微分方程$\frac{\mathrm{d}y}{\mathrm{d}x}+P(x)y=Q(x)$ 的通解

$$y=\mathrm{e}^{-\int P(x)\mathrm{d}x}\left(\int Q(x)\mathrm{e}^{\int P(x)\mathrm{d}x}\mathrm{d}x+C\right)(C\text{ 为任意常数}). \tag{7-17}$$

我们注意到上面的通解可以写成

$$y=C\mathrm{e}^{-\int P(x)\mathrm{d}x}+\mathrm{e}^{-\int P(x)\mathrm{d}x}\int Q(x)\mathrm{e}^{\int P(x)\mathrm{d}x}\mathrm{d}x. \tag{7-18}$$

由此看出(7-18)式等号右端的第一项 $Y=Ce^{-\int P(x)\mathrm{d}x}$ 是方程 $\frac{\mathrm{d}y}{\mathrm{d}x}+P(x)y=0$ 的通解，而第二项 $y^*=e^{-\int P(x)\mathrm{d}x}\int Q(x)e^{\int P(x)\mathrm{d}x}\mathrm{d}x$ 是方程 $\frac{\mathrm{d}y}{\mathrm{d}x}+P(x)y=Q(x)$ 的一个特解.所以，一阶线性非齐次微分方程的通解等于它所对应的线性齐次微分方程通解与它的一个特解之和.这就是一阶线性非齐次微分方程通解的结构，即 $y=Y+y^*$.

上述一阶线性非齐次微分方程的求解方法称为常数变易法.在实际求解中既可以直接采用常数变易法求解，也可采用公式(7-17)直接求解.

常数变易法的求解步骤如下：

(1) 先求出一阶线性非齐次微分方程所对应的线性齐次微分方程的通解 $y=Ce^{-\int P(x)\mathrm{d}x}$；

(2) 把上述通解中的常数 C 换成待定函数 $c(x)$，确定出 $c(x)$，从而得到方程 $\frac{\mathrm{d}y}{\mathrm{d}x}+P(x)y=Q(x)$ 的通解；

(3) 若方程给出初始条件，则根据初始条件确定常数 C，求出方程的特解.

例 6　求微分方程 $x^2\mathrm{d}y+(2xy-x+1)\mathrm{d}x=0$ 的通解及其在初始条件 $y|_{x=1}=0$ 下的特解.

解　先将其化为

$$\frac{\mathrm{d}y}{\mathrm{d}x}+\frac{2}{x}y=\frac{x-1}{x^2},$$

这是一阶线性非齐次微分方程.

方法 1　用常数变易法求解.

先求对应的线性齐次微分方程 $\frac{\mathrm{d}y}{\mathrm{d}x}+\frac{2}{x}y=0$ 的通解.

分离变量得

$$\frac{\mathrm{d}y}{y}=-\frac{2}{x}\mathrm{d}x,$$

两端积分得

$$\ln y=-2\ln x+C_1,$$

化简得

$$y=Cx^{-2}.$$

故可设所给的非齐次方程的通解为 $y=c(x)x^{-2}$，则

$$y'=c'(x)x^{-2}-2c(x)x^{-3},$$

代入原方程并化简得

$$c'(x)x^{-2}=(x-1)x^{-2},$$

即

$$c'(x)=x-1,$$

两端积分得

$$c(x)=\frac{1}{2}x^2-x+C,$$

所以方程的通解为

$$y=\left(\frac{x^2}{2}-x+C\right)x^{-2},$$

即
$$y=\frac{1}{2}-\frac{1}{x}+\frac{C}{x^2}.$$

将初始条件 $y|_{x=1}=0$ 代入上式得
$$C=\frac{1}{2},$$

所以所求的特解为
$$y=\frac{1}{2}-\frac{1}{x}+\frac{1}{2x^2}.$$

方法 2　直接利用通解公式求解.

因为
$$P(x)=\frac{2}{x},Q(x)=\frac{x-1}{x^2},$$

代入公式
$$y=\mathrm{e}^{-\int P(x)\mathrm{d}x}\left(\int Q(x)\mathrm{e}^{\int P(x)\mathrm{d}x}\mathrm{d}x+C\right)(C\text{ 为任意常数}),$$

得方程的通解为
$$y=\mathrm{e}^{-\int\frac{2}{x}\mathrm{d}x}\left(\int\frac{x-1}{x^2}\mathrm{e}^{\int\frac{2}{x}\mathrm{d}x}\mathrm{d}x+C\right)=\mathrm{e}^{-2\ln x}\left(\int\frac{x-1}{x^2}\mathrm{e}^{2\ln x}\mathrm{d}x+C\right)$$
$$=\frac{1}{x^2}\left[\int(x-1)\mathrm{d}x+C\right]=\frac{1}{x^2}\left(\frac{x^2}{2}-x+C\right),$$

即
$$y=\frac{1}{2}-\frac{1}{x}+\frac{C}{x^2}.$$

将初始条件 $y|_{x=1}=0$ 代入上式得
$$C=\frac{1}{2},$$

所以所求的特解为
$$y=\frac{1}{2}-\frac{1}{x}+\frac{1}{2x^2}.$$

例 7　已知曲线过点(0,0),且该曲线上任意点 $P(x,y)$ 处的切线的斜率为该点的横坐标和纵坐标之和,求该曲线方程.

解　方法 1　用常数变易法求解.

设所求的曲线方程为 $y=f(x)$,由导数的几何意义有
$$y'=x+y,$$

即
$$y'-y=x. \tag{7-19}$$

初始条件为
$$f(0)=0.$$

由 $y'-y=0$ 分离变量并积分,得
$$y=C\mathrm{e}^x,$$

故令 $y=c(x)\mathrm{e}^x$,则 $y'=c'(x)\mathrm{e}^x+c(x)\mathrm{e}^x$,把 y,y' 代入方程(7-19),有
$$c'(x)=x\mathrm{e}^{-x},$$

两边积分,得
$$c(x)=-(x+1)\mathrm{e}^{-x}+C(C\text{ 为任意常数}).$$

将上式代入 $y=c(x)\mathrm{e}^x$,得方程(7-19) 的通解为

$$y = Ce^x - (x+1).$$

再把初始条件 $f(0)=0$ 代入上式，解出 $C=1$，因此方程(7-19)的特解为

$$y = e^x - x - 1.$$

这就是所求的曲线方程.

方法2　直接利用通解公式求解.

方程(7-19)中的 $P(x)=-1, Q(x)=x$，把它们代入(7-17)式得

$$y = e^{-\int(-1)dx}\left[\int x e^{\int(-1)dx}dx + C\right] = e^x\left(\int x e^{-x}dx + C\right)$$

$$= e^x(-xe^{-x} - e^{-x} + C) = -x - 1 + Ce^x.$$

把 $f(0)=0$ 代入上式得 $C=1$，于是可得所求的曲线方程为

$$y = e^x - x - 1.$$

练习 3

求微分方程 $y' + y = x$ 满足 $f(0)=1$ 的特解.

习题 7-2

1. 求解下列微分方程：

(1) $(1-y)dx + (x-1)dy = 0$；

(2) $dy - y\cos^2 x dx = 0$；

(3) $(y^2 + x^2)dx - xy dx = 0, y|_{x=1} = 0$；

(4) $y' - xy = xe^{x^2}$.

2. 求下列微分方程满足初始条件的特解：

(1) $y'x = 2\sqrt{y}, y|_{x=4} = 0$；

(2) $xy' - y = 0, y|_{x=1} = 2$；

(3) $y' - y = \cos x, y|_{x=0} = 0$；

(4) $y' + \dfrac{1-2x}{x^2}y = 1, y|_{x=1} = 0$.

3. 求下列微分方程的解：

(1) $y' = y\tan x$；

(2) $\dfrac{dy}{dx} - \dfrac{1}{x}y = -\dfrac{1}{x^3}$；

(3) $\dfrac{dy}{dx} + xy = x^3$；

(4) $y' + \cot x y = \cos x$.

4. 已知曲线上任意一点 $M(x,y)$ 处的切线的斜率为 $\cos x$，且该曲线过点(0,0)，求该曲线的方程.

5. 已知曲线在每一点处切线的斜率等于该点的纵坐标，且曲线通过点(0,1)，求该曲线的方程.

§7-3　二阶常系数线性微分方程

如果微分方程中所出现的未知函数 $f(x)$ 的最高阶导数为二阶，那么这样的微分方程叫做**二阶微分方程**.下面我们仅讨论二阶常系数线性微分方程.

一、二阶常系数线性微分方程

形如

$$y''+py'+qy=f(x) \tag{7-20}$$

的方程，称为**二阶常系数线性微分方程**，这里 p,q 是常数，$f(x)$ 是连续函数.

若 $f(x)\equiv 0$，则方程(7-20)变为

$$y''+py'+qy=0, \tag{7-21}$$

称为**二阶常系数线性齐次微分方程.**

若 $f(x)\not\equiv 0$，方程(7-20)称为二阶常系数线性非齐次微分方程.

从方程(7-20)可以看出，它的特点是，方程中未知函数 y 及其导数 y',y'' 都是一次的.

例如，下列二阶微分方程

$$y''+2y'+5y=5x+2, 2y''+y'-y=2e^x, y''-y'-3y=0$$

都是二阶常系数线性微分方程，其中最后一个是齐次的.

又如，下列二阶微分方程

$$y''-y'+y^2=0, 2(y^3)''+y'-y=2e^x, y''-(\sin y)'-3y=0$$

都不是二阶常系数线性微分方程.

二、二阶常系数线性微分方程的解的结构

定理1 如果 y_1 和 y_2 是方程 $y''+py'+qy=0$ 的两个解，那么 $y=C_1y_1+C_2y_2$（C_1，C_2 为任意常数）也是方程 $y''+py'+qy=0$ 的解.

证明 因为 y_1 和 y_2 是方程 $y''+py'+qy=0$ 的解，所以

$$y''_1+py'_1+qy_1=0,$$
$$y''_2+py'_2+qy_2=0.$$

将 $y=C_1y_1+C_2y_2$ 代入方程 $y''+py'+qy=0$ 得

$$\begin{aligned}\text{左边}&=(C_1y_1+C_2y_2)''+p(C_1y_1+C_2y_2)'+q(C_1y_1+C_2y_2)\\&=C_1(y''_1+py'_1+qy_1)+C_2(y''_2+py'_2+qy_2)=0,\end{aligned}$$

所以 $y=C_1y_1+C_2y_2$ 是方程 $y''+py'+qy=0$ 的解.

这个定理表明了二阶常系数线性齐次微分方程的解具有叠加性.叠加起来的解 $y=C_1y_1+C_2y_2$ 从形式上看含有 C_1，C_2 两个任意常数，但它还不一定是方程 $y''+py'+qy=0$ 的通解.例如，$y_1=\sin 2x$ 和 $y_2=2\sin 2x$ 都是方程 $y''+4y=0$ 的解，把 y_1，y_2 叠加得

$$y=C_1y_1+C_2y_2=C_1\sin 2x+2C_2\sin 2x=(C_1+2C_2)\sin 2x=C\sin 2x,$$

其中 $C=C_1+2C_2$.由于只有一个独立的任意常数，所以它不是二阶微分方程 $y''+4y=0$ 的通解.那么在什么情况下，$y=C_1y_1+C_2y_2$ 是方程 $y''+py'+qy=0$ 的通解呢？为了解决这个问题，下面给出函数线性相关和线性无关的定义.

设函数 y_1 和 y_2 都不恒为零，如果存在一个常数 C 使 $y_2=Cy_1$（或 $C=\dfrac{y_2}{y_1}$），那么把函数 y_1 与 y_2 叫做**线性相关**；否则叫做**线性无关**.

例如，函数 $y_1=\sin 2x$ 和 $y_2=2\sin 2x$，因为 y_1 和 y_2 都不恒为零，且 $y_2=2y_1$，所以 y_1

和 y_2 是线性相关的.

又如,函数 $y_1=\sin 2x$ 和 $y_2=\cos 2x$,y_1 和 y_2 都不恒为零,但 $\frac{y_2}{y_1}=\cot x\neq$ 常数,所以函数 $y_1=\sin 2x$ 和 $y_2=\cos 2x$ 是线性无关的.

定理2　如果 y_1 和 y_2 是方程 $y''+py'+qy=0$ 的两个线性无关的特解,那么 $C_1y_1+C_2y_2$(C_1,C_2 为任意常数)是方程 $y''+py'+qy=0$ 的通解.

例如,$\sin 2x$ 与 $\cos 2x$ 是方程 $y''+4y=0$ 的两个线性无关的特解,所以 $C_1\sin 2x+C_2\cos 2x$ 就是方程 $y''+4y=0$ 的通解.

三、二阶常系数线性齐次微分方程的解法

我们知道一阶常系数线性齐次微分方程 $y'+py=0$ 的通解是 $y=Ce^{\int -p\mathrm{d}x}$,其特点是 y 和 y' 都是指数函数.因此,可以设想二阶常系数线性齐次微分方程 $y''+py'+qy=0$ 的解也是一个指数函数 $y=e^{rx}$(r 为常数),它与它的各阶导数只差一个常数因子.所以,只要选择适当的 r 值,就可得到满足方程 $y''+py'+qy=0$ 的解.为此将 $y=e^{rx}$ 和它的一阶、二阶导数 $y'=re^{rx}$,$y''=r^2e^{rx}$ 代入方程 $y''+py'+qy=0$ 得到

$$e^{rx}(r^2+pr+q)=0.$$

因为 $e^{rx}\neq 0$,于是有

$$r^2+pr+q=0. \tag{7-22}$$

由(7-22)式可解出待定系数 r,于是特解 e^{rx} 可求得.

方程 $r^2+pr+q=0$ 叫做方程 $y''+py'+qy=0$ 的**特征方程**,它是关于 r 的二次方程,其中 r^2,r 的系数及常数项恰好分别是微分方程 $y''+py'+qy=0$ 中 y'',y' 及 y 的系数,它的根叫做**特征根**.

特征根是一个一元二次方程的根.由二次方程根的判别式,有下列三种情况:

(1) 特征根是两个不相等的实根 $r_1\neq r_2$.此时,$y_1=e^{r_1x}$,$y_2=e^{r_2x}$ 均是方程 $y''+py'+qy=0$ 的特解,且 $\frac{y_2}{y_1}=e^{(r_2-r_1)x}\neq$ 常数,因此方程 $y''+py'+qy=0$ 的通解为

$$y=C_1e^{r_1x}+C_2e^{r_2x}\ (C_1,C_2\text{ 为任意常数}).$$

(2) 特征根是两个相等的实根 $r_1=r_2$.因为 $r_1=r_2$,所以只能得到方程 $y''+py'+qy=0$ 的一个特解 $y_1=e^{r_1x}$,要得到通解,还必须找一个与 y_1 线性无关的特解 y_2.由于要求 $\frac{y_2}{y_1}\neq$ 常数,可设 $\frac{y_2}{y_1}=c(x)$($c(x)$ 为待定函数),即 $y_2=c(x)y_1=c(x)e^{r_1x}$.为了确定 $c(x)$,将 $y_2=c(x)e^{r_1x}$ 代入方程 $y''+py'+qy=0$,得

$$[c''(x)+2r_1c'(x)+r_1^2c(x)]e^{r_1x}+p[c'(x)+r_1c(x)]e^{r_1x}+qc(x)e^{r_1x}=0,$$

即
$$[c''(x)+(2r_1+p)c'(x)+(r_1^2+pr_1+q)c(x)]e^{r_1x}=0.$$

因为 $e^{r_1x}\neq 0$,而 $r_1=r_2$ 是 $r^2+pr+q=0$ 的重根,故有 $r_1^2+pr_1+q=0$,$r_1+r_2=-p$,即 $2r_1+p=0$.于是有

$$c''(x)=0.$$

因为 $c''(x)=0$ 的解很多,我们仅取一个最简单的函数 $c(x)=x$,于是方程 $y''+py'+qy=0$ 的另一个特解 $y_2=xe^{r_1x}$,所以方程 $y''+py'+qy=0$ 的通解为

$$y=(C_1+C_2x)e^{r_1x}(C_1,C_2\text{ 为任意常数}).$$

(3) 特征根是一对共轭复根 $r_{1,2}=\alpha\pm\beta i(\alpha,\beta$ 是实数,且 $\beta\neq 0)$.这时 $y_1=e^{(\alpha+\beta i)x}$ 和 $y_2=e^{(\alpha-\beta i)x}$ 是方程 $y''+py'+qy=0$ 的两个特解,但这两个解含有复数,不便于应用.在这种情况下,可以证明函数 $e^{\alpha x}\cos\beta x$ 和 $e^{\alpha x}\sin\beta x$ 也是方程 $y''+py'+qy=0$ 的两个特解,且当 $x\neq\dfrac{k\pi}{\beta}$ $(k\in\mathbf{Z})$ 时,$\dfrac{e^{\alpha x}\cos\beta x}{e^{\alpha x}\sin\beta x}=\cot\beta x\neq$ 常数,于是方程 $y''+py'+qy=0$ 的通解为

$$y=e^{\alpha x}(C_1\cos\beta x+C_2\sin\beta x)(C_1,C_2\text{ 为任意常数}).$$

归纳以上讨论,得到求二阶常系数线性齐次微分方程 $y''+py'+qy=0$ 的通解的步骤如下:

(1) 写出微分方程的特征方程 $r^2+pr+q=0$;

(2) 求出特征方程的根 r_1,r_2;

(3) 根据 r_1,r_2 的不同情况,按下表写出方程的通解:

特征方程 $r^2+pr+q=0$ 的根 r_1,r_2	方程 $y''+py'+qy=0$ 的通解
两个不相等实根 $r_1\neq r_2$	$y=C_1e^{r_1x}+C_2e^{r_2x}$
两个相等实根 $r_1=r_2$	$y=(C_1+C_2x)e^{r_1x}$
一对共轭复数根 $r_{1,2}=\alpha\pm\beta i$	$y=e^{\alpha x}(C_1\cos\beta x+C_2\sin\beta x)$

例 1 求方程 $y''-2y'-3y=0$ 的通解.

解 方程所对应的特征方程为 $r^2-2r-3=0$,特征根为

$$r_1=3,r_2=-1,$$

所以方程的通解为

$$y=C_1e^{3x}+C_2e^{-x}(C_1,C_2\text{ 为任意常数}).$$

例 2 求 $s''+4s'+4s=0$ 满足初始条件 $s|_{t=0}=1,s'|_{t=0}=0$ 的特解.

解 方程所对应的特征方程为 $r^2+4r+4=0$,特征根为

$$r_1=r_2=-2,$$

所以方程的通解为

$$s=(C_1+C_2t)e^{-2t}(C_1,C_2\text{ 为任意常数}).$$

将初始条件 $s|_{t=0}=1$ 代入上式,将 $s'|_{t=0}=0$ 代入

$$s'=C_2e^{-2t}-2(C_1+C_2t)e^{-2t},$$

得 $C_1=1,C_2=2$,于是方程的特解为

$$s=(1+2t)e^{-2t}.$$

例 3 求方程 $y''+2y'+5y=0$ 的通解.

解 方程所对应的特征方程为 $r^2+2r+5=0$,特征根为

$$r_{1,2}=-1\pm 2i,$$

所以方程的通解为

$$y=e^{-x}(C_1\cos 2x+C_2\sin 2x)(C_1,C_2\text{ 为任意常数}).$$

练习 1

1. 求下列微分方程的通解：

(1) $y''+y'-2y=0$；　　(2) $y''-9y=0$；

(3) $y''+y=0$.

2. 求微分方程 $y''+3y'+2y=0$ 满足 $y|_{x=0}=1, y'|_{x=0}=1$ 的特解.

四、二阶常系数线性非齐次微分方程的解法

定理 3　设 y^* 是二阶常系数线性非齐次微分方程 $y''+py'+qy=f(x)$ 的一个特解，Y 是对应的线性齐次方程 $y''+py'+qy=0$ 的通解，则 $y=Y+y^*$ 是方程 $y''+py'+qy=f(x)$ 的通解.

由定理 3 可知，求方程 $y''+py'+qy=f(x)$ 的通解，是先求对应的线性齐次微分方程 $y''+py'+qy=0$ 的通解 Y，这个问题在上面已解决；其次是求出二阶常系数线性非齐次微分方程 $y''+py'+qy=f(x)$ 的特解 y^*，如果 y^* 可求出，那么方程 $y''+py'+qy=f(x)$ 的通解为 $y=Y+y^*$.因此关键问题是如何求方程 $y''+py'+qy=f(x)$ 的一个特解.对于这个问题，只介绍 $f(x)$ 取三种常见的形式时求 y^* 的方法.$f(x)$ 的三种形式分别是：

(1) $f(x)=P_n(x)$，$P_n(x)$ 是 n 次多项式；

(2) $f(x)=a\mathrm{e}^{\lambda x}$，其中 a,λ 是常数；

(3) $f(x)=a\cos\beta x+b\sin\beta x$，其中 a,b,β 是常数.

下面只对 $f(x)=P_n(x)$ 的情形略加讨论，对其他两种情况只介绍方法.

例 4　求方程 $y''+y=2x^2-3$ 的一个特解.

解　$P_n(x)=2x^2-3$ 是一个二次多项式，而一个多项式的导数仍是多项式，由于方程左端含有未知函数 y，为此估计特解 y^* 也是一个二次多项式.因此设 $y^*=b_0x^2+b_1x+b_2$，其中 b_0,b_1,b_2 为待定系数.

把 y^*，$y^{*\prime\prime}$ 代入原方程，得

$$2b_0+(b_0x^2+b_1x+b_2)=2x^2-3,$$

即
$$b_0x^2+b_1x+(2b_0+b_2)=2x^2-3.$$

要使上式恒等，等式两边的同次项系数必须相等，则有

$$\begin{cases}b_0=2,\\ b_1=0,\\ 2b_0+b_2=-3,\end{cases}$$

解得
$$b_0=2, b_1=0, b_2=-7,$$

于是
$$y^*=2x^2-7.$$

不难验证，这样得到的 y^* 确实是原方程的一个特解.

例 5　求方程 $y''-2y'=3x+1$ 的特解.

解　$P_n(x)=3x+1$ 是一个一次多项式.此题的特解 y^* 是否能像上题一样设为一次多项式呢？我们注意到，方程两端只包含未知函数的导数 y' 和 y''.如果设 y^* 是一次多项式，那么 $y^{*\prime}$ 是常数，$y^{*\prime\prime}$ 是零，代入原方程左端只能得到常数，不可能使原方程成为恒等

式.由这一分析我们估计到,如果设 y^* 是二次多项式,有可能满足原方程.因此设

$$y^* = b_0x^2 + b_1x + b_0.$$

把 $y^{*\prime}, y^{*\prime\prime}$ 代入原方程,得

$$2b_0 - 2(2b_0x + b_1) = 3x + 1,$$

即

$$-4b_0x + 2(b_0 - b_1) = 3x + 1.$$

要使上式恒等,两边的同次项系数必须相等,则有

$$\begin{cases} -4b_0 = 3, \\ 2(b_0 - b_1) = 1, \end{cases}$$

解得

$$b_0 = -\frac{3}{4}, b_1 = -\frac{5}{4},$$

这里 b_2 可以任意选定,为简单起见,不妨取 $b_2 = 0$.于是

$$y^* = -\frac{3}{4}x^2 - \frac{5}{4}x.$$

不难验证,这样得到的 y^* 确实是原方程的一个特解.

为什么在例 4 中可设 y^* 是与 $f(x)$ 同次的多项式,而在例 5 中要设 y^* 为比 $f(x)$ 高一次的多项式呢?从上面的分析中不难看到,原因在于例 4 中的方程有 y 项,而例 5 中的方程不出现 y 项.由此得到以下规律:

如果二阶线性非齐次微分方程 $y'' + py' + qy = f(x)$ 的自由项 $f(x) = P_n(x)$,则它的一个特解 y^* 的形式可按如下方法设定:

(1) 当 $q \neq 0$ 时,设 $y^* = Q_n(x)$;

(2) 当 $q = 0, p \neq 0$ 时,设 $y^* = xQ_n(x)$,其中 $Q_n(x)$ 是与 $P_n(x)$ 同次的多项式.

例 6 求方程 $y'' + 3y' = 2$ 的通解.

解 方程所对应的特征方程为 $r^2 + 3r = 0$,特征根为

$$r_1 = 0, r_2 = -3,$$

所以方程对应的线性齐次方程的通解为

$$Y = C_1 + C_2 e^{-3x} (C_1, C_2 \text{ 为任意常数}).$$

由于 $q = 0, p = 3, P_n(x) = 2$(常数可看作零次多项式),故设 $y^* = bx$. 把 $y^{*\prime}, y^{*\prime\prime}$ 代入原方程,得

$$3b = 2, \text{即 } b = \frac{2}{3}.$$

因此有

$$y^* = \frac{2}{3}x,$$

从而原方程的通解为 $y = C_1 + C_2 e^{-3x} + \frac{2}{3}x$ (C_1, C_2 为任意常数).

以上我们讨论了二阶常系数线性非齐次微分方程自由项 $f(x)$ 是多项式的情形.当 $f(x) = a e^{\lambda x}$ 及 $f(x) = a\cos\beta x + b\sin\beta x$ 时,由于指数函数和正弦、余弦函数求导后,还是指数函数和余弦、正弦函数.因此,可用类似多项式的情形来设特解 y^* 的形式.这里不准备进行讨论,只把它与多项式的情形合在一起列表如下:

$f(x)$ 的形式	条件	设特解 y^* 的形式
$f(x)=P_n(x)$	$q\neq 0$	$y^*=Q_n(x)$
	$q=0,p\neq 0$	$y^*=xQ_n(x)$
$f(x)=a\mathrm{e}^{\lambda x}$	λ 不是特征方程的根	$y^*=b\mathrm{e}^{\lambda x}$
	λ 是特征方程的单根	$y^*=bx\mathrm{e}^{\lambda x}$
	λ 是特征方程的重根	$y^*=bx^2\mathrm{e}^{\lambda x}$
$f(x)=a\cos\beta x+b\sin\beta x$	$\pm\beta\mathrm{i}$ 不是特征方程的根	$y^*=a_1\cos\beta x+b_1\sin\beta x$
	$\pm\beta\mathrm{i}$ 是特征方程的根	$y^*=x(a_1\cos\beta x+b_1\sin\beta x)$

例 7 求方程 $y''-2y'-3y=\mathrm{e}^{3x}$ 的一个特解.

解 齐次方程所对应的特征方程为 $r^2-2r-3=0$,特征根为 $r_1=-1,r_2=3$.由于 $f(x)=\mathrm{e}^{3x},\lambda=3$,所以 $\lambda=3$ 是特征方程 $r^2-2r-3=0$ 的单根,故设 $y^*=bx\mathrm{e}^{3x}$.

把 $y^*,y^{*\prime},y^{*\prime\prime}$ 代入原方程,整理得

$$4b\mathrm{e}^{3x}=\mathrm{e}^{3x}\text{,即 }4b=1,$$

解得 $b=\dfrac{1}{4}$,于是原方程的一个特解为

$$y^*=\frac{1}{4}x\mathrm{e}^{3x}.$$

例 8 求方程 $y''-2y'+4y=4\mathrm{e}^{2x}$ 的通解.

解 齐次方程所对应的特征方程为 $r^2-2r+4=0$,特征根为

$$r_{1,2}=1\pm\sqrt{3}\mathrm{i}.$$

故对应的线性齐次方程的通解为

$$Y=\mathrm{e}^x(C_1\cos\sqrt{3}x+C_2\sin\sqrt{3}x).$$

由于 $f(x)=4\mathrm{e}^{2x},\lambda=2$,所以 $\lambda=2$ 不是特征方程 $r^2-2r+4=0$ 的根,故设 $y^*=b\mathrm{e}^{2x}$.

把 $y^*,y^{*\prime},y^{*\prime\prime}$ 代入原方程,整理得

$$4b\mathrm{e}^{2x}=4\mathrm{e}^{2x}\text{,即 }b=1,$$

于是原方程的一个特解为

$$y^*=\mathrm{e}^{2x},$$

从而原方程的通解为

$$y=\mathrm{e}^x(C_1\cos\sqrt{3}x+C_2\sin\sqrt{3}x)+\mathrm{e}^{2x}\,(C_1,C_2\text{ 为任意常数}).$$

例 9 求方程 $y''+6y'+9y=10\sin x$ 的特解.

解 齐次方程所对应的特征方程为 $r^2+6r+9=0$,特征根为 $r=-3$.

由于 $f(x)=10\sin x$,即 $a=0,b=10,\beta=1$,所以 $\pm\beta\mathrm{i}=\pm\mathrm{i}$ 不是特征方程 $r^2+6r+9=0$ 的根,故设 $y^*=a_1\cos x+b_1\sin x$.

把 $y^*,y^{*\prime},y^{*\prime\prime}$ 代入原方程,整理得

$$(8a_1+6b_1)\cos x+(8b_1-6a_1)\sin x=10\sin x,$$

比较同类项系数,则有

$$\begin{cases}8a_1+6b_1=0,\\8b_1-6a_1=10,\end{cases}$$

解得 $a_1=-\frac{3}{5},b_1=\frac{4}{5}$.于是原方程的一个特解为

$$y^*=-\frac{3}{5}\cos x+\frac{4}{5}\sin x.$$

例 10 求方程 $y''+4y=\cos 2x$ 的通解.

解 齐次方程所对应的特征方程为 $r^2+4=0$,特征根为 $r_{1,2}=\pm 2\mathrm{i}$.故对应的线性齐次方程的通解为

$$Y=C_1\cos 2x+C_2\sin 2x.$$

由于 $f(x)=\cos 2x$,即 $a=1,b=0,\beta=2$,所以 $\pm\beta\mathrm{i}=\pm 2\mathrm{i}$ 是特征方程 $r^2+6r+9=0$ 的根,故设 $y^*=x(a_1\cos 2x+b_1\sin 2x)$.

把 $y^*,y^{*''}$ 代入原方程,整理得

$$-4a_1\sin 2x+4b_1\cos 2x=\cos 2x,$$

比较同类项系数,则有

$$-4a_1=0,4b_1=1,\text{即 } a_1=0,b_1=\frac{1}{4},$$

于是原方程的一个特解为

$$y^*=\frac{1}{4}x\sin 2x,$$

从而原方程的通解为

$$y=C_1\cos 2x+C_2\sin 2x+\frac{1}{4}x\sin 2x\,(C_1,C_2\text{ 为任意常数}).$$

练习 2

1. 求下列微分方程的一个特解:

(1) $y''-5y'+6y=2\mathrm{e}^x$; (2) $y''+y'-2y=2x$.

2. 求下列微分方程的通解:

(1) $y''-6y'+9y=\mathrm{e}^{3x}$; (2) $y''+4y=8\sin 2x$.

习题 7-3

1. 求下列微分方程的通解:

(1) $y''+y=0$; (2) $y''-2y'+y=0$;

(3) $y''+6y'+13y=0$; (4) $y''-4y'+5y=0$.

2. 求下列微分方程满足初始条件的特解:

(1) $4y''+4y'+6y=0,y|_{x=0}=2,y'|_{x=0}=0$;

(2) $y''-5y'+6y=0,y|_{x=0}=1,y'|_{x=0}=1$;

(3) $s''+2s'+s=0,s|_{t=0}=4,s'|_{t=0}=2$;

(4) $y''-4y'+13y=0,y|_{x=0}=3,y'|_{x=0}=6$.

3. 求下列微分方程的通解：

(1) $y''+2y'+5y=5x+2$；　　(2) $y''+3y=2\sin x$；

(3) $2y''+y'-y=2e^{x}$；　　(4) $y''-5y'=7$.

4. 求下列微分方程的特解：

(1) $y''-4y=4, y|_{x=0}=1, y'|_{x=0}=0$；

(2) $y''+y=-2\sin x, y|_{x=\pi}=1, y'|_{x=\pi}=1$；

(3) $s''+s'=2\cos t, s|_{t=0}=2, s'|_{t=0}=0$；

(4) $4y''+16y'+15y=4e^{-\frac{3}{2}x}, y|_{x=0}=3, y'|_{x=0}=\frac{11}{2}$.

5. 试讨论二阶常系数线性非齐次微分方程 $y''+py'+qy=P_n(x)$ 当 $p=q=0$ 时的特解形式.

本章内容小结

本章主要内容有微分方程、微分方程的解、微分方程的阶、微分方程的通解、微分方程的初始条件、微分方程的特解.

1. 一阶微分方程

(1) 可分离变量的微分方程.

求解步骤：

① 分离变量 $\frac{dy}{g(y)}=f(x)dx\,(g(y)\neq 0)$；

② 两边积分 $\int\frac{dy}{g(y)}=\int f(x)dx$ ；

③ 求出积分得通解 $G(y)=F(x)+C$，其中 $G(y)$ 和 $F(x)$ 分别为 $\frac{1}{g(x)}$ 和 $f(x)$ 的原函数；

④ 若方程给出初始条件，则根据初始条件确定常数 C，求出方程的特解.

(2) 齐次微分方程.

求解步骤：

① 作变量变换，令 $u=\frac{y}{x}$，从而原方程可化为 $\frac{du}{dx}=\frac{f(u)-u}{x}$；

② 按可分离变量微分方程的解法，求出方程 $\frac{du}{dx}=\frac{f(u)-u}{x}$ 的通解；

③ 还原变量，再将变量 u 还原为 $\frac{y}{x}$，所得函数就是原方程的通解；

④ 若方程给出初始条件，则根据初始条件确定常数 C，求出方程的特解.

(3) 一阶线性微分方程.

① 公式法：方程的通解为 $y=Ce^{-\int P(x)dx}+e^{-\int P(x)dx}\int Q(x)e^{\int P(x)dx}dx$.

② 常数变易法：

(a) 先求出一阶线性非齐次微分方程所对应的线性齐次方程的通解 $y=Ce^{-\int P(x)\mathrm{d}x}$；

(b) 把上述通解中的常数 C 换成待定函数 $c(x)$，确定出 $c(x)$，从而得到方程 $\frac{\mathrm{d}y}{\mathrm{d}x}+P(x)y=Q(x)$ 的通解.

2. 二阶常系数线性微分方程

(1) 二阶常系数线性齐次微分方程 $y''+py'+qy=0$.

求解的一般步骤：

① 写出微分方程的特征方程 $r^2+pr+q=0$；

② 求出特征方程的根 r_1,r_2；

③ 根据 r_1,r_2 的不同情况，按下表写出方程的通解：

特征方程 $r^2+pr+q=0$ 的根 r_1,r_2	方程 $y''+py'+qy=0$ 的通解
两个不相等实根 $r_1\neq r_2$	$y=C_1e^{r_1x}+C_2e^{r_2x}$
两个相等实根 $r_1=r_2$	$y=(C_1+C_2x)e^{r_1x}$
一对共轭复数根 $r_{1,2}=\alpha\pm\beta\mathrm{i}$	$y=e^{\alpha x}(C_1\cos\beta x+C_2\sin\beta x)$

(2) 二阶常系数线性非齐次微分方程 $y''+py'+qy=f(x)$.

若 Y 是对应的线性齐次方程 $y''+py'+qy=0$ 的通解，y^* 是其特解，则其通解为 $y=Y+y^*$.特解常利用待定系数法求解.下表是几种常用的特解形式：

$f(x)$的形式	条件	设特解 y^* 的形式
$f(x)=P_n(x)$	$q\neq0$	$y^*=Q_n(x)$
	$q=0,p\neq0$	$y^*=xQ_n(x)$
$f(x)=ae^{\lambda x}$	λ 不是特征方程的根	$y^*=be^{\lambda x}$
	λ 是特征方程的单根	$y^*=bxe^{\lambda x}$
	λ 是特征方程的重根	$y^*=bx^2e^{\lambda x}$
$f(x)=a\cos\beta x+b\sin\beta x$	$\pm\beta\mathrm{i}$ 不是特征方程的根	$y^*=a_1\cos\beta x+b_1\sin\beta x$
	$\pm\beta\mathrm{i}$ 是特征方程的根	$y^*=x(a_1\cos\beta x+b_1\sin\beta x)$

复习题七

一、选择题.

1. 下列方程中是可分离变量微分方程的是 ( )

A. $y'=(\tan x)y+x^2-\cos x$　　B. $xe^{x^2-y}y'-y\ln y=0$

C. $y^2+x^2\frac{\mathrm{d}y}{\mathrm{d}x}=xy\frac{\mathrm{d}y}{\mathrm{d}x}$　　D. $xy'\ln x\sin y+\cos y(1-x\cos y)=0$

2. 方程 $y'-2y=0$ 的通解是 ( )

A. $y=C\sin2x$　　B. $y=Ce^{-2x}$　　C. $y=Ce^{2x}$　　D. $y=Ce^{x}$

3. 方程$(1-x^2)y-xy'=0$的通解是　　(　　)

A. $y=C\sqrt{1-x^2}$　　B. $y=\dfrac{C}{\sqrt{1-x^2}}$　　C. $y=Cxe^{-\frac{1}{2}x^2}$　　D. $y=-\dfrac{1}{2}x^3+Cx$

4. 方程$xy'-y=x$满足初始条件$y|_{x=1}=1$的特解是　　(　　)

A. $y=x\ln x+x$　　B. $y=x\ln x+Cx$　　C. $y=2x\ln x+x$　　D. $y=2x\ln x+Cx$

二、求下列微分方程的通解：

1. $(x+xy^2)dx+(1+x^2)dy=0$；　　2. $xydx+\sqrt{1-x^2}dy=0$；

3. $(1+2y)xdx+(1+x^2)dy=0$；　　4. $y\ln xdx+x\ln ydy=0$；

5. $\dfrac{dy}{dx}+y=e^{-x}$；　　6. $y'-y=\cos x$；

7. $e^t\left(s-\dfrac{ds}{dt}\right)=1$；　　8. $y'-\dfrac{xy}{1+x^2}=1+x$.

三、求下列微分方程满足初始条件的特解：

1. $\dfrac{dx}{y}+\dfrac{dy}{x}=0, y|_{x=3}=4$；　　2. $\sin y\cos xdy=\cos y\sin xdx, y|_{x=0}=\dfrac{\pi}{4}$；

3. $\dfrac{x}{1+y}dx-\dfrac{y}{1+x}dy=0, y|_{x=0}=1$；　　4. $y'-\dfrac{2xy}{1+x^2}=1, y|_{x=0}=1$；

5. $y'=3x^2y+x^5-x^2, y|_{x=0}=1$.

四、设曲线上每一点处的切线斜率等于该点的横坐标与纵坐标之和，求经过点$(0,-1)$的曲线的方程.

五、求下列微分方程的通解：

1. $y''+3y=0$；　　2. $y''-3y'+2y=0$；

3. $y''+5y=0$；　　4. $y''-4y'+4y=0$.

六、求下列微分方程的一个特解：

1. $y''+3y'=3x$；　　2. $y''+2y'+y=xe^x$；

3. $y''+y'-2y=e^{-x}$；　　4. $y''+3y'+2y=6e^x$.

七、求下列微分方程的通解：

1. $y''+2y'+y=-2$；　　2. $y''+4y'+4y=8e^{-2x}$；

3. $y''+4y'+3y=9e^{-3x}$；　　4. $y''+3y'=3e^{-3x}$.

第八章 空间解析几何

§8-1 空间直角坐标系

一、空间直角坐标系的概念

在空间取三条相互垂直且相交于 O 点的数轴构成空间直角坐标系.这三条数轴依次称为 x 轴(横轴)、y 轴(纵轴)、z 轴(竖轴)(图 8-1),三条轴统称为坐标轴,点 O 称为坐标原点.三个轴的正向构成右手系,即用右手握着 z 轴,当右手四指从 x 轴正向以 $\frac{\pi}{2}$ 的角度转向 y 轴正向时,大拇指的指向就是 z 轴的正向,如图 8-1 所示,这样便建立了一个空间直角坐标系.

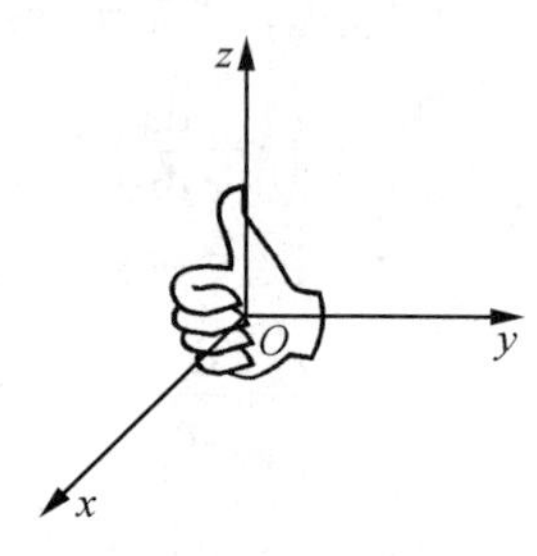

图 8-1

任意两条坐标轴所确定的平面称为坐标面.空间直角坐标系共有 xOy、yOz、zOx 三个坐标面,这三个坐标面相互垂直且相交于原点 O.它们把空间分成八个部分,每一部分称为一个卦限,各卦限的位置如图 8-2 所示.建立了空间直角坐标系后,就可以像平面直角坐标系那样在空间确立点的直角坐标.

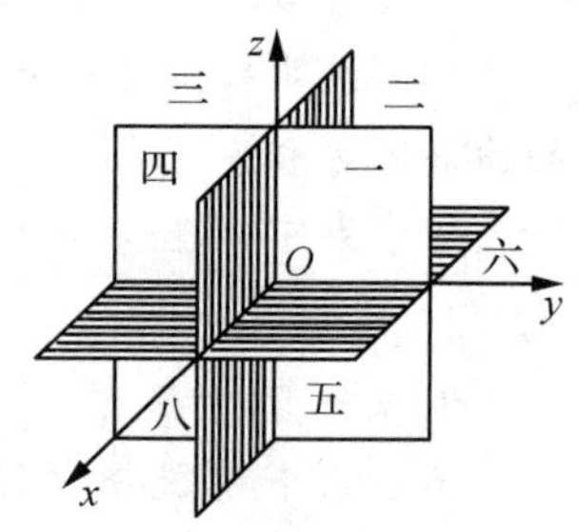

图 8-2

设 M 是空间的任一点(图 8-3),过点 M 作三个平面分别垂直于三条坐标轴,并与三条坐标轴分别交于点 P,Q,R.若这三点在三条坐标轴上的坐标依次为 x,y,z,则点 M 就唯一确定了一个三元有序数组(x,y,z);反过来,任给一个三元有序数组(x,y,z),在 x 轴上取坐标为 x 的点 P,在 y 轴上取坐标为 y 的点 Q,在 z 轴上取坐标为 z 的点 R,然后过 P、Q、R 分别作三个垂直于相应坐标轴的平面,这三个平面的交点 M 就是空间对应于这个三元有序数组(x,y,z)的点.由此可见,空间中的点 M 与三元有序数组(x,y,z)之间具有一一对应关系.(x,y,z)称为点 M 的坐标,记作 $M(x,y,z)$.x,y,z 分别称为点 M 的横坐标、纵坐标和竖坐标(或称为 x 坐标、y 坐标、z 坐标).

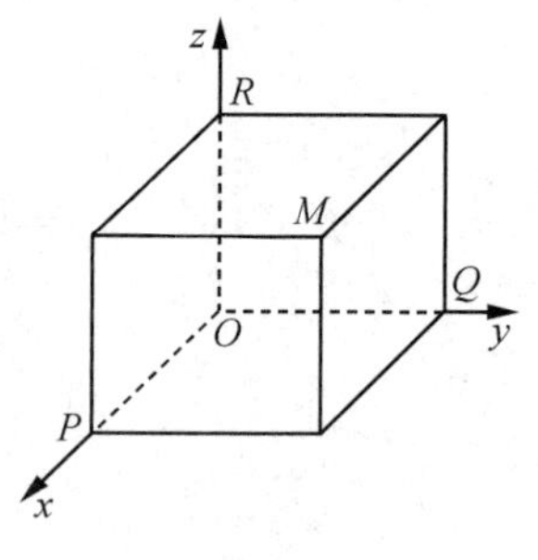

图 8-3

八个卦限中,点的坐标有如下特点:

第一卦限　　$x>0,y>0,z>0$;

第二卦限　　$x<0,y>0,z>0$;

第三卦限　　$x<0,y<0,z>0$;

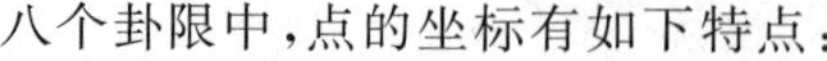

第四卦限 $x>0, y<0, z>0$；
第五卦限 $x>0, y>0, z<0$；
第六卦限 $x<0, y>0, z<0$；
第七卦限 $x<0, y<0, z<0$；
第八卦限 $x>0, y<0, z<0$.

例 1 指出下列各点所在的卦限：$(2,-1,-4)$，$(-1,-3,1)$，$(2,1,-1)$.

解 点$(2,-1,-4)$在第八卦限，点$(-1,-3,1)$在第三卦限，点$(2,1,-1)$在第五卦限.

例 2 在空间直角坐标系中作出点$(2,-1,3)$，$(-1,2,-1)$，$(2,0,2)$.

解 画出空间直角坐标系（在平面上作空间直角坐标系通常将 x 轴的正向画成与 y 轴、z 轴正向各成 $135°$ 角，在 y 轴、z 轴上一个长度单位取相同的长度，在 x 轴上一个长度单位取 y 轴、z 轴上一个长度单位的$\frac{\sqrt{2}}{2}$）. 作点$(2,-1,3)$：从原点出发沿 x 轴正向移动两个单位，接着向左沿平行于 y 轴的负向移动一个单位，接着再向上沿平行于 z 轴的正向移动三个单位即得点$(2,-1,3)$. 类似地，可作出点$(-1,2,-1)$，$(2,0,2)$（图 8-4）.

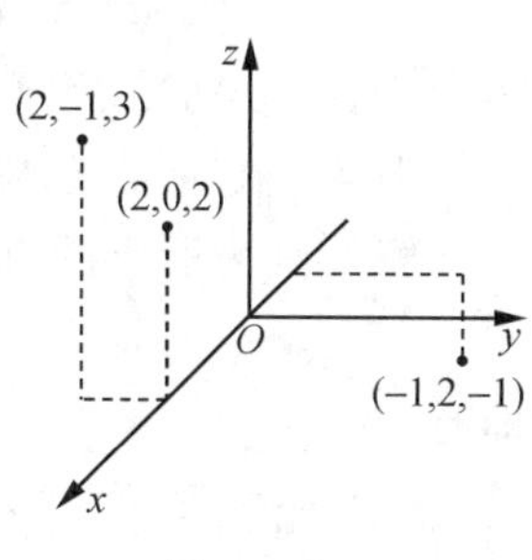

图 8-4

练习 1

1. 指出下列各点所在的卦限：
$A(1,-2,3)$，$B(2,3,-4)$，$C(2,-3,-4)$，$D(-2,-3,1)$.
2. 在空间直角坐标系中作出点$(3,4,0)$，$(3,0,0)$，$(0,-1,0)$.

二、空间两点间的距离

与平面解析几何类似，空间两点间的距离可用这两点的坐标来表示.

如图 8-5 所示，设 $M_1(x_1,y_1,z_1)$，$M_2(x_2,y_2,z_2)$是空间两点，过点 M_1，M_2 分别作三个垂直于坐标轴的平面，这六个平面围成一个以 M_1M_2 为对角线的长方体，其长、宽、高分别为$|AM_1|$，$|AB|$，$|BM_2|$，容易看出

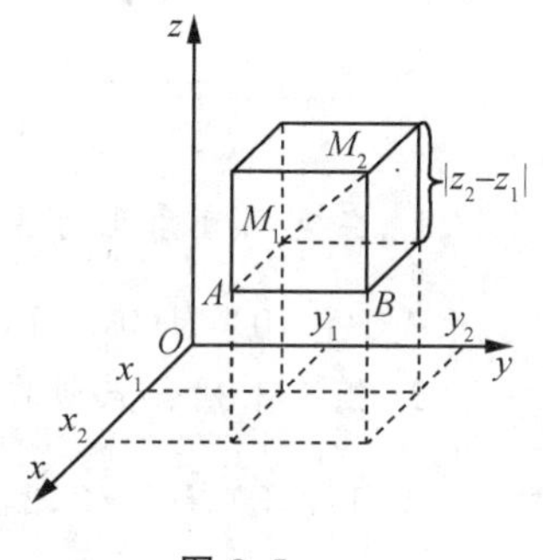

图 8-5

$$|AM_1|=|x_2-x_1|,$$
$$|AB|=|y_2-y_1|,$$
$$|BM_2|=|z_2-z_1|.$$

根据勾股定理有
$$|M_1M_2|=\sqrt{|M_1B|^2+|BM_2|^2}=\sqrt{|AM_1|^2+|AB|^2+|BM_2|^2},$$

所以
$$|M_1M_2|=\sqrt{(x_2-x_1)^2+(y_2-y_1)^2+(z_2-z_1)^2}. \tag{8-1}$$

公式(8-1)称为空间两点间的距离公式.

特别地，点 $M(x,y,z)$与坐标原点 $O(0,0,0)$两点间的距离为

$$|OM|=\sqrt{x^2+y^2+z^2}. \tag{8-2}$$

例 3 求点 $M(x,y,z)$到三条坐标轴的距离.

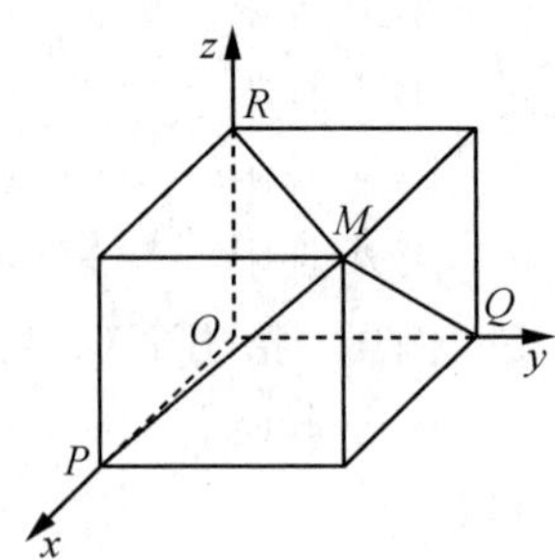

图 8-6

解 过点 M 作 x 轴的垂直平面与 x 轴交于 P 点,点 P 称为点 M 在 x 轴上的投影(图 8-6),则点 P 的坐标为 $P(x,0,0)$,且线段 PM 的长度就是点 M 到 x 轴的距离,由公式(8-1)得

$$|PM|=\sqrt{(x-x)^2+(y-0)^2+(z-0)^2}$$
$$=\sqrt{y^2+z^2}.$$

同理可得,点 M 到 y 轴和 z 轴的距离分别为

$$|QM|=\sqrt{x^2+z^2},|RM|=\sqrt{x^2+y^2},$$

其中 Q,R 分别是点 M 在 y 轴和 z 轴上的投影.

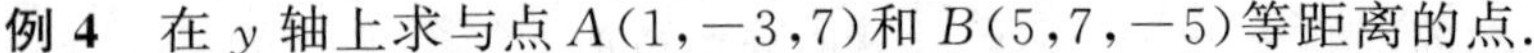

例 4 在 y 轴上求与点 $A(1,-3,7)$和 $B(5,7,-5)$等距离的点.

解 因为所求的点在 y 轴上,故可设它为 $M(0,y,0)$,依题意有

$$|MA|=|MB|,$$

即有

$$\sqrt{(1-0)^2+(-3-y)^2+(7-0)^2}=\sqrt{(5-0)^2+(7-y)^2+(-5-0)^2},$$

经化简、整理得

$$y=2,$$

因此,所求的点为 $M(0,2,0)$.

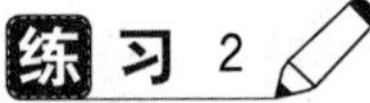

练习 2

在 z 轴上求与两点 $A(-4,1,7)$和 $B(3,5,-2)$等距离的点.

习题 8-1

1. 在空间直角坐标系中作出下列各点:

$A(2,0,0)$,$B(0,-1,2)$,$C(-1,2,-1)$,$D(2,3,4)$.

2. 指出下列各点所在的卦限:

$A(1,2,3)$,$B(-3,2,1)$,$C\left(\frac{1}{2},-\frac{1}{2},-\frac{1}{2}\right)$,$D(-4,-4,2)$.

3. 求 $M_1(2,4,0)$,$M_2(3,5,7)$ 两点之间的距离.

4. 求点 $M(4,-3,5)$分别到原点、各坐标轴、各坐标面的距离.

§ 8-2 向量的坐标表示

一、向量的坐标表示

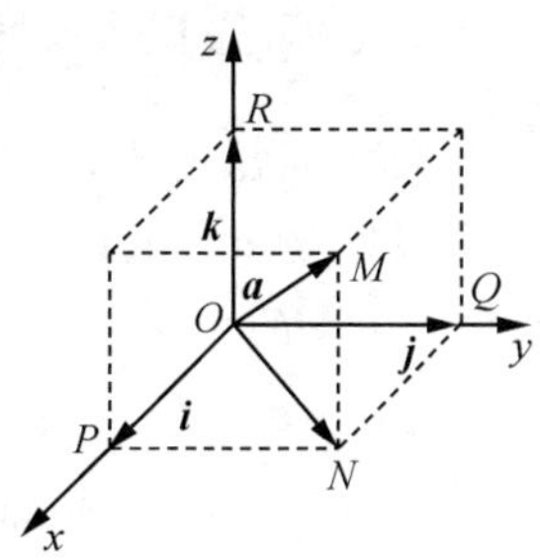

图 8-7

已知向量 $\boldsymbol{a}=\overrightarrow{OM}$，它的起点在坐标原点，终点为 $M(x,y,z)$（图 8-7）.由向量的加法得

$$\overrightarrow{OM}=\overrightarrow{ON}+\overrightarrow{NM}=\overrightarrow{OP}+\overrightarrow{OQ}+\overrightarrow{OR}.$$

现沿 x 轴、y 轴、z 轴的正向分别取单位向量，记作 $\boldsymbol{i},\boldsymbol{j},\boldsymbol{k}$，并称这三个向量为基本单位向量.由向量的数乘知

$$\overrightarrow{OP}=x\boldsymbol{i},\overrightarrow{OQ}=y\boldsymbol{j},\overrightarrow{OR}=z\boldsymbol{k}.$$

这三个向量分别称为向量 $\boldsymbol{a}=\overrightarrow{OM}$ 在 x 轴、y 轴、z 轴上的分向量，于是

$$\boldsymbol{a}=\overrightarrow{OM}=x\boldsymbol{i}+y\boldsymbol{j}+z\boldsymbol{k}. \tag{8-3}$$

(8-3)式称为向量 $\boldsymbol{a}$ 按基本单位向量的分解式.

可以看出，任给一个以原点 O 为起点、M 为终点的向量 $\overrightarrow{OM}$，都可以由其终点坐标 (x,y,z) 表示为 $\overrightarrow{OM}=x\boldsymbol{i}+y\boldsymbol{j}+z\boldsymbol{k}$，即向量 $\overrightarrow{OM}$ 对应着唯一的一个三元有序数组 (x,y,z)；反之，任给一个三元有序数组 (x,y,z)，就对应一个以原点 O 为起点、以 $M(x,y,z)$ 为终点的向量 $\overrightarrow{OM}$.由此可见，以原点为起点的向量与三元有序数组 (x,y,z) 是一一对应的.因此，把 x,y,z 称为向量 $\boldsymbol{a}$ 的坐标，并记作 $\{x,y,z\}$，即

$$\boldsymbol{a}=\{x,y,z\}. \tag{8-4}$$

(8-4)式称为向量 $\boldsymbol{a}$ 的坐标表示式.

特别地，$\boldsymbol{0},\boldsymbol{i},\boldsymbol{j},\boldsymbol{k}$ 的坐标表示式分别为

$$\boldsymbol{0}=\{0,0,0\},\boldsymbol{i}=\{1,0,0\},\boldsymbol{j}=\{0,1,0\},\boldsymbol{k}=\{0,0,1\}.$$

对于起点不在原点的向量 $\boldsymbol{a}$，因平移后的向量与原向量相等，可以将 $\boldsymbol{a}$ 的起点平移到原点，故 $\boldsymbol{a}$ 也对应于一个三元有序数组.

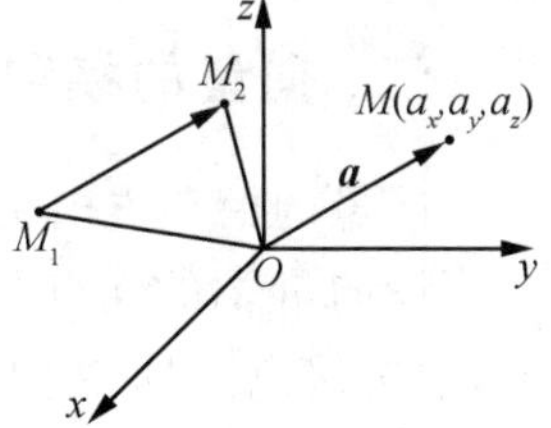

图 8-8

设向量 $\boldsymbol{a}=\overrightarrow{M_1M_2}$ 的起点为 $M_1(x_1,y_1,z_1)$，终点为 $M_2(x_2,y_2,z_2)$.将向量 $\boldsymbol{a}$ 的起点平移到原点 O 时终点为 M，则 $\boldsymbol{a}=\overrightarrow{OM}$.设点 M 的坐标为 a_x,a_y,a_z（图 8-8），则

$$\boldsymbol{a}=a_x\boldsymbol{i}+a_y\boldsymbol{j}+a_z\boldsymbol{k}.$$

我们可以直接用向量 $\overrightarrow{M_1M_2}$ 的起点和终点坐标表示 $\overrightarrow{M_1M_2}$.由于 $a_x=x_2-x_1,a_y=y_2-y_1,a_z=z_2-z_1$，因此

$$\overrightarrow{M_1M_2}=(x_2-x_1)\boldsymbol{i}+(y_2-y_1)\boldsymbol{j}+(z_2-z_1)\boldsymbol{k} \tag{8-5}$$

或

$$\overrightarrow{M_1M_2}=\{x_2-x_1,y_2-y_1,z_2-z_1\}. \tag{8-6}$$

(8-5) 式称为向量$\overrightarrow{M_1M_2}$按基本单位向量的分解式;(8-6)式称为向量$\overrightarrow{M_1M_2}$的坐标表示式.

二、向量的加、减及数乘运算的坐标表示

利用向量的坐标表示,可以将向量加、减及数乘的运算化为坐标之间的代数运算.

设向量 $\boldsymbol{a}=a_x\boldsymbol{i}+a_y\boldsymbol{j}+a_z\boldsymbol{k}$,$\boldsymbol{b}=b_x\boldsymbol{i}+b_y\boldsymbol{j}+b_z\boldsymbol{k}$,则

$$\boldsymbol{a}+\boldsymbol{b}=(a_x+b_x)\boldsymbol{i}+(a_y+b_y)\boldsymbol{j}+(a_z+b_z)\boldsymbol{k}=\{a_x+b_x,a_y+b_y,a_z+b_z\},$$

$$\boldsymbol{a}-\boldsymbol{b}=(a_x-b_x)\boldsymbol{i}+(a_y-b_y)\boldsymbol{j}+(a_z-b_z)\boldsymbol{k}=\{a_x-b_x,a_y-b_y,a_z-b_z\},$$

$$\lambda\boldsymbol{a}=\lambda a_x\boldsymbol{i}+\lambda a_y\boldsymbol{j}+\lambda a_z\boldsymbol{k}=\{\lambda a_x,\lambda a_y,\lambda a_z\}(\lambda\text{ 为实数}).$$

这就是说,向量和(差)的坐标等于它们对应坐标的和(差);向量与实数的乘积的坐标等于该实数乘以向量的每个坐标.

例 1 设向量 $\boldsymbol{a}=2\boldsymbol{i}-3\boldsymbol{j}+\boldsymbol{k}$,$\boldsymbol{b}=-\boldsymbol{i}-2\boldsymbol{j}+\boldsymbol{k}$,用基本单位向量的分解式表示 $\boldsymbol{a}+\boldsymbol{b}$,$\boldsymbol{a}-\boldsymbol{b}$,$-2\boldsymbol{a}$.

解

$$\begin{aligned}\boldsymbol{a}+\boldsymbol{b}&=(2\boldsymbol{i}-3\boldsymbol{j}+\boldsymbol{k})+(-\boldsymbol{i}-2\boldsymbol{j}+\boldsymbol{k})\\&=(2-1)\boldsymbol{i}+(-3-2)\boldsymbol{j}+(1+1)\boldsymbol{k}\\&=\boldsymbol{i}-5\boldsymbol{j}+2\boldsymbol{k},\\\boldsymbol{a}-\boldsymbol{b}&=(2\boldsymbol{i}-3\boldsymbol{j}+\boldsymbol{k})-(-\boldsymbol{i}-2\boldsymbol{j}+\boldsymbol{k})\\&=(2+1)\boldsymbol{i}+(-3+2)\boldsymbol{j}+(1-1)\boldsymbol{k}\\&=3\boldsymbol{i}-\boldsymbol{j},\\-2\boldsymbol{a}&=-2(2\boldsymbol{i}-3\boldsymbol{j}+\boldsymbol{k})\\&=-4\boldsymbol{i}+6\boldsymbol{j}-2\boldsymbol{k}.\end{aligned}$$

练习 1

1. 已知两点 $M_1(0,2,1)$,$M_2(1,-2,3)$,试用坐标表示式表示向量$\overrightarrow{M_1M_2}$及$-2\overrightarrow{M_1M_2}$.

2. 设向量 $\boldsymbol{a}=3\boldsymbol{i}-2\boldsymbol{j}+\boldsymbol{k}$,$\boldsymbol{b}=\boldsymbol{i}-2\boldsymbol{j}+4\boldsymbol{k}$,用基本单位向量的分解式表示 $\boldsymbol{a}+\boldsymbol{b}$,$\boldsymbol{a}-\boldsymbol{b}$,$-3\boldsymbol{a}$.

三、向量的模和方向余弦的坐标表示

向量的模和方向也可以用向量的坐标来表示.

设向量 $\boldsymbol{a}$ 的起点为 $M_1(x_1,y_1,z_1)$,终点为 $M_2(x_2,y_2,z_2)$,将它的起点移到原点 O 时,它的终点坐标为 $M(a_x,a_y,a_z)$(图 8-9).由两点间的距离公式得向量 $\boldsymbol{a}$ 的模

$$|\boldsymbol{a}|=\sqrt{a_x^2+a_y^2+a_z^2}. \tag{8-7}$$

公式(8-7)称为向量模的坐标表示式.也可直接运用向量 $\boldsymbol{a}$ 原来的起点、终点坐标表示向量 $\boldsymbol{a}$ 的模,即

$$|\boldsymbol{a}|=|\overrightarrow{M_1M_2}|=\sqrt{(x_2-x_1)^2+(y_2-y_1)^2+(z_2-z_1)^2}.$$

向量 $\boldsymbol{a}$ 的方向可用 $\boldsymbol{a}$ 分别与 x 轴、y 轴、z 轴的正向的夹角来确定.

定义 非零向量 $\boldsymbol{a}$ 分别与 x 轴、y 轴、z 轴正向的夹角 α,β,γ 称为向量 $\boldsymbol{a}$ 的方向角

(图 8-9).规定它们的取值范围为 $0\leqslant\alpha\leqslant\pi,0\leqslant\beta\leqslant\pi,0\leqslant\gamma\leqslant\pi$.

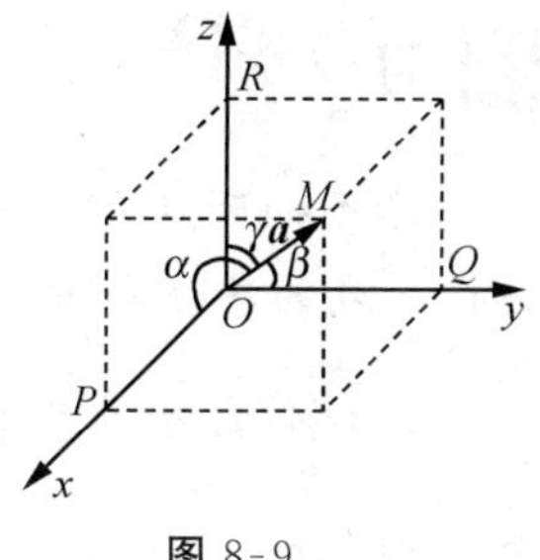

图 8-9

向量 $\boldsymbol{a}$ 的方向角的余弦 $\cos\alpha,\cos\beta,\cos\gamma$ 称为向量 $\boldsymbol{a}$ 的方向余弦.

由余弦函数的定义得

$$\cos\alpha=\frac{a_x}{|\boldsymbol{a}|},\cos\beta=\frac{a_y}{|\boldsymbol{a}|},\cos\gamma=\frac{a_z}{|\boldsymbol{a}|}.$$

因此

$$\cos\alpha=\frac{a_x}{\sqrt{a_x^2+a_y^2+a_z^2}},\cos\beta=\frac{a_y}{\sqrt{a_x^2+a_y^2+a_z^2}},\cos\gamma=\frac{a_z}{\sqrt{a_x^2+a_y^2+a_z^2}}.\qquad(8\text{-}8)$$

公式(8-8)称为向量 $\boldsymbol{a}$ 的方向余弦的坐标表示式.

将(8-8)三式的两边平方后相加得

$$\cos^2\alpha+\cos^2\beta+\cos^2\gamma=1.$$

即任何一个非零向量的三个方向余弦的平方和等于 1.我们亦可用向量的模和方向余弦表示向量的坐标,即

$$\boldsymbol{a}=\{a_x,a_y,a_z\}=|\boldsymbol{a}|\{\cos\alpha,\cos\beta,\cos\gamma\}.\qquad(8\text{-}9)$$

由(8-9)式可得

$$\boldsymbol{e}_a=\frac{\boldsymbol{a}}{|\boldsymbol{a}|}=\left\{\frac{a_x}{|\boldsymbol{a}|},\frac{a_y}{|\boldsymbol{a}|},\frac{a_z}{|\boldsymbol{a}|}\right\}=\{\cos\alpha,\cos\beta,\cos\gamma\}.\qquad(8\text{-}10)$$

(8-10)式是用向量 $\boldsymbol{a}$ 的方向余弦来表示与 $\boldsymbol{a}$ 同方向的单位向量 $\boldsymbol{e}_a$,且 $\boldsymbol{e}_a$ 的坐标就是向量 $\boldsymbol{a}$ 的方向余弦.

例 2　已知点 $M_1(1,2,3),M_2(2,1,-1)$,求向量 $\overrightarrow{M_1M_2}$ 的模、方向余弦及与 $\overrightarrow{M_1M_2}$ 方向一致的单位向量.

解　因为 $\overrightarrow{M_1M_2}=\{1,-1,-4\}$,所以

$$|\overrightarrow{M_1M_2}|=\sqrt{1^2+(-1)^2+(-4)^2}=3\sqrt{2},$$

$$\cos\alpha=\frac{1}{3\sqrt{2}}=\frac{\sqrt{2}}{6},\cos\beta=-\frac{\sqrt{2}}{6},\cos\gamma=-\frac{2\sqrt{2}}{3},$$

$$\boldsymbol{e}_{M_1M_2}=\frac{\overrightarrow{M_1M_2}}{|\overrightarrow{M_1M_2}|}=\left\{\frac{1}{3\sqrt{2}},-\frac{1}{3\sqrt{2}},-\frac{4}{3\sqrt{2}}\right\}=\left\{\frac{\sqrt{2}}{6},-\frac{\sqrt{2}}{6},-\frac{2\sqrt{2}}{3}\right\}.$$

例 3　设向量 $\boldsymbol{a}$ 的两个方向余弦 $\cos\alpha=\frac{2}{7},\cos\beta=\frac{3}{7}$,又知 $\boldsymbol{a}$ 与 z 轴正向夹角为钝角,求 $\cos\gamma$.

解　因为 $\cos^2\alpha+\cos^2\beta+\cos^2\gamma=1$,且 $\cos\alpha=\frac{2}{7},\cos\beta=\frac{3}{7}$,故 $\cos\gamma=\pm\frac{6}{7}$.又因 γ 是钝角,所以 $\cos\gamma=-\frac{6}{7}$.

练习 2

1. 已知两点 $M_1(-1,1,0)$，$M_2(0,-1,2)$，求向量 $\overrightarrow{M_1M_2}$ 的模、方向余弦及与 $\overrightarrow{M_1M_2}$ 方向一致的单位向量.

2. 设向量 $\boldsymbol{a}$ 的两个方向余弦 $\cos\alpha=\frac{1}{2}$，$\cos\beta=\frac{1}{3}$，又知 $\boldsymbol{a}$ 与 z 轴正向夹角为钝角，求 $\cos\gamma$.

习题 8-2

1. 求向量 $\boldsymbol{a}=\{-1,1,-2\}$ 的模、方向余弦及与 $\boldsymbol{a}$ 同方向的单位向量.

2. 设向量 $\boldsymbol{a}=\boldsymbol{i}-2\boldsymbol{j}-2\boldsymbol{k}$，$\boldsymbol{b}=\boldsymbol{i}+3\boldsymbol{j}-\boldsymbol{k}$，用基本单位向量的分解式表示 $\boldsymbol{a}+\boldsymbol{b}$，$\boldsymbol{a}-\boldsymbol{b}$，$-3\boldsymbol{a}$.

3. 已知两点 $M_1(2,4,0)$，$M_2(3,5,7)$，求向量 $\overrightarrow{M_1M_2}$ 的模、方向余弦.

4. 已知向量 $\boldsymbol{a}=\{3,5,1\}$，$\boldsymbol{b}=\{1,2,3\}$，求 $2\boldsymbol{a}-3\boldsymbol{b}$，$m\boldsymbol{a}+n\boldsymbol{b}$（$m$，$n$ 为常数）.

5. 求下列向量的模、方向余弦及与它们同方向的单位向量.

(1) $\boldsymbol{a}=2\boldsymbol{i}+2\boldsymbol{j}-\boldsymbol{k}$；　　(2) $\boldsymbol{a}=\boldsymbol{i}+\boldsymbol{j}+\boldsymbol{k}$.

6. 已知向量 $\boldsymbol{a}=2\boldsymbol{i}+3\boldsymbol{j}+4\boldsymbol{k}$ 的起点为 $(1,-1,5)$，求向量 $\boldsymbol{a}$ 的终点坐标.

7. 设向量 $\boldsymbol{a}$ 的两个方向余弦 $\cos\gamma=\frac{1}{4}$，$\cos\beta=\frac{1}{2}$，又知 $\boldsymbol{a}$ 与 z 轴正向夹角为锐角，求 $\cos\alpha$.

§8-3　向量的数量积和向量积

由物理学可知，一个物体在恒力 $\boldsymbol{f}$（大小和方向均不变）的作用下沿直线从点 M_1 移动到点 M_2，若以 $\boldsymbol{s}$ 表示位移 $\overrightarrow{M_1M_2}$，则力 $\boldsymbol{f}$ 所做的功为

$$W=|\boldsymbol{f}||\boldsymbol{s}|\cos\theta,$$

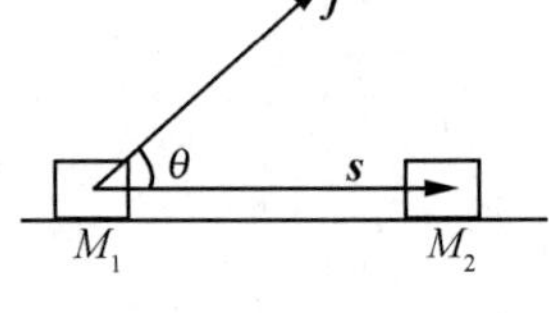

图 8-10

其中 θ 为向量 $\boldsymbol{f}$ 和 $\boldsymbol{s}$ 的夹角（图 8-10）.

一般地，两向量 $\boldsymbol{a}$，$\boldsymbol{b}$ 正方向间的夹角记作 $\langle\boldsymbol{a},\boldsymbol{b}\rangle$ 或 θ，且规定 $0\leqslant\theta\leqslant\pi$. 由上述 W 的计算公式可知，W 取决于向量 $\boldsymbol{f}$ 和 $\boldsymbol{s}$. 类似的问题在电学、力学等学科中经常遇到，数学上将这类问题抽象为两个向量的数量积.

一、向量的数量积

1. 向量数量积的定义及性质

定义 1　向量 $\boldsymbol{a}$ 和 $\boldsymbol{b}$ 的模及它们的夹角余弦的乘积，称为向量 $\boldsymbol{a}$ 和 $\boldsymbol{b}$ 的数量积，记作 $\boldsymbol{a}\cdot\boldsymbol{b}$（读作"$\boldsymbol{a}$ 点乘 $\boldsymbol{b}$"），即

$$\boldsymbol{a}\cdot\boldsymbol{b}=|\boldsymbol{a}||\boldsymbol{b}|\cos\langle\boldsymbol{a},\boldsymbol{b}\rangle. \tag{8-11}$$

根据定义1，上述问题中力 $\boldsymbol{f}$ 所做的功 W 可表示为

$$W=\boldsymbol{f}\cdot\boldsymbol{s}.$$

由数量积的定义可得到以下运算性质：

性质　(1) $\boldsymbol{a}\cdot\boldsymbol{a}=|\boldsymbol{a}|^2$ 或 $|\boldsymbol{a}|=\sqrt{\boldsymbol{a}\cdot\boldsymbol{a}}$；

(2) $\boldsymbol{a}\cdot\boldsymbol{0}=0$，其中 $\boldsymbol{0}$ 是零向量；

(3) 交换律：$\boldsymbol{a}\cdot\boldsymbol{b}=\boldsymbol{b}\cdot\boldsymbol{a}$；

(4) 结合律：$(\lambda\boldsymbol{a})\cdot\boldsymbol{b}=\lambda(\boldsymbol{a}\cdot\boldsymbol{b})=\boldsymbol{a}(\lambda\cdot\boldsymbol{b})$，其中 λ 为实数；

(5) 分配律：$(\boldsymbol{a}+\boldsymbol{b})\cdot\boldsymbol{c}=\boldsymbol{a}\cdot\boldsymbol{c}+\boldsymbol{b}\cdot\boldsymbol{c}$.

2. 两向量垂直的充要条件

定理1　两个向量 $\boldsymbol{a}$ 和 $\boldsymbol{b}$ 垂直的充要条件是 $\boldsymbol{a}\cdot\boldsymbol{b}=0$.

证明　必要性：若 $\boldsymbol{a}\perp\boldsymbol{b}$，则 $\theta=\langle\boldsymbol{a},\boldsymbol{b}\rangle=\dfrac{\pi}{2}$，由向量数量积的定义得

$$\boldsymbol{a}\cdot\boldsymbol{b}=|\boldsymbol{a}||\boldsymbol{b}|\cos\langle\boldsymbol{a},\boldsymbol{b}\rangle=|\boldsymbol{a}||\boldsymbol{b}|\cos\frac{\pi}{2}=0.$$

充分性：若 $\boldsymbol{a}\cdot\boldsymbol{b}=0$，则由向量数量积的定义知

$$\theta=\langle\boldsymbol{a},\boldsymbol{b}\rangle=\frac{\pi}{2}，\text{或 }\boldsymbol{a}=\boldsymbol{0}，\text{或 }\boldsymbol{b}=\boldsymbol{0}.$$

因为零向量方向任意，可以认为它与任何向量垂直，所以由此得 $\boldsymbol{a}\perp\boldsymbol{b}$.

由此定理及向量数量积的定义，立即可得三个基本单位向量 $\boldsymbol{i},\boldsymbol{j},\boldsymbol{k}$ 之间的数量积为

$$\boldsymbol{i}\cdot\boldsymbol{i}=\boldsymbol{j}\cdot\boldsymbol{j}=\boldsymbol{k}\cdot\boldsymbol{k}=1,$$

$$\boldsymbol{i}\cdot\boldsymbol{j}=\boldsymbol{j}\cdot\boldsymbol{k}=\boldsymbol{k}\cdot\boldsymbol{i}=\boldsymbol{j}\cdot\boldsymbol{i}=\boldsymbol{k}\cdot\boldsymbol{j}=\boldsymbol{i}\cdot\boldsymbol{k}=0.$$

利用上述定理，可以很方便地判别两个向量是否相互垂直.

3. 向量的数量积的坐标表示

设向量 $\boldsymbol{a}=a_x\boldsymbol{i}+a_y\boldsymbol{j}+a_z\boldsymbol{k}$，$\boldsymbol{b}=b_x\boldsymbol{i}+b_y\boldsymbol{j}+b_z\boldsymbol{k}$，由向量数量积的运算性质得

$$\begin{aligned}\boldsymbol{a}\cdot\boldsymbol{b}&=(a_x\boldsymbol{i}+a_y\boldsymbol{j}+a_z\boldsymbol{k})\cdot(b_x\boldsymbol{i}+b_y\boldsymbol{j}+b_z\boldsymbol{k})\\&=a_xb_x(\boldsymbol{i}\cdot\boldsymbol{i})+a_xb_y(\boldsymbol{i}\cdot\boldsymbol{j})+a_xb_z(\boldsymbol{i}\cdot\boldsymbol{k})+\\&\quad a_yb_x(\boldsymbol{j}\cdot\boldsymbol{i})+a_yb_y(\boldsymbol{j}\cdot\boldsymbol{j})+a_yb_z(\boldsymbol{j}\cdot\boldsymbol{k})+\\&\quad a_zb_x(\boldsymbol{k}\cdot\boldsymbol{i})+a_zb_y(\boldsymbol{k}\cdot\boldsymbol{j})+a_zb_z(\boldsymbol{k}\cdot\boldsymbol{k}),\end{aligned}$$

所以

$$\boldsymbol{a}\cdot\boldsymbol{b}=a_xb_x+a_yb_y+a_zb_z. \tag{8-12}$$

公式(8-12)称为向量的数量积的坐标表示式.即两向量的数量积等于它们对应坐标乘积之和.

利用两向量数量积的坐标表示式，可得以下两个结论.

设 $\boldsymbol{a}=\{a_x,a_y,a_z\}$，$\boldsymbol{b}=\{b_x,b_y,b_z\}$，则

(1) $\boldsymbol{a}\perp\boldsymbol{b}\Leftrightarrow a_xb_x+a_yb_y+a_zb_z=0$，

即两个向量垂直的充要条件是它们对应坐标乘积之和等于0.

(2) $$\cos\langle\boldsymbol{a},\boldsymbol{b}\rangle=\frac{\boldsymbol{a}\cdot\boldsymbol{b}}{|\boldsymbol{a}||\boldsymbol{b}|}=\frac{a_xb_x+a_yb_y+a_zb_z}{\sqrt{a_x^2+a_y^2+a_z^2}\sqrt{b_x^2+b_y^2+b_z^2}}. \tag{8-13}$$

公式(8-13)称为两非零向量 $\boldsymbol{a},\boldsymbol{b}$ 夹角余弦的坐标表示式.

例 1 已知向量 $\boldsymbol{a}=\{3,y,-1\}$，$\boldsymbol{b}=\{4,-3,0\}$，且 $\boldsymbol{a}\perp\boldsymbol{b}$，求 y 的值.

解 由于 $\boldsymbol{a}\perp\boldsymbol{b}\Leftrightarrow a_xb_x+a_yb_y+a_zb_z=0$，所以

$$\boldsymbol{a}\cdot\boldsymbol{b}=3\times4+y\times(-3)+(-1)\cdot0=0,$$

整理得

$$y=4.$$

例 2 已知向量 $\boldsymbol{a}=\{10,2,11\}$，$\boldsymbol{b}=\{0,3,4\}$，求：(1) $\boldsymbol{a}\cdot\boldsymbol{b}$；(2) $\boldsymbol{a}$ 与 $\boldsymbol{b}$ 的夹角.

解 (1) 根据向量数量积的坐标表示式得

$$\boldsymbol{a}\cdot\boldsymbol{b}=a_xb_x+a_yb_y+a_zb_z=10\times0+2\times3+11\times4=50.$$

(2) $\boldsymbol{a}$ 与 $\boldsymbol{b}$ 的夹角的余弦为

$$\cos\langle\boldsymbol{a},\boldsymbol{b}\rangle=\frac{\boldsymbol{a}\cdot\boldsymbol{b}}{|\boldsymbol{a}||\boldsymbol{b}|}=\frac{50}{\sqrt{a_x^2+a_y^2+a_z^2}\sqrt{b_x^2+b_y^2+b_z^2}}$$

$$=\frac{50}{\sqrt{10^2+2^2+11^2}\sqrt{0^2+3^2+4^2}}=\frac{50}{15\times5}=\frac{2}{3}.$$

故 $\boldsymbol{a}$ 与 $\boldsymbol{b}$ 的夹角为 $\langle\boldsymbol{a},\boldsymbol{b}\rangle=\arccos\dfrac{2}{3}$.

练习 1

1. 已知向量 $\boldsymbol{a}=\{2,m,-1\}$，$\boldsymbol{b}=\{1,-3,-1\}$，且 $\boldsymbol{a}\perp\boldsymbol{b}$，求 m 的值.
2. 已知向量 $\boldsymbol{a}=\{3,-4,5\}$，$\boldsymbol{b}=\{-1,-2,0\}$，求：(1) $\boldsymbol{a}\cdot\boldsymbol{b}$；(2) $\boldsymbol{a}$ 与 $\boldsymbol{b}$ 的夹角.

二、向量的向量积

1. 向量积的定义及性质

图 8-11

如图 8-11 所示，设 O 为杠杆的支点，力 $\boldsymbol{f}$ 作用于杠杆的 A 点处，由力学知识知，力 $\boldsymbol{f}$ 对支点 O 的力矩是一个向量 $\boldsymbol{m}$，它的模为

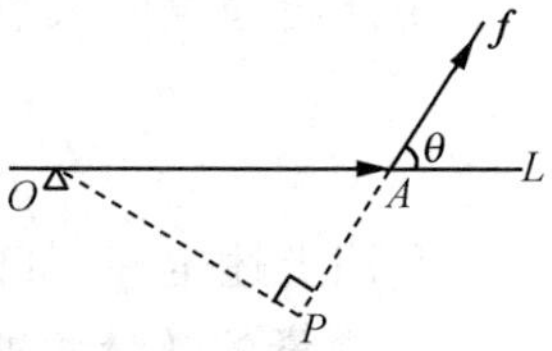

$$|\boldsymbol{m}|=|\boldsymbol{f}||\overrightarrow{OP}|=|\boldsymbol{f}||\overrightarrow{OA}|\sin\theta,$$

这里 θ 为 $\boldsymbol{f}$ 与 $\overrightarrow{OA}$ 的夹角，$|\overrightarrow{OP}|=|\overrightarrow{OA}|\sin\theta$ 称为力臂.

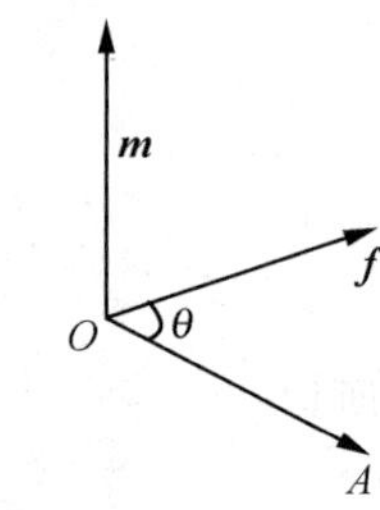

图 8-12

力矩 $\boldsymbol{m}$ 的方向这样确定：$\boldsymbol{m}\perp\boldsymbol{f}$，$\boldsymbol{m}\perp\overrightarrow{OA}$，也就是 $\boldsymbol{m}$ 垂直于 $\boldsymbol{f}$ 和 $\overrightarrow{OA}$ 所确定的平面.当右手的四个手指从 $\overrightarrow{OA}$ 抱拳握向 $\boldsymbol{f}$ 时，大拇指所指的方向即为力矩 $\boldsymbol{m}$ 的方向(图 8-12).这时称向量 $\overrightarrow{OA}$，$\boldsymbol{f}$，$\boldsymbol{m}$ 构成右手系.

两个向量按上述方法确定出另一个向量，这样的问题在物理、力学中经常遇到，数学上将这些问题抽象为两个向量的向量积.

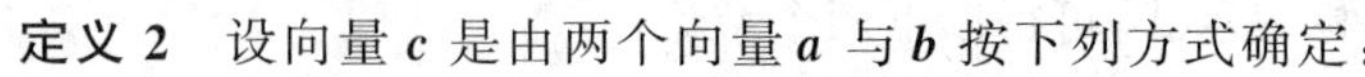

定义 2 设向量 $\boldsymbol{c}$ 是由两个向量 $\boldsymbol{a}$ 与 $\boldsymbol{b}$ 按下列方式确定：

(1) $|\boldsymbol{c}|=|\boldsymbol{a}||\boldsymbol{b}|\sin\langle\boldsymbol{a},\boldsymbol{b}\rangle$；

(2) $\boldsymbol{c}\perp\boldsymbol{a}$，$\boldsymbol{c}\perp\boldsymbol{b}$；

(3) $\boldsymbol{a}$，$\boldsymbol{b}$，$\boldsymbol{c}$ 构成右手系.

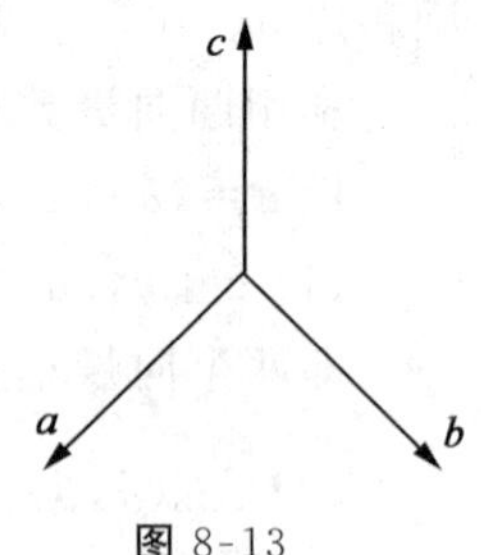

图 8-13

则称向量 $\boldsymbol{c}$ 是向量 $\boldsymbol{a}$ 与 $\boldsymbol{b}$ 的向量积，记作

$$\boldsymbol{c}=\boldsymbol{a}\times\boldsymbol{b}\text{(读作“}\boldsymbol{a}\text{ 叉乘 }\boldsymbol{b}\text{”)}.$$

依照这个定义，力矩 $\boldsymbol{m}$ 可表示为 $\boldsymbol{m}=\overrightarrow{OA}\times\boldsymbol{f}$.

在几何上，向量积的模 $|\boldsymbol{a}\times\boldsymbol{b}|=|\boldsymbol{a}||\boldsymbol{b}|\sin\langle\boldsymbol{a},\boldsymbol{b}\rangle$ 表示以向量 $\boldsymbol{a}$ 与 $\boldsymbol{b}$ 为边所构成的平行四边形的面积(图 8-14).

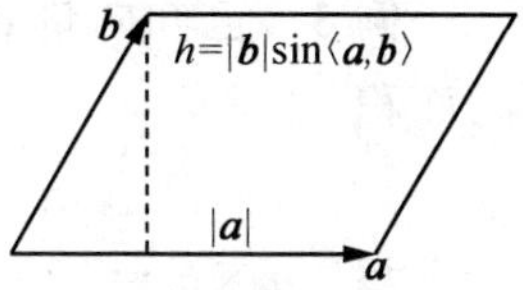

图 8-14

两向量的向量积有以下运算性质：

(1) $\boldsymbol{a}\times\boldsymbol{a}=\boldsymbol{0}$;

(2) $\boldsymbol{a}\times\boldsymbol{0}=\boldsymbol{0}$;

(3) $\boldsymbol{b}\times\boldsymbol{a}=-\boldsymbol{a}\times\boldsymbol{b}$;

(4) 结合律：$(\lambda\boldsymbol{a})\times\boldsymbol{b}=\lambda(\boldsymbol{a}\times\boldsymbol{b})=\boldsymbol{a}\times(\lambda\boldsymbol{b})$，其中 λ 为实数；

(5) 分配律：$(\boldsymbol{a}+\boldsymbol{b})\times\boldsymbol{c}=\boldsymbol{a}\times\boldsymbol{c}+\boldsymbol{b}\times\boldsymbol{c}$.

2. 两向量平行的充要条件

定理 2　两个向量 $\boldsymbol{a}$ 和 $\boldsymbol{b}$ 平行的充要条件是 $\boldsymbol{a}\times\boldsymbol{b}=\boldsymbol{0}$.

证明　*必要性*　若 $\boldsymbol{a}$ 和 $\boldsymbol{b}$ 平行，则 $\theta=\langle\boldsymbol{a},\boldsymbol{b}\rangle=0$ 或 π，由向量数量积的定义得

$$|\boldsymbol{a}\times\boldsymbol{b}|=|\boldsymbol{a}||\boldsymbol{b}|\sin\langle\boldsymbol{a},\boldsymbol{b}\rangle=|\boldsymbol{a}||\boldsymbol{b}|\sin 0=0$$

或

$$|\boldsymbol{a}\times\boldsymbol{b}|=|\boldsymbol{a}||\boldsymbol{b}|\sin\langle\boldsymbol{a},\boldsymbol{b}\rangle=|\boldsymbol{a}||\boldsymbol{b}|\sin\pi=0.$$

因此

$$\boldsymbol{a}\times\boldsymbol{b}=\boldsymbol{0}.$$

充分性　若 $\boldsymbol{a}\times\boldsymbol{b}=\boldsymbol{0}$，则由向量的向量积定义知

$$\theta=\langle\boldsymbol{a},\boldsymbol{b}\rangle=0 \text{ 或 } \pi，\text{或} |\boldsymbol{a}|=0，\text{或} |\boldsymbol{b}|=0.$$

因为零向量方向任意，可以认为它与任何向量平行，所以由上式得 $\boldsymbol{a}$ 和 $\boldsymbol{b}$ 平行.

由此定理及向量积的定义，立即可得三个基本单位向量 $\boldsymbol{i},\boldsymbol{j},\boldsymbol{k}$ 之间的向量积为

$$\boldsymbol{i}\times\boldsymbol{i}=\boldsymbol{j}\times\boldsymbol{j}=\boldsymbol{k}\times\boldsymbol{k}=\boldsymbol{0},$$

$$\boldsymbol{i}\times\boldsymbol{j}=\boldsymbol{k},\boldsymbol{j}\times\boldsymbol{k}=\boldsymbol{i},\boldsymbol{k}\times\boldsymbol{i}=\boldsymbol{j},$$

$$\boldsymbol{j}\times\boldsymbol{i}=-\boldsymbol{k},\boldsymbol{k}\times\boldsymbol{j}=-\boldsymbol{i},\boldsymbol{i}\times\boldsymbol{k}=-\boldsymbol{j}.$$

3. 向量的向量积的坐标表示

设向量 $\boldsymbol{a}=a_x\boldsymbol{i}+a_y\boldsymbol{j}+a_z\boldsymbol{k}$，$\boldsymbol{b}=b_x\boldsymbol{i}+b_y\boldsymbol{j}+b_z\boldsymbol{k}$，由向量积的运算性质得

$$\begin{aligned}\boldsymbol{a}\times\boldsymbol{b}&=(a_x\boldsymbol{i}+a_y\boldsymbol{j}+a_z\boldsymbol{k})\times(b_x\boldsymbol{i}+b_y\boldsymbol{j}+b_z\boldsymbol{k})\\&=a_xb_x(\boldsymbol{i}\times\boldsymbol{i})+a_xb_y(\boldsymbol{i}\times\boldsymbol{j})+a_xb_z(\boldsymbol{i}\times\boldsymbol{k})+\\&\quad a_yb_x(\boldsymbol{j}\times\boldsymbol{i})+a_yb_y(\boldsymbol{j}\times\boldsymbol{j})+a_yb_z(\boldsymbol{j}\times\boldsymbol{k})+\\&\quad a_zb_x(\boldsymbol{k}\times\boldsymbol{i})+a_zb_y(\boldsymbol{k}\times\boldsymbol{j})+a_zb_z(\boldsymbol{k}\times\boldsymbol{k})\\&=(a_yb_z-a_zb_y)\boldsymbol{i}-(a_xb_z-a_zb_x)\boldsymbol{j}+(a_xb_y-a_yb_x)\boldsymbol{k}.\end{aligned}$$

为了便于记忆，借用三阶行列式的记号，上式可表示为

$$\boldsymbol{a}\times\boldsymbol{b}=\begin{vmatrix}\boldsymbol{i}&\boldsymbol{j}&\boldsymbol{k}\\a_x&a_y&a_z\\b_x&b_y&b_z\end{vmatrix}. \tag{8-14}$$

公式(8-14)称为向量的向量积的坐标表示式.

利用两向量的向量积的坐标表示式可得以下结论：

设 $\boldsymbol{a}=\{a_x,a_y,a_z\}$，$\boldsymbol{b}=\{b_x,b_y,b_z\}$，则

$$\boldsymbol{a}/\!/\boldsymbol{b}\Leftrightarrow\boldsymbol{a}\times\boldsymbol{b}=\boldsymbol{0}\Leftrightarrow\frac{a_x}{b_x}=\frac{a_y}{b_y}=\frac{a_z}{b_z}.$$

即两个向量平行的充要条件是它们的对应坐标成比例.

例 3 已知向量 $\boldsymbol{a}=\{2,-1,1\}$,$\boldsymbol{b}=\{1,2,-1\}$,求 $\boldsymbol{a}\times\boldsymbol{b}$ 及以 $\boldsymbol{a}$,$\boldsymbol{b}$ 为边的平行四边形的面积.

解
$$\boldsymbol{a}\times\boldsymbol{b}=\begin{vmatrix}\boldsymbol{i} & \boldsymbol{j} & \boldsymbol{k}\\ 2 & -1 & 1\\ 1 & 2 & -1\end{vmatrix}=(1-2)\boldsymbol{i}-(-2-1)\boldsymbol{j}+(4+1)\boldsymbol{k}$$
$$=-\boldsymbol{i}+3\boldsymbol{j}+5\boldsymbol{k}=\{-1,3,5\}.$$

根据向量模的几何意义知,以 $\boldsymbol{a}$,$\boldsymbol{b}$ 为边的平行四边形的面积为
$$|\boldsymbol{a}\times\boldsymbol{b}|=\sqrt{(-1)^2+3^2+5^2}=\sqrt{35}.$$

例 4 已知向量 $\boldsymbol{a}=\{1,1,0\}$,$\boldsymbol{b}=\{0,0,1\}$,求同时垂直于 $\boldsymbol{a}$,$\boldsymbol{b}$ 的单位向量.

解 因为 $\boldsymbol{a}\times\boldsymbol{b}$ 同时垂直于 $\boldsymbol{a}$,$\boldsymbol{b}$,设 $\boldsymbol{a}\times\boldsymbol{b}=\boldsymbol{c}$,则所求的单位向量为
$$\boldsymbol{e}_c=\pm\frac{\boldsymbol{a}\times\boldsymbol{b}}{|\boldsymbol{a}\times\boldsymbol{b}|}.$$

而
$$\boldsymbol{a}\times\boldsymbol{b}=\begin{vmatrix}\boldsymbol{i} & \boldsymbol{j} & \boldsymbol{k}\\ 1 & 1 & 0\\ 0 & 0 & 1\end{vmatrix}=\boldsymbol{i}-\boldsymbol{j}=\{1,-1,0\},$$
$$|\boldsymbol{a}\times\boldsymbol{b}|=\sqrt{1^2+(-1)^2}=\sqrt{2},$$

所以
$$\boldsymbol{e}_c=\pm\frac{1}{\sqrt{2}}\{1,-1,0\}.$$

练习 2

1. 已知向量 $\boldsymbol{a}=\{1,-1,1\}$,$\boldsymbol{b}=\{1,-2,1\}$,求 $\boldsymbol{a}\times\boldsymbol{b}$ 及以 $\boldsymbol{a}$,$\boldsymbol{b}$ 为边的平行四边形的面积.

2. 已知向量 $\boldsymbol{a}=\{1,2,0\}$,$\boldsymbol{b}=\{0,-1,1\}$,求同时垂直于 $\boldsymbol{a}$,$\boldsymbol{b}$ 的单位向量.

习题 8-3

1. 填空:

(1) 向量 $\boldsymbol{a}=\{a_1,a_2,a_3\}$,$\boldsymbol{b}=\{b_1,b_2,b_3\}$,且 $a_1b_1+a_2b_2+a_3b_3=0$,则 $\boldsymbol{a}$ 与 $\boldsymbol{b}$ 的位置关系是________;

(2) 向量 $\boldsymbol{a}=\boldsymbol{i}-2\boldsymbol{j}-2\boldsymbol{k}$,$\boldsymbol{b}=\boldsymbol{i}+3\boldsymbol{j}-\boldsymbol{k}$,则 $\boldsymbol{a}\cdot\boldsymbol{b}=$________;

(3) 当 $m=$________时,$\boldsymbol{a}=\{m,3,-4\}$,$\boldsymbol{b}=\{2,m,3\}$垂直;

(4) 向量 $\boldsymbol{a}=\{2,-2,3\}$,$\boldsymbol{b}=\{-1,3,-5\}$,则 $\boldsymbol{a}\times\boldsymbol{b}=$________;

(5) 当 $m=$________时,$\boldsymbol{a}=\{m,1,-3\}$,$\boldsymbol{b}=\{1,m,3\}$平行.

2. 设向量 $\boldsymbol{a}=3\boldsymbol{i}-\boldsymbol{j}-2\boldsymbol{k}$,$\boldsymbol{b}=\boldsymbol{i}+2\boldsymbol{j}-\boldsymbol{k}$,求$(-2\boldsymbol{a})\cdot(3\boldsymbol{b})$.

3. 已知向量 $\boldsymbol{a}=4\boldsymbol{i}-2\boldsymbol{j}-4\boldsymbol{k}$,$\boldsymbol{b}=6\boldsymbol{i}-3\boldsymbol{j}+2\boldsymbol{k}$,求:

(1) $\boldsymbol{a}\cdot\boldsymbol{b}$; (2) $\boldsymbol{a}\cdot\boldsymbol{a}$; (3) $(3\boldsymbol{a}-2\boldsymbol{b})\cdot(\boldsymbol{a}+3\boldsymbol{b})$.

4. 化简下列各式：

(1) $\boldsymbol{i}\times(\boldsymbol{j}+\boldsymbol{k})-\boldsymbol{j}\times(\boldsymbol{i}+\boldsymbol{k})+\boldsymbol{k}\times(\boldsymbol{i}+\boldsymbol{j}+\boldsymbol{k})$；

(2) $(2\boldsymbol{j}-\boldsymbol{j})\cdot\boldsymbol{j}+(\boldsymbol{j}-2\boldsymbol{k})\cdot\boldsymbol{k}+(\boldsymbol{i}-2\boldsymbol{k})^2$.

5. 设 $\boldsymbol{a}=\boldsymbol{i}-2\boldsymbol{j}+2\boldsymbol{k},\boldsymbol{b}=-\boldsymbol{i}+\boldsymbol{j}$，求 $\cos\langle\boldsymbol{a},\boldsymbol{b}\rangle$.

6. 设 $\boldsymbol{a}=\{2,-1,1\},\boldsymbol{b}=\{1,2,-1\}$，求：

(1) $\boldsymbol{a}\times\boldsymbol{b}$；　　(2) $(\boldsymbol{a}+\boldsymbol{b})\times(\boldsymbol{a}-\boldsymbol{b})$.

7. 已知向量 $\boldsymbol{a}=\{2,4,-1\},\boldsymbol{b}=\{0,-2,2\}$，求同时垂直于 $\boldsymbol{a},\boldsymbol{b}$ 的单位向量.

8. 证明：向量 $\boldsymbol{a}=2\boldsymbol{i}-\boldsymbol{j}+\boldsymbol{k},\boldsymbol{b}=4\boldsymbol{i}+9\boldsymbol{j}+\boldsymbol{k}$ 垂直.

9. 试确定 m,n 的值，使向量 $\boldsymbol{a}=-2\boldsymbol{i}+3\boldsymbol{j}+n\boldsymbol{k},\boldsymbol{b}=m\boldsymbol{i}-6\boldsymbol{j}+2\boldsymbol{k}$ 平行.

10. 设质量为 100 kg 的物体从空间点 $M_1(3,1,8)$ 沿直线移动到点 $M_2(1,4,2)$. 计算重力所做的功(长度单位：m).

§ 8-4　空间平面与直线及其方程

平面和直线是空间中最基本的几何图形，我们先以向量为工具讨论空间平面和直线的方程.

一、平面

1. 平面的点法式方程

由立体几何知，过空间一点作与已知直线垂直的平面是唯一的.因此，如果已知平面上一个点及垂直于该平面的一个非零向量，那么这个平面的位置由这个已知点和这个非零向量完全确定.现根据这个条件来建立平面方程.

垂直于平面的任一非零向量称为这个平面的法线向量，简称法向量.显然，平面的法向量有无穷多个，而且平面上的任一向量都与该平面的法向量垂直.

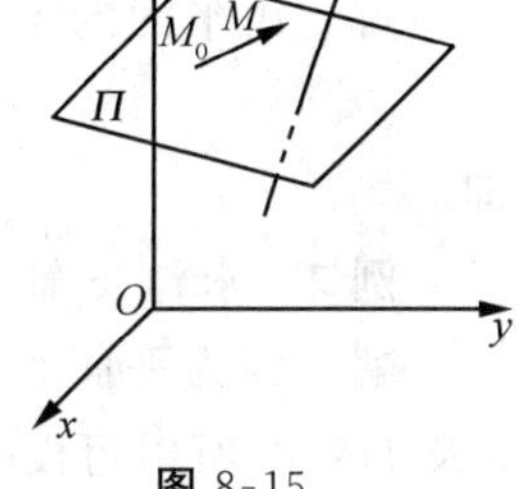

图 8-15

设 $M_0(x_0,y_0,z_0)$ 是平面 Π 上的一个定点，向量 $\boldsymbol{n}=\{A,B,C\}$(A,B,C 不全为零)是平面 Π 的一个法向量，$M(x,y,z)$ 是平面 Π 上的动点(图 8-15).

因为 $\boldsymbol{n}\perp\overrightarrow{M_0M}$，所以 $\boldsymbol{n}\cdot\overrightarrow{M_0M}=0$. 又因为 $\boldsymbol{n}=\{A,B,C\}$，$\overrightarrow{M_0M}=\{x-x_0,y-y_0,z-z_0\}$，所以有

$$A(x-x_0)+B(y-y_0)+C(z-z_0)=0.$$

这个方程称为平面的点法式方程.

2. 平面的一般式方程

将平面的点法式方程 $A(x-x_0)+B(y-y_0)+C(z-z_0)=0$ 展开，得

$$Ax+By+Cz-(Ax_0+By_0+Cz_0)=0,$$

记 $-(Ax_0+By_0+Cz_0)=D$，得

$$Ax+By+Cz+D=0(A,B,C\text{ 不全为零}).\tag{8-15}$$

这个方程称为平面的一般式方程. $\boldsymbol{n}=\{A,B,C\}$ 为平面的法向量.可见，平面的方程

为一个三元一次方程；反之，任何一个三元一次方程均表示一个平面.

例如，方程

$$2x-y+5z-9=0$$

表示一个平面，此平面的一个法向量为 $\boldsymbol{n}=\{2,-1,5\}$.

特别地，当一般式方程(8-15)中某些系数或常数项为零时，平面对于坐标系具有特殊的位置关系：

(1) 通过原点的平面方程

$$Ax+By+Cz=0(D=0).$$

(2) 坐标面的方程为

$$x=0\quad(yOz\text{ 面});$$
$$y=0\quad(zOx\text{ 面});$$
$$z=0\quad(xOy\text{ 面}).$$

(3) 平行于坐标面的平面的方程为

$$x=a\quad(\text{平行于 } yOz\text{ 面});$$
$$y=b\quad(\text{平行于 } zOx\text{ 面});$$
$$z=c\quad(\text{平行于 } xOy\text{ 面}).$$

(4) 平行于坐标轴的平面的方程为

$$Ax+By+D=0\quad(\text{不含 } z,\text{平行于 } z\text{ 轴});$$
$$Ax+Cz+D=0\quad(\text{不含 } y,\text{平行于 } y\text{ 轴});$$
$$By+Cz+D=0\quad(\text{不含 } x,\text{平行于 } x\text{ 轴}).$$

在平面解析几何中，一次方程表示一条直线；在空间解析几何中，一次方程表示一个平面.两者不可混淆.

例 1 设平面经过点(1，-2，3)，且与向量 $\boldsymbol{n}=\{6,-1,2\}$ 垂直，求此平面的方程.

解 由平面的点法式方程得所求平面的方程为

$$6(x-1)-(y+2)+2(z-3)=0,$$

即

$$6x-y+2z-14=0.$$

例 2 求过 x 轴和点 $M(2,-4,1)$ 的平面的方程.

解 因为平面通过 x 轴，于是它通过原点 O，且它的法向量垂直于 x 轴，从而有 $A=0$ 及 $D=0$，所以可设平面方程为 $By+Cz=0$.

因为点 $M(2,-4,1)$ 在平面上，于是有

$$-4B+C=0,$$

从而

$$C=4B.$$

把此式代入方程 $By+Cz=0$ 中，得

$$B(y+4z)=0,$$

而 $B\neq0$，因此所求平面的方程为

$$y+4z=0.$$

例 3 求过三点 $M_1(1,1,1)$，$M_2(2,0,1)$，$M_3(-1,-1,0)$ 的平面方程.

解 由于点 M_1,M_2,M_3 均在所求的平面上，所以平面的法向量 $\boldsymbol{n}$ 与向量$\overrightarrow{M_1M_2}=\{1,-1,0\}$及$\overrightarrow{M_1M_3}=\{-2,-2,-1\}$都垂直.取

$$\boldsymbol{n}=\overrightarrow{M_1M_2}\times\overrightarrow{M_1M_3}=\begin{vmatrix}\boldsymbol{i} & \boldsymbol{j} & \boldsymbol{k}\\ 1 & -1 & 0\\ -2 & -2 & -1\end{vmatrix}=\{1,1,-4\},$$

由点法式方程得所求的平面方程为

$$(x-1)+(y-1)-4(z-1)=0,\text{即 } x+y-4z+2=0.$$

3. 平面的截距式方程

通过三点 $P(a,0,0)$，$Q(0,b,0)$，$R(0,0,c)$的平面方程为

$$\frac{x}{a}+\frac{y}{b}+\frac{z}{c}=1\quad(a,b,c\text{ 都不为零}).\tag{8-16}$$

(8-16)式称为平面的截距式方程，其中 a,b,c 分别称为平面在 x 轴、y 轴、z 轴上的截距(图 8-16).

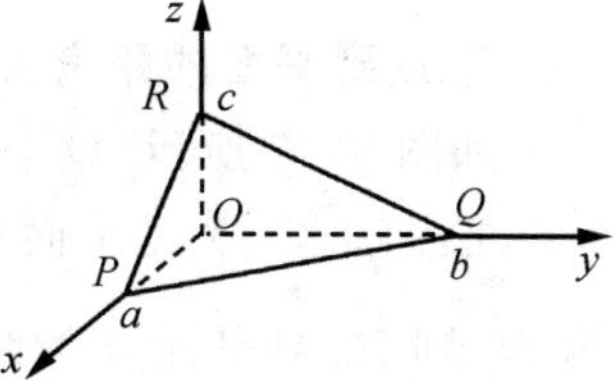

图 8-16

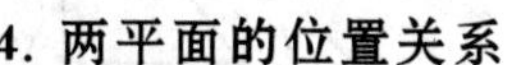

4. 两平面的位置关系

设两平面 Π_1 和 Π_2 的方程为

$$A_1x+B_1y+C_1z+D_1=0,$$
$$A_2x+B_2y+C_2z+D_2=0,$$

则它们的法向量分别为

$$\boldsymbol{n}_1=\{A_1,B_1,C_1\},$$
$$\boldsymbol{n}_2=\{A_2,B_2,C_2\}.$$

根据向量的数量积的定义可知，这两个法向量的夹角 θ 的余弦为

$$\cos\theta=\frac{\boldsymbol{n}_1\cdot\boldsymbol{n}_2}{|\boldsymbol{n}_1||\boldsymbol{n}_2|}.$$

又根据立体几何知识可知，两平面的夹角 $\theta\left(0\leqslant\theta\leqslant\frac{\pi}{2}\right)$与它们的两个法向量的夹角相等或互补，因此有

$$\cos\theta=\frac{|\boldsymbol{n}_1\cdot\boldsymbol{n}_2|}{|\boldsymbol{n}_1||\boldsymbol{n}_2|}\tag{8-17}$$

或

$$\cos\theta=\frac{|A_1A_2+B_1B_2+C_1C_2|}{\sqrt{A_2^2+B_2^2+C_2^2}\sqrt{A_1^2+B_1^2+C_1^2}}.\tag{8-18}$$

由于两平面平行相当于它们的法向量相互平行，两平面垂直相当于它们的法向量相互垂直，从而可得到：

(1) 平面 Π_1 与平面 Π_2 平行的充要条件是

$$\frac{A_1}{A_2}=\frac{B_1}{B_2}=\frac{C_1}{C_2};\tag{8-19}$$

(2) 平面 Π_1 与平面 Π_2 垂直的充要条件是

$$A_1A_2+B_1B_2+C_1C_2=0.\tag{8-20}$$

例 4 求两平面 $x-y+2z-6=0$ 和 $2x+y+z-5=0$ 的夹角.

解 由公式(8-18)知，两平面夹角 θ 的余弦为

$$\cos\theta=\frac{|1\times2+(-1)\times1+2\times1|}{\sqrt{1^2+(-1)^2+2^2}\sqrt{2^2+1^2+1^2}}=\frac{1}{2},$$

所以，这两平面的夹角 $\theta=\frac{\pi}{3}$.

练习 1

1. 求过点 $M_0(1,-1,0)$ 且与平面 $x-3y+3z=1$ 平行的平面方程.
2. 求过点 $(1,0,0)$，$(0,1,0)$，$(0,0,1)$ 的平面方程.
3. 设平面 $x+ky-2z=9$ 与平面 $2x+4y+3z=3$ 垂直，求 k 的值.

5. 点到平面的距离公式

如图 8-17 所示，设平面 Π 的方程为 $Ax+By+Cz+D=0$，$P_0(x_0,y_0,z_0)$ 是平面外一点，过 P_0 作平面 Π 的垂线，垂足为 N，则 P_0 到平面 Π 的距离 $d=|\overrightarrow{NP_0}|$.在平面 Π 上任取一点 $P_1(x_1,y_1,z_1)$，则向量

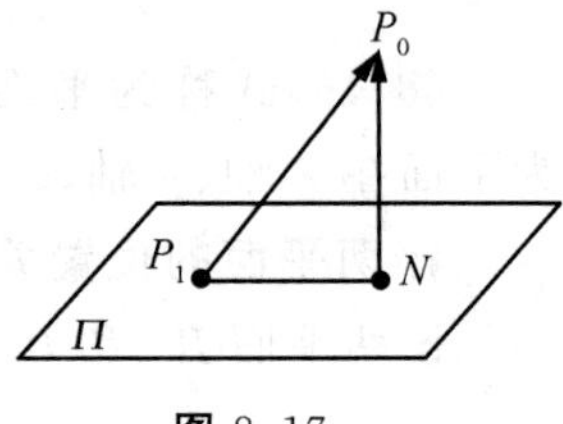

图 8-17

$$\overrightarrow{P_1P_0}=\{x_0-x_1,y_0-y_1,z_0-z_1\},$$

取平面 Π 的法向量 $\boldsymbol{n}=\{A,B,C\}$.根据向量的数量积公式得

$$\begin{aligned}d&=|\overrightarrow{NP_0}|=|\overrightarrow{P_1P_0}|\cos\langle\overrightarrow{P_1P_0},\boldsymbol{n}\rangle\\&=\frac{|\overrightarrow{P_1P_0}\cdot\boldsymbol{n}|}{|\boldsymbol{n}|}=\frac{|A(x_0-x_1)+B(y_0-y_1)+C(z_0-z_1)|}{\sqrt{A^2+B^2+C^2}}\\&=\frac{|Ax_0+By_0+Cz_0-(Ax_1+By_1+Cz_1)|}{\sqrt{A^2+B^2+C^2}}.\end{aligned}$$

因为
$$Ax_1+By_1+Cz_1+D=0,$$
所以
$$d=\frac{|Ax_0+By_0+Cz_0+D|}{\sqrt{A^2+B^2+C^2}}.\tag{8-21}$$

(8-21)式称为点 $P_0(x_0,y_0,z_0)$ 到平面 $Ax+By+Cz+D=0$ 的距离公式.显然它是平面上点到直线距离的推广.

例 5 求点(1,−1,2)到平面 $2x+y-2z+1=0$ 的距离.

解 由(8-21)式，有

$$d=\frac{|2\times1+1\times(-1)-2\times2+1|}{\sqrt{2^2+1^2+(-2)^2}}=\frac{2}{3}.$$

例 6 求两平行平面 Π_1：$3x+2y-6z-35=0$ 和 Π_2：$3x+2y-6z-56=0$ 之间的距离.

解 两平行平面中的任一平面上任意一点到另一平面的距离就是两平行平面之间的距离.

在平面 Π_1：$3x+2y-6z-35=0$ 上取一点 $P_0\left(0,0,-\frac{35}{6}\right)$，于是点 P_0 到平面 Π_2 的距离为

$$d=\frac{\left|3\times0+2\times0+(-6)\times\left(-\frac{35}{6}\right)-56\right|}{\sqrt{3^2+2^2+(-6)^2}}=\frac{21}{7}=3,$$

因此平面 Π_1 和 Π_2 间的距离等于 3 .

练习 2

1. 求点(1,−1,0)到平面 $x+2y-4z+5=0$ 的距离.
2. 求两平行平面 $\Pi_1: x+2y-4z+8=0$ 和 $\Pi_2: x+2y-4z+4=0$ 之间的距离.

二、直线

1. 直线的一般式方程

设空间直线 L,平面 $\Pi_1: A_1x+B_1y+C_1z+D_1=0$ 和平面 $\Pi_2: A_2x+B_2y+C_2z+D_2=0$ 是过直线 L 的两个相交平面,这时直线 L 上的任意一点 $P(x,y,z)$既在平面 Π_1 上,又在平面 Π_2 上,所以点 P 的坐标(x,y,z)必然同时满足平面 Π_1 和平面 Π_2 的方程,即满足方程组:

$$\begin{cases}A_1x+B_1y+C_1z+D_1=0,\\A_2x+B_2y+C_2z+D_2=0.\end{cases}\tag{8-22}$$

反之,若点 $P(x,y,z)$不在直线 L 上,由于两平面相交,则它不可能同时在平面 Π_1 和平面 Π_2 上,所以它的坐标(x,y,z)不能满足方程组(8-22). 一般地,把方程组(8-22)称为直线 L 的一般方程.

注意 由于过空间直线 L 的平面有无穷多个,其中任意两个相交平面的方程联立而得的方程组均表示同一直线 L. 因此,直线 L 的一般方程不是唯一的.例如,坐标面 $x=0$ 和$y=0$都通过 z 轴,因此方程组

$$\begin{cases}x=0,\\y=0\end{cases}$$

是 z 轴的一般方程,而平面 $x-y=0$ 和 $x+y=0$ 也通过 z 轴,因此方程组

$$\begin{cases}x-y=0,\\x+y=0\end{cases}$$

也是 z 轴的一般方程.

2. 直线的点向式及参数方程

由立体几何知道,过空间一点,作平行于已知直线的直线是唯一的. 因此,如果知道直线上的一点及与此直线平行的某一向量,那么该直线的位置也就完全确定下来了. 现在,我们根据这个条件来建立直线的方程.

为简便起见,以后把与直线平行的任一非零向量都称为直线的方向向量. 显然,一条直线的方向向量有无穷多个,它们是相互平行的. 任一方向向量的坐标称为直线的一组方向分量.

设点 $M_0(x_0,y_0,z_0)$是直线 L 上的一个定点,向量 $\boldsymbol{s}=\{m,n,p\}$是直线 L 的一个方向向量,点 $M(x,y,z)$是直线 L 上的任意一点(图 8-18).由于向量$\overrightarrow{M_0M}=\{x-x_0,\ y-y_0,\ z-z_0\}$在直线 L 上,而向量 $\boldsymbol{s}=\{m,n,p\}$与直线 L 平行,故向量$\overrightarrow{M_0M}$与向量$\boldsymbol{s}$ 平行,

根据两向量平行的充要条件，有

$$\frac{x-x_0}{m}=\frac{y-y_0}{n}=\frac{z-z_0}{p}. \tag{8-23}$$

我们把由给定直线 L 上的一点 $M_0(x_0,y_0,z_0)$ 及直线 L 的一个方向向量 $\boldsymbol{s}=\{m,n,p\}$ 所确定方程组(8-23)称为直线 L 的点向式方程(又称为对称式方程).

图 8-18

如果我们引入变量 t(t 称为参数)，令

$$\frac{x-x_0}{m}=\frac{y-y_0}{n}=\frac{z-z_0}{p}=t, \tag{8-24}$$

那么就得到

$$\begin{cases}x=x_0+mt,\\ y=y_0+ny,\\ z=z_0+pt.\end{cases} \tag{8-25}$$

方程组(8-25)称为直线 L 的参数方程.

注意 空间直线的方程都是方程组的形式，而空间的平面方程是一个方程，两者不能混淆.

例 7 用点向式方程和参数方程表示直线 L：

$$\begin{cases}2x-4y+z=0,\\ 3x-y-2z+9=0.\end{cases}$$

解 首先在直线 L 上取点 $M_0(0,1,4)$(先取定一个元的值代入直线方程，然后解出另两个元的值)，再找直线 L 的方向向量 $\boldsymbol{s}$. 因为直线 L 是两平面的交线，故直线 L 与两平面的法向量 $\boldsymbol{n}_1=\{2,-4,1\}$ 和 $\boldsymbol{n}_2=\{3,-1,-2\}$ 都垂直，从而与向量 $\boldsymbol{n}_1\times\boldsymbol{n}_2$ 平行. 于是可取

$$\boldsymbol{s}=\boldsymbol{n}_1\times\boldsymbol{n}_2=\begin{vmatrix}\boldsymbol{i} & \boldsymbol{j} & \boldsymbol{k}\\ 2 & -4 & 1\\ 3 & -1 & -2\end{vmatrix}=9\boldsymbol{i}+7\boldsymbol{j}+10\boldsymbol{k}.$$

因此，直线 L 的点向式方程为

$$\frac{x}{9}=\frac{y-1}{7}=\frac{z-4}{10},$$

直线 L 的参数方程为

$$\begin{cases}x=9t,\\ y=1+7t,\\ z=4+10t.\end{cases}$$

例 8 一直线通过点(2,0,−1)，且垂直于 yOz 面，求它的方程.

解 因为直线垂直 yOz 面，故它与 yOz 面的法向量平行，所以 yOz 面的法向量是直线的方向向量，而 x 轴上的基本单位向量 $\boldsymbol{i}=\{1,0,0\}$ 是 yOz 面的一个法向量，所以直线的方程为

$$\frac{x-2}{1}=\frac{y}{0}=\frac{z+1}{0}.$$

例 9 求直线 L：$\dfrac{x-2}{1}=\dfrac{y-3}{1}=\dfrac{z-4}{2}$ 与平面 Π：$2x+y+z-6=0$ 的交点坐标.

解　将直线 L 的方程化为参数方程

$$\begin{cases}x=2+t,\\ y=3+t,\quad (t\text{ 为参数}),\\ z=4+2t\end{cases}$$

代入平面 Π 的方程可得

$$2(2+t)+(3+t)+(4+2t)-6=0,$$

解得 $t=-1$，从而 $x=1,y=2,z=2$，故所求交点的坐标为$(1,2,2)$.

练习 3

1. 用点向式方程和参数方程表示直线 L：

$$\begin{cases}2x-y+z=0,\\ x-y-2z+6=0.\end{cases}$$

2. 求过原点且与平面 $2x-y+3z=4$ 垂直的直线方程.

3. 两直线的位置关系

类似于两平面夹角的讨论可知，两直线所成的角可用它们的方向向量的夹角来确定(图 8-19).

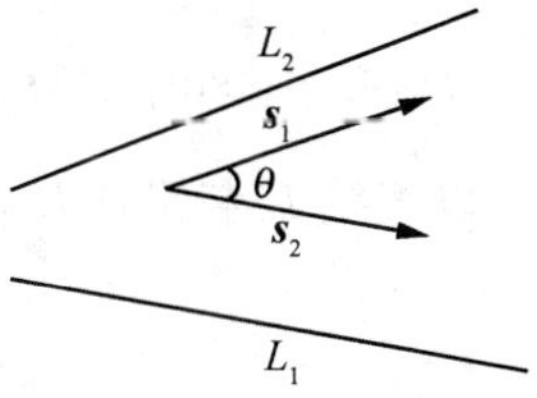

图 8-19

设两直线 L_1 和 L_2 的方程为

$$\frac{x-x_1}{m_1}=\frac{y-y_1}{n_1}=\frac{z-z_1}{p_1}\text{和}\frac{x-x_2}{m_2}=\frac{y-y_2}{n_2}=\frac{z-z_2}{p_2},$$

则它们的方向向量分别是

$$\boldsymbol{s}_1=\{m_1,n_1,p_1\}\text{和 }\boldsymbol{s}_2=\{m_2,n_2,p_2\}.$$

由于直线 L_1 和 L_2 所成的角 θ 与 $\langle\boldsymbol{s}_1,\boldsymbol{s}_2\rangle$ 相等或互补，则

$$\cos\theta=\frac{|\boldsymbol{s}_1\cdot\boldsymbol{s}_2|}{|\boldsymbol{s}_1||\boldsymbol{s}_2|},\tag{8-26}$$

即

$$\cos\theta=\frac{|m_1m_2+n_1n_2+p_1p_2|}{\sqrt{m_2^2+n_2^2+p_2^2}\sqrt{m_1^2+n_1^2+p_1^2}}.\tag{8-27}$$

由此可得：

(1) 直线 L_1 与直线 L_2 平行的充要条件是

$$\frac{m_1}{m_2}=\frac{n_1}{n_2}=\frac{p_1}{p_2};\tag{8-28}$$

(2) 直线 L_1 与直线 L_2 垂直的充要条件是

$$m_1m_2+n_1n_2+p_1p_2=0.\tag{8-29}$$

例 10　求直线 $L_1:\dfrac{x-1}{1}=\dfrac{y}{-4}=\dfrac{z+3}{1}$与直线 $L_2:\dfrac{x}{2}=\dfrac{y+2}{-2}=\dfrac{z}{-1}$的夹角.

解　直线 L_1 有方向向量 $\boldsymbol{s}_1=\{1,-4,1\}$，直线 L_2 有方向向量 $\boldsymbol{s}_2=\{2,-2,-1\}$，由(8-27)式，有

$$\cos\theta=\frac{|1\times2+(-4)\times(-2)+1\times(-1)|}{\sqrt{1^2+(-4)^2+1^2}\cdot\sqrt{2^2+(-2)^2+(-1)^2}}=\frac{\sqrt{2}}{2},$$

因此，L_1 与 L_2 的夹角 $\theta=\frac{\pi}{4}$.

4. 直线与平面的位置关系

设直线 L 和平面 Π（图 8-20），过直线 L 作平面 Π 的垂直平面 Π_1，两平面的交线 l_1 称为直线 L 在平面 Π 上的投影（或射影）.由立体几何知，直线 L 与它在平面 Π 上的投影直线 l_1 的夹角 $\varphi\left(0\leqslant\varphi\leqslant\frac{\pi}{2}\right)$ 即为直线 L 与平面 Π 所成的角（或夹角）.

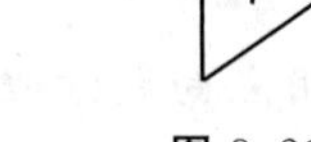

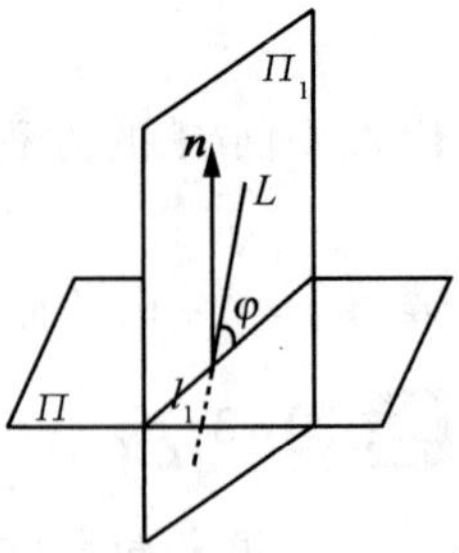

图 8-20

设直线 L 的方程为

$$\frac{x-x_0}{m}=\frac{y-y_0}{n}=\frac{z-z_0}{p},$$

平面 Π 的方程为 $Ax+By+Cz+D=0$.

由于直线 L 的方向向量 $\boldsymbol{s}=\{m,n,p\}$ 与平面 Π 的法向量 $\boldsymbol{n}=\{A,B,C\}$ 的夹角 θ 和 φ 的大小关系为：$\varphi=\frac{\pi}{2}-\theta$ 或 $\varphi=\theta-\frac{\pi}{2}$，且

$$\sin\varphi=\left|\sin\left(\frac{\pi}{2}-\theta\right)\right|=\left|\sin\left(\theta-\frac{\pi}{2}\right)\right|=|\cos\theta|\quad\left(0\leqslant\varphi\leqslant\frac{\pi}{2}\right),$$

所以直线 L 与平面 Π 的夹角 φ 可由公式

$$\sin\varphi=\frac{|Am+Bn+Cp|}{\sqrt{A^2+B^2+C^2}\sqrt{m^2+n^2+p^2}} \tag{8-30}$$

来确定.

如果直线 L 与平面 Π 平行，那么直线 L 的方向向量 $\boldsymbol{s}=\{m,n,p\}$ 与平面的法向量 $\boldsymbol{n}=\{A,B,C\}$ 必相互垂直；如果直线 L 与平面 Π 垂直，那么直线 L 的方向向量 $\boldsymbol{s}=\{m,n,p\}$ 与平面的法向量 $\boldsymbol{n}=\{A,B,C\}$ 必相互平行. 根据公式(8-30)得到：

(1) 直线 L 与平面 Π 平行的充要条件是

$$Am+Bn+Cp=0; \tag{8-31}$$

(2) 直线 L 与平面 Π 垂直的充要条件是

$$\frac{A}{m}=\frac{B}{n}=\frac{C}{p}. \tag{8-32}$$

例 11 求直线 $L:\begin{cases}2x-y=1,\\y+z=0\end{cases}$ 与平面 $\Pi:x+y+z+1=0$ 的夹角的正弦值.

解 因为直线 L 的一个方向向量为

$$\boldsymbol{s}=\begin{vmatrix}\boldsymbol{i}&\boldsymbol{j}&\boldsymbol{k}\\2&-1&0\\0&1&1\end{vmatrix}=-\boldsymbol{i}-2\boldsymbol{j}+2\boldsymbol{k},$$

平面 Π 的法向量为 $\boldsymbol{n}=\{1,1,1\}$，所以由(8-30)式得到它们的夹角的正弦值为

$$\sin\varphi=\frac{|1\times(-1)+1\times(-2)+1\times2|}{\sqrt{1^2+1^2+1^2}\sqrt{(-1)^2+(-2)^2+2^2}}=\frac{1}{3\sqrt{3}}.$$

例 12 已知直线 $\frac{x-1}{-1}=\frac{y+1}{k}=\frac{z}{1}$ 与平面 $2x+3y-4z=1$ 平行，求 k 的值.

解　由题意可知直线方程的方向向量

$$\boldsymbol{s}=\{-1,k,1\},$$

平面的法向量为
$$\boldsymbol{n}=\{2,3,-4\},$$

由(8-31)式得
$$2\times(-1)+3k+(-4)\times 1=0,$$

所以
$$k=2.$$

练习 4

1. 求直线 $L_1:\dfrac{x}{2}=\dfrac{y-1}{-2}=\dfrac{z+2}{1}$ 与直线 $L_2:\dfrac{x+2}{-2}=\dfrac{y}{2}=\dfrac{z}{-1}$ 的夹角.

2. 已知直线 $\dfrac{x-1}{-1}=\dfrac{y+1}{2}=\dfrac{z}{1}$ 与平面 $2x+ky-2z=5$ 的垂直，求 k 的值.

习题 8-4

1. 求满足下列条件的平面方程：

(1) 通过点 $P(1,1,1)$，且与平面 $3x-y+2z=0$ 平行；

(2) 通过 z 轴和点 $(-3,1,-2)$；

(3) 过点 $(5,-7,4)$，且在三个坐标轴上的截距相等.

2. 求平面 $2x-y+z=9$ 与平面 $x+y+2z=10$ 的夹角.

3. 求点 $(1,2,1)$ 到平面 $x+2y+2z-10=0$ 的距离.

4. 用点向式方程及参数方程表示直线

$$\begin{cases}x+2y-z-6=0,\\2x-y+z-1=0.\end{cases}$$

5. 求满足下列条件的直线方程：

(1) 通过点 $(2,-3,5)$，且与平面 $9x-4y+2z-11=0$ 垂直；

(2) 通过点 $(3,4,-4)$ 和 $(3,-2,2)$.

6. 求直线 $\begin{cases}x-y+z-4=0,\\2x+y-2z+5=0\end{cases}$ 与 $\begin{cases}x+y+z-4=0,\\2x+3y-z-6=0\end{cases}$ 的夹角的余弦值.

7. 试确定下列各组中的直线和平面的位置关系：

(1) $\dfrac{x+3}{-2}=\dfrac{y+4}{-7}=\dfrac{z}{3}$ 和 $4x-2y-2z=3$；

(2) $\dfrac{x}{3}=\dfrac{y}{-2}=\dfrac{z}{7}$ 和 $3x-2y+7z=8$.

§8-5　曲面与空间曲线及其方程

一、曲面与方程

在日常生活中，一般物体的表面都是曲面，如何用代数的方法来描述空间曲面呢？

像平面解析几何中一样，在空间解析几何中，可将曲面视为动点的运动轨迹.如果曲面Σ与三元方程$F(x,y,z)=0$有如下关系：

(1) 曲面Σ上任意一点的坐标(x,y,z)都满足方程$F(x,y,z)=0$；

(2) 不在曲面Σ上的点的坐标都不满足方程$F(x,y,z)=0$.

则称方程$F(x,y,z)=0$是曲面Σ的方程，而称曲面Σ是方程$F(x,y,z)=0$的图形.

关于曲面与方程，讨论如下两类问题：

1. 已知曲面，建立该曲面的方程

已知曲面，建立该曲面的方程，大致分为以下几个步骤：

(1) 建立适当的空间直角坐标系；

(2) 设曲面上的动点为$P(x,y,z)$，根据已知条件建立含有x,y,z的等式；

(3) 把上面的等式化简，即得所求的曲面方程.

例 1 求与点$A(1,-1,2)$和$B(0,-2,-1)$等距离的点的轨迹方程.

解 设$P(x,y,z)$为轨迹上任意一点，则$|AP|=|BP|$，利用两点间的距离公式得

$$\sqrt{(x-1)^2+(y+1)^2+(z-2)^2}=\sqrt{x^2+(y+2)^2+(z+1)^2},$$

两端平方，化简得

$$2x+2y+6z=1.$$

此方程即为所求动点的轨迹方程.

由立体几何可知，例1中动点的轨迹就是线段AB的垂直平分面，即中垂面.因此所求的方程也是线段AB的垂直平分面方程，即中垂面方程.

2. 已知方程，作出该方程的图形

例 2 作出$y=3$的图形.

解 方程$y=3$不含有x,z，即x,z取任意值时均有$y=3$，因此该图形是一个平行于zOx面且与zOx面的距离为3个单位的平面，如图8-21所示.

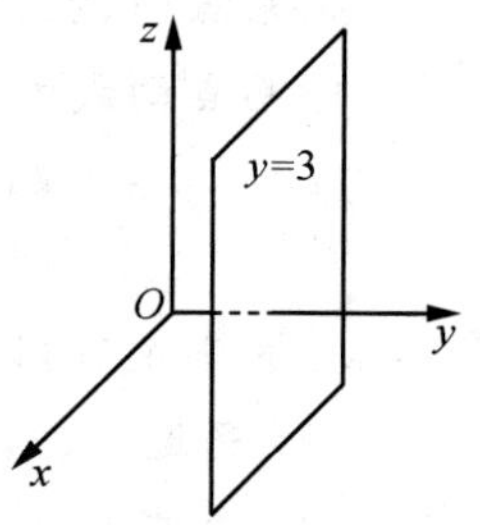

图 8-21

二、二次曲面

由一个三元二次方程表示的曲面称为二次曲面.下面介绍几种二次曲面.

1. 球面

与一定点的距离为定长的空间点的轨迹叫做球面.这个定点叫做这个球面的球心，定长叫做这个球面的半径.

设一个球面的球心为点$M_0(x_0,y_0,z_0)$，半径为R，下面建立这个球面的方程.

设$M(x,y,z)$为该球面上的任意一点，则M在球面上的充要条件为它到点M_0的距离等于半径R，即$|M_0M|=R$.由两点间的距离公式得

$$\sqrt{(x-x_0)^2+(y-y_0)^2+(z-z_0)^2}=R,$$

两边平方得

$$(x-x_0)^2+(y-y_0)^2+(z-z_0)^2=R^2. \tag{8-33}$$

此方程称为球心为点$M_0(x_0,y_0,z_0)$、半径为R的球面方程.

特别地，当球心在坐标原点$O(0,0,0)$时，半径为R的球面方程为

$$x^2+y^2+z^2=R^2. \tag{8-34}$$

一般地，方程　$$Ax^2+Ay^2+Az^2+Dx+Ey+Fz+G=0 \tag{8-35}$$
称为球面的一般方程.

2. 柱面

动直线 L 沿定曲线 C 平行移动所形成的曲面称为柱面. 定曲线 C 称为柱面的准线，动直线 L 称为柱面的母线.

这里着重介绍准线 C 在 xOy 面内，母线 L 平行于 z 轴的柱面方程(这种柱面如图 8-22 所示).

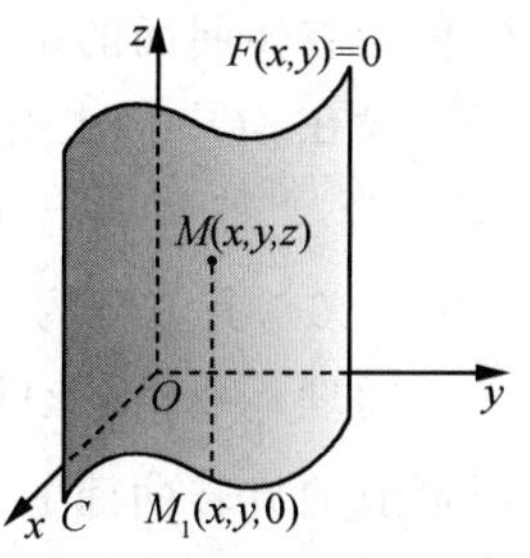

图 8-22

设柱面的准线为 xOy 面内的曲线，即

$$C:F(x,y)=0,$$

则准线为曲线 C、母线 L 平行于 z 轴的柱面方程为

$$F(x,y)=0(\text{不含 } z). \tag{8-36}$$

柱面方程也可以是 $F(y,z)=0$(不含 x，母线平行于 x 轴)或$F(x,z)=0$(不含 y，母线平行于 y 轴).

母线平行于某坐标轴的柱面方程的特点是：母线平行于哪条坐标轴，则方程中就不含有该坐标变量.

准线是二次曲线的柱面称为二次柱面.常见的二次柱面有以下几种：

(1) 椭圆柱面.

方程为$\dfrac{x^2}{a^2}+\dfrac{y^2}{b^2}=1$(不含 z，母线平行于 z 轴)的椭圆柱面如图 8-23 所示. 它的特点是，任一垂直于母线的平面与柱面的交线是椭圆.

特别地，当 $a=b$ 时，柱面就是圆柱面，它的方程是 $x^2+y^2=a^2$.

(2) 抛物柱面.

方程 $y^2=2px(p>0)$，表示准线为 xOy 面上的抛物线，母线平行于 z 轴的抛物柱面(图 8-24).它的特点是，任一垂直于母线的平面与柱面的交线是抛物线.

(3) 双曲柱面.

方程$\dfrac{x^2}{a^2}-\dfrac{y^2}{b^2}=1$ 或$-\dfrac{x^2}{a^2}+\dfrac{y^2}{b^2}=1$，表示准线为 xOy 面上的双曲线，母线平行于 z 轴的双曲柱面(图 8-25). 它的特点是，任一垂直于母线的平面与柱面的交线是双曲线.

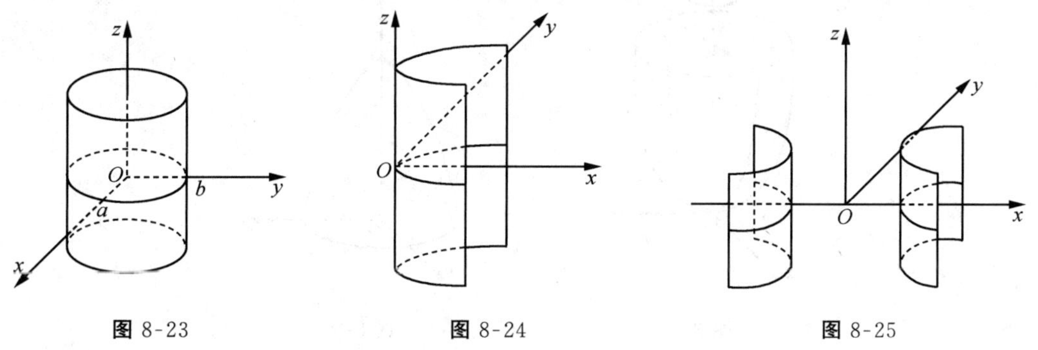

图 8-23　　图 8-24　　图 8-25

注意 柱面方程与坐标面上的曲线方程容易混淆，应注意区分. 如方程$\frac{x^2}{a^2}-\frac{y^2}{b^2}=1$，在平面直角坐标系下表示双曲线，但在空间直角坐标系下它表示母线平行于 z 轴的双曲柱面.

3. 旋转曲面

一条曲线 C 绕其平面上的一条定直线 L 旋转一周所形成的曲面称为旋转曲面，曲线 C 称为旋转曲面的母线，定直线 L 称为旋转曲面的旋转轴.球面、圆柱面都是旋转曲面.

设在 yOz 面上有一条曲线 C，其方程为 $f(y,z)=0$.将曲线 C 绕 z 轴旋转一周，就得到一个以 z 轴为轴的旋转曲面(图 8-26)，其方程为 $f(\pm\sqrt{x^2+y^2},z)=0$.

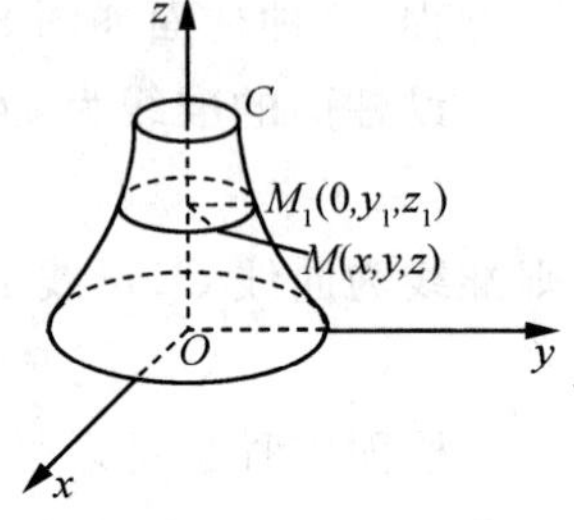

图 8-26

同理，yOz 面上的曲线 C：$f(y,z)=0$，绕 y 轴旋转一周所形成的旋转曲面的方程为$f(y,\pm\sqrt{x^2+z^2})=0$.旋转曲面的轴为 y 轴.

以坐标面上的曲线为母线、以坐标轴为旋转轴的旋转曲面方程的一般求法：已知某坐标面上的曲线 C 绕某坐标轴旋转，为了求此旋转曲面的方程，只要使曲线方程中与旋转轴同名的坐标变量保持不变，而以其他两个坐标变量平方和的平方根来代替方程中的另一坐标变量.

例 3 求 yOz 坐标面上的抛物线 $z=ay^2$ 绕 z 轴旋转所得的旋转曲面方程，并画出它的图形.

解 在方程 $z=ay^2$ 中，使 z 保持不变，将 y 换成$\pm\sqrt{x^2+y^2}$，即得所求旋转曲面方程为 $z=a(x^2+y^2)$.

该旋转曲面称为旋转抛物面.当 $a>0$ 时，其图形如图 8-27 所示，当 $a<0$ 时旋转抛物面的开口向下.

例 4 求 yOz 面内的抛物线 $z=6-y^2$ 绕 z 轴旋转所形成的旋转曲面方程，并画出它的图形.

解 在方程 $z=6-y^2$ 中，使 z 保持不变，将 y 换成$\pm\sqrt{x^2+y^2}$，即得所求旋转曲面方程为 $z=6-(x^2+y^2)$，其图形如图 8-28 所示，这是一个开口向下的旋转抛物面.

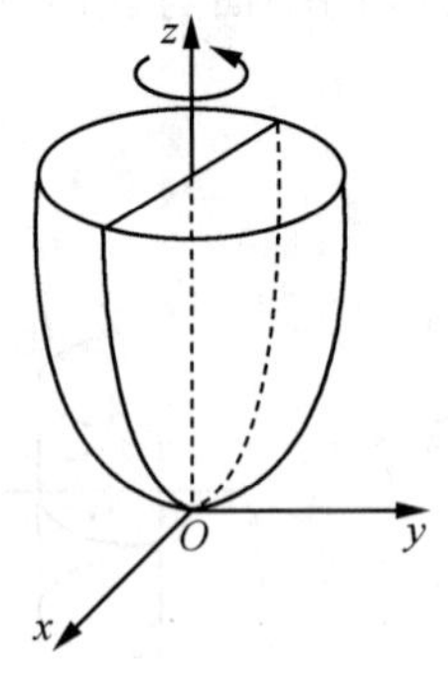

图 8-27

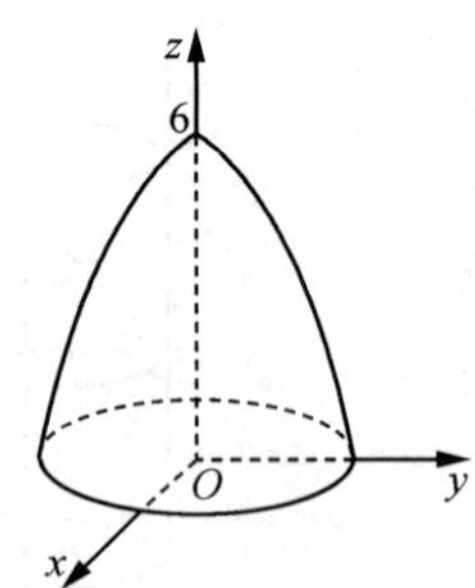

图 8-28

例 5　求 yOz 面内的直线 $z=ay$（常数 $a>0$）绕 z 轴旋转所得的旋转曲面方程，并画出它的图形.

解　在方程 $z=ay$ 中，使 z 保持不变，将 y 换成 $\pm\sqrt{x^2+y^2}$，即得所求旋转曲面方程为 $z=\pm a\sqrt{x^2+y^2}$，两边平方得 $z^2=a^2(x^2+y^2)$. 该曲面称为圆锥面，其图形如图 8-29 所示，其中，方程 $z=a\sqrt{x^2+y^2}$ 表示上半圆锥面；方程 $z=-a\sqrt{x^2+y^2}$ 表示下半圆锥面. 点 O 称为圆锥面的顶点.

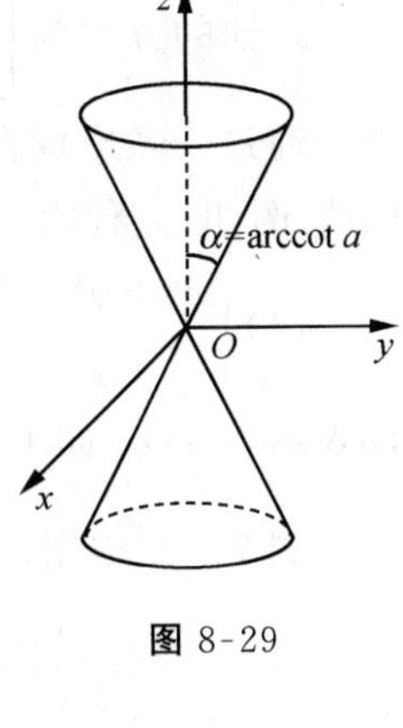

图 8-29

特别地，如果 $a=1$，则图中的 $\alpha=\frac{\pi}{4}$.

例 6　求 yOz 面内的椭圆 $\frac{z^2}{b^2}+\frac{y^2}{a^2}=1$ 分别绕 z 轴和 y 轴旋转所形成的旋转曲面方程.

解　给定的椭圆绕 z 轴旋转所形成的旋转曲面方程为

$$\frac{x^2+y^2}{a^2}+\frac{z^2}{b^2}=1,$$

绕 y 轴旋转所形成的旋转曲面方程为

$$\frac{y^2}{a^2}+\frac{x^2+z^2}{b^2}=1.$$

这两种旋转曲面都称为旋转椭球面.

方程 $\frac{x^2}{a^2}+\frac{y^2}{b^2}+\frac{z^2}{c^2}=1(a,b,c>0)$ 所表示的曲面称为椭球面（图 8-30）. 如果 $a=b=c$，则椭球面就变成球面 $x^2+y^2+z^2=a^2$.

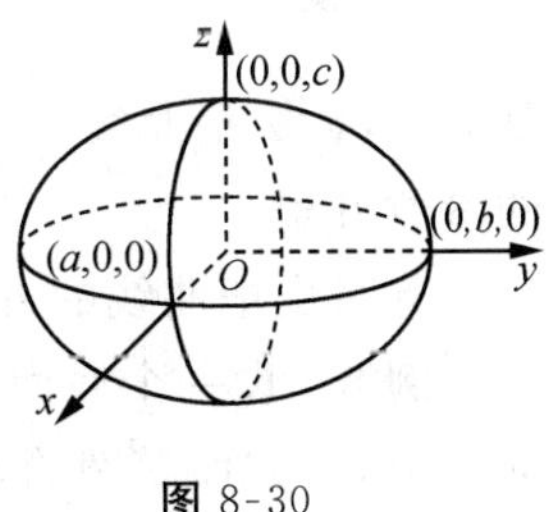

图 8-30

练习 1

方程 $x^2+y^2+z^2-4x+2z=0$ 表示怎样的曲面？

三、空间曲线及其方程

1. 空间曲线方程的概念

前面把直线看做是两个平面的交线，同样地，空间曲线 C 可以看成是空间两个曲面的交线.

设空间曲面 Σ_1 与 Σ_2 的方程分别为 $F(x,y,z)=0$，$G(x,y,z)=0$，则两个曲面的交线 C 上的任意点的坐标必同时满足这两个曲面的方程；反过来，坐标同时满足这两个曲面的方程的点，就是这两个曲面的公共点，一定在它们的交线 C 上. 因此交线 C 的方程为两曲面的方程所组成的方程组

$$\begin{cases}F(x,y,z)=0,\\G(x,y,z)=0.\end{cases}\tag{8-37}$$

方程组(8-37)称为空间曲线的一般方程.

例如，在空间直角坐标系中，两个坐标面的交线为坐标轴，因此坐标轴的方程分别为：

x 轴的方程为$\begin{cases}y=0,\\z=0;\end{cases}$ y 轴的方程为$\begin{cases}x=0,\\z=0;\end{cases}$ z 轴的方程为$\begin{cases}x=0,\\y=0.\end{cases}$

通过一条空间曲线可以作多个曲面时,其中任意两个曲面方程联立均可以表示这条曲线.例如,方程组

(1)$\begin{cases}x^2+y^2=R^2,\\x^2+y^2+z^2=R^2,\end{cases}$ (2)$\begin{cases}x^2+y^2=R^2,\\z=0,\end{cases}$ (3)$\begin{cases}x^2+y^2+z^2=R^2,\\z=0\end{cases}$

都表示在 xOy 面上以原点为圆心、以 R 为半径的圆.

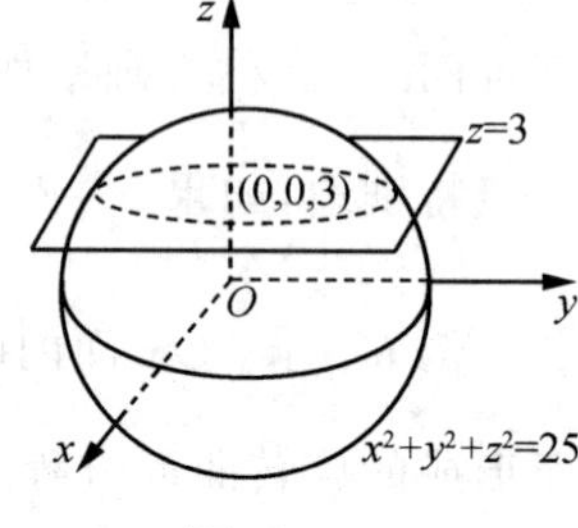

图 8-31

例 7 方程组$\begin{cases}x^2+y^2+z^2=25,\\z=3\end{cases}$表示怎样的曲线?

解 方程组表示球心在原点、半径为 5 的球面 $x^2+y^2+z^2=25$ 与平面 $z=3$ 的交线(图 8-31),它是在平面 $z=3$ 上的一个圆,圆心为(0,0,3),半径为 4.

2. 空间曲线的参数方程

和直线相类似,把空间曲线 C 的方程表示成以下形式:

$$\begin{cases}x=x(t),\\y=y(t),\ (\alpha\leqslant t\leqslant\beta).\\z=z(t)\end{cases}\tag{8-38}$$

其中 x,y,z 是曲线 C 上动点 $M(x,y,z)$ 的坐标,t 为参数. 方程组(8-38)就称为曲线 C 的参数方程.

有时也把曲线的方程写成向量形式 $\boldsymbol{r}(t)=x(t)\boldsymbol{i}+y(t)\boldsymbol{j}+z(t)\boldsymbol{k}$.

例 8 设一个底面半径为 R 的圆筒(圆柱面)绕其轴以匀角速度 ω 转动. 圆筒上有一动点 P,一方面随圆筒转动,另一方面沿圆筒的轴线方向以速度 v 运动,试用参数方程表示 P 点的运动轨迹.

解 取圆筒的轴线为 z 轴,如图 8-32 所示建立坐标系,使 $t=0$ 时动点 P 位于$P_0(R,0,0)$. 设时刻 t 时动点 P 的坐标为(x,y,z),过 P 作 xOy 面的垂线,垂足为 $Q(x,y,0)$,则从 P_0 到 P 圆筒所转过的角 $\theta=\omega t$,上升的高度 $z=|QP|=vt$,因此动点的轨迹方程为

$$\begin{cases}x=R\cos\omega t,\\y=R\sin\omega t,\\z=vt.\end{cases}$$

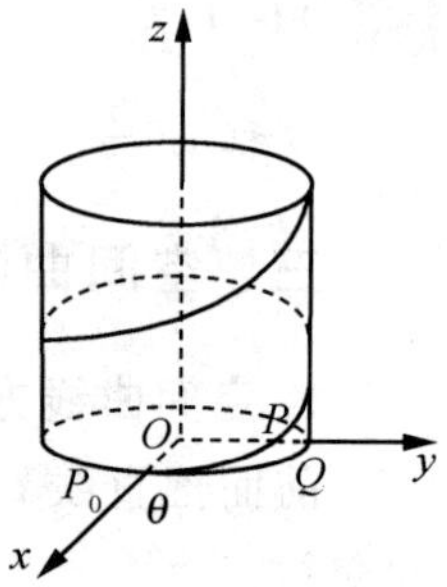

图 8-32

动点 P 的运动轨迹称为圆柱螺旋线,$h=v\cdot\dfrac{2\pi}{\omega}$称为螺距,以上的方程称为圆柱的螺旋线的参数方程.

3. 空间曲线在坐标面上的投影

以空间曲线 C 为准线,母线平行于 z 轴的柱面,称为空间曲线 C 关于 xOy 面的投影柱面.投影柱面 Σ 与 xOy 面的交线 C'称为曲线 C 在 xOy 面上的投影曲线,简称投影(图 8-33).

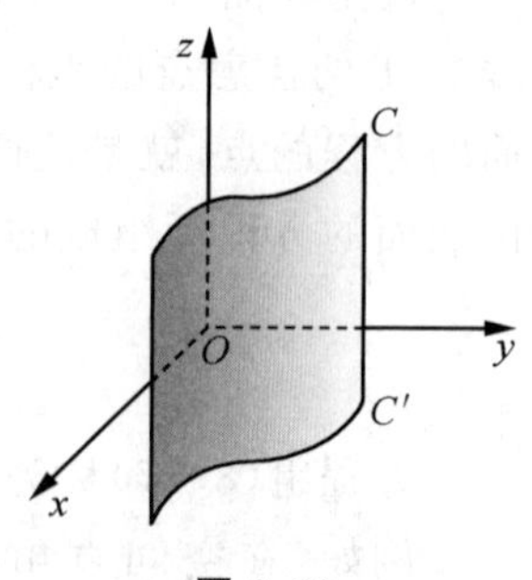

图 8-33

设曲线 C 的一般方程为

$$\begin{cases}F(x,y,z)=0,\\G(x,y,z)=0.\end{cases}\tag{8-39}$$

现在来求曲线 C 关于 xOy 的投影柱面的方程，以及在 xOy 面上的投影的方程.

设从方程组(8-39)的两个方程中消去 z 后所得的方程为

$$H(x,y)=0.\tag{8-40}$$

由前面知识可知，方程(8-40)表示以曲线 C 为准线，母线平行于 z 轴的柱面. 或者说，该柱面是曲线 C 关于 xOy 面的投影柱面. 此柱面与 xOy 面的交线 C'，即曲线 C 在 xOy 面的投影的方程显然为

$$\begin{cases}H(x,y)=0,\\z=0.\end{cases}\tag{8-41}$$

类似地，从方程组(8-39)中分别消去 x 和 y，可分别求得曲线 C 关于 yOz 面和 xOz 面的投影柱面方程 $R(y,z)=0$ 和 $P(x,z)=0$，曲线 C 在 yOz 面和 xOz 面上的投影曲线方程分别为

$$\begin{cases}R(y,z)=0,\\x=0\end{cases}\text{和}\begin{cases}P(x,z)=0,\\y=0.\end{cases}$$

例 9 求球面 $x^2+y^2+z^2=2z$ 与旋转抛物面 $3z=2(x^2+y^2)$ 的交线在 xOy 面上的投影.

解 由方程组

$$\begin{cases}x^2+y^2+z^2=2z,\\3z=2(x^2+y^2)\end{cases}$$

消去 x,y(第一个方程乘以 2 加上第二个方程)，得

$$2z^2=4z-3z,$$

化简并解此方程，得

$$z=\frac{1}{2},z=0\ (\text{舍去}).$$

将 $z=\frac{1}{2}$ 代入方程中的第二个方程(或第一个方程)中，这样就求得交线关于 xOy 面的投影柱面为

$$x^2+y^2=\frac{3}{4}.$$

交线在 xOy 面上的投影曲线为

$$\begin{cases}x^2+y^2=\frac{3}{4},\\z=0,\end{cases}$$

它是 xOy 面上的一个圆.

习题 8-5

1. 求球面 $x^2+y^2+z^2-2x+4y-4z-7=0$ 的球心与半径.

2. 指出下列方程所表示的曲面，并作图：

(1) $x-y+1=0$； (2) $x^2+z^2=R^2$；

(3) $y^2=5x$；　　(4) $x^2=y^2+z^2$；

(5) $y^2+z^2=2Ry\ (R>0)$；　　(6) $z=\sqrt{4-x^2-y^2}$.

3. 写出适合下列条件的旋转曲面方程：

(1) 曲线$\begin{cases}4x^2+9y^2=36,\\ z=0\end{cases}$绕 y 轴旋转所得的旋转椭球面方程；

(2) 曲线$\begin{cases}x^2+z^2=9,\\ y=0\end{cases}$绕 x 轴旋转所得的球面方程；

(3) 曲线$\begin{cases}z^2=5x,\\ y=0\end{cases}$绕 x 轴旋转所得的抛物面方程.

4. 写出曲面 $z=2(x^2+y^2)$ 被平面 $z=2$ 截割后所得的曲线方程，并指出其曲线类型.

5. 求曲线$\begin{cases}2x^2+y^2+z^2=16,\\ x^2+z^2-y^2=0\end{cases}$在 xOy 面上的投影方程.

本章内容小结

一、本章主要内容

(1) 空间直角坐标系，空间两点间的距离公式；

(2) 基本单位向量、向量的坐标表示、向量的模和方向角、向量的方向余弦的坐标表示示；

(3) 向量的数量积、向量的向量积；

(4) 空间平面、直线方程的几种类型，平面与平面、直线与直线以及直线与平面的位置关系；

(5) 曲面方程的概念，特殊柱面、旋转曲面的方程及其图形，常见二次曲面的方程及其图形，空间曲线的参数方程和一般方程的概念，简单空间曲线在坐标平面上的投影.

二、运算部分

1. 依已知条件建立平面方程

建立平面方程时常用平面的点法式方程.只需确定平面所过的一点 $M_0(x_0,y_0,z_0)$ 及平面的法向量 $\boldsymbol{n}=\{A,B,C\}$，则所求平面方程为

$$A(x-x_0)+B(y-y_0)+C(z-z_0)=0$$

或写为

$$Ax+By+Cz-(Ax_0+By_0+Cz_0)=0.$$

注意上述两个表达式不存在化简问题，前者为平面的点法式方程，后者为平面的一般式方程.

2. 依已知条件建立直线方程

建立直线方程时常用直线方程的标准式方程.只需确定直线所过的一点 $M_0(x_0,y_0,z_0)$ 及直线的方向向量 $\boldsymbol{s}=\{m,n,p\}$，则所求直线方程为

$$\frac{x-x_0}{m}=\frac{y-y_0}{n}=\frac{z-z_0}{p}.$$

3. 判断两平面的位置关系

设 $\boldsymbol{n}_1,\boldsymbol{n}_2$ 分别为平面 Π_1,Π_2 的法向量.

(1) 若 $\boldsymbol{n}_1\perp\boldsymbol{n}_2$,则 $\Pi_1\perp\Pi_2$;

(2) 若 $\boldsymbol{n}_1/\!/\boldsymbol{n}_2$,则 $\Pi_1/\!/\Pi_2$.

4. 判断两直线的位置关系

设 $\boldsymbol{s}_1,\boldsymbol{s}_2$ 分别为直线 l_1,l_2 的方向向量.

(1) 若 $\boldsymbol{s}_1\perp\boldsymbol{s}_2$,则 $l_1\perp l_2$;

(2) 若 $\boldsymbol{s}_1/\!/\boldsymbol{s}_2$,则 $l_1/\!/l_2$.

5. 判定直线与平面的位置关系

设 $\boldsymbol{s}$ 为直线 l 的方向向量,$\boldsymbol{n}$ 为平面 Π 的法向量.

(1) 若 $\boldsymbol{s}\perp\boldsymbol{n}$,则 $l/\!/\Pi$.此时还有两种情形:

设 $M_0(x_0,y_0,z_0)$ 为直线 l 上的一点,若 $M_0(x_0,y_0,z_0)$ 在平面 Π 上,即 $Ax_0+By_0+Cz_0+D=0$,则直线 l 落在平面 Π 上;

若 $M_0(x_0,y_0,z_0)$ 不在平面 Π 上,即 $Ax_0+By_0+Cz_0+D\neq0$,则直线 l 平行于平面 Π,但不落在平面 Π 上.

(2) 若 $\boldsymbol{s}/\!/\boldsymbol{n}$,则 $l\perp\Pi$.

6. 由方程识别特殊的二次曲面

7. 其他运算

(1) 在向量的运算中充分利用向量运算的性质和非零向量之间平行、垂直的条件.

(2) 善于利用已有的公式法则,如空间两点间的距离公式、点到平面之间的距离公式、两平行平面间的距离、两直线间夹角余弦公式等来解决有关平面、直线的问题.

复习题八

一、填空题.

1. 向量 $\boldsymbol{a}=\{a_1,a_2,a_3\}$,$\boldsymbol{b}=\{b_1,b_2,b_3\}$,且 $a_1b_1+a_2b_2+a_3b_3=0$,则 $\boldsymbol{a}$ 与 $\boldsymbol{b}$ 的位置关系是__________.

2. 若 $\boldsymbol{a}=\{1,2,-1\}$,$\boldsymbol{b}=\{3,1,2\}$,则 $\boldsymbol{a}\cdot\boldsymbol{b}=$________.

3. 设 $\boldsymbol{a}=\{2,-2,3\}$,$\boldsymbol{b}=\{-1,3,-5\}$,则 $\boldsymbol{a}\times\boldsymbol{b}=$________.

4. 点 $M(4,-3,5)$ 与原点的距离为________.

5. 球心为点 $(0,1,2)$、半径为 2 的球面方程为__________.

6. 方程 $\dfrac{x^2}{a^2}+\dfrac{y^2}{b^2}=1$ 在空间直角坐标系中表示__________.

7. 方程 $z^2=3(x^2+y^2)$ 表示的曲面为__________.

8. 过点 $(2,-3,0)$ 且以 $\boldsymbol{n}=\{1,-2,3\}$ 为法向量的平面方程为__________.

二、单项选择题.

1. 设 $\boldsymbol{a}=\boldsymbol{i}+\boldsymbol{j}+\boldsymbol{k}$,$\boldsymbol{b}=-\boldsymbol{i}-\boldsymbol{j}-\boldsymbol{k}$,则有　　(　　)

A. $\boldsymbol{a}\perp\boldsymbol{b}$　　B. $\boldsymbol{a}=\boldsymbol{b}$　　C. $|\boldsymbol{a}|=|\boldsymbol{b}|$　　D. 前三者都不成立

2. 设 $\boldsymbol{a}\cdot\boldsymbol{b}=0$,$\boldsymbol{a}\times\boldsymbol{b}=\boldsymbol{0}$,则有　　(　　)

A. $\boldsymbol{a}=\mathbf{0}$　　B. $\boldsymbol{b}=\mathbf{0}$　　C. $\boldsymbol{a}=\mathbf{0}$ 或 $\boldsymbol{b}=\mathbf{0}$　　D. $\boldsymbol{a},\boldsymbol{b}$ 均为 $\mathbf{0}$

3. 直线 $x=3y=5z$ 与平面 $x+3y+5z=0$ 的关系是　　(　　)

A. 平行但不重合　　B. 重合

C. 垂直　　D. 既不平行又不垂直

4. 已知点 $A(3,1,\lambda)$，$B(-2,\lambda,4)$，若 $\overrightarrow{OA}\perp\overrightarrow{OB}$，则 λ 的值为　　(　　)

A. 0　　B. 6　　C. -6　　D. $\frac{6}{5}$

5. 曲面 $x^2+y^2+z^2=1$ 与曲面 $y^2=2x$ 的交线在 zOx 面上的投影曲线是　　(　　)

A. 抛物线　　B. 圆　　C. 直线　　D. 椭圆

6. 曲线 $\begin{cases} y=1-x^2, \\ z=0 \end{cases}$ 绕 y 轴旋转所得的曲面是　　(　　)

A. 旋转抛物面　　B. 球面　　C. 圆柱面　　D. 圆锥面

三、解答题.

1. 已知向量 $\boldsymbol{a}=\{4,0,3\}$，求 $\boldsymbol{e}_a$.

2. 已知向量 $\boldsymbol{c}$ 垂直于 $\boldsymbol{a}=\{2,-3,1\}$ 和 $\boldsymbol{b}=\{1,-2,3\}$，且满足 $\boldsymbol{c}\cdot(\boldsymbol{i}+2\boldsymbol{j}-7\boldsymbol{k})=10$，求 $\boldsymbol{c}$.

3. 已知 $|\boldsymbol{a}|=10$，$|\boldsymbol{b}|=2$，$\boldsymbol{a}\cdot\boldsymbol{b}=12$，求 $|\boldsymbol{a}\times\boldsymbol{b}|$.

4. 设有一质点开始时位于点 $P(1,2,-1)$ 处，今有一方向角分别为 $60°,60°,45°$，而大小为 100 N 的力 $\boldsymbol{f}$ 作用于此质点，求当此质点自点 P 做直线运动至点 $M(2,5,-1+3\sqrt{2})$ 时，力 $\boldsymbol{f}$ 所做的功(长度单位：cm).

5. 求同时垂直于 $\boldsymbol{a}=\{3,6,8\}$ 和 x 轴的单位向量.

6. 求下列平面方程：

(1) 通过点 $P(1,2,1)$，且同时垂直于平面 $x+y-2z+1=0$ 和 $2x-y+z=0$；

(2) 平行于平面 $x+2y-2z-1=0$，且与半径为 3、中心在原点的球面相切.

第九章　多元函数微积分学

§ 9-1　多元函数的概念

在实际问题中，常会遇到多个变量之间的依赖关系.

例 1　圆锥体的体积 V 与它的底面半径 r、高 h 之间有如下关系：

$$V=\frac{1}{3}\pi r^2 h.$$

当 r,h 在一定范围内($r>0,h>0$)取定一对值时，通过上面的关系式(即对应规律)，都有确定的 V 值与之相对应.

例 2　在直流电路中，电流 I、电压 U 与电阻 R 之间有如下关系：

$$I=\frac{U}{R}.$$

当 U,R 在一定范围内($U\geqslant 0,R>0$)取定一对值时，通过上面的关系式(即对应规律)，都有确定的 I 值与之相对应.

上述两个例子的具体意义虽然不同，但它们有一个共同点，就是：对于某一范围内的一对数，按照一定的对应法则，都有确定的数值与之对应.下面对这类一个变量与两个变量的关系给出一般的定义.

一、二元函数的概念

定义 1　设 D 是 xOy 平面上的一个非空点集，f 是一个对应法则，x,y,z 为三个变量，如果变量 x,y 对于 D 中任意一点 (x,y)，按照对应法则 f，变量 z 总有确定的值与之对应，则称 z 是 x,y 的二元函数，记为 $z=f(x,y)$.其中 x,y 称为自变量，z 称为因变量；集合 D 称为该函数的定义域.

二元函数 $z=f(x,y)$ 可看成是平面上点 $P(x,y)$ 的函数而记作 $z=f(P)$；对应的函数值的集合 $Z=\{z\mid z=f(x,y)\}$ 称为该函数的值域.

二元函数在点 $P_0(x_0,y_0)$ 所取得的函数值记为

$$z\Big|_{\substack{x=x0\\y=y0}} \text{或 } f(x_0,y_0) \text{或 } f(P_0).$$

类似地，可以定义三元函数 $u=f(x,y,z)$ 以及三元以上的函数.一般地，可以定义 n 个自变量的函数 $u=f(x_1,x_2,x_3,\cdots,x_n)$.

二元及二元以上的函数统称为多元函数.由于二元函数与二元以上的函数在极限、连续、导数等概念及有关的运算方面没有本质上的差别，因此，在这一章的讨论中，将以二元函数为主要研究对象.

求二元函数定义域的方法与一元函数相类似：用解析式表达的函数，其定义域是 xOy 平面上能使解析式中所包含的运算都能进行的一切点 $P(x,y)$ 的集合；实际应用问题中的函数，则要根据自变量的具体意义来确定它的范围.

例 3 求下列函数的定义域：

(1) $z=\sqrt{R^2-x^2-y^2}$；

(2) $z=\ln(x^2+y^2-1)+\dfrac{1}{\sqrt{4-x^2-y^2}}$；

(3) $z=\arcsin(x+y)$.

解 (1) 要使函数有意义，x,y 必须满足 $R^2-x^2-y^2\geqslant 0$，所以函数的定义域是满足不等式 $x^2+y^2\leqslant R^2$ 的一切点 $P(x,y)$ 的集合(图 9-1)，即

$$D=\{(x,y)\mid x^2+y^2\leqslant R^2\}.$$

(2) 要使函数有意义，必须满足不等式组

$$\begin{cases}x^2+y^2-1>0,\\4-x^2-y^2>0,\end{cases}$$

解之得 $1<x^2+y^2<4$，即

$$D=\{(x,y)\mid 1<x^2+y^2<4\}(\text{图 9-2}).$$

(3) 由反三角函数的定义知，函数的定义域是

$$D=\{(x,y)\mid -1\leqslant x+y\leqslant 1\}(\text{图 9-3}).$$

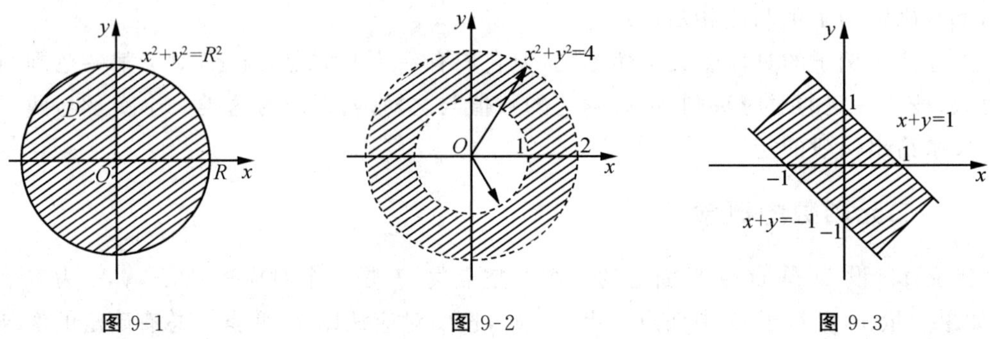

图 9-1　　图 9-2　　图 9-3

由上述例子可以看出，二元函数的定义域常常是由一条或几条曲线界定的平面(也可以是整个平面)，这样的部分平面称为区域，而这样的曲线称为区域的边界.包括边界在内的区域称为闭域，不包括边界在内的区域称为开域.如果它总可以被包围在一个以原点 O 为中心而半径适当大的圆内，这样的区域称为有界的；否则，称为无界的.如例 3(1)中的 D 是有界闭域；(2)中的 D 是有界开域；(3)中 D 是无界开域.

二、二元函数的几何表示

一般来说，一元函数 $y=f(x)$ 在平面直角坐标系中表示一条平面曲线.对于二元函数 $z=f(x,y)$，可以在空间直角坐标系中来表示它的图形.

设 $z=f(x,y)$ 的定义域为 xOy 平面上的某一区域 D，对于 D 中的每一点 $P(x,y)$，把所对应的函数值 z 作为坐标，就在空间得到了一个对应点 $M(x,y,z)$.当点 P 在 D 内

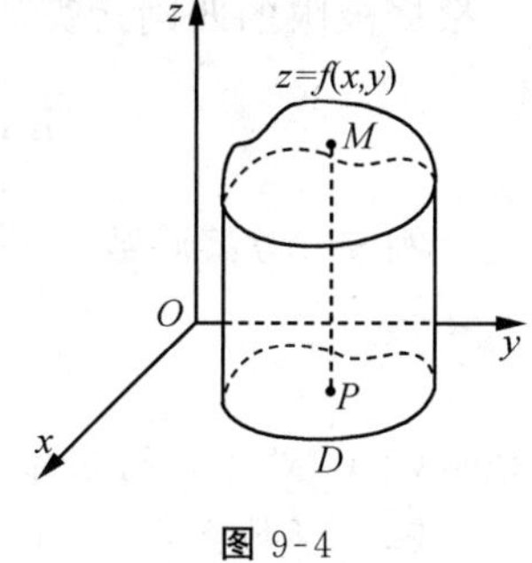

图 9-4

变动时，对应的点 M 的轨迹就是函数 $z=f(x,y)$ 的几何图形.一般来说，它是一个空间曲面，而定义域 D 正是该曲面在 xOy 平面上的投影(图 9-4).

例如，函数 $z=ax+by+c$ 的图形是一个平面；函数 $z=\sqrt{a^2-x^2-y^2}$ 表示一个上半球面；函数 $z=c\sqrt{1-\frac{x^2}{a^2}-\frac{y^2}{b^2}}$ 表示一个上半椭球面.

三、二元函数的极限

类似于一元函数的情形，对于二元函数 $z=f(x,y)$ 我们同样可以研究其极限，但比一元函数的情形要复杂得多.现只讨论当点 $P(x,y)$ 趋向于点 $P_0(x_0,y_0)$ 时，函数 $f(x,y)$ 的变化趋势.

为叙述方便，我们先把数轴上的邻域概念推广到平面.设 $P_0(x_0,y_0)$ 为平面内一点，以 P_0 为中心，$\delta(>0)$ 为半径的圆形开域叫做点 P_0 的 δ 邻域.也就是说，点 P_0 的 δ 邻域是 xOy 平面上的点集 $\{(x,y)\,|\,(x-x_0)^2+(y-y_0)^2<\delta^2\}$.

定义 2 设函数 $z=f(x,y)$ 在点 $P_0(x_0,y_0)$ 的某个邻域内有定义(P_0 可以除外)，点 $P(x,y)$ 是该邻域内异于点 $P_0(x_0,y_0)$ 的任意一点.如果当 $P(x,y)$ 以任意方式无限趋近于点 $P_0(x_0,y_0)$ 时，函数 $f(x,y)$ 总趋近于一个常数 A，则称 A 为函数 $z=f(x,y)$ 当 $P(x,y)$ 趋近于 $P_0(x_0,y_0)$ 时的极限，记作 $\lim\limits_{\substack{x\to x_0\\y\to y_0}}f(x,y)=A$ 或 $\lim\limits_{P\to P_0}f(P)=A$.

两点说明：

(1) 定义中要求存在某个邻域，使函数在该邻域内除点 P_0 外的所有点上都有定义，否则函数在点 P_0 处无极限.

例如，函数 $z=\dfrac{xy}{\sqrt{xy+1}-1}$ 在点(0,0)处无极限.因为函数在 x 轴和 y 轴上均无定义，所以不存在满足要求的邻域.

(2) $\lim\limits_{P\to P_0}f(P)=A$，是指 P 点以任意方式趋近于点 P_0 时，函数 $f(x,y)$ 都趋近于同一个常数 A，即常数 A 与点 P 趋近于点 P_0 的方式无关.换句话说，当 $P(x,y)$ 以不同方式趋近于 $P_0(x_0,y_0)$ 时，如果函数 $f(x,y)$ 趋近于不同的值，则函数 $f(x,y)$ 在点 $P_0(x_0,y_0)$ 的极限不存在.

此外，由于二元函数极限的定义与一元函数极限的定义形式是相同的，因此关于一元函数的极限运算法则可推广到二元函数，这里不详述而直接使用.

例 4 求极限 $\lim\limits_{\substack{x\to 0\\y\to 0}}\dfrac{\sin(xy)}{y}$.

解 $\dfrac{\sin(xy)}{y}=x\cdot\dfrac{\sin(xy)}{xy}(x\neq 0,y\neq 0)$，作变量代换 $u=xy$，且当 $x\to 0,y\to 0$ 时，$u=xy\to 0$.由一元函数的重要极限得

$$\lim_{\substack{x\to 0\\y\to 0}}\frac{\sin(xy)}{xy}=\lim_{u\to 0}\frac{\sin(u)}{u}=1.$$

又根据极限的四则运算法则得

$$\lim_{\substack{x\to 0\\y\to 0}}\frac{\sin(xy)}{y}=\lim_{\substack{x\to 0\\y\to 0}}x\cdot\lim_{\substack{x\to 0\\y\to 0}}\frac{\sin(xy)}{xy}=0\cdot 1=0.$$

例 5 考察函数

$$f(x,y)=\frac{xy}{x^2+y^2}$$

在点(0,0)处是否有极限.

解 函数在点(0,0)处无定义,但在它的任一邻域内去掉(0,0)后有意义.因此,我们仍可以讨论所给函数在点(0,0)处的极限.

虽然当点(x,y)沿x轴趋向于点(0,0)时,有

$$\lim_{\substack{x\to 0\\y\to 0}}f(x,y)=\lim_{x\to 0}f(x,0)=\lim_{x\to 0}0=0,$$

当点(x,y)沿y轴趋向于点(0,0)时,有

$$\lim_{\substack{x\to 0\\y\to 0}}f(x,y)=\lim_{y\to 0}f(0,y)=\lim_{y\to 0}0=0,$$

但不能由此判定$\lim\limits_{\substack{x\to 0\\y\to 0}}f(x,y)$存在.事实上,当点$P(x,y)$沿直线$y=kx(k\neq 0)$趋向于点(0,0)时,有

$$\lim_{\substack{x\to 0\\y=kx\to 0}}f(x,y)=\lim_{x\to 0}\frac{kx^2}{x^2+kx^2}=\frac{k}{1+k^2},$$

其值随k而异,即随路径而异.因此,$\lim\limits_{\substack{x\to 0\\y\to 0}}f(x,y)$不存在.

四、二元函数的连续性

定义 3 设函数$z=f(x,y)$在点$P_0(x_0,y_0)$的某个邻域内有定义,如果

$$\lim_{\substack{x\to x_0\\y\to y_0}}f(x,y)=f(x_0,y_0),$$

则称函数$z=f(x,y)$在点$P_0(x_0,y_0)$处连续.点$P_0(x_0,y_0)$称为函数$z=f(x,y)$的连续点.如果$f(x,y)$在区域D内的每一点连续,则称它在区域D内连续.

二元连续函数的图形是一个没有任何孔隙和裂缝的曲面.

函数的不连续点叫做间断点,当函数在点P_0处无定义,或者在P_0处虽有定义,但当$P\to P_0$时,$f(P)$没有极限,或极限虽存在,但又不等于$f(P_0)$,那么点P_0就是函数的间断点.

例如,函数

$$f(x,y)=\begin{cases}\dfrac{xy}{x^2+y^2}, & x^2+y^2\neq 0,\\ 0, & x^2+y^2=0\end{cases}$$

在原点间断,因为$\lim\limits_{\substack{x\to 0\\y\to 0}}f(x,y)$不存在(参见例 5).又如,函数

$$z=\frac{x+y}{y^2-2x}$$

在抛物线 $y^2=2x$ 上的每一点都没有定义，所以抛物线上的每一点都是函数的间断点.由此可见，二元函数的间断性情况要比一元函数复杂，它不但可以有间断点，还可以有间断点构成的间断曲线，此时，相应的曲面就有一条裂缝.

由二元函数连续的定义及极限的运算法则可知，二元连续函数的和、差、积、商(分母为零的点除外)在其公共定义区域内仍是连续函数；二元函数的复合函数仍是连续函数.

和一元函数一样，我们把由常数及基本初等函数经过有限次四则运算和复合运算，并可用一个解析式表示的二元函数称为二元初等函数.

关于二元初等函数有以下结论：二元初等函数在其定义区域内都是连续的(定义区域是指包含于定义域内的区域).

利用上面的结论，可以较方便地求出二元初等函数在其定义域内的点 $P_0(x_0,y_0)$ 处的极限，这时，该点的函数值就是极限值.例如

$$\lim_{\substack{x\to 1\\ y\to 2}}(x^2+y^2-3x+1)=1^2+2^2-3\times 1+1=3.$$

闭域上的二元连续函数具有类似于闭区间上的一元连续函数的性质.

性质 1(最大值和最小值定理)　在有界闭域上连续的函数必有最大值和最小值.

性质 2(介值定理)　在有界闭域上连续的函数必取得介于函数最大值与最小值之间的任何值.

练习

1. 设函数 $f(x,y)=x^2-2xy+3y^2$，试求：

(1) $f(0,1)$；　(2) $f(tx,ty)$；　(3) $\dfrac{f(x,y+h)-f(x,y)}{h}$.

2. 确定并画出下列函数的定义域 D：

(1) $f(x,y)=\ln[(16-x^2-y^2)(x^2+y^2-4)]$；

(2) $z=\sqrt{x-\sqrt{y}}$.

习题 9-1

1. 设函数 $f(x,y)=xy+\dfrac{x}{y}$，试求：

(1) $f\left(\dfrac{1}{2},3\right)$；　(2) $f(1,-1)$.

2. 若 $f\left(\dfrac{y}{x}\right)=\dfrac{\sqrt{x^2+y^2}}{x}(x>0)$，求 $f(x)$.

3. 求下列函数的定义域并用平面图形表示：

(1) $z=\ln(x-y)$；　(2) $z=\sqrt{1-x^2-y^2}$；

(3) $z=\sqrt{x^2-4}+\sqrt{4-y^2}$；　(4) $z=\dfrac{\arcsin y}{\sqrt{x}}$.

4. 求下列函数的极限：

(1) $\lim\limits_{\substack{x\to 1\\ y\to 2}}\dfrac{3xy+x^2y^2}{x+y}$；　　(2) $\lim\limits_{\substack{x\to 0\\ y\to 0}}\dfrac{\sin 3(x^2+y^2)}{x^2+y^2}$；　　(3) $\lim\limits_{\substack{x\to 0\\ y\to 0}}\dfrac{2-\sqrt{xy+4}}{xy}$.

5. 设 $f(x,y)=\dfrac{x^2y^2}{x^2y^2+(x-y)^2}$，证明：$\lim\limits_{\substack{x\to 0\\ y\to 0}}f(x,y)$ 不存在.

6. 指出下列函数的间断点或间断曲线：

(1) $z=\dfrac{x+y}{\sqrt{x^2+y^2}}$；　　(2) $z=\dfrac{x+y}{y-2x^2}$；

(3) $z=\dfrac{1}{\sin x\sin y}$；　　(4) $f(x,y)=\begin{cases}\dfrac{xy^2}{x^2+y^2}, & x^2+y^2\neq 0,\\ 0, & x^2+y^2=0.\end{cases}$

§9-2 偏导数

在一元微积分中，函数对于自变量的变化率——导数，是一个十分重要的概念，这个概念也可以推广到多元函数中去.先看一个实际例子.

一定量的理想气体的体积 V 与压强 p 和绝对温度 T 之间的函数关系为

$$V=R\frac{T}{p}\quad (R\text{ 是常数}).$$

当温度 T 和压强 p 两个因素同时变化时，体积 V 的变化较复杂.通常先考虑两种特殊情况：

(1) 等温过程.即当温度一定($T=$常数)时，因压强 p 的变化引起的体积 V 的变化率 $-R\dfrac{T}{p^2}$.

(2) 等压过程.即当压强一定($p=$常数)时，因温度 T 的变化引起的体积 V 的变化率 $R\dfrac{1}{p}$.

这种把其余的自变量暂时固定下来，只考察函数对其中一个自变量的变化率的方法是研究多元函数的常用手段，其本质仍是一元函数的变化率.由此引出下面的定义.

一、偏导数的定义

定义　设函数 $z=f(x,y)$ 在点 $P_0(x_0,y_0)$ 的某一邻域内有定义，当自变量 y 保持在 y_0 不变，而自变量 x 有增量 Δx 时，相应地函数有偏增量

$$f(x_0+\Delta x,y_0)-f(x_0,y_0).$$

如果极限

$$\lim_{\Delta x\to 0}\frac{f(x_0+\Delta x,y_0)-f(x_0,y_0)}{\Delta x}$$

存在，则称此极限值为函数 $f(x,y)$ 在点 $P_0(x_0,y_0)$ 处对 x 的偏导数，记作

$$\left.\frac{\partial z}{\partial x}\right|_{\substack{x=x_0\\y=y_0}},\left.\frac{\partial f}{\partial x}\right|_{\substack{x=x_0\\y=y_0}},\text{或 } f_x(x_0,y_0),z_x(x_0,y_0),f'_x(x_0,y_0),$$

即

$$\left.\frac{\partial z}{\partial x}\right|_{\substack{x=x_0\\y=y_0}}=\lim_{\Delta x\to 0}\frac{f(x_0+\Delta x,y_0)-f(x_0,y_0)}{\Delta x}. \tag{9-1}$$

类似地,可以定义函数 $f(x,y)$在点 P_0 处对 y 的偏导数为

$$\left.\frac{\partial z}{\partial y}\right|_{\substack{x=x_0\\y=y_0}}=\lim_{\Delta y\to 0}\frac{f(x_0,y_0+\Delta y)-f(x_0,y_0)}{\Delta y}. \tag{9-2}$$

如果函数 $z=f(x,y)$在区域 D 内每一点 $P(x,y)$处对 x 的偏导数都存在,那么这个偏导数就是 x,y 的函数,称为函数 $z=f(x,y)$对自变量 x 的偏导函数,记作

$$\frac{\partial z}{\partial x},\frac{\partial f}{\partial x},z_x\text{ 或 }f_x(x,y),f'_x(x,y).$$

同样,可以定义函数 $z=f(x,y)$对自变量 y 的偏导函数,记作

$$\frac{\partial z}{\partial y},\frac{\partial f}{\partial y},z_y\text{ 或 }f_y(x,y),f'_y(x,y).$$

显然,在点 $P_0(x_0,y_0)$处的偏导数 $f_x(x_0,y_0)$,$f_y(x_0,y_0)$就是偏导函数 $f_x(x,y)$,$f_y(x,y)$在点 P_0 处的函数值.如同一元函数的导数一样,以后在不至于混淆的地方,也把偏导函数简称为偏导数.

二元函数偏导数的概念可以推广到二元以上的多元函数.例如,三元函数 $u=f(x,y,z)$在点 $M_0(x_0,y_0,z_0)$处对 x 的偏导数定义为

$$\left.\frac{\partial z}{\partial x}\right|_{\substack{x=x_0\\y=y_0\\z=z_0}}=f_x(x_0,y_0,z_0)-\lim_{\Delta x\to 0}\frac{f(x_0+\Delta x,y_0,z_0)-f(x_0,y_0,z_0)}{\Delta x}. \tag{9-3}$$

由定义可知,要求多元函数对某一个自变量的偏导数,只需把它看成是这个自变量的函数,而把其余的自变量暂时都当做常数,然后用一元函数求导数的方法求得结果.

例 1　求函数 $f(x,y)=x^2y+3y$ 的偏导数 $f_x(x,y)$和 $f_y(x,y)$,并求 $f_x(0,0)$,$f_y(0,0)$,$f_x(1,-1)$.

解　根据偏导数的求导方法,得

$$f_x(x,y)=2xy,\ f_y(x,y)=x^2+3,$$

从而 $f_x(0,0)=0$,$f_y(0,0)=3$,$f_x(1,-1)=-2$.

例 2　设 $f(x,y)=x\sin y+ye^{xy}$,求$\frac{\partial f}{\partial x},\frac{\partial f}{\partial y}$.

解　$\frac{\partial f}{\partial x}=\sin y+y^2e^{xy}$,$\frac{\partial f}{\partial y}=x\cos y+(1+xy)e^{xy}$.

例 3　求函数 $u=\sqrt{x^2+y^2+z^2}$ 的偏导数.

解　对 x 求偏导数得

$$\frac{\partial u}{\partial x}=\frac{2x}{2\sqrt{x^2+y^2+z^2}}=\frac{x}{\sqrt{x^2+y^2+z^2}}.$$

类似地,有

$$\frac{\partial u}{\partial y}=\frac{y}{\sqrt{x^2+y^2+z^2}},\frac{\partial u}{\partial z}=\frac{z}{\sqrt{x^2+y^2+z^2}}.$$

练习 1

1. 求函数 $f(x,y)=x^2+2xy-y^2$ 在点(1,3)处对 x,y 的偏导数.

2. 求函数 $z=e^{x^2+y^2}$ 对 x,y 的偏导数.

二、高阶偏导数

一般来说,二元函数 $z=f(x,y)$的偏导数

$$\frac{\partial z}{\partial x}=f_x(x,y),\frac{\partial z}{\partial y}=f_y(x,y)$$

仍是 x,y 的函数.如果这两个偏导数对 x,y 的偏导数仍存在,则称它们的偏导数是函数 $z=f(x,y)$的二阶偏导数.依照对变量求偏导数的次序不同而有下列四个二阶偏导数:

$$\frac{\partial}{\partial x}\left(\frac{\partial z}{\partial x}\right),\frac{\partial}{\partial y}\left(\frac{\partial z}{\partial y}\right),\frac{\partial}{\partial x}\left(\frac{\partial z}{\partial y}\right),\frac{\partial}{\partial y}\left(\frac{\partial z}{\partial x}\right),$$

并分别用下列记号来表示:

$$\frac{\partial}{\partial x}\left(\frac{\partial z}{\partial x}\right)=\frac{\partial^2 z}{\partial x^2}=f_{xx}(x,y)=f''_{xx}(x,y),$$

$$\frac{\partial}{\partial y}\left(\frac{\partial z}{\partial x}\right)=\frac{\partial^2 z}{\partial y\partial x}=f_{xy}(x,y)=f''_{xy}(x,y),$$

$$\frac{\partial}{\partial x}\left(\frac{\partial z}{\partial y}\right)=\frac{\partial^2 z}{\partial x\partial y}=f_{yx}(x,y)=f''_{yx}(x,y),$$

$$\frac{\partial}{\partial y}\left(\frac{\partial z}{\partial y}\right)=\frac{\partial^2 z}{\partial y^2}=f_{yy}(x,y)=f''_{yy}(x,y).$$

其中$\frac{\partial^2 z}{\partial y\partial x}$,$\frac{\partial^2 z}{\partial x\partial y}$叫做二阶混合偏导数.同样地,如果二阶偏导数的偏导数存在,就称它们为$z=f(x,y)$的三阶偏导数,其记号与二阶偏导数类似.例如,

$$\frac{\partial}{\partial x}\left(\frac{\partial^2 z}{\partial y\partial x}\right)\text{ 就记为}\frac{\partial^3 z}{\partial x\partial y\partial x}=f_{xyx}(x,y).$$

依此类推,函数 $z=f(x,y)$的 $n-1$ 阶偏导数的偏导数就叫做该函数的 n 阶偏导数.二阶及二阶以上的偏导数统称为高阶偏导数.

例 4 求函数 $z=x^3y^2-3xy^3-xy+1$ 的二阶偏导数.

解 因为

$$\frac{\partial z}{\partial x}=3x^2y^2-3y^3-y,\frac{\partial z}{\partial y}=2x^3y-9xy^2-x,$$

所以

$$\frac{\partial^2 z}{\partial x^2}=6xy^2,\frac{\partial^2 z}{\partial x\partial y}=6x^2y-9y^2-1,$$

$$\frac{\partial^2 z}{\partial y\partial x}=6x^2y-9y^2-1,\frac{\partial^2 z}{\partial y^2}=2x^3-18xy.$$

观察例 4 的解,有

$$\frac{\partial^2 z}{\partial x\partial y}=\frac{\partial^2 z}{\partial y\partial x}.$$

这一结论并非偶然,下面给出一般的定理:

定理 如果函数 $z=f(x,y)$ 在区域 D 上的偏导数 $f'_x(x,y)$, $f'_y(x,y)$ 连续,且 $f''_{xy}(x,y)$ 连续,则 $f''_{yx}(x,y)$ 在 D 上存在,且

$$f''_{xy}(x,y)=f''_{yx}(x,y).$$

一般地,多元函数的高阶混合偏导数如果连续就与求偏导的次序无关.

练习 2

求函数 $z=x\ln(xy)$ 的二阶偏导数.

习题 9-2

1. 设 $z=\ln\left(x+\dfrac{y}{2x}\right)$,求 $\left.\dfrac{\partial z}{\partial y}\right|_{\substack{x=1\\y=0}}$.

2. 设 $f(x,y)=\mathrm{e}^{-x}\sin(x+2y)$,求 $f'_x\left(0,\dfrac{\pi}{4}\right)$ 与 $f'_y\left(0,\dfrac{\pi}{4}\right)$.

3. 求下列函数的偏导数:

(1) $z=x\mathrm{e}^{-xy}$; (2) $z=x^3y-xy^3$;

(3) $z=\left(\dfrac{1}{3}\right)^{\frac{y}{x}}$; (4) $z=\dfrac{x}{\sqrt{x^2+y^2}}$.

4. 设 $z=x^y$,求证:$\dfrac{x}{y}\dfrac{\partial z}{\partial x}+\dfrac{1}{\ln x}\dfrac{\partial z}{\partial y}=zy$.

5. 求下列函数的二阶偏导数:

(1) $z=\ln(x^2+y^2)$; (2) $z=x^{2y}$.

6. 设 $z=\ln(\mathrm{e}^x+\mathrm{e}^y)$,求证:

(1) $\dfrac{\partial z}{\partial x}+\dfrac{\partial z}{\partial y}=1$; (2) $\left(\dfrac{\partial^2 z}{\partial x^2}\right)\left(\dfrac{\partial^2 z}{\partial y^2}\right)-\left(\dfrac{\partial^2 z}{\partial x\partial y}\right)^2=0$.

§ 9-3 全微分及其应用

在一元函数 $y=f(x)$ 中,若 $f'(x)\neq 0$,那么函数的微分 $\mathrm{d}y$ 是函数的增量 Δy 的线性主部,并且可用 $\mathrm{d}y$ 近似地替代 Δy,其误差是自变量的增量 Δx 的高阶无穷小.这一结论可推广到多元函数的情形.

例如,设一矩形的边长分别为 x,y,则矩形的面积 $S=xy$.如果边长 x,y 分别有增量 $\Delta x,\Delta y$,那么面积的改变量

$$\Delta S=(x+\Delta x)(y+\Delta y)-xy=x\Delta x+y\Delta y+\Delta x\Delta y$$

可以表示成 $\Delta x,\Delta y$ 线性关系与一个比 $\rho=\sqrt{(\Delta x)^2+(\Delta y)^2}$ 高阶的无穷小量之和.

一般地,设函数 $z=f(x,y)$ 在点 $P(x,y)$ 的某邻域内有定义,分别给自变量 x,y 以增量 $\Delta x,\Delta y$,则称

$$\Delta z=f(x+\Delta x,y+\Delta y)-f(x,y)$$

为函数 $z=f(x,y)$ 在点 $P(x,y)$ 处相对于自变量的增量 $\Delta x,\Delta y$ 的全增量，并引入全微分的定义.

一、全微分的定义

定义 设函数 $z=f(x,y)$ 在点 $P_0(x_0,y_0)$ 的某邻域内有定义，且 $f'_x(x_0,y_0)$，$f'_y(x_0,y_0)$ 都存在.如果自变量 x,y 在 x_0,y_0 处分别有增量 $\Delta x,\Delta y$，其全增量

$$\Delta z=f(x+\Delta x,y+\Delta y)-f(x,y)$$

都可以表示为

$$\Delta z=f'_x(x_0,y_0)\Delta x+f'_y(x_0,y_0)\Delta y+o(\rho), \tag{9-4}$$

其中 $\rho=\sqrt{(\Delta x)^2+(\Delta y)^2}$，那么称 $f'_x(x_0,y_0)\Delta x+f'_y(x_0,y_0)\Delta y$ 为函数 $f(x,y)$ 在点 P_0 处的全微分，记作 $\mathrm{d}z$ 或 $\mathrm{d}f(x_0,y_0)$，即

$$\mathrm{d}f(x_0,y_0)=f'_x(x_0,y_0)\Delta x+f'_y(x_0,y_0)\Delta y.$$

当函数 $z=f(x,y)$ 在点 P_0 处的全微分存在，即(9-4)式成立时，就称函数 $z=f(x,y)$ 在点 P_0 处可微；当 $f(x,y)$ 在区域 D 内的每一点 $P(x,y)$ 处可微时，就称 $f(x,y)$ 在区域 D 内可微，此时把全微分记作 $\mathrm{d}z$ 或 $\mathrm{d}f(x,y)$.与一元函数一样，定义自变量的微分等于自变量的增量，即

$$\mathrm{d}x=\Delta x,\mathrm{d}y=\Delta y,$$

于是，函数 $z=f(x,y)$ 在点 $P(x,y)$ 处的全微分可以写成

$$\mathrm{d}f(x,y)=f'_x(x,y)\mathrm{d}x+f'_y(x,y)\mathrm{d}y$$

或

$$\mathrm{d}z=\frac{\partial z}{\partial x}\mathrm{d}x+\frac{\partial z}{\partial y}\mathrm{d}y. \tag{9-5}$$

二元函数的全微分概念可类比地推广到多元函数.

关于二元函数的可微性有如下几个结果.

首先，当函数 $z=f(x,y)$ 在点 (x_0,y_0) 处可微时，由(9-4)式即得

$$\lim_{\substack{\Delta x\to 0\\ \Delta y\to 0}}\Delta z=0,$$

从而

$$\lim_{\substack{x\to x_0\\ y\to y_0}}f(x,y)=f(x_0,y_0).$$

因此有如下定理：

定理 1 如果函数 $z=f(x,y)$ 在点 (x_0,y_0) 处可微，则 $z=f(x,y)$ 在点 (x_0,y_0) 处连续.

推论 如果函数 $z=f(x,y)$ 在点 (x_0,y_0) 处不连续，则 $z=f(x,y)$ 在点 (x_0,y_0) 处不可微.

其次，必须强调指出，一元函数在某点处可导是可微的充要条件，但对二元函数来讲，情形就大不相同了:二元函数在某点处两个偏导数存在只是二元函数可微的必要条件，而不是充分条件.例如，对于函数

$$f(x,y)=\begin{cases}\dfrac{xy}{x^2+y^2}, & x^2+y^2\neq 0,\\ 0, & x^2+y^2=0,\end{cases}$$

根据偏导数的定义，可以求出 $f(x,y)$ 在点 $(0,0)$ 处，有 $f'_x(0,0)=0$ 及 $f'_y(0,0)=0$（读者自行验证），即 $f(x,y)$ 在点 $(0,0)$ 处偏导数存在；但在本章第一节例 5 中已经知道函数 $f(x,y)$ 在点 $(0,0)$ 处极限不存在，从而在点 $(0,0)$ 处不连续，由推论可知，$f(x,y)$ 在点 $(0,0)$ 处不可微.

那么在什么条件下，两个偏导数存在才是二元函数可微的充分条件呢？

定理 2　如果函数 $z=f(x,y)$ 的偏导数 $\dfrac{\partial z}{\partial x},\dfrac{\partial z}{\partial y}$ 在点 (x,y) 处连续，则函数 $z=f(x,y)$ 在该点处可微.

概括起来，对于二元函数 $z=f(x,y)$，我们有：

$\dfrac{\partial z}{\partial x},\dfrac{\partial z}{\partial y}$ 连续 $\Rightarrow$ 函数可微 $\Rightarrow$ 函数可导 $\left(\text{即}\dfrac{\partial z}{\partial x},\dfrac{\partial z}{\partial y}\text{存在}\right)$；函数可微 $\Rightarrow$ 函数连续

例 1　求函数 $z=xy^2+x^2$ 在点 $(1,2)$ 处当 $\Delta x=0.01,\Delta y=-0.02$ 时的全微分 $\mathrm{d}z$ 和全增量 Δz.

解　因为

$$\frac{\partial z}{\partial x}=y^2+2x,\frac{\partial z}{\partial y}=2xy,$$

所以

$$\left.\frac{\partial z}{\partial x}\right|_{\substack{x=1\\y=2}}=6,\left.\frac{\partial z}{\partial y}\right|_{\substack{x=1\\y=2}}=4,$$

从而由(9-5)式可知

$$\mathrm{d}z=6\times 0.01+4\times(-0.02)=-0.02,$$

$$\Delta z=(1+0.01)(2-0.02)^2+(1+0.01)^2-(1\times 2^2+1^2)=-0.0203.$$

例 2　求函数 $z=\mathrm{e}^{xy}\sin x$ 的全微分.

解　$\dfrac{\partial z}{\partial x}=y\mathrm{e}^{xy}\sin x+\mathrm{e}^{xy}\cos x=\mathrm{e}^{xy}(y\sin x+\cos x)$,

$\dfrac{\partial z}{\partial y}=x\mathrm{e}^{xy}\sin x$,

因为 $\dfrac{\partial z}{\partial x}$ 和 $\dfrac{\partial z}{\partial y}$ 都在点 (x,y) 处连续，所以

$$\mathrm{d}z=\frac{\partial z}{\partial x}\mathrm{d}x+\frac{\partial z}{\partial y}\mathrm{d}y=\mathrm{e}^{xy}(y\sin x+\cos x)\mathrm{d}x+x\mathrm{e}^{xy}\sin x\mathrm{d}y.$$

二、全微分的应用

由全微分的定义可知，当 $z=f(x,y)$ 在点 (x_0,y_0) 处的全微分存在时，全微分 $\mathrm{d}z$ 与全增量 Δz 的差是比 ρ 高阶的无穷小，因此当 $|\Delta x|$ 与 $|\Delta y|$ 都相当小时，有近似等式

$$\Delta z\approx \mathrm{d}z=f'_x(x_0,y_0)\Delta x+f'_y(x_0,y_0)\Delta y \tag{9-6}$$

或

$$f(x,y)\approx f(x_0,y_0)+f'_x(x_0,y_0)(x-x_0)+f'_y(x_0,y_0)(y-y_0). \tag{9-7}$$

下面利用(9-6)、(9-7)两式求二元函数的全增量和函数值的近似值.

例 3 有一圆锥体,其半径 r 由 30 cm 增大到 30.1 cm,高 h 由 60 cm 减小到 59.5 cm,求体积增量的近似值.

解 设圆锥体的体积为 V,则有

$$V=\frac{1}{3}\pi r^2 h,$$

从而

$$\left.\frac{\partial V}{\partial r}\right|_{\substack{r=30\\h=60}}=\frac{2}{3}\pi\times30\times60=1200\pi,$$

$$\left.\frac{\partial V}{\partial h}\right|_{\substack{r=30\\h=60}}=\frac{1}{3}\pi(30)^2=300\pi.$$

又根据题意,有

$$\Delta r=0.1,\Delta h=-0.5,$$

于是由(9-6)式得

$$\Delta v\approx \mathrm{d}v=1200\pi\times0.1+300\pi\times(-0.5)=-30\pi(\mathrm{cm}^3).$$

即此圆锥体的体积约减少了 $30\pi\ \mathrm{cm}^3$.

例 4 求 $\sqrt[3]{(2.02)^2+(1.97)^2}$ 的近似值.

解 若设函数 $f(x,y)=\sqrt[3]{x^2+y^2}$,则要计算的值就是 $f(2.02,1.97)$.取 $x_0=2$,$y_0=2$,$\Delta x=0.02$,$\Delta y=-0.03$,代入(9-7)式,得

$$\begin{aligned}\sqrt[3]{(2.02)^2+(1.97)^2}&\approx f(2,2)+f'(2,2)(0.02)+f'(2,2)(-0.03)\\&=\sqrt[3]{8}+\frac{4}{3\sqrt[3]{8^2}}(0.02)+\frac{4}{3\sqrt[3]{8^2}}(-0.03)\\&=2+\frac{1}{3}\cdot(0.02)+\frac{1}{3}(-0.03)\approx1.997.\end{aligned}$$

练习

1. 求函数 $z=2x^2+3y^3$ 在点$(10,8\Big)$处当 $\Delta x=0.2$,$\Delta y=0.3$ 时的全增量及全微分.

2. 求下列函数的全微分:

(1) $z=xy+\dfrac{x}{y}$;　　(2) $u=\ln(x^2+y^2+z^2)$.

3. 设 $z=x^2y^3$,求 $\mathrm{d}z$,$\mathrm{d}z|_{(1,2)}$.

习题 9-3

1. 求 $z=x^3y^2$ 在点$(1,1)$处当 $\Delta x=0.02$,$\Delta y=-0.01$ 时的全增量及全微分的值.

2. 求下列函数的全微分:

(1) $z=x^{2y}$;　　(2) $z=(1+xy)^x$;

(3) $z=\ln\left(1+\dfrac{x}{y}\right)$.

3. 计算下列近似值：

(1) $\sqrt{(1.02)^3+(1.97)^3}$；　　　(2) $(1.04)^{2.02}$.

4. 要在高为 $H=20$ cm，半径 $R=4$ cm 的圆柱体表面均匀镀上一层厚度为 0.1 cm 的黄铜，问需要准备多少黄铜？

§9-4　多元复合函数与隐函数的微分法

一、多元复合函数的求导法则

在一元函数微分学中，复合函数求导法则是最重要的求导法则之一，它解决了很多复杂函数的求导问题.在多元函数微分学中同样如此，下面讨论二元复合函数的求导法则，对二元以上的多元函数的求导法则可类似推出.

定理　设函数 $u=\varphi(x,y)$，$v=\psi(x,y)$ 在点 (x,y) 处偏导数都存在，函数 $z=f(u,v)$ 在点 (x,y) 处的对应点 (u,v) 处可微，则复合函数 $z=f[\varphi(x,y),\psi(x,y)]$ 在点 (x,y) 处对 x 和 y 的两个偏导数都存在，且

$$\frac{\partial z}{\partial x}=\frac{\partial z}{\partial u}\cdot\frac{\partial u}{\partial x}+\frac{\partial z}{\partial v}\cdot\frac{\partial v}{\partial x},$$

$$\frac{\partial z}{\partial y}=\frac{\partial z}{\partial u}\cdot\frac{\partial u}{\partial y}+\frac{\partial z}{\partial v}\cdot\frac{\partial v}{\partial y}. \tag{9-8}$$

证明　函数 $z=f(u,v)$ 与 $u=\varphi(x,y)$，$v=\psi(x,y)$ 的复合函数 $z=f[\varphi(x,y),\psi(x,y)]$ 是 x,y 的二元函数，固定 y 不变，x 有增量 Δx，则 u,v 有相应的偏增量 $\Delta_x u$，$\Delta_x v$，从而 $z=f(u,v)$ 有全增量 Δz.由于 $z=f(u,v)$ 在点 (u,v) 处可微，由可微的定义，有

$$\Delta z=\frac{\partial z}{\partial u}\Delta_x u+\frac{\partial z}{\partial v}\Delta_x v+o(\rho),$$

其中 $\rho=\sqrt{(\Delta_x u)^2+(\Delta_x v)^2}$.上式两端同除以 Δx，得

$$\frac{\Delta z}{\Delta x}=\frac{\partial z}{\partial u}\cdot\frac{\Delta_x u}{\Delta x}+\frac{\partial z}{\partial v}\cdot\frac{\Delta_x v}{\Delta x}+\frac{o(\rho)}{\Delta x}.$$

因为函数 $u=\varphi(x,y)$，$v=\psi(x,y)$ 在点 (x,y) 处偏导数都存在，又一元函数可导必连续，所以

$$\lim_{\Delta x\to 0}\Delta_x u=0,\ \lim_{\Delta x\to 0}\Delta_x v=0,\text{且}\lim_{\Delta x\to 0}\rho=0.$$

同时，有

$$\lim_{\Delta x\to 0}\frac{\Delta_x u}{\Delta x}=\frac{\partial u}{\partial x},\ \lim_{\Delta x\to 0}\frac{\Delta_x v}{\Delta x}=\frac{\partial v}{\partial x}.$$

又因为

$$\begin{aligned}\lim_{\Delta x\to 0}\left(\frac{o(\rho)}{\Delta x}\right)^2&=\lim_{\Delta x\to 0}\left[\left(\frac{o(\rho)}{\rho}\right)^2\cdot\frac{\rho^2}{(\Delta x)^2}\right]=\lim_{\Delta x\to 0}\left(\frac{o(\rho)}{\rho}\right)^2\cdot\lim_{\Delta x\to 0}\frac{(\Delta_x u)^2+(\Delta_x v)^2}{(\Delta x)^2}\\&=\left[\lim_{\Delta\rho\to 0}\frac{o(\rho)}{\rho}\right]^2\cdot\left[\left(\frac{\partial u}{\partial x}\right)^2+\left(\frac{\partial v}{\partial x}\right)^2\right]=0,\end{aligned}$$

故 $$\lim_{\Delta x\to 0}\frac{o(\rho)}{\Delta x}=0.$$

于是 $$\lim_{\Delta x\to 0}\frac{\Delta z}{\Delta x}=\lim_{\Delta x\to 0}\left(\frac{\partial z}{\partial u}\cdot\frac{\Delta_x u}{\Delta x}+\frac{\partial z}{\partial v}\cdot\frac{\Delta_x v}{\Delta x}+\frac{o(\rho)}{\Delta x}\right)$$

$$=\lim_{\Delta x\to 0}\left(\frac{\partial z}{\partial u}\cdot\frac{\Delta_x u}{\Delta x}\right)+\lim_{\Delta x\to 0}\left(\frac{\partial z}{\partial v}\cdot\frac{\Delta_x v}{\Delta x}\right)+\lim_{\Delta x\to 0}\left(\frac{o(\rho)}{\Delta x}\right)$$

$$=\frac{\partial z}{\partial u}\cdot\frac{\partial u}{\partial x}+\frac{\partial z}{\partial v}\cdot\frac{\partial v}{\partial x},$$

即 $$\frac{\partial z}{\partial x}=\frac{\partial z}{\partial u}\cdot\frac{\partial u}{\partial x}+\frac{\partial z}{\partial v}\cdot\frac{\partial v}{\partial x}.$$

同理可证

$$\frac{\partial z}{\partial y}=\frac{\partial z}{\partial u}\cdot\frac{\partial u}{\partial y}+\frac{\partial z}{\partial v}\cdot\frac{\partial v}{\partial y}.$$

(9-8)式可推广到两个以上中间变量的情形.例如,有三个中间变量的情形:设 $z=f(u,v,w)$,而 $u=\varphi(x,y)$,$v=\psi(x,y)$,$w=\omega(x,y)$,则

$$\frac{\partial z}{\partial x}=\frac{\partial z}{\partial u}\cdot\frac{\partial u}{\partial x}+\frac{\partial z}{\partial v}\cdot\frac{\partial v}{\partial x}+\frac{\partial z}{\partial w}\cdot\frac{\partial w}{\partial x},$$

$$\frac{\partial z}{\partial y}=\frac{\partial z}{\partial u}\cdot\frac{\partial u}{\partial y}+\frac{\partial z}{\partial v}\cdot\frac{\partial v}{\partial y}+\frac{\partial z}{\partial w}\cdot\frac{\partial w}{\partial y}.$$

(9-8)式也可用到下面几种特殊情形.

(1) 在只有一个变量的情形,我们有所谓的全导数概念及其求导公式.例如,设 $z=f(u,v)$,而 $u=u(t)$,$v=v(t)$,则复合函数 $z=f[u(t),v(t)]$只是一个自变量 t 的函数,这个复合函数对 t 的导数$\frac{\mathrm{d}z}{\mathrm{d}t}$称为全导数,且有公式

$$\frac{\mathrm{d}z}{\mathrm{d}t}=\frac{\partial z}{\partial u}\cdot\frac{\mathrm{d}u}{\mathrm{d}t}+\frac{\partial z}{\partial v}\cdot\frac{\mathrm{d}v}{\mathrm{d}t}.\tag{9-9}$$

(2) 只有一个中间变量的情形.例如,设 $z=f(u,y)$,而 $u=u(x,y)$,则复合函数 $z=f[u(x,y),y]$对自变量 x,y 的偏导数为

$$\frac{\partial z}{\partial x}=\frac{\partial f}{\partial u}\cdot\frac{\partial u}{\partial x},$$

$$\frac{\partial z}{\partial y}=\frac{\partial f}{\partial u}\cdot\frac{\partial u}{\partial y}+\frac{\partial f}{\partial y}.\tag{9-10}$$

这里相当于定理中 $v=y$ 的特殊情形.

必须指出,(9-10)式中$\frac{\partial z}{\partial y}$与$\frac{\partial f}{\partial y}$是不同的:$\frac{\partial z}{\partial y}$把复合函数 $z=f\left[\varphi(x,y),y\right]$中的 x 看成不变,u 是 y 的函数,而对 y 求偏导数,但$\frac{\partial f}{\partial y}$是把 $z=f(u,y)$中的 u 看作不变而对 y 求偏导数.

例 1 设 $z=\mathrm{e}^u\sin v$,而 $u=2xy$,$v=x^2+y$,求$\frac{\partial z}{\partial x}$和$\frac{\partial z}{\partial y}$.

解 根据复合函数求导法则,有

$$\frac{\partial z}{\partial x}=\frac{\partial z}{\partial u}\cdot\frac{\partial u}{\partial x}+\frac{\partial z}{\partial v}\cdot\frac{\partial v}{\partial x}=\mathrm{e}^{u}\sin v\cdot 2y+\mathrm{e}^{u}(\cos v)\cdot 2x$$

$$=2\mathrm{e}^{2xy}[y\sin(x^2+y)+x\cos(x^2+y)].$$

例 2 设 $z=x^2+\sin y$,而 $x=\cos t$,$y=t^3$,求 $\frac{\mathrm{d}z}{\mathrm{d}t}$.

解 $\frac{\mathrm{d}z}{\mathrm{d}t}=\frac{\partial z}{\partial x}\cdot\frac{\partial x}{\partial t}+\frac{\partial z}{\partial y}\cdot\frac{\partial y}{\partial t}=2x(-\sin t)+(\cos t)\cdot 3t^2=-\sin 2t+3t^2\cos t^3$.

例 3 设 $z=f(x,u)=(x+1)\sin u$,而 $u=x+2y$,求 $\frac{\partial z}{\partial x}$ 和 $\frac{\partial z}{\partial y}$.

解 $\frac{\partial z}{\partial x}=\frac{\partial f}{\partial x}+\frac{\partial f}{\partial u}\cdot\frac{\partial u}{\partial x}=\sin u+(x+1)\cos u=\sin(x+2y)+(x+1)\cos(x+2y)$,

$\frac{\partial z}{\partial y}=\frac{\partial f}{\partial u}\cdot\frac{\partial u}{\partial y}=(x+1)\cos u\cdot 2=2(x+1)\cos(x+2y)$.

例 4 设 $z=f(x,y,u,v)=(x+y)^u\cdot v$,而 $u=x-y$,$v=2y$,求 $\frac{\partial z}{\partial y}$.

解
$$\frac{\partial z}{\partial y}=\frac{\partial f}{\partial y}+\frac{\partial f}{\partial u}\cdot\frac{\partial u}{\partial y}+\frac{\partial f}{\partial v}\cdot\frac{\partial v}{\partial y}$$

$$=u(x+y)^{u-1}\cdot v+(x+y)^u[\ln(x+y)]\cdot v(-1)+(x+y)^u\cdot 2$$

$$=2(x+y)^{x-y-1}[y(x-y)-y(x+y)+x+y].$$

二、隐函数的求导

与一元函数的概念类同,我们把由方程 $F(x,y,z)=0$ 所确定的函数 $z=f(x,y)$ 叫做二元隐函数,这个隐函数也可以不经过显化而直接由方程 $F(x,y,z)=0$ 来确定它的偏导数.

由于

$$F(x,y,f(x,y))\equiv 0,$$

其左端可以看做是 x,y 的一个复合函数,恒等式两端分别求对 x 和对 y 的偏导数,即得

$$\frac{\partial F}{\partial x}+\frac{\partial F}{\partial z}\cdot\frac{\partial z}{\partial x}=0,$$

$$\frac{\partial F}{\partial y}+\frac{\partial F}{\partial z}\cdot\frac{\partial z}{\partial y}=0,$$

从而当 $F_z\neq 0$ 时,有

$$\frac{\partial z}{\partial x}=-\frac{F_x}{F_z},\quad \frac{\partial z}{\partial y}=-\frac{F_y}{F_z}. \tag{9-11}$$

这就是二元隐函数求偏导数的公式.

例 5 求由方程 $\mathrm{e}^z-xyz=0$ 所确定的隐函数 z 的偏导数.

解 令 $F(x,y,z)=\mathrm{e}^z-xyz$,则

$$\frac{\partial F}{\partial x}=-yz,\frac{\partial F}{\partial y}=-xz,\frac{\partial F}{\partial z}=\mathrm{e}^z-xy,$$

所以
$$\frac{\partial z}{\partial x}=-\frac{F_x}{F_z}=-\frac{-yz}{e^z-xy}=\frac{yz}{e^z-xy},$$
$$\frac{\partial z}{\partial y}=-\frac{F_y}{F_z}=-\frac{-xz}{e^z-xy}=\frac{xz}{e^z-xy}.$$

练习

1. 设 $z=\arctan(xy)$，$y=e^x$，求$\frac{dz}{dx}$.

2. 设 $z=u^2v-uv^2$，$u=x\cos y$，$v=x\sin y$，求$\frac{\partial z}{\partial x}$，$\frac{\partial z}{\partial y}$.

3. 证明：可微函数 $z=\varphi(x^2+y^2)$满足 $y\frac{\partial z}{\partial x}-x\frac{\partial z}{\partial y}=0$.

习题 9-4

1. 设 $z=u^2-v$，$u=\sin x$，$v=e^x$，求$\frac{\partial z}{\partial x}$.

2. 设 $z=e^u\sin v$，$u=xy$，$v=x+y$，求$\frac{\partial z}{\partial x}$，$\frac{\partial z}{\partial y}$.

3. 设 $z=uv+\sin t$，而 $u=e^t$，$v=\cos t$，求$\frac{dz}{dt}$.

4. 求由下列方程所确定的隐函数 z 的偏导数：

(1) $yz^3-xz^4+z^5=1$；　　(2) $\sin z=x^2yz$.

5. 设 $z=xy+xF(u)$，而 $u=\frac{y}{x}$，$F(u)$为可导函数，证明：
$$x\frac{\partial z}{\partial x}+\frac{\partial z}{\partial y}=z+xy.$$

6. 设 $z=2\cos^2 u$，而 $u=x-\frac{y}{2}$，证明：
$$\frac{\partial^2 z}{\partial x\partial y}+2\frac{\partial^2 z}{\partial y^2}=0.$$

§ 9-5 二重积分的概念与性质

【问题引入】 **例 1** 曲顶柱体的体积.

所谓曲顶柱体是指：以 xOy 平面上的有界闭区域 D 为底，以 D 的边界线为准线，而母线平行于 z 轴的柱面为侧面，以定义在 D 上的二元连续函数所表示的曲面 Σ 为顶围成的柱体(图 9-5).

我们已知平顶柱体的体积公式为
$$\text{体积}=\text{高}\times\text{底面积}.$$

设曲顶柱体的顶是曲面 $z=f(x,y)(f(x,y)\geqslant 0)$，如何计算曲顶柱体的体积呢？我们可以采用类似于求曲边梯形面积的方法来求曲顶柱体体积.下面讨论曲顶柱体的体积 V 的计算方法(图 9-5).

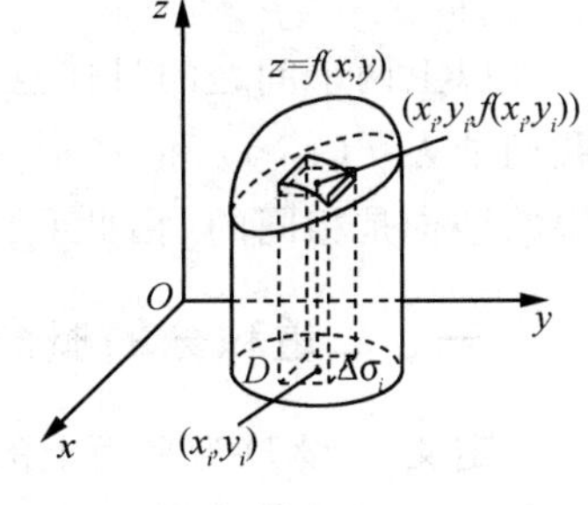

图 9-5

(1) 分割.

用网线把区域 D 分成除边界外无公共部分的 n 个微小子区域 $\Delta\sigma_1,\Delta\sigma_2,\cdots,\Delta\sigma_n$，并用 $\Delta\sigma_i(i=1,2,\cdots,n)$ 表示第 i 个子区域的面积. 以每个子区域 $\Delta\sigma_i$ 为底的小曲顶柱体，它们的体积分别记为 $\Delta V_i(i=1,2,\cdots,n)$，于是所要求的曲顶柱体体积为

$$V=\sum_{i=1}^{n}\Delta V_i.$$

(2) 取近似值.

在每个子区域 $\Delta\sigma_i$ 上任取一点 (ξ_i,η_i)，用以 $f(\xi_i,\eta_i)$ 为高、$\Delta\sigma_i$ 为底的平顶柱体体积作为 ΔV_i 的近似值，即

$$\Delta V_i\approx f(\xi_i,\eta_i)\cdot\Delta\sigma_i\quad(i=1,2,\cdots,n).$$

(3) 求和.

将这些微小曲顶柱体体积的近似值加起来，得到整个曲顶柱体体积 V 的近似值，即

$$V=\sum_{i=1}^{n}\Delta V_i\approx\sum_{i=1}^{n}f(\xi_i,\eta_i)\cdot\Delta\sigma_i.$$

(4) 取极限.

当对区域 D 分割越细密时，和式 $\sum\limits_{i=1}^{n}f(\xi_i,\eta_i)\cdot\Delta\sigma_i$ 就越接近于体积 V. 为了得到 V 的精确值，现令 n 个小区域 $\Delta\sigma_i$ 的直径 λ_i 中的最大值 λ 趋于零时，上述和式的极限就为所求的曲顶柱体体积. 即

$$V=\lim_{\lambda\to 0}\sum_{i=1}^{n}f(\xi_i,\eta_i)\cdot\Delta\sigma_i.$$

例 2　非均匀平面薄片的质量.

设一平面薄片占有 xOy 平面上的闭区域 D，它在 D 上点 (x,y) 处的面密度为二元函数 $\mu(x,y)$，且在 D 上连续，求此薄片的质量 m(图 9-6).

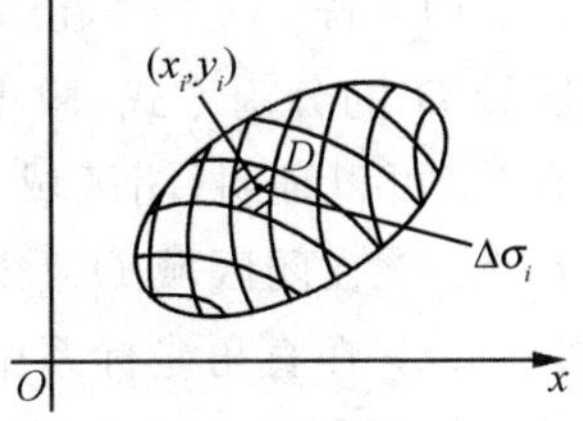

图 9-6

用类似例 1 的方法.

将平面区域 D 细分.在每一微小子区域 $\Delta\sigma_i$ 上任取一点 (ξ_i,η_i)，以面密度为 $\mu(\xi_i,\eta_i)$ 和面积为 $\Delta\sigma_i$ 的均匀薄片的质量，作为子区域 $\Delta\sigma_i$ 上薄片质量的近似值，即

$$\Delta m_i\approx\mu(\xi_i,\eta_i)\cdot\Delta\sigma_i(i=1,2,\cdots,n),$$

得 m 的近似值

$$m=\sum_{i=1}^{n}\Delta m_i\approx\sum_{i=1}^{n}\mu(\xi_i,\eta_i)\cdot\Delta\sigma_i.$$

当 $\Delta\sigma_i$ 的直径中最大值 λ 趋于零时，上述和式的极限就是非均匀平面薄片的质量

$$m=\lim_{\lambda\to 0}\sum_{i=1}^{n}\mu(\xi_i,\eta_i)\cdot\Delta\sigma_i.$$

以上两个问题的具体意义尽管不相同，但是解决问题的思想方法却是相同的. 如果我们抽去 $f(x,y)$ 和 $\mu(x,y)$ 的具体含义，只考虑二元函数通过上述步骤所得的和式极限的结构是相同的. 由此我们引入二重积分的概念.

一、二重积分的概念

定义 设 D 为平面上的有界闭区域，二元函数 $z=f(x,y)$ 在 D 上有定义且有界. 将 D 任意分割成 n 个子区域

$$\Delta\sigma_1,\Delta\sigma_2,\cdots,\Delta\sigma_n,$$

其中 $\Delta\sigma_i$ 表示第 i 个子区域，同时也表示它的面积. 在每个子区域 $\Delta\sigma_i$ 上任取一点 $(\xi_i,\eta_i)(i=1,2,\cdots,n)$ 并作和式

$$\sum_{i=1}^{n}f(\xi_i,\eta_i)\cdot\Delta\sigma_i.$$

如果当各子区域的直径中的最大值 λ 趋于零时，上述和式的极限存在，则称此极限值为函数 $f(x,y)$ 在 D 上的二重积分，记作 $\iint\limits_D f(x,y)\mathrm{d}\sigma$，即

$$\iint\limits_D f(x,y)\mathrm{d}\sigma=\lim_{\lambda\to 0}\sum_{i=1}^{n}f(\xi_i,\eta_i)\cdot\Delta\sigma_i.$$

其中 $f(x,y)$ 称为被积函数，$f(x,y)\mathrm{d}\sigma$ 称为被积表达式，$\mathrm{d}\sigma$ 称为面积元素，x 与 y 称为积分变量，D 称为积分区域.

由二重积分的定义，可将上段讨论的曲顶柱体体积及非均匀平面薄片质量分别表示为

$$V=\iint\limits_D f(x,y)\mathrm{d}\sigma;$$

$$m=\iint\limits_D \mu(x,y)\mathrm{d}\sigma.$$

关于二重积分的定义，我们作出下面三点说明：

(1) 若 $f(x,y)$ 在 D 上的二重积分存在，亦称 $f(x,y)$ 在 D 上可积，此时积分值与对区域 D 的分割方式、微小区域上的点选取无关，而只与被积函数 $f(x,y)$ 及积分区域 D 有关. 可以证明，闭区域 D 上连续函数 $f(x,y)$ 必可积. 今后如不特别声明，我们总假定 $f(x,y)$ 在闭区域 D 上连续.

(2) 在直角坐标系中，我们用平行于坐标轴的直线划分积分区域(图 9-7)，于是面积元素

$$\Delta\sigma=\Delta x\cdot\Delta y$$

因此在直角坐标系中，把面积元素 $\mathrm{d}\sigma$ 记作 $\mathrm{d}x\mathrm{d}y$，这样

$$\iint\limits_D f(x,y)\mathrm{d}\sigma=\iint\limits_D f(x,y)\mathrm{d}x\mathrm{d}y.$$

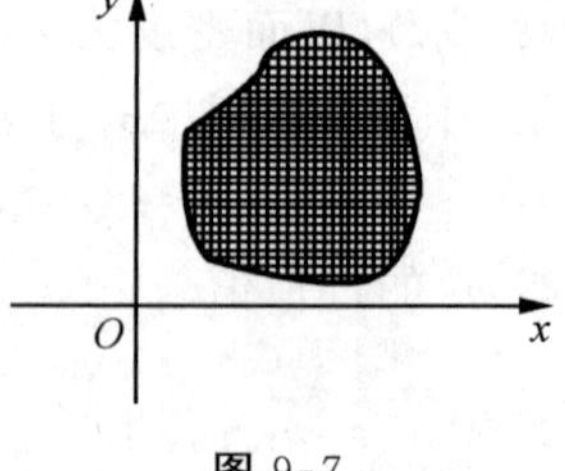

图 9-7

(3) 二重积分是个极限值，它是一个数值，其大小只与被

积函数 $f(x,y)$ 及积分区域 D 有关，而与积分变量的记号无关.即有

$$\iint_D f(x,y)\mathrm{d}x\mathrm{d}y=\iint_D f(\rho,\varphi)\mathrm{d}\rho\mathrm{d}\varphi=\iint_D f(s,t)\mathrm{d}s\mathrm{d}t.$$

二、二重积分的性质

从二重积分的定义可以看出，二重积分与定积分在本质上是一样的，因此定积分的许多性质都可以迁移到二重积分上来，其证明方法也类似(证明从略).

性质 1　常数因子可以从积分里提出来. 即

$$\iint_D kf(x,y)\mathrm{d}\sigma=k\iint_D f(x,y)\mathrm{d}\sigma\quad(k\text{ 为常数}).$$

性质 2　函数和、差的积分等于各个函数积分的和、差. 即

$$\iint_D[f(x,y)\mp g(x,y)]\mathrm{d}\sigma=\iint_D f(x,y)\mathrm{d}\sigma\mp\iint_D g(x,y)\mathrm{d}\sigma.$$

性质 3　如果闭区域 D 被有限条曲线分为有限个部分区域，则在 D 上的二重积分等于在各部分区域上的二重积分的和.

例如，当 D 分为两个区域 D_1 和 D_2 时(图 9-8)，有

$$\iint_D f(x,y)\mathrm{d}\sigma=\iint_{D_1} f(x,y)\mathrm{d}\sigma+\iint_{D_2} f(x,y)\mathrm{d}\sigma.$$

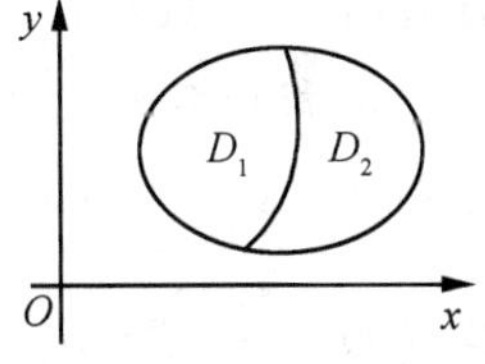

图 9-8

这个性质表明二重积分对于积分区域具有可加性.

性质 4　如果在区域 D 上有 $f(x,y)=1$，σ 为 D 的面积，则

$$\iint_D 1\mathrm{d}\sigma=\iint_D \mathrm{d}\sigma=\sigma.$$

这个性质的几何意义表示，高为 1 的平顶柱体的体积在数值上就等于柱体的底面积. 依据这个性质，可利用二重积分计算平面图形的面积.

性质 5　若在 D 上，$f(x,y)\leqslant g(x,y)$，则

$$\iint_D f(x,y)\mathrm{d}\sigma\leqslant\iint_D g(x,y)\mathrm{d}\sigma.$$

特别地，由于

$$-|f(x,y)|\leqslant f(x,y)\leqslant|f(x,y)|,$$

从而有

$$\left|\iint_D f(x,y)\mathrm{d}\sigma\right|\leqslant\iint_D|f(x,y)|\mathrm{d}\sigma.$$

性质 6　设 M，m 分别是 $f(x,y)$ 在闭区域 D 上的最大值和最小值，σ 是 D 的面积，则

$$m\cdot\sigma\leqslant\iint_D f(x,y)\mathrm{d}\sigma\leqslant M\cdot\sigma.$$

上述不等式是对于二重积分估值的不等式，性质 6 也称为二重积分的估值定理.

性质 7（二重积分的中值定理）　设 $f(x,y)$ 在闭区域 D 上连续，σ 是 D 的面积，则 D 上至少存在一点 (ξ,η)，使得

$$\iint_D f(x,y)\mathrm{d}\sigma=f(\xi,\eta)\cdot\sigma,(\xi,\eta)\in D.$$

练习

1. 设有一带电平板位于 xOy 平面上，占有区域 D，其上分布有密度为 $\mu(x,y)$ 的电荷，且 $\mu(x,y)$ 在 D 上连续，试用二重积分表示出该平板上全部电荷 Q.

2. 试叙述二重积分的几何意义.

习题 9-5

1. 用二重积分表示出旋转抛物面 $z=2-x^2-y^2$，柱面 $x^2+y^2=1$ 与 xOy 面所围立体的体积.

2. 利用二重积分的性质，比较下列积分的大小：

(1) $\iint\limits_D (x+y)^2 \mathrm{d}x\mathrm{d}y$ 与 $\iint\limits_D (x+y)^3 \mathrm{d}x\mathrm{d}y$，其中 D 由 x 轴、y 轴及直线 $x+y=1$ 围成.

(2) $\iint\limits_D \ln(x+y)\mathrm{d}x\mathrm{d}y$ 与 $\iint\limits_D [\ln(x+y)]^2 \mathrm{d}x\mathrm{d}y$，其中 D 是三角形区域，三顶点坐标分别为 $A(1,0)$，$B(1,1)$，$C(2,0)$.

3. 利用二重积分的性质，估计二重积分

$$\iint\limits_D (x+y)\mathrm{d}x\mathrm{d}y,$$

其中 D 是矩形区域：$0 \leqslant x \leqslant 1, 0 \leqslant y \leqslant 2$ 的积分值.

§ 9-6　二重积分的计算方法

本节根据二重积分的几何意义来说明化二重积分为二次积分的计算方法.

一、直角坐标系下二重积分的计算

设区域 D 是由直线 $x=a, x=b(a<b)$ 和曲线 $y=\varphi_1(x), y=\varphi_2(x)(\varphi_1(x)<\varphi_2(x))$ 所围成，其中 $\varphi_1(x), \varphi_2(x)$ 在 $[a,b]$ 上连续. 即积分区域 D 可用不等式 $\varphi_1(x) \leqslant y \leqslant \varphi_2(x), a \leqslant x \leqslant b$ 表示，这样的区域 D 称为 x- 型区域(图 9-9).

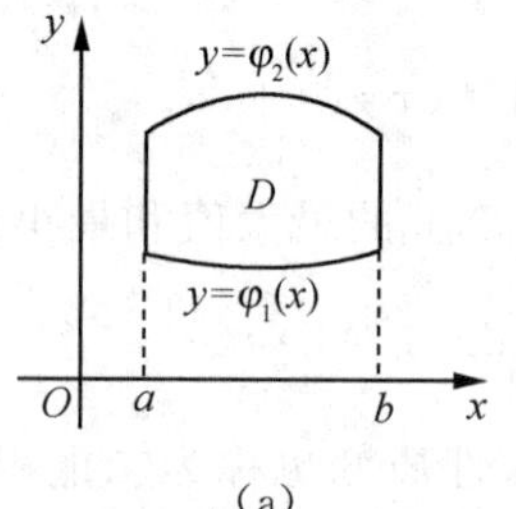

(a)

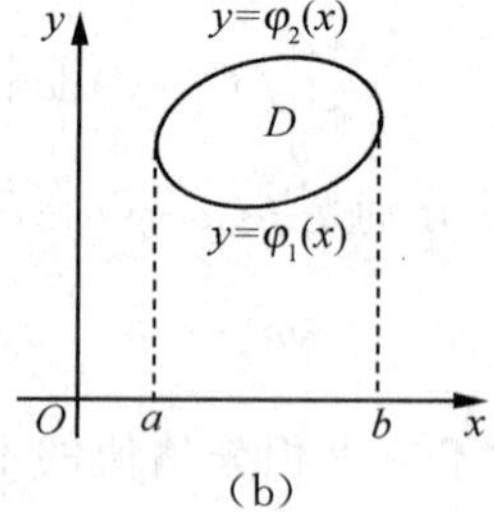

(b)

图 9-9

对于二重积分$\iint\limits_D f(x,y)\mathrm{d}x\mathrm{d}y$，一方面由几何意义可知，当 $z=f(x,y)(f(x,y)\geqslant 0)$ 时，其在数值上等于以 $z=f(x,y)$ 为顶的曲顶柱体的体积，即$V=\iint\limits_D f(x,y)\mathrm{d}x\mathrm{d}y$.另一方面，由定积分的知识可知，如果用垂直于 x 轴的平面去截曲顶柱体，设所得的截面（图 9-10 阴影部分）的面积为 $A(x)(a<x<b)$，那么曲顶柱体的体积为

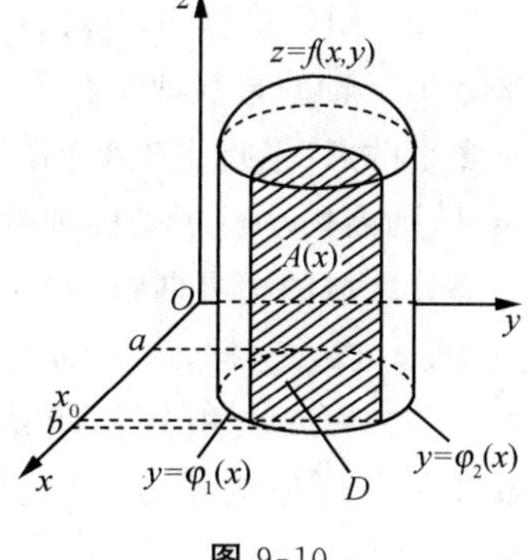

图 9-10

$$V=\int_a^b A(x)\mathrm{d}x.$$

由图可见，对固定的 $x(a<x<b)$，$A(x)$ 是一个以区间$[\varphi_1(x),\varphi_2(x)]$为底，以 $z=f(x,y)$（对固定的 x，它是 y 的一元函数）为曲边的曲边梯形的面积，即

$$A(x)=\int_{\varphi_1(x)}^{\varphi_2(x)} f(x,y)\mathrm{d}y.$$

从而曲顶柱体的体积为

$$V=\int_a^b A(x)\mathrm{d}x=\int_a^b\left[\int_{\varphi_1(x)}^{\varphi_2(x)} f(x,y)\mathrm{d}y\right]\mathrm{d}x.$$

于是
$$\iint\limits_D f(x,y)\mathrm{d}x\mathrm{d}y=\int_a^b\left[\int_{\varphi_1(x)}^{\varphi_2(x)} f(x,y)\mathrm{d}y\right]\mathrm{d}x.$$

上式右端的积分称为先对 y 后对 x 的二次积分. 在对 y 积分时，把 x 看作常量，然后将所得的结果，再对 x 积分. 这个二次积分简记为

$$\int_a^b\mathrm{d}x\int_{\varphi_1(x)}^{\varphi_2(x)} f(x,y)\mathrm{d}y\ ,$$

即

$$\iint\limits_D f(x,y)\mathrm{d}x\mathrm{d}y=\int_a^b\mathrm{d}x\int^{\varphi_2(x)\,\varphi_1(x)} f(x,y)\mathrm{d}y. \tag{9-12}$$

类似地，如果积分区域 D 可表示为 $\psi_1(y)\leqslant x\leqslant \psi_2(y),c\leqslant y\leqslant d$. 其中 $\psi_1(y)$，$\psi_2(y)$ 都在区间$[c,d]$上连续，这样的区域 D 称为 y- 型区域（图 9-11）.则

$$\iint\limits_D f(x,y)\mathrm{d}x\mathrm{d}y=\int_c^d\mathrm{d}y\int_{\psi_1(y)}^{\psi_2(y)} f(x,y)\mathrm{d}x. \tag{9-13}$$

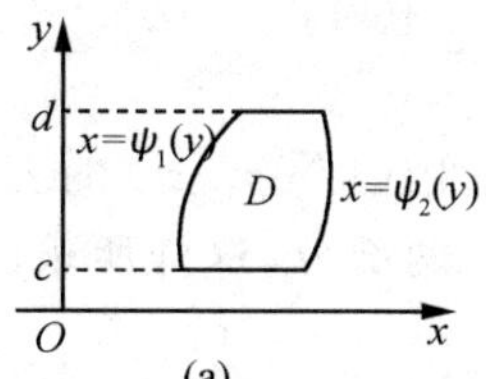

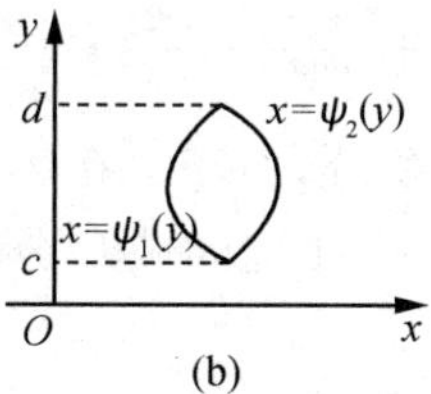

图 9-11

上式右端是先对 x 后对 y 的二次积分.如果积分区域 D 既可表示为 $\varphi_1(x)\leqslant y\leqslant \varphi_2(x),a\leqslant x\leqslant b$，又可表示为 $\psi_1(y)\leqslant x\leqslant \psi_2(y),c\leqslant y\leqslant d$，则

$$\iint\limits_D f(x,y)\mathrm{d}x\mathrm{d}y=\int_a^b\mathrm{d}x\int^{\varphi_2(x)\,\varphi_1(x)} f(x,y)\mathrm{d}y=\int_c^d\mathrm{d}y\int_{\psi_1(y)}^{\psi_1(y)} f(x,y)\mathrm{d}x.$$

化二重积分为二次积分时，需注意以下几点：

(1) 二次积分的下限必需小于上限.

(2) 用公式(9-12)或(9-13)时，要求积分区域 D 必需满足：平行于 y 轴的直线或平行于 x 轴的直线与 D 的边界曲线的交点不多于两点(平行于坐标轴的边界曲线段除外).如果不满足这个条件，则需用平行于坐标轴的直线把 D 分成若干个小区域，使每一部分区域的边界曲线与平行于坐标轴的直线相交都不多于两点(图 9-12)，这样，D 上的积分便化成每个小区域上积分的和.

图 9-12

(3) 用二次积分来计算二重积分的关键问题是：根据被积函数和积分区域的特点，确定使计算较方便的积分次序和相应的积分上、下限.

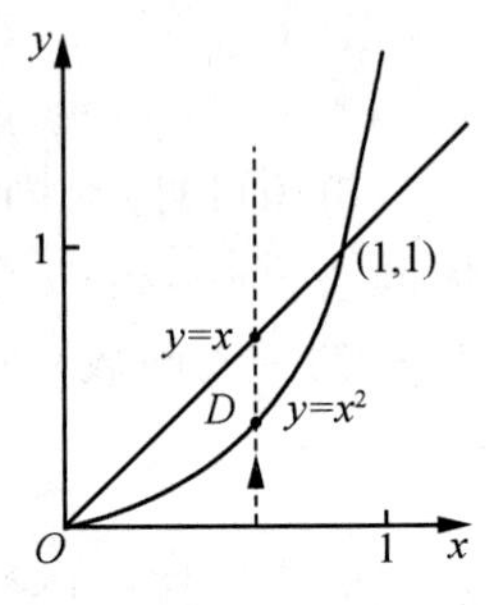

图 9-13

例 1 计算二重积分 $\iint\limits_D xy\,dx\,dy$，其中 D 由直线 $y=x$ 与抛物线 $y=x^2$ 围成.

解 作出区域 D 的草图(图 9-13).

方法 1 若先对 y 后对 x 积分，即将 D 表示为 x- 型区域，则

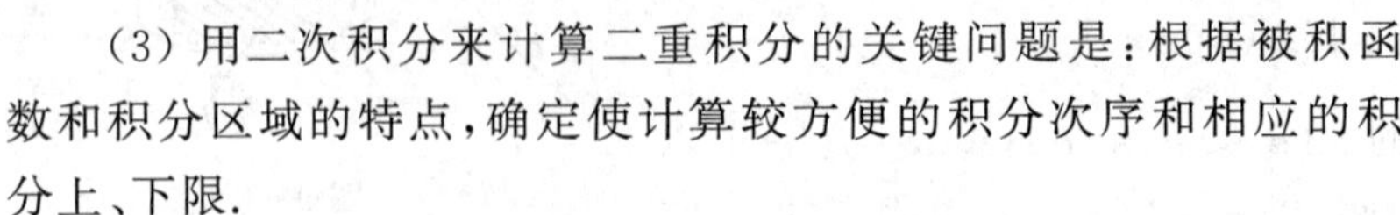

$$\iint\limits_D xy\,dx\,dy=\int_0^1 dx\int_{x^2}^{x} xy\,dy=\int_0^1 x\left[\frac{1}{2}y^2\right]_{x^2}^{x}dx=\frac{1}{2}\int_0^1(x^3-x^5)\,dx=\frac{1}{24}.$$

方法 2 若先对 x 后对 y 积分，即把 D 表示为 y- 型区域，则有

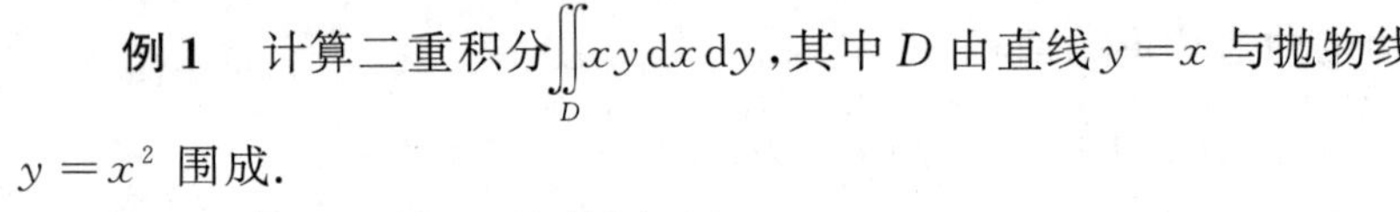

$$\iint\limits_D xy\,dx\,dy=\int_0^1 dy\int_{y}^{\sqrt{y}} xy\,dx=\int_0^1 y\left[\frac{1}{2}x^2\right]_{y}^{\sqrt{y}}dy=\frac{1}{2}\int_0^1(y^2-y^3)\,dy=\frac{1}{24}.$$

显然，此题无论先对 y 后对 x 积分，还是先对 x 后对 y 积分，其难易程度相当.

例 2 计算二重积分 $\iint\limits_D xy\,dx\,dy$，其中 D 是由抛物线 $y^2=x$ 及直线 $y=x-2$ 所围成的区域.

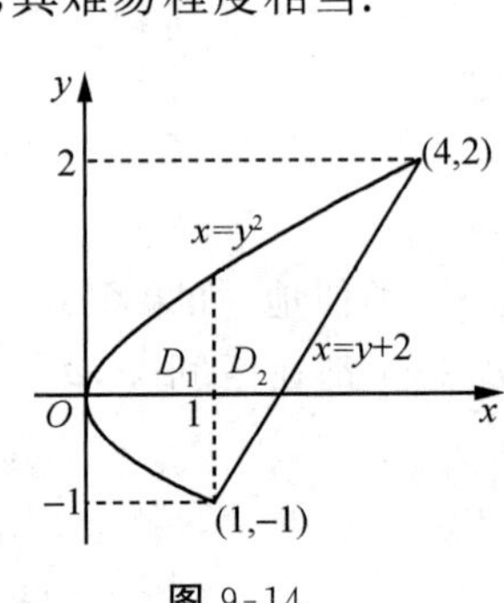

图 9-14

解 作出区域 D 的草图(图 9-14).若先对 x 后对 y 积分，即把 D 表示为 y- 型区域，则

$$\iint\limits_D xy\,dx\,dy=\int_{-1}^{2}dy\int_{y^2}^{y+2}xy\,dx=\int_{-1}^{2}\frac{1}{2}(4y+4y^2+y^3-y^5)\,dy$$

$$=\frac{1}{2}\left(2y^2+\frac{4}{3}y^3+\frac{1}{4}y^4-\frac{1}{6}y^6\right)\Bigg|_{-1}^{2}=\frac{45}{8}.$$

若先对 y 后对 x 积分，由于 x 在区间 $[0,4]$ 上变化时，$\varphi_1(x)$ 的表达式不一样，因此要用平行于 y 轴的直线 $x=1$ 把区域 D 分成 D_1 和 D_2 两部分，这样所求的二重积分就化成两个二次积分之和.即

$$\iint\limits_D xy\,dx\,dy=\int_0^1 dx\int_{-\sqrt{x}}^{\sqrt{x}}xy\,dy+\int_1^4 dx\int_{x-2}^{\sqrt{x}}xy\,dy=\frac{45}{8}.$$

由此可见，采用先对 y 后对 x 的积分次序计算较简单.

例 3 计算 $\iint\limits_D y\sqrt{1+x^2-y^2}\,d\sigma$，其中 D 是直线 $y=x$、$x=-1$ 和 $y=1$ 所围成的闭区域.

解　D 既是 x- 型区域，又是 y- 型区域(图 9-15)，显然利用 x- 型区域方法简单，于是

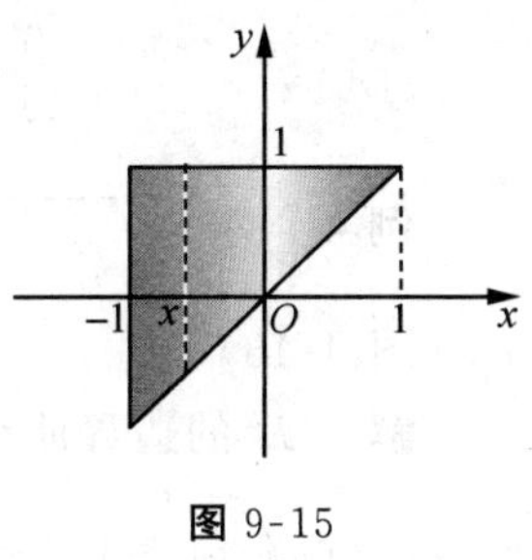

图 9-15

$$
\begin{aligned}
I &= \int_{-1}^{1}\left[\int_{x}^{1} y\sqrt{1+x^{2}-y^{2}}\,\mathrm{d}y\right]\mathrm{d}x \\
&= -\frac{1}{3}\int_{-1}^{1}\left[(1+x^{2}-y^{2})^{\frac{3}{2}}\right]_{x}^{1}\mathrm{d}x \\
&= -\frac{1}{3}\int_{-1}^{1}(|x|^{3}-1)\,\mathrm{d}x \\
&= -\frac{2}{3}\int_{0}^{1}(x^{3}-1)\,\mathrm{d}x = \frac{1}{2}.
\end{aligned}
$$

综合上述各例可以看出，在计算二重积分时，必须适当选择积分次序，选得不好，积分计算可能很繁，甚至不能计算下去，因此，读者要注意掌握这一重要技巧.

二、极坐标系下二重积分的计算

有些二重积分，其积分区域 D 的边界曲线用极坐标方程来表示比较方便，且被积函数用极坐标变量 r,θ 表示比较简单时，我们可以在极坐标下计算二重积分 $\iint\limits_{D} f(x,y)\,\mathrm{d}x\mathrm{d}y$.

我们知道，二重积分的值只与被积函数和积分区域有关，而与区域 D 的分法是无关的，因此，在极坐标下，我们用一族圆心在极点的同心圆和一族过极点的射线将 D 分割成小区域(图 9-16)，其中小闭区域的面积 $\Delta\sigma$ 可近似看成是一个边长为 Δr 和 $r\cdot\Delta\theta$ 的小矩形，故

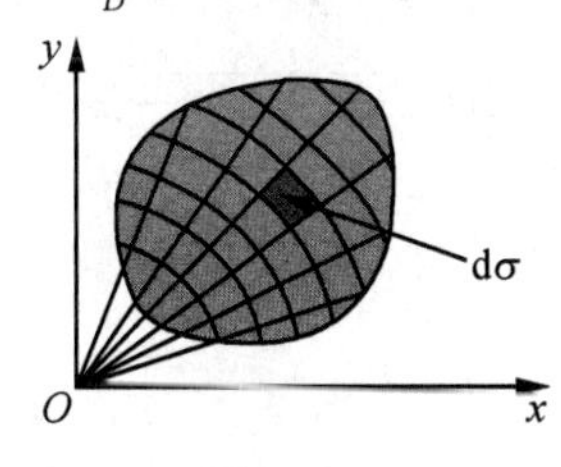

图 9-16

$$\Delta\sigma \approx r\cdot\Delta r\cdot\Delta\theta,$$

因此在极坐标系中，面积元素为

$$\mathrm{d}\sigma = r\,\mathrm{d}r\,\mathrm{d}\theta.$$

由于平面上点的直角坐标与极坐标之间有关系式

$$\begin{cases} x = r\cos\theta, \\ y = r\sin\theta, \end{cases}$$

于是

$$\iint\limits_{D} f(x,y)\,\mathrm{d}\sigma = \iint\limits_{D} f(x,y)\,\mathrm{d}x\,\mathrm{d}y = \iint\limits_{D} f(r\cos\theta, r\sin\theta)\,r\,\mathrm{d}r\,\mathrm{d}\theta. \tag{9-14}$$

若积分区域(图 9-17) 可表示成

$$\{(r,\theta)\mid \varphi_1(\theta)\leqslant r\leqslant \varphi_2(\theta), \alpha\leqslant\theta\leqslant\beta\},$$

则有

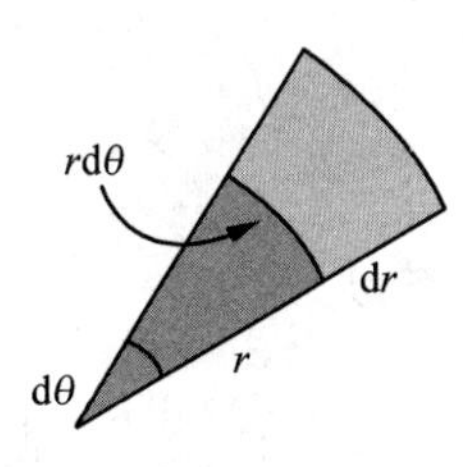

图 9-17

$$\iint\limits_{D} f(x,y)\,\mathrm{d}x\,\mathrm{d}y = \int_{\alpha}^{\beta}\mathrm{d}\theta\int^{\varphi_2(\theta)\,\varphi_1(\theta)} f(r\cos\theta, r\sin\theta)\,r\,\mathrm{d}r.$$

特别地，若积分区域可以表示成

$$\{(r,\theta)\mid 0\leqslant r\leqslant \varphi(\theta), 0\leqslant\theta\leqslant 2\pi\},$$

则

$$\iint\limits_D f(x,y)\mathrm{d}x\mathrm{d}y=\int_0^{2\pi}\mathrm{d}\theta\int_0^{\varphi(\theta)}f(r\cos\theta,r\sin\theta)r\mathrm{d}r.$$

例 4 求$\iint\limits_D\sqrt{x^2+y^2}\mathrm{d}x\mathrm{d}y$,其中$D=\{(x,y)\mid x^2+y^2\leqslant x\}$.(图 9-18)

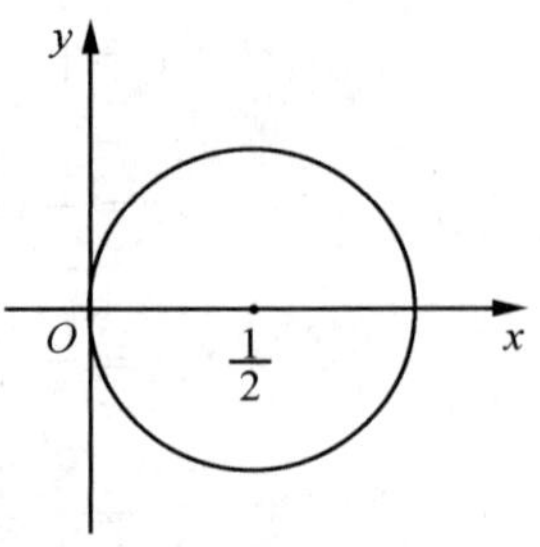

图 9-18

解 D的边界曲线$x^2+y^2=x$,化为极坐标方程为$r=\cos\theta$,极点在边界上,令$r=0$,由$\cos\theta=0$得$\theta=\pm\frac{\pi}{2}$,从而D:
$\begin{cases}-\frac{\pi}{2}\leqslant\theta\leqslant\frac{\pi}{2},\\0\leqslant r\leqslant\cos\theta,\end{cases}$所以

$$\iint\limits_D\sqrt{x^2+y^2}\mathrm{d}x\mathrm{d}y=\int_{-\frac{\pi}{2}}^{\frac{\pi}{2}}\mathrm{d}\theta\int_0^{\cos\theta}r^2\mathrm{d}r=\frac{1}{3}\int_{-\frac{\pi}{2}}^{\frac{\pi}{2}}\cos^3\theta\mathrm{d}\theta=\frac{4}{9}.$$

例 5 求$\iint\limits_D(\sqrt{x^2+y^2}-xy)\mathrm{d}x\mathrm{d}y$,其中$D$是由$y=\sqrt{1-x^2}$和$x$轴所围的半圆形区域.(图 9-19)

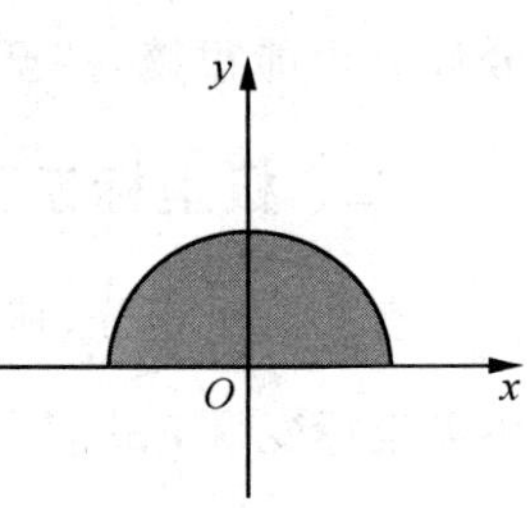

图 9-19

解 D:$0\leqslant\theta\leqslant\pi,0\leqslant r\leqslant 1$.于是

$$\begin{aligned}\iint\limits_D(\sqrt{x^2+y^2}-xy)\mathrm{d}x\mathrm{d}y&=\int_0^{\pi}\mathrm{d}\theta\int_0^1(r-r^2\sin\theta\cos\theta)\cdot r\mathrm{d}r\\&=\int_0^{\pi}\left[\frac{r^3}{3}-\frac{r^4}{4}\cos\theta\sin\theta\right]_0^1\mathrm{d}\theta\\&=\int_0^{\pi}\left(\frac{1}{3}-\frac{1}{8}\sin2\theta\right)\mathrm{d}\theta=\frac{\pi}{3}+\left[\frac{\cos2\theta}{16}\right]_0^1=\frac{\pi}{3}.\end{aligned}$$

例 6 计算$\iint\limits_D(x^2+y^2)\mathrm{d}x\mathrm{d}y$,其中$D$为曲线$x^2+y^2=2y$,$x^2+y^2=4y$及直线$x-\sqrt{3}y=0$,$y-\sqrt{3}x=0$所围成的平面闭区域.(图 9-20)

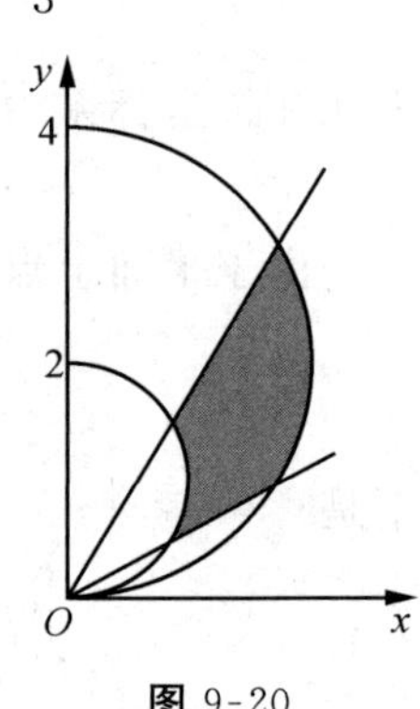

图 9-20

解 因为

$$x^2+y^2=2y\Rightarrow r=2\sin\theta,$$
$$x^2+y^2=4y\Rightarrow r=4\sin\theta,$$
$$y-\sqrt{3}x=0\Rightarrow\theta_2=\frac{\pi}{3},$$
$$x-\sqrt{3}y=0\Rightarrow\theta_1=\frac{\pi}{6},$$

所以

$$\iint\limits_D(x^2+y^2)\mathrm{d}x\mathrm{d}y=\int_{\frac{\pi}{6}}^{\frac{\pi}{3}}\mathrm{d}\theta\int_{2\sin\theta}^{4\sin\theta}r^2\cdot r\mathrm{d}r=15\left(\frac{\pi}{2}-\sqrt{3}\right).$$

1. 计算二重积分$\iint\limits_D(x+y)\mathrm{d}x\mathrm{d}y$,其中$D$:$0\leqslant x\leqslant 1,0\leqslant y\leqslant 1$.

2. 计算二重积分$\iint\limits_{D}\sqrt{x^2+y^2}\,\mathrm{d}x\mathrm{d}y$，其中$D$：$x^2+y^2\leqslant 1$.

习题 9-6

1. 按两种不同的积分次序，把二重积分$\iint\limits_{D}f(x,y)\mathrm{d}x\mathrm{d}y$化为二次积分，其中积分区域$D$是：

(1) 由直线$x+y=1$，$x-y=1$，$x=0$所围成的区域；

(2) 由直线$y=x$及抛物线$y^2=4x$所围成的区域.

2. 画出积分区域，并计算下列二重积分：

(1) $\iint\limits_{D}(x+2y)\mathrm{d}x\mathrm{d}y$，其中$D$是矩形区域：$-1\leqslant x\leqslant 1$，$0\leqslant y\leqslant 2$；

(2) $\iint\limits_{D}x\sin y\,\mathrm{d}x\mathrm{d}y$，其中$D$是矩形区域：$1\leqslant x\leqslant 2$，$0\leqslant y\leqslant \dfrac{\pi}{2}$；

(3) $\iint\limits_{D}x\sqrt{y}\,\mathrm{d}x\mathrm{d}y$，其中$D$是两条抛物线$y=\sqrt{x}$，$y=x^2$所围成的闭区域；

(4) $\iint\limits_{D}y\,\mathrm{d}x\mathrm{d}y$，其中$D$是圆域$x^2+y^2\leqslant a^2$在第一象限的部分.

3. 改变下列二次积分的次序，并写出极坐标系下的二次积分：

(1) $\int_0^1\mathrm{d}x\int_x^{1+\sqrt{1-x^2}}f(x,y)\mathrm{d}y$；

(2) $\int_0^1\mathrm{d}x\int_0^{x^2}f(x,y)\mathrm{d}y+\int_1^2\mathrm{d}x\int_0^{\sqrt{2x-x^2}}f(x,y)\mathrm{d}y$.

4. 将二重积分$\iint\limits_{D}f(\sqrt{x^2+y^2})\mathrm{d}x\mathrm{d}y$在极坐标系下化为二次积分，其中$D$由不等式$x\leqslant x^2+y^2\leqslant 2x$及$y\geqslant 0$确定.

5. 计算下列二次积分：

(1) $\int_0^1\mathrm{d}x\int_0^{\sqrt{x}}\mathrm{e}^{-\frac{y^2}{2}}\mathrm{d}y$；　　(2) $\int_0^1\mathrm{d}x\int_{x^2}^{x}\dfrac{\mathrm{d}y}{\sqrt{x^2+y^2}}$.

本章内容小结

一、本章主要内容

本章在学习了向量代数及空间解析几何的基础上，介绍了多元函数微分学的有关内容.其中主要有：二元函数的极限与连续，多元函数偏导数的概念及计算，高阶偏导数，多元复合函数与隐函数的微分法，偏导数的几何应用，多元函数的极值和最值.

1. 二重积分

(1) 定义：$$\iint\limits_D f(x,y)\mathrm{d}x\mathrm{d}y=\lim_{\lambda\to 0}\sum_{i=1}^{n}f(\xi_i,\eta_i)\cdot\Delta\sigma_i.$$

(2) 几何意义：曲顶柱体的体积.

(3) 性质：

① 被积函数中的常数因子可提到积分符号外面；

② 代数和的积分等于各相应积分的代数和；

③ 整个区域上的积分等于各部分小区域上积分之和；

④ 当被积函数为 1 时，其积分值等于积分区域的面积；

⑤ 估值定理：函数在某区域上的积分值，介于此函数在该区域上的最小值和最大值与该区域面积乘积之间；

⑥ 中值定理：函数在某区域上的积分等于被积函数在该区域上某点处的函数值与该区域面积之积.

2. 二重积分的计算公式

(1) 设积分区域可由 $D:\varphi_1(x)\leqslant y\leqslant\varphi_2(x),a\leqslant x\leqslant b$ 表示，则
$$\iint\limits_D f(x,y)\mathrm{d}x\mathrm{d}y=\int_a^b\mathrm{d}x\int^{\varphi_2(x)\,\varphi_1(x)}f(x,y)\mathrm{d}y.$$

(2) 设积分区域可由 $D:\psi_1(y)\leqslant x\leqslant\psi_2(y),c\leqslant y\leqslant d$ 表示，则
$$\iint\limits_D f(x,y)\mathrm{d}x\mathrm{d}y=\int_c^d\mathrm{d}y\int_{\psi_1(y)}^{\psi_2(y)}f(x,y)\mathrm{d}x.$$

(3) 设积分区域可由 $D:r_1(\theta)\leqslant r\leqslant r_2(\theta),\alpha\leqslant\theta\leqslant\beta$ 表示，则
$$\iint\limits_D f(x,y)\mathrm{d}x\mathrm{d}y=\iint\limits_D f(r\cos\theta,r\sin\theta)\cdot r\mathrm{d}r\mathrm{d}\theta=\int_\alpha^\beta\mathrm{d}\theta\int_{r_1(\theta)}^{r_2(\theta)}f(r\cos\theta,r\sin\theta)\cdot r\mathrm{d}r.$$

二、知识结构

多元函数微分学中几个概念之间的关系可用下图表示：

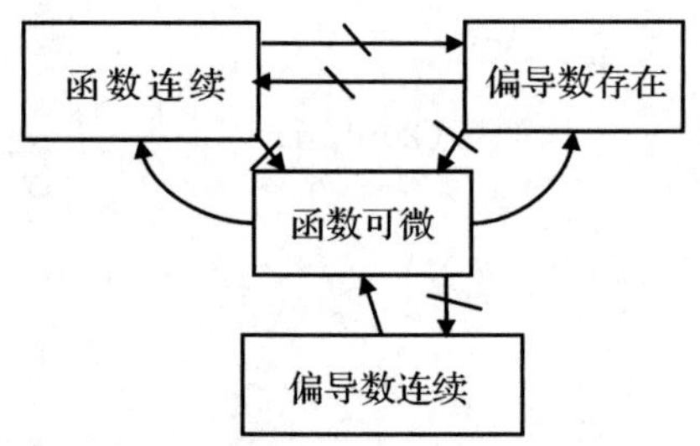

二重积分
- 概念（定义、几何意义、性质）
- 计算
  - 直角坐标系
  - 极坐标系
- 应用（面积、体积、质量、曲面面积、重心、转动惯量）

复习题九

一、选择题.

1. 设 $u=e^{-\frac{xz}{y^2}}$,则 $\frac{\partial u}{\partial z}=$ ( )

A. $-e^{-\frac{xz}{y^2}}$ B. $-xe^{-\frac{xz}{y^2}}$ C. $-\frac{x}{y^2}e^{-\frac{xz}{y^2}}$ D. $\frac{x}{y^2}e^{-\frac{xz}{y^2}}$

2. 二元函数 $z=f(x,y)$ 在点(x_0,y_0)处可导(偏导数存在)与可微的关系是 ( )

A. 可导必可微 B. 可导一定不可微

C. 可微不一定可导 D. 可微必可导

3. 函数 $f(x,y)=\begin{cases}\frac{xy}{x^2+y^2}, & (x,y)\neq(0,0),\\ 0, & \text{其他}\end{cases}$ 在点$(0,0)$处 ( )

A. 连续,偏导数存在 B. 连续,偏导数不存在

C. 不连续,偏导数存在 D. 不连续,偏导数不存在

4. 函数 $u=8x^2y^2-2y+4x+6z$ 在原点沿向量 $\boldsymbol{a}=\{2,3,1\}$ 方向的方向导数为 ( )

A. $-\frac{8}{\sqrt{14}}$ B. $\frac{8}{\sqrt{14}}$ C. $\frac{3}{\sqrt{14}}$ D. $-\frac{3}{\sqrt{14}}$

5. 对于函数 $z=xy$,原点$(0,0)$ ( )

A. 不是驻点 B. 是驻点但非极值点

C. 是驻点且为极小值点 D. 是驻点且为极大值点

6. 对于方程 $xy-z\ln y+e^{xz}=1$,根据隐函数存在定理,存在点$(0,1,1)$的一个邻域,在此邻域内该方程 ( )

A. 只能确定一个具有连续偏导数的隐函数 $z=z(x,y)$

B. 可确定两个具有连续偏导数的隐函数 $y=y(x,z)$ 和 $z=z(x,y)$

C. 可确定两个具有连续偏导数的隐函数 $x=x(y,z)$ 和 $z=z(x,y)$

D. 可确定两个具有连续偏导数的隐函数 $x=x(y,z)$ 和 $y=y(x,z)$

7. 曲线 $\begin{cases}x^2+y^2+z^2=3,\\ x-y+z=1\end{cases}$ 在点$(1,1,1)$处的切向量 $\boldsymbol{\tau}=$ ( )

A. $(1,1,1)$ B. $(1,0,-1)$ C. $(1,-1,1)$ D. $(1,1,-1)$

二、填空题.

1. 已知 $f\left(x+y,\frac{y}{x}\right)=x^2-y^2$,则 $f(x,y)=$________.

2. $\lim\limits_{\substack{x\to0\\ y\to0}}\frac{\sqrt{xy+1}-1}{\sin(xy)}=$________.

3. 设 $z=\arctan\frac{x+y}{1-xy}$,则 $\frac{\partial^2 z}{\partial x\partial y}=$________.

4. 设函数 $z=\arctan\dfrac{y}{x}$，则 $\mathrm{d}z=$ ________.

5. 由方程 $xyz+\sqrt{x^2+y^2+z^2}=\sqrt{2}$ 确定的函数 $z=z(x,y)$ 在点 $(1,0,-1)$ 处的全微分 $\mathrm{d}z=$ ________.

6. 设函数 $z=z(x,y)$ 由函数 $\dfrac{x}{z}=\ln\dfrac{z}{y}$ 确定，则 $\dfrac{\partial z}{\partial x}=$ ________.

7. 球面 $x^2+y^2+z^2=6$ 在点 $(1,2,1)$ 处的切平面方程为 ________.

8. 函数 $f(x,y)=(6x-x^2)(4y-y^2)$ 的极值点是 ________.

9. 当函数 $f(x,y)$ 在有界闭区域 D 上 ________ 时，$f(x,y)$ 在 D 上的二重积分必存在.

10. 设 D 为圆形闭区域 $x^2+y^2\leqslant 4$，则 $\iint\limits_D \mathrm{d}\sigma=$ ________.

11. 改变积分次序：

(1) $\int_0^2 \mathrm{d}x\int_x^{2x} f(x,y)\mathrm{d}y=$ ________；

(2) $\int_0^4 \mathrm{d}x\int_{3x^2}^{12x} f(x,y)\mathrm{d}y=$ ________；

(3) $\int_0^1 \mathrm{d}x\int_0^{x^2} f(x,y)\mathrm{d}y+\int_1^2 \mathrm{d}x\int_0^{2-x} f(x,y)\mathrm{d}y=$ ________.

三、计算题.

1. 设函数 $z=f(2x-y,y\sin x)$，求 $\dfrac{\partial^2 z}{\partial x\partial y}$.

2. 设 $z=f(u,x,y)$，$u=x\mathrm{e}^y$，其中 f 具有连续的二阶偏导数，求 $\dfrac{\partial^2 z}{\partial x\partial y}$.

3. $f(x,y)$ 具有一阶连续偏导数，$f(1,1)=1$，$f'_x(1,1)=a$，$f'_y(1,1)=b$，设

$$\varphi(x)=f\{x,f[x,f(x,x)]\},$$

求 $\varphi(1)$，$\varphi'(1)$.

4. 由方程 $F\left(x+\dfrac{z}{y},y+\dfrac{z}{x}\right)=0$ 所确定，其中 F 为可微函数，求 $x\dfrac{\partial z}{\partial x}+y\dfrac{\partial z}{\partial y}$.

四、利用二重积分的性质估计二重积分：

$$I=\iint\limits_D (x+y+1)\mathrm{d}\sigma$$

的值，其中 D 是矩形闭区域：$0\leqslant x\leqslant 1$，$0\leqslant y\leqslant 2$.

五、计算下列积分的值：

1. $\iint\limits_D (3x+2y)\mathrm{d}\sigma$，其中 D 是由两坐标轴及直线 $x+y=2$ 所围成的闭区域.

2. 已知 $I=\iint\limits_D (x^2+y^2-x)\mathrm{d}\sigma$，先写出该二重积分的两个二次积分，然后求其值，其中 D 是由直线 $y=2$，$y=x$ 及 $y=2x$ 所围成的闭区域.

3. $\iint\limits_D \mathrm{e}^{x+y}\mathrm{d}\sigma$，$D=\{(x,y)\mid |x|+|y|\leqslant 1\}$.

4. $\iint\limits_D \frac{\sin y}{y} d\sigma$，$D$ 由 $y=x$，$x=0$，$y=\frac{\pi}{2}$，$y=\pi$ 围成.

六、利用极坐标计算下列各题：

1. $\iint\limits_D \sin\sqrt{x^2+y^2}\, d\sigma$，$D$：$x^2+y^2\leqslant 1$.

2. $\iint\limits_D \arctan\frac{y}{x} d\sigma$，$D$：$1\leqslant x^2+y^2\leqslant 4$，$y\geqslant 0$，$y\leqslant x$.

3. $\iint\limits_D |x^2+y^2-2|\, dx\, dy$，$D=\{(x,y)\mid x^2+y^2\leqslant 3\}$.

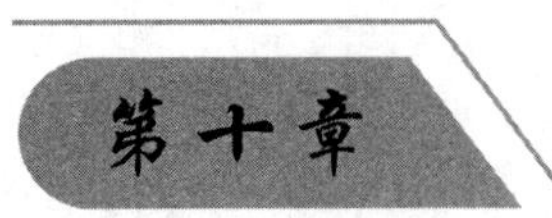

第十章 无穷级数

§ 10-1 常数项级数

一、数项级数的基本概念

定义 1 设给定一个数列$\{u_n\}$:$u_1,u_2,u_3,\cdots,u_n,\cdots$,则式子

$$\sum_{n=1}^{\infty}u_n \tag{10-1}$$

称为常数项无穷级数,简称**数项级数**.其中第 n 项称为级数(10-1)的一般项或通项.

例如:

$$\sum_{n=1}^{\infty}\frac{1}{2^n}=\frac{1}{2}+\frac{1}{4}+\cdots+\frac{1}{2^n}+\cdots,$$

$$\sum_{n=1}^{\infty}\frac{(-1)^{n-1}}{n}=1-\frac{1}{2}+\frac{1}{3}+\cdots+\frac{(-1)^{n-1}}{n}+\cdots,$$

$$\sum_{n=1}^{\infty}\sin\frac{n}{2}\pi=1+0-1+0+\cdots+\sin\frac{n}{2}\pi+\cdots$$

都是数项级数.

我们知道,有限个数的和一定存在,但级数(10-1)是无限多个数相加,那么它的和是什么?又怎样来确定呢?下面借助于极限这个工具来实现有限个数的和到无限多个数和的转化.

设级数(10-1)前 n 项之和是 S_n,即

$$S_n=u_1+u_2+\cdots+u_n,$$

称为级数(10-1)的前 n 项部分和.当 n 依次取 $1,2,3,\cdots$时,得到一个新的数列

$$S_1=u_1,S_2=u_1+u_2,\cdots,S_n=u_1+u_2+\cdots+u_n,\cdots.$$

数列$\{S_n\}$称为级数(10-1)的部分和数列. 由此可见,$u_n=S_n-S_{n-1}$,级数(10-1)与其部分和数列一一对应.

定义 2 如果级数(10-1)的部分和数列$\{S_n\}$的极限存在,即

$$\lim_{n\to\infty}S_n=S(S\text{ 为常数}),$$

则称级数(10-1)收敛,并称极限值 S 为级数(10-1)的和,记作

$$S=\sum_{n=1}^{\infty}u_n=u_1+u_2+u_3+\cdots+u_n+\cdots;$$

如果部分和数列$\{S_n\}$的极限不存在,则称级数(10-1)发散,发散级数的和不存在.

当级数收敛时,$r_n=u_{n+1}+u_{n+2}+\cdots=\sum\limits_{i=n+1}^{\infty}u_i$ 称为级数的余项,也就是用 S_n 代替 S

所产生的误差. 显然,级数收敛的充分必要条件是$\lim\limits_{n\to\infty}r_n=0$.

例 1　讨论几何级数

$$\sum_{n=0}^{\infty}aq^n=a+aq+aq^2+\cdots+aq^n+\cdots \tag{10-2}$$

的敛散性($a\neq 0$).

解　如果 $q\neq 1$,则前 n 项部分和 $S_n=a+aq+aq^2+\cdots+aq^{n-1}=\dfrac{a(1-q^n)}{1-q}$.

(1) 当$|q|<1$ 时,$\lim\limits_{n\to\infty}S_n=\lim\limits_{n\to\infty}\dfrac{a(1-q^n)}{1-q}=\dfrac{a}{1-q}$;

(2) 当$|q|>1$ 时,$\lim\limits_{n\to\infty}S_n=\lim\limits_{n\to\infty}\dfrac{a(1-q^n)}{1-q}=\infty$;

(3) 当 $q=1$ 时,$\lim\limits_{n\to\infty}S_n=\lim\limits_{n\to\infty}na=\infty$;

(4) 当 $q=-1$ 时,$\lim\limits_{n\to\infty}S_n=a+(-a)+a+\cdots+(-1)^{n-1}a=\begin{cases}0, n\text{ 是偶数},\\ a, n\text{ 是奇数}.\end{cases}$

综合上述讨论可知

$$\sum_{n=0}^{\infty}aq^n=\begin{cases}\dfrac{a}{1-q}, & |q|<1,\\ \infty, & |q|>1,\\ \infty, & q=1,\\ \text{不存在}, & q=-1.\end{cases}$$

即当$|q|<1$ 时,几何级数(10-2)收敛,其和为$\dfrac{a}{1-q}$;当$|q|\geqslant 1$ 时,几何级数(10-2)发散.

例 2　判别级数 $\sum\limits_{n=1}^{\infty}\dfrac{1}{1+2+3+\cdots+n}$ 的敛散性.

解　由 $1+2+\cdots+n=\dfrac{n(n+1)}{2}$,得

$$u_n=\frac{2}{n(n+1)}=2\left(\frac{1}{n}-\frac{1}{n+1}\right).$$

因此部分和

$$\begin{aligned}S_n&=2\left[\frac{1}{1\times 2}+\frac{1}{2\times 3}+\cdots+\frac{1}{n(n+1)}\right]\\&=2\left[\left(1-\frac{1}{2}\right)+\left(\frac{1}{2}-\frac{1}{3}\right)+\cdots+\left(\frac{1}{n}-\frac{1}{n+1}\right)\right]=2\left(1-\frac{1}{n+1}\right).\end{aligned}$$

而

$$\lim_{n\to\infty}S_n=\lim_{n\to\infty}\left[2\left(1-\frac{1}{n+1}\right)\right]=2,$$

所以,级数 $\sum\limits_{n=1}^{\infty}\dfrac{1}{1+2+3+\cdots+n}$ 收敛,其和为 2.

例 3　证明调和级数 $\sum\limits_{n=1}^{\infty}\dfrac{1}{n}$ 是发散的.

证明　由于当 $x>0$ 时,$x>\ln(1+x)$,故级数 $\sum\limits_{n=1}^{\infty}\dfrac{1}{n}$ 的前 n 项部分和

$$S_n=1+\frac{1}{2}+\frac{1}{3}+\cdots+\frac{1}{n}>\ln(1+1)+\ln\left(1+\frac{1}{2}\right)+\ln\left(1+\frac{1}{3}\right)+\cdots+\ln\left(1+\frac{1}{n}\right)$$

$$=\ln2+\ln\frac{3}{2}+\ln\frac{4}{3}+\cdots+\ln\frac{n+1}{n}=\ln(n+1).$$

从而有$\lim\limits_{n\to\infty}S_n\geqslant\lim\limits_{n\to\infty}\ln(1+n)=+\infty$，所以调和级数 $\sum\limits_{n=1}^{\infty}\frac{1}{n}$ 是发散的.

二、数项级数的基本性质

性质 1　若级数 $\sum\limits_{n=1}^{\infty}u_n$ 收敛，k 为任意常数，则级数 $\sum\limits_{n=1}^{\infty}ku_n$ 也收敛，且

$$\sum_{n=1}^{\infty}ku_n=k\sum_{n=1}^{\infty}u_n.$$

性质 2　若级数 $\sum\limits_{n=1}^{\infty}u_n$ 和 $\sum\limits_{n=1}^{\infty}v_n$ 都收敛，则级数 $\sum\limits_{n=1}^{\infty}(u_n\pm v_n)$ 也收敛，且

$$\sum_{n=1}^{\infty}(u_n\pm v_n)=\sum_{n=1}^{\infty}u_n\pm\sum_{n=1}^{\infty}v_n.$$

性质 3（级数收敛的必要条件）　若级数 $\sum\limits_{n=1}^{\infty}u_n$ 收敛，则 $\lim\limits_{n\to\infty}u_n=0$.

证明　设 $\sum\limits_{n=1}^{\infty}u_n=S$，则 $\lim\limits_{n\to\infty}S_n=\lim\limits_{n\to\infty}S_{n-1}=S$，由于 $S_n=S_{n-1}+u_n$，从而 $u_n=S_n-S_{n-1}$，则

$$\lim_{n\to\infty}u_n=\lim_{n\to\infty}(S_n-S_{n-1})=\lim_{n\to\infty}S_n-\lim_{n\to\infty}S_{n-1}=S-S=0.$$

这一性质告诉我们，如果级数的一般项的极限不趋于零，即 $\lim\limits_{n\to\infty}u_n\neq0$，则级数 $\sum\limits_{n=1}^{\infty}u_n$ 发散.

注意　$\lim\limits_{n\to\infty}u_n=0$ 并不是级数收敛的充分条件，有些级数虽然一般项趋于零，但仍然是发散的，如调和级数 $\sum\limits_{n=1}^{\infty}\frac{1}{n}$，它的一般项的极限 $\lim\limits_{n\to\infty}u_n=\lim\limits_{n\to\infty}\frac{1}{n}=0$，但它是发散的.

性质 4　加上、去掉或改变级数 $\sum\limits_{n=1}^{\infty}u_n$ 的有限项，级数的敛散性不变，但对于收敛的级数其和要改变.

性质 5　对收敛级数的项加括号后所成的级数仍然收敛，且其和不变.

应该指出，性质 5 的逆命题是不成立的，即一个级数加括号后所得的新级数收敛，原级数未必收敛.例如，级数

$$[1+(-1)]+[1+(-1)]+\cdots+[1+(-1)]+\cdots$$

收敛于零，但原级数

$$1+(-1)+1+\cdots+(-1)+1+\cdots$$

却是发散的.

由性质 5 可得到如下结论：若加括号后所得到的级数发散，则原级数也发散.

例 4　判别下列级数的敛散性：

(1) $\sum\limits_{n=1}^{\infty}\frac{n}{3n+1}$；　(2) $\sum\limits_{n=1}^{\infty}\frac{3+(-1)^n}{2^n}$；　(3) $\sum\limits_{n=1}^{\infty}\left(\frac{n-1}{n}\right)^n$.

解　(1) 因为$\lim\limits_{n\to\infty}u_n=\lim\limits_{n\to\infty}\frac{n}{3n+1}=\frac{1}{3}\neq 0$,所以由性质 3,级数$\sum\limits_{n=1}^{\infty}\frac{n}{3n+1}$发散.

(2) 由几何级数的敛散性知,级数$\sum\limits_{n=1}^{\infty}\frac{(-1)^n}{2^n}\left(|q|=\frac{1}{2}<1\right)$收敛,再由性质 1 知级数$\sum\limits_{n=1}^{\infty}\frac{3}{2^n}$亦收敛. 由性质 2,级数$\sum\limits_{n=1}^{\infty}\frac{3+(-1)^n}{2^n}$收敛.

(3) 因为

$$\lim_{n\to\infty}u_n=\lim_{n\to\infty}\left(1-\frac{1}{n}\right)^n=\lim_{n\to\infty}\left[\left(1+\frac{1}{-n}\right)^{-n}\right]^{-1}=\mathrm{e}^{-1}\neq 0,$$

所以由性质 3,级数$\sum\limits_{n=1}^{\infty}\left(\frac{n-1}{n}\right)^n$发散.

练习 1

1. 研究级数与研究数列的区别及联系是什么?
2. 讨论下列级数的敛散性:

(1) $\sum\limits_{n=1}^{\infty}(\sqrt{n+1}-\sqrt{n})$;　　(2) $\sum\limits_{n=1}^{\infty}\cos\frac{1}{n}$;　　(3) $\sum\limits_{n=1}^{\infty}\left[\frac{3}{4^n}+\frac{(-1)^n}{3^n}\right]$.

习题 10-1

1. 写出下列级数的前 5 项部分和:

(1) $\sum\limits_{n=1}^{\infty}\frac{3}{2n+1}$;　　(2) $\sum\limits_{n=1}^{\infty}\left(\frac{n+1}{n}\right)^n$;

(3) $\sum\limits_{n=1}^{\infty}(-1)^n\left(\frac{1}{3^n}+\frac{1}{n^3}\right)$;　　(4) $\sum\limits_{n=1}^{\infty}\frac{n!}{n^n}$.

2. 用定义判别下列级数的敛散性:

(1) $\frac{1}{2}+\frac{1}{5}+\frac{1}{10}+\frac{1}{17}+\cdots$;　　(2) $\sum\limits_{n=1}^{\infty}(\sqrt{n^3+1}-\sqrt{n^3-1})$;

(3) $\sum\limits_{n=1}^{\infty}\frac{1}{n^{1+\frac{1}{n}}}$;　　(4) $\sum\limits_{n=1}^{\infty}\frac{\ln n}{n^2}$.

3. 用性质判定下列级数的敛散性,若收敛求出其和:

(1) $\sum\limits_{n=1}^{\infty}\left[\frac{1}{n(n+1)}+\frac{1}{2^n}\right]$;　　(2) $\sum\limits_{n=1}^{\infty}\frac{1}{1+2+\cdots+n}$;

(3) $\sum\limits_{n=1}^{\infty}\frac{n-1}{3^n}$;　　(4) $\sum\limits_{n=1}^{\infty}2^n\sin\frac{\pi}{2^n}$.

§ 10-2　数项级数的审敛法

对于一个级数,首先要知道它是收敛的还是发散的,才能进行相关的运算;否则可能引出荒谬的结论. 例如,按下列运算过程

$$S=\sum_{n=1}^{\infty}3^n=1+3+9+27+\cdots=1+3(1+3+9+\cdots)=1+3\sum_{n=1}^{\infty}3^n,$$

我们可以得到 $S=-\frac{1}{2}$.显然这个结论是错误的，问题出在哪里呢？就是因为这个级数是发散的. 因此，对于级数的敛散性问题，一定要慎重对待. 但利用级数敛散性的定义及性质来判别级数的敛散性往往是比较困难的. 下面将建立比较方便地判别级数敛散性的审敛法. 首先给出判别正项级数的审敛法，再给出交错级数的绝对收敛和条件收敛.

一、正项级数及审敛法

定义 1 若级数 $\sum_{n=1}^{\infty}u_n$ 满足 $u_n\geqslant 0(n=1,2,\cdots)$，则级数 $\sum_{n=1}^{\infty}u_n$ 称为**正项级数**.

正项级数的特点是它的前 n 项之和数列 S_n 是一个单调增加数列：$S_1\leqslant S_2\leqslant S_3\leqslant\cdots$. 由极限存在准则(单调有界数列必有极限)可知，判定正项级数是否收敛，只要看 S_n 是否有界.如果 S_n 有上界，那么 S_n 有极限，从而级数收敛，如果 S_n 无上界，那么 S_n 无极限，从而级数发散；反之亦成立. 但通过直接计算 S_n 来研究正项级数 $\sum_{n=1}^{\infty}u_n$ 的敛散性是有一定难度的，一般是把它与另一收敛的正项级数 $\sum_{n=1}^{\infty}v_n$ 作比较，来决定 S_n 是否有界，从而判定级数 $\sum_{n=1}^{\infty}u_n$ 是否收敛.由此可得下面的定理.

定理 1(比较判别法) 设有两个正项级数 $\sum_{n=1}^{\infty}u_n$ 和 $\sum_{n=1}^{\infty}v_n$，且 $u_n\leqslant v_n(n\geqslant N,N\in\mathbf{N}_+)$.

(1) 若级数 $\sum_{n=1}^{\infty}v_n$ 收敛，则级数 $\sum_{n=1}^{\infty}u_n$ 也收敛；

(2) 若级数 $\sum_{n=1}^{\infty}u_n$ 发散，则级数 $\sum_{n=1}^{\infty}v_n$ 也发散.

定理中 $n\geqslant N$ 表明，判别条件 $u_n\leqslant v_n$ 不一定要求从级数的第一项起成立，而只需从某个下标号 N 开始以后的一切项成立，即 $u_{N+i}\leqslant v_{N+i}$ 或 $u_i\leqslant v_{N+i}(i=1,2,\cdots)$ 成立就可以了.

例 1 证明级数 $\sum_{n=1}^{\infty}\frac{1}{3^n+2}$ 收敛.

证明 因为 $0<\frac{1}{3^n+2}<\frac{1}{3^n}=\left(\frac{1}{3}\right)^n$，而级数 $\sum_{n=1}^{\infty}\left(\frac{1}{3}\right)^n$ 是公比为 $\frac{1}{3}$ 的几何级数，是收敛的，由比较判别法知级数 $\sum_{n=1}^{\infty}\frac{1}{3^n+2}$ 收敛.

例 2 讨论 p- 级数 $\sum_{n=1}^{\infty}\frac{1}{n^p}$ 的敛散性(p 是常数).

解 (1) 当 $p\leqslant 1$ 时，因为 $\frac{1}{n^p}\geqslant\frac{1}{n}(n=1,2,\cdots)$，而调和级数 $\sum_{n=1}^{\infty}\frac{1}{n}$ 发散，由比较判别法知，$\sum_{n=1}^{\infty}\frac{1}{n^p}$ 也发散.

(2) 当 $p>1$ 时，

$$\sum_{n=1}^{\infty}\frac{1}{n^p}=1+\left(\frac{1}{2^p}+\frac{1}{3^p}\right)+\left(\frac{1}{4^p}+\frac{1}{5^p}+\frac{1}{6^p}+\frac{1}{7^p}\right)+\left(\frac{1}{8^p}+\frac{1}{9^p}+\cdots+\frac{1}{15^p}\right)+\cdots$$
$$\leqslant 1+\left(\frac{1}{2^p}+\frac{1}{2^p}\right)+\left(\frac{1}{4^p}+\frac{1}{4^p}+\frac{1}{4^p}+\frac{1}{4^p}\right)+\left(\frac{1}{8^p}+\frac{1}{8^p}+\cdots+\frac{1}{8^p}\right)+\cdots$$
$$=1+\frac{1}{2^{p-1}}+\frac{1}{4^{p-1}}+\frac{1}{8^{p-1}}+\cdots=1+\left(\frac{1}{2^{p-1}}\right)^1+\left(\frac{1}{2^{p-1}}\right)^2+\left(\frac{1}{2^{p-1}}\right)^3+\cdots.$$

显然，此级数是公比为 $q=\dfrac{1}{2^{p-1}}<1$ 的几何级数，它是收敛的，所以由比较判别法知，级数 $\sum\limits_{n=1}^{\infty}\dfrac{1}{n^p}$ 收敛.

综上讨论可知，p- 级数 $\sum\limits_{n=1}^{\infty}\dfrac{1}{n^p}$，当 $p\leqslant 1$ 时发散；当 $p>1$ 时收敛.

例如，级数 $1+\dfrac{1}{\sqrt{2}}+\dfrac{1}{\sqrt{3}}+\cdots+\dfrac{1}{\sqrt{n}}+\cdots$ 是发散的；级数 $1+\dfrac{1}{2^2}+\dfrac{1}{3^2}+\cdots+\dfrac{1}{n^2}+\cdots$ 是收敛的.

例 3　判别级数 $\sum\limits_{n=1}^{\infty}\dfrac{n}{(n+1)^3}$ 的敛散性.

解　因为 $\dfrac{n}{(n+1)^3}\leqslant\dfrac{n}{n^3}=\dfrac{1}{n^2}$，而 $\sum\limits_{n=1}^{\infty}\dfrac{1}{n^2}$ 收敛，由比较判别法知 $\sum\limits_{n=1}^{\infty}\dfrac{n}{(n+1)^3}$ 收敛.

用数列极限的定义和比较判别法，可以得到一个应用较广泛且方便的正项级数敛散性的判别方法.

推论　设有两个正项级数 $\sum\limits_{n=1}^{\infty}u_n$ 和 $\sum\limits_{n=1}^{\infty}v_n\,(v_n\neq 0)$，且 $\lim\limits_{n\to\infty}\dfrac{u_n}{v_n}=k$.

(1) 若 $k\neq 0$ (k 为常数)，则级数 $\sum\limits_{n=1}^{\infty}u_n$ 和级数 $\sum\limits_{n=1}^{\infty}v_n$ 具有相同的敛散性；

(2) 若 $k=0$，$\sum\limits_{n=1}^{\infty}v_n$ 收敛，则 $\sum\limits_{n=1}^{\infty}u_n$ 也收敛；

(3) 若 $k=+\infty$，$\sum\limits_{n=1}^{\infty}v_n$ 发散，则 $\sum\limits_{n=1}^{\infty}u_n$ 也发散.

例 4　判别下列级数的敛散性.

(1) $\sum\limits_{n=1}^{\infty}\sin\dfrac{1}{n}$；　　(2) $\sum\limits_{n=1}^{\infty}\dfrac{1}{(n+1)(2n-5)}$.

解　(1) 因为 $\lim\limits_{n\to\infty}\dfrac{\sin\frac{1}{n}}{\frac{1}{n}}=1$，而级数 $\sum\limits_{n=1}^{\infty}\dfrac{1}{n}$ 发散，由推论知，级数 $\sum\limits_{n=1}^{\infty}\sin\dfrac{1}{n}$ 也发散.

(2) 因为 $\lim\limits_{n\to\infty}\dfrac{\frac{1}{(n+1)(2n-5)}}{\frac{1}{n^2}}=\lim\limits_{n\to\infty}\dfrac{1}{2-3\frac{1}{n}-5\frac{1}{n^2}}=\dfrac{1}{2}$，而级数 $\sum\limits_{n=1}^{\infty}\dfrac{1}{n^2}$ 是收敛的

p- 级数，由推论知，级数 $\sum_{n=1}^{\infty}\frac{1}{(n+1)(2n-5)}$ 收敛.

比较判别法的关键是要用一个已知敛散性的级数，与要判别敛散性的级数的通项进行比较或求比值的极限，最常用的比较级数是几何级数 $\sum_{n=1}^{\infty}aq^n$、p- 级数 $\sum_{n=1}^{\infty}\frac{1}{n^p}$、调和级数，希望读者特别注意它们敛散性的条件与结论.

定理 2（达朗贝尔（d'Alembert）比值判别法） 设正项级数 $\sum_{n=1}^{\infty}u_n$，且 $\lim_{n\to\infty}\frac{u_{n+1}}{u_n}=k$.

(1) 若 $k<1$，则级数 $\sum_{n=1}^{\infty}u_n$ 收敛；

(2) 若 $k>1$，则级数 $\sum_{n=1}^{\infty}u_n$ 发散；

(3) 若 $k=1$，则级数 $\sum_{n=1}^{\infty}u_n$ 可能收敛也可能发散.

当 $k=1$ 时，达朗贝尔比值判别法失效，在这种情况下，我们必须选择其他的判别方法，如调和级数就是这种情况.

例 5 判别下列级数的敛散性：

(1) $\sum_{n=1}^{\infty}\frac{n!}{10^n}$； (2) $\sum_{n=1}^{\infty}\frac{n^2}{2^n}$； (3) $\sum_{n=1}^{\infty}\frac{1}{\ln(n+1)}$.

解 (1) 因为 $\lim_{n\to\infty}\frac{u_{n+1}}{u_n}=\lim_{n\to\infty}\frac{(n+1)!}{10^{n+1}}\cdot\frac{10^n}{n!}=\infty$，所以由比值判别法知，级数 $\sum_{n=1}^{\infty}\frac{n!}{10^n}$ 发散.

(2) 因为 $\lim_{n\to\infty}\frac{u_{n+1}}{u_n}=\lim_{n\to\infty}\frac{(n+1)^2}{2^{n+1}}\cdot\frac{2^n}{n^2}=\frac{1}{2}<1$，所以由比值判别法知，$\sum_{n=1}^{\infty}\frac{n^2}{2^n}$ 收敛.

(3) 因为 $\ln(1+n)<n$，从而 $\frac{1}{\ln(1+n)}>\frac{1}{n}$，而级数 $\sum_{n=1}^{\infty}\frac{1}{n}$ 发散，由比较判别法，$\sum_{n=1}^{\infty}\frac{1}{\ln(n+1)}$ 发散.

但如果采用比值判别法，令 $u(x)=\frac{1}{\ln(x+1)}$. 因为

$$\lim_{x\to\infty}\frac{u(x+1)}{u(x)}=\lim_{x\to+\infty}\frac{\ln(x+1)}{\ln(x+2)}\overset{\frac{\infty}{\infty}}{=\!=}\lim_{x\to+\infty}\frac{x+2}{x+1}=1,$$

所以 $\lim_{n\to\infty}\frac{u_{n+1}}{u_n}=1$，此时不能判别级数的敛散性，比值判别法失效.

二、交错级数的绝对收敛和条件收敛

1. 交错级数及审敛法

定义 2 设 $u_n>0$，则级数 $\sum_{n=1}^{\infty}(-1)^n u_n$（或 $\sum_{n=1}^{\infty}(-1)^{n+1}u_n$）称为**交错级数**.

对于交错级数，有如下的审敛法.

定理 3（莱布尼茨判别法）　如果交错级数 $\sum_{n=1}^{\infty}(-1)^n u_n(u_n>0)$ 满足下列条件：

(1) $u_{n+1}\leqslant u_n(n=1,2,3,\cdots)$；　(2) $\lim_{n\to\infty}u_n=0$.

那么交错级数收敛，且其和 $S\leqslant u_1$.

例 6　讨论下列交错级数的敛散性：

(1) $\sum_{n=1}^{\infty}(-1)^n\frac{1}{n}$；　(2) $\sum_{n=1}^{\infty}(-1)^{n+1}\frac{n+3}{n+2}\cdot\frac{1}{\sqrt{n+1}}$.

解　(1) 此级数为交错级数.因为 $u_n=\frac{1}{n}>\frac{1}{n+1}=u_{n+1}$，且 $\lim_{n\to\infty}u_n=\lim_{n\to\infty}\frac{1}{n}=0$，由定理 3 知，级数 $\sum_{n=1}^{\infty}(-1)^n\frac{1}{n}$ 收敛.

(2) 因为

$$\frac{u_n}{u_{n+1}}=\frac{\frac{n+3}{n+2}\cdot\frac{1}{\sqrt{n+1}}}{\frac{n+4}{n+3}\cdot\frac{1}{\sqrt{n+2}}}=\frac{(n+3)^2\sqrt{n+2}}{(n+2)(n+4)\sqrt{n+1}}>1,$$

即 $u_{n+1}\leqslant u_n$，且 $\lim_{n\to\infty}u_n=\lim_{n\to\infty}\frac{n+3}{n+2}\cdot\frac{1}{\sqrt{n+1}}=0$，所以，此交错级数收敛.

2. 绝对收敛与条件收敛

对于一般项 u_n 是任意实数的级数 $\sum_{n=1}^{\infty}u_n$ 的敛散性有如下定理.

定理 4　若级数 $\sum_{n=1}^{\infty}u_n$ 的各项取绝对值所组成的正项级数

$$\sum_{n=1}^{\infty}|u_n|=|u_1|+|u_2|+\cdots+|u_n|+\cdots$$

收敛，那么级数 $\sum_{n=1}^{\infty}u_n$ 也收敛.

利用定理 4 可以判定某些任意项级数的敛散性.应该注意的是，若级数 $\sum_{n=1}^{\infty}|u_n|$ 发散，则级数 $\sum_{n=1}^{\infty}u_n$ 未必一定发散. 例如，级数 $\sum_{n=1}^{\infty}(-1)^n\frac{1}{n}$ 的各项取绝对值所组成的级数 $\sum_{n=1}^{\infty}\frac{1}{n}$ 是发散的，但原级数 $\sum_{n=1}^{\infty}(-1)^n\frac{1}{n}$ 却是收敛的.

定义 3　若级数 $\sum_{n=1}^{\infty}|u_n|$ 收敛，则称级数 $\sum_{n=1}^{\infty}u_n$ 为绝对收敛；若级数 $\sum_{n=1}^{\infty}|u_n|$ 发散，而级数 $\sum_{n=1}^{\infty}u_n$ 是收敛的，则称级数 $\sum_{n=1}^{\infty}u_n$ 为条件收敛.

例如，级数 $\sum_{n=1}^{\infty}\frac{(-1)^n}{n^2}$ 是绝对收敛的，而级数 $\sum_{n=1}^{\infty}\frac{(-1)^n}{n}$ 则是条件收敛的.

练习 2

1. 为什么要讨论级数的敛散性？判定级数的敛散性，有哪些方法？

2. 判定下列级数的敛散性：

(1) $\sum_{n=1}^{\infty}\frac{1}{n(n+2)}$；　(2) $\sum_{n=1}^{\infty}\frac{n!}{n^2}$；　(3) $\sum_{n=1}^{\infty}(-1)^n\frac{1}{2^n}$.

习题 10-2

1. 用比较判别法判别下列级数的敛散性：

(1) $\sum_{n=1}^{\infty}\frac{1}{\sqrt[3]{n^2+n+1}}$；　(2) $\sum_{n=1}^{\infty}\left(\frac{1}{n}-\ln\frac{n+1}{n}\right)$；

(3) $\sum_{n=1}^{\infty}n^{\lambda}\sin\frac{\pi}{2\sqrt{n}}$；　(4) $\sum_{n=1}^{\infty}\int_0^{\frac{1}{n}}\frac{\sqrt{x}}{1+x^2}\mathrm{d}x$.

2. 用比值判别法判别下列级数的敛散性：

(1) $\sum_{n=1}^{\infty}\frac{(n!)^2}{(2n)!}$；　(2) $\sum_{n=1}^{\infty}\frac{(2n)!}{2^{n^2}}$；

(3) $\sum_{n=2}^{\infty}\frac{n^{\ln n}}{(\ln n)^n}$；　(4) $\sum_{n=1}^{\infty}\frac{n-\arctan n}{n^2}$.

3. 判别下列交错级数是否收敛；如果收敛，指出是绝对收敛还是条件收敛：

(1) $\sum_{n=1}^{\infty}(-1)^n\frac{1+n}{1+n^2}$；　(2) $\sum_{n=1}^{\infty}\left(\frac{\cos n}{\sqrt[n]{2}}\right)^{n^2}$；

(3) $\sum_{n=1}^{\infty}(-1)^n\frac{\ln n}{n}$；　(4) $\sum_{n=1}^{\infty}\sin(\pi\sqrt{n^2+1})$.

§ 10-3　幂级数的概念与性质

一、函数项级数

定义 1　设 $u_1(x),u_2(x),\cdots,u_n(x),\cdots$ 都是定义在数集 E 上的函数，则和式

$$\sum_{n=1}^{\infty}u_n(x)=u_1(x)+u_2(x)+\cdots+u_n(x)+\cdots \tag{10-3}$$

称为定义在数集 E 上的函数项级数，$u_n(x)$ 称为**一般项或通项**.

例如，级数

$$\sum_{n=0}^{\infty}(-x)^n=1-x+x^2-x^3+\cdots+(-1)^nx^n+\cdots,$$

$$\sum_{n=1}^{\infty}\cos\frac{x}{n}=\cos x+\cos\frac{x}{2}+\cos\frac{x}{3}+\cdots+\cos\frac{x}{n}+\cdots$$

都是定义在$(-\infty,+\infty)$上的函数项级数.

当 x 在数集 E 上取某个定值 x_0 时，级数(10-3)就成为一个数项级数 $\sum_{n=1}^{\infty} u_n(x_0)$. 如果这个数项级数收敛，则称级数(10-3)在点 x_0 收敛，x_0 称为该级数的一个收敛点；如果这个数项级数发散，则称级数(10-3)在点 x_0 发散，x_0 称为该级数的一个发散点. 函数项级数的收敛点的全体称为它的**收敛域**.

设函数项级数 $\sum_{n=1}^{\infty} u_n(x)$ 的收敛域为 D，对于任意的 $x_0 \in D$，对应的数项级数 $\sum_{n=1}^{\infty} u_n(x_0)$ 都有确定的和 $S(x_0)$，因此函数项级数 $\sum_{n=1}^{\infty} u_n(x)$ 在收敛域 D 上的和确定了关于 x 的一个函数 $S(x)$，函数 $S(x)$ 称为级数 $\sum_{n=1}^{\infty} u_n(x)$ 的**和函数**，记作 $S(x)=\sum_{n=1}^{\infty} u_n(x)$.

显然，当 $|x|<1$ 时，级数 $1+x+x^2+\cdots+x^n+\cdots$ 的和函数为 $S(x)=\frac{1}{1-x}$，即收敛域为 $(-1,1)$.

将函数项级数的前 n 项和记作 $S_n(x)$，则在收敛域 D 上有 $\lim_{n\to\infty} S_n(x)=S(x)$.

二、幂级数的概念及其敛散性

定义 2　形如

$$\sum_{n=0}^{\infty} a_n(x-x_0)^n = a_0 + a_1(x-x_0) + a_2(x-x_0)^2 + \cdots + a_n(x-x_0)^n + \cdots$$

的函数项级数，称为 $x-x_0$ 的**幂级数**，其中常数 $a_0, a_1, \cdots, a_n, \cdots$ 称为**幂级数的系数**.

当 $x_0=0$ 时，$x-x_0$ 的幂级数就变为

$$\sum_{n=0}^{\infty} a_n x^n = a_0 + a_1 x + \cdots + a_n x^n + \cdots, \tag{10-4}$$

称为 x 的幂级数.

由于在 $x-x_0$ 的幂级数中，只要作代换 $t=x-x_0$，就转变为(10-4)形式的 t 的幂级数，因此，下面我们主要研究形如(10-4)的幂级数的收敛域及和函数.

将幂级数 $\sum_{n=0}^{\infty} a_n x^n$ 的各项取绝对值得到正项函数项级数

$$\sum_{n=0}^{\infty} |a_n x^n| = |a_0| + |a_1 x| + |a_2 x| + \cdots + |a_n x^n| + \cdots. \tag{10-5}$$

因为 $\lim_{n\to\infty}\left|\frac{u_{n+1}}{u_n}\right| = \lim_{n\to\infty}\left|\frac{a_{n+1}}{a_n}\right||x| = \rho|x| = k$，由达朗贝尔比值判别法知：

(1) 当 $\rho=0$ 时，对一切 $x\in(-\infty,+\infty)$，都有 $k=0$，于是级数(10-5)收敛，故 $\sum_{n=0}^{\infty} a_n x^n$ 收敛；

(2) 当 $\rho=+\infty$ 时，对一切 $x\neq 0$，都有 $k=+\infty$，于是级数(10-5)发散，此时 $|a_{n+1}x^{n+1}|>|a_n x^n|$，即 $\lim_{n\to\infty} u_n(x)\neq 0$，故 $\sum_{n=1}^{\infty} a_n x^n$ 发散，此时仅当 $x=0$ 时，$\sum_{n=0}^{\infty} a_n x^n$ 收敛；

(3) 当 ρ 为正常数时，若 $k=\rho|x|<1$，则 $|x|<\frac{1}{\rho}$，即 $x\in\left(-\frac{1}{\rho},\frac{1}{\rho}\right)$ 时，级数

$\sum\limits_{n=0}^{\infty}|a_nx^n|$ 收敛，从而级数 $\sum\limits_{n=0}^{\infty}a_nx^n$ 收敛；若 $k=\rho|x|>1$，则 $|x|>\dfrac{1}{\rho}$，此时级数(10-5)发散，并有 $|a_{n+1}x^{n+1}|>|a_nx^n|$，从而 $\lim\limits_{n\to\infty}a_nx^n\neq 0$，故 $\sum\limits_{n=0}^{\infty}a_nx^n$ 发散.

由上述分析可得以下定理：

定理　设幂级数 $\sum\limits_{n=0}^{\infty}a_nx^n$，且极限 $\lim\limits_{n\to\infty}\left|\dfrac{a_{n+1}}{a_n}\right|=\rho$（$\rho$ 为非负常数或 $+\infty$），则

(1) 当 $\rho=0$ 时，幂级数在 $x\in(-\infty,+\infty)$ 内收敛；

(2) 当 $\rho=+\infty$ 时，幂级数仅在 $x=0$ 处收敛；

(3) 当 ρ 为正常数时，幂级数在 $x\in\left(-\dfrac{1}{\rho},\dfrac{1}{\rho}\right)$ 内收敛，在 $x\in\left(-\infty,-\dfrac{1}{\rho}\right)\cup\left(\dfrac{1}{\rho},+\infty\right)$ 内发散.

ρ 为正常数时，记 $R=\dfrac{1}{\rho}$，并规定：$\rho=0$ 时，$R=+\infty$；$\rho=+\infty$ 时，$R=0$. R 称为幂级数(10-4)的**收敛半径**.

该定理表明，幂级数 $\sum\limits_{n=0}^{\infty}a_nx^n$ 在 $(-R,R)$ 内收敛，区间 $(-R,R)$ 称为幂级数的收敛区间；在 $(-\infty,-R)\cup(R,+\infty)$ 内发散；在 $x=\pm R$ 处可能收敛，也可能发散.显然 $x=\pm R$ 处的收敛点并入收敛区间就是幂级数的收敛域.

例 1　求下列幂级数的收敛半径和收敛域：

(1) $\sum\limits_{n=0}^{\infty}\dfrac{x^n}{n!}$；　(2) $\sum\limits_{n=0}^{\infty}(-1)^n\dfrac{x^n}{n+1}$；　(3) $\sum\limits_{n=0}^{\infty}n^nx^n$.

解　(1) $\lim\limits_{n\to\infty}\left|\dfrac{a_{n+1}}{a_n}\right|=\lim\limits_{n\to\infty}\dfrac{1}{(n+1)!}\cdot\dfrac{n!}{1}=0$，所以收敛半径 $R=+\infty$，收敛域为 $(-\infty,+\infty)$.

(2) 因为 $\lim\limits_{n\to\infty}\left|\dfrac{a_{n+1}}{a_n}\right|=\lim\limits_{n\to\infty}\dfrac{1}{n+2}\cdot\dfrac{n+1}{1}=1$，所以收敛半径 $R=1$.

当 $x=1$ 时，幂级数化为交错级数 $\sum\limits_{n=0}^{\infty}\dfrac{(-1)^n}{n+1}$，收敛；

当 $x=-1$ 时，幂级数化为调和级数 $\sum\limits_{n=0}^{\infty}\dfrac{1}{n+1}$，发散.

所以，级数的收敛域为 $(-1,1]$.

(3) 因为 $\rho=\lim\limits_{n\to\infty}\left|\dfrac{a_{n+1}}{a_n}\right|=\lim\limits_{n\to\infty}\dfrac{(n+1)^{n+1}}{n^n}=\lim\limits_{n\to\infty}\left(1+\dfrac{1}{n}\right)^n\cdot(n+1)=\infty$，所以，收敛半径 $R=0$，即级数仅在 $x=0$ 处收敛.

例 2　求幂级数 $\sum\limits_{n=0}^{\infty}\dfrac{1}{n^2+1}(x-1)^{2n}$ 的收敛区间.

解　这是一个 $(x-1)^2$ 的幂级数，只要令 $t=(x-1)^2$，该级数就化为 $\sum\limits_{n=0}^{\infty}\dfrac{1}{n^2+1}t^n$，求 t 的幂级数的收敛半径.由于 $\rho=\lim\limits_{n\to\infty}\left|\dfrac{a_{n+1}}{a_n}\right|=\lim\limits_{n\to\infty}\dfrac{n^2+1}{(n+1)^2+1}=1$，因此收敛半径 $R=1$.

当 $t=1$ 时，t 的幂级数化为 $\sum\limits_{n=0}^{\infty}\frac{1}{n^2+1}$，收敛；当 $t=-1$ 时，t 的幂级数化为 $\sum\limits_{n=0}^{\infty}\frac{(-1)^n}{n^2+1}$，收敛.因此 $\sum\limits_{n=0}^{\infty}\frac{t^n}{n^2+1}$ 的收敛区间为 $[-1,1]$.

从而可得 $-1\leqslant(x-1)^2\leqslant1$，即 $-1\leqslant x\leqslant2$，所以原幂级数的收敛区间为 $[0,2]$.

三、幂级数的性质

性质 1　如果幂级数 $\sum\limits_{n=0}^{\infty}a_nx^n$ 和 $\sum\limits_{n=0}^{\infty}b_nx^n$ 的收敛半径分别为 $R_1>0,R_2>0$；记 $R=\min\{R_1,R_2\}$，则在 $(-R,R)$ 内幂级数 $\sum\limits_{n=0}^{\infty}(a_n\pm b_n)x^n$ 收敛，且有

$$\sum_{n=0}^{\infty}(a_n\pm b_n)x^n=\sum_{n=0}^{\infty}a_nx^n\pm\sum_{n=0}^{\infty}b_nx^n.$$

性质 2　如果幂级数 $\sum\limits_{n=0}^{\infty}a_nx^n$ 的收敛半径 $R>0$，则在收敛区间 $(-R,R)$ 内，其和函数 $S(x)$ 是连续函数.

性质 3(逐项求导性质)　如果幂级数 $\sum\limits_{n=0}^{\infty}a_nx^n$ 的收敛半径 $R>0$，则在收敛区间 $(-R,R)$ 内，其和函数 $S(x)$ 是可导函数，并且有

$$S'(x)=\left(\sum_{n=0}^{\infty}a_nx^n\right)'=\sum_{n=0}^{\infty}(a_nx^n)'=\sum_{n=0}^{\infty}na_nx^{n-1},x\in(-R,R).$$

性质 4(逐项积分性质)　如果幂级数 $\sum\limits_{n=0}^{\infty}a_nx^n$ 的收敛半径 $R>0$，则在收敛区间 $(-R,R)$ 内，其和函数 $S(x)$ 是可积函数，并且有

$$\int_0^x S(x)\mathrm{d}x=\int_0^x\left(\sum_{n=0}^{\infty}a_nx^n\right)\mathrm{d}x=\sum_{n=0}^{\infty}\int_0^x a_nx^n\mathrm{d}x=\sum_{n=0}^{\infty}\frac{a_n}{n+1}x^{n+1},x\in(-R,R).$$

例 3　求下列幂级数的和函数，并指出收敛域：

(1) $\sum\limits_{n=1}^{\infty}(-1)^n\frac{x^n}{n}$；　　　(2) $\sum\limits_{n=1}^{\infty}n(n+1)x^{n-1}$.

解　(1) 由例 1(2)知，收敛域为 $(-1,1]$.设

$$S(x)=\sum_{n=1}^{\infty}(-1)^n\frac{x^n}{n}=-x+\frac{x^2}{2}-\cdots+(-1)^n\frac{x^n}{n}+\cdots,x\in(-1,1).$$

上式两边求导有

$$S'(x)=-1+x-x^2+\cdots+(-1)^nx^{n-1}+\cdots=-\frac{1}{1+x},$$

两边积分有

$$\int_0^x S'(x)\mathrm{d}x=S(x)\big|_0^x=S(x)-S(0)=\int_0^x\frac{-1}{1+t}\mathrm{d}t=-\ln(1+x).$$

因为 $S(0)=0$，所以 $S(x)=-\ln(1+x),x\in(-1,1)$.

(2) 因为 $\lim\limits_{n\to\infty}\frac{a_{n+1}}{a_n}=\lim\limits_{n\to\infty}\frac{(n+1)(n+2)}{n(n+1)}=1$，当 $x=\pm1$ 时，$\sum\limits_{n=1}^{\infty}n(n+1)(\pm1)^{n-1}$ 发散，

所以收敛域为(−1,1).设

$$S(x)=\sum_{n=1}^{\infty}n(n+1)x^{n-1}=1\cdot 2+2\cdot 3x+3\cdot 4x^2+\cdots+n(n+1)x^{n-1}+\cdots,$$

两边积分,记 $f(x)=\int_0^x S(t)\mathrm{d}t$,则

$$f(x)=2t+3t^2+4t^3+\cdots+(n+1)t^n+\cdots,$$

再两边积分,有

$$\int_0^x f(t)\mathrm{d}t=\int_0^x[2t+3t^2+4t^3+\cdots+(n+1)t^n+\cdots]\mathrm{d}t$$

$$=x^2+x^3+\cdots+x^{n+1}+\cdots=\frac{x^2}{1-x},$$

两边求导,有

$$\left(\int_0^x f(t)\mathrm{d}t\right)'=f(x)-f(0)=\left(\frac{x^2}{1-x}\right)'=-1+\frac{1}{(1-x)^2},$$

再由 $f'(x)=S(x)-S(0)$,得

$$S(x)=f'(x)+S(0)=\left[-1+\frac{1}{(1-x)^2}\right]'+2=\frac{2}{(1-x)^3}+2,$$

因此,$\sum_{n=1}^{\infty}n(n+1)x^{n-1}=\frac{2}{(1-x)^3}+2,x\in(-1,1)$.

练习 3

1. 求幂级数的和函数有哪些方法?
2. 求下列幂级数的收敛半径、收敛区间及在收敛域内的和函数:

(1) $\sum_{n=1}^{\infty}nx^{n-1}$;　(2) $\sum_{n=1}^{\infty}\frac{x^n}{3^n\cdot n}$;　(3) $\sum_{n=1}^{\infty}\frac{(x-1)^n}{n}$.

3. 利用例 3 的结论求数项级数 $\sum_{n=1}^{\infty}\frac{n(n+1)}{2^{n-1}}$ 和 $\sum_{n=1}^{\infty}\frac{n(n+1)(-1)^{n-1}}{2^{n-1}}$ 的值.

习题 10-3

1. 求下列函数的收敛半径和收敛区间:

(1) $\sum_{n=0}^{\infty}\frac{n^3+1}{n!}x^n$;　(2) $\sum_{n=0}^{\infty}\frac{2+(-1)^n}{2^n}(x+1)^n$;　(3) $\sum_{n=2}^{\infty}\frac{(-1)^n(x-2)^n}{n\ln n}$.

2. 利用逐项求导或逐项积分,求下列级数的和函数:

(1) $\sum_{n=0}^{\infty}\frac{n+1}{n!}x^{2n}$;　(2) $\sum_{n=1}^{\infty}n2^{\frac{n}{2}}x^{3n-1}$.

3. 求级数的和:

(1) $\sum_{n=1}^{\infty}\frac{1}{(2n-1)(2n+1)}$;　(2) $\sum_{n=0}^{\infty}(2n+1)\frac{(-3)^n}{4^n}$.

§ 10－4　函数的幂级数展开式

在实际问题中常会遇到一些函数相当复杂，研究起来不太方便；而另一些函数虽然简单，但不可施行某些计算，如 $\int \frac{\sin x}{x}dx$，$\int_0^x e^{-t^2}dt$ 的计算等.如果我们能把这些函数在一定范围内表示为幂级数这个最简单的函数形式，即 $f(x)=\sum_{n=0}^{\infty}a_n(x-x_0)^n$，那么就可以利用幂级数来研究这些函数的性质.

一、泰勒(Taylor)级数与泰勒公式

假定函数 $f(x)$能用一个幂级数表示，那么这个幂级数有怎样的形式呢？

定理 1(泰勒中值定理)　设函数 $f(x)$在 x_0 的某邻域内有直至 $n+1$ 阶导数，则对此邻域内的任意 x 有

$$f(x)=f(x_0)+f'(x_0)(x-x_0)+\frac{f''(x_0)}{2!}(x-x_0)^2+\cdots+\frac{f^{(n)}(x_0)}{n!}(x-x_0)^n+R_n(x), \tag{10-6}$$

其中

$$R_n(x)=\frac{f^{(n+1)}(\xi)}{(n+1)!}(x-x_0)^{n+1}\quad(\xi \text{ 在 } x_0 \text{ 与 } x \text{ 之间}). \tag{10-7}$$

公式(10-6)称为函数 $f(x)$的 n 阶泰勒公式.公式(10-7)称为 n 阶泰勒公式的拉格朗日型余项.当 $n=0$ 时，定理 1 就是拉格朗日中值定理.

若记

$$S_n(x)=f(x_0)+f'(x_0)(x-x_0)+\frac{f''(x_0)}{2!}(x-x_0)^2+\cdots+\frac{f^{(n)}(x_0)}{n!}(x-x_0)^n,$$

称 $S_n(x)$为 $f(x)$的 n 阶泰勒多项式.则有

$$f(x)=S_n(x)+R_n(x).$$

定义　如果 $f(x)$在点 x_0 的某邻域内具有任意阶导数，则

$$f(x_0)+f'(x_0)(x-x_0)+\frac{f''(x_0)}{2!}(x-x_0)^2+\cdots+\frac{f^{(n)}(x_0)}{n!}(x-x_0)^n+\cdots \tag{10-8}$$

称为函数 $f(x)$在点 x_0 处的**泰勒级数**.

由定义可知，只要 $f(x)$在 $x=x_0$ 处有任意阶导数 $f^{(n)}(x_0)$，则 $f(x)$在 $x=x_0$ 处的泰勒级数就存在.下面分析 $f(x)$的泰勒级数在什么条件下才收敛于 $f(x)$.

首先我们注意到取定 x 的值，$S_n(x)$、$f(x)$在点 x_0 处的泰勒级数、$R_n(x)$都是数项级数，根据数项级数的性质可得到如下定理.

定理 2　设函数 $f(x)$在 x_0 的某邻域 $N(x_0)$内具有任意阶导数，则函数 $f(x)$在 $N(x_0)$内的泰勒级数(10-8)收敛于 $f(x)$的充分必要条件是：泰勒余项(10-7)满足：

$$\lim_{n\to\infty}R_n(x)=0, x\in N(x_0).$$

如果函数 $f(x)$在 $N(x_0)$内的泰勒级数(10-8)收敛于 $f(x)$，则称泰勒级数(10-8)为

$f(x)$的泰勒展开式，也称为 $f(x)$关于 $x-x_0$ 的幂级数，记为

$$f(x)=f(x_0)+f'(x_0)(x-x_0)+\frac{f''(x_0)}{2!}(x-x_0)^2+\cdots+\frac{f^{(n)}(x_0)}{n!}(x-x_0)^n+\cdots$$
$$=\sum_{n=0}^{\infty}\frac{f^{(n)}(x_0)}{n!}(x-x_0)^n.$$

当 $x_0=0$ 时，上式成为

$$f(x)=f(0)+f'(0)x+\frac{f''(0)}{2!}x^2+\cdots+\frac{f^{(n)}(0)}{n!}x^n+\cdots=\sum_{n=0}^{\infty}\frac{f^{(n)}(0)}{n!}x^n,$$

称为函数 $f(x)$的麦克劳林(Maclaurin)展开式.

可以证明，如果 $f(x)$能展成关于 x 的幂级数，则这个幂级数一定就是麦克劳林级数，即函数的幂级数展开式是唯一的.

二、将函数展开成幂级数的方法

1. 直接展开法

用直接展开法把函数 $f(x)$展开成 x 的幂级数，也就是 $f(x)$的麦克劳林级数，可按下列步骤进行.

第一步：求出 $f(x)$在 $x=0$ 处的各阶导数 $f^{(n)}(0)$；

第二步：写出 $f(x)$的麦克劳林级数

$$f(0)+f'(0)x+\frac{f''(0)}{2!}x^2+\cdots+\frac{f^{(n)}(0)}{n!}x^n+\cdots,$$

并求其收敛半径 R；

第三步：证明 $\lim\limits_{n\to\infty}R_n(x)=\lim\limits_{n\to\infty}\frac{f^{(n+1)}(\xi)}{(n+1)!}x^n=0$ 成立($-R<x<R$，ξ 在 0 与 x 之间).

例 1 求 $f(x)=e^x$ 的幂级数展开式.

解 因为 $f^{(n)}(x)=e^x(n\in\mathbf{N})$，所以 $f^{(n)}(0)=1$，于是 $f(x)=e^x$ 的麦克劳林级数为

$$1+x+\frac{1}{2!}x^2+\cdots+\frac{1}{n!}x^n+\cdots,$$

其收敛半径 $R=+\infty$.

对于任意实数 x，余项的绝对值

$$|R_n(x)|=\left|\frac{f^{(n+1)}(\xi)}{(n+1)!}x^{n+1}\right|=\frac{e^{\xi}}{(n+1)!}|x^{n+1}|\leqslant e^{|x|}\frac{|x|^{n+1}}{(n+1)!}\quad(\xi \text{ 在 } 0 \text{ 与 } x \text{ 之间}),$$

由于$\frac{|x|^{n+1}}{(n+1)!}$是收敛级数$\sum\limits_{n=0}^{\infty}\frac{|x|^n}{n!}$的一般项，故有$\lim\limits_{n\to\infty}\frac{|x|^{n+1}}{(n+1)!}=0$，而$e^{|x|}$又是与 n 无关的一个有限数，所以$\lim\limits_{n\to\infty}e^{|x|}\frac{|x|^{n+1}}{(n+1)!}=0$，即$\lim\limits_{n\to\infty}R_n(x)=0$，因此 e^x 的幂级数展开式为

$$e^x=1+x+\frac{1}{2!}x^2+\cdots+\frac{1}{n!}x^n+\cdots\quad(-\infty<x<+\infty).\tag{10-9}$$

例 2 求 $f(x)=\sin x$ 的幂级数展开式.

解 因为 $f^{(n)}(x)=\sin\left(x+\frac{n}{2}\pi\right)$，所以

$$f(0)=0,f'(0)=1,f''(0)=0,f^{(3)}(0)=-1,\cdots,$$

顺次循环取四个数 0,1,0,−1,于是 $\sin x$ 的麦克劳林级数为

$$x-\frac{x^3}{3!}+\frac{x^5}{5!}-\frac{x^7}{7!}+\cdots+\frac{(-1)^n}{(2n+1)!}x^{2n+1}+\cdots,$$

其收敛半径 $R=+\infty$.

对于任意实数 x,余项的绝对值

$$|R_n(x)|=\left|\frac{f^{(n+1)}(\xi)}{(n+1)!}x^{n+1}\right|=\left|\sin\left(\xi+\frac{n+1}{2}\pi\right)\cdot\frac{x^{n+1}}{(n+1)!}\right|\leqslant\frac{|x|^{n+1}}{(n+1)!}\to 0(n\to+\infty\text{时}),$$

因此 $\sin x$ 的幂级数展开式为

$$\sin x=x-\frac{x^3}{3!}+\frac{x^5}{5!}-\frac{x^7}{7!}+\cdots+\frac{(-1)^n}{(2n+1)!}x^{2n+1}+\cdots. \tag{10-10}$$

例 3 求 $f(x)=(1+x)^m$ 的幂级数展开式.

解 先求各阶导数:

$$f(x)=(1+x)^m,f(0)=1;$$
$$f'(x)=m(1+x)^{m-1},f'(0)=m;$$
$$f''(x)=m(m-1)(1+x)^{m-2},f''(0)=m(m-1);$$
$$\vdots$$
$$f^{(n)}(x)=m(m-1)\cdots(m-n+1)(1+x)^{m-n},f^{(n)}(0)=m(m-1)\cdots(m-n+1).$$

所以 $f(x)=(1+x)^m$ 的麦克劳林级数为

$$1+mx+\frac{m(m-1)}{2!}x^2+\cdots+\frac{m(m-1)(m-2)\cdots(m-n+1)}{n!}x^n+\cdots,$$

其收敛半径 $R=1$.

可以证明,在区间(−1,1)内,当 $n\to\infty$ 时,$R_n(x)\to 0$,但证明比较复杂,此处从略.于是函数 $f(x)=(1+x)^m$ 的幂级数展开式为

$$(1+x)^m=1+mx+\frac{m(m-1)}{2!}x^2+\cdots+\frac{m(m-1)(m-2)\cdots(m-n+1)}{n!}x^n+\cdots\quad(-1<x<1).$$

这个级数通常称为二项式级数.

当 $m=n$ 时,这个级数就成为 x 的 m 次多项式,是我们早已熟悉的二项式定理;当 $m=-1$ 时,这个级数就是几何级数(又称等比级数)

$$\frac{1}{1+x}=1-x+x^2-x^3+\cdots+(-1)^n x^n+\cdots\quad(-1<x<1);$$

当 $m=\frac{1}{2}$ 时,该级数的展开式为

$$\sqrt{1+x}=1+\frac{1}{2}x-\frac{1}{4!!}x^2+\frac{3!!}{6!!}x^3+\cdots+(-1)^n\frac{(2n-1)!!}{(2n)!!}x^n+\cdots,x\in(-1,1),$$

其中 $n!!=n(n-2)\cdots 2(n\in\mathbf{N},n\geqslant 2)$.

2. 间接展开法

间接展开法是以一些已知函数的幂级数展开式为基础,利用幂级数的运算性质、变量代换等方法,将函数展开成幂级数的形式.

例 4 求 $f(x)=\cos x$ 的幂级数展开式.

解 因为 $\cos x=(\sin x)'$，而

$$\sin x=x-\frac{x^3}{3!}+\frac{x^5}{5!}-\frac{x^7}{7!}+\cdots+\frac{(-1)^n}{(2n+1)!}x^{2n+1}+\cdots \quad (-\infty<x<+\infty),$$

所以 $$\cos x=1-\frac{1}{2!}x^2+\frac{1}{4!}x^4-\frac{x^6}{6!}+\cdots+\frac{(-1)^n}{(2n)!}x^{2n}+\cdots \quad (-\infty<x<+\infty).\tag{10-11}$$

例 5 求 $f(x)=\arctan x$ 的幂级数展开式.

解 因为

$$(\arctan x)'=\frac{1}{1+x^2}=1-x^2+(x^2)^2-(x^2)^3+\cdots+(-1)^n(x^2)^n+\cdots$$
$$=1-x^2+x^4-x^6+\cdots+(-1)^nx^{2n}+\cdots \quad (-1<x<1),$$

所以 $$\arctan x=\int_0^x\frac{1}{1+t^2}\mathrm{d}t=x-\frac{1}{3}x^3+\frac{1}{5}x^5-\frac{1}{7}x^7+$$
$$\cdots+(-1)^n\frac{1}{2n+1}x^{2n+1}+\cdots(-1<x<1).$$

学习中必须记住以下 6 个常用的幂级数展开式：

(1) $\frac{1}{1-x}=1+x+x^2+\cdots+x^n+\cdots \quad (-1<x<1)$；

(2) $\mathrm{e}^x=1+x+\frac{1}{2!}x^2+\cdots+\frac{1}{n!}x^n+\cdots \quad (-\infty<x<+\infty)$；

(3) $\sin x=x-\frac{x^3}{3!}+\frac{x^5}{5!}-\frac{x^7}{7!}+\cdots+\frac{(-1)^n}{(2n+1)!}x^{2n+1}+\cdots \quad (-\infty<x<+\infty)$；

(4) $\cos x=1-\frac{1}{2!}x^2+\frac{1}{4!}x^4-\frac{x^6}{6!}+\cdots+\frac{(-1)^n}{(2n)!}x^{2n}+\cdots \quad (-\infty<x<+\infty)$；

(5) $\ln(1+x)=x-\frac{1}{2}x^2+\frac{1}{3}x^3+\cdots+\frac{(-1)^{n-1}}{n}x^n+\cdots \quad (-1<x\leqslant 1)$；

(6) $(1+x)^m=1+mx+\frac{m(m-1)}{2!}x^2+\cdots+\frac{m(m-1)(m-2)\cdots(m-n+1)}{n!}x^n+\cdots(-1<x<1)$.

例 6 求 $f(x)=\frac{1+x}{1-x}$ 的幂级数展开式.

解 由于

$$\frac{1}{1-x}=1+x+x^2+\cdots+x^n+\cdots \quad (-1<x<1),$$

$$\frac{x}{1-x}=x+x^2+\cdots+x^n+\cdots \quad (-1<x<1),$$

等式两边相加得

$$\frac{1+x}{1-x}=1+2(x+x^2+\cdots+x^n)+\cdots \quad (-1<x<1).$$

本例还可用下面的方法得到同样结果：

$$\frac{1+x}{1-x}=\frac{2-(1-x)}{1-x}=\frac{2}{1-x}-1=2(1+x+x^2+\cdots+x^n+\cdots)-1$$
$$=1+2(x+x^2+\cdots+x^n)+\cdots\quad(-1<x<1).$$

例 7　求 $f(x)=\ln(1+x)$ 在 $x=2$ 处的幂级数展开式.

解　令 $x-2=u$，则 $x=u+2$.于是求 $f(x)$ 在 $x=2$ 处的展开式就相当于求 $\ln(3+u)$ 在 $u=0$ 处的幂级数展开式.因为

$$\ln(3+u)=\ln3\left(1+\frac{u}{3}\right)=\ln3+\ln\left(1+\frac{u}{3}\right)$$
$$=\ln3+\frac{u}{3}-\frac{1}{2}\left(\frac{u}{3}\right)^2+\cdots+(-1)^{n-1}\frac{1}{n}\left(\frac{u}{3}\right)^n+\cdots\quad\left(-1<\frac{u}{3}\leqslant1\right),$$

将 $u=x-2$ 代入上式，得

$$\ln(1+x)=\ln3+\frac{1}{3}(x-2)-\frac{1}{2\cdot3^2}(x-2)^2+\cdots+\frac{(-1)^{n-1}}{n\cdot3^n}(x-2)^n+\cdots\quad(-1<x\leqslant5).$$

练习

1. 求下列函数的幂级数展开式：

(1) $f(x)=\dfrac{1}{2-x}$；　　(2) $f(x)=\cos^2x$.

2. 求 $f(x)=e^{-x}$ 在 $x=2$ 处的幂级数展开式.

习题 10－4

1. 利用间接展开法求下列函数的幂级数展开式：

(1) $f(x)=e^{-2x}$；　　(2) $f(x)=\sin\dfrac{x}{2}$；

(3) $f(x)=\cos^2x$；　　(4) $f(x)=\dfrac{1}{3-x}$.

2. 求 $f(x)=\ln^2(1+x)$ 在 $x=0$ 处的幂级数展开式.

3. 求函数 $y=\dfrac{1}{x}$ 在点 $x=3$ 处的幂级数展开式.

本章内容小结

一、知识结构

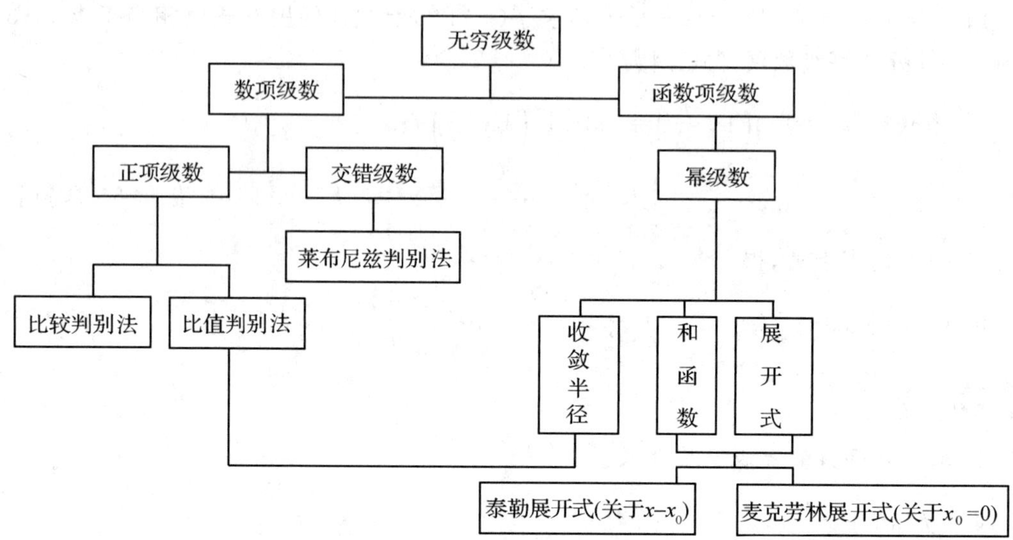

二、数项级数的审敛程序

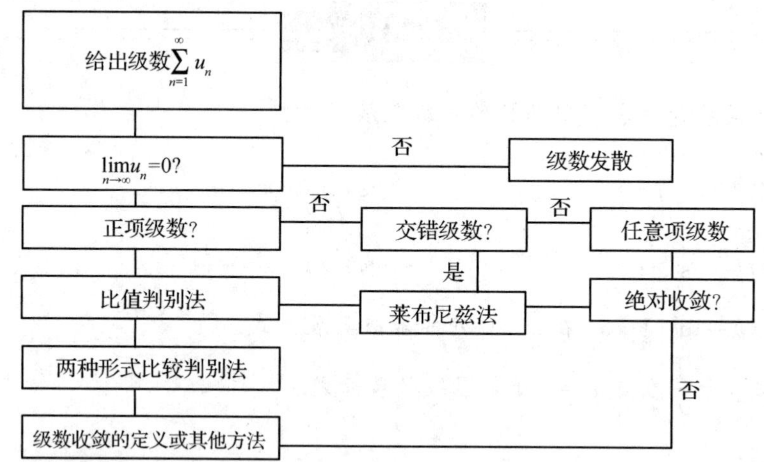

复习题十

一、选择题.

1. 函数项级数 $\sum_{n=1}^{\infty}\frac{x^n}{n}$ 的收敛域是 ( )

A. $[-1,1]$　　B. $[-1,1)$　　C. $(-1,1)$　　D. $(-1,1]$

2. 设级数 $\sum_{n=0}^{\infty} b_n(x-2)^n$ 在 $x=-2$ 处收敛，则此级数在 $x=4$ 处　　(　　)

A. 发散　　B. 绝对收敛　　C. 条件收敛　　D. 不能确定敛散性

3. 设级数 $\sum_{n=0}^{\infty} a_n(x+3)^n$ 在 $x=-1$ 处是收敛的，则此级数在 $x=1$ 处　　(　　)

A. 发散　　B. 绝对收敛　　C. 条件收敛　　D. 不能确定敛散性

4. 设级数 $\sum_{n=0}^{\infty} a_n(x-1)^n$ 的收敛半径是 1，则级数在 $x=3$ 处　　(　　)

A. 发散　　B. 条件收敛　　C. 绝对收敛　　D. 不能确定敛散性

5. 如果 $\lim_{n\to\infty}\left|\frac{a_{n+1}}{a_n}\right|=\frac{1}{8}$，那么幂级数 $\sum_{n=0}^{\infty} a_n x^{3n}$　　(　　)

A. 当 $|x|<2$ 时，收敛　　B. 当 $|x|<8$ 时，收敛

C. 当 $|x|>\frac{1}{8}$ 时，发散　　D. 当 $|x|>\frac{1}{2}$ 时，发散

6. 如果幂级数 $\sum_{n=0}^{\infty} a_n x^n$ 的收敛半径为 R，那么　　(　　)

A. $\lim_{n\to\infty}\frac{a_{n+1}}{a_n}=R$　　B. $\lim_{n\to\infty}\frac{a_n}{a_{n+1}}=R$

C. $\lim_{n\to\infty} a_n=R$　　D. $\lim_{n\to\infty}\frac{a_{n+1}}{a_n}$ 不一定存在

7. 若幂级数 $\sum_{n=0}^{\infty} a_n x^n$ 在 $x=2$ 处收敛，在 $x=-3$ 处发散，则该级数　　(　　)

A. 在 $x=3$ 处发散　　B. 在 $x=-2$ 处收敛

C. 收敛区间为 $(-3,2]$　　D. 当 $|x|>3$ 时发散

8. 如果 $f(x)$ 在点 x_0 的某个邻域内任意阶可导，那么幂级数 $\sum_{n=0}^{\infty}\frac{f^{(n)}(x_0)}{n!}(x-x_0)^n$ 的和函数　　(　　)

A. 必是 $f(x)$　　B. 不一定是 $f(x)$

C. 不是 $f(x)$　　D. 可能处处不存在

9. 如果 $f(x)$ 能展开成 x 的幂级数，那么该幂级数　　(　　)

A. 是 $f(x)$ 的麦克劳林级数　　B. 不一定是 $f(x)$ 的麦克劳林级数

C. 不是 $f(x)$ 的麦克劳林级数　　D. 是 $f(x)$ 在点 x_0 处的泰勒级数

二、填空题.

1. 函数项级数 $\sum_{n=1}^{\infty}\arctan\frac{2x}{x^2+n^3}$ 的收敛域是____________.

2. 讨论 x 值的取值范围，使当____________时 $\sum_{n=1}^{\infty}\frac{(n+x)^n}{n^{n+x}}$ 收敛，当____________时 $\sum_{n=1}^{\infty}\frac{(n+x)^n}{n^{n+x}}$ 发散.

3. 设级数 $\sum_{n=1}^{\infty} u_n(x)$ 的部分和函数 $S_n(x)=\frac{x^{2n}-1}{x^{2n}+1}$，则级数的通项 $u_n(x)=$

__________________.

4. 级数 $\sum_{n=0}^{\infty}(-1)^n \dfrac{\pi^n}{(2n)!\ 3^n}$ 的和是 __________________.

5. 级数 $\sum_{n=1}^{\infty}[nx\mathrm{e}^{-nx}-(n-1)x\mathrm{e}^{-(n-1)x}]$ 在 $[0,1]$ 上的和函数是 ____________.

6. 设 x 不是负整数，对 p 的值讨论级数 $\sum_{n=1}^{\infty}(-1)^n \dfrac{1}{(x+n)^p}(p>0)$ 的收敛性，得当 ____________ 时，绝对收敛；当 ____________ 时，条件收敛.

三、计算题.

1. 设 $x \geqslant 0$，求级数 $\sqrt[3]{x}+(\sqrt[5]{x}-\sqrt[3]{x})+(\sqrt[7]{x}-\sqrt[5]{x})+\cdots$ 的和函数.

2. 试求级数 $\lg x+(\lg x)^2+(\lg x)^3+\cdots$ 的收敛域.

3. 试求幂级数 $\sum_{n=1}^{\infty}\dfrac{(x-5)^n}{\sqrt{n}}$ 的收敛半径及收敛域.

4. 设 $f(x)=5x^3-4x^2-3x+2$，求 $f(x+h)$ 关于 h 的幂级数展开式.

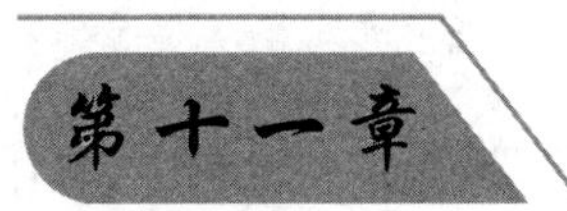

第十一章　n 阶行列式

§ 11－1　全排列及 n 阶行列式的定义

先看一个例子.

例 1　用 1、2、3 三个数字,可以组成多少个没有重复数字的三位数?

解　这个问题相当于问:把三个数字分别放在百位、十位与个位上,有几种不同的放法?

显然,百位上可以从 1、2、3 三个数字中任选一个,所以有 3 种放法;十位上只能从剩下的两个数字中选一个,所以有两种放法;个位上只能放最后剩下的一个数字,所以只有 1 种放法.因此,共有 $3\times2\times1=6$ 种放法.

这 6 个不同的三位数是:

123,132,213,231,312,321.

在数学中,把考察的对象,如上例中的数字 1、2、3 叫做元素.上述问题就是问:把 3 个不同的元素排成一列,共有几种不同的排法?

对于 n 个不同的元素,也可以提出类似的问题:把 n 个不同的元素排成一列,共有几种不同的排法?

一、全排列

把 n 个不同的元素排成一列,叫做这 n 个元素的全排列,简称排列.

n 个不同元素的所有排列的总数,通常用 P_n 表示.由引例的结果可知 $P_3=3\cdot2\cdot1=6$.

为了得出计算 P_n 的公式,可以仿照引例进行讨论:

从 n 个元素中任取一个放在第一个位置上,有 n 种取法;又从剩下的 $n-1$ 个元素中任取一个放在第二个位置上,有 $n-1$ 种取法;这样继续下去,直到最后只剩下一个元素放在第 n 个位置上,只有 1 种取法.于是

$$P_n=n\cdot(n-1)\cdot\cdots\cdot3\cdot2\cdot1=n!.$$

对于 n 个不同的元素,我们规定各元素之间有一个标准次序(如 n 个不同的自然数,可规定由小到大为标准次序),于是在这 n 个元素的任一排列中,当某两个元素的先后次序与标准次序不同时,就说有 1 个逆序.一个排列中所有逆序的总数叫做这个排列的逆序数.

逆序数为奇数的排列叫做奇排列,逆序数为偶数的排列叫做偶排列.

下面我们来讨论计算排列的逆序数的方法.

不失一般性，不妨设 n 个元素为 1 至 n 这 n 个自然数，并规定由小到大为标准次序. 设

$$p_1 p_2 \cdots p_n$$

为这 n 个自然数的一个排列，考虑元素 $p_i(i=1,2,\cdots,n)$，如果比 p_i 大的且排在 p_i 前面的元素有 t_i 个，就说 p_i 这个元素的逆序数是 t_i. 全体元素的逆序数之总和

$$t=t_1+t_2+\cdots+t_n=\sum_{i=1}^{n} t_i,$$

即是这个排列的逆序数.

例 2 求排列 32514 的逆序数.

解 在排列 32514 中，

3 排在首位逆序数为 0；

2 的前面比 2 大的数只有一个“3”，故逆序数为 1；

5 是最大数，逆序数为 0；

1 的前面比 1 大的数有三个“3、2、5”，故逆序数为 3；

4 的前面比 4 大的数只有一个“5”，故逆序数为 1.

于是该排列的逆序数为

$$t=0+1+0+3+1=5.$$

练习 1

按自然数从小到大为标准次序，求下列各排列的逆序数：

(1) 1234；　　(2) 4132；

(3) 3421；　　(4) 2413.

二、n 阶行列式

为了给出 n 阶行列式的定义，我们先研究三阶行列式的结构. 三阶行列式定义为

$$\begin{vmatrix} a_{11} & a_{12} & a_{13} \\ a_{21} & a_{22} & a_{23} \\ a_{31} & a_{32} & a_{33} \end{vmatrix} = a_{11}a_{22}a_{33}+a_{12}a_{23}a_{31}+a_{13}a_{21}a_{32} - a_{11}a_{23}a_{32}-a_{12}a_{21}a_{33}-a_{13}a_{22}a_{31}. \tag{11-1}$$

容易看出：

(1) (11-1) 式右端的每一项都恰是三个元素的乘积，这三个元素位于不同的行、不同的列. 因此，(11-1) 式右端的任意项除正负号外可以写成 $a_{1p_1}a_{2p_2}a_{3p_3}$. 这里第一下标(称行标) 排成标准排列 123，而第二个下标(称列标) 排成 $p_1p_2p_3$，它是 1、2、3 三个数的某个排列. 这样的排列共有 6 种，对应(11-1) 式右端共含 6 项.

(2) 各项的正负号与列标的排列对照：

带正号的三项列标排列是：123，231，312；

带负号的三项列标排列是：132，213，321.

经计算可知前三个排列都是偶排列，而后三个排列都是奇排列. 因此各项所带的正负号可以表示为$(-1)^t$，其中 t 为列标排列的逆序数.

总之,三阶行列式可以写成

$$\begin{vmatrix} a_{11} & a_{12} & a_{13} \\ a_{21} & a_{22} & a_{23} \\ a_{31} & a_{32} & a_{33} \end{vmatrix} = \sum (-1)^t a_{1p_1} a_{2p_2} a_{3p_3},$$

其中 t 为排列 $p_1p_2p_3$ 的逆序数,$\sum$ 表示对 1、2、3 三个数的所有排列 $p_1p_2p_3$ 取和.

仿此,我们可以把行列式推广到一般情形.

定义　设有 n^2 个数,排成 n 行 n 列的表

$$\begin{matrix} a_{11} & a_{12} & \cdots & a_{1n} \\ a_{21} & a_{22} & \cdots & a_{2n} \\ \cdots & \cdots & \cdots & \cdots \\ a_{n1} & a_{n2} & \cdots & a_{nn} \end{matrix}$$

作出表中位于不同行不同列的 n 个数的乘积,并冠以符号 $(-1)^t$,得到形如

$$(-1)^t a_{1p_1} a_{2p_2} \cdots a_{np_n} \tag{11-2}$$

的项,其中 $p_1p_2\cdots p_n$ 为自然数 $1,2,\cdots,n$ 的一个排列,t 为这个排列的逆序数. 由于这样的排列共有 $n!$ 个,因而形如(11-2) 式的项共有 $n!$ 项. 所有这 $n!$ 项的代数和

$$\sum (-1)^t a_{1p_1} a_{2p_2} \cdots a_{np_n}$$

称为 n 阶行列式,记作

$$D = \begin{vmatrix} a_{11} & a_{12} & \cdots & a_{1n} \\ a_{21} & a_{22} & \cdots & a_{2n} \\ \cdots & \cdots & \cdots & \cdots \\ a_{n1} & a_{n2} & \cdots & a_{nn} \end{vmatrix},$$

简记作 $\det(a_{ij})$. 数 a_{ij} 称为行列式的元素.

按此定义的二阶、三阶行列式,与对角线法则定义的二阶、三阶行列式,显然是一致的. 当 $n=1$ 时,$|a|=a$,注意这里 $|a|$ 不是指 a 的绝对值.

例 3　证明对角线行列式(其中对角线上的元素都是 λ_i,未写出的元素都是 0)

$$\begin{vmatrix} \lambda_1 & & & \\ & \lambda_2 & & \\ & & \ddots & \\ & & & \lambda_n \end{vmatrix} = \lambda_1\lambda_2\cdots\lambda_n,$$

$$\begin{vmatrix} & & & \lambda_1 \\ & & \lambda_2 & \\ & \begin{matrix}\cdot^{\cdot^{\cdot}}\end{matrix} & & \\ \lambda_n & & & \end{vmatrix} = (-1)^{\frac{n(n-1)}{2}} \lambda_1\lambda_2\cdots\lambda_n.$$

证明　第一式是显然的,下面证第二式.

若记 $\lambda_i = a_{i,n-i+1}$,则依行列式定义

$$\begin{vmatrix} & & & \lambda_1 \\ & & \lambda_2 & \\ & \iddots & & \\ \lambda_n & & & \end{vmatrix} = \begin{vmatrix} & & & a_{1n} \\ & & a_{2,n-1} & \\ & \iddots & & \\ a_{n1} & & & \end{vmatrix}$$

$$= (-1)^t a_{1n} a_{2,n-1} \cdots a_{n1} = (-1)^t \lambda_1 \lambda_2 \cdots \lambda_n,$$

其中 t 为排列 $n(n-1)\cdots 21$ 的逆序数，则

$$t = 0 + 1 + 2 + \cdots + (n-1) = \frac{n(n-1)}{2}.$$

对角线以下（上）的元素都为 0 的行列式叫做上（下）三角行列式，它的值与对角行列式一样.

例 4 证明下三角行列式

$$D = \begin{vmatrix} a_{11} & & & \\ a_{21} & a_{22} & & 0 \\ \cdots & \cdots & \ddots & \\ a_{n1} & a_{n2} & \cdots & a_{nn} \end{vmatrix} = a_{11} a_{22} \cdots a_{nn}.$$

证明 由于当 $j > i$ 时，$a_{ij} = 0$，故 D 中可能不为 0 的元素 a_{ip_i}，其下标应有 $p_i \leqslant i$，即 $p_1 \leqslant 1, p_2 \leqslant 2, \cdots, p_n \leqslant n$.

在所有排列 $p_1 p_2 \cdots p_n$ 中，能满足上述关系的排列只有一个自然排列 $12\cdots n$，所以 D 中可能不为 0 的项只有一项 $(-1)^t a_{11} a_{22} \cdots a_{nn}$，此项的符号 $(-1)^t = (-1)^0 = 1$，所以

$$D = a_{11} a_{22} \cdots a_{nn}.$$

例 5 设

$$D = \begin{vmatrix} a_{11} & \cdots & a_{1k} & & & \\ \cdots & \cdots & \cdots & & 0 & \\ a_{k1} & \cdots & a_{kk} & & & \\ c_{11} & \cdots & c_{1k} & b_{11} & \cdots & b_{1n} \\ \cdots & \cdots & \cdots & \cdots & \cdots & \cdots \\ c_{n1} & \cdots & c_{nk} & b_{n1} & \cdots & b_{nn} \end{vmatrix},$$

$$D_1 = \det(a_{ij}) = \begin{vmatrix} a_{11} & \cdots & a_{1k} \\ \cdots & \cdots & \cdots \\ a_{k1} & \cdots & a_{kk} \end{vmatrix},$$

$$D_2 = \det(b_{ij}) = \begin{vmatrix} b_{11} & \cdots & b_{1n} \\ \cdots & \cdots & \cdots \\ b_{n1} & \cdots & b_{nn} \end{vmatrix}.$$

证明：$D = D_1 D_2$.

证明 记 $D = \det(d_{ij})$，其中

$$d_{ij} = a_{ij} \, (i = 1, \cdots, k; j = 1, \cdots, k),$$
$$d_{k+i,k+j} = b_{ij} \, (i = 1, \cdots, n; j = 1, \cdots, n).$$

考察 D 的一般项

$$(-1)^t d_{1r_1}\cdots d_{kr_k} d_{k+1,r_{k+1}}\cdots d_{k+n,r_{k+n}},$$

由于当 $i\leqslant k, j>k$ 时，$d_{ij}=0$，因此 $r_1,\cdots,r_k$ 只有在 $1,\cdots,k$ 中选取时，该项才可能不为零. 而当 $r_1,\cdots,r_k$ 在 $1,\cdots,k$ 中选取时，$r_{k+1},\cdots,r_{k+n}$ 只能在 $k+1,\cdots,k+n$ 中选取. 于是 D 中可能不为零的项可以记作

$$(-1)^l a_{1p_1}\cdots a_{kp_k} b_{1q_1}\cdots b_{nq_n}.$$

这里，$p_i=r_i, q_i=r_{k+i}-k$，而 l 为排列 $p_1\cdots p_k(k+q_1)\cdots(k+q_n)$ 的逆序数. 以 t,s 分别表示排列 $p_1\cdots p_k$ 及 $q_1\cdots q_n$ 的逆序数，应有 $l=t+s$. 于是

$$D=\sum_{p_1\cdots p_k}\sum_{q_1\cdots q_n}(-1)^{t+s}a_{1p_1}\cdots a_{kp_k}b_{1q_1}\cdots b_{nq_n}=\sum_{p_1\cdots p_k}(-1)^t a_{1p_1}\cdots a_{kp_k}\left[\sum_{q_1\cdots q_n}(-1)^s b_{1q_1}\cdots b_{nq_n}\right]$$

$$=\sum_{p_1\cdots p_k}(-1)^t a_{1p_1}\cdots a_{kp_k}D_2=D_1D_2.$$

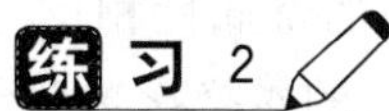

练习 2

1. 求行列式 $\begin{vmatrix}1 & 2 & 3\\ 2 & -1 & 1\\ -3 & 2 & -5\end{vmatrix}$.

2. 求行列式 $\begin{vmatrix}0 & 2 & 0 & 0\\ 0 & 0 & 1 & 0\\ 3 & 0 & 0 & 0\\ 0 & 0 & 0 & 4\end{vmatrix}$.

习题 11-1

1. 计算逆序数 341782659.

2. 计算逆序数 987654321.

3. 计算逆序数 $(n-1)\cdots 321$.

4. 求 $\begin{vmatrix}1 & 0 & 2\\ x & 3 & 1\\ 4 & x & 2\end{vmatrix}=0$ 的解.

5. 计算三阶行列式 $\begin{vmatrix}-2 & -4 & 1\\ 3 & 0 & 3\\ 5 & 4 & -2\end{vmatrix}$.

§ 11-2 对换和行列式的性质

一、对换

为了研究 n 阶行列式的性质，我们先来讨论对换以及它与排列的奇偶性的关系.

在排列中，将任意两个元素对调，其余的元素不动，这种作出新排列的方法叫做对换.

将相邻两个元素对换，叫做相邻对换.

定理 1 一个排列中的任意两个元素对换，排列改变奇偶性.

证明 先证相邻对换的情形.

设排列为 $a_1\cdots a_l abb_1\cdots b_m$，对换 a 与 b，变为 $a_1\cdots a_l bab_1\cdots b_m$. 显然，$a_1\cdots a_l$，$b_1\cdots b_m$ 这些元素的逆序数经过对换并不改变，而 a，b 两元素的逆序数改变为：当 $a<b$ 时，经对换后 a 的逆序数增加 1 而 b 的逆序数不变；当 $a>b$ 时，经对换后 a 的逆序数不变而 b 的逆序数减少 1. 所以排列 $a_1\cdots a_l abb_1\cdots b_m$ 与排列 $a_1\cdots a_l bab_1\cdots b_m$ 的奇偶性不同.

再证一般对换的情形.

设排列为 $a_1\cdots a_l ab_1\cdots b_m bc_1\cdots c_n$，把它作 m 次相邻对换，调成 $a_1\cdots a_l abb_1\cdots b_m c_1\cdots c_n$，再作 $m+1$ 次相邻对换，调成 $a_1\cdots a_l bb_1\cdots b_m ac_1\cdots c_n$. 总之，经过 $2m+1$ 次相邻对换，排列 $a_1\cdots a_l ab_1\cdots b_m bc_1\cdots c_n$ 调成排列 $a_1\cdots a_l bb_1\cdots b_m ac_1\cdots c_n$，所以这两个排列的奇偶性相反.

推论 奇排列调成标准排列的对换次数为奇数，偶排列调成标准排列的对换次数为偶数.

证明 由定理 1 知对换的次数就是排列奇偶性变化的次数，而标准排列是偶排列(逆序数是 0)，因此得知推论成立.

利用定理 1，我们来讨论行列式定义的另一种表示法.

对于行列式的任一项

$$(-1)^t a_{1p_1}\cdots a_{ip_i}\cdots a_{jp_j}\cdots a_{np_n},$$

其中 $1\cdots i\cdots j\cdots n$ 为自然排列，t 为排列 $p_1\cdots p_i\cdots p_j\cdots p_n$ 的逆序数，对换元素 a_{ip_i} 与 a_{jp_j} 成

$$(-1)^t a_{1p_1}\cdots a_{jp_j}\cdots a_{ip_i}\cdots a_{np_n},$$

这时，这一项的值不变，而行标排列与列标排列同时作了一次相应的对换. 设新的行标排列 $1\cdots j\cdots i\cdots n$ 的逆序数为 t_1，则 $(-1)^{t_1}=-(-1)^t$. 故 $(-1)^t=(-1)^{1+t_1}$，于是

$$(-1)^t a_{1p_1}\cdots a_{ip_i}\cdots a_{jp_j}\cdots a_{np_n}=(-1)^{1+t_1}a_{1p_1}\cdots a_{jp_j}\cdots a_{ip_i}\cdots a_{np_n}.$$

这就表明，对换乘积中两元素的次序，从而行标排列与列标排列同时作出了相应的对换，则行标排列与列标排列的逆序数之和并不改变奇偶性. 经过一次对换如此，经过多次对换还是如此. 于是，经过若干次对换，使：

列标排列 $p_1p_2\cdots p_n$(逆序数为 t) 变为自然排列(逆序数为 0)；

行标排列则相应地从自然排列变为某个新的排列，设此新排列为 $q_1q_2\cdots q_n$，其逆序数为 s，则有

$$(-1)^t a_{1p_1}a_{2p_2}\cdots a_{np_n}=(-1)^s a_{q_11}a_{q_22}\cdots a_{q_nn}.$$

又若 $p_i=j$，则 $q_j=i$(即 $a_{ip_i}=a_{ij}=a_{q_jj}$). 可见排列 $q_1q_2\cdots q_n$ 由排列 $p_1p_2\cdots p_n$ 所唯一确定.

由此可得如下定理：

定理 2 n 阶行列式也可定义为

$$D=\sum(-1)^t a_{p_11}a_{p_22}\cdots a_{p_nn},$$

其中 t 为行标排列 $p_1p_2\cdots p_n$ 的逆序数.

证明 按行列式定义有

$$D=\sum(-1)^t a_{1p_1}a_{2p_2}a_{3p_3}\cdots a_{np_n},$$

记
$$D_1=\sum(-1)^t a_{p_11}a_{p_22}a_{p_33}\cdots a_{p_nn}.$$

按上面讨论知：对于 D 中任一项 $(-1)^t a_{1p_1}a_{2p_2}a_{3p_3}\cdots a_{np_n}$，总有且仅有 D_1 中的某一项 $(-1)^s a_{q_11}a_{q_22}a_{q_33}\cdots a_{q_nn}$ 与之对应并相等；反之，对于 D_1 中的任一项 $(-1)^t a_{p_11}a_{p_22}a_{p_33}\cdots a_{p_nn}$，也总有且仅有 D 中的某一项 $(-1)^s a_{1q_1}a_{2q_2}a_{3q_3}\cdots a_{nq_n}$ 与之对应并相等，于是 D 与 D_1 中的项可以一一对应并相等，从而 $D=D_1$.

二、行列式的性质

记

$$D=\begin{vmatrix}a_{11}&a_{12}&\cdots&a_{1n}\\a_{21}&a_{22}&\cdots&a_{2n}\\\cdots&\cdots&\cdots&\cdots\\a_{n1}&a_{n2}&\cdots&a_{nn}\end{vmatrix},D'=\begin{vmatrix}a_{11}&a_{21}&\cdots&a_{n1}\\a_{12}&a_{22}&\cdots&a_{n2}\\\cdots&\cdots&\cdots&\cdots\\a_{1n}&a_{2n}&\cdots&a_{nn}\end{vmatrix},$$

行列式 D' 称为行列式 D 的转置行列式.

性质 1　行列式与它的转置行列式相等.

证明　记 $D=\det(a_{ij})$ 的转置行列式

$$D'=\begin{vmatrix}b_{11}&b_{12}&\cdots&b_{1n}\\b_{21}&b_{22}&\cdots&b_{2n}\\\cdots&\cdots&\cdots&\cdots\\b_{n1}&b_{n2}&\cdots&b_{nn}\end{vmatrix},$$

即 $b_{ij}=a_{ji}(i,j=1,2,\cdots,n)$.按定义

$$D'=\sum(-1)^t b_{1p_1}b_{2p_2}\cdots b_{np_n}=\sum(-1)^t a_{p_11}a_{p_22}\cdots a_{p_nn}.$$

而由定理 2，有

$$D=\sum(-1)^t a_{p_11}a_{p_22}\cdots a_{p_nn},$$

故
$$D'=D.$$

由此性质可知：行列式中的行与列具有同等的地位，行列式的性质凡是对行成立的对列也同样成立；反之亦然.

性质 2　互换行列式的两行(列)，行列式的值改变符号.

证明　设行列式

$$D_1=\begin{vmatrix}b_{11}&b_{12}&\cdots&b_{1n}\\b_{21}&b_{22}&\cdots&b_{2n}\\\cdots&\cdots&\cdots&\cdots\\b_{n1}&b_{n2}&\cdots&b_{nn}\end{vmatrix}$$

是由行列式 $D=\det(a_{ij})$ 交换 i,j 两行得到的，即当 $k\neq i,j$ 时，$b_{kp}=a_{kp}$；当 $k=i,j$ 时，$b_{ip}=a_{jp},b_{jp}=a_{ip}$. 于是

$$D_1 = \sum (-1)^t b_{1p_1} \cdots b_{ip_i} \cdots b_{jp_j} \cdots b_{np_n}$$
$$= \sum (-1)^t a_{1p_1} \cdots a_{jp_i} \cdots a_{ip_j} \cdots a_{np_n}$$
$$= \sum (-1)^t a_{1p_1} \cdots a_{ip_j} \cdots a_{jp_i} \cdots a_{np_n},$$

其中 $1 \cdots i \cdots j \cdots n$ 为自然排列，t 为排列 $p_1 \cdots p_i \cdots p_j \cdots p_n$ 的逆序数. 设排列 $p_1 \cdots p_j \cdots p_i \cdots p_n$ 的逆序数为 t_1，则 $(-1)^t = -(-1)^{t_1}$，故

$$D_1 = -\sum (-1)^{t_1} a_{1p_1} \cdots a_{ip_j} \cdots a_{jp_i} \cdots a_{np_n} = -D.$$

以 r_i 表示行列式的第 i 行，以 c_i 表示行列式的第 i 列. 交换 i,j 两行记作 $r_i \leftrightarrow r_j$，交换 i,j 两列记作 $c_i \leftrightarrow c_j$.

推论　如果行列式有两行(列)完全相同，则此行列式为零.

证明　把完全相同的两行(列)互换，有 $D=-D$，故 $D=0$.

性质 3　行列式的某一行(列)中所有的元素都乘以同一数 k，等于用数 k 乘此行列式.

第 i 行(或列)乘以 k，记作 $r_i \times k$（或 $c_i \times k$）.

性质 4　行列式中如果有两行(列)元素成比例，则此行列式的值等于零.

性质 5　若行列式的某一列(行)的元素都是两数之和，即

$$D = \begin{vmatrix} a_{11} & a_{12} & \cdots & (a_{1i}+a'_{1i}) & \cdots & a_{1n} \\ a_{21} & a_{22} & \cdots & (a_{2i}+a'_{2i}) & \cdots & a_{2n} \\ \cdots & \cdots & \cdots & \cdots & \cdots & \cdots \\ a_{n1} & a_{n2} & \cdots & (a_{ni}+a'_{ni}) & \cdots & a_{nn} \end{vmatrix},$$

则 D 等于下列两个行列式之和：

$$D = \begin{vmatrix} a_{11} & a_{12} & \cdots & a_{1i} & \cdots & a_{1n} \\ a_{21} & a_{22} & \cdots & a_{2i} & \cdots & a_{2n} \\ \cdots & \cdots & \cdots & \cdots & \cdots & \cdots \\ a_{n1} & a_{n2} & \cdots & a_{ni} & \cdots & a_{nn} \end{vmatrix} + \begin{vmatrix} a_{11} & a_{12} & \cdots & a'_{1i} & \cdots & a_{1n} \\ a_{21} & a_{22} & \cdots & a'_{2i} & \cdots & a_{2n} \\ \cdots & \cdots & \cdots & \cdots & \cdots & \cdots \\ a_{n1} & a_{n2} & \cdots & a'_{ni} & \cdots & a_{nn} \end{vmatrix}.$$

性质 6　把行列式的某一列(行)的各元素乘以同一数然后加到另一列(行)上去，行列式的值不变. 例如，以数 k 乘第 j 列加到第 i 列上去（记作 $c_i + kc_j$），有

$$\begin{vmatrix} a_{11} & \cdots & a_{1i} & \cdots & a_{1j} & \cdots & a_{1n} \\ a_{21} & \cdots & a_{2i} & \cdots & a_{2j} & \cdots & a_{2n} \\ \cdots & \cdots & \cdots & \cdots & \cdots & \cdots & \cdots \\ a_{n1} & \cdots & a_{ni} & \cdots & a_{nj} & \cdots & a_{nn} \end{vmatrix}$$
$$\xlongequal{c_i + kc_j} \begin{vmatrix} a_{11} & \cdots & (a_{1i}+ka_{1j}) & \cdots & a_{1j} & \cdots & a_{1n} \\ a_{21} & \cdots & (a_{2i}+ka_{2j}) & \cdots & a_{2j} & \cdots & a_{2n} \\ \cdots & \cdots & \cdots & \cdots & \cdots & \cdots & \cdots \\ a_{n1} & \cdots & (a_{ni}+ka_{nj}) & \cdots & a_{nj} & \cdots & a_{nn} \end{vmatrix} \quad (i \neq j).$$

以数 k 乘第 j 行加到第 i 行上，记作 $r_i + kr_j$.

性质 3 至性质 6 的证明，请读者自行完成.利用这些性质可以简化行列式的计算.

例 1　计算

$$D=\begin{vmatrix}3&1&-1&2\\-5&1&3&-4\\2&0&1&-1\\1&-5&3&-3\end{vmatrix}.$$

解　$D\xlongequal{c_1\leftrightarrow c_2}-\begin{vmatrix}1&3&-1&2\\1&-5&3&-4\\0&2&1&-1\\-5&1&3&-3\end{vmatrix}\xlongequal[r_4+5r_1]{r_2-r_1}-\begin{vmatrix}1&3&-1&2\\0&-8&4&-6\\0&2&1&-1\\0&16&-2&7\end{vmatrix}$

$$\xlongequal{r_2\leftrightarrow r_3}\begin{vmatrix}1&3&-1&2\\0&2&1&-1\\0&-8&4&-6\\0&16&-2&7\end{vmatrix}\xlongequal[r_4-8r_2]{r_3+4r_2}\begin{vmatrix}1&3&-1&2\\0&2&1&-1\\0&0&8&-10\\0&0&-10&15\end{vmatrix}$$

$$\xlongequal{r_4+\frac{5}{4}r_3}\begin{vmatrix}1&3&-1&2\\0&2&1&-1\\0&0&8&-10\\0&0&0&\frac{5}{2}\end{vmatrix}=40.$$

例 2　计算

$$D=\begin{vmatrix}3&1&1&1\\1&3&1&1\\1&1&3&1\\1&1&1&3\end{vmatrix}.$$

解　这个行列式的特点是各列 4 个数之和都是 6. 今把第 2、3、4 行同时加到第 1 行，提出公因子 6，然后各行减去第 1 行：

$$D\xlongequal{r_1+r_2+r_3+r_4}\begin{vmatrix}6&6&6&6\\1&3&1&1\\1&1&3&1\\1&1&1&3\end{vmatrix}\xlongequal{r_1\div 6}6\begin{vmatrix}1&1&1&1\\1&3&1&1\\1&1&3&1\\1&1&1&3\end{vmatrix}$$

$$\xlongequal[r_4-r_1]{\substack{r_2-r_1\\r_3-r_1}}\begin{vmatrix}1&1&1&1\\0&2&0&0\\0&0&2&0\\0&0&0&2\end{vmatrix}=48.$$

例 3　计算

$$D=\begin{vmatrix}a&b&c&d\\a&a+b&a+b+c&a+b+c+d\\a&2a+b&3a+2b+c&4a+3b+2c+d\\a&3a+b&6a+3b+c&10a+6b+3c+d\end{vmatrix}.$$

解　从第 4 行开始，后行减前行：

$$D \xlongequal[r_2-r_1]{\substack{r_4-r_3\\ r_3-r_2}} \begin{vmatrix} a & b & c & d \\ 0 & a & a+b & a+b+c \\ 0 & a & 2a+b & 3a+2b+c \\ 0 & a & 3a+b & 6a+3b+c \end{vmatrix}$$

$$\xlongequal[r_3-r_2]{r_4-r_3} \begin{vmatrix} a & b & c & d \\ 0 & a & a+b & a+b+c \\ 0 & 0 & a & 2a+b \\ 0 & 0 & a & 3a+b \end{vmatrix} \xlongequal{r_4-r_3} \begin{vmatrix} a & b & c & d \\ 0 & a & a+b & a+b+c \\ 0 & 0 & a & 2a+b \\ 0 & 0 & 0 & a \end{vmatrix} = a^4.$$

练习

1. 计算 $\begin{vmatrix} 1 & 1 & 1 & 1 \\ a & b & c & d \\ a^2 & b^2 & c^2 & d^2 \\ a^4 & b^4 & c^4 & d^4 \end{vmatrix}$.

2. 计算 $\begin{vmatrix} a_1 & 0 & 0 & b_1 \\ 0 & a_2 & b_2 & 0 \\ 0 & b_3 & a_3 & 0 \\ b_4 & 0 & 0 & a_4 \end{vmatrix}$.

3. 计算 $\begin{vmatrix} 1 & 2 & 4 & 3 \\ 2 & 3 & 1 & 4 \\ 4 & 1 & 3 & 2 \\ 3 & 4 & 2 & 1 \end{vmatrix}$.

习题 11-2

1. 行列式 $\begin{vmatrix} 34215 & 36215 \\ 28092 & 30092 \end{vmatrix} =$ ____________.

2. 行列式 $\begin{vmatrix} 1 & 1 & 1 & 0 \\ 1 & 1 & 0 & 1 \\ 1 & 0 & 1 & 1 \\ 0 & 1 & 1 & 1 \end{vmatrix} =$ ____________.

3. 方程 $\begin{vmatrix} 1 & a_1 & a_2 & a_3 \\ 1 & a_1+x & a_2 & a_3 \\ 1 & a_1 & a_2+x+1 & a_3 \\ 1 & a_1 & a_2 & a_3+x+2 \end{vmatrix} = 0$ 的所有根是 ____________.

4. 若行列式 $\begin{vmatrix} 1 & 2 & 3 & 4 \\ 1 & 3-x^2 & 3 & 4 \\ 3 & 4 & 1 & 2 \\ 3 & 4 & 1 & 5-x^2 \end{vmatrix} = 0$，则 x 的值为 ____________.

5. 行列式 $D=\begin{vmatrix}2&1&0&0\\1&2&1&0\\0&1&2&1\\0&0&1&2\end{vmatrix}=$____________________.

6. 计算 $\begin{vmatrix}2&1&4&1\\3&-1&2&1\\1&2&3&2\\5&0&6&2\end{vmatrix}=$____________________.

§ 11-3　行列式按行(列)展开

一般说来,低阶行列式的计算比高阶行列式的计算要简便,于是,我们自然地考虑到用低阶行列式来表示高阶行列式的问题. 为此,先引进余子式和代数余子式的概念.

在 n 阶行列式中,把元素 a_{ij} 所在的第 i 行和第 j 列划去后,留下来的 $n-1$ 阶行列式叫做元素 a_{ij} 的余子式,记作 M_{ij};记

$$A_{ij}=(-1)^{i+j}M_{ij},$$

A_{ij} 叫做元素 a_{ij} 的代数余子式.

例如,四阶行列式

$$D=\begin{vmatrix}a_{11}&a_{12}&a_{13}&a_{14}\\a_{21}&a_{22}&a_{23}&a_{24}\\a_{31}&a_{32}&a_{33}&a_{34}\\a_{41}&a_{42}&a_{43}&a_{44}\end{vmatrix}$$

中元素 a_{32} 的余子式和代数余子式分别为

$$M_{32}=\begin{vmatrix}a_{11}&a_{13}&a_{14}\\a_{21}&a_{23}&a_{24}\\a_{41}&a_{43}&a_{44}\end{vmatrix},$$

$$A_{32}=(-1)^{3+2}M_{32}=-M_{32}.$$

引理　一个 n 阶行列式,如果其中第 i 行所有元素除 a_{ij} 外都为零,那么这个行列式等于 a_{ij} 与它的代数余子式的乘积,即

$$D=a_{ij}A_{ij}.$$

证明　先证 a_{ij} 位于第 1 行第 1 列的情形,此时

$$D=\begin{vmatrix}a_{11}&0&0&0\\a_{21}&a_{22}&\cdots&a_{2n}\\\cdots&\cdots&\cdots&\cdots\\a_{n1}&a_{n2}&\cdots&a_{nn}\end{vmatrix}.$$

这是 §11-1 例 4 中当 $k=1$ 时的特殊情形,按例 4 的结论,即有

$$D=a_{11}M_{11}.$$

又
$$A_{11}=(-1)^{1+1}M_{11}=M_{11},$$

从而
$$D=a_{11}A_{11}.$$

再证一般情形.此时

$$D=\begin{vmatrix} a_{11} & \cdots & a_{1j} & \cdots \\ \cdots & \cdots & \cdots & \cdots \\ 0 & \cdots & a_{ij} & \cdots \\ \cdots & \cdots & \cdots & \cdots \\ a_{n1} & \cdots & a_{nj} & \cdots \end{vmatrix}.$$

为了利用前面的结果,把 D 的行列作如下调换:把 D 的第 i 行依次与第 $i-1$ 行、第 $i-2$ 行、…、第 1 行对调,这样 a_{ij} 就调到原来 a_{1j} 的位置上,调换的次数为 $i-1$. 再把第 j 列依次与第 $j-1$ 列、第 $j-2$ 列、…、第 1 列对调,这样 a_{ij} 就调到左上角,调换的次数为 $j-1$. 总之,经过 $i+j-2$ 次对调,把 a_{ij} 调到左上角,所得的行列式 $D_1=(-1)^{i+j-2}D=(-1)^{i+j}D$,而元素 a_{ij} 在 D_1 中的余子式仍然是 a_{ij} 在 D 中的余子式 M_{ij}.

由于 a_{ij} 位于 D_1 的左上角,利用前面的结果,有
$$D_1=a_{ij}M_{ij},$$
于是
$$D=(-1)^{i+j}D_1=(-1)^{i+j}a_{ij}M_{ij}=a_{ij}A_{ij}.$$

定理 行列式等于它的任一行(列)的各元素与其对应的代数余子式乘积之和,即
$$D=a_{i1}A_{i1}+a_{i2}A_{i2}+\cdots+a_{in}A_{in}\quad(i=1,2,\cdots,n)$$
或
$$D=a_{1j}A_{1j}+a_{2j}A_{2j}+\cdots+a_{nj}A_{nj}\quad(j=1,2,\cdots,n).$$

证明
$$D=\begin{vmatrix} a_{11} & a_{12} & \cdots & a_{1n} \\ \cdots & \cdots & \cdots & \cdots \\ a_{i1}+0+\cdots+0 & 0+a_{i2}+\cdots+0 & \cdots & 0+0\cdots+a_{in} \\ \cdots & \cdots & \cdots & \cdots \\ a_{n1} & a_{n2} & \cdots & a_{nn} \end{vmatrix}$$
$$=\begin{vmatrix} a_{11} & a_{12} & \cdots & a_{1n} \\ \cdots & \cdots & \cdots & \cdots \\ a_{i1} & 0 & \cdots & 0 \\ \cdots & \cdots & \cdots & \cdots \\ a_{n1} & a_{n2} & \cdots & a_{nn} \end{vmatrix}+\begin{vmatrix} a_{11} & a_{12} & \cdots & a_{1n} \\ \cdots & \cdots & \cdots & \cdots \\ 0 & a_{i2} & \cdots & 0 \\ \cdots & \cdots & \cdots & \cdots \\ a_{n1} & a_{n2} & \cdots & a_{nn} \end{vmatrix}+\cdots+\begin{vmatrix} a_{11} & a_{12} & \cdots & a_{1n} \\ \cdots & \cdots & \cdots & \cdots \\ 0 & 0 & \cdots & a_{in} \\ \cdots & \cdots & \cdots & \cdots \\ a_{n1} & a_{n2} & \cdots & a_{nn} \end{vmatrix},$$
根据引理可知
$$D=a_{i1}A_{i1}+a_{i2}A_{i2}+\cdots+a_{in}A_{in}\quad(i=1,2,\cdots,n).$$

类似地,若按列证明,可得
$$D=a_{1j}A_{1j}+a_{2j}A_{2j}+\cdots+a_{nj}A_{nj}\quad(j=1,2,\cdots,n).$$

这个定理叫做行列式按行(列)展开法则. 利用这一法则并结合行列式的性质,可以简化行列式的计算.

下面,我们用此法来计算 §11-2 中例 1 的行列式
$$D=\begin{vmatrix} 3 & 1 & -1 & 2 \\ -5 & 1 & 3 & -4 \\ 2 & 0 & 1 & -1 \\ 1 & -5 & 3 & -3 \end{vmatrix}.$$

我们保留 a_{33}，把第 3 行其余元素变为 0，然后按第 3 行展开：

$$D \xlongequal[c_4+c_3]{c_1-2c_2} \begin{vmatrix} 5 & 1 & -1 & 1 \\ -11 & 1 & 3 & -1 \\ 0 & 0 & 1 & 0 \\ -5 & -5 & 3 & 0 \end{vmatrix} = (-1)^{3+3} \begin{vmatrix} 5 & 1 & 1 \\ -11 & 1 & -1 \\ -5 & -5 & 0 \end{vmatrix}$$

$$\xlongequal{r_2+r_1} \begin{vmatrix} 5 & 1 & 1 \\ -6 & 2 & 0 \\ -5 & -5 & 0 \end{vmatrix} = (-1)^{1+3} \begin{vmatrix} -6 & 2 \\ -5 & -5 \end{vmatrix} \xlongequal{c_1-c_2} \begin{vmatrix} -8 & 2 \\ 0 & -5 \end{vmatrix} = 40.$$

例 1　计算

$$D_{2n} = \underbrace{\begin{vmatrix} a & & & & & & & b \\ & a & & & 0 & & b & \\ & & \ddots & & & \iddots & & \\ & & & a & b & & & \\ & 0 & & & & & 0 & \\ & & & c & d & & & \\ & & \iddots & & & \ddots & & \\ & c & & & 0 & & d & \\ c & & & & & & & d \end{vmatrix}}_{2n}.$$

解　按第 1 行展开，有

$$D_{2n} = a \cdot \begin{vmatrix} a & & & & & b & 0 \\ & \ddots & & 0 & & \iddots & \vdots \\ & & a & & b & & \vdots \\ & 0 & & & & 0 & \vdots \\ & & c & & d & & \vdots \\ & \iddots & & 0 & & \ddots & \vdots \\ c & & & & & d & 0 \\ \underbrace{0 \quad \cdots \quad \cdots \quad \cdots \quad \cdots \quad \cdots \quad 0}_{2(n-1)} & & & & & & d \end{vmatrix} + b(-1)^{1+2n} \begin{vmatrix} 0 & a & & & & & b \\ \vdots & & \ddots & & 0 & & \iddots \\ \vdots & & & a & & b & \\ \vdots & & 0 & & & & 0 \\ \vdots & & & c & & d & \\ \vdots & & \iddots & & 0 & & \ddots \\ 0 & c & & & & & d \\ c & \underbrace{0 \quad \cdots \quad \cdots \quad \cdots \quad \cdots \quad \cdots \quad 0}_{2(n-1)} & & & & & \end{vmatrix}$$

$$= adD_{2(n-1)} - bc(-1)^{2n-1+1} D_{2(n-1)} = (ad-bc)D_{2(n-1)},$$

以此作递推公式，即可得

$$D_{2n} = (ad-bc)D_{2(n-1)} = (ad-bc)^2 D_{2(n-2)} = \cdots$$

$$= (ad-bc)^{n-1} D_2 = (ad-bc)^{n-1} \begin{vmatrix} a & b \\ c & d \end{vmatrix} = (ad-bc)^n.$$

例 2　证明范德蒙行列式

$$D_n = \begin{vmatrix} 1 & 1 & \cdots & 1 \\ x_1 & x_2 & \cdots & x_n \\ x_1^2 & x_2^2 & \cdots & x_n^2 \\ \cdots & \cdots & \cdots & \cdots \\ x_1^{n-1} & x_2^{n-1} & \cdots & x_n^{n-1} \end{vmatrix} = \prod_{n \geqslant i > j \geqslant 1} (x_i - x_j), \tag{11-3}$$

其中,记号“$\prod$”表示全体同类因子的乘积.

证明　用数学归纳法. 因为

$$D_2=\begin{vmatrix}1 & 1\\ x_1 & x_2\end{vmatrix}=x_2-x_1=\prod_{2\geqslant i>j\geqslant 1}(x_i-x_j),$$

所以当 $n=2$ 时(11-3) 式成立. 现在假设(11-3) 式对于 $n-1$ 阶范德蒙行列式成立,要证(11-3) 式对 n 阶范德蒙行列式也成立.

为此,设法把 D_n 降阶:从第 n 行开始,后行减去前行的 x_1 倍,有

$$D_n=\begin{vmatrix}1 & 1 & 1 & \cdots & 1\\ 0 & x_2-x_1 & x_3-x_1 & \cdots & x_n-x_1\\ 0 & x_2(x_2-x_1) & x_3(x_3-x_1) & \cdots & x_n(x_n-x_1)\\ \cdots & \cdots & \cdots & \cdots & \cdots\\ 0 & x_2^{n-2}(x_2-x_1) & x_3^{n-2}(x_3-x_1) & \cdots & x_n^{n-2}(x_n-x_1)\end{vmatrix},$$

按第 1 列展开,并把每列的公因子(x_i-x_1)提出,就有

$$D_n=(x_2-x_1)(x_3-x_1)\cdots(x_n-x_1)\begin{vmatrix}1 & 1 & \cdots & 1\\ x_2 & x_3 & \cdots & x_n\\ \cdots & \cdots & \cdots & \cdots\\ x_2^{n-2} & x_3^{n-2} & \cdots & x_n^{n-2}\end{vmatrix}.$$

上式右端的行列式是 $n-1$ 阶范德蒙行列式,按归纳法假设,它等于所有(x_i-x_j)因子的乘积,其中 $n\geqslant i>j\geqslant 2$. 故

$$\begin{aligned}D_n&=(x_2-x_1)(x_3-x_1)\cdots(x_n-x_1)\prod_{n\geqslant i>j\geqslant 2}(x_i-x_j)\\ &=\prod_{n\geqslant i>j\geqslant 2}(x_i-x_j).\end{aligned}$$

由定理 3,还可得下述重要推论:

推论　行列式任一行(列)的元素与另一行(列)的对应元素的代数余子式乘积之和等于零. 即

$$a_{i1}A_{j1}+a_{i2}A_{j2}+\cdots+a_{in}A_{jn}=0,i\neq j$$

或

$$a_{1i}A_{1j}+a_{2i}A_{2j}+\cdots+a_{ni}A_{nj}=0,i\neq j.$$

证明　把行列式 $D=\det(a_{ij})$ 按第 j 行展开,有

$$a_{j1}A_{j1}+a_{j2}A_{j2}+\cdots+a_{jn}A_{jn}=\begin{vmatrix}a_{11} & \cdots & a_{1n}\\ \cdots & \cdots & \cdots\\ a_{i1} & \cdots & a_{in}\\ \cdots & \cdots & \cdots\\ a_{j1} & \cdots & a_{jn}\\ \cdots & \cdots & \cdots\\ a_{n1} & \cdots & a_{nn}\end{vmatrix},$$

在上式中把 a_{jk} 换成 $a_{ik}(k=1,\cdots,n)$,可得

$$a_{i1}A_{j1}+a_{i2}A_{j2}+\cdots+a_{in}A_{jn}=\begin{vmatrix} a_{11} & \cdots & a_{1n} \\ \cdots & \cdots & \cdots \\ a_{i1} & \cdots & a_{in} \\ \cdots & \cdots & \cdots \\ a_{i1} & \cdots & a_{in} \\ \cdots & \cdots & \cdots \\ a_{n1} & \cdots & a_{nn} \end{vmatrix}.\quad \begin{matrix} \\ \\ \leftarrow 第\ i\ 行 \\ \\ \leftarrow 第\ j\ 行 \\ \\ \\ \end{matrix}$$

当 $i\neq j$ 时，上式右端行列式中有两行对应元素相同，故行列式为零，即得

$$a_{i1}A_{j1}+a_{i2}A_{j2}+\cdots+a_{in}A_{jn}=0\quad (i\neq j).$$

上述证法若按列进行，则可得

$$a_{1i}A_{1j}+a_{2i}A_{2j}+\cdots+a_{ni}A_{nj}=0\quad (i\neq j).$$

练习

计算下列行列式：

(1) $\begin{vmatrix} 4 & 1 & 2 & 4 \\ 1 & 2 & 0 & 2 \\ 10 & 5 & 2 & 0 \\ 0 & 1 & 1 & 7 \end{vmatrix}$；

(2) $\begin{vmatrix} 2 & 1 & 4 & 1 \\ 3 & -3 & 2 & 1 \\ 1 & 2 & 3 & 2 \\ 5 & 0 & 6 & 2 \end{vmatrix}$；

(3) $\begin{vmatrix} -ab & ac & ae \\ bd & -cd & de \\ bf & cf & -ef \end{vmatrix}$；

(4) $\begin{vmatrix} a & 1 & 0 & 0 \\ -1 & b & 1 & 0 \\ 0 & -1 & c & 1 \\ 0 & 0 & -1 & d \end{vmatrix}$.

习题 11-3

1. 计算行列式 $\begin{vmatrix} 1 & -1 & 1 & x-1 \\ 1 & -1 & x+1 & -1 \\ 1 & x-1 & 1 & -1 \\ x+1 & -1 & 1 & -1 \end{vmatrix}$.

2. 计算行列式 $\begin{vmatrix} 1 & 2 & 3 & 4 \\ 2 & 3 & 4 & 1 \\ 3 & 4 & 1 & 2 \\ 4 & 1 & 2 & 3 \end{vmatrix}$.

3. 计算行列式 $\begin{vmatrix} 1 & 2 & 0 & 0 \\ 3 & 4 & 0 & 0 \\ 0 & 0 & -1 & 3 \\ 0 & 0 & 5 & 1 \end{vmatrix}$.

4. 证明下列各式：

(1) $\begin{vmatrix} a^2 & ab & b^2 \\ 2a & a+b & 2b \\ 1 & 1 & 1 \end{vmatrix}=(a-b)^3$；

(2) $\begin{vmatrix} ax+by & ay+bz & az+bx \\ ay+bz & az+bx & ax+by \\ az+bx & ax+by & ay+bz \end{vmatrix}=(a^3+b^3)\begin{vmatrix} x & y & z \\ y & z & x \\ z & x & y \end{vmatrix}$；

(3) $\begin{vmatrix} a^2 & (a+1)^2 & (a+2)^2 & (a+3)^2 \\ b^2 & (b+1)^2 & (b+2)^2 & (b+3)^2 \\ c^2 & (c+1)^2 & (c+2)^2 & (c+3)^2 \\ z^2 & (z+1)^2 & (z+2)^2 & (z+3)^2 \end{vmatrix}=0$；

(4) $\begin{vmatrix} 1 & 1 & 1 & 1 \\ a & b & c & d \\ a^2 & b^2 & c^2 & d^2 \\ a^4 & b^4 & c^4 & d^4 \end{vmatrix}=(a-b)(a-c)(a-d)(b-c)(b-d)(c-d)(a+b+c+d)$.

5. 求下列行列式：

(1) $D_n=\begin{vmatrix} a & & 1 \\ & \ddots & \\ 1 & & a \end{vmatrix}$，其中对角线上元素都是 a，未写出的元素都是 0；

(2) $D_n=\begin{vmatrix} x & a & \cdots & a \\ a & x & \cdots & a \\ \cdots & \cdots & \cdots & \cdots \\ a & a & \cdots & x \end{vmatrix}$；

(3) $D_{n+1}=\begin{vmatrix} a^n & (a-1)^n & \cdots & (a-n)^n \\ a^{n-1} & (a-1)^{n-1} & \cdots & (a-n)^{n-1} \\ \cdots & \cdots & \cdots & \cdots \\ a & a-1 & \cdots & a-n \\ 1 & 1 & \cdots & 1 \end{vmatrix}$.

提示：利用范德蒙行列式的结果.

§ 11－4　克拉默法则

对于含有 n 个未知数 $x_1,x_2,\cdots,x_n$ 的 n 个线性方程的方程组

$$\begin{cases} a_{11}x_1+a_{12}x_2+\cdots+a_{1n}x_n=b_1, \\ a_{21}x_1+a_{22}x_2+\cdots+a_{2n}x_n=b_2, \\ \cdots\cdots\cdots\cdots\cdots\cdots\cdots\cdots \\ a_{n1}x_1+a_{n2}x_2+\cdots+a_{nn}x_n=b_n, \end{cases} \tag{11-4}$$

与二、三元线性方程组相类似，它的解可以用 n 阶行列式表示，我们有

克拉默法则　如果线性方程组(11-4)的系数行列式不等于零,即

$$D=\begin{vmatrix} a_{11} & \cdots & a_{1n} \\ \cdots & \cdots & \cdots \\ a_{n1} & \cdots & a_{nn} \end{vmatrix} \neq 0,$$

那么,方程组(11-4)有唯一解

$$x_1=\frac{D_1}{D}, x_2=\frac{D_2}{D}, \cdots, x_n=\frac{D_n}{D}, \tag{11-5}$$

其中 $D_j (j=1,2,\cdots,n)$ 是把系数行列式 D 中第 j 列的元素用方程组右端的自由项代替后所得到的 n 阶行列式,即

$$D_j=\begin{vmatrix} a_{11} & \cdots & a_{1,j-1} & b_1 & a_{1,j+1} & \cdots & a_{1n} \\ \cdots & \cdots & \cdots & \cdots & \cdots & \cdots & \cdots \\ a_{n1} & \cdots & a_{n,j-1} & b_n & a_{n,j+1} & \cdots & a_{nn} \end{vmatrix}.$$

证明　用 D 中第 j 列元素的代数余子式 $A_{1j}, A_{2j}, \cdots, A_{nj}$ 依次乘方程组(11-4)的 n 个方程,再把它们相加,得

$$\left(\sum_{k=1}^{n} a_{k1} A_{kj}\right) x_1+\cdots+\left(\sum_{k=1}^{n} a_{kj} A_{kj}\right) x_j+\cdots+\left(\sum_{k=1}^{n} a_{kn} A_{kj}\right) x_n=\sum_{k=1}^{n} b_k A_{kj},$$

根据代数余子式的重要性质可知,上式中 x_j 的系数等于 D,而其余 $x_i (i \neq j)$ 的系数均为 0;又等式右端即是 D_j. 于是

$$D x_j=D_j (j=1,2,\cdots,n). \tag{11-6}$$

当 $D \neq 0$ 时,方程组(11-6)有唯一的一个解(11-5).

由于方程组(11-6)是由方程组(11-4)经乘法与相加两种运算而得,故(11-4)的解一定是(11-6)的解. 今(11-6)仅有一个解(11-5),故(11-4)如果有解,就只能是解(11-5).

为证明(11-5)是方程组(11-4)的唯一解,还需验证解(11-5)确是方程组(11-4)的解,也就是要证明

$$a_{i1} \frac{D_1}{D}+a_{i2} \frac{D_2}{D}+\cdots+a_{in} \frac{D_n}{D}=b_i (i=1,2,\cdots,n).$$

为此,考虑有两行相同的 $n+1$ 阶行列式

$$\begin{vmatrix} b_i & a_{i1} & \cdots & a_{in} \\ b_1 & a_{11} & \cdots & a_{1n} \\ \cdots & \cdots & \cdots & \cdots \\ b_n & a_{n1} & \cdots & a_{nn} \end{vmatrix} (i=1,2,\cdots,n),$$

它的值为 0. 把它按第 1 行展开,由于第 1 行中 a_{ij} 的代数余子式为

$$\begin{aligned} &(-1)^{1+j+1}\begin{vmatrix} b_1 & a_{11} & \cdots & a_{1,j-1} & a_{1,j+1} & \cdots & a_{1n} \\ \cdots & \cdots & \cdots & \cdots & \cdots & \cdots & \cdots \\ b_n & a_{n1} & \cdots & a_{n,j-1} & a_{n,j+1} & \cdots & a_{nn} \end{vmatrix} \\ &=(-1)^{j+2}(-1)^{j-1} D_j=-D_j, \end{aligned}$$

所以有

$$0=b_i D-a_{i1} D_1-\cdots-a_{in} D_n,$$

即
$$a_{i1}\frac{D_1}{D}+a_{i2}\frac{D_2}{D}+\cdots+a_{in}\frac{D_n}{D}=b_i\ (i=1,2,\cdots,n).$$

例 1 解线性方程组

$$\begin{cases}2x_1+x_2-5x_3+x_4=8,\\ x_1-3x_2-6x_4=9,\\ 2x_2-x_3+2x_4=-5,\\ x_1+4x_2-7x_3+6x_4=0.\end{cases}$$

解
$$D=\begin{vmatrix}2&1&-5&1\\1&-3&0&-6\\0&2&-1&2\\1&4&-7&6\end{vmatrix}\xlongequal[r_4-2r_2]{r_1-2r_2}\begin{vmatrix}0&7&-5&13\\1&-3&0&-6\\0&2&-1&2\\0&7&-7&12\end{vmatrix}$$

$$=\begin{vmatrix}7&-5&13\\2&-1&2\\7&-7&12\end{vmatrix}\xlongequal[c_3+2c_2]{c_1+2c_2}\begin{vmatrix}-3&-5&13\\0&-1&0\\-7&-7&-2\end{vmatrix}=\begin{vmatrix}-3&3\\-7&-2\end{vmatrix}=27,$$

$$D_1=\begin{vmatrix}8&1&-5&1\\9&-3&0&-6\\-5&2&-1&2\\0&4&-7&6\end{vmatrix}=81,$$

$$D_2=\begin{vmatrix}2&8&-5&1\\1&9&0&-6\\0&-5&-1&2\\1&0&-7&6\end{vmatrix}=-108,$$

$$D_3=\begin{vmatrix}2&1&8&1\\1&-3&9&-6\\0&2&-5&2\\1&4&0&6\end{vmatrix}=-27,$$

$$D_4=\begin{vmatrix}2&1&-5&8\\1&-3&0&9\\0&2&-1&-5\\1&4&-7&0\end{vmatrix}=27,$$

于是由克拉默法则得 $x_1=3,x_2=-4,x_3=-1,x_4=1.$

克拉默法则有重大的理论价值,撇开求解公式(11-5),克拉默法则可叙述为下面的重要定理.

定理 1 如果线性方程组(11-4)的系数行列式 $D\neq 0$,则(11-4)一定有解,且解是唯一的.

定理 1 的逆否定理为

定理 1′ 如果线性方程组(11-4)无解或有两个不同的解,则它的系数行列式必为零.

线性方程组(11-4)右端的自由项 $b_1,b_2,\cdots,b_n$ 不全为零时,线性方程组(11-4)叫做非齐次方程组,当 $b_1,b_2,\cdots,b_n$ 全为零时,线性方程组(11-4)叫做齐次方程组.

对于齐次线性方程组

$$\begin{cases} a_{11}x_1+a_{12}x_2+\cdots+a_{1n}x_n=0, \\ a_{21}x_1+a_{22}x_2+\cdots+a_{2n}x_n=0, \\ \cdots\cdots\cdots\cdots\cdots\cdots\cdots\cdots\cdots\cdots \\ a_{n1}x_1+a_{n2}x_2+\cdots+a_{nn}x_n=0, \end{cases} \tag{11-7}$$

$x_1=x_2=\cdots=x_n=0$一定是它的解，这个解叫做齐次方程组(11-7)的零解. 如果一组不全为零的数是(11-7)的解，则它叫做齐次方程组(11-7)的非零解. 齐次方程组(11-7)一定有零解，但不一定有非零解.

把定理1应用于齐次方程组(11-7)，可得

定理2　如果齐次方程组(11-7)的系数行列式 $D\neq 0$，则齐次方程组(11-7)没有非零解.

定理2′　如果齐次方程组(11-7)有非零解，则它的系数行列式必为零.

定理2(或定理2′)说明系数行列式 $D=0$ 是齐次方程组有非零解的必要条件.

例2　问 λ 取何值时，齐次方程组

$$\begin{cases} (5-\lambda)x+2y+2z=0, \\ 2x+(6-\lambda)y=0, \\ 2x+(4-\lambda)z=0, \end{cases} \tag{11-8}$$

有非零解?

解　由定理2′可知，若齐次方程组(11-8)有非零解，则(11-8)的系数行列式 $D=0$. 而

$$D=\begin{vmatrix} 5-\lambda & 2 & 2 \\ 2 & 6-\lambda & 0 \\ 2 & 0 & 4-\lambda \end{vmatrix}=(5-\lambda)(6-\lambda)(4-\lambda)-4(4-\lambda)-4(6-\lambda)$$

$$=(5-\lambda)(2-\lambda)(8-\lambda),$$

由 $D=0$，得 $\lambda=2$，$\lambda=5$ 或 $\lambda=8$.

不难验证，当 $\lambda=2,5$ 或 8 时，齐次方程组(11-8)确有非零解.

练习

1. 用克拉默法则解下列方程组：

$$\begin{cases} x_1+x_2+x_3+x_4=5, \\ x_1+2x_2-x_3+4x_4=-2, \\ 2x_1-3x_2-x_3-5x_4=-2, \\ 3x_1+x_2+2x_3+11x_4=0. \end{cases}$$

2. 问 λ,μ 取何值时，齐次方程组

$$\begin{cases} \lambda x_1+x_2+x_3=0, \\ x_1+\mu x_2+x_3=0, \\ \lambda x_1+2\mu x_2+x_3=0 \end{cases}$$

有非零解?

习题 11－4

1. 用克拉默法则解下列线性方程组.

(1) $\begin{cases}5x_1+4x_3+2x_4=3,\\ x_1-x_2+2x_3+x_4=1,\\ 4x_1+x_2+2x_3=1,\\ x_1+x_2+x_3+x_4=0;\end{cases}$ (2) $\begin{cases}x_2+x_3+x_4+x_5=1,\\ x_1+x_3+x_4+x_5=1,\\ x_1+x_2+x_4+x_5=1,\\ x_1+x_2+x_3+x_5=1,\\ x_1+x_2+x_3+x_4=1.\end{cases}$

2. 问 λ 取何值时，齐次方程组

$$\begin{cases}(1-\lambda)x_1-2x_2+4x_3=0,\\ 2x_1+(3-\lambda)x_2+x_3=0,\\ x_1+x_2+(1-\lambda)x_3=0\end{cases}$$

有非零解？

本章内容小结

一、本章主要内容

1. n 级排列

(1) 基本概念：排列，逆序，逆序数，排列的奇偶性.

(2) 主要结论：

① n 级排列共有 $n!$ 个，其中奇偶排列各占一半；

② 对换改变排列的奇偶性；

③ 任意一个 n 级排列都可以经过一些对换变成自然顺序，并且所作对换的个数与这个排列有相同的奇偶性.

2. n 阶行列式的概念

$$\begin{vmatrix}a_{11}&a_{12}&\cdots&a_{1n}\\ a_{21}&a_{22}&\cdots&a_{2n}\\ \cdots&\cdots&\cdots&\cdots\\ a_{n1}&a_{n2}&\cdots&a_{nn}\end{vmatrix}=\sum_{j_1j_2\cdots j_n}(-1)^{t(j_1j_2\cdots j_n)}a_{1j_1}a_{2j_2}\cdots a_{nj_n}.$$

其中 $j_1j_2\cdots j_n$ 是 $1,2,\cdots,n$ 的一个排列，$\sum\limits_{j_1j_2\cdots j_n}$ 表示对 $1,2,\cdots,n$ 的所有排列求和.

3. 行列式的性质

(1) 行列式转置、行列互换，行列式不变.

(2) 互换行(列)，行列式反号；用一个数乘某行(列)，就等于用这个数乘这个行列式；把某行(列)的倍数加到另一行(列)，行列式不变.

(3) 如果某行(列)是两组数的和，那么行列式可以写成两个行列式的和，这两个行列式的这一行(列)分别是第一组数与第二组数，而其他各行(列)都与原行列式相同.

(4) 行列式两行(列)成比例,行列式等于零.

4. 行列式依行(列)展开

(1) 基本概念:子式,余子式,代数余子式.

(2) 主要公式:

$$\sum_{k=1}^{n} a_{ik}A_{jk}=\begin{cases}D, i=j,\\0, i\neq j;\end{cases}$$

$$\sum_{l=1}^{n} a_{ls}A_{lt}=\begin{cases}D, s=t,\\0, s\neq t.\end{cases}$$

5. 克拉默法则

若线性方程组

$$\begin{cases}a_{11}x_1+a_{12}x_2+\cdots+a_{1n}x_n=b_1,\\a_{21}x_1+a_{22}x_2+\cdots+a_{2n}x_n=b_2,\\\cdots\cdots\cdots\cdots\cdots\cdots\cdots\cdots\cdots\cdots\\a_{n1}x_1+a_{n2}x_2+\cdots+a_{nn}x_n=b_n\end{cases}$$

的行列式 $D\neq 0$,则它有唯一解

$$x_j=\frac{D_j}{D}, j=1,2,\cdots,n,$$

其中 D_j 是把 D 的第 j 列换成常数项 $b_1,b_2,\cdots,b_n$ 所得的行列式.

6. 行列式的计算方法

(1) 定义法;

(2) 化为三角形行列式的方法;

(3) 化为范得蒙行列式的方法;

(4) 拆行(列)法;

(5) 降阶法;

(6) 加边法;

(7) 数学归纳法;

(8) 递推法;

(9) 因式分解法.

二、知识结构

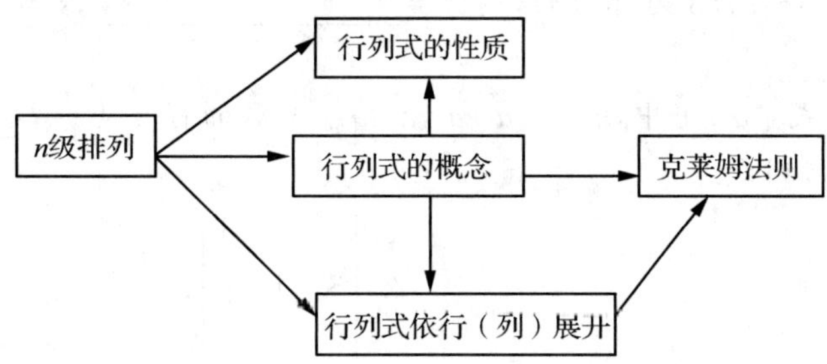

复习题十一

一、选择题.

1. 若行列式 $\begin{vmatrix} 1 & 2 & 5 \\ 1 & 3 & -2 \\ 2 & 5 & x \end{vmatrix}=0$，则 $x=$ （　　）

A. 2　　B. -2　　C. 3　　D. -3

2. 设线性方程组 $\begin{cases} x_1+2x_2=3, \\ 3x_1+7x_2=4, \end{cases}$ 则方程组的解 $(x_1,x_2)=$ （　　）

A. (13,5)　　B. (−13,5)　　C. (13,−5)　　D. (−13,−5)

3. 方程 $\begin{vmatrix} 1 & x & x^2 \\ 1 & 2 & 4 \\ 1 & 3 & 9 \end{vmatrix}=0$ 根的个数是 （　　）

A. 0　　B. 1　　C. 2　　D. 3

4. 下列构成 6 阶行列式展开式的各项中，取“+”的有 （　　）

A. $a_{15}a_{23}a_{32}a_{44}a_{51}a_{66}$　　B. $a_{11}a_{26}a_{32}a_{44}a_{53}a_{65}$

C. $a_{21}a_{53}a_{16}a_{42}a_{65}a_{34}$　　D. $a_{51}a_{32}a_{13}a_{44}a_{65}a_{26}$

5. 若 $(-1)^{t(1k4l5)}a_{11}a_{k2}a_{43}a_{l4}a_{55}$ 是 5 阶行列式 $|a_{ij}|$ 的一项，则 k,l 的值及该项的符号为 （　　）

A. $k=2,l=3$，符号为正　　B. $k=2,l=3$，符号为负

C. $k=3,l=2$，符号为正　　D. $k=3,l=2$，符号为负

6. 下列 $n(n>2)$ 阶行列式的值必为零的是 （　　）

A. 行列式主对角线上的元素全为零　　B. 三角形行列式主对角线上有一个元素为零

C. 行列式零元素的个数多于 n 个　　D. 行列式非零元素的个数小于等于 n 个

二、填空题.

1. 行列式 $\begin{vmatrix} k-1 & 2 \\ 2 & k-1 \end{vmatrix}\neq 0$ 的充分必要条件是__________.

2. 排列 36715284 的逆序数是__________.

3. 已知排列 $1r46s97t3$ 为奇排列，则 $r=$__________，$s=$__________，$t=$__________.

4. 在 6 阶行列式 $|a_{ij}|$ 中，$a_{23}a_{14}a_{46}a_{51}a_{35}a_{62}$ 应取的符号为__________.

三、计算下列行列式.

1. $\begin{vmatrix} 1 & 2 & 3 \\ 3 & 1 & 2 \\ 2 & 3 & 1 \end{vmatrix}$.　　2. $\begin{vmatrix} 1 & 1 & 1 \\ 3 & 1 & 4 \\ 8 & 9 & 5 \end{vmatrix}$.

3. $\begin{vmatrix} x & y & x+y \\ y & x+y & x \\ x+y & x & y \end{vmatrix}$.

4. $\begin{vmatrix} 0 & 0 & 1 & 0 \\ 0 & 1 & 0 & 0 \\ 0 & 0 & 0 & 1 \\ 1 & 0 & 0 & 0 \end{vmatrix}$.

5. $\begin{vmatrix} 0 & 1 & 0 & \cdots & 0 \\ 0 & 0 & 2 & \cdots & 0 \\ \cdots & \cdots & \cdots & \cdots & \cdots \\ 0 & 0 & 0 & \cdots & n-1 \\ n & 0 & 0 & \cdots & 0 \end{vmatrix}$.

6. $\begin{vmatrix} a_{11} & \cdots & a_{1,n-1} & a_{1n} \\ a_{21} & \cdots & a_{2,n-1} & \\ \cdots & \iddots & & \\ a_{n1} & & & 0 \end{vmatrix}$.

四、利用克拉默法则求解线性方程组

$$\begin{cases} 2x_1+3x_2+4x_3=1, \\ x_1+2x_2+x_3=3, \\ 3x_1+x_2+2x_3=4. \end{cases}$$

五、当 λ 取何值时，方程组

$$\begin{cases} \lambda x_1+x_2+x_3=0, \\ x_1+\lambda x_2+x_3=0, \\ x_1+x_2+\lambda x_3=0 \end{cases}$$

有非零解？

参考文献

[1] 李忠,周建莹.高等数学[M].北京:北京大学出版社,2009.

[2] 同济大学数学系.高等数学[M].北京:高等教育出版社,2014.

[3] 张天德.高等数学辅导[M].北京:北京理工大学出版社,2015.

[4] 胡桂萍,白健.高等数学基础(修订版)[M].天津:天津大学出版社,2015.

[5]《数学》编写组.数学(第一册)[M].苏州:苏州大学出版社,2019.

[6] 熊庆如,柳叶,张芙敏.高等数学基础教程[M].北京:清华大学出版社,2019.